应用型本科化学化工系列丛书

普通高等教育“十三五”规划教材

中国石油和化学工业优秀教材

无 机 化 学

第2版

周祖新　主编

郭晓明　黄莎华　副主编

化学工业出版社

·北京·

《无机化学》第2版是按照应用技术型高校无机化学教学基本要求编写的。理论部分以“必须”、“通俗易理解”、“够用”、“应用”为原则，讲解原理较多应用通俗的课堂语言和生产实例；元素部分突出典型和通用元素及化合物知识的介绍以及部分产品的生产工艺，有助于提高学生的生产意识、经济意识、生产安全意识、合理利用资源及环境保护意识。

《无机化学》第2版共分13章，基本原理和重要规律有：物质及其变化、化学热力学及化学反应速率和化学平衡，这些原理具体应用的酸碱平衡和溶解沉淀平衡、氧化-还原反应、配位化合物等；物质结构部分分为原子结构和元素周期律、分子结构和晶体两章；元素部分有非金属两章和金属各三章。

《无机化学》第2版可作为应用技术型高校化工、材料、轻工、医药、生物类无机化学或基础化学教材，也可作为其他高校非化学专业教材，并可供相关工厂、企业技术人员及自学者参考。

图书在版编目（CIP）数据

无机化学/周祖新主编. —2版. —北京：化学工业出版社，2016.6（2024.9重印）
（应用型本科化学化工系列丛书）
普通高等教育“十三五”规划教材
ISBN 978-7-122-26280-6

Ⅰ.①无…　Ⅱ.①周…　Ⅲ.①无机化学-高等学校-教材　Ⅳ.①O61

中国版本图书馆CIP数据核字（2016）第027856号

责任编辑：刘俊之　　装帧设计：刘丽华
责任校对：宋　玮

出版发行：化学工业出版社（北京市东城区青年湖南街13号　邮政编码100011）
印　　装：北京科印技术咨询服务有限公司数码印刷分部
787mm×1092mm　1/16　印张22¾　彩插1　字数608千字　2024年9月北京第2版第6次印刷

购书咨询：010-64518888　　售后服务：010-64518899
网　　址：http://www.cip.com.cn
凡购买本书，如有缺损质量问题，本社销售中心负责调换。

定　　价：48.00元

前言

2014年国务院发文加强职业教育，要培养培训大批中高级技能型人才，提高劳动者素质、推动社会经济发展和促进就业，使我国由制造大国变为“智造大国”。按文件的要求，实施力度非常大，高等教育中的约一半要转为职业教育。特别强调产教融合、特色办学，推动教育教学改革与产业转型升级衔接配套。本书第一版是在“卓越工程师教育培养计划”精神指导下编写的，与职业教育思想已有不少共同之处。为了进一步符合国务院加强职业教育的要求，第2版修订时作了改进，为探索适应职业教育的教材做一些尝试。

1. 对概念、原理的描述和解释进一步形象化，图表化，减少抽象的、难理解的术语描述和理论推导。用常见的例子来描述、简单的图形来诠释概念和原理，使学生容易看懂，深刻理解。如用较高能量分子能否冲破阀门图来理解吉布斯自由能变和反应活化能的关系，对应于反应的可能性和现实性；电解质概念运用溶液是否导电及导电能力强弱的实验引入；对缓冲溶液概念的引入是分别在水中和弱酸-弱酸盐混合液中滴加少量酸碱引起溶液的pH变化等等。

2. 元素化学向来是无机化学的中心内容，但近年来由于学时数的不断缩减，元素化学内容被逐渐边缘化。本教材力图扭转这种偏向，编入了不少元素化学的内容。为提高学生所学内容在实际生产中学以致用，对元素化学的处理不局限于物质的性质描述，重点更多是物质的制备和提纯，对典型工艺作了较细致的描述，使学生所学理论在每一步工业操作中得到体现。

3. 减小习题难度，增加应用性。对一些纯粹的理论性习题，如从速率常数单位求反应级数、复杂的氧化还原方程式配平等给予删除，增加一些溶液配制计算、物质合成、分离等应用性题目。

本教材内容对应的教学时数范围可以在48～80（不包括实验），可根据具体学时数作适当增减。“阅读资料”及有“*”的部分可根据不同的教学要求作适当取舍，也可作为学生开阔视野、增长知识、激发学习兴趣之用。思考题和作业题也可根据学时数作适当增减。

本书由王爱民（第11章）、周祖新（其余各章）编写，最后由周祖新、郭晓明、黄莎华统稿。教研室沈绍典教授、李向清教授、李忆平副教授、程利平副教授、王根礼老师、周义锋副教授、肖秀珍老师、李亮老师在本书编写过程中提出了很多宝贵意见，并参加了校对，在此表示衷心的感谢！化学工业出版社的编辑对本书的出版工作给予很大帮助，在此表示最衷心的感谢！

由于编者水平所限，书中不当之处在所难免，诚望广大读者指正。

编者

2016年5月于上海应用技术大学

第一版前言

随着20世纪末高校的大规模扩招，大学教育由精英教育变为大众教育以来，高校学生剧增，毕业生、尤其是应用技术型高校毕业生的定位也发生了很大的变化，由科研人员变为科研及生产型人员，毕业生将在第一线直接参加操作与管理。因此，要求学习的知识有更鲜明的学以致用的特色。

无机化学是高等学校化学、化工及相关专业本科生的第一门化学必修基础课，它对本科生后续课程的学习和综合素质的培养起着非常重要的作用。由于历史原因，高校教材一般由重点高校教师编写。由于他们对应用技术型高校学生的学习基础、能力、毕业后工作情况了解不够，故这些教材对应用技术型高校学生有些不适应。近期，教育部提出了“卓越工程师教育培养计划”，我们在此精神指导下尝试编写了《无机化学》教材，以期教材很好地符合“卓越一线工程师”要求，适应应用技术型高校学生的学习要求，本书有以下特色。

1. 起点低，对相关的中学化学知识有简单回顾，与大学化学知识进行了较好的衔接。对于中学化学成绩不太突出的同学比较容易着手学习，不至于一开始就感到无所适从，以致严重影响到后续课程的学习。

2. 语言课堂化，易于自学、易于理解。理论叙述简单明了，对理论或公式的不同情况应用做较多讨论，以利于培养学生分析问题和解决问题的能力。有些公式做了一些证明，这并非要学生会证明这些公式，而是使学生在本质上理解这些公式，更好地记忆、应用这些理论。

3. 加强联系实际，注意与人才培养目标的一致性。本书的主要编者曾长期在化工生产一线工作，具有较丰富的化工生产经验。在基础理论和元素部分都编进了不少生产实例，包括生产流程、生产工艺甚至某些生产细节。力图使学生在较好地掌握无机化学基础理论和基本知识的基础上，多注入生产意识，同时提高学生的经济意识、安全生产意识、合理利用资源及环境保护意识。

本教材教学时数范围可由48至80（不包括实验），可根据具体学时数做适当增减。“阅读资料”部分不做教学要求，只是作为学生开阔视野、增长知识、激发学习兴趣之用。思考题和作业题也可根据学时数做适当增减。

本书由王爱民副教授（第11章）、周祖新副教授（其余各章）编写，由周祖新副教授统稿。教研室康诗钊教授、郭晓明副教授、李向清教授、李忆平副教授、程利平副教授、王根礼老师、黄莎华老师、沈绍典副教授、周义锋副教授在本书编写过程中对本书提出了很多宝贵意见，并校核了书稿，在此表示衷心的感谢！化学工业出版社的编辑对本书的编写和出版给予很大帮助，在此作者表示衷心的感谢！

由于编者水平所限，书中不当之处在所难免，诚望广大读者指正。

编者
2011年4月

目　录

绪论

0.1 化学的研究对象

(1) 化学上物质的概念我们周围充满着物质，如呼吸的空气、吃的食物、穿的衣服、住的房屋、使用的各种工具等，我们居住的地球、天空中的月亮、星星、太阳及整个宇宙都是物质，以至我们人类本身也是物质。即使在真空中，也有各种形式的场如电磁场、重力场等。微观世界的“基本”粒子，如电子、中子、光子、夸克等也是物质。

随着科学研究分类的细致化和化学的发展，现在化学上的物质指由原子、分子、生物大分子、超分子和物质凝聚态（晶体、非晶体、流体、等离子体以及介观凝聚态、溶胶）等组成的聚集体。

在日常生活中经常听到化学物质这个词，实际上人们一般认为经过化学加工的物质为化学物质，未经过化学加工的物质为天然物质。按照科学的物质概念，都应是化学物质。另外在食品或蔬菜上经常有绿色食品或有机食品的叫法，实际上常见食品中除了水和调味品食盐外，其他物质在化学物质分类上都是有机物，绿色或有机是指在动植物繁育（非转基因种）、生长、食品生产过程中所使用的物质基本为天然物质，即不施化肥、不用农药、不用合成添加剂。

(2) 化学的研究对象　化学是研究化学反应（变化）的学科。而要从根本上研究化学反应，必须在原子、分子水平上研究参与反应的物质的组成、结构、性能、变化规律以及变化过程中的能量关系等。故目前一般认为化学的研究对象是：物质，物质的组成、结构、性能，相互关系，变化规律以及在变化过程中的能量转换关系。

例如，汽车已大量进入家庭，汽车尾气 NO 是大气的主要污染源之一。它是内燃机工作时，来自空气的 N_2 和 O_2 在较高温度的汽缸中反应生成的。治理的方法之一就是使生成的 NO 变成无害的物质。那么，NO 变成什么物质才是无害的呢？当然变成 O_2 和 N_2 是最合适的，相当于回归自然。这样，我们就要研究 $2NO \longrightarrow O_2 + N_2$ 这一化学反应在给定的条件下能否自发进行，此时需要化学的重要理论——化学热力学知识。通过化学热力学的理论分析可知（同学们学完了这一部分知识以后就可以判断了），该反应可以自发进行，而且可以进行得很完全。但实际上并没有看到这一反应进行（如能很快进行就不用治理了）。这是为什么呢？

这是因为化学反应速率太慢。有关化学反应速率问题是化学的另一重要理论——化学动力学的研究内容。为什么这一反应速率太慢呢？化学动力学研究表明，是因为该反应进行的门槛——活化能太高。那么如何使反应物达到这一门槛呢？或是升温，使反应物增加能量达到反应的门槛，或是加催化剂，降低门槛高度使反应进行。采用升温的方法一是不方便，二是对反应不利（需要另外的加热升温系统，发动机要承受更高的温度）。因此最好采用催化剂。那选用什么做催化剂呢？这就要了解为什么该反应的活化能非常高，采用什么物质能降低该反应的活化能。要解决这一问题，则要用到化学的第三个重要理论——物质结构的知识，了解 NO、O_2、N_2 等分子的结构特点。

0.2 化学发展简史

(1) 火的使用和人类自身的发展　借助于火，人类掌控了巨大的能量，并且开始初步地利用它来改造自然世界。这是人类第一个有意使用的化学反应，有机物在点燃下进行剧烈的氧化反应，放出光和热，人类借以驱寒和驱逐其他野兽。为了保存火种，人类开始分工，开始了社会化，使人类在恶劣自然条件下得以生存并得到较大的发展。火的使用，扩大了人类食物的种类和范围，许多过去不能食用之物变成可食之物，如一些坚硬的植物根茎，经火加工后变软，某些含有毒素的食物经过加工后毒素消失；另外，火的使用，使食物的成分发生化学变化，向有利于人体吸收的方向转化，如动物的肉烤熟后蛋白质更容易转化为氨基酸，脂肪更容易转化为酸和醇，植物的淀粉变成蓬松状，易在人体中降解成糖类，改善了食物的消化和营养的吸收，为人体的生长发育以及脑髓的发展提供了物质基础，熟食促进了大脑的进化，使人类的智力不断发展（猿脑仅重 350g，而人脑重约 1400g），人类在改造自然的复杂进程中，大脑逐渐产生了能适应新环境的化学物质，这些新化学物质部分遗传给后代，并不断发展完善，这就是人类大脑发展的简单的社会化学模式。

(2) 化学促进材料的发展

① 陶瓷的产生和发展　人们在漫长的用火实践中，发现火炕周围原本可塑性很强的黏土往往被烧得十分坚硬，即使泡在水里也不易变软和变形。由此得到启示，人们逐渐有意识地把黏土捣碎，用水调匀，揉捏成型（比打制石器容易得多），再以火焙烧，经过不断实践，终于掌握了烧制粗陶器的技术。随着制陶技术的发展，对原料配方的改进，烧出的陶器硬度更高，吸水率更低且表面光滑明亮，这就是釉层，随着釉层的出现，窑温的提高和白色瓷土的采用，瓷器就产生了。陶瓷生产的发展，为人们造房定居创造了条件，使人类告别了岩洞和穴居，使城镇得以兴起。考古发现，在距今五六千年的中国古代仰韶文化时期，就有了烧制很精美的陶器，在距今三千多年的古埃及，就制成了玻璃器皿。直到今天，我们还在使用“秦砖汉瓦”。

② 金属的冶炼　陶瓷工艺的改进发展获得了保持摄氏1000多度高温的能力，为金属冶炼工艺的发展做了充分的准备。六七千年前，古人发现某些“石头”经火煅烧后可得到坚硬而且可以铸造的材料，最早发现的是所需冶炼温度较低的铜、锡、铅等。出土文物显示，距今三千六百年前，我国的铜冶炼技术已相当成熟，最初使用的是火法炼铜，以木炭为燃料加热冶炼孔雀石，最初得到的是天然铜——红铜，后人们为了降低铸造温度，提高硬度，加入了另一用相似方法冶炼得到的金属——锡，便得到了功能更好的青铜，青铜被广泛用来制造工具、武器及生活用品，成了一个时代的象征——这就是历史上的青铜器时代，人类社会也由原始社会进入了奴隶制社会。

炼铜的原料在自然界较少，限制了青铜的进一步使用，但在冶炼过程中，能够得到1000℃的高温，人们把另一种矿石（铁矿）与木炭装在陶制容器中，利用木炭不完全燃烧产生的一氧化碳将铁矿石还原为铁，这就是炼铁，由于铁矿石比孔雀石多得多，铸铁制品非常坚硬，铁的冶炼得以迅速发展，铁制工具取代了青铜工具并得到了更加广泛的使用，生产获得迅速发展，生产关系随之变革，人类逐渐进入封建社会。

(3) 炼丹术和炼金术对化学的发展　我国是最早出现炼丹术的国家，到汉武帝时，在帝王的支持下炼丹术盛行。炼丹术的初衷是为了求得长生不老之药，从现代化学的观点来看，当时的炼丹活动主要是将汞、铅和硫等物在炼丹炉中烧制成含汞或铅的化合物，即所谓的仙丹。

公元 7～9 世纪，相当于我国的隋唐时期，中国的炼丹术传入阿拉伯，并通过阿拉伯传入欧洲许多国家，现在的化学一词“chemistry”就是由阿拉伯语中炼金术一词“alkimiya”演化而来的。由于受亚里士多德（Aristotle）“一种元素能变成另一种元素”学说的误导，许多人试图将普通金属冶炼成黄金，因此进行了大量的化学实践活动，其内容涉及矿物冶炼、金属成分分析、无机盐制备等。当然，炼金术士的愿望是不会实现的。

但这种旷日持久，范围极广的炼金、炼丹活动，在客观上极大地丰富了人类对金属、对矿物乃至对整个物质世界的认识。如东晋炼丹人士葛洪记录了水银与硫黄生成硫化汞，硫化汞加热又分解为水银和硫黄，这些为人们积累了大量的实践经验，对后来化学学科的建立起到了重要的作用。

(4) 医药化学 到了我国明代，著名医药学家李时珍在他的巨著《本草纲目》中记载的药物达 1892 种，其中包括无机药物 266 种，该书还对这些药物进行了较系统的分类。特别值得一提的是，该书记载着一些较为复杂的无机药物的加工制作过程，有的可算得上是典型的无机合成反应。

15、16 世纪以后，欧洲进入了文艺复兴时期，自然科学受其影响也出现了一批革新的科学家，炼金术进入了一个新的研究方向，即所谓“医药化学”。这一时期，一些医生不再相信炼金术中由普通金属制贵金属的说法，而是研究用化学方法制成药剂来医病，取得了很多成果，涉及许多无机物和一些有机物的制备和性质。医药化学的发展进一步丰富了人们的化学知识。

(5) 现代化学的建立和发展

① 原子论的建立　到了 18 世纪中期至 19 世纪前期，欧洲出现了一批著名的化学学科的先驱人物，如罗蒙诺索夫（M. B. ломоносов，1711—1765 年）、波义耳（R. Boyle，1627—1691 年）、普利斯特莱（J. Priestley，1733—1804 年）、拉瓦锡（A. Lavoisier，1733—1804 年）和道尔顿（J. Dalton，1766—1844 年）等。由于他们采用了精细严密的科学方法和衡量仪器，借助于数学工具，发现了许多化学上的基本定律，如质量守恒定律、物质的定组成定律等等，终于建立了“原子说”、“分子说”等。这些重要规律是现代化学的基础。道尔顿发表原子论文并附了第一张原子量表是在 1803 年，我们一般把 1803 年作为现代化学的开始。从此，化学有了正确、坚实的基础，真正成了一门科学。

② 元素周期律的发现　在原子论理论的指导下，从 18 世纪中叶到 19 世纪中叶的大约 100 年间新元素不断被发现。到了 1869 年，人们已经知道了 63 种元素，而且对元素单质及其化合物的性质也积累了相当丰富的资料，然而这些资料杂乱无章，缺乏系统性。在这种情况下，迫使人们思考这样的问题：地球上究竟有多少种元素？各种元素之间有什么关系或规律？针对这些问题，化学家们依照元素的性质进行分类、对比、归纳和总结，逐渐认识了元素性质的周期性变化规律。1869 年，俄国化学家门捷列夫在欧洲多国化学家研究的基础上发表了他的第一张元素周期律表，并且明确指出：“按照相对原子质量大小排列起来的元素，在性质上呈现明显的周期性”，后来的一次次科学发现（特别是新元素的发现）证实了元素周期律的正确性，对后人的化学研究工作有很好的指导作用。

③ 原子结构理论和化学键理论的建立　门捷列夫虽然创立了元素周期律，但其中的内在原因他并不清楚。19 世纪末，物理学中电子、放射性和 X 射线等重大发现，打开了原子和原子核的大门，使化学家通过研究电子在分子、原子中的分布和运动规律，更深刻地认识了化学的本质。原先摆在化学家面前的一些疑难问题都迎刃而解。如波尔的核外电子轨道及后来的量子力学很好地解释了原子光谱问题；核外电子排布的周期性解释了元素周期律；鲍林的价键理论（包括杂化轨道理论）及后来的分子轨道理论解释了分子的形成、分子的几何构型和稳定性等关系分子性质的问题。

在结构理论的指导下，按照结构和性质的关系，人们能够按照需要的性质来“按图索骥”或“量体裁衣”式地大量合成各种物质，物质（以 CA 登记号为准）的数量呈几何级数般增长（见表 0-1），现在仍以每年 100 万种的速度增加。

表 0-1　20 世纪后新分子和新材料的增长情况

年　份	已知化合物数量	年　份	已知化合物数量
1900	55 万种	1985	785 万种
1945	110 万种，大约 45 年翻一倍	1990	1057.6 万种，大约 10 年翻一倍
1970	273 万种，大约 25 年翻一倍	1999	超过 2000 万种
1975	414.8 万种	2006	3016.88 万种
1980	593 万种，大约 10 年翻一倍	2012	6494 余万种

④ 现代化学新领域

a. 飞秒化学　大多数化学反应，即使是一些我们非常熟悉的化学反应，我们现只知道反应物与产物，其内在机理我们并非都清楚，中间好像经过了一个“黑箱”。因为大多数化学反应并非是单一步骤的反应，而是由多个单一步骤串联或并联而成，其中有些步骤进行得速度很快，某些中间产物即过渡态物质的存在不到 1 皮秒（ps，10^{-12}s），要研究这类分子反应动力学需要飞秒（fs，10^{-15}s）级的时间分辨率。飞秒化学就是研究以飞秒作为时间尺度的超快化学反应过程的一门分支学科。具有美国和埃及双重国籍的化学家泽维尔教授，使用超短激光技术记录反应过程，如同使用高速摄影机一般，把即使只发生在短短的“一刹那”的反应步骤“全程拍下”，“化作永恒”，然后再以“慢镜头”回放，让人们慢慢欣赏“瞬间”反应过程。随着反应过渡态这个“黑箱”的门被打开，从反应物经过过渡态到产物的全过程的图画就展现了出来，化学反应的机理也就昭然若揭了。如光合作用的反应机理若被揭开，按此机理对农副产品进行大规模的工厂化生产，人类不但可很轻松地解决粮食棉花问题，同时也解决了温室气体问题。泽维尔用飞秒光谱打开了研究化学反应过渡态的大门，给化学和相关学科带来了一场革命，但里面还有许多未知的、重要的和有趣的问题有待化学家们去深入研究。

b. 超分子化学　长期以来，人们认为保持物质性质的最小微粒是分子，分子是原子间通过化学键结合在一起的集团。但在实际的应用功能体系中总是研究众多分子的聚集体，它们通过定向的分子间相互作用可以呈现出单个分子所不具有的特性。就像砖块能构筑形形色色的建筑群一样，按照分子组装的思想，成千上万种分子能被设计组装出更多的具有各种性能的超分子体系。例如众多单个中性分子本身并不表现出电性能，但它们在按一定的方式有序地发生电荷转移后，就可能呈现导电或超导性。另一方面，我们熟知的很多体系中的分子只有采取一定的几何方式取向和排列，并在电子能量匹配下才能在外界光电作用下，发挥一定的信息存储、传递和交换功能。

超分子体系中分子间的相互作用力是强度较微弱的分子间力或氢键，也称弱相互作用力，因此，超分子化学可定义为分子间弱相互作用和分子组装的化学。弱相互作用力要形成稳定的复合物——超分子，只有当主体和客体分子在空间的位置取得某种构象，以保持较多的弱作用和较多的结合点协调时，分子间才能形成较强结合力或选择性。因此分子间相互作用是形成高度选择性识别、反应、传递、调节以及发生在生物中过程的基础。大自然把生物分子安排得竟如此有序：DNA 链组成右手双螺旋，蛋白质链形成 α 螺旋、β 折叠和 β 转角；酶和底物、抗体和抗原的结合均显示出这种分子识别互补性。超分子化学与生命科学、材料科学和信息科学有着密切的关系，必将成为 21 世纪优先发展的研究方向。

c. 组合化学　每种新药的产生，常常要经过一个烦琐和冗长的合成和筛选过程。由于目前对所谓的构效关系的了解还比较粗浅，所以在设计药物分子时由于存在着许多尚不确定的因素，不得不同时把类似物和衍生物一并考虑在内，然后进行逐一的筛选。为了提供足够的供筛选的对象，往往要合成多达上千个基本相似但组成不同的化合物，尽管其中包含着大量的“无效劳动”。这样，从设计药物到动物试验，生理毒理试验，临床试验，一般需十几年或更长的时间，许多医药化学家毕其一生也只能做出一两种可用药物。

组合化学的出现大大加速了化合物的合成与筛选速度，组合化学最早称为同步多组合成，传统的方法一次只得到一批产物，而组合方法由于同时使用 n 个单元和另外 m 个单元反应，得到所有组合的混合物，通过先进的分离鉴别手段，得到 $n \times m$ 批产物。有人做过这样的统计：1 个化学家用组合化学方法 2～6 周的工作量，就需要 10 个化学家用传统化学方法花费一年的时间来完成。由此，组合化学的出现是药物合成化学上的一次革新，是近年来药物领域最显著的进步之一。由于具有简便、快速、高效和易于自动化等特点，组合化学已迅速扩展到材料合成领域、催化学科以及蓬勃发展的芯片技术中。

0.3　化学在国民经济中的作用

将物质发生化学变化的客观规律运用于工农业生产的化学工业，与国民经济各部门，尖端科学技术各个领域和人民日常生活都有着密切的关系，可以说化学工业在国民经济中起到了支撑的作用。

(1) 化学与能源　随着我国工业生产的不断发展和汽车保有量的不断增加，能源已成了进一步发展的瓶颈。化学虽不能直接产生能源，但能够改变能源形式，更有效更环保地使用能源。如石油炼制中轻组分（炼油厂火炬）的回收利用，重油裂解催化重整成汽油，煤变油和煤变气技术，用单晶硅和多晶硅收集太阳能，研究燃料电池使燃料的效率从直接燃烧的 30%～40%提高到 90%并减少环境污染等。对于主要燃料为煤炭、石油超过一半需进口的我国，煤的液化和气化尤为重要。目前，全国已有 30 余家煤化企业投巨资发展煤变油生产，并已取得较好效益，为缓解高价石油进口做了很好的尝试。在核能利用、核浓缩和核安全中也用到大量的化学知识。

(2) 化学与农业　在人力和畜力时代，一个农民生产的粮食只够 4 个人吃；在机械化时代，一个农民可养活 7 个人；到了化学工业发达的化学时代，由于化学工业提供了大量的化肥、农药、塑料薄膜、排灌胶管和植物生长激素，加上使农业增产的其他因素，一个农民可养活六七十个人。更重要的是，石油化工发展以后，生产了大量的合成材料，可以节省大面积的耕地，较好地解决人多地少的矛盾。例如，生产 1 万吨合成纤维，相当于 30 万亩棉田所产的棉花；建设 1 万吨人造羊毛工厂（腈纶），相当于 250 万只羊所产的羊毛，而放牧这些羊群需要牧草地 1 亿多亩。可见在当今世界人口增加很多，而耕地面积日益减少的情况下，化学工业对农业的重要性。

我国化肥产量居世界前三位，在我国农业增产中有 40%是依靠化肥的作用。我国农药生产近百万吨，减少了约 20%的农产品损失。一些高残留农药如六六六、滴滴涕已经停产，高效、低残留农药不断增加，特别是无公害的生物农药及利用生物间相克作用而发展起来的生物防治技术近几年发展很快，逐渐适应了我国农作物防治病虫害的需要。

(3) 化学与材料

① 化工产品可以代替天然物质和补充天然物质的不足　化学工业特别是石油化工提供的三大合成材料，合成塑料、合成橡胶、合成纤维具有质轻、易加工、耐磨损、耐腐蚀等优良性能，广泛应用于许多特殊领域，为其他物质所不及。世界合成橡胶的年产量已超过天然橡胶产量的一倍多；世界化学纤维的年产量也已经与天然纤维的产量持平；世界塑料的年产量已超亿吨，在生产和生活及其他领域起到了重要作用。轻、纺织工业原材料已经越来越多地采用化学合成的办法生产。含天然纤维较少且纤维较短的秸秆，可通过化学方法制成“人造纤维”——“府绸”。许多原来以农产品为原料的轻、纺织工业产品，诸如呢绒布匹、皮

革皮毛、洗涤用品等，现已经可以用合成材料代替，并且还大量生产出性能相似甚至更好的适应多种用途的产品。

② 大量合成材料在国民经济其他部门的应用　化学合成材料不仅代替和补充天然物质的不足，还制造了大量自然界里没有的而又需要的特殊性能的材料。不仅支持了国民经济建设，也支持促进了其他学科的发展。如光导纤维使通信发生了革命性变化，使电话、有线电视的普及变成可能；单晶硅的大量生产使清洁能源——太阳能的使用迅速增加；形状记忆材料做的卫星天线使现在的卫星通信和卫星定位变得百姓都能享受；高温超导材料的使用能使磁悬浮列车更节能，跑得更快，使发电热效率更高，输电损耗更小；储氢材料使环保的氢能汽车成为可能；各种复合材料的使用使得飞机的重量变轻，载货更多，飞得更远。

(4) 化学与环境科学　化学工业在带给人们大量有用物质的同时，也产生了大量的副产物，即废渣、废液、废气，俗称三废，环境污染，影响人们的身体健康。煤的燃烧发电产生的大量二氧化碳引起全球温度升高的温室效应，产生的二氧化硫引起了酸雨；冰箱和空调制冷剂氟里昂破坏了大气臭氧层，引起臭氧层空洞，若无臭氧层，大量紫外线直射到地面，就会给地球生命带来灾难性的后果；大量汽车排出的废气及微小颗粒引起光化学污染，$PM_{2.5}$ 持续严重超标，使人呼吸困难；化工厂的废液排入水体，引起了大量地表水甚至地下水的严重污染，我国80%的地表水被污染，华北地区大量地下水也遭污染，被污染水不仅严重影响人们的健康，还严重影响生态平衡；各种废旧塑料的随意丢弃，形成了“白色污染”甚至是“白色恐怖”……

虽然三废如此恶劣，但我们也不能不使用化学制品，三废的处理，大部分还是要用化学的方法解决。如用二氧化碳在催化下与氢气生成甲醇，燃煤产生的二氧化硫用来制硫酸；用绿色制冷剂代替氟里昂；化工厂的废液经过严格处理，有时还能通过化学方法变废为宝，如有毒的重金属离子通过沉淀反应或配位反应回收，有机物通过萃取或其他方法提取有用的原料；用易降解的玉米塑料代替难降解塑料；大量有机废渣用水热法重新变为煤炭。总之，化学是解决环境问题的重要途径。

0.4 化学学科的体系

随着化学研究不断深化和领域的不断扩大，化学产生了许多分支。按研究内容或方法的不同可把化学分为四大分支，无机化学以研究无机物和无机反应规律为主，研究有机化合物性质和有机物反应的分支为有机化学，分析化学是对各种物质进行分析、分离、鉴定的实验科学，物理化学是用数学和物理方法来研究物质性质和反应规律的学科。化学与其他学科的不断融合，产生了许多新的分支，如与生物学的融合产生了生物化学，与环境学交叉产生了环境化学，与海洋学的交汇产生了海洋化学等，化学的分支已有几百门乃至千门。

无机化学和其他化学分支一样，已从描述性的科学向推理性科学过渡，从主要是定性的科学向定量的科学发展，从宏观结构向微观结构深入。无机化学的发展还表现在与其他学科进行交叉渗透，如向生物学渗透形成生物无机化学，和有机化学交叉形成金属有机化学等。

0.5 学习无机化学的方法

无机化学可分为理论部分和元素及化合物部分。学习方法有所不同。对宏观理论，如化学反应的自发性、化学反应速率、化学平衡，先要弄清基本概念、定律的意义、条件和适用范围，然后进行分析推理、计算，最后得出结论；对于酸碱平衡、沉淀-溶解平衡、配位平衡、氧化还原平衡，是化学平衡等理论在溶液中的应用，要用化学平衡的观点来理解四大平衡；对微观理论，要有丰富的、合理的想象力，在自己头脑中建立一套崭新的微观体系模型，使通常难以弄懂的原子结构理论迎刃而解。对元素及化合物的学习，并不要求把每种物质的性质，方程式都背下来，最重要的是用理论部分学到的知识、规律，特别是原子结构和元素周期律的知识来解释元素、化合物的性质，注意规律性，使之变成有规律、有条理、相互关联的知识。

【阅读资料】

我国最早的化学研究机构

黄海化学工业研究社的前身是久大精盐公司的化工研究室。1920年实业家范旭东先生为拓展事业的需要，打破欧美国家的技术封锁，在久大精盐厂附近辟地数亩，投资10万银元，营造一所化工研究室，其中设置定量分析、定性分析、化学实验室、动力室等，并附有图书馆。

范旭东先生为加强这个研究机构，充分发挥出它的效能，1922年8月把研究室从久大分离出来，成为独立的单位，改名"黄海化学工业研究社"。它是我国第一所私立化工研究机构。

当时，永利碱厂仍在建设之中，经济十分困难，要办研究机构，必定要多一份开支，而范旭东先生对学术研究不仅有很大的决心，而且气度不凡，愿意拨巨资进行创建。并率先将久大应得的酬金全部捐出作为黄海社的经费，受其影响，永利碱厂全体发起人都表示，全体创办人所得酬金悉数永远捐作黄海社学术研究之用。并经其兄范源濂先生介绍，得知开滦煤矿有位饱墨之士、著名的化学家孙学悟博士，能胜任研究所主持之职。

孙学悟为了中国自己的化学工业，毅然辞去英办开滦矿务局总化验师的高薪职务，欣然接受范旭东先生的邀请，出任黄海化学工业研究社社长。学识渊博的张子丰先生任副社长。后来，留美归来的张克思、卞伯年、卞松年、区嘉伟、江道江等博士，留法归来的徐应达博士，留德归来的聂汤谷、肖乃镇博士，以及国内的大学毕业生方心芳、金培松等助理研究员，也先后来到了"黄海"。著名的侯德榜博士当时也在"黄海"。一时，黄海化学工业研究社成了我国当时化学人才的聚集地。

为什么化学工业研究社以"黄海"为名？这是因为它诞生于塘沽。塘沽濒临渤海，而渤海汇合百川，朝宗于黄海。海洋蕴蓄着无尽的宝藏，是化学工业的广阔天地，也是大好的实验场所。范旭东先生说："我们把研究机构定名为'黄海'，表明了我们对海洋的深情。我们深信中国未来的命运在海洋。"黄海成立时还制定了一个社徽。社徽为圆形，外圈为齿轮，代表工业的动力，内圈是互相涵抱的三个部分，一是致知，二是穷理，三是应用，互相涵抱表示彼此不可分割的紧密联系。

黄海化学工业研究社在成立之初，主要是协助久大、永利调查和分析原材料，试验长芦盐卤的应用，其次是探讨研究方向，为今后永利碱厂开拓新产品打下基础。1928年起，用广东沿海的藻类为原料试制钾肥和碘。同年5月，又采集山东博山铝土页岩矿石为原料，试炼出我国第一块金属铝样品，并用以铸成飞机模型，以志纪念。1931年，经过7年的艰苦努力，终于生产出第一批"永利纯碱"，在美国费城举办的万国博览会上，该产品获得金质奖章。1931年，成立菌学室，开展对酒精原料和酵母的开拓、选择、研究，推动了我国菌学及酒精工业的发展。研究社不但开展广泛的研究工作，而且还代为海关检查食品。"黄海"当时在世界上享有很高的信誉，经它检验的食品和商品，只要有"黄海"的印章，全世界均予承认。

1937年"七七事变"后，津沽沦陷，黄海社随久大、永利迁入四川，先长沙，后在五通桥购地建房继续研究。由于五通桥没有海盐，制碱遇到困难。在这关键的时候，侯德榜博士挺身而出，他说："外国人能搞的，我们也能搞，而且一定要比他们干得更好"。范旭东听后大为振奋，立即拍案决定，由多名研究员做试验，侯博士在美国遥控（侯德榜当时在美国）。经过500多次试验，历时一年多，震惊世界的侯氏制碱法诞生了，"黄海"又东山再起（本书第11章会讲到）。

1952年10月，政府决定将黄海化学工业研究社的发酵与菌学研究室划入中国科学院，其他部分改组为"中央人民政府重工业部综合工业试验所第三部"。后来几经变迁，前者演化为中国科学院的微生物研究所，后者演化为化工研究院。

永利碱厂创办人尊重科学，重视人才培养。他们广招贤士，延揽人才，潜心科学研究，并与久大、永利的生产实践紧密结合，解决生产中的难题，这在80多年前的旧中国不能不说是慧眼独具，高瞻远瞩之举，以致后来受到周恩来总理的赞誉："永利是一个技术篓子。"黄海学社为我国培养了一大批化学工业专家，高心芳、张子丰、吴冰颜、谢光蘧、萧积建、赵博泉、高福远、魏文德等化工骄子，为我国化学工业的发展做出了巨大贡献。

第1章　物质及其变化

1.1　一些化学的基本概念

1.1.1　物质的组成

我们日常生活中看到的固态、液态和气态物质，都是由许许多多肉眼看不见的微粒构成的。

(1) 分子　分子是保持物质化学性质的一种微粒。不同物质具有不同的性质，实质是不同的物质是由不同的分子组成的，如水和酒精，水是由水分子组成的，而酒精是由酒精（乙醇）分子组成的。分子如进一步分割将变成其他较小的微粒，甚至原子，将不再保持原分子的化学性质了，如把水分子再进一步分割成其组成单元氢原子和氧原子，这些原子和水分子的性质显著不同。多数物质是由分子组成的，但也有一些物质是由原子直接构成的，如金属铜、金刚石等。

(2) 原子　分子可以进一步分割成原子，在化学变化中发生的反应是原子与原子之间的重新组合，原子本身并没有变成其他原子。所以，原子是物质参加化学变化的最小微粒。

(3) 元素　组成物质的最小化学可分微粒是原子，通常物质由多种原子组成，每一种组成物质的最基本素材（原子）称为一种元素，元素是原子核内质子数（即核电荷数）相同的一类原子的总称。

(4) 核素与同位素　具有一定数目的质子和一定数目的中子的一种原子称为核素。例如原子核中有6个质子和6个中子的碳原子，它们的质量数为12，称碳-12核素，或写成^{12}C核素。原子核中有6个质子和8个中子的碳原子，质量数为14，称^{14}C核素。不同的核数只要核内质子数相同，核外电子排布完全相同，化学性质也完全相同。把质子数相同（即同一种元素）而中子数不同的原子互称为同位素。因不同核素的同位素原子序数相同，在元素周期表中占据同一位置，这就是同位素的原意。

1.1.2　物质的量及其单位

(1) 物质的量及其单位——摩尔　物质的量是用来计量指定的微观基本单元，如分子、原子、离子、电子等粒子或其特定组合的一个物理量。它的国际单位名称为摩尔（mole），单位符号为摩（mol）。国际计量委员会提出的摩尔定义是：摩尔是一系统的物质的量的单位，该系统中所包含的基本单元数与0.012kg ^{12}C的原子数相等。经实验测定，0.012kg ^{12}C所含原子数目为6.02×10^{23}个，该数字称为阿佛加德罗（Avogadro）常数N_A。因此，如果某物质系统含有基本单元的数目为N_A时，则该物质系统的物质的量即为1mol。

(2) 摩尔质量　原子、分子、离子等微粒都很小，不可能用数数的方法来计量它们的数目。因为一物系所包含的基本单元数的多少与该物系的质量成正比，所以我们可以通过准确称取物质的质量来确定其中包含的基本单元数。1mol物质的质量称为该物质的摩尔质量，用符号M表示，单位为$kg\cdot mol^{-1}$，当用习惯上常用单位$g\cdot mol^{-1}$时，在数值上等于其式量（相对原子质量或相对分子质量）。若某物质的质量m_i除以该物质的物质的量n_i，即为该物质的摩尔质量。

$$M_i=\frac{m_i}{n_i} \tag{1-1}$$

(3) 摩尔分数 x_i 在混合物中，某物质 i 的物质的量（n_i）与混合物的总物质的量（n）之比，称为摩尔分数（x_i），摩尔分数无单位。

$$x_i = \frac{n_i}{n} \tag{1-2}$$

(4) 物质的量浓度 混合物（这里主要指气体或溶液）中某物质 i 的物质的量 n_i 除以混合物的体积（V），即单位体积内所含该物质的物质的量。

$$c_i = \frac{n_i}{V} \tag{1-3}$$

物质的量浓度的国际单位为 $mol \cdot m^{-3}$，但该数据一般太小，故常用单位为 $mol \cdot L^{-1}$。

(5) 摩尔体积 某物质 i 的体积（V_i）除以该物质的物质的量（n_i），即为该物质每一摩尔的体积，称为摩尔体积。

$$V_m = \frac{V_i}{n_i} \tag{1-4}$$

摩尔体积的国际单位为 $m^3 \cdot mol^{-1}$，但常用 $L \cdot mol^{-1}$。

物质的摩尔体积与构成物质的单元微粒及微粒间的空隙（距离）有关。固体和液体中的微粒排列较紧密，其摩尔体积主要与其构成微粒大小有关，不同微粒体积大小不同，故固体、液体的摩尔体积一般都不相同。对于气体，由于其构成微粒间距离远大于微粒本身大小，故其体积主要与微粒间距离有关。在同温、同压下，气体微粒间距离相近，体积也相近，在标准状况下（273.15K，101.325kPa），理想气体的摩尔体积约为 $22.4L \cdot mol^{-1}$。

1.2 气体及其分压定律

气体的基本特征是扩散性和可压缩性，给多大的容器，气体的体积就有多大。物质处于气体状态时，分子彼此间相距甚远，分子间引力很小，各个分子都在无规则地快速运动，故气体能自动混合均匀，输送方便。另外，气体本身的存在状态与它们的化学性质无关，致使气体具有许多共同性质，因此，对于气体基本定律的研究具有重要意义。

1.2.1 理想气体状态方程

在中学物理中，气体各状态参数间有定量关系，以理想气体状态方程表示如下：

$$pV = nRT \tag{1-5}$$

如果有一种气体在任何条件下都能服从理想气体状态方程，则称它为理想气体。理想气体之所以能在任何条件下都服从状态方程，乃出自以下两点基本假设：

① 气体分子本身体积忽略不计；

② 气体分子间作用力忽略不计，气体分子间发生的碰撞完全是弹性碰撞。

真实气体只有在高温、低压时，分子间距离大，气体分子本身的体积与整个气体体积相比才能忽略不计，分子间作用力与分子本身的动能相比可忽略。所以真实气体只有在压力不太高（与大气压力比较），温度不太低（与室温比）的条件下近似地符合这个方程。

在上述理想气体状态方程中，总共有四个变量：p、V、T 与 n。当我们将其中任意两个变量保持不变时，就可以得到另一对变量之间的相互关系，从而得出一系列气体经验定律。

① 把一定量气体密封起来，即保持气体物质的量不变，并保持温度恒定，理想气体状态方程就变为：

$$pV = k_1 \text{ 或 } p = k_1/V \tag{1-6}$$

即玻意耳定律：当温度保持不变时，一定量气体的体积与其压力成反比。

② 保持气体的量和外压不变时，理想气体状态方程就变为：

$$\frac{V}{T}=k_2 \tag{1-7}$$

此为盖·吕萨克定律：在保持压力不变的情况下，一定量气体的体积与热力学温度成正比。

③ 保持气体的量与气体体积不变时，理想气体状态方程就变为：

$$p=k_3 T \tag{1-8}$$

此即查理定律：当体积保持不变时，一定量气体的压力与气体的热力学温度成正比。

④ 保持气体的压力和温度不变，可以得到：

$$V=k_4 n \tag{1-9}$$

对于具有相同 p、V、T 值的 A、B 两种气体，由于

$$V=k_4 n_A=k_4 n_B$$

即可得出：

$$n_A=n_B$$

即为阿佛加德罗定律：在同温、同压下，体积相同的气体中含有相同数量的气体分子数。

⑤ 由

$$pV=nRT$$

得 $$p=\frac{nRT}{V}=\frac{mRT}{VM}=\frac{\rho RT}{M}$$

$$M=\rho\frac{RT}{p} \tag{1-10}$$

即在同温、同压下，不同气体间摩尔质量（相对分子质量）之比等于气体密度之比。

1.2.2 气体分压定律

在实际生产中，所遇到的气体大多为混合气体。空气就是一种混合气体，它含有 N_2、O_2、水蒸气、少量 CO_2 和几种稀有气体。如果混合气体彼此间不发生化学反应，则在高温低压下，可以看作是理想气体混合物。

1.2.2.1 气体压力的产生

气体分子由于运动，不断撞击器壁，形成了对器壁的冲击力，从而产生气体压力。尽管气体分子运动对器壁碰撞形成的压力是不连续的，由于分子极多，碰撞的间隔时间极短，故这种压力造成宏观上连续的感觉。好比人撑着伞在大雨中，感觉大量雨点对雨伞的作用是连续的。气体分子撞击压力表弹簧上可伸缩的顶板，弹簧压缩，在压力表上就可读出相应的压力。

1.2.2.2 分压定律

1801 年英国科学家道尔顿从大量实验中归纳出：混合气体的总压等于各组分气体的分压之和。数学表达式为

$$p_{总}=\sum p_i$$

各组分分压为其单独占有与混合气体相同体积时所产生的压力。例如混合气体有 A、B、C三种气体组成，则分压定律可表示为：

$$p=p_A+p_B+p_C \tag{1-11}$$

式中 p 为混合气体总压力，p_A、p_B、p_C 分别为 A、B、C 三种气体的分压。图 1-1 是分压定律示意图，图中（a）、（b）、（c）中的砝码表示 A、B、C 三种气体单独存在时所产生的压力。（d）表示 A、B、C 混合气体所产生的总压。p_A 指在混合气体（d）中选择性地抽取气体 B 和 C，为使活动顶板不下降、总体积不变，撤去顶板上部分砝码以减小压力，在 B、C 气体抽净，顶板高度不变时，占有原总体积的气体 A 所承受顶板及砝码的压力就是 A 气体的分压。分压 p_B、p_C 也类似。

理想气体定律同样适用于混合气体。如混合气体中各组分物质的量之和为 $n_{总}$，温度 T

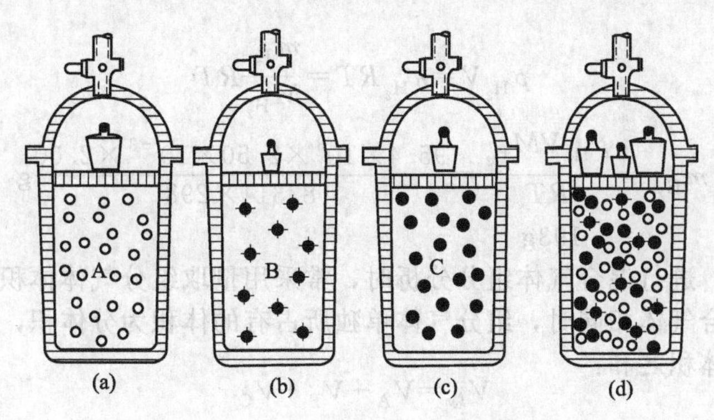

图 1-1 气体分压定律示意图

时混合气体总压为 $p_{总}$，体积为 V，则

$$p_{总}V=n_{总}RT$$

如以 n_i 表示混合气体中气体 i 的物质的量，p_i 表示分压，V 为混合气体体积，在温度为 T 时，则

$$p_iV=n_iRT$$

将该式除以上式，得

$$\frac{p_i}{p_{总}}=\frac{n_i}{n_{总}}$$

或
$$p_i=p_{总}\frac{n_i}{n_{总}}=p_{总}x_i \tag{1-12}$$

混合气体中组分气体 i 的分压 p_i 与混合气体总压 $p_{总}$ 之比等于混合气体中组分气体 i 的摩尔分数；或混合气体中组分气体的分压等于总压乘以组分气体的摩尔分数。这是分压定律的又一表示。同理，有可推导出下式

$$p_1/p_2=n_1/n_2=x_1/x_2 \tag{1-13}$$

即混合气体中组分气体的分压之比等于它们的摩尔数之比或摩尔分数之比。

【例 1-1】 某温度下，将 2×10^5Pa 的 O_2 3L 和 3×10^5Pa 的 N_2 6L 充入 6L 的真空容器中。求混合气体中各组分气体的分压和混合气体的总压。

解：根据分压的定义求组分气体的分压，对 O_2

$$p_{O_2}=\frac{p_{1,O_2}V_{1,O_2}}{V_{总}}=\frac{2\times10^5\text{Pa}\times3\text{L}}{6\text{L}}=1\times10^5\text{Pa}$$

同理
$$p_{N_2}=\frac{p_{1,N_2}V_{1,N_2}}{V_{总}}=\frac{3\times10^5\text{Pa}\times6\text{L}}{6\text{L}}=3\times10^5\text{Pa}$$

$$p_{总}=p_{O_2}+p_{N_2}=1\times10^5\text{Pa}+3\times10^5\text{Pa}=4\times10^5\text{Pa}$$

【例 1-2】 用锌与稀硫酸制备氢气：$Zn(s)+2H^+\longrightarrow Zn^{2+}+H_2\uparrow$，如果在 25℃时用排水法收集氢气，总压为 98.6kPa（已知 25℃时水的饱和蒸气压为 3.17kPa），体积为 $2.50\times10^{-3}m^3$。求：

(1) 试样中氢气的分压是多少？

(2) 收集到的氢的质量是多少？

解：(1) 用排水法在水面上收集到的气体为氢气和水蒸气的混合物，试样中水蒸气的分压为 3.17kPa，根据分压定律：

$$p_{总}=p_{H_2}+p_{H_2O}$$

$$p_{H_2}=p_{总}-p_{H_2O}=98.6\text{kPa}-3.17\text{kPa}=95.4\text{kPa}$$

（2）

$$p_{H_2}V=n_{H_2}RT=\frac{m_{H_2}}{M_{H_2}}RT$$

$$m_{H_2}=\frac{p_{H_2}VM_{H_2}}{RT}=\frac{95.4\times10^3\times2.50\times10^{-3}\times2.00}{8.314\times298}\text{g}$$

$$=0.193\text{g}$$

在实际工作中，进行混合气体组分分析时，常采用量取组分气体体积的方法。当组分气体温度和压力与混合气体相同时，组分气体单独所占有的体积为分体积，混合气体的总体积等于各组分气体分体积之和：

$$V_{总}=V_A+V_B+V_C \tag{1-14}$$

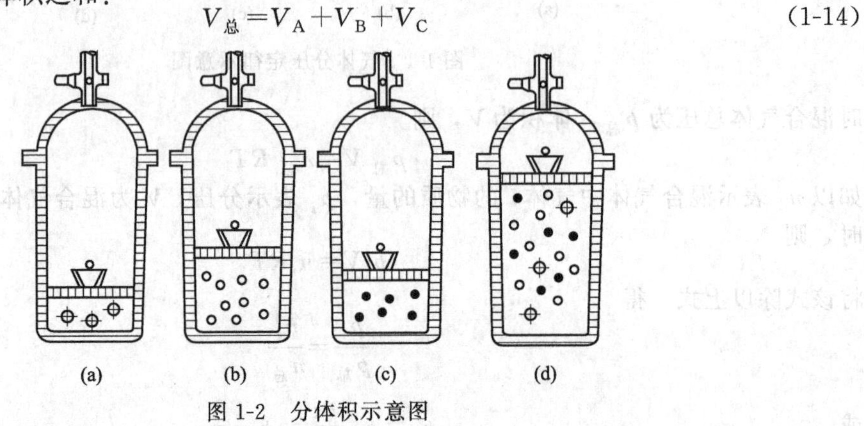

图 1-2　分体积示意图

图 1-2 中 A 气体的分体积指在混合气体（d）中选择性地抽取气体 B 和 C，顶板上砝码不动，一直维持总压力，任由顶板下降。当 B、C 气体抽净，顶板位置不再下降时，A 气体所占体积即为气体 A 的分体积 V_A，V_B、V_C 也类似。（d）为混合气体的总体积。

理想气体定律同样适用于混合气体。如混合气体中各组分物质的量之和为 $n_{总}$，温度 T 时混合气体体积为 $V_{总}$，压力为 $p_{总}$，则

$$p_{总}V_{总}=n_{总}RT$$

如以 n_i 表示混合气体中气体 i 的物质的量，V_i 表示分体积，$p_{总}$ 为混合气体压力，在温度为 T 时，则

$$p_{总}V_i=n_iRT$$

将该式除以上式，得

$$\frac{V_i}{V_{总}}=\frac{n_i}{n_{总}}$$

结合式(1-12)

$$p_i=p_{总}\frac{V_i}{V_{总}} \tag{1-15}$$

说明混合气体中某一组分的体积分数等于摩尔分数，组分气体分压等于总压乘该组分的体积分数。同理，可推导出下式

$$V_1/V_2=n_1/n_2=x_1/x_2 \tag{1-16}$$

即混合气体中组分气体的分体积之比等于它们的摩尔数之比或摩尔分数之比。

综上两定律，用理想气体状态方程描述混合气体中某一组分时，若压力为混合气体总压力时，则体积为该组分分体积；若体积为混合气体总体积时，所求算出的压力为该组分分压力。

1.2.3　气体的扩散定律

各种气体扩散的速度是不同的，密度较大的气体扩散速度较慢，密度较小的气体扩散速度较快。1883 年英国化学家格雷姆进行大量实验后得出气体的扩散定律：同温同压下气体

的扩散速度与其密度的平方根成反比。其数学表达式为：

$$v=k\frac{1}{\sqrt{\rho}} \quad 或 \quad \frac{v_A}{v_B}=\frac{\sqrt{\rho_B}}{\sqrt{\rho_A}} \tag{1-17}$$

由于在同温同压下，气体密度与其相对分子质量成正比，故气体的扩散定律也可表示为：

$$v=k'\frac{1}{\sqrt{M}} \quad 或 \quad \frac{v_A}{v_B}=\frac{\sqrt{M_B}}{\sqrt{M_A}} \tag{1-18}$$

【例1-3】 某未知气体在扩散仪器内以 $10.00\text{mm}\cdot\text{s}^{-1}$ 的速度扩散，在此仪器内 CH_4 气体以 $30.00\text{mm}\cdot\text{s}^{-1}$ 的速度扩散，计算此未知气体的近似相对分子质量。

解：CH_4 的 $M_A=16.04$

据气体扩散定律：$\frac{v_A}{v_B}=\frac{\sqrt{M_B}}{\sqrt{M_A}}$ 　 $\frac{v_A^2}{v_B^2}=\frac{M_B}{M_A}$

$$M_B=M_A\frac{v_A^2}{v_B^2}=16.04\times\frac{(30.00)^2}{(10.00)^2}=144.4$$

答：未知气体的相对分子质量约为144.4。

1.3 化学反应中的质量关系

从宏观上看，化学反应是由反应物转变成产物，即有新的物质生成；从微观上看，则是物质内部的原子、离子或原子团的重新组合。在重新组合过程中，原子的种类和个数没有改变，参加化学反应前各种物质的总质量等于反应后全部生成物的总质量，这就是质量守恒定律。另外，原子间的重新组合按旧键的解离和新键的形成有一定的比例关系，故反应物之间或反应物与生成物之间的量（物质的量、质量、气体体积或各种状态的变化量之间）有一定的比例关系，这个比例关系就是已配平的化学反应方程式。

1.3.1 应用化学反应方程式的计算

【例1-4】 某合成氨厂日生产能力为30t，现欲以 NH_4NO_3 为最终产品，如 HNO_3 车间的原料转化率为92%，氨被 HNO_3 吸收为 NH_4NO_3 的转化率为98%，则每天可生产 HNO_3 多少吨？可生产 NH_4NO_3 多少吨？

解：从 NH_3 制取 HNO_3，再制取 NH_4NO_3 的反应，是连续的多步反应：

$$4NH_3+5O_2 = 4NO+6H_2O \quad ①$$

$$2NO+O_2 = 2NO_2 \quad ②$$

$$3NO_2+H_2O = 2HNO_3+NO \quad ③$$

在工业生产上，NO_2 与 H_2O 反应生成的NO是用过量的 O_2 反复进行反应，最终完全转化成 HNO_3。将②+③，得到

$$4NO_2+O_2+2H_2O = 4HNO_3$$

因此在工业生产的计算中可看成 NO_2 完全转化为 HNO_3。

反应物 NH_3 和 HNO_3 的关系是：$4NH_3\sim4NO\sim4NO_2\sim4HNO_3$

反应物 NH_3 和 NH_4NO_3 的关系是：$NH_3\sim NH_4NO_3$

即用于生产 HNO_3 的 NH_3 的物质的量，应与生成 NH_4NO_3 的 NH_3 的物质的量是相等的。

设用于生产 HNO_3 的 NH_3 为 x 吨，用于生产 NH_4NO_3 的 NH_3 为 $(30-x)$ 吨。

$$x\times92\%=(30-x)\times98\%$$

用于生产 HNO_3 的 NH_3 为 $x=15.47\text{t}$

用于生产 NH_4NO_3 的 NH_3 为 $(30-x)=14.53t$

$NH_3 \sim HNO_3$　　　　$NH_3 \sim NH_4NO_3$

17　　63　　　　17　　80

$15.47\times92\%$　a　　　$14.53\times98\%$　b

$a=52.7t$　　　　$b=67t$

根据化学方程式计算所得结果只是理论值。实际生产中，由于生产条件和操作技术的影响，物料常有不同程度的耗损，有时还有副反应发生。因此实际产量常比理论产量低，工业上常用到理论消耗定额和实际消耗定额等术语。常用的术语有产率、原料利用率。

$$产率=\frac{实际产量}{理论产量}\times100\% \tag{1-19}$$

$$原料利用率=\frac{理论定额}{实际定额}\times100\% \tag{1-20}$$

1.3.2　化学计量数与反应进度

1.3.2.1　化学计量数（ν）

某化学反应方程式为：

$$cC+dD = yY+zZ$$

若移项表示为：

$$0=-cC-dD+yY+zZ$$

随着反应的进行，反应物 C、D 不断减少，产物 Y、Z 不断增加

$$-c=\nu_C,\ -d=\nu_D,\ y=\nu_Y,\ z=\nu_Z$$

代入上式，得：

$$0=\nu_C C+\nu_D D+\nu_Y Y+\nu_Z Z$$

可简化写出化学计量式的通式：

$$0=\sum_B \nu_B B \tag{1-21}$$

通式中，B 表示包含在反应中的分子、原子或离子，而 ν_B 为数字，称为（物质）B 的化学计量数。根据规定，反应物的化学计量数为负，而产物的化学计量数为正。ν_C、ν_D、ν_Y、ν_Z 分别为物质 C、D、Y、Z 的化学计量数。例如合成氨反应：

$$N_2+3H_2 = 2NH_3$$

移项：

$$0=-N_2-3H_2+2NH_3=\nu_{N_2}N_2+\nu_{H_2}H_2+\nu_{NH_3}NH_3$$

$\nu_{N_2}=-1$，$\nu_{H_2}=-3$，$\nu_{NH_3}=2$，分别对应于该反应方程式中物质 N_2、H_2、NH_3 的化学计量数，表明反应中每消耗 1mol N_2 和 3mol H_2 必生成 2mol NH_3。

1.3.2.2　反应进度

为了表示化学反应进行的程度，国标规定了一个量——反应进度（ξ）。

对于化学反应计量方程式 $0=\sum_B \nu_B B$：

$$d\xi=\nu_B^{-1}dn_B \tag{1-22}$$

式中，n_B 为 B 的物质的量；ν_B 为 B 的化学计量数；ξ 的单位为 mol。若将式(1-22) 改写为

$$dn_B=\nu_B d\xi \tag{1-23}$$

再将式(1-23) 从反应开始时 $\xi_0=0$ 的 $n_B(\xi_0)$ 积分到 ξ 时的 $n_B(\xi)$，可得：

$$n_B(\xi)-n_B(\xi_0)=\nu_B(\xi-\xi_0)$$

则

$$\Delta n_B=\nu_B\xi \tag{1-24}$$

可见，随着反应的进行，任一化学反应中物质的改变量（Δn_B）均与反应进度（ξ）及各自计量数（ν_B）有关。

对产物B而言，若$\xi_0=0$，$n_B(\xi_0)=0$，则更有

$$n_B=\nu_B\xi$$

例如，对于合成氨反应：

$$N_2+3H_2 \longrightarrow 2NH_3$$

$\nu_{N_2}=-1$，$\nu_{H_2}=-3$，$\nu_{NH_3}=2$，当$\xi_0=0$时，若有足够量的N_2和H_2，而$n_{NH_3}=0$，根据$\Delta n_B=\nu_B\xi$，$\xi=\Delta n_B/\nu_B$，Δn_B与ξ的对应关系如下：

Δn_{N_2}/mol	Δn_{H_2}/mol	Δn_{NH_3}/mol	ξ/mol
0	0	0	0
$-\frac{1}{2}$	$-\frac{3}{2}$	1	$\frac{1}{2}$
-1	-3	2	1
-2	-6	4	2

可见对同一化学反应方程式来说，反应进度（ξ）的值与选用反应式中何种物质的量的变化进行计算无关。但是，同一化学反应如果化学反应方程式的物质系数写法不同（亦即ν_B不同），相同反应进度时对应各物质的量的变化会有区别。例如当$\xi=1$时：

化学反应方程式	Δn_{N_2}/mol	Δn_{H_2}/mol	Δn_{NH_3}/mol
$\frac{1}{2}N_2+\frac{3}{2}H_2 \longrightarrow NH_3$	$-\frac{1}{2}$	$-\frac{3}{2}$	1
$N_2+3H_2 \longrightarrow 2NH_3$	-1	-3	2

反应进度是计算化学反应中质量和能量变化以及反应速率时常用的物理量。反应进度为1时所转化的量正好是所写化学方程式计量数的摩尔数。

【阅读资料】

生物芯片和生物计算机

生物芯片（bio-microprocessor）是以生物分子（主要是蛋白质分子）为材料制成的分子规模的电子器件，它是以生物分子为骨架，连接分子规模的导体和功能元件后，构成分子规模的集成电路。

作为计算机核心元件的大规模集成电路多以硅为主要材料。集成电路的特点是发展迅速，更新换代快，集成度每18个月翻一番（Moore's law），线宽以0.7比例下降，如1992～1994年为0.5μm，1995～1997年为0.35μm，1998～2000年则为0.25μm。以硅为基的集成电路的发展不是无限的，当线宽低于0.1μm以后，由于存在磁场效应、热效应、量子效应以及制作上的困难，必须开拓新的途径。

随着微电子技术和生物工程这两项高科技的互相渗透，为研制生物计算机提供了可能。早在20世纪70年代，人们就发现脱氧核糖核酸（DNA）处于不同态时可以代表“有信息”或“无信息”。于是，科学家想：假若有机物的分子也具有这种“开”和“关”的功能，那岂不可以把它们作为计算机的基本构件，从而造出“有机物计算机”吗？后来有科学家发现，一些半醌类有机化合物的分子具备“开”和“关”2种电态功能，可以把它当成一个开关。科学家们还进一步发现，蛋白质分子中的氢也具备“开”和“关”2种电态功能，因而也可以把一个蛋白质分子当成一个开关。这一系列发现激起了科学家们研制生物电子元件的灵感，相继有一些简单的生物元件问世，如生物开关元件、生物记忆元件等。

1983年美国公布了研制生物计算机的设想，这就是借助生物技术，特别是蛋白质工程，生产一种蛋白质分子。这些蛋白质分子能在分子水平上互相连接起来，然后，利用酶的作用，起着与电子回路中半导体那样的作用。上述过程由有机半导体物质、导电性高分子（聚乙炔等）、蛋白质一起运转。由上述材料制成的元件，称为生物化学元件或称生物分子元件。

这种元件有以下特点：①它能制成超高密度的线路；②速度快，分子逻辑元件的开关速度比目前硅半导体逻辑元件开关速度高出1000倍以上；③可靠性好，由于生物分子本身具有自我修复的机能，即使元件出了故障，它本身也能修复；④生物分子元件是通过生物化学反应的方式来进行工作的，所以，只要有少量的能量就能进行工作，不存在着元件发热的问题。

生物计算机是由生物芯片组成的生物集成块担负计算机的主体工作。生物芯片是按照人的设计，运用生物工程技术（特别是蛋白质工程技术）生产的蛋白质分子。在生物芯片中，信息以波的形式传播。当波沿着蛋白质分子链传播时，会引起蛋白质分子链中单键、双键结构顺序的改变。当一列波传播到分子链的某一部位时，它们就像硅芯片集成电路中的载流子那样传递信息。

由于蛋白质分子比硅芯片上的电子元件要小得多，彼此又相距较近，因而生物元件可小到几十亿分之一米，元件密集度每平方厘米可达10^{15}～10^{16}个，比硅芯片集成电路高3～5个数量级。这表明，生物计算机完成一项运算，时间仅为目前集成电路的万分之一。同时，由于生物芯片是蛋白质分子，使生物计算机具有自我修复的功能。这样，它在实质上是一部活的计算机，可直接与生物机体结合，如与人的大脑、神经系统有机地连接，使人机自然吻合，成为人脑的延伸。所以，生物计算机移入大脑，将出现奇迹般的现象，如人的视神经先天缺陷或后天损伤，导致眼睛失明，通过生物芯片移入大脑，可使脑神经细胞和视网膜感光细胞之间的联系沟通，使盲人重见光明。

生物计算机工作的方式将接近于人脑，因此，它的研究工作包括两个内容。①生物芯片应包括具有存储记忆、逻辑运算等功能。所以，首先要找到合适的蛋白质分子，并通过生物工程技术分子水平上进行加工，形成各种蛋白质分子元件或生物元件，再把生物元件形成有机的结构，从而组装成功能器件——生物芯片。②通过研究大脑及神经元网络结构的信息处理的过程，从原理上建立全新的计算机模型。这种全新计算机的主要标志是，记忆和信息加工呈现集团性和协同性，它可按内容进行寻访，对信息进行异步的并行处理，还有较强的模式识别、学习和推理能力，能够进行分类、纠错。

以上两项基本内容有机地结合在一起，就能够研制用生物芯片为基本器件，类似于大脑进行工作方式的生物计算机。

生物计算机被称为第六代计算机。目前，生物芯片与信息加工这两项研究工作都有所进展。研制生物芯片的第一步是寻找特殊功能的生物材料，研制分子芯片。目前，科学家已确定了以下物质材料。①细胞色素C，它具有氧化和还原的两种状态，其导电率相差1000倍。这两种状态转换可通过适当方式加上1.5V电压来实现，它可作为记忆元件。日本已用细胞色素制成光电转换元件。②细菌视紫红质，它是一种光驱动开关的原型。由光辐射启动的质子泵在膜两边形成的电位，经离子灵敏场效应放大后，可给出较好的开关信号。③DNA分子，它以核苷酸基编码方式存储遗传信息，是一种存储器的分子模型。④采用导电聚合物如聚乙炔与聚硫氮物制作分子导线，它们的传送信号是以这些物质中的一种非线性的结构微扰，以弧波形沿分子移动，传递信息速度与电子导电情况无多大差别，但能耗极低。

截至目前，美国科学家已经研制出一台由水蛭的神经元构成的生物计算机。目前，这种设备可以做一些简单的求和运算。这种计算机能够自己找到解决问题的方法而不必确切地告诉它们应该做些什么。目前实现的这一生物计算器可以“自己进行思考”，原因是水蛭神经元能够自己形成相互之间的联系。普通的硅芯片计算机只能依据程序员的指令进行这种联系。这种灵活性意味着计算机可以自己找到解决问题的方法。“我们只需引导这些神经元向答案前进，它们会自己找到答案。”这种计算方法特别适用于阅读手写文字之类的模式识别任务，这种任务如果用传统计算机来完成其工作量是非常巨大的。

生物芯片的应用前景十分广阔，诸如人工智能、分子规模计算机、档案库规模计算机存储器、仿生电子人等。生物电脑是最令人惊异的潜在用途之一，采用生物芯片制成的生物电脑，其体积只有现代电脑的十万分之一，而开关速度可与超导器件相媲美。生物芯片距离实际应用还有一段距离，但计算机技术的飞速发展必将促进生物芯片早日进入实用阶段。

思考题

1. 下列说法是否正确：

(1) 某物质经分析后，只含一种元素，此物质一定是单质。

(2) 某物质经分析，含五种元素，此物质有可能是纯净物。

(3) 某物质的组成分子经分析，含有相同种类元素，且百分组成也相同，可确定该物质为纯净物。

(4) 某物质只含一种元素，但原子量不同，该物质是混合物。

2. 某气态单质的相对分子质量为 M，含气体的分子个数为 x，某元素的相对原子质量为 A，在其单质中所含原子总数为 y，N_A 为阿佛加德罗常数，则 M/N_A 用克为单位表示的是这种气体的____数值；用 x/N_A 表示这种气态单质的______；y/N_A 是表示这种单质中__________；A/N_A 用克为单位表示这种元素的______数值。

3. 下列说法是否正确：

(1) 分子是保持物质性质的最小微粒。

(2) 36.5g 氯化氢含阿佛加德罗常数个分子，气体的体积约为 22.4L。

(3) 1 体积 98%浓硫酸与 1 体积水混合，所得溶液的含量为 49%。

(4) 2g 硫与 2g 氧气反应后，生成 4g 二氧化硫。

4. 下列有关气体的说法是否正确：

(1) 同温同压下，不同气体物质的量之比等于它们的体积比。

(2) 同温同压下，相同质量的不同气体体积相同。

(3) 同温同压下，质量相同的不同气体，分子量越大则体积越小。

(4) 同温同压同体积的两种不同气体的质量比等于它们的摩尔质量之比。

(5) 同温同压同体积的两种气体的质量之比等于它们的密度之比。

5. n 摩尔 N_2 和 n 摩尔 ^{14}CO 相比较，下列叙述正确的是（　　）。

(A) 同温同压下，体积相等　　(B) 同温同压下，密度相等

(C) 标准状态下，质量相等　　(D) 所含分子数相同

6. 在相同的温度下，将等质量的 O_2 和 N_2 分别充入体积相等的两个容器中。下列有关这两种气体的说法中，正确的是（　　）。

(A) N_2 分子碰撞器壁的频率小于 O_2 分子　　(B) N_2 的压力大于 O_2 的压力

(C) O_2 分子的平均动能大于 N_2 分子的平均动能　　(D) O_2 和 N_2 分子的速度分布图是相同的

习　题

1. 用对比方法找出下列概念间的区别：

原子与分子，原子与元素，元素与单质，同位素与同素异形体，分子式与化学式，原子量与原子质量。

2. 判断下列说法是否正确，并说明理由。

(1) 氧的原子量就是一个氧原子的质量。

(2) 氧的原子量等于氧的质量数。

3. 判断下列说法是否正确：

(1) 在 36.45g HCl 中，有 6.022×10^{23} 个分子。

(2) 溶液浓度为 $1mol\cdot L^{-1}$，表示 1L 此溶液中含溶质的物质的量为 1mol。

(3) 1mol 某物质的质量，称为该物质的“摩尔质量”。

(4) 一定量气体的体积与温度成正比。

(5) 1mol 任何气体的体积都是 22.4L。

(6) 在 273K 与 101.3kPa 下 1mol 气体的体积大约是 22.4L。

(7) 混合气体中各组分气体的体积百分组成与其摩尔分数相等。

4. 氯由相对原子质量 34.98 和 36.98 的两种同位素组成，它的平均相对原子质量为 35.45。计算同位素丰度。

5. 100mL 98%的浓硫酸，密度 $\rho=1.84g\cdot cm^{-3}$，与 400mL 水混合，所得混合溶液的密度为 $1.22g\cdot cm^{-3}$，求混合溶液的物质的量浓度（摩尔浓度）。（提示：混合后，溶液体积不是 500mL）取此溶液 13mL 稀释至 1L，求稀释后溶液的物质的量浓度。

6. 在 1000℃和 97kPa 下测得硫蒸气的密度为 $0.5977g\cdot dm^{-3}$，求硫蒸气的摩尔质量和分子式。

7. 一敞口烧瓶在 280K 时所盛的气体，需加热到什么温度时才能使其 1/3 逸出瓶外？

8. 在 25℃和 103.9kPa 下，把 1.308g 锌与足量稀硫酸作用，可以得到干燥氢气多少升？如果上述氢气

在相同条件下于水面上收集，它的体积应为多少升？（25℃时水的饱和蒸气压为3.17kPa）

9. 在273K时，将相同初压的4.0dm^3 N_2和1.0dm^3 O_2压缩到一个容积为2.0dm^{3}的真空容器中，混合气体的总压为3.26×10^5Pa。求：

(1) 两种气体的初压。

(2) 混合气体中各组分气体的分压。

(3) 各气体的物质的量。

10. 由C_2H_4和过量H_2组成的混合气体的总压为6930Pa。使混合气体通过铂催化剂进行下列反应：

$$C_2H_4(g)+H_2(g)=\!=\!=C_2H_6(g)$$

待完全反应后，在相同温度和体积下，压力降为4530Pa。求原混合气体中C_2H_4的摩尔分数。

11. 把100g硫酸钡和碳酸钡的混合物投入足量的盐酸中，直到二氧化碳放完为止。蒸干后，固体增重2.75g，求混合物中碳酸钡的百分含量。

12. 把0.2L 2mol·L^{-1}的磷酸溶液滴加到0.3L 3.8mol·L^{-1}的氢氧化钠溶液中。当滴加完毕，生成的产物是什么？其物质的量是多少？

第2章　化学热力学初步

热力学是研究热功及其转化规律的科学。应用热力学原理阐明化学反应中物质变化和能量迁移规律的学科叫做化学热力学。

化学热力学主要讨论：①在指定条件下，某一化学反应进行的可能性、方向和限度；②在化学反应过程中的热效应，怎样控制反应器在指定温度下操作；③化学反应达到平衡的状态如何？反应的最大产率是多少？如何改变外界条件使反应向有利于生产进行的方向移动等问题。

化学热力学只讨论物质或体系的宏观性质，而不涉及物质内部的微观结构；只讨论给定条件下某一化学反应的结果，而不涉及反应进行的机理和速度。

2.1　基本概念

2.1.1　系统与环境、组分与相

2.1.1.1　系统

自然界的物质很多，且有一定的联系，我们不能同时讨论自然界的全部物质。具体讨论时，为了方便，总是人为地将一部分物质与其他物质分开，作为研究的对象，这种被人为划定的研究对象即为系统。

2.1.1.2　环境

由于系统是人为地从周围物质中划分出来的，那么，系统之外，必然还有与之密切相关的周围部分，而这些周围部分往往会对系统产生这样或那样的影响，亦需要加以讨论，故将与系统密切相关的周围部分谓之环境。

按照系统和环境之间物质和能量的交换情况，可以将系统分为三种类型。

(1) 敞开系统　指系统与环境之间既有物质交换又有能量交换的系统。系统是敞口的，如烧杯、试管中进行的过程，某些无盖反应釜中进行的反应，物质可通过开口处与环境交换，能量也可经过开口处、容器器壁或微波、光、电等方法与环境交换。

(2) 封闭系统　指系统与环境之间只有能量交换而无物质交换的系统。系统封闭的是物质交流的通道，能量还是可以通过容器器壁或其他方法与环境交换。如高压釜（一次加料的反应）中进行的反应、测燃烧热的氧弹室等。

(3) 孤立系统　指系统与环境之间既无物质交换亦无能量交换的系统。系统外无物，孤立于世界。孤立系统又称隔离系统，系统的器壁不但是完全封口的，且器壁是由绝热材料制备，与环境间无能量交换。显然孤立系统只能近似实现，为处理问题方便而理想化的。

根据研究重点的不同，系统和环境可有不同分法，系统的类型也可有所不同。例如，烧杯中Zn粒与稀 H_2SO_4 的反应，若把Zn粒作为研究对象，则Zn粒是系统，稀 H_2SO_4 是环境；若把Zn粒＋稀 H_2SO_4 作为系统，则烧杯和周围的空气就是环境。另外，若同样把Zn粒和稀 H_2SO_4 及反应容器作为系统，若是在敞口容器内反应，则为敞开系统；若是在不绝热的密闭容器中进行，则为封闭系统；若是在绝热容器中进行，则为孤立系统。由于多数化工过程涉及的系统大多为封闭系统，故若不加特殊说明，一般都按封闭系统来处理。需要指出的是，系统与环境的划分完全是人为的，二者之间并没有客观存在的明确界限。

热力学上研究的多数为封闭体系，即系统与环境间只有能量交换，没有物质交换。在工业生

产上，即使有很多个敞开小口的反应釜，只要不与外界有大的物质交流，也可认为是封闭系统。

2.1.1.3 组分

系统中所含物质，每一种物质即为一种组分。如只含一种物质称单组分或纯净物，如含多种物质则称多组分或混合物。

2.1.1.4 相

在系统中物理和化学性质完全相同的均匀部分被称为相。有气相、液相和固相，不同的相之间存在着明显的相界面，越过此界面，性质有突跃式的改变。

同一物质可因不同聚集状态形成不同的相，且能同时存在，例如水、水蒸气、冰是同一物质水的不同相。一个相并不一定是一种物质，例如硫酸铜和氯化钠的混合溶液为一个相，但其中有三种物质。多种气相物质，只要它们之间不发生化学反应生成非气相物质，由于气体的无限扩散性，使得这些气体最终会形成一个均匀的单相系统。对于液态物质，或有液态物质的体系，根据能否溶解来判断系统的相数，例如，水和乙醇能无限混溶，所以该系统为单相系统；而水和油，由于它们彼此不溶，即使将它们混合在一起，稳定后明显地分成两层，有明显的界面，水和油成为液-液两相系统。对于固态物质，只要它们之间不形成固溶体合金（凝固时仍保持原熔融态时的分布状态），有几种固体物质，就是几个相。如铁粉与石墨粉混匀，外观上很难把两者分开，但在显微镜下，可很明显地观察到铁和石墨不同颗粒间的界面，同一相要求分子水平的混匀，对于无机物胶体，即使能较稳定地存在，由于其本身是大量分子及离子的集合体，与溶剂处于不同相，是多相体系。判断单相或多相的方法是：取系统中任意很小一个微体积的物质，它的性质与本体物质是否相同，若相同则是一个相。

2.1.2 状态与状态函数

2.1.2.1 状态

状态是系统性质的综合表现，具体地说是对研究对象用简单不很精确的词来表述其性质。如描述一个人的身体状态可用健康、亚健康或病态等词语来描述。对一个研究体系，可用高温低压，高压高密度等词语来描述。

2.1.2.2 状态函数

要准确规范地描述状态性质，就需要一系列可比较的数据来描述。如人体状态可用血压、心率、血黏度等数据来说明。状态函数是指决定状态性质的参变量，即决定状态的性质的物理量。原则上所有状态性质都是状态函数，但习惯上通常把那些不易直接测得的状态性质作为状态函数，而把那些容易直接测得的状态性质作为状态参变数。如一般把热力学能（又称内能 U）、焓（H）、吉布斯函数自由能（G）等作为状态函数，而把温度（T）、压力（p）、体积（V）等状态函数作为状态参变数。状态一定，状态函数就有了确定值与状态对应。状态函数是状态的单值函数，状态发生变化时状态函数的改变量只取决于系统的始态和终态，而与变化过程无关。如一杯水的始态是 20℃、100kPa、50g，加热后终态是 80℃、100kPa、50g，无论是一次加热到 80℃，还是先加热到 40℃，再加热到 80℃，其状态函数的改变都是相同的。

系统的状态函数有些是相互关联的，所以描述系统的状态时只需要实验测定系统的若干个宏观物理量，另一些即可通过它们之间的联系来确定。例如，某一理想气体的物质的量、压力、温度由实验确定之后，则该系统的体积、密度即可利用理想气体状态方程式求得。

由状态函数所表现出的宏观性质分为两类。一类称为强度性质，如温度（T）、压力（p）、密度（ρ）等。这类性质没有加和性，与系统中物质的量无关。从该系统中任取一微小部分，其性质与整个系统中的物质完全一样。另一类宏观性质称为容量（或广度）性质，如体积（V）、物质的量（n）等。容量性质与系统中物质的量有关。例如，将 1L、298.15K、

101.32kPa 的氮气与另一体积、温度和压力与之完全相同的氮气混合，混合后氮气的温度、压力仍分别为 298.15K 和 101.32kPa，而体积成为 2L，具有加和性。

2.1.3　热力学能

系统的能量由三部分组成，即系统整体运动的动能，系统在外力场中的位能以及系统内部的能量，在化学热力学中一般只注意系统内部能量，称为热力学能，也称内能，用符号 U 表示。热力学能是指系统内分子运动的平动能、转动能、振动能、电子及核的运动能量，以及分子与分子相互作用的位能等能量的总和。由于至今人类还不能完全认识微观粒子的全部运动形式，所以热力学能的绝对值还无法知道。在科研和生产中，我们更想搞清楚的是热力学能的变化，即在状态变化中需提供多少能量或放出多少能量。热力学能的变化值可以通过系统与环境交换能量——热或功，或者热与功的总和来度量。热力学能是温度的单值函数。

2.1.4　热和功

热力学中的热量是指当系统与环境之间存在温差时，高温物体向低温物体传递的能量，用符号 Q 表示。有时单独用“热”字表述，但与传统中热表示冷暖或温度高低是完全不同的概念。

在热力学中除热以外，系统与环境所交换的其他能量均称为功。功包括体积功、电功、表面功等。用符号 W 表示。本章主要讨论体积功，它是伴随着系统体积变化而产生的能量传递。

在热力学上经常遇到的功是体积功，它是指体系对抗外压发生体积变化。在一截面为 S 的圆柱形筒内体系经历一热力学过程，假设在恒外力 F 的作用下，活塞从Ⅰ位移动到Ⅱ位，移动距离为 Δl，如图 2 1 所示。

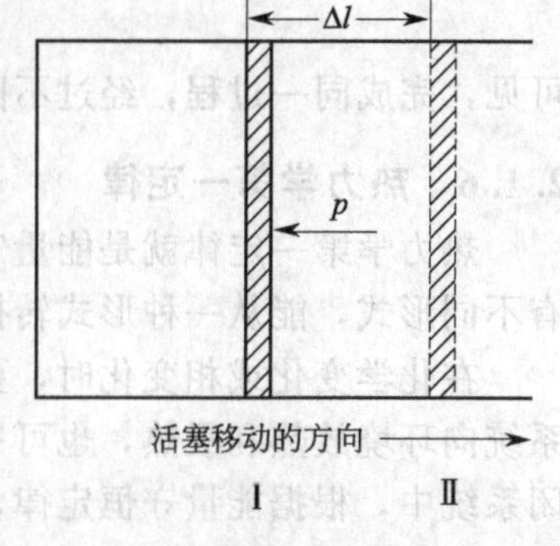

图 2-1　系统对环境做功

按照功的定义，体系对环境的功 $W=F\cdot\Delta l$。等式两边同乘截面积 S 并做变换，得：

$$W=\frac{F}{S}\cdot\Delta l\cdot S$$

其中 $\frac{F}{S}$ 是外压 p，$\Delta l\cdot S$ 是体积，它等于气体扩张过程的 ΔV。故体系对环境做功为：

$$W=-p\Delta V\text{（负号指过程中体系失去功）}$$

这种功称为体积功，表示为 $W_{体}$。

对于研究的过程与途径，若不加以特别说明，可以认为只有体积功，即 $W=W_{体}$。

2.1.5　过程与途径

过程是指体系从一种平衡状态到另一种平衡状态，途径指完成一个过程所经历的一系列中间步骤。体系完成一个过程，可以通过不同的途径，状态函数的变化值完全相同，但非状态函数的数据热和功在不同途径中可以不同。如理想气体恒温膨胀过程：

$$\boxed{4\times100\text{kPa}，4\text{dm}^3}\xrightarrow{\Delta T=0}\boxed{1\times100\text{kPa}，16\text{dm}^3}$$

至少可以通过图 2-2(a)、(b) 所述两种不同途径完成。

先考察途径 (a)，反抗外压 $p=1\times100\text{kPa}$，一次膨胀到 16dm^3，$1\times100\text{kPa}$。

$$\begin{aligned}W_a&=-p\Delta V\\&=-1\times100\text{kPa}\times(16-4)\text{dm}^3\\&=-1200\text{J}\end{aligned}$$

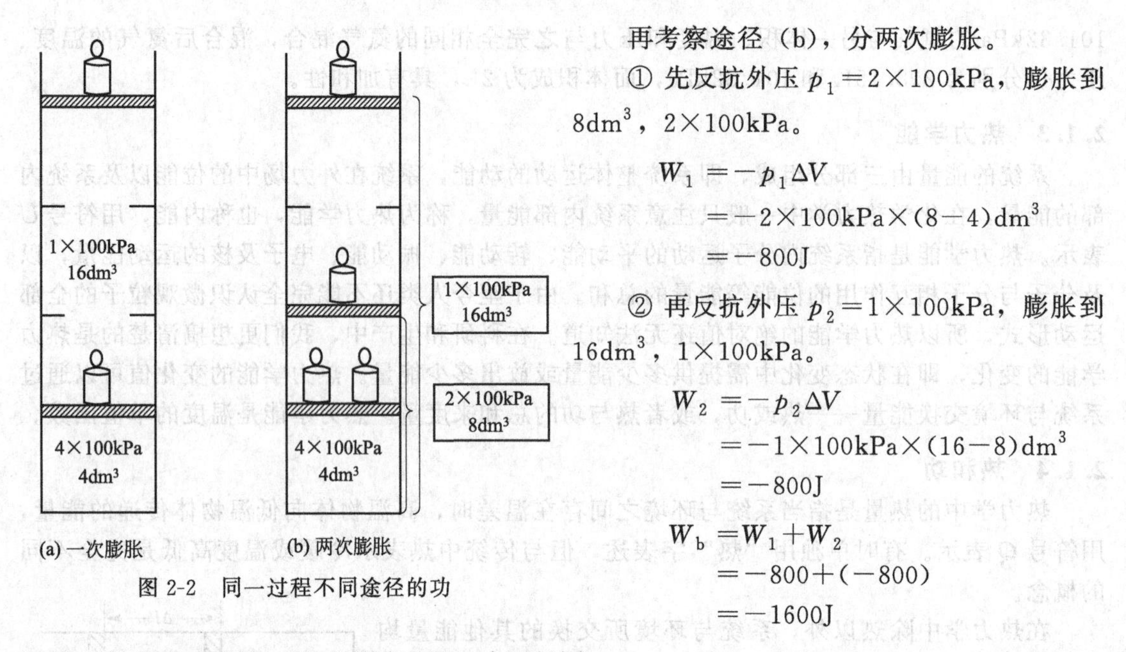

图 2-2 同一过程不同途径的功

再考察途径（b），分两次膨胀。

① 先反抗外压 $p_1=2\times100\text{kPa}$，膨胀到 8dm^3，$2\times100\text{kPa}$。

$$W_1=-p_1\Delta V$$
$$=-2\times100\text{kPa}\times(8-4)\text{dm}^3$$
$$=-800\text{J}$$

② 再反抗外压 $p_2=1\times100\text{kPa}$，膨胀到 16dm^3，$1\times100\text{kPa}$。

$$W_2=-p_2\Delta V$$
$$=-1\times100\text{kPa}\times(16-8)\text{dm}^3$$
$$=-800\text{J}$$
$$W_b=W_1+W_2$$
$$=-800+(-800)$$
$$=-1600\text{J}$$

可见，完成同一过程，经过不同途径，功不相同。

2.1.6 热力学第一定律

热力学第一定律就是能量守恒定律，它的文字叙述为：自然界一切物质都有能量，能量有不同形式，能从一种形式转换为另一种形式，在转化过程中能量的总量不变。

在化学变化或相变化时，要涉及系统的状态变化，即引起系统热力学能变化，同时伴随系统向环境放热和吸热，也可以伴随系统体积变化对环境做功或环境对系统做功。如果在封闭系统中，根据能量守恒定律，应有式(2-1) 的关系：

$$\Delta U=Q+W \tag{2-1}$$

Q 和 W 前的正负号在不同版本的书中不同，故我们不妨把式子写成：

$$\Delta U=\pm Q\pm W$$

在判断 Q 和 W 前的正负号时的原则是：以体系为中心，体系得到为正，体系失去为负。在上例中，由于是等温过程，$\Delta T=0$，则 $\Delta U=0$。

途径（a）
$$\Delta U=Q+W_a$$
$$Q=\Delta U-W_a$$
$$=0\text{J}-(-1200\text{J})$$
$$=1200\text{J}$$

途径（b）
$$\Delta U=Q+W_b$$
$$Q=\Delta U-W_b$$
$$=0\text{J}-(-1600\text{J})$$
$$=1600\text{J}$$

较多的版本把热力学第一定律写成

$$\Delta U=Q-W$$

这是假定 $\Delta V>0$，体积扩大，压缩环境，体系对环境做功，即体系失去功，前面的符号写成负号。若体系体积缩小，$\Delta V<0$，环境压缩体系对体系做功，体系得到功，则体积功 $-p\Delta V$ 是正值。

2.2 热化学

把热力学第一定律具体应用到化学反应中，讨论和计算化学反应的热量变化的学科叫热化学。

2.2.1 化学反应热与焓变

物质发生化学变化时，常常伴有热量的放出或吸收。化学热力学中，常把反应物和生成物的温度相同，且反应过程中系统只做体积功时所吸收或放出的热量称为化学反应热。若生成物与反应物的起始温度不同，生成物与反应物的不同温度差会产生不同的热效应。

由于工程技术上碰到的大部分化学反应通常是在定容或定压条件下进行的，下面就从热力学第一定律来分析定容反应热和定压反应热的特点。

(1) 定容反应热　系统变化时体积不变（$\Delta V=0$）且不做非体积功时：

$$W=-p\Delta V=0 \quad \Delta U=Q+W=Q_V \tag{2-2}$$

式中，Q_V 表示定容反应热。

式(2-2) 表明，在不做非体积功的条件下，定容反应的热效应在数值上等于系统热力学能的变化。

(2) 定压反应热　许多过程是在定压条件下进行的。例如，敞开容器中液相反应，保持恒定压力的气相反应（外压不变，系统的压力等于外压），均为定压过程。为保持系统定压，一般来说系统的体积会发生变化。定压下，系统只做体积功时，以 Q_p 表示定压反应热，则

$$\Delta U=Q_p+W=Q_p-p\Delta V$$

$$Q_p=\Delta U+p\Delta V=(U_2-U_1)+p(V_2-V_1)=(U_2+pV_2)-(U_1+pV_1)$$

从上式可见，定压反应热是热力学函数组合 $U+pV$ 之差，在热力学中把 $U+pV$ 定义为焓，以符号 H 表示，即

$$H=U+pV$$

则

$$Q_p=H_2-H_1=\Delta H \tag{2-3}$$

式(2-3) 表明，定压下，系统只做体积功时的热效应在数值上等于系统的焓变。

由于 U、p、V 都是状态函数，则由它们组合而成的焓也是状态函数，它由两部分组成，一部分为反应系统的热力学能变化，另一部分为系统在反应过程中所做的体积功。

① 由于人们不能测定热力学能的绝对值，自然也不能测定焓的绝对值。

② 若反应物，生成物都为固态或液态，反应前后体积变化不大，$\Delta V\approx 0$，则

$$\Delta U\approx\Delta H$$

③ 若反应前后有气体体积变化，由于固体或液体变为气体时，体积会增大 1000 倍左右，此时，体积功不能忽略。

$$\Delta H=\Delta U+p\Delta V$$

在温度不太低、压力不太高时，可近似作为理想气体处理，$pV_1=n_1RT$，$pV_2=n_2RT$，因此，$p\Delta V=\Delta nRT$，得出：

$$\Delta H=\Delta U+\Delta nRT \quad 或 \quad \Delta U=\Delta H-\Delta nRT \tag{2-4}$$

式中，Δn 是反应前后气相物质的物质的量的改变量，一般情况下后一项 ΔnRT 的数据远小于前面一项，ΔH 的单位常用 $kJ\cdot mol^{-1}$，后一项单位应$\times 10^{-3}$ 统一为 $kJ\cdot mol^{-1}$ 后再计算 ΔU。

H 没有像热力学能 U 那样有明确的物理意义，可以理解为体系内部能量和潜在的做体积功能力之和。在等压化学反应中，焓变也可看作产物的“热含量”与反应物的“热含量”之差。

(3) 反应热的测量

① 杯式量热计　如图 2-3 所示的杯式量热计，适用于测量恒压热效应 Q_p，液相反应的反应热，如溶解热、中和热等均可用杯式量热计测量。

假设反应物在量热计中进行的化学反应是在绝热条件下进行的，即反应体系（量热计）与环境不发生热量传递。这样，从反应体系前后的温度变化和量热器的热容及有关物质的质量和比热容等，就可以计算出反应的热效应。

$$Q_p = \Delta TC$$

式中 C 是热容，表示量热计及内容物升温 1K 所需的热量，实验前可用杯中定量温水加定量热水后的温变测量热容，也可用本身加热器加热原杯中物质并恒温后加温水或冷水来测量热容。

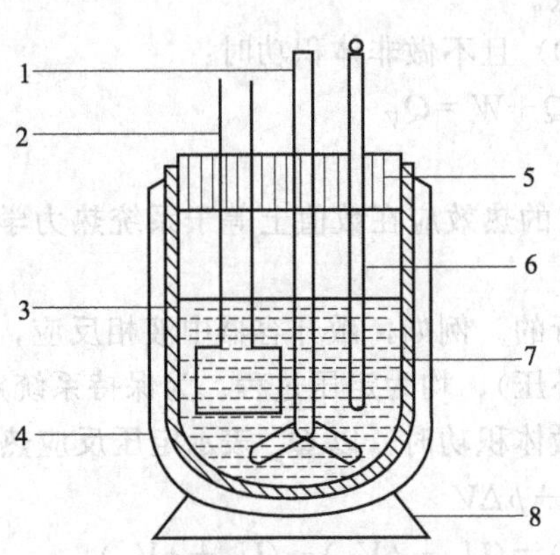

图 2-3　保温杯式简易量热计装置

1—搅拌器；2—加热器；3—保温杯；4—杯外套；5—杯盖；6—温度计；7—反应体系；8—底座

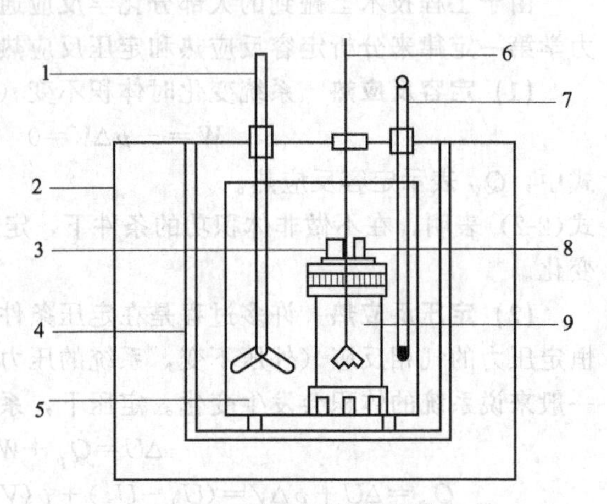

图 2-4　弹式量热计示意图

1—搅拌器；2—绝热外套；3—氧弹进气孔；4—挡板；5—盛水容器；6—引燃线；7—温度计；8—氧弹排气孔；9—钢制氧弹

② 弹式量热计　如图 2-4 所示的弹式量热计，适用于气体以及有机物的燃烧反应。测得的反应热是恒容反应热。

在弹式量热计中，有一个高强度钢制的容器叫钢弹。钢弹放入有一定量水的绝热容器中，测量反应热时，将除氧以外的反应物装入钢弹中，并向钢弹内通入一定量的高压氧气，所以，钢弹也叫氧弹。电火花引燃反应后，产生的热量使水和整个量热计升温，热量计算与杯式量热计相似。

【例 2-1】　在 100℃和 100kPa 下，由 1mol $H_2O(l)$ 汽化为 1mol $H_2O(g)$。在此汽化过程中 ΔH 和 ΔU 是否相等？若在此状态下，水的汽化热 Q_p 为 $40.63kJ \cdot mol^{-1}$，则 ΔU 为多少？

解：该汽化过程为　　$H_2O(l) \rightleftharpoons H_2O(g)$

该过程是在恒温恒压和只做体积功的条件下进行的。根据式(2-4)

$$\Delta U = \Delta H - \Delta nRT = [40.63-(1-0)\times 8.314\times(273.15+100)\times 10^{-3}]\ kJ \cdot mol^{-1}$$

$$=(40.63-3.10)\ kJ \cdot mol^{-1} = 37.53kJ \cdot mol^{-1}$$

显然 ΔH 和 ΔU 是不相等的。

【例 2-2】　在 25℃时，将 0.92g 甲苯置于一含有足够 O_2 的绝热刚性密闭容器中燃烧，最终产物为 CO_2 和液态水，过程放热 39.43kJ，试求下列化学反应的标准摩尔焓变。

$$C_7H_8(l) + 9O_2(g) \longrightarrow 7CO_2(g) + 4H_2O(l)$$

解：$M_{r甲苯}=92$

$$n_{甲苯}=\frac{m_{甲苯}}{M_{甲苯}}=\frac{0.92g}{92g\cdot mol^{-1}}=0.010mol$$

$$\Delta_r U_m=-39.43/0.010=-3943\ (kJ\cdot mol^{-1})$$

$$\Delta_r H_m=\Delta_r U_m+\Delta n(g)RT=-3943-(2\times 8.314\times 298.15)\times 10^{-3}=-3948\ (kJ\cdot mol^{-1})$$

$\Delta_r H_m$ 是假设上述反应在恒压情况下反应应该放出的热量。可见，不管是相变还是化学反应过程，若 $\Delta n>0$，$\Delta H<\Delta U$（负值更大），但相差不大，即 $\Delta n(g)RT$ 项所占比例不大。

2.2.2　化学反应热的计算

2.2.2.1　热化学方程式

表示化学反应及其反应的标准摩尔焓变的化学反应方程式，叫做热化学方程式，例如

$$2H_2(g)+O_2(g)=2H_2O(g)\quad \Delta_r H_m^{\ominus}(298.15K)=-483.64kJ\cdot mol^{-1}$$

式中，$\Delta_r H_m^{\ominus}$ 称为反应的标准摩尔焓变，单位为 $kJ\cdot mol^{-1}$（或 $J\cdot mol^{-1}$）。H 的左下标“r”表示反应（reaction），右下标“m”表示 1mol 反应，反应进度 $\xi=1$ 时，即各物质按所写化学反应方程式进行了完全反应，如上述反应是指 2mol $H_2(g)$ 与 1mol $O_2(g)$ 完全反应生成 2mol $H_2O(g)$ 为 1mol 的反应，注意 1mol 的反应的意义与化学计量方程有关。上标“$\ominus$”表示反应是在标准态时进行的。

标准状态（简称标准态）是热力学上为了便于比较和应用而选定的一套标准条件。温度为任意，压力 $p^{\ominus}=100kPa$，浓度 $c^{\ominus}=1mol\cdot L^{-1}$ 或纯液体，固体为纯固体。

书写热化学方程式时应注意以下几点：

① 必须注明化学反应方程式中各物质的聚集状态，通常以 g、l、s 分别表示气（g）、液（l）、固（s）态，同素异形体、不同晶型要注明，还以 aq 表示水溶液（aqua）。

② 同一反应，以不同的计量方程式表示时，其热效应不同。如

$$2H_2(g)+O_2(g)=2H_2O(g)\quad \Delta_r H_m^{\ominus}(298.15K)=-483.64kJ\cdot mol^{-1}$$

$$H_2(g)+1/2O_2(g)=H_2O(g)\quad \Delta_r H_m^{\ominus}(298.15K)=-241.82kJ\cdot mol^{-1}$$

这是因为反应的热效应是 1mol 反应（根据所给方程式）时所放出或吸收的热量，前者表示 2mol $H_2(g)$ 与 1mol $O_2(g)$ 完全反应生成 2mol $H_2O(g)$ 时放出的热量；而后者表示 1mol $H_2(g)$ 与 1/2mol $O_2(g)$ 完全反应生成 1mol $H_2O(g)$ 时放出的热量。

③ 注明反应的温度和压力，若为 298.15K 和 100kPa 时可不予注明。

2.2.2.2　盖斯定律

1840 年瑞士籍俄国化学家盖斯 Hess G. H（1802～1850 年）在总结大量实验事实的基础上提出：“一个化学反应不管是一步完成的，还是分为数步完成的，其热效应总是相同的。”这叫做盖斯定律。可见，对于恒容或恒压化学反应来说，只要反应物和产物的状态确定了，反应的热效应 Q_V 或 Q_p 也就确定了。热量不是状态函数，与过程有关，该定律能成立的原因是那个时代研究的反应都是在恒压下进行的，即等于 ΔH，具有了状态函数的特点，实际上盖斯定律是“内能和焓是状态函数”这一结论的进一步体现。盖斯定律的重要意义在于能使热化学方程式的热效应能像普通代数式一样计算，即化学方程式相加或相减，相应的热效应也相加或相减。据此，可计算一些很难直接用或尚未用实验方法测定的反应热效应。

此外，根据正逆反应的代数和为零可以得出一个推论：正逆反应的热效应数量相等，正负号相反。

【例 2-3】 已知 298.15K 标准态下：

(1)　$C_{石墨}+O_2(g)=CO_2(g)$；$\Delta_r H_m^{\ominus}(1)=-393.51kJ\cdot mol^{-1}$

(2) $CO(g)+1/2O_2 \longrightarrow CO_2(g)$；$\Delta_r H_m^{\ominus}(2)=-282.99 kJ \cdot mol^{-1}$

求反应(3) $C_{石墨}+1/2O_2(g) \longrightarrow CO(g)$； $\Delta_r H_m^{\ominus}(3)=?$

解：生成 CO_2 可以设计经过如下两种途径

始态 $C_{石墨}+O_2(g)$ —— $\Delta_r H_m^{\ominus}(1)$ ——→ 终态 $CO_2(g)$

$\Delta_r H_m^{\ominus}(3)$ → $CO(g)+1/2O_2(g)$ → $\Delta_r H_m^{\ominus}(2)$

根据盖斯定律：

$$\Delta_r H_m^{\ominus}(1)=\Delta_r H_m^{\ominus}(2)+\Delta_r H_m^{\ominus}(3)$$
$$\Delta_r H_m^{\ominus}(3)=\Delta_r H_m^{\ominus}(1)-\Delta_r H_m^{\ominus}(2)$$
$$=-393.51-(-282.99)$$
$$=-110.52\ (kJ \cdot mol^{-1})$$

因为碳燃烧时很难控制碳的氧化产物只有 CO 而无 CO_2 生成，即反应(3) 的热效应很难直接测定，而反应(1) 和(2) 的热效应易于直接测定，因此盖斯定律可以间接计算像反应(3) 这样难于直接测定或不能直接测定的反应的热效应。

【例 2-4】 已知反应为

① $Fe_2O_3(s)+3CO(g) \longrightarrow 2Fe(s)+3CO_2(g)$ $\Delta_r H_m^{\ominus}(1)=-27.6 kJ \cdot mol^{-1}$

② $3Fe_2O_3(s)+CO(g) \longrightarrow 2Fe_3O_4(s)+CO_2(g)$ $\Delta_r H_m^{\ominus}(2)=-58.58 kJ \cdot mol^{-1}$

③ $Fe_3O_4(s)+CO(g) \longrightarrow 3FeO(s)+CO_2(g)$ $\Delta_r H_m^{\ominus}(3)=38.07 kJ \cdot mol^{-1}$

不查表计算下列反应的 $\Delta_r H_m^{\ominus}$：

$$FeO(s)+CO(g) \longrightarrow Fe(s)+CO_2(g)$$

解：由[反应①×3－反应②－反应③×2]/6 得

$$FeO(s)+CO(g) \longrightarrow Fe(s)+CO_2(g)$$

则 $\Delta_r H_m^{\ominus}=[3\Delta_r H_m^{\ominus}(1)-\Delta_r H_m^{\ominus}(2)-2\Delta_r H_m^{\ominus}(3)]/6$
$=[3\times(-27.6)-(-58.58)-2\times 38.07]/6$
$=-16.73\ (kJ \cdot mol^{-1})$

2.2.2.3 标准摩尔生成焓和标准摩尔焓变

用盖斯定律求算反应热，需要知道许多反应的热效应，要将反应分解成几个反应，或把几个已知热效应的反应拼凑成要求算热效应的反应，有时这是个很复杂的过程，如例 2-4，既然化学反应的恒压热效应焓变是状态函数的改变量，是过程末状态即产物的焓减去初状态即反应物的焓，如果知道了反应物和产物的状态函数 H 的值，反应的 $\Delta_r H_m$ 即可由产物的焓值减去反应物的焓值而求得。从焓的定义式看到 $H=U+pV$，由于有 U 的存在，H 值不能实际求得。但我们要求的是 $\Delta_r H$，在不能求得 H 时，要寻找一种方法求出 $\Delta_r H$。

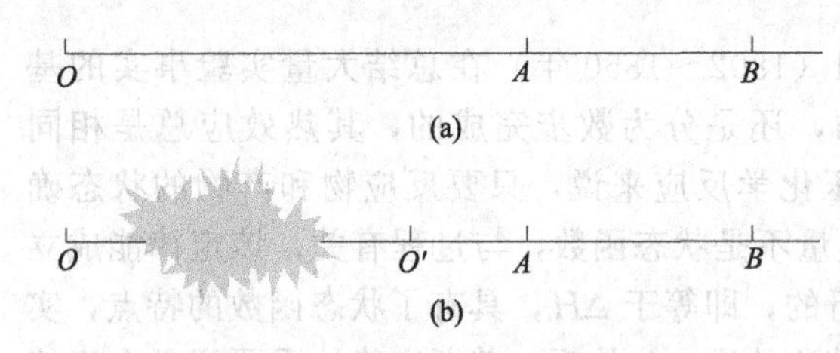

图 2-5 选择相对零点求取 AB 距离

下面来考察平面几何中使用过的方法，并考虑将其借鉴到所求的问题中。

如图 2-5 所示，从 O 点出发的射线上，有 A、B 两点，显然 AB 的长度等于 $OB-OA$。由于有障碍物，如图 2-5(b) 所示，OB 和 OA 不能直接测得。

在这种情况下，可在射线上选一个点 O'，在测得 $O'B$ 和 $O'A$ 后，即可求出 AB，即

$$AB=O'B-O'A$$

关键是如何选择这样一个相对零点 O'。O'点必须在 OA、OB 上，或者说 O'点必须在由 O

到 A 和 B 的射线上。

这种思考方法在中学物理课中也曾使用过。研究势能时，经常以某一高度为零点，从而给出相对高度，求出势能差。

在化学反应中最好也能找到一个相对零能量水准面，由于所有物质都可以看成是由单质合成，若以指定单质的热焓作为相对零能量水准面去规定各种物质的相对热焓值，即可达到求 $\Delta_r H$ 的目的。

(1) 物质的标准摩尔生成焓　化学热力学规定，某温度下，由处于标准状态的各种元素的指定单质生成标准状态下单位物质的量（即 1mol）的某纯物质的热效应，叫做这种温度下该纯物质的标准摩尔生成焓，用符号 $\Delta_f H_m^\ominus$ 表示，其单位为 $kJ \cdot mol^{-1}$。当然处于标准状态下的各元素指定单质的标准摩尔生成焓为零，即自己生成自己，不经过任何过程，热效应当然为零。指定单质一般选热力学上较稳定、易提纯的物质，如碳选石墨，磷选白磷等。一些物质在 298.15K 下的标准摩尔生成焓列于附录 2。

标准摩尔生成焓的符号 $\Delta_f H_m^\ominus$ 中，ΔH 表示恒压下的摩尔反应热效应，下标 f 是 formation 的字头，有生成之意，$^\ominus$表示物质处于标准状态。

对于物质的标准状态，化学热力学上有严格的规定，对气体，其分压 $p^\ominus = 100kPa$，对固体或液体是指在 100kPa 压力下的纯固体或纯液体；对溶液，是指溶液浓度为 $c^\ominus = 1mol \cdot L^{-1}$。

(2) 反应的标准摩尔焓变　在标准条件下反应或过程的摩尔焓变叫做反应的标准摩尔焓变，以 $\Delta_r H_m^\ominus$ 表示，根据盖斯定律和标准摩尔生成焓的定义，可以得出关于 298.15K 时反应标准焓变 $\Delta_r H_m^\ominus$（298.15K）的一般计算规则。

有了标准摩尔生成焓就可以很方便地计算出许多反应的热效应。对任一个恒温恒压下进行的化学反应来说，都可以将其途径设计成：

反应物→指定单质→产物

因为化学反应只是原子间的重新组合，先想象把所有反应物拆成指定单质，再由这些指定单质的原子组合成产物。由于焓变 $\Delta_r H_m^\ominus$ 是状态函数，由反应物，通过中间状态的指定单质再到产物，与由反应物直接到产物的焓变 $\Delta_r H_m^\ominus$ 是相同的。即

始态 反应物 —— $\Delta_r H_m^\ominus(1)$ ——→ 终态 产物

$\Delta_r H_m^\ominus(3)$ ↘ 指定单质 ↗ $\Delta_r H_m^\ominus(2)$

根据盖斯定律：

$$\Delta_r H_m^\ominus(298.15K) = \sum \nu_B \Delta_f H_m^\ominus(298.15K)(生成物) + \sum \nu_B \Delta_f H_m^\ominus(298.15K)(反应物) \quad (2\text{-}5)$$

式中　B——反应中的任一物质；

ν_B——反应物和产物的化学计量系数（注意，反应物系数是负的，因它在反应中减少）；

$\Delta_f H_m^\ominus$——反应中任意物质的标准摩尔生成焓；

$\Delta_r H_m^\ominus$——标准摩尔焓变。

如果系统温度不是 298.15K，而是其他温度，则反应的 $\Delta_r H_m^\ominus$ 是会有所改变的，但热效应的计量规定产物的温度须回到原反应物的温度，反应物在即时温度与 298.15K 间的焓变与产物在即时温度与 298.15K 间的焓变非常接近，过程相反，热效应正好抵消。在近似计算中，往往就近似地将 $\Delta_r H_m^\ominus$（298.15K）作为其他温度 T 时的 $\Delta_r H_m^\ominus(T)$。

【例 2-5】　试计算铝粉和三氧化二铁的反应的 $\Delta_r H_m^\ominus$（298.15K）。

解：写出有关的化学方程式，并在各物质的下面标出其标准生成焓的值。

$$2Al(s)+Fe_2O_3(s) \xlongequal{} Al_2O_3(s)+2Fe(s)$$

$\Delta_f H_m^{\ominus}$ (298.15K) ($kJ \cdot mol^{-1}$) 0 −824.2 −1675.7 0

$$\Delta_r H_m^{\ominus}(298.15K)=\{\Delta_f H_m^{\ominus}(298.15K)[Al_2O_3(s)]+2\Delta_f H_m^{\ominus}(298.15K)[Fe(s)]\}$$
$$-\{\Delta_f H_m^{\ominus}(298.15K)[Fe_2O_3(s)]+2\Delta_f H_m^{\ominus}(298.15K)[Al(s)]\}$$
$$=[(-1675.7)+0]-[(-824.2)+0]=-851.5\ (kJ \cdot mol^{-1})$$

(3) 反应的燃烧焓 热力学规定，在标准态下物质完全燃烧时的热效应，叫该物质的标准燃烧焓，以 $\Delta_c H_m^{\ominus}$ 表示。标准摩尔燃烧焓的符号 $\Delta_c H_m^{\ominus}$ 中，ΔH 同样表示恒压下的摩尔反应热效应，下标 c 是 combustion 的字头，有燃烧之意，$^{\ominus}$表示物质处于标准状态(100kPa)。

如果说生成焓是选择相对起点作为参照的热力学数据，那么燃烧焓是把终点作为参照点。故对于燃烧终点的规定，必须统一，因为这是选择的相对终点。

C $CO_2(g)$； H $H_2O(l)$;S $SO_2(g)$； N $N_2(g)$； Cl $HCl(aq)$

与由生成焓求反应的焓变 $\Delta_r H$ 公式相似，也可通过反应物和生成物的燃烧焓，求出某些反应的焓变 $\Delta_r H$。

有了标准摩尔燃烧焓就可以很方便地计算出许多反应的热效应。对于一个恒温恒压下进行的化学反应来说，都可以将其途径设计成：

反应物→燃烧产物→生成物

即

始态 [反应物] —— $\Delta_r H_m^{\ominus}(1)$ ——→ 终态 [生成物]

[反应物] —— $\Delta_r H_m^{\ominus}(3)$ ——→ [燃烧产物] —— $\Delta_r H_m^{\ominus}(2)$ ——→ [生成物]

根据盖斯定律：

$$\Delta_r H_m^{\ominus}(298.15K)=\sum\nu_B\Delta_c H_m^{\ominus}(298.15K)(\text{反应物})+\sum\nu_B\Delta_c H_m^{\ominus}(298.15K)(\text{生成物}) \tag{2-6}$$

与用标准生成焓计算 $\Delta_r H_m^{\ominus}$ 稍有不同的是，由于选择的是最终燃烧产物为水准面，焓变为反应物的燃烧焓之和减去生成物的燃烧焓。

【例 2-6】 已知下列有机物的标准燃烧焓：

$(COOH)_2(s)$ 的 $\Delta_c H_m^{\ominus}=-251.88kJ \cdot mol^{-1}$，$CH_3OH(l)$ 的 $\Delta_c H_m^{\ominus}=-715.05kJ \cdot mol^{-1}$，$(COOCH_3)_2(l)$ 的 $\Delta_c H_m^{\ominus}=-1687.55kJ \cdot mol^{-1}$

试计算下列反应在标准态时的热效应：

$$(COOH)_2(s)+2CH_3OH(l) \longrightarrow (COOCH_3)_2(l)+2H_2O$$

解：H_2O 的燃烧焓为零，根据公式

$$\Delta_r H_m^{\ominus}(298.15K)=\sum\nu_B\Delta_c H_m^{\ominus}(298.15K)(\text{反应物})+\sum\nu_B\Delta_c H_m^{\ominus}(298.15K)(\text{生成物})$$
$$=(-251.88)+2\times(-715.05)-(-1687.55)$$
$$=+5.57\ (kJ \cdot mol^{-1})$$

(4) 从键能估算反应热 化学反应的实质，是反应物中化学键的断裂与生成物中化学键的形成。化学键断裂和形成过程的总的热效应，也体现了生成物与反应物的焓值变化，故通过键能可以估算反应热。

$$\Delta_r H_m^{\ominus}=\sum\text{键能(成)}-\sum\text{键能(断)}$$

例如，反应：$2NH_3(g)+3Cl_2(g) \xlongequal{} N_2(g)+6HCl(g)$

反应过程中断裂的化学键有 6 个 N—H 和 3 个 Cl—Cl，反应形成的化学键有 1 个 N≡N 和 6 个 H—Cl。

$$\Delta_r H_m^{\ominus}=6E(\mathrm{H—Cl})+E(\mathrm{N{\equiv}N})-6E(\mathrm{N—H})-3E(\mathrm{Cl—Cl})$$

由于在不同化合物中，同种键的键能不完全相同，故利用键能的数据，只能估算反应热。关于键能，将在后面的章节中讨论。

2.3 化学反应进行的方向

前面讨论了化学反应过程中能量转化的问题。一切化学变化中的能量转化，都遵循热力学第一定律。但是，不违背热力学第一定律的化学变化，却未必都能自发进行。那么，在给定条件下，什么样的化学反应才能进行？这就需要用热力学第二定律来解决。

2.3.1 化学反应自发性的判断

2.3.1.1 自发过程的共同特征

自然界中发生的过程都有一定的方向：从体系的非平衡状态趋向一定条件下的平衡态。例如，热自发地从高温物体传给低温物体，直至两物体温度相等；水自发地从高水位处流向低水位处，直至两处水位相等。又如，铁自然会生锈，直至铁全部变为铁锈。

这种在给定条件下不需外加做功而能自己进行的反应或过程叫做自发反应或过程。自发过程的逆过程一定是非自发过程。非自发过程是不能自动发生的，外界必须对系统做功，非自发过程才可以发生。如开动制冷机，使热自低温物体传给高温物体，利用水泵把水从低处送往高处。化学反应是不同反应物分子中原子重新组合成新分子的过程，即旧的化学键断裂和新的化学键生成的过程，由于分子非常小，人们很难人为地让原子重新组合的非自发过程发生，因为没有如此小到能剪断单个化学键再拼成另一化学键的工具（除少量光化学反应）。

2.3.1.2 自发过程与焓变

长期以来，人们十分关心反应的自发性，一直在寻找用于判断反应能否自发进行的判据。100 多年前，曾经有人根据自然界自发过程沿着能量降低的方向进行这一思路，指出化学反应也是沿着能量降低的方向进行的，19 世纪中叶，曾提出汤姆逊（Thomsen）-贝塞罗（Berthelot）原理：“任何没有外界能量参与的化学反应总是趋向于向放热更多的方向。”显然，这就是以焓变作为判断反应自动发生方向的依据：放热越多，焓变越负，系统能量越低，反应越能自动进行。

实验结果表明，许多自发反应是放热反应。但是，人们也发现不少吸热反应或吸热过程也能自发进行。例如，在常温常压下，冰融化成水，硝酸铵溶解于水，较高温度时，固体氯化铵分解成氨气和氯化氢气体等都能自发进行，它们是吸热反应或吸热过程。事实说明，要判断反应或过程能否自发进行，不能只用反应或过程的焓变作为依据，还要考虑其他因素。

2.3.1.3 熵变与反应的方向

进一步的研究发现，上述吸热反应或过程之所以能自发进行，还与反应前后物质的混乱度有关，例如冰融化成水，硝酸铵溶解于水，固体氯化铵分解成氨气和氯化氢气体都使系统的混乱度增加。这些事实说明，自发反应或过程趋向于系统取得最大混乱度，即向系统混乱程度增加的方向进行。

(1) 熵的概念　1864 年，克劳修斯提出了熵（S）的概念，但它非常抽象，既看不见也摸不着，很难直接感觉到熵的物理意义。1872 年波尔兹曼首先对熵给予微观的解释，他认为：在大量微观粒子（分子、原子、离子等）所构成的体系中，熵就代表了这些微观粒子之间无规则排列的程度，或者说熵代表了系统的混乱度。后来应用概率论的统计热力学还给出了关系式 $S=k\ln\Omega$，Ω 表示微观粒子可能的状态数，k 为波尔兹曼常数，其值为 $1.380658\times10^{-23}\,\mathrm{J\cdot K^{-1}}$。

系统内物质微观粒子的混乱度是与物质的聚集状态有关的。在绝对零度时，理想晶体内分子的热运动（平动、转动和振动等）可认为完全停止，物质中微观粒子处于完全整齐有序的情况，微观粒子可能的状态数 Ω 只有唯一的一种。热力学中规定：在绝对零度时，任何纯净的完整晶态物质的熵等于零。因此，若知道某物质从绝对零度到指定温度下的一些热化学数据，如热容、相变热等，就可以求算出此温度时的熵值，称为这一物质的规定熵（与内能和焓不同，物质的内能和焓的绝对值是难以求得的）。单位物质的量的纯物质在标准条件下的规定熵叫做该物质的标准摩尔熵，以 S 表示，附录表 2 中也列出了一些单质和化合物在 298.15K 时的标准熵 $S_m^{\ominus}$（298.15K）的数据，注意：$S_m^{\ominus}$（298.15K）的 SI 单位为 $J \cdot mol^{-1} \cdot K^{-1}$。

(2) 影响熵值的因素 熵是用来描述系统状态的，因此它也是状态函数，同时熵也与系统所含物质的量有关。熵值大小的粗略判断如下：

① 同一物质：S(高温)＞S(低温)，S(低压)＞S(高压)，S(g)＞S(l)＞S(s)，S(aq)＞S(s)。

② 相同条件下的不同物质：分子结构越复杂（一般可认为组成分子的原子越多或分子量越大），熵值越大。如 $S_m^{\ominus}(HF) < S_m^{\ominus}(HCl) < S_m^{\ominus}(HBr)$，$S_m^{\ominus}(CH_3OCH_3,g) < S_m^{\ominus}(CH_3CH_2OH,g)$，$S_m^{\ominus}(NO) < S_m^{\ominus}(NO_2)$。

③ S(混合物)＞S(纯净物)。

④ 对于化学反应，由固态物质变成液态物质或由液态物质变成气态物质（或气体物质的量增加的反应），熵值增加。

(3) 化学反应熵变的计算 化学反应熵变的计算与焓变类似，只与反应的始态和终态有关，而与所经历的途径无关。反应的标准摩尔熵变等于生成物的标准摩尔熵之和减去反应物的标准摩尔熵之和。即

$$\Delta_r S_m^{\ominus}(298.15K) = \sum \nu_B S_m^{\ominus}(298.15K)(\text{生成物}) + \sum \nu_B S_m^{\ominus}(298.15K)(\text{反应物}) \quad (2\text{-}7)$$

根据手册中数据由此式一般得到 298.15K 时的 $\Delta_r S_m^{\ominus}$。物质的熵值随温度的变化而变化，但当变化相同温度时，产物的熵变与反应物的熵变相差不大，基本抵消，所以化学反应的熵变和焓变一样，可近似地将 $\Delta_r S_m^{\ominus}(298.15K)$ 作为其他温度 T 时的 $\Delta_r S_m^{\ominus}(T)$。

【例 2-7】 计算 298.15K，反应 $2NH_3(g) \xlongequal{} N_2(g) + 3H_2(g)$ 在 298.15K 时的标准熵变 $\Delta_r S_m^{\ominus}$。

解：
$$2NH_3(g) \xlongequal{} N_2(g) + 3H_2(g)$$

查表得 $S_m^{\ominus}/J \cdot mol^{-1} \cdot K^{-1}$　192.45　191.61　130.68

$$\Delta_r S_m^{\ominus}(298.15K) = \sum \nu_B S_m^{\ominus}(298.15K)(\text{生成物}) + \sum \nu_B S_m^{\ominus}(298.15K)(\text{反应物})$$
$$= (191.61 + 3 \times 130.68) - 2 \times 192.45$$
$$= 198.75\ (J \cdot mol \cdot K^{-1})$$

(4) 熵变与化学反应的自发性 在历史上，曾有人提出过用系统熵的变化来判断反应的自发性。但有些自发反应的系统熵却减少。例如 298.15K 时，反应

$$HCl(g) + NH_3(g) \xlongequal{} NH_4Cl(s)$$

在标准状态下是自发反应，但系统 $\Delta_r S_m^{\ominus} = -284.6 J \cdot mol^{-1} \cdot K^{-1} < 0$。因此，仅用系统的熵的变化来判断反应的自发性是不全面的。

上述方程式，从能量角度看是放热反应，在较高温度下其逆反应能自发进行。故系统发生自发变化有两种驱动力：一是通过放热使系统趋向于最低能量状态；二是系统趋向于最大混乱度。恒温恒压条件下，单独用 $\Delta_r H_m^{\ominus}$ 或 $\Delta_r S_m^{\ominus}$ 来判断过程的方向都是不充分的，必须两者综合起来，且与温度有关。所以需要引入一个统一的、使用起来更加方便地判断化学反应方向的标准。

2.3.2 吉布斯自由能变与化学反应的方向

2.3.2.1 吉布斯自由能变

1876 年，美国数理学家吉布斯（J. W. Gibbs）从其他自发过程均能用来做有用功的事

实得到启发，他证明反应自发性的标准是它产生有用功的本领。他证明：在恒温恒压下如果在理论上或实践上一个反应能被利用来做有用功，这个反应是自发的。如果由环境提供有用功去使反应发生，则这个过程是非自发的。

吉布斯综合了焓和熵，引入了一个新的状态函数，称为吉布斯自由能，用符号 G 表示，它反映了系统做有用功的能力，定义为：

$$G=H-TS \tag{2-8}$$

恒温过程中，化学反应的吉布斯自由能变可表示为：

$$\Delta_r G=\Delta_r H-T\Delta_r S \tag{2-8a}$$

由上式可以看出 $\Delta_r G$ 包含着焓变 $\Delta_r H$ 和熵变 $\Delta_r S$ 两个因子，体现了这两种效应的对立和统一，也可看出温度 T 对 $\Delta_r G$ 的影响。

2.3.2.2　自由能判据的推导*

某反应在恒温恒压下进行，且有非体积功（对外做功），则热力学第一定律的表达式可写成：

$$\Delta_r U=Q+W$$

在一般化学反应中，对抗大气压力的膨胀功多数情况下是不能被利用的，因而可以把膨胀功与电功等其他形式的功区别开来，把电功等其他非体积功用 $W_{非}$ 表示，这样热力学第一定律可表示为：

$$\Delta_r U=Q+W_{体}+W_{非}$$

$$Q=\Delta_r U-W_{体}-W_{非}\overset{恒压}{=\!=\!=}\Delta_r U-(-p\Delta V)-W_{非}=\Delta_r U+\Delta(pV)-W_{非}$$

即

$$Q=\Delta_r H-W_{非}$$

在恒温恒压过程中，以可逆过程的 Q 即 Q_r 为最大。

$$Q_r\geqslant\Delta_r H-W_{非}$$

其中“=”成立的条件是可逆途径。

由于 $\Delta_r S=\dfrac{Q_r}{T}$，所以 $Q_r=T\Delta_r S$，将其代入式，得

$$T\Delta_r S\geqslant\Delta_r H-W_{非}$$

进一步变换为

$$T\Delta_r S-\Delta_r H\geqslant -W_{非}$$

$$-(\Delta_r H-T\Delta_r S)\geqslant -W_{非}$$

由于恒温，则有

$$-[\Delta_r H-\Delta_r(TS)]\geqslant -W_{非}$$

即

$$-[(H_2-H_1)-(T_2S_2-T_1S_1)]\geqslant -W_{非}$$

将同一状态下的量结合在一起，得

$$-[(H_2-T_2S_2)-(H_1-T_1S_1)]\geqslant -W_{非}$$

令 $G=H-TS$，G 为吉布斯自由能，为一新的状态函数。将 G 的定义式代入式，得

$$-[(G_2)-(G_1)]\geqslant -W_{非}$$

即

$$-\Delta_r G\geqslant -W_{非}$$

上式说明，在恒温恒压过程中，体系能够做非体积功，$\Delta_r G\leqslant 0$，过程自发进行。自由能也可看作化学上的“势能”，只有势能减少（能用来做非体积功），反应才是自发进行的。

2.3.2.3　吉布斯自由能变与化学反应的方向

从热力学可以导出：封闭系统中，恒温恒压和只做体积功的条件下，化学反应自发性的

吉布斯自由能变判据为：

$\Delta_r G<0$ 反应自发进行

$\Delta_r G=0$ 反应达到平衡

$\Delta_r G>0$ 反应不能自发进行，逆反应可以自发进行 (2-9)

由式(2-9) 可知，在恒温恒压条件下，一个化学反应必然自发地朝着吉布斯自由能变 ($\Delta_r G$) 减少的方向进行，达到平衡时，系统的 G 降到最小，此时，化学反应的吉布斯自由能变 $\Delta_r G=0$。因此，这一判据又称为最小吉布斯自由能变原理。

对于焓变和熵变不同的任意反应，焓变和熵变既可以为正值，又可以为负值或零，温度也可高可低，不同条件对反应方向的影响概括起来有下列六种情况：

(1) 若反应是放热 ($\Delta_r H<0$) 和熵增加 ($\Delta_r S>0$)

$$\Delta_r G=\Delta_r H-T\Delta_r S<0$$

即放热和熵增加的反应在任何温度下都能自发进行。例如：

$$2H_2O_2(g) = 2H_2O(g)+O_2(g)$$

(2) 若反应是吸热 ($\Delta_r H>0$) 和熵减少 ($\Delta_r S<0$)

$$\Delta_r G=\Delta_r H-T\Delta_r S>0$$

即吸热和熵减少的反应在任何温度下都不能自发进行。例如：

$$2CO(g) = 2C(s)+O_2(g)$$

(3) 若反应是放热 ($\Delta_r H<0$) 和熵减少 ($\Delta_r S<0$)

要反应自发进行 $\Delta_r G=\Delta_r H-T\Delta_r S<0$

$$T<\frac{\Delta_r H}{\Delta_r S}$$ （因 $\Delta_r S<0$，计算时不等号反向）

即放热和熵减少的反应在低温度下能自发进行，在高温下不能自发进行，$\Delta_r H/\Delta_r S$ 值是转变温度。例如：

$$HCl(g)+NH_3(g) = NH_4Cl(s)$$

(4) 若反应是吸热 ($\Delta_r H>0$) 和熵增加 ($\Delta_r S>0$)

要反应自发进行 $\Delta_r G=\Delta_r H-T\Delta_r S<0$

$$T>\frac{\Delta_r H}{\Delta_r S}$$

即吸热和熵增加的反应在低温度下不能自发进行，在高温下能自发进行，$\Delta_r H/\Delta_r S$ 值是转变温度。例如：

$$CaCO_3(s) = CaO(s)+CO_2(g)$$

(5) 若反应的熵变化不大 ($\Delta_r S\approx 0$)，即反应前后均为固态或液态，或者反应前后气体体积不变，或在接近热力学零度时 ($T\approx 0$)，$T\Delta_r S$ 项接近于零。

要反应自发进行 $\Delta_r G=\Delta_r H-T\Delta_r S<0$

$$\Delta_r H<0$$

即对于熵变化不大的反应，或接近于热力学零度的反应，可用 $\Delta_r H$ 作为判断反应是否能自发进行的判据，放热反应 ($\Delta_r H<0$) 自发进行，吸热反应 ($\Delta_r H>0$) 不自发。

(6) 若反应或过程的热效应为零 ($\Delta_r H=0$)，即孤立体系

要反应自发进行 $\Delta_r G=\Delta_r H-T\Delta_r S<0$

$$\Delta_r S>0$$

即在孤立体系中的反应或过程永远向熵增加的方向进行，直至熵值达到最大值。这就是所谓的熵增加原理或热力学第三定律。爆炸过程由于速度快，体系内外能量来不及交换，$\Delta_r H=0$，也可看作孤立体系。

另外，根据物质在标准态时的可逆相变点是平衡状态，可计算出物质的相变温度，即物质的熔点和沸点。

$$\Delta_r G = \Delta_r H - T\Delta_r S = 0$$

如计算沸点：

$$T(\text{沸点}) = \frac{\Delta_r H}{\Delta_r S} = \frac{\Delta_f H(g) - \Delta_f H(l)}{S(g) - S(l)}$$

2.3.2.4 吉布斯自由能变的计算

(1) 标准摩尔生成自由能变　与标准摩尔生成焓相似，化学热力学规定，某温度下，由处于标准状态的各种元素的指定单质生成标准状态下单位物质的量（即 1mol）某纯物质的自由能变，叫做这种温度下该纯物质的标准摩尔生成自由能，用符号 $\Delta_f G_m^\ominus$ 表示，其单位为 $kJ \cdot mol^{-1}$。当然处于标准状态下的各元素指定的单质的标准摩尔生成自由能变为零。一些物质在 298.15K 下的标准摩尔生成自由能列于附录 2。

(2) 标准态，298.15K 时吉布斯自由能变的计算　与标准摩尔焓变的计算公式类似，可得标准摩尔自由能变的计算式为：

$$\Delta_r G_m^\ominus(298.15K) = \sum \nu_B \Delta_f G_m^\ominus(298.15K)(\text{生成物}) + \sum \nu_B \Delta_f G_m^\ominus(298.15K)(\text{反应物}) \quad (2\text{-}10)$$

与 $\Delta_r H$ 和 $\Delta_r S$ 不同的是，温度非 298.15K 时，$\Delta_r G_m^\ominus$ 值与用上述公式计算出的值相差较大，不能用该公式计算值来判断反应方向，要用带温度项的吉布斯公式计算。

(3) 任意温度时吉布斯自由能变的计算　在标准态时：

$$\Delta_r G_m^\ominus = \Delta_r H_m^\ominus - T\Delta_r S_m^\ominus \quad (2\text{-}11)$$

式中 $\Delta_r G_m^\ominus$，$\Delta_r H_m^\ominus$ 和 $\Delta_r S_m^\ominus$ 均为温度 T 时的值。由前述可知：$\Delta_r H_T \approx \Delta_r H_{m,298.15K}^\ominus$，$\Delta_r S_T \approx \Delta_r S_{m,298.15K}^\ominus$。所以吉布斯方程可近似表示成：

$$\Delta_r G_{m,298.15K}^\ominus = \Delta_r H_{m,298.15K}^\ominus - T\Delta_r S_{m,298.15K}^\ominus \quad (2\text{-}11a)$$

$$\Delta_r G_T^\ominus \approx \Delta_r H_{m,298.15K}^\ominus - T\Delta_r S_{m,298.15K}^\ominus \quad (2\text{-}11b)$$

【例 2-8】 制取半导体材料硅可用下列反应：

$$SiO_2(s,\text{石英}) + 2C(s,\text{石墨}) = Si(s) + 2CO(g)$$

(1) 计算上述反应的 $\Delta_r H_m^\ominus(298.15K)$ 及 $\Delta_r S_m^\ominus(298.15K)$；

(2) 计算上述反应的 $\Delta_r G_m^\ominus(298.15K)$，判断此反应在标准态，298.15K 下可否自发进行？

(3) 计算用上述反应制取硅时，该反应自发进行的温度条件。

解：(1)

$$\begin{aligned}\Delta_r H_m^\ominus(298.15K) &= \{2\times\Delta_f H_m^\ominus[CO(g)] + \Delta_f H_m^\ominus[Si(s)]\} - \{\Delta_f H_m^\ominus[SiO_2(s)] + 2\times\Delta_f H_m^\ominus[C(s)]\}\\ &= [2\times(-110.525)+0] - [(-910.94)+2\times 0]\\ &= 689.89\ (kJ\cdot mol^{-1})\end{aligned}$$

$$\begin{aligned}\Delta_r S_m^\ominus(298.15K) &= \{2\times S_m^\ominus[CO(g)] + S_m^\ominus[Si(s)]\} - \{S_m^\ominus[SiO_2(s)] + 2\times S_m^\ominus[C(s)]\}\\ &= (2\times 197.674 + 18.83) - (41.84 + 2\times 5.740)\\ &= 360.858\ (J\cdot mol^{-1}\cdot K^{-1})\end{aligned}$$

(2)

$$\begin{aligned}\Delta_r G_m^\ominus(298.15K) &= \{2\times\Delta_f G_m^\ominus[CO(g)] + \Delta_f G_m^\ominus[Si(s)]\} - \{\Delta_f G_m^\ominus[SiO_2(s)] + 2\times\Delta_f G_m^\ominus[C(s)]\}\\ &= [2\times(-137.168)+0] - [(-856.64)+2\times 0]\\ &= 582.304\ (kJ\cdot mol^{-1}) > 0\end{aligned}$$

298.15K 时反应不能自发进行。

(3) 要使反应自发进行　$\Delta_r G_m \approx \Delta_r H_{m,298.15K}^\ominus - T\Delta_r S_{m,298.15K}^\ominus < 0$

$$\begin{aligned}T > \Delta_r H_{m,298.15K}^\ominus / \Delta_r S_{m,298.15K}^\ominus &= 689.89/(360.858\times 10^{-3})\\ &= 1911.8\ (K)\end{aligned}$$

即该反应自发进行的最低温度是 1911.8K。计算时注意，ΔH 的单位一般取 $kJ \cdot mol^{-1}$，而 ΔS 的单位一般取 $J \cdot mol^{-1}$，故后一项要 $\times 10^{-3}$ 以统一单位。

(4) 非标准摩尔吉布斯自由能变的计算 当体系中反应物与产物的量非化学方程式中系数的量的物质的量时，各物质的吉布斯生成自由能变与标准态不同，对一反应

$$cC + dD \longrightarrow yY + zZ$$

对其中每一种物质，若非单位物质的量，则其吉布斯生成自由能变为：

$$\Delta_r G_i = \Delta_f G_m^{\ominus} + RT\ln\frac{c_i}{c^o} \quad 或 \quad \Delta_r G_i = \Delta_f G_m^{\ominus} + RT\ln\frac{p_i}{p^o}$$

则

$$\Delta_r G = z\Delta_f G_{mZ}^{\ominus} + zRT\ln\frac{c_Z}{c^o} + y\Delta_f G_{mY}^{\ominus} + yRT\ln\frac{c_Y}{c^o} - \left(c\Delta_f G_{mC}^{\ominus} + cRT\ln\frac{c_C}{c^o}\right) - \left(d\Delta_f G_{mD}^{\ominus} + dRT\ln\frac{c_D}{c^o}\right)$$

$$= z\Delta_f G_{mZ}^{\ominus} + y\Delta_f G_{mY}^{\ominus} - c\Delta_f G_{mC}^{\ominus} - d\Delta_f G_{mD}^{\ominus} + zRT\ln\frac{c_Z}{c^o} + yRT\ln\frac{c_Y}{c^o} - cRT\ln\frac{c_C}{c^o} - dRT\ln\frac{c_D}{c^o}$$

$$= \Delta_r G_m^{\ominus} + RT\ln\frac{(c_Y/c^o)^y (c_Z/c^o)^z}{(c_C/c^o)^c (c_D/c^o)^d}$$

$$\Delta_r G_m = \Delta_r G_m^{\ominus} + RT\ln J$$

$$反应商\ J = \frac{(c_Y/c^o)^y (c_Z/c^o)^z}{(c_C/c^o)^c (c_D/c^o)^d}$$

若是气体反应，反应商 $J = \dfrac{(p_Y/p^o)^y (p_Z/p^o)^z}{(p_C/p^o)^c (p_D/p^o)^d}$

由于固态或纯液态物质是否处于标准态对反应的影响较小，故它们在反应商的表达式中不出现。

吉布斯自由能是广度性质，与物质的量有关。由上式可知，对于反应物与产物均存在，其物质的量处于非标准态（即非反应方程式中的量）的体系，计算 $\Delta_r G$ 值，判断反应的自发性时还应考虑到各物质存在的量。对一次性投料于反应釜中的反应，随着反应的进行，反应物的量在不断减少，产物的量在增加，整个反应的推动力，吉布斯自由能变值会逐渐减小。

【例 2-9】 计算下列可逆反应在 723K 和某非标准态时的 $\Delta_r G_m$ 值，并判断该反应自发进行的方向。

$$2SO_2(g) + O_2(g) \rightleftharpoons 2SO_3(g)$$

非标准态分压/Pa　　1.0×10^4　　1.0×10^4　　1.0×10^8

解：根据 $\Delta_r G_m(T) = \Delta_r G_m^{\ominus}(T) + RT\ln J$，先计算出 $\Delta_r G_m^{\ominus}(T)$、$RT\ln J$ 两项。

(1)　　$2SO_2(g) + O_2(g) \rightleftharpoons 2SO_3(g)$

$\Delta_f H_{m298.15K}^{\ominus}/(kJ \cdot mol^{-1})$　　-296.83　　0　　-395.72

$S_{m298.15K}^{\ominus}/(J \cdot mol^{-1} \cdot K^{-1})$　　248.22　　205.14　　256.76

$$\Delta_r H_m^{\ominus}(298.15K) = \sum\nu_B \Delta_f H_m^{\ominus}(298.15K)(生成物) + \sum\nu_B \Delta_f H_m^{\ominus}(298.15K)(反应物)$$
$$= 2\times(-395.72) - [2\times(-296.83) + 0]$$
$$= -197.78\ (kJ \cdot mol^{-1})$$

$$\Delta_r S_m^{\ominus}(298.15K) = \sum\nu_B S_m^{\ominus}(298.15K)(生成物) + \sum\nu_B S_m^{\ominus}(298.15K)(反应物)$$
$$= 2\times256.76 - (2\times248.22 + 205.14)$$
$$= -188.06\ (J \cdot mol^{-1} \cdot K^{-1})$$

$$\Delta_r G_T^{\ominus}(723K) \approx \Delta_r H_{m298}^{\ominus} - T\Delta_r S_{m298}^{\ominus}$$
$$= -197.78 - 723(-188.06\times10^{-3})$$
$$= -61.81\ (kJ \cdot mol^{-1})$$

$$(2)\ RT\ln J=2.303RT\lg\frac{[p(SO_3)/p^{\ominus}]^2}{[p(SO_2)/p^{\ominus}]^2[p(O_2)/p^{\ominus}]}$$

$$=2.303\times8.314\times723\lg\frac{(1.0\times10^8/1.0\times10^5)^2}{(1.0\times10^4/1.0\times10^5)^2(1.0\times10^4/1.0\times10^5)}$$

$$=2.303\times8.314\times723\times9.0\times10^{-3}$$

$$=124.60\ (kJ\cdot mol^{-1})$$

$$\Delta_r G_m(T)=\Delta_r G_m^{\ominus}(T)+RT\ln J$$

$$=(-61.81)+124.60$$

$$=62.79\ (kJ\cdot mol^{-1})>0$$

根据计算结果，该反应在本题条件下正向不能自发进行，逆向反应能自发进行。

2.3.3　吉布斯自由能变在无机化学中的应用*

吉布斯自由能变在化学中有着广泛的应用，限于篇幅我们不可能涉及到它的所有方面，况且在后续的章节中，我们将陆续谈到在各个方面的应用，本节只举几例加以说明。

(1) 判断化学反应进行的方向　$\Delta_r G$ 用来判断化学反应进行的方向在上节已详细阐述过。从某些亲氧元素的氧化物制备其他物质，从单个反应看 $\Delta_r G>0$，反应不能自发进行，但加入碳或其他物质，能制备其它物质，有时可使反应温度降低。如反应：

$$2Al_2O_3+6Cl_2 \longrightarrow 4AlCl_3+3O_2 \quad (1) \quad \Delta_r G_m^{\ominus}(1)>0$$

反应(1) 不能自发进行，可以考虑用下面自发反应(2) 去促进反应(1)：

$$C+O_2 \xrightarrow{加} CO_2 \quad (2) \quad \Delta_r G_m^{\ominus}(2)<0$$

制备反应的操作是在反应(1) 的体系中加入碳单质，实际进行的反应为：

$$2Al_2O_3+6Cl_2+3C \xrightarrow{高温} 4AlCl_3+3CO_2 \quad (3)$$

反应(3) 为反应(1) 和反应(2) 的和，$\Delta_r G_m^{\ominus}(3)<0$。故反应(3) 可以自发进行，于是达到了反应目的，生成了 $AlCl_3$。这种做法在热力学通常称为反应的耦合，在冶金工业上经常用到。

(2) 判断化合物的溶解性　无机盐类的溶解过程是熵增加的过程，但物质是否溶解于水，一般来说决定于焓变与熵变的相对大小。若 $\Delta_r G<0$，则表示该过程自发，即盐类可溶；若 $\Delta_r G>0$，则过程不自发，相应的盐类难溶或溶解度很小。如 $CaCrO_4$ 和 Ag_2CrO_4 是具有相同的酸根的盐类，由于阳离子在结构上的差异，必然引起溶解性的变化。下面通过计算来近似判断其可溶性。

首先计算 $CaCrO_4$(s) 的 $\Delta_r G_m^{\ominus}$ 变化：

$$CaCrO_4(s) = Ca^{2+}(aq)+CrO_4^{2-}(aq)$$

$$\Delta_r H_m^{\ominus}=\Delta_f H_m^{\ominus}(Ca^{2+})+\Delta_f H_m^{\ominus}(CrO_4^{2-})-\Delta_f H_m^{\ominus}(CaCrO_4)$$

$$=(-542.96)+(-894.33)-(-1379)$$

$$=-58.29\ (kJ\cdot mol^{-1})$$

$$\Delta_r S_m^{\ominus}=S_m^{\ominus}(Ca^{2+})+S_m^{\ominus}(CrO_4^{2-})-S_m^{\ominus}(CaCrO_4)$$

$$=[(-55.2)+38.5-133.89]$$

$$=-150.6\ (J\cdot mol^{-1}\cdot K^{-1})$$

$$\Delta_r G_m=\Delta_r H_m^{\ominus}-T\Delta_r S_m^{\ominus}$$

$$=-58.29-298.15\times(-150.6)\times10^{-3}$$

$$=-13.38\ (kJ\cdot mol^{-1})$$

$\Delta_r G_m < 0$，说明反应自发，在常温下能溶解于水。

以同样的方法可计算出 Ag_2CrO_4 溶解的 $\Delta_r G_m$ 变化值为 38.44kJ · mol^{-1}，说明过程不自发，即不溶于水，而其逆过程即 Ag^+ 和 CrO_4^{2-} 生成沉淀则是自发的（离子的 ΔG 要在物理化学才讲到，我们这里举例只说明问题）。

（3）判断化合物的稳定性

① 对于某些简单化合物，可直接由标准生成自由能变来判断其相对稳定性，因为在标准状态下，由稳定单质生成 1mol 该化合物的自由能变化，可表示生成该化合物的变化趋势及方向，若该化合物的 $\Delta_f G_m < 0$，则表示该化合物相对较稳定，$\Delta_f G_m$ 代数值越小，则稳定性越大。若 $\Delta_f G_m > 0$，其化合物的稳定性较差，$\Delta_f G_m$ 值越大，其稳定性越差（在此不考虑分解速度），例如对卤素氢化物稳定性的判断。

	HF	HCl	HBr	HI
$\Delta_f G_m$/kJ · mol^{-1}	−270.7	−95.26	−53.22	+1.30
在 1237K 时的分解/%	—	0.014	0.5	33

② 对于某些较复杂的化合物，则不能根据其标准生成自由能的变化做出简单的判断，而必须经过计算，才能决定其稳定性的大小。但对具有相同类型的某个系列化合物，标准生成自由能的变化仍不失为一个客观标准，而不同类型的化合物则不能以此作为依据。下面计算碱土金属碳酸盐的热分解温度来考察其相对稳定性的大小。若以 M 来代表碱土金属，则其热分解方程式表示如下：

$$MCO_3(s) \rightleftharpoons MO(s) + CO_2(g)$$

表 2-1 有关化合物的热力学数据

化合物	元素	$\Delta_f H_m^\ominus$/kJ · mol^{-1}	$S_m^\ominus$/J · mol^{-1} · K^{-1}	$\Delta_f G_m$/kJ · mol^{-1}
MCO_3	Mg	−1112.94	65.7	−1029.26
	Ca	−1207.25	92.88	−1128.76
	Sr	−1218.38	97.07	−1137.6
	Ba	−1218.80	112.13	−1138.9
MO	Mg	−601.86	26.8	−569.6
	Ca	−635.09	39.3	−604.2
	Sr	−590.36	54.39	−559.8
	Ba	−558.15	70.3	−528.4
CO_2		−393.51	213.64	−394.38

从表 2-1 中数据可见，M 的标准生成自由能由 $MgCO_3$ 的 −1029.26kJ · mol^{-1} 到 $BaCO_3$ 的 −1138.9kJ · mol^{-1}，代数值呈现出逐渐减小的趋势，故推知由 Mg 至 Ba 的碳酸盐热稳定性是依次增加的。下面可通过热分解温度的计算来说明。

以 $MgCO_3$ 分解为例：　　$MgCO_3(s) \rightleftharpoons MO(s) + CO_2(g)$

反应过程的焓变

$$\begin{aligned}\Delta_r H_m^\ominus &= \Delta_f H_m^\ominus(MgO) + \Delta_f H_m^\ominus(CO_2) - \Delta_f H_m^\ominus(MgCO_3)\\ &= (-601.86) + (-393.51) - (-1112.94)\\ &= 117.57\ (kJ \cdot mol^{-1})\end{aligned}$$

反应的熵变

$$\begin{aligned}\Delta_r S_m^\ominus &= S_m^\ominus(MgO) + S_m^\ominus(CO_2) - S_m^\ominus(MgCO_3)\\ &= 26.8 + 213.64 - 65.7\\ &= 174.74\ (J \cdot mol^{-1} \cdot K^{-1})\end{aligned}$$

当 $\Delta_r G_m=0$ 时，则 $\Delta_r H_m^{\ominus}=T\Delta_r S_m^{\ominus}$，可求出

$$T=\frac{\Delta_r H_m^{\ominus}}{\Delta_r S_m^{\ominus}}=\frac{117.57}{174.74\times10^{-3}}=673\ (\mathrm{K})$$

即 $MgCO_3$ 的分解温度为673K。

以同样的方法可分别计算出 $CaCO_3$、$SrCO_3$ 及 $BaCO_3$ 的分解温度分别为 1113.36K、1371.7K 和 1554.90K。而实验值为 623K、1098K、1623K 和 1723K。产生误差的原因，主要是没有考虑温度对 $\Delta_r H_m^{\ominus}$ 及 $\Delta_r S_m^{\ominus}$ 的影响。

从以上的计算可以看出，在 100kPa 下物质的热分解温度通常是指 $\Delta_r G_m=0$ 时的温度。由于

$$\Delta_r G_{m(T)}^{\ominus}=\Delta_r H_m^{\ominus}-T\Delta_r S_m^{\ominus}\approx\Delta_r H_{m298}^{\ominus}-T\Delta_r S_{m298}^{\ominus}$$

因此，可借助于 $\Delta_r H_{m298}^{\ominus}$ 及 $\Delta_r S_{m298}^{\ominus}$ 的数据，作出 $\Delta_r G_m^{\ominus}$-T 图（图 2-6）。

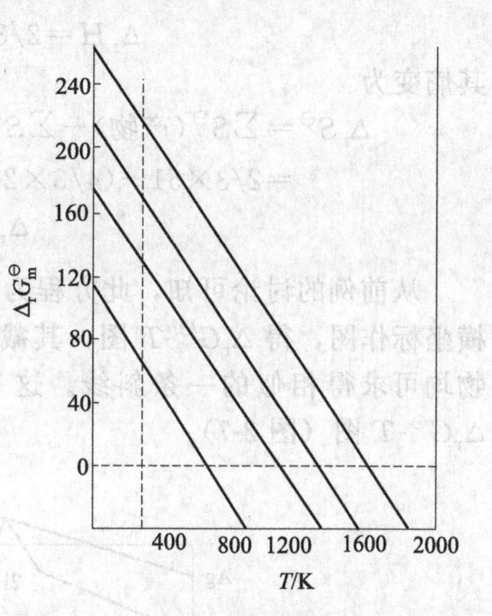

图 2-6　碱土金属碳酸盐热分解的 $\Delta_r G_m^{\ominus}$ 与 T 变化关系

从 $\Delta_r G_{m(T)}^{\ominus}=\Delta_r H_m^{\ominus}-T\Delta_r S_m^{\ominus}$ 可知，$\Delta_r G_{m(T)}^{\ominus}$ 与 T 之间存在的线性关系，直线斜率为 $-\Delta_r S_m^{\ominus}$。由于反应的相变情况相似，斜率 $-\Delta_r S_m^{\ominus}$ 相近，因此，决定某化合物热稳定性强弱的主要因素是 $\Delta_r H_m^{\ominus}$，$\Delta_r H_m^{\ominus}$ 负值愈大，$\Delta_r G_{m(T)}^{\ominus}$ 负值亦愈大，其分解温度愈高，即热稳定性也愈大。

(4) 在冶金工业中的应用　在冶金工业中常用一种还原剂如C或Al等活泼金属，从另一种金属的氧化物中将该金属还原为单质，如大家熟知的铝热法。

$$2Al+Fe_2O_3\longrightarrow Al_2O_3+2Fe$$

这一过程的发生，实质上是两种金属争夺氧的过程。由于金属铝比铁对氧有更大的亲和力，从而使铁被还原。同样Ca、Mg等金属也是常用的金属还原剂。碳则更多用在钢铁工业中作为有效的还原剂。氢亦可作为还原剂，这类反应统称为热还原，是冶金工业常采用的主要手段之一。

由于Al有较强的还原能力，即对氧有较大的亲和力，生成的氧化物（Al_2O_3）必然比其他金属氧化物要稳定。在化学反应中，我们常用吉布斯自由能的变化（$\Delta_r G$）来决定反应的方向，而吉布斯自由能的变化，则常受过程的焓变（$\Delta_r H$）及熵变（$\Delta_r S$）所制约。在恒温恒压下的化学反应中，$\Delta_r H$ 及 $\Delta_r S$ 均有确定值，从而 $\Delta_r G$ 值亦确定。若温度发生改变（在无相变发生的情况下），$\Delta_r H$ 和 $\Delta_r S$ 发生的变化不大，但 $\Delta_r G$ 却发生较大的变化，可根据方程：

$$\Delta_r G=\Delta_r H-T\Delta_r S$$

判定过程自发进行的方向。

对于任一金属（M）与氧化合生成氧化物的反应，可表示为

$$2M(s)+O_2(g)\longrightarrow 2MO(s)$$

通常金属与氧化合的反应是放热反应，故焓变为负值（$\Delta_r H<0$），金属和氧化合，由于体系消耗了气体氧，熵值减少（$\Delta_r S<0$），即过程的熵变为一负值。现在假定体系的 $\Delta_r H$ 及 $\Delta_r S$ 不随温度而变化，体系温度升高，致使 $T\Delta_r S$ 变得负值更大，从而 $\Delta_r G$ 值变得较大，当 $\Delta_r G=0$ 时，则这一过程达到平衡。为了便于定量比较各种金属对氧亲和能力的大小或从金属氧化物中还原出金属能力的强弱，我们选定一金属与1mol氧化合生成金属氧化物的自由能变化，来作为比较的标准。如：

$$4/3Al(s)+O_2(g)\longrightarrow 2/3Al_2O_3(s)$$

其过程的焓变为

$$\Delta_r H = 2/3 \times (-1669.79) = -1113.2\ (\text{kJ})$$

其熵变为

$$\Delta_r S^{\ominus} = \sum S^{\ominus}(\text{产物}) - \sum S^{\ominus}(\text{反应物}) = 2/3 S^{\ominus}_{Al_2O_3} - (4/3 S^{\ominus}_{Al} + S^{\ominus}_{O_2})$$
$$= 2/3 \times 51 - (4/3 \times 28.32 + 205.03) = 34 - 242.8 = -209\ (\text{J}) = -0.209\ (\text{kJ})$$
$$\Delta_r G^{\ominus} = -1113.2 + 0.209T$$

从前例的讨论可知，此方程为一直线方程 $y = ax + b$，因此以 $\Delta_r G^{\ominus}$ 为纵坐标，以 T 为横坐标作图，得 $\Delta_r G^{\ominus}$-T 图，其截距 b 为 -1113.2kJ，斜率 b 为 0.209kJ，对不同金属氧化物均可求得相似的一条斜线。这一图线是 1944 年由艾灵罕姆提出，因此称为艾灵罕姆 $\Delta_r G^{\ominus}$-T 图（图 2-7）。

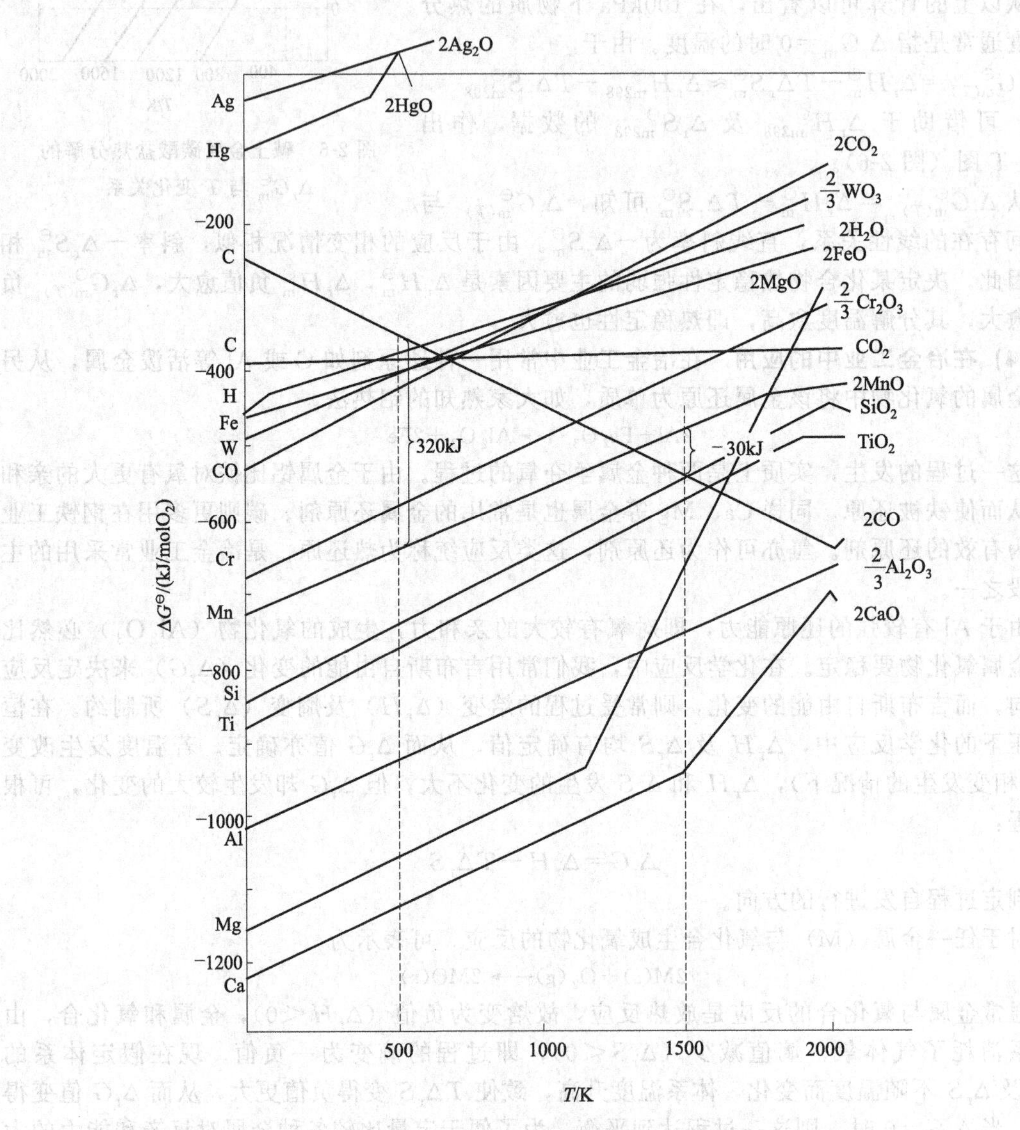

图 2-7 Ellinghan 的氧化物 $\Delta_r G$-T 图

从 $\Delta_r G^{\ominus}$-T 图我们可以看出：

① 温度每升高 1K，$\Delta_r G^{\ominus}$ 的代数值增大 0.209kJ，当温度 $T = 0$ 时，$\Delta_r G^{\ominus}$ 即等于 $\Delta_r H^{\ominus}$。在此反应中氧具有最大的熵值（$S^{\ominus}$），而对所有金属及金属氧化物来说，熵值均较

小并大致相似，即过程的熵变相差不大，从而构成一组近似平行的直线。

② 有少数金属的氧化过程，直线的斜率在中途发生剧烈的偏转，而出现一个拐点。例如Ca在1767K以上，Mg在1363K以上（即沸点以上），此时Ca、Mg均处于气态，相应亦具有较大的熵值。但由于反应之后，两种气态物质与熵值较大的氧转化成固态的金属氧化物。与低温相比，使熵值大大减小。因而直线斜率明显增大，$\Delta_r G^\ominus$的变化也较大，从而出现明显的转折。在熔点以上，由于熵值变化幅度较小，因而拐点不明显。

③ 较活泼的金属还原剂如Al、Mg等的氧化物生成焓较大，当$T=0$时，$\Delta_f G^\ominus$分别为：-1113.2kJ（Al_2O_3），-1203.7kJ（MgO），即$\Delta_f G^\ominus$绝对值很大，说明它们生成氧化物的自发趋向很大且稳定性也较大，它们难被还原。相应位于它们上方的金属，如Ag、Hg生成氧化物的焓值与熵值的绝对值较小（$\Delta_f G^\ominus_{Ag_2O}=-61.2$kJ，$\Delta_f G^\ominus_{HgO}=-181.4$kJ），说明它们生成氧化物的趋势很小且不稳定。温度稍升高，即与$\Delta_r G^\ominus=0$的直线相交。在$\Delta_r G^\ominus$为正值的情况下，可自发分解，为此不需要还原剂，用加热的方法即可得到其金属。对于其余自由能居中间情况的金属氧化物来说，原则上可用位于它下面的金属作为还原剂而得到该金属，铝热法可以还原许多如Fe、Cu、Mn等金属氧化物而得到相应的金属。就是由于Al_2O_3的生成热绝对值（或$\Delta_f G^\ominus$绝对值）很大，可从这些金属氧化物中夺取氧。但Al在低于1300K时，则不能还原MgO，因Al在Mg线的上方，在1300K两线相交。1300K以上Al可从MgO夺取氧。单质硅则需在1700K以上才可还原MgO，而低于1700K，Mg则是SiO_2的良好还原剂。

④ 碳是冶金工业中常用的还原剂，作为碳的氧化物通常以两种形态存在，即CO和CO_2，下面分别讨论。

生成CO：
$$2C(s)+O_2(g) \xlongequal{} 2CO(g)$$
在此过程中，其焓变和熵变为
$$\Delta_r H=-221.7\text{kJ}$$
$$\Delta_r S^\ominus=(2\times197.9)-(2\times5.69+205)$$
$$=179.42\ (\text{J}\cdot\text{mol}^{-1}\cdot\text{K}^{-1})=0.18\ (\text{kJ}\cdot\text{mol}^{-1}\cdot\text{K}^{-1})$$
即熵变为正值，因为是气体分子数增加的反应，但直线的斜率为$-\Delta_r S^\ominus$（0.18kJ），因此是一条向下斜率的直线。表示反应随温度的升高，自由能的绝对值变得越来越大。

生成CO_2：
$$C(s)+O_2(g) \xlongequal{} CO_2(g)$$
在此过程中，其焓变和熵变为
$$\Delta_r H=-393.3\text{kJ}$$
$$\Delta_r S^\ominus=213.64-5.69-205$$
$$=2.59\ (\text{J}\cdot\text{mol}^{-1}\cdot\text{K}^{-1})=0.003\ (\text{kJ}\cdot\text{mol}^{-1}\cdot\text{K}^{-1})$$
即反应过程的熵变为很小的正值，因为在反应过程中是气体分子数没有改变的反应，所以体系的熵变几乎趋于零。因此在$\Delta_r G^\ominus$-T图中，基本为一水平直线，即$\Delta_r G^\ominus$值几乎与温度无关。在983K时两线相交，此时$C(s)+CO_2(g) \xlongequal{} 2CO(g)$的反应达平衡，所以$\Delta_r G^\ominus=0$。在温度低于983K时，主要生成物为$CO_2$，高于983K时主要生成物为CO。

C生成CO的反应在低温时，虽然该直线的起点较高，但它是一条向下倾斜的直线，与许多金属氧化物向上倾斜的直线相交，致使位置发生颠倒，所以在高温下，碳可还原许多金属氧化物。例如在2000K时，甚至可还原MgO。但由于热能消耗太大以及碳与许多金属生成碳化物，从而使用受到限制。

对于CO同样可以被氧化生成CO_2：
$$2CO(g)+O_2(g) \xlongequal{} 2CO_2(g)$$
此反应是一个气体分子数减少的反应，为此熵值减小（$\Delta_r S^\ominus=-173.6\text{J}\cdot\text{mol}^{-1}\cdot\text{K}^{-1}$），

斜率为一正值，即向上倾斜的直线。但在983K以下，它位于FeO直线下方，所以CO可将FeO还原为Fe。在鼓风炉内发生的反应主要是靠CO的还原能力而并非是C的，说明CO是比C更好的还原剂。

碳还原金属氧化物生成CO_2的直线位置相当高，许多金属氧化物的直线位于它的下方，仅在高温时有少数金属氧化物的直线与它相交而处在上方，所以在高温时，原则上碳可以还原这些金属氧化物。

⑤ H_2还原金属氧化物生成水的直线也相当高，并随温度的增高向上倾斜，使它同某些金属线不能相交。由于使用上的安全问题以及金属与氢生成氢化物，而使此方法受到限制。但在高温下仍可还原钨、钼等金属氧化物。

【阅读资料】

新世纪的绿色能源

能源是人类活动的物质基础。由于现代工业的迅速发展，造成石化燃料型能源资源的巨大消耗，同时危及人类的生存环境。人们从教训中醒悟，重新认识自然，总结经验得出结论：人类只能调整人与自然的关系，走可持续发展的道路。新世纪作为石化燃料的一种替代能源，“绿色能源”具有广泛实用价值，可就地取能，操作性比较强，同时可再生性好，资源丰富。地球上每年通过植物光合作用转化和储存的能量，相当于950亿吨碳，约为当前世界每年总能耗的10倍。我国的这种生物质能储量也很丰富，单就农林废弃物、能源林业和其他能源作物的储量就相当于每年9亿吨标准煤。因此，开发与利用“绿色能源”，对调整人与自然的关系，促进自然界的生态环境向着良性循环发展，具有极大的意义。

地球上“绿色能源”资源量最巨大的部分是植物纤维类的生物质，这类生物质中的主要成分是纤维素、半纤维素和木质素。这三种物质一般都同时共存于植物细胞壁中，更好地利用这类能源资源，变废为宝，在当前具有很大的实际意义。

纤维素是一种复杂的多糖，其相对分子质量介于5.0×10^4到4.0×10^9之间，不溶于水，在酸的作用下可以水解，经过一系列中间产物，最后能形成葡萄糖。半纤维素是一种含有很多高分子多糖，用稀酸水解则可产生多聚戊糖和多聚已糖的混合物。木质素是一种很复杂的天然高分子聚合物，含有高达70%～80%的碳氢成分，它还具有很强的黏结作用，与纤维素、半纤维素共同组成植物的基本组织，使完整的植物纤维具有高度不溶于水的性质。生物质作为能源，几千年一直都是按传统模式简单的直接燃烧，热转换效率低，造成能源浪费，环境污染。随着科学技术的进步，能源利用方式获得了新发展，目前主要是采用热化学的转化方法，通过生物质的热解、气化、合成、液化等工艺技术制取中、低热值煤气、甲醇、乙醇、汽油或柴油等高品位的能源。

由于植物中很大部分是纤维素和半纤维素组织，主要成分是由葡萄糖基组成的大分子结构。因此，除了上述能源转化技术外，人们更希望能采用直接分解的办法，把纤维素分解成葡萄糖，经过生物发酵转化为酒精，成为一种清洁的“绿色能源”。常规的办法是在酸的作用下进行水解，但缺点是污染重、消耗大、效率低、周期长等。问题的关键是如何把绿色植物中的纤维素、半纤维和木质素，从固结在一起的组织中分离开来。绿色化学采用的一些新方法，在这个领域取得了突破性进展。

加拿大Alcell公司采用超临界乙醇流体作为溶剂，萃取草类植物中的半纤维素和木质素，把它们与纤维素分离开来。整个过程基本无废物（实现“零排放”），既不污染环境，又充分利用资源。

在“绿色能源”资源中除了植物纤维类外，还有植物油料类的资源也十分丰富。各类植物都含有一定数量的油脂，其中以种子植物的数量多，油脂含量高，很多的种子油脂含量超过40%，有的高达60%～70%，大部分是非食用油脂，作为能源开发的潜力相当巨大。

大多数植物油脂是脂肪酸的甘油三酯，一般在室温呈液态的称为油，固态或半固态的称为脂。水解后所得的脂肪酸，一般都是十个碳以上的双数碳原子羧酸。油脂和水解后的脂肪酸都不能直接在汽车上应用，因为燃烧过程中会形成黑烟并结焦。油脂需和甲醇或乙醇进行酯交换反应，生成甲酯和甘油产物，再进行分馏，产出混合的或纯净的酯进一步用催化氢化法或还原法还原，就能得到长链醇，通式为：$C_nH_{2n+1}OH$，$n=4\sim11$。长链醇的物化性质与烷烃近似，被称为“植物柴油”。近年来国外非常关注开发这类产品。

如果能从绿色植物中直接获取烃类的液体燃料，那将是人们更为向往的事情。巴西热带森林里就生长有一种豆科植物，只要从树干外表钻孔到树心部位，插入一根小管，就能自动流出油来。这种“植物石油”含有24种组分，分子都是含15个碳原子的物质，在化学上属于倍半萜类及其衍生物。绝大多数萜类分子中的碳原子数目是异戊二烯的倍数，而倍半萜类是3倍，碳原子数是15个，通式为 $(C_5H_8)_3$，一般倍半萜物质是以烃、醇、酮、内酯的形式与单萜类化合物共存于植物油脂中，沸点较高，在250～280℃。自然界存在丰富的植物油料作物的品种资源，如何充分利用这些宝贵资源，对开发“绿色能源”是一个关键课题。

由于“绿色能源”能为人类生存环境提供一个美好的空间，净化空气改善生态环境。世界上一些国家开始注意对“绿色能源”的开发与利用，如巴西利用农作物生产酒精供汽车使用；美国率先成立“石油植物”研究所，2010年用“绿色石油”可提供8%的车用燃料。

“十五”计划纲要提出“坚持资源开发与节约并举，把节约放在首位，依法保护和合理使用资源，提高资源利用效率，实现永续利用”，为我们明确了今后一个时期我国节能工作的指导思想。我们绝不能再走浪费资源，先污染后治理的路；更不能吃祖宗饭，断子孙路。让我们胸怀全球，面向未来，为国家千秋大业留下发展空间，为子孙后代留下碧水蓝天！

思考题

1. 状态函数的性质之一是：状态函数的变化值与体系的________有关；与________无关。在U、H、S、G、T、p、V、Q、W中，属于状态函数的是________。在上述状态函数中，属于广度性质的是________，属于强度性质的是________。

2. 下列说法是否正确：

(1) 状态函数都具有加和性。

(2) 系统的状态发生改变时，状态函数均发生了变化。

(3) 用盖斯定律计算反应热效应时，其热效应与过程无关。这表明任何情况下，化学反应的热效应只与反应的起止状态有关，而与反应途径无关。

(4) 因为物质的绝对熵随温度的升高而增大，故温度升高可使各种化学反应的ΔS大大增加。

(5) ΔH，ΔS受温度影响很小，所以ΔG受温度的影响不大。

3. 标准状况与标准态有何不同？

4. 热力学能、热量、温度三者概念是否相同？试说明之。

5. 判断下列各说法是否正确：

(1) 热的物体比冷的物体含有更多的热量。

(2) 甲物体的温度比乙物体高，表明甲物体的热力学能比乙物体大。

(3) 物体的温度越高，则所含热量越多。

(4) 热是一种传递中的能量。

(5) 同一体系：

① 同一状态可能有多个热力学能值；

② 不同状态可能有相同的热力学能值。

6. 分辨如下概念的物理意义：

(1) 封闭系统和孤立系统。

(2) 功、热和能。

(3) 热力学能和焓。

(4) 生成焓、燃烧焓和反应焓。

(5) 过程的自发性和可逆性。

7. 一系统由状态 (1) 到状态 (2)，沿途径Ⅰ完成时放热200J，环境对体系做功50J；沿途径Ⅱ完成时，系统吸热100J，则W值为________；沿途径Ⅲ完成时，系统对环境做功40J，则Q值为________。

8. 判断以下说法的正确与错误，尽量用一句话给出你做出判断的根据。

(1) 碳酸钙的生成焓等于 $CaO(s)+CO_2(g) = CaCO_3(s)$ 的反应焓。

(2) 单质的生成焓等于零，所以它的标准熵也等于零。

9. 遵守热力学第一定律的过程，在自然条件下并非都可发生，说明热力学第一定律并不是一个普遍的定律，这种说法对吗？

10. 为什么单质的 $S_m^\ominus(T)$ 不为零？如何理解物质的 $S_m^\ominus(T)$ 是“绝对值”，而物质的 $\Delta_f H_m^\ominus$ 和 $\Delta_f G_m^\ominus$ 为相对值？

11. 比较下列各对物质的熵值大小（除注明外，$T=298.15K$，$p=p^\ominus$）：

(1) 1mol O_2（200kPa）________1mol O_2（100kPa）；

(2) 1mol H_2O（s,273K）________1mol H_2O（l,273K）；

(3) 1g He______1mol He；

(4) 1mol NaCl______1mol Na_2SO_4。

12. 对于反应 $2C(s)+O_2(g)=\!=\!=2CO(g)$，反应的自由能变化（$\Delta_r G_m^\ominus$）与温度（$T$）的关系为：

$$\Delta_r G_m^\ominus/J\cdot mol^{-1}=-232600-168T$$

由此可以说，随反应温度的升高，$\Delta_r G_m^\ominus$ 更负，反应会更彻底。这种说法是否正确？为什么？

13. 在 298.15K 及标准态下，以下两个化学反应：

(1) $H_2O(l)+1/2O_2(g)\longrightarrow H_2O_2(l)$　　$(\Delta_r G_m^\ominus)_1=105.3kJ\cdot mol^{-1}>0$

(2) $Zn(s)+1/2O_2(g)\longrightarrow ZnO(s)$　　$(\Delta_r G_m^\ominus)_2=-318.3kJ\cdot mol^{-1}<0$

可知前者不能自发进行，若把两个反应耦合起来：

$$Zn(s)+H_2O(l)+O_2(g)\longrightarrow ZnO(s)+H_2O_2(l)$$

不查热力学数据，请问此耦合反应在 298.15K 下能否自发进行？为什么？

习　题

1. 在 373K 时，水的蒸发热为 40.58kJ·mol^{-1}。计算在 1.0×10^5Pa，373K 下，1mol 水汽化过程的 ΔU 和 ΔH（假定水蒸气为理想气体，液态水的体积可忽略不计）。

2. 反应 $C_3H_8(g)+5O_2(g)=\!=\!=3CO_2(g)+4H_2O(l)$ 在敞开容器体系中燃烧，测得其 298.15K 的恒压反应热为 -2220kJ·mol^{-1}，求：

(1) 反应的 $\Delta_r H_m^\ominus$ 是多少？

(2) 反应的 ΔU 是多少？

3. 已知 $CS_2(l)$ 在 101.3kPa 和沸点温度（319.3K）气化时吸热 352J·g^{-1}，求 1mol $CS_2(l)$ 在沸点温度气化过程的 ΔH 和 ΔU，ΔS。

4. 制水煤气是将水蒸气自红热的煤中通过，有下列反应发生

$$C(s)+H_2O(g)=\!=\!=CO(g)+H_2(g)$$

$$CO(g)+H_2O(g)=\!=\!=CO_2(g)+H_2(g)$$

将此混合气体冷至室温即得水煤气，其中含有 CO，H_2 及少量 CO_2（水蒸气可忽略不计）。若 C 有 95% 转化为 CO，5% 转化为 CO_2，则 1dm^3 此种水煤气燃烧产生的热量是多少（燃烧产物都是气体，压力为 1 大气压）？已知：

	CO(g)	CO_2(g)	H_2O(g)
$\Delta_f H_m^\ominus$/kJ·mol^{-1}	−110.5	−393.5	−241.8

5. 在一密闭的量热计中将 2.456g 正癸烷（$C_{10}H_{12}$,l）完全燃烧，使量热计中的水温由 296.32K 升至 303.51K。已知量热计的热容为 16.24kJ·K^{-1}，求正癸烷的燃烧热。

6. 阿波罗登月火箭用联氨（N_2H_4,l）作为燃料，用 N_2O_4(g) 作为氧化剂，燃烧产物为 N_2(g) 和 H_2O(l)。计算燃烧 1.0kg 联氨所放出的热量，反应在 300K，101.3kPa 下进行，需要多少升 N_2O_4(g)？已知：

	N_2H_4(l)	N_2O_4(g)	H_2O(l)
$\Delta_f H_m^\ominus$/kJ·mol^{-1}	50.6	9.16	−285.8

7. 若已知 12g 钙燃烧时放出 190.8kJ 的热；6.2g 磷燃烧时放出 154.9kJ 的热；而 168g 氧化钙与 142g 五氧化二磷相互作用时，放出 672.0kJ 的热。试计算结晶状正磷酸钙的生成热。

8. 已知下列数据

(1) $Zn(s)+1/2O_2(g)=\!=\!=ZnO(s)$　　$\Delta_r H_m^\ominus=-348.0kJ\cdot mol^{-1}$

(2) S(斜方)$+O_2(g)$═══$SO_2(g)$　　$\Delta_r H_m^{\ominus}=-296.9kJ\cdot mol^{-1}$

(3) $SO_2(g)+1/2O_2(g)$═══$SO_3(g)$　　$\Delta_r H_m^{\ominus}=-98.3kJ\cdot mol^{-1}$

(4) $ZnSO_4(s)$═══$ZnO(s)+SO_3(g)$　　$\Delta_r H_m^{\ominus}=235.4kJ\cdot mol^{-1}$

求 $ZnSO_4(s)$ 的标准生成热。

9. 常温常压下 $B_2H_6(g)$ 燃烧放出大量的热

$$B_2H_6(g)+3O_2(g) = B_2O_3(s)+3H_2O(l) \quad \Delta_r H_m^{\ominus}=-2165kJ\cdot mol^{-1}$$

相同条件下 1mol 单质硼燃烧生成 $B_2O_3(s)$ 时放热 636kJ，$H_2O(l)$ 的标准生成热为 $-285.8kJ\cdot mol^{-1}$，求 $B_2H_6(g)$ 的标准生成热。

10. 已知反应

$$3Fe_2O_3(s) = 2Fe_3O_4(s)+\frac{1}{2}O_2(g)$$

试计算 $\Delta_r H_m^{\ominus}$，$\Delta_f G_m^{\ominus}$。在标准状态下，哪种铁的氧化物稳定？

11. 分析下列反应自发进行的温度条件。

(1) $2N_2(g)+O_2(g)\longrightarrow 2N_2O(g)$　　$\Delta_r H_m^{\ominus}=163kJ\cdot mol^{-1}$

(2) $Ag(s)+\frac{1}{2}Cl_2(g)\longrightarrow AgCl(s)$　　$\Delta_r H_m^{\ominus}=-127kJ\cdot mol^{-1}$

(3) $HgO(s)\longrightarrow Hg(l)+\frac{1}{2}O_2(g)$　　$\Delta_r H_m^{\ominus}=91kJ\cdot mol^{-1}$

(4) $H_2O_2(l)\longrightarrow H_2O(l)+\frac{1}{2}O_2(g)$　　$\Delta_r H_m^{\ominus}=-98kJ\cdot mol^{-1}$

12. 已知下列数据

	$CaSO_4(s)$	$CaO(s)$	$SO_3(g)$
$\Delta_f H_m^{\ominus}/kJ\cdot mol^{-1}$	-1432.7	-635.1	-395.72
$S_m^{\ominus}/J\cdot mol^{-1}\cdot K^{-1}$	107.0	39.75	256.65

通过计算说明能否用 $CaO(s)$ 吸收高炉废气中的 SO_3 气体以防止 SO_3 污染环境。

13. 用 $BaCO_3$ 热分解制取 BaO 要求温度很高，如果在 $BaCO_3$ 中加入一些碳粉，分解温度可明显降低，试用热力学原理通过计算来解释这一现象。已知

化合物	$BaCO_3$	BaO	CO_2	CO	C
$\Delta_r H_m^{\ominus}/(kJ\cdot mol^{-1})$	-1216	-553.5	-393.5	-110.50	
$S_m^{\ominus}/(J\cdot mol^{-1}\cdot K^{-1})$	112	70.4	213.6	197.6	5.7

14. 已知下列键能数据

键	N≡N	N—Cl	N—H	Cl—Cl	Cl—H	H—H
E / $kJ\cdot mol^{-1}$	945	201	389	243	431	436

(1) 求反应 $2NH_3(g)+3Cl_2(g)$═══$N_2(g)+6HCl(g)$ 的 $\Delta_f H_m^{\ominus}$；

(2) 由标准生成热判断 $NCl_3(g)$ 和 $NH_3(g)$ 的相对稳定性。

15. 已知 $S_m^{\ominus}$(石墨)$=5.740J\cdot mol^{-1}\cdot K^{-1}$，$\Delta_f H_m^{\ominus}$(金刚石)$=1.897kJ\cdot mol^{-1}$，$\Delta_f G_m^{\ominus}$(金刚石)$=2.900kJ\cdot mol^{-1}$。根据计算结果说明石墨和金刚石的相对有序程度。

16. 已知下列数据：

	$SbCl_5(g)$	$SbCl_3(g)$
$\Delta_f H_m^{\ominus}/kJ\cdot mol^{-1}$	-394.3	-313.8
$\Delta_f G_m^{\ominus}/kJ\cdot mol^{-1}$	-334.3	-301.2

通过计算回答反应 $SbCl_5(g)$═══$SbCl_3(g)+Cl_2(g)$

(1) 在常温下能否自发进行？

(2) 在 500℃时能否自发进行？

17. 已知反应：

$$CO_2(g)+2NH_3(g) = (NH_2)_2CO(s)+H_2O(l)$$

试计算 $\Delta_r H_m^\ominus$，在标准状态下反应是否自发进行？使反应自发进行的最高温度为多少？

18. 有人拟定如下三种方法生产丁二烯。试用热力学原理分析一下，这些方法能否实现？选用哪种方法更好？

(1) $C_4H_8(g) \longrightarrow C_4H_6(g) + H_2(g)$

(2) $C_4H_8(g) + 1/2O_2(g) \longrightarrow C_4H_6(g) + H_2O(g)$

(3) $2C_2H_4(g) \longrightarrow C_4H_6(g) + H_2(g)$

已知

化合物	$C_4H_8(g)$	$C_4H_6(g)$	$C_2H_4(g)$	$H_2O(g)$	$H_2(g)$	$O_2(g)$
$\Delta_f H^\ominus/(kJ \cdot mol^{-1})$	1.17	165.5	52.3	−241.8	0	0
$S^\ominus/(J \cdot mol^{-1} \cdot K^{-1})$	307.4	293.0	219.5	188.7	130.6	205.0

第3章　化学反应速率和化学平衡

在化工生产中，人们除了关心质量关系和能量关系外，还有化学反应的快慢和反应物的转化程度，后者即平衡问题。无疑，这两方面的内容在生产上都直接关系到产品的质量、产量和生产效益。对这两个问题的讨论，无论在理论研究和生产实践上都有重要意义。

3.1　化学反应速率

化学反应的速率千差万别。例如，炸药的爆炸、酸碱中和反应、照相底片的感光反应等几乎瞬间完成，而反应釜中乙烯的聚合过程按小时计，室温下橡胶的老化按年计，而地壳内煤和石油的形成要经过几十万年时间。

前面讲到吉布斯自由能降低（$\Delta_r G_m < 0$）的反应能自发进行，且自由能降低得越多反应趋势越大。绪论中所述的汽车尾气的治理反应，从热力学角度考虑能自发进行，而且推动力很大，但遗憾的是反应很慢，难以实施。常温下 Hg 与 O_2 反应的吉布斯自由能变为$-90.8\text{kJ}\cdot\text{mol}^{-1}$，Hg 与 S 反应的吉布斯自由能变为$-58.2\text{kJ}\cdot\text{mol}^{-1}$，$O_2$ 与 Hg 反应的趋势远大于 S 与 Hg 反应的趋势，但常温下 O_2 与 Hg 反应的速率几乎为零，而 S 与 Hg 迅速反应生成 HgS，故实验室中若有少量汞漏出可用硫黄覆盖后处理。

热力学只提供反应的可能性即能否自发，而没有解决反应的现实性，即反应快慢问题，也就是化学动力学问题。在实际生产中，通过这一研究工作，人们可以控制反应速率来加速反应提高生产效率或减慢反应速率来延长产品的使用寿命。化学反应速率除了与反应本性有关外，还与反应物浓度、反应温度、催化剂等因素有关。

3.1.1　反应速率的表示方法

3.1.1.1　平均速率

表示或比较化学反应快慢程度的概念化学反应速率是指在一定条件下，反应物或生成物在单位时间内的浓度变化。由于反应物或产物可能不止一种，而且由于反应方程式中物质前的系数可能不同，故用不同的物质浓度变化来表示反应速率的数据可能不同，例如：

【例3-1】 在某一定条件下，由 N_2 和 H_2 合成 NH_3，$N_2+3H_2 \xlongequal{} 2NH_3$，设开始时，$c(N_2)=1.0\text{mol}\cdot\text{L}^{-1}$，$c(H_2)=3.0\text{mol}\cdot\text{L}^{-1}$，3s 后，测得 $c(N_2)=0.7\text{mol}\cdot\text{L}^{-1}$，求反应速率。

	N_2	$+\ 3H_2 \xlongequal{}$	$2NH_3$
c(开始)$/\text{mol}\cdot\text{L}^{-1}$	1.0	3.0	0
c(3s 后)$/\text{mol}\cdot\text{L}^{-1}$	0.7		
c(变化)$/\text{mol}\cdot\text{L}^{-1}$	0.3	3×0.3	2×0.3

该反应的平均速率若用不同物质的浓度随时间变化可分别表示为：

$$\bar{v}(N_2)=-\frac{\Delta c(N_2)}{\Delta t}=-\frac{(0.7-1.0)\text{mol}\cdot\text{L}^{-1}}{(3-0)\text{s}}=-0.1\text{mol}\cdot\text{L}^{-1}\cdot\text{s}^{-1}$$

$$\bar{v}(H_2)=-\frac{\Delta c(H_2)}{\Delta t}=-\frac{(0-3\times0.3)\text{mol}\cdot\text{L}^{-1}}{(3-0)\text{s}}=-0.3\text{mol}\cdot\text{L}^{-1}\cdot\text{s}^{-1}$$

$$\bar{v}(NH_3)=\frac{\Delta c(NH_3)}{\Delta t}=\frac{(2\times0.3)\text{mol}\cdot\text{L}^{-1}}{(3-0)\text{s}}=0.2\text{mol}\cdot\text{L}^{-1}\cdot\text{s}^{-1}$$

由上例可以看出：①对同一化学反应，用系统中不同物质的浓度变化随时间的变化来表示速率时，其数值可能有所不同；②比较上述计算结果可以看出，$\bar{v}(N_2):\bar{v}(H_2):\bar{v}(NH_3)=1:2:3$，即用不同物质浓度变化表示同一化学反应速率时，速率之比等于化学计量方程式中相应物质的计量数之比；③以上反应速率为在3s内的平均速率。对于一次投料的间隙式反应，随着反应的进行，反应物的逐渐消耗，恒温时反应速率会逐渐减慢。

3.1.1.2 瞬时速率

对于某一给定的化学反应，其计量方程式为

$$eE+fF \longrightarrow yY+zZ$$

根据IUPAC（国际纯粹和应用化学联合会）推荐，其反应速率定义为：

$$v=-1/e\cdot dc(E)/dt=-1/f\cdot dc(F)/dt=1/y\cdot dc(Y)/dt=1/z\cdot dc(Z)/dt$$

$$即\ v=1/v_B\cdot dc_B/dt$$

式中，dc_B/dt表示反应中任一物质B的浓度c_B对时间t的变化率。c_B和c_B前面的d是数学上的微分符号，dc_B/dt表示在时间变化极小值时的极小浓度变化，这时速率为瞬时速率。瞬时速率的求解在后续的物理化学课程中会讨论。

3.1.2 反应速率理论

3.1.2.1 反应机理

一个化学反应方程式，能告诉我们什么物质参加了反应，结果生成了什么物质以及反应物与产物间总的量的关系。但是，化学反应方程式并不能说明从反应物转变为产物所经历的途径。化学反应的途径叫做反应机理或反应历程。

大量实验事实证明，绝大多数化学反应并不是简单地一步就能完成，而往往是分步进行的。一步就完成的反应称基元反应，由一个基元反应构成的反应称为简单反应；而由两个或两个以上基元反应构成的化学反应称为复杂反应。有些表面上看起来很简单的反应，实际上也可能是有多步反应的复杂反应。如氢气和碘蒸气化合成碘化氢的反应：

$$H_2+I_2 \longrightarrow 2HI$$

过去一直认为它是一个一步完成的简单反应，即通过氢分子和碘分子间相互碰撞直接生成碘化氢。后来经过多年研究，证明这个反应是分步进行的复杂反应，机理如下：

$$I_2 \rightleftharpoons 2I$$

$$2I+H_2 \longrightarrow 2HI$$

由多步基元反应组成的复杂反应，每一步的反应速率相差的数量级很大，故总的化学反应速率取决于各基元反应中最慢的一步，即速度最慢的基元反应决定了整个复杂反应的速度，这叫定速步骤。

反应机理是一个十分复杂的问题，在已知的化学反应中，完全弄清机理的反应还很少。近年来，随着飞秒化学的发展，物质结构理论的深入研究，化学反应机理的探索已成为当今最活跃的科研领域之一。

3.1.2.2 反应速率理论

不同的化学反应速率各不相同，一般来说，溶液中离子间进行的反应，速度非常快，而分子间使共价键破裂的反应，速度往往较慢。这是由反应物的结构决定的，是影响反应速率的内因。当外界条件改变时，反应速率也会发生改变，如反应物浓度、反应温度及催化剂等改变反应速率。

为了能动地控制化学反应的速度，必须深入研究各种因素对化学反应的影响。这里首先讨论与化学反应速率有关的一些根本问题。

(1) 碰撞理论 根据对一些简单气体反应的研究，并以气体分子运动论为基础，人们提出了化学反应的有效碰撞理论。有效碰撞理论认为，化学反应发生的先决条件是反应物分子间的相互接触。没有反应物分子间的碰撞，根本谈不上什么反应。

一般来说，在相同条件（温度和反应物浓度）下，任何气体分子的碰撞频率几乎是相同的，倘若一经碰撞就会发生反应，那么根据分子运动速率和碰撞频率的计算，一切气体反应不但能在瞬间完成，而且反应速率也应该很接近。但事实上，气体反应有快有慢，且反应速率相差很大。我们再以碘化氢的化合反应来说明。

$$H_2(g)+I_2(g) \longrightarrow 2HI(g)$$

在 973K，H_2、I_2 浓度均为 $0.02mol \cdot L^{-1}$ 时，碰撞频率为 1.27×10^{29} 次 $\cdot s^{-1} \cdot mL^{-1}$，若每次碰撞均能发生反应，反应速率应为 $2.1\times10^{5} mol \cdot L^{-1} \cdot s^{-1}$，反应在不到 $0.1\mu s$ 内完成（$9.5\times10^{-7}s$）。实际测得的反应速率是 $2.1\times10^{-8} mol \cdot L^{-1} \cdot s^{-1}$，约 10^{13} 次即十万亿次碰撞中才发生一次化学反应，其余碰撞均为物理弹性碰撞。

① 有效碰撞 在无数次的反复碰撞中，能够发生化学反应的碰撞叫有效碰撞。那么，能产生有效碰撞的分子与普通分子有什么区别呢？

首先，化学反应要求分子间充分接近，克服各自外层电子间的斥力。这就要求分子具有足够的运动速度，即能量。气体分子运动论认为，气体分子在容器中不断地无规则运动，相互碰撞，交换能量，因此，每一个气体分子的运动速率或能量是不一样的，但我们可以用统计的方法认识气体分子的运动规律。将一定温度下气体分子运动速率的分布规律（即分子动能分布规律）用图形表示出来，可得到等温下的能量分布曲线图，能量分布曲线说明在一定温度下，具有不同能量分子的百分率分布情况。图中横坐标表示能量值，纵坐标表示具有确定能量的分子占气体总分子的百分比。具体说，曲线上任一点的纵坐标是具有横坐标点能量的分子百分比。

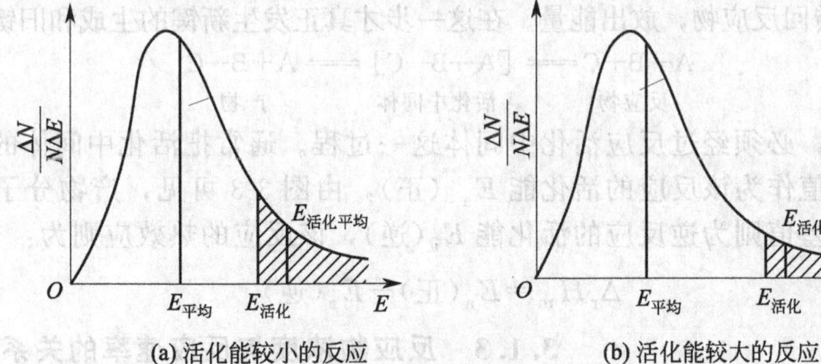

图 3-1 能量分布曲线图

② 活化分子和活化能 由图 3-1 可以看出，一定温度下，分子可以有不同的能量，但是具有很高和很低能量的分子都很少。具有平均动能 $E_{平均}$ 的分子数则很多。只有极少数能量比平均能量高得多的分子才能发生有效碰撞。能发生有效碰撞的分子称为活化分子。通常把活化分子具有的最低能量与体系平均能量的差值叫反应的活化能 E_a。

$$E_a = E_{活化} - E_{平均}$$

化学反应速率主要取决于单位时间内有效碰撞的次数，而有效碰撞次数又与活化分子的百分数有关。图 3-1 中画斜线的区域的面积代表了活化分子的百分数（以曲线与 E 轴包围的面积为 100 计）。

在一定温度下，活化能越大，如图 3-1(b)，活化分子所占比例越小，于是单位时间内有效碰撞次数越少，反应进行得越慢。反之如图 3-1(a)，活化能越小，同样温度下活化分子所占比例越大，单位时间内有效碰撞次数越多，反应进行得越快。

(2) 过渡状态理论简介 化学反应是物质分子内原子重新组合的过程，反应物分子中存在着强烈的化学键，为了反应的发生，必须破坏反应物分子的化学键，才能形成产物分子中的化学键。

以 673K 时，NO_2 和 CO 的基元反应为例，见图 3-2：

$$NO_2+CO \rightleftharpoons NO+CO_2$$

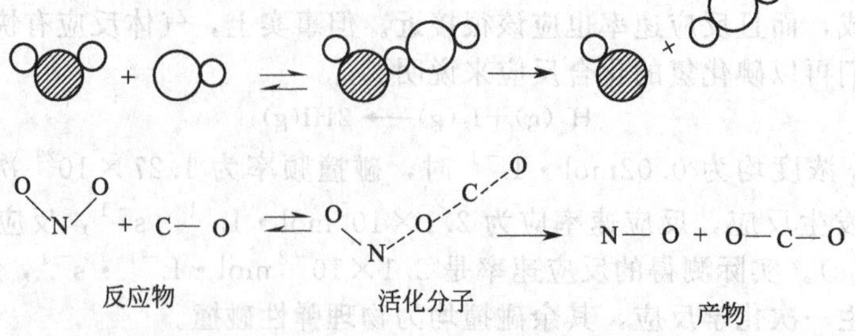

反应物 活化分子 产物

图 3-2 NO_2 和 CO 反应过程示意图

要使 NO_2 和 CO 发生反应，首先反应物分子间必须相互碰撞，当 NO_2 分子和 CO 分子接近时，如图 3-2 所示，既要克服两分子外层电子云之间的斥力，又要克服反应物分子内旧的 N—O 键和 C—O 键间的引力。为了克服旧键断裂前的引力和新键形成前的斥力，两个相碰撞的分子必须具备足够大的能量，否则就不能破坏旧键形成新键，即反应不能发生。因此，只有运动速度快的高能量分子相碰撞，且 CO 中的 C 原子与 NO_2 中的 O 原子迎头相碰，才有足够大的力量使分子在碰撞中破坏旧键形成新键，即发生化学反应，生成产物。

具有足够能量的反应物分子在运动中相互接近，发生碰撞，生成一种不稳定的过渡态，通常称为活化配合物或活化中间体。这种活化中间体的能量比反应物和产物都高，因而很不稳定，很快就转变为产物或转回反应物，放出能量。在这一步才真正发生新键的生成和旧键的断裂。

$$\underset{\text{反应物}}{A—B+C} \rightleftharpoons \underset{\text{活化中间体}}{[A\cdots B\cdots C]} \rightleftharpoons \underset{\text{产物}}{A+B—C}$$

要使反应进行，必须经过反应活化中间体这一过程。通常把活化中间体的能量与反应物分子平均能量的差值作为该反应的活化能 E_a（正），由图 3-3 可见，产物分子平均能量与活化中间体的能量的差值则为逆反应的活化能 E_a(逆)，该反应的热效应则为：

$$\Delta_r H_m = E_a(\text{正}) - E_a(\text{逆}) \tag{3-1}$$

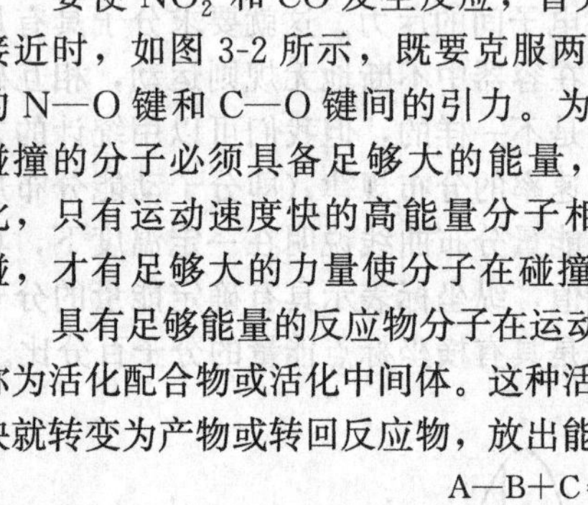

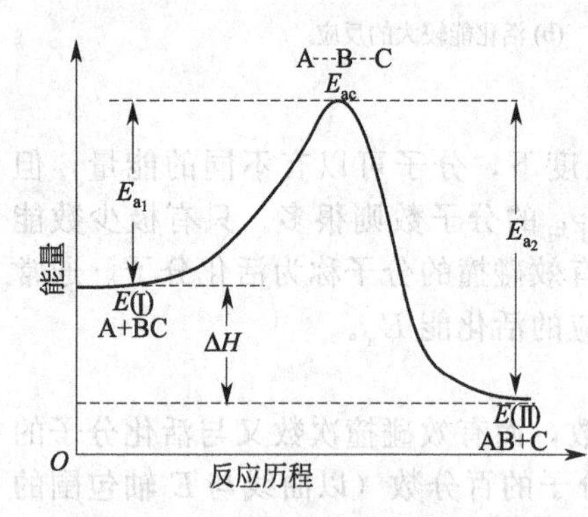

图 3-3 反应系统中活化能示意图

3.1.3 反应物浓度与反应速率的关系

锅炉加热时，用鼓风机鼓入大量空气，这样燃烧反应更剧烈，温度更高。这说明煤与氧气的燃烧反应随着氧气浓度的增加而加快。1863 年挪威化学家 Guldberg 和 Wagge 通过大量的实验认为，化学反应速率与反应物浓度有定量关系。例如反应：

$$2KIO_3+5NaHSO_3 = Na_2SO_4+3NaHSO_4+K_2SO_4+I_2+H_2O$$

反应速率可用碘的出现（溶液中预先放入淀粉溶液），溶液变蓝为标志，结果发现反应速率与 KIO_3 的浓度成正比。

根据前述碰撞理论，反应物浓度增加，在温度不变的情况下，虽活化分子百分数不变，但活化分子的浓度随反应物总浓度的增加而同倍增加，有效碰撞次数增加，反应速率加快。浓度与反应速率之间有定量关系。

3.1.3.1 质量作用定律

像上例中反应速率与反应物浓度间的定量关系叫质量作用定律。因当时浓度以反应物的质量计，故其实是“浓度作用定律”，现一直沿用质量作用定律的叫法，用数学式表示为：

对反应

$$aA+bB \xlongequal{} dD+eE$$
$$v \propto c^a(A) \qquad v \propto c^b(B)$$
$$v=kc^a(A)c^b(B)$$

3.1.3.2　关于质量作用定律的几点说明

(1) 基元反应和非基元反应　绝大多数化学反应并不是一步完成的基元反应，而是由多步完成的复杂反应。对于已知的基元反应，可直接用质量作用定律来写出反应速率方程式，如：

$$SO_2Cl_2(g) \longrightarrow SO_2(g)+Cl_2(g) \qquad v=kc(SO_2Cl_2)$$
$$NO_2(g)+CO(g) \xlongequal{} NO(g)+CO_2(g) \qquad v=kc(NO_2)c(CO)$$
$$2NO_2(g) \xlongequal{} 2NO(g)+O_2(g) \qquad v=kc^2(NO_2)$$

对于大多数的非基元反应，如

$$2NO(g)+2H_2(g) \xlongequal{} N_2(g)+2H_2O(g) \qquad v \neq kc^2(NO)c^2(H_2)$$

实际上该反应是分以下两步进行的：

$$2NO(g)+H_2(g) \xlongequal{} N_2(g)+H_2O_2(g)$$
$$H_2O_2(g)+H_2(g) \xlongequal{} 2H_2O(g)$$

故对任一复杂反应：$aA+bB \xlongequal{} dD+eE$

一般不能根据化学方程式直接写 $v=kc^a(A)c^b(B)$

具体浓度幂指数要由实验确定，即质量作用定律只适用于基元反应，一般不适用于复杂反应。

(2) 反应级数

① 对任一反应

$$aA+bB \xlongequal{} dD+eE$$
$$v=kc^x(A)c^y(B)$$

式中浓度指数 x、y 分别为反应物 A、B 的反应级数，各反应物浓度指数之和称为该反应的级数 n，即 $n=x+y$。x、y 与化学方程式中物质前的系数 a、b 无一定关系，由实验确定。

实验测定反应级数可以只改变一种反应物的浓度来测反应速率，而其他条件不变。如上述反应只改变反应物 B 的浓度。

$$v_1=kc^x(A)c_1^y(B)$$
$$v_2=kc^x(A)c_2^y(B)$$
$$\frac{v_1}{v_2}=\frac{kc^x(A)c_1^y(B)}{kc^x(A)c_2^y(B)}=\left[\frac{c_1(B)}{c_2(B)}\right]^y$$

求出反应物 B 的级数，同理，可测得反应物 A 的级数。

② 反应级数由实验测得，有可能是整数，如 1，2，3 等，也可能是分数，如 1/2，1/3，2/3 等，也有少量反应的级数是零，如大量的氨在催化剂表面的分解是零级反应，即反应速率与反应物浓度无关。

$$2NH_3 \xrightarrow{Pt} N_2+3H_2 \qquad v=kc^0(NH_3)$$

(3) 稀溶液中溶剂参与反应，或有固态、纯液体参与反应　因其浓度基本上是其密度，是常数，故在速率方程式中不必标出其浓度，速率方程式中所出现的浓度项应是可变浓度，如溶液、气体。

$$C_{12}H_{22}O_{11}(\text{蔗糖})+H_2O \xrightarrow{\text{酶}} C_6H_{12}O_6(\text{葡萄糖})+C_6H_{12}O_6(\text{果糖})$$
$$v=k'c(C_{12}H_{22}O_{11})c(H_2O)=kc(C_{12}H_{22}O_{11})$$
$$k=k'c(H_2O)$$
$$C(s)+O_2(g) \longrightarrow CO_2(g)$$
$$v=kc(O_2)$$

$$Br_2(l)+2I^- \longrightarrow 2Br^- + I_2$$

$$v=kc^2(I^-)$$

(4) 反应中若有气体物质参与 它们的浓度可用压力代替

如：$H_2(g)+I_2(g) \xlongequal{} 2HI(g)$

$v=kc(H_2)c(I_2)$ （非基元反应，此式由实验测得）

$$pV=nRT$$

$$p=\frac{n}{V}RT=cRT$$

将 $c=\frac{p}{RT}$ 代入

$$v=k\frac{p_{H_2}}{RT}\frac{p_{I_2}}{RT}=\frac{k}{(RT)^2}p_{H_2}p_{I_2}=k'p_{H_2}p_{I_2}$$

$$k'=\frac{k}{(RT)^2}$$

(5) 速率常数 k

① 速率常数 k 与浓度、压力无关

在反应速率与反应物浓度（或压力）关系式中：

$$v=kc^x(A)c^y(B)$$

从式中可以看到，反应物浓度（或压力）和速率常数 k 各自独立影响反应速率，互不关联。反应物浓度（或压力）为单位量时，k 在数值上等于反应速率。

② 速率常数 k 是在一定温度下反应本性的常数，与反应的本性、温度、催化剂有关。

③ 速率常数 k 的单位

a. 根据 $v=kc^x(A)c^y(B)$

$$k=\frac{v}{c^x(A)c^y(B)}$$

是反应物浓度（或压力）为单位量的反应速率，单位应该是

$$\frac{mol \cdot L^{-1} \cdot s^{-1}}{(mol \cdot L^{-1})^{x+y}}=(mol \cdot L^{-1})^{(1-x-y)} \cdot s^{-1}$$

故可根据速率常数 k 的单位推导出反应级数。

b. 若把速率方程式改为 $v=k[c(A)/c_0]^x[c(B)/c_0]^y$

c_0 为标准浓度，为 $1mol \cdot L^{-1}$，这样 k 单位为 $mol \cdot L^{-1} \cdot s^{-1}$，不会因反应级数不同而变化，处理问题更简单。

【例 3-2】 光气 $COCl_2$ 在 350℃可由 CO 和 Cl_2 合成，根据以下实验数据写出反应的速率方程式，并计算速率常数 k。

实验序数	1	2	3	4
$c_{CO}/mol \cdot dm^{-3}$	0.10	0.10	0.05	0.05
$c_{Cl_2}/mol \cdot dm^{-3}$	0.10	0.05	0.10	0.05
$v/(mol \cdot dm^{-3} \cdot s^{-1})$	1.2×10^{-2}	4.26×10^{-3}	6.0×10^{-3}	2.13×10^{-3}

解：假设速率方程式为

$$v=kc_{CO}^m c_{Cl_2}^n$$

考察实验 1 和实验 3 的数据，并代入速率方程式，则有

实验 1　　$1.2\times10^{-2}=k(0.10)^m(0.10)^n=[k(0.10)^n](0.10)^m$

实验 3　$6.0\times10^{-3}=k(0.05)^m(0.10)^n=[k(0.10)^n](0.05)^m$

则
$$\frac{1.2\times10^{-2}}{6.0\times10^{-3}}=\frac{(0.10)^m}{(0.05)^m}=\left(\frac{0.10}{0.05}\right)^m=2^m$$

即　$2^m=2$，$m=1$

同样考察实验 1 和 2 的数据，并代入速率方程式，则有

实验 1　$1.2\times10^{-2}=k(0.10)^m(0.10)^n=[k(0.10^m)](0.10)^n$

实验 2　$4.26\times10^{-3}=k(0.10)^m(0.05)^n=[k(0.10)^m](0.05)^n$

则
$$\frac{1.2\times10^{-2}}{4.26\times10^{-3}}=\frac{(0.10)^n}{(0.05)^n}=\left(\frac{0.10}{0.05}\right)^n=2^n$$

即　$2^n=2.82$，$n=\frac{3}{2}$。因此，速率方程式为

$$v=kc_{CO}c_{Cl_2}^{3/2}$$

$$反应级数=1+\frac{3}{2}=\frac{5}{2}$$

为了求速率常数 k，可任意选择一个实验序数的实验数据，如实验 4，则有

$$2.13\times10^{-3}=k(0.05)(0.05)^{3/2}$$

$$解得\ k=3.8\mathrm{mol^{-2/3}\cdot dm^{3/2}\cdot s^{-1}}$$

3.1.3.3　浓度对反应速率影响的应用

利用增加反应物浓度来增加反应速率，在化工生产上应用得较多。如在溶液中的反应，可尽量使反应物浓度增大，以达到增加反应速率的目的；对气相反应，常用增加气体压力的方法来增加反应速率。但也有一些反应，本身反应速率已很大，再加上有副反应，有时希望减缓反应速率，特别是副反应速率。可采用降低反应物浓度，如有机反应，常加入一些惰性溶剂来稀释反应物，从而控制化学反应速率，减小副反应速率。对于某些反应热效应大，但反应体系对温度很敏感的反应，可用喷雾方法加料，以避免局部浓度过高，局部过热。

在工业生产中，对于一个一次性投料的反应，或一种反应物一次投料，另一反应物逐步滴加的反应，随着反应的进行，在温度不变时，由于反应物浓度的消耗，反应的瞬时速率在不断地减小，有时为了使反应速率相对稳定，采用滴加反应物的速度逐渐加快的方法；对于连续投料的管式反应，由于消耗掉的反应物随时都在补充，温度不变时，反应速率基本恒定。

很多油料如食用油，存在着缓慢氧化的问题，为了避免或减缓这一反应，近年来在食用油中充入氮气，极大地减小了氧气的浓度，大大减缓了食用油氧化变质的速度。

3.1.4　反应速率与温度的关系

3.1.4.1　反应速率与温度的关系概述

对任意的化学反应，升高温度，化学反应速率会明显加快。根据实践，van't Hoff 归纳出一个近似规律：对于一般反应，在浓度不变的情况下，温度每升高 10℃，反应速率提高 2～4 倍。该规律用于数据缺乏时进行粗略的估计。研究发现，并非所有的反应都符合 van't Hoff 规则。实际上，各种反应的速率与温度的关系要更复杂些。

1887 年，瑞典化学家 A. Arrhenius 根据实验结果，提出了在一定温度范围内，反应的速率和温度的关系式：

$$k=A\mathrm{e}^{-E_a/(RT)}\tag{3-2}$$

若以对数的形式表示：

$$\ln k=\ln A-E_a/(RT)\tag{3-2a}$$

式中，A 为指前因子（正值，由实验确定，单位同 k）；E_a 为反应的活化能；R 为摩尔气体常数；T 为热力学温度。

式(3-2) 和式(3-2a) 均为 Arrhenius 公式。从 Arrhenius 公式可以得出如下重要结论：

① 温度一定时，E_a 大的反应 k 值小，反应速率小，如 $E_a > 400\text{kJ}\cdot\text{mol}^{-1}$，为慢反应；反之，$E_a$ 小的反应 k 值大，反应速率大，如 $E_a < 40\text{kJ}\cdot\text{mol}^{-1}$，为快反应。即反应速率首先取决于反应本性，本性就是该反应的活化能。

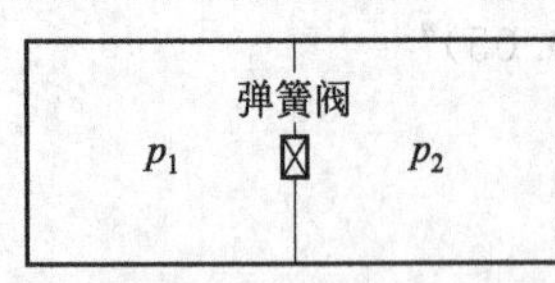

前面讲到有些反应虽然吉布斯自由能变 $\Delta_r G_m^{\ominus}$ 负值很大，即反应趋势很大，但反应速率很慢，可做如下比喻。一个箱子被一隔板分成两部分，两部分气体压力不一样，板中间有一弹簧阀(左图)，板两边的压力差是高压气体进入低压区的源动力，相当于化学反应的 $\Delta_r G_m^{\ominus}$。高压气体中有些能量高的分子能冲开弹簧阀进入低压气体室，高压气体进入低压气体室的速度与阀弹簧的压缩难易程度关系最大，普通分子打开这个弹簧阀所需增加的力就相当于化学反应的活化能。

② 当某反应 E_a 一定时，温度 T 升高，速率常数 k 增大，反应速率加快。

对 Arrhenius 公式进一步分析，还可得出：

③ 对同一反应，在低温区升高温度 k 值增大的倍数比在高温区升高同样幅度的温度时 k 值增大的倍数大，即在低温区升温对改变反应速率更为敏感（见例 3-3）。

④ 对于 E_a 不同的反应，升高相同幅度的温度，E_a 大的反应，其 k 值增加的倍数多；E_a 小的反应，其 k 值增加的倍数少。即升温对活化能 E_a 大的反应更为敏感。

⑤ Arrhenius 公式中，$\lg k$ 与 $1/T$ 有线性关系

$$\lg k = \lg A - \frac{E_a}{2.303RT}$$

可通过测定不同温度时的速率常数求得反应的活化能 E_a，若已知活化能 E_a，也可通过 T_1 时的速率常数 k_1 求得 T_2 时的速率常数 k_2。

【例 3-3】 反应：$C_2H_5Cl = C_2H_4 + HCl$

$A = 1.6\times10^{14}\text{s}^{-1}$，$E_a = 246.9\text{kJ}\cdot\text{mol}^{-1}$，求 700K 时的反应速率常数 k。

解：由 Arrhenius 公式 $k = Ae^{-E_a/(RT)}$ 得

$$k = 1.6\times10^{14}\times\exp\left(\frac{246.9\times10^3}{8.314\times700}\right) = 6.02\times10^{-5}\text{s}^{-1}$$

同样可以求出，710K 时，$k_{710} = 1.09\times10^{-4}\text{s}^{-1}$ 即温度升高 10K，速率扩大 1.8 倍。

若温度从 500K 到 510K，可以算出 k 扩大了 3.2 倍。

即在低温区时，温度对反应速率影响较大，在高温区，温度对反应速率影响较小。

【例 3-4】 已知反应：$2NOCl = 2NO + Cl_2$

$T_1 = 300\text{K}$ 时 $k_1 = 2.8\times10^{-5}\text{dm}^3\cdot\text{mol}^{-1}\cdot\text{s}^{-1}$；$T_2 = 400\text{K}$ 时 $k_2 = 7.0\times10^{-1}\text{dm}^3\cdot\text{mol}^{-1}\cdot\text{s}^{-1}$。

求反应的活化能 E_a，并求指前因子 A。

解：由 Arrhenius 对数公式　　$\lg k = \lg A - \dfrac{E_a}{2.303RT}$

可得

$$\lg\frac{k_2}{k_1} = \frac{E_a}{2.303R}\left(\frac{1}{T_1} - \frac{1}{T_2}\right)$$

$$E_a=\frac{2.303R\lg\frac{k_2}{k_1}}{\frac{T_2-T_1}{T_1T_2}}$$

将数据代入，得

$$E_a=\frac{2.303\times8.314\lg\frac{7.0\times10^{-1}}{2.8\times10^{-5}}}{\frac{400-300}{400\times300}}$$

$$=101\mathrm{kJ\cdot mol^{-1}}$$

将 E_a，T_1，k_1 值代入：

$$k=Ae^{-E_a/(RT)}$$

可求出 $A=1.07\times10^{13}\mathrm{dm^3\cdot mol^{-1}\cdot s^{-1}}$。

3.1.4.2　温度影响反应速率的原因

温度升高，反应物分子的运动速率增大，单位时间内分子碰撞次数增加，但这是否是反应速率增加的主要原因呢？根据气体分子运动论的计算，温度每升高 10℃，单位时间内的碰撞次数仅增加 2%左右，但实际上反应速率要增大 100%～200%，比 2%大得多。显然，当温度升高时，碰撞次数的增加，并不是反应速率加快的主要原因。

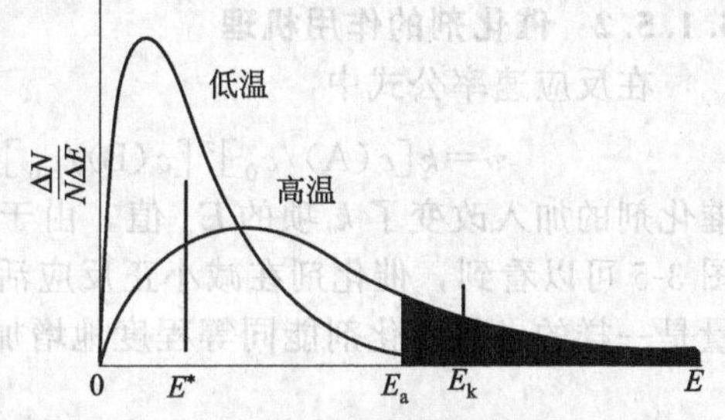

图 3-4　不同温度时分子能量分布图

有效碰撞理论认为，当温度从 T_1 升到 T_2 时，分子的能量普遍增大，其能量分布曲线向右上方偏移（图 3-4）。此时有更多的普通分子吸收足够的能量变成活化分子，增大了活化分子的百分数，单位时间内有效碰撞次数显著增加，因此反应速率大大加快。

3.1.4.3　温度影响反应速率在工业上的应用

对于大多要提高化学反应速率的生产，一般总是采用升温提高反应温度的方法，如反应釜的夹套中通入水蒸气加热，反应釜的夹套加入导热油的电加热等。但在化学工业特别是制药工业上有不少要求降温减小反应速率的生产（主要是降低副反应速率以减少杂质，减小分离的困难），如笔者参与的维生素 A 和其中间体 β-紫罗兰酮的生产，反应温度分别为－70℃和－40℃，这时可采用在反应釜的夹套和盘管内通入冷冻液，另在反应物料中不断加入干冰以降低反应速率，如要求更低温度，还可加入液氮。

3.1.5　催化剂与反应速率的关系

催化剂是一种能显著加快反应速率，而在反应前后自身的组成、质量和化学性质不发生变化的物质。催化剂改变反应速率的作用非常明显，如在生产硫酸的重要步骤 SO_2 的催化氧化中，催化剂 V_2O_5 提高反应速率达一亿五千万倍，使生产效率大为提高；又如，若人体消化道中无消化酶，欲消化一顿饭，需花费 50 年时间。以上列举的催化剂都能加快反应速率，称为正催化剂。然而并非所有的反应都希望加速进行，例如橡胶、塑料的老化、金属的腐蚀等，显然越慢越好。这时需要加入一些物质减慢其反应，这种物质称为负催化剂。通常所谓的催化剂都是正催化剂。

3.1.5.1　催化剂的基本性质

① 催化剂参与反应过程，改变反应速率，但在反应前后它本身的组成和质量保持不变。

② 催化剂虽能极大地改变反应速率，但不能改变反应的可能性。这是因为催化剂不能改变反应物与产物的吉布斯生成自由能变，当然也不能改变反应的吉布斯自由能变 $\Delta_r G_m$，所以催化剂不能使非自发反应变成自发反应。

③ 催化剂具有特殊的选择性。这里有两方面的意思。一方面指某种催化剂对某一反应有很强的催化活性，但对其他反应就不一定有催化活性。如 V_2O_5 是 SO_2 氧化成 SO_3 反应的特效催化剂，但它对合成氨反应却是无效的。另一方面指同种反应物选用不同的催化剂，可能发生不同的反应，得到不同的产物。如以乙醇为原料，在不同条件下采用不同催化剂，可以发生不同的反应，得到不同的产物。

$$C_2H_5OH \xrightarrow{Al_2O_3 \text{或} ThO_2} C_2H_4 + H_2O$$

$$C_2H_5OH \xrightarrow{Cu} CH_3CHO + H_2$$

$$2C_2H_5OH \xrightarrow[140℃]{\text{浓} H_2SO_4} C_2H_5—O—C_2H_5 + H_2O$$

$$2C_2H_5OH \xrightarrow{ZnO,Cr_2O_3} CH_2=CH—CH=CH_2 + H_2 + 2H_2O$$

这样，当某一反应物可能发生几种平行反应时，就可以根据需要选择某种特效催化剂，以加快所需要反应的速率，同时抑制其他副反应的速度。

3.1.5.2 催化剂的作用机理

在反应速率公式中

$$v = k[c(A)/c_0]^x[c(B)/c_0]^y = Ae^{-E_a/(RT)}[c(A)/c_0]^x[c(B)/c_0]^y$$

催化剂的加入改变了 k 项的 E_a 值，由于是指数项，故 E_a 的改变对反应速率影响很大。从图 3-5 可以看到，催化剂在减小正反应活化能的同时，也减小了逆反应的活化能，且减少的量是一样的，故催化剂能同等程度地增加正、逆反应的速度。

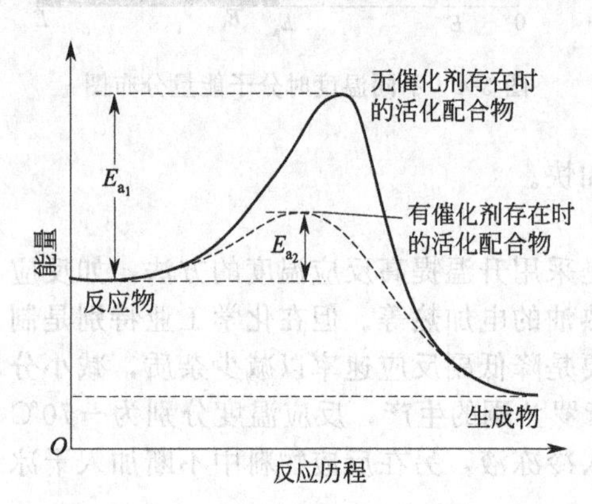

图 3-5 催化剂改变反应途径示意图

虽然反应前后催化剂的组成、质量和化学性质不发生变化，但并不意味着催化剂不参与化学反应，实验证明，催化剂实实在在地参加了反应，改变了反应的历程，即催化剂与反应物先生成中间体，然后中间体分解最后生成了产物，中间可能经过了一系列的反应，而这些反应的活化能比原反应的活化能要低，故反应速率大大增加。由图 3-5 可见，催化剂参加反应，但并不改变该反应的热效应。

(1) 单相催化 作为催化剂的物质与反应物同处于均相的气体或液体中所发生的作用叫做单相催化。例如，铅室法制硫酸中，催化剂（NO_2、NO）和反应物（SO_2、O_2）都是气体，它们都处于气相中，是气体单相催化；蔗糖催化分解中，催化剂（H^+）和反应物（$C_{12}H_{22}O_{11}$、H_2O）都处在同一液相中，是液相催化。

单相催化机理主要是中间产物理论。该理论认为：催化剂首先与反应物作用（或反应物之一），生成不稳定的中间产物，它再分解或与另一反应物作用，得到最终产物，同时析出催化剂。

例如，在 518℃下，乙醛分解反应：

$$CH_3CHO \xrightarrow{518℃} CH_4 + CO$$

没有催化剂时，它的活化能为 190.4kJ · mol^{-1}，当有碘蒸气作为催化剂时，反应分两步进行：

$$CH_3CHO + I_2 \longrightarrow CH_3I + HI + CO$$

$$CH_3I + HI \longrightarrow CH_4 + I_2$$

总的活化能为 136.0kJ · mol^{-1} 。这表明使用催化剂时，由于改变了反应历程，降低了活化能（ΔE_a＝190.4－136.0＝54.4kJ · mol^{-1}），结果使反应速率提高了近一万倍。

在单相催化作用中，由于催化剂本身参与反应，按质量作用定律，反应速率应与催化剂的浓度成正比。许多研究表明，当催化剂浓度不大时，符合上述原则。

(2) 多相催化机理　在多相催化中，催化剂往往是固体，反应物则是气体或液体。因此，多相催化均在催化剂表面上进行。基于这种事实，有三种理论解释。

① 吸附活性中心理论　观察固体的微观结构，可见其表面都是粗糙不平的。其中凸出部分的原子，化合价尚未饱和，具有较大的吸附能力。像这种能够发挥吸附中心作用的部位叫做催化剂活性中心。由于活性中心与反应物分子相互作用，减弱了反应物分子内部原子间的结合力，使其中的某些化学键变得松弛，增大了被吸附分子的化学活性，因而加快了反应速率。

例如：一氧化二氮的分解反应：

$$2N_2O \xrightarrow{Au} 2N_2 + O_2$$

在无催化剂时，活化能为 250kJ · mol^{-1}，当以金做催化剂时，活化能降至 120kJ · mol^{-1}。由于催化剂对各物质的化学吸附具有选择性，因而同种催化剂对不同反应的催化能力相差很大。

② 活化配合物理论　该理论认为反应物分子先与催化剂表面的活性中心形成活化配合物，然后再与另一未被吸附的反应物分子作用，生成产物。由于活化配合物的形成，改变了反应历程，降低了反应的活化能，从而加快了反应速率。

例如，合成氨反应

$$N_2(g) + 3H_2(g) \longrightarrow 2NH_3(g)$$

在无催化剂时，活化能较高（图 3-6），反应速率很低。当用铁作为催化剂时，形成了活化配合物，改变了反应历程：

$$N_2(g) + 2Fe(s) \longrightarrow 2N—Fe(s)$$

$$2N—Fe(s) + \frac{3}{2}H_2(g) \longrightarrow NH_3(g) + Fe(s)$$

由于这两步的活化能都较低，因而大大地加快了反应的速度。

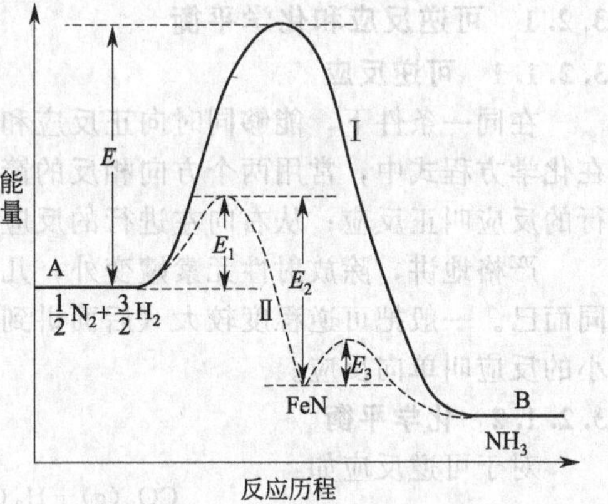

图 3-6　合成氨反应中铁的催化历程

③ 活性吸附的多位学说　该学说认为催化剂的活性中心就是晶体表面的原子（或离子），而且起催化作用的不是催化剂的一个活性中心，而是由几个活性中心组成的区域。只有当催化剂表面活性中心原子的排列与反应物分子中原子的排列成几何对应时，才能发生催化作用。另外，活性中心原子与反应物分子间的相互作用，不仅会引起反应物分子内某些化学键的削弱，而且会促使某些新化合物键的形成。

在实际应用中，有些物质本身没有催化作用，但把它们加到催化剂中却能使催化剂的催化活性显著增加，这种物质叫做助催化剂。例如合成氨的铁催化剂粉末中加入适量的 Al_2O_3 或 $K_2O \cdot Al_2O_3$，可使其催化活性增大十倍，在这里，Al_2O_3 或 $K_2O \cdot Al_2O_3$ 就是助催化剂。还有一些物质，即使是很少地混入到催化剂中，也会使催化剂的活性急剧降低甚至完全丧失催化活性，这种物质叫做催化毒物。由催化毒物所引起的减低或丧失催化活性的现象，叫做催化剂中毒。例如，砷和硒的化合物是接触法制硫酸过程中铂催化剂的催化毒物，因此，原料气 SO_2 在进入反应器之前，必须经过净化处理，以免造成催化剂中毒。

3.1.6 其他因素对化学反应速率的影响

在非均相系统中进行的反应，如固体（包括催化剂）和液体或气体的反应等，可以认为至少经过以下几个步骤：反应物分子向固体表面扩散并被吸附在固体表面；反应物分子在固体表面反应生成产物；产物在固体表面脱附并扩散出去。上述任何一个步骤都会影响整个反应速率。故反应速率除与温度、浓度气体压力有关外，还与反应物接触面的大小和接触机会有关。对固体反应来说，如将大块固体破碎成小块、磨成粉末或做成蓬松状，反应速率必然加快。如铝块或铝制炊具，即使对其大火加热也很难燃烧，但如空气中弥漫极微小铝屑，有一点火星就能酿成大爆炸，2014 年 6 月某厂就是这样的爆炸造成了六十多人的死亡。对气液反应或互不相溶的两种液体可采用喷雾加料的方法扩大彼此的接触面。此外，对反应物进行搅拌、振荡、鼓风等措施，同样可以增加反应物接触的机会，加快反应速率。其它如超声波、紫外光、激光、微波和高能射线，对某些反应速度也有影响。

3.2 化学平衡

在化工生产中，不仅要关心化学反应速率，而且要关心反应进行的限度或反应转化率，以节约原料，减少因排放造成的环境污染。很多化学反应，特别是有机反应，即使严格按照反应方程式投料，再延长反应时间，但最后总剩下部分原料不能再生成产物。这并非反应时间不够，而是化学反应本身的规律性导致的。化学平衡就是研究这种规律性以及各种因素对该限度的影响。

3.2.1 可逆反应和化学平衡

3.2.1.1 可逆反应

在同一条件下，能够同时向正反应和逆反应两个相反方向进行的反应，叫做可逆反应。在化学方程式中，常用两个方向相反的箭头代替等号。习惯上，把按反应方程式从左向右进行的反应叫正反应；从右向左进行的反应叫逆反应。

严格地讲，除放射性元素嬗变外，几乎所有的化学反应都具有可逆性，只是可逆程度不同而已。一般把可逆程度较大（后面讲到的平衡常数大小）的反应叫可逆反应，可逆程度较小的反应叫单向反应。

3.2.1.2 化学平衡

对于可逆反应如：

$$CO_2(g)+H_2(g) \rightleftharpoons CO(g)+H_2O(g)$$

在 1200℃下，把一定物质的量的 CO_2、H_2 放在容积为 1L 的密闭反应器中，每隔一定时间取样分析，反应物 CO_2 和 H_2 的浓度逐渐减小，而产物 CO 和 H_2O 的浓度逐渐增加。若保持温度不变，当反应进行到一定时间，将发现混合气体中各组分的浓度不再随时间而改变，维持恒定，此时即达到化学平衡状态。将达到平衡时产物的浓度与反应物浓度比值分别计算出，可得到一些重要结论。

开始浓度、最后测得的浓度和平衡浓度之比见表 3-1。

表 3-1 起始浓度和平衡浓度的实验数据 $mol \cdot L^{-1}$

编号	c(起始浓度)				c(平衡浓度)				$\frac{c(CO)c(H_2O)}{c(CO_2)c(H_2)}$
	CO_2	H_2	CO	H_2O	CO_2	H_2	CO	$H_2O(g)$	
1	0.01	0.01	0	0	0.004	0.004	0.006	0.006	2.25
2	0.01	0.02	0	0	0.0022	0.0122	0.0078	0.0078	2.27
3	0.01	0.01	0.01	0	0.0042	0.0042	0.0069	0.0058	2.27
4	0	0	0.02	0.02	0.0081	0.0081	0.0122	0.0122	2.27

由上述实验数据可知，不论反应从 CO_2 和 H_2 还是从 CO 和 H_2O 开始，也不论它们各自的浓度是多大，反应经过一定时间后，都可以得到 $K_c \approx 2.27$ 这样一个数值。随着实验的增加，这样巧合的例子变成了规律，我们在后面会推导得到。

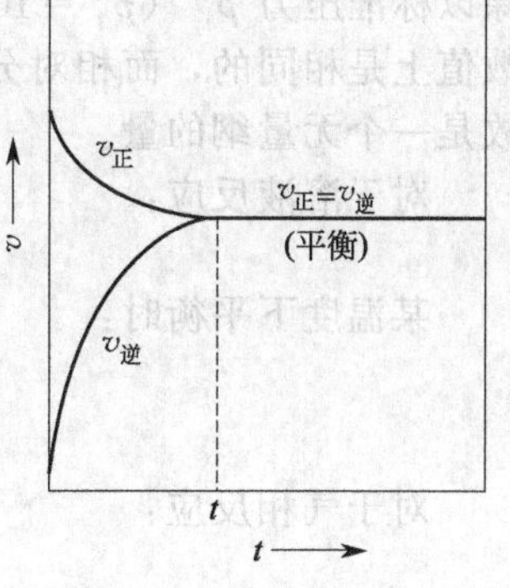

图 3-7　化学平衡

可逆反应之所以会出现这样一种体系中各物质浓度不再改变的状态是因为，反应刚开始时，反应物浓度最大，具有最大的正反应速率 $v_{正}$，此时尚无产物，故逆反应速率 $v_{逆}$ 为零。随着反应的进行，反应物不断消耗，浓度减小，正反应速率随之减小。另一方面，产物浓度不断增加，逆反应速率逐渐增大，至某一时刻 $v_{正}=v_{逆}$（但并不等于零）（图 3-7），即单位时间内正反应使反应物浓度减小的量等于因逆反应使反应物浓度增加的量。此时宏观上，各种物质的浓度不再改变，达到平衡状态；在微观上，反应并未停止，正逆反应仍在进行，故化学平衡是一种动态平衡。

3.2.2　化学平衡的特点

综上所述，化学平衡的特点可用几个“字”来概括：

①“等”，正反应速率 $v_{正}$ 和逆反应速率 $v_{逆}$ 相等，即 $v_{正}=v_{逆}$。

②“定”，体系中各组分浓度或分压不再改变，为一定数。但这一定值仅为这一特定比例进料和这一温度时的值，这几个值之间本身没任何关系，但产物的浓度（或分压）与反应物的浓度（或分压）之比有关系，是一定值。

③“零”，达到平衡时，反应的推动力即 $\Delta_r G=0$。

3.2.3　经验平衡常数

通过大量实验事实可总结出一个规律，对于一般的可逆反应：

$$aA+bB \rightleftharpoons cC+dD$$

在一定温度下达到平衡时，生成物浓度（或分压）以反应方程式中化学计量数为指数的乘积与反应物浓度（或分压）以化学计量数为指数的乘积之比为一常数，以 K 表示。为了区别起见，把以浓度表示的平衡常数称为浓度平衡常数，记作 K_c；以分压表示的称为压力平衡常数，记作 K_p。浓度平衡常数和压力平衡常数的数学表达式分别为：

$$K_c=\frac{c^c(C)c^d(D)}{c^a(A)c^b(B)}$$

$$K_p=\frac{p^c(C)p^d(D)}{p^a(A)p^b(B)}$$

式中，$c(A)$、$c(B)$、$c(C)$、$c(D)$ 表示四种物质在平衡时的浓度；$p(A)$、$p(B)$、$p(C)$、$p(D)$ 为四种气态物质在平衡时的分压；a、b、c、d 为相应物质在反应方程式中的化学计量数。

将实验数据（浓度或分压）代入平衡常数表达式中所求得的平衡常数 K_c 和 K_p 叫做实验平衡常数或经验平衡常数。显然实验平衡常数一般带有量纲，K_c 的量纲为 $(mol \cdot L^{-1})^{\Delta\nu}$，$K_p$ 的量纲为 $(Pa)^{\Delta\nu}$ 或 $(kPa)^{\Delta\nu}$，其中 $\Delta\nu$ 为生成物化学计量数与反应物化学计量数之差，即 $\Delta\nu=(c+d)-(a+b)$。当 $\Delta\nu=0$ 时，K_c、K_p 则无量纲。

3.2.4　标准平衡常数

按照 IUPAC 规定，热力学平衡常数不再分为浓度平衡常数和压力平衡常数，都记作 $K^{\ominus}$。它的数学表达式与经验平衡常数相似，不同的是将浓度换算成相对浓度、分压换算成相对分压。前者是将溶质的浓度除以标准浓度 $c^{\ominus}$（$c^{\ominus}=1.0\text{mol}\cdot\text{L}^{-1}$），后者是将气体分压除以标准压力 $p^{\ominus}$（$p^{\ominus}=100\text{kPa}$）（相对的意思是相对于标准态的倍数，相对浓度与浓度在数值上是相同的，而相对分压的数值与分压不同）。由于相对浓度和相对分压都不带量纲，故是一个无量纲的量。

对于溶液反应：

$$a\text{A(aq)}+b\text{B(aq)} \rightleftharpoons c\text{C(aq)}+d\text{D(aq)}$$

某温度下平衡时：

$$K^{\ominus}=\frac{[c(\text{C})/c^{\ominus}]^{c}[c(\text{D})/c^{\ominus}]^{d}}{[c(\text{A})/c^{\ominus}]^{a}[c(\text{B})/c^{\ominus}]^{b}}$$

对于气相反应：

$$a\text{A(g)}+b\text{B(g)} \rightleftharpoons c\text{C(g)}+d\text{D(g)}$$

某温度下平衡时：

$$K^{\ominus}=\frac{[p(\text{C})/p^{\ominus}]^{c}[p(\text{D})/p^{\ominus}]^{d}}{[p(\text{A})/p^{\ominus}]^{a}[p(\text{B})/p^{\ominus}]^{b}}$$

对于复相反应：

$$a\text{A(aq)}+b\text{B(s)} \rightleftharpoons c\text{C(g)}+d\text{D(l)}$$

纯固体或纯液体，其标准状态就是纯固体或纯液体。相除结果为 1，故不必写入平衡关系表达式中，故在某温度下平衡时：

$$K^{\ominus}=\frac{[p(\text{C})/p^{\ominus}]^{c}}{[c(\text{A})/c^{\ominus}]^{a}}$$

对于不含气相物质的反应，$K^{\ominus}$ 和经验平衡常数 K 在数值上相等，因为溶液相物质的标准状态数值为 1。但对于有气相物质参与的反应，$K^{\ominus}$ 和经验平衡常数 K 在数值上经常不相等，因为气相物质的标准状态数值不是 1，而是 100。

【例 3-5】 反应 $\text{A(g)} \rightleftharpoons 2\text{B(g)}$

在某温度达到平衡时，各组分的分压均为 100kPa，求其经验平衡常数 K_p 和标准平衡常数 $K^{\ominus}$。

解： $\text{A(g)} \rightleftharpoons 2\text{B(g)}$

平衡时分压 p_i/kPa 100 100

$$K_p=\frac{p_{\text{B}}^2}{p_{\text{A}}}=\frac{100^2}{100}=100(\text{kPa})$$

$$K^{\ominus}=\frac{(p_{\text{B}}/p^{\ominus})^2}{(p_{\text{A}}/p^{\ominus})}=\frac{(100/100)^2}{(100/100)}=1$$

从上例可以推导出经验平衡常数 K_p 与标准平衡常数 $K^{\ominus}$ 之间的关系式。

$$K^{\ominus}=\frac{(p_{\text{B}}/p^{\ominus})^2}{(p_{\text{A}}/p^{\ominus})}=\frac{p_{\text{B}}^2}{p_{\text{A}}}\cdot\frac{(1/p^{\ominus})^2}{(1/p^{\ominus})}=K_p\cdot p^{\ominus}$$

$K^{\ominus}$ 与 K_p 的一般关系式为：$K^{\ominus}=K_p\cdot(p^{\ominus})^{\Delta\nu}$

3.2.5 平衡常数的推导*

设有均匀体系中的可逆反应：

$$a\text{A}+b\text{B} \rightleftharpoons c\text{C}+d\text{D}$$

该反应的正、逆反应都是基元反应，根据质量作用定律：

$$v_{\text{正}}=k_{\text{正}}\,c(\text{A})c(\text{B})$$

$$v_{\text{逆}}=k_{\text{逆}}\,c(\text{C})c(\text{D})$$

当达到平衡时，$v_{\text{正}}=v_{\text{逆}}$，则

$$k_{正}\,c(\mathrm{A})c(\mathrm{B})=k_{逆}\,c(\mathrm{C})c(\mathrm{D})$$

移项得

$$\frac{k_{正}}{k_{逆}}=\frac{c^{c}(\mathrm{C})c^{d}(\mathrm{D})}{c^{a}(\mathrm{A})c^{b}(\mathrm{B})}=K_c$$

由于在一定温度下 $k_{正}$、$k_{逆}$ 都是常数，因此两者之比也应是常数，用 K_c 表示。

在推导上式时，曾假设可逆反应的正、逆反应都是基元反应，但由此推导出的平衡表达式却适用于任何可逆反应。这是因为化学平衡是反应物和产物间的平衡，它们浓度间的关系只与始态和终态有关，而与反应途径无关。这一结论可做如下证明。

设有均匀体系中的可逆反应：

$$2\mathrm{A}+\mathrm{B} \rightleftharpoons \mathrm{A_2B}$$

如果该反应是由两步基元反应组成的复杂反应，则：

$$\mathrm{A}+\mathrm{B} \rightleftharpoons \mathrm{AB} \qquad K_1=\frac{c(\mathrm{AB})}{c(\mathrm{A})c(\mathrm{B})} \tag{3-3}$$

$$\mathrm{A}+\mathrm{AB} \rightleftharpoons \mathrm{A_2B} \qquad K_2=\frac{c(\mathrm{A_2B})}{c(\mathrm{AB})c(\mathrm{A})} \tag{3-4}$$

将式(3-3)、式(3-4) 相乘，得：

$$K_1K_2=\frac{c(\mathrm{AB})}{c(\mathrm{A})c(\mathrm{B})}\cdot\frac{c(\mathrm{A_2B})}{c(\mathrm{AB})c(\mathrm{A})}=\frac{c(\mathrm{A_2B})}{c^2(\mathrm{A})c(\mathrm{B})}=K_c$$

此式恰好相当于总反应方程式的平衡常数表达式。所以任何可逆反应的平衡常数式都可以根据总的反应方程式直接写出。

3.2.6　平衡常数的意义

(1) 平衡常数——可逆反应的特征常数　在一定温度下，每一反应都有自己特征的平衡常数，其大小取决于该反应的本性，与物质浓度无关，与反应正、逆向投料无关（但方程式写法应确定）。

(2) 平衡常数的大小是可逆反应完成程度的衡量尺度　由 $K_c=\frac{c^{c}(\mathrm{C})c^{d}(\mathrm{D})}{c^{a}(\mathrm{A})c^{b}(\mathrm{B})}$可知，产物浓度在分子上，反应物浓度在分母上，$K_c$ 大，平衡时产物浓度大，反应进行得完全；K_c 小，平衡时产物浓度小，反应进行的程度小。对一般的反应，若 $K^{\ominus}>10^5$，可认为反应完全单向向右，若 $K^{\ominus}<10^{-5}$，可认为反应完全单向向左。

(3) 平衡常数是温度的函数　温度变化，反应速率常数 $k_{正}$、$k_{逆}$ 均发生变化，但变化的幅度不同。若是吸热反应，即 E_a(正)$>E_a$(逆)，温度升高时，根据阿仑尼乌斯公式，$k_{正}$ 增加的倍数大于 $k_{逆}$ 增加的倍数，故 $K^{\ominus}$也增加，若温度降低，$K^{\ominus}$减小。

(4) 平衡关系表达式中各浓度均为体系中该物质的平衡浓度，压力为平衡分压　即使体系中有多个互不关联的平衡，只要牵涉到同一种物质，该物质的平衡浓度或分压同时适宜多个平衡。如在一定温度下，同一体系中存在以下两个平衡：

$$\mathrm{H_2(g)}+\mathrm{I_2(g)} \rightleftharpoons 2\mathrm{HI(g)} \qquad K_1^{\ominus}=\frac{(p_{\mathrm{HI}}/p^{\ominus})^2}{(p_{\mathrm{H_2}}/p^{\ominus})(p_{\mathrm{I_2}}/p^{\ominus})}$$

$$\mathrm{H_2(g)}+\mathrm{CO_2(g)} \rightleftharpoons \mathrm{CO(g)}+\mathrm{H_2O(g)} \qquad K_2^{\ominus}=\frac{(p_{\mathrm{CO}}/p^{\ominus})(p_{\mathrm{H_2O}}/p^{\ominus})}{(p_{\mathrm{H_2}}/p^{\ominus})(p_{\mathrm{CO_2}}/p^{\ominus})}$$

两平衡常数中 H_2 的分压是平衡体系中 H_2 的分压，是同一个数据。

3.2.7　$K^{\ominus}$ 与 $\Delta_r G_m^{\ominus}$ 的关系

在第 1 章中曾讲到，自由能变化 $\Delta_r G_m^{\ominus}$ 是判断化学反应方向和限度的根据，而平衡常数也反映化学反应平衡时的完成程度，那么，两者之间有什么关系呢？

根据化学反应的等温方程式：

$$\Delta_r G_m = \Delta_r G_m^\ominus + RT\ln J$$

$$\text{反应商}\ J = \frac{(c_Y/c^\ominus)^y (c_Z/c^\ominus)^z}{(c_C/c^\ominus)^c (c_D/c^\ominus)^d}$$

若是气体反应，反应商 $J = \dfrac{(p_Y/p^\ominus)^y (p_Z/p^\ominus)^z}{(p_C/p^\ominus)^c (p_D/p^\ominus)^d}$

当反应达到平衡时，反应的推动力 $\Delta_r G_m = 0$。

$$\Delta_r G_m^\ominus + RT\ln J = 0$$

$$\Delta_r G_m^\ominus = -RT\ln K^\ominus\ \text{（平衡时的反应商}\ J\ \text{即平衡常数}\ K^\ominus\text{）}$$

$$\lg K^\ominus = -\frac{\Delta_r G_m^\ominus}{2.303RT}$$

3.2.8 多重平衡规则

相同温度下，假设有多个化学平衡体系，每个平衡都有其对应的 $\Delta_r G_m^\ominus$ 和 $K^\ominus$：

$$N_2(g) + O_2(g) \rightleftharpoons 2NO(g);\ K_1^\ominus, \Delta_r G_1^\ominus \tag{1}$$

$$2NO(g) + O_2(g) \rightleftharpoons 2NO_2(g);\ K_2^\ominus, \Delta_r G_2^\ominus \tag{2}$$

$$N_2(g) + 2O_2(g) \rightleftharpoons 2NO_2(g);\ K_3^\ominus, \Delta_r G_3^\ominus \tag{3}$$

由盖斯定律：

$$\text{反应(1)} + \text{反应(2)} = \text{反应(3)}$$

$$\Delta_r G_1^\ominus + \Delta_r G_2^\ominus = \Delta_r G_3^\ominus$$

根据 $\Delta_r G_m^\ominus = -RT\ln K^\ominus$

$$RT\ln K_1^\ominus + RT\ln K_2^\ominus = RT\ln K_3^\ominus$$

$$K_1^\ominus K_2^\ominus = K_3^\ominus$$

可见，当几个反应式相加得到另一方程式时，其平衡常数等于几个反应平衡常数之积，即方程式相加，平衡常数相乘；同样方程式相减，平衡常数相除，方程式前乘系数，平衡常数取该系数次方。应用多重平衡规则，可以由若干个已知反应的平衡常数求得某个反应未知的平衡常数，而无须通过实验。

3.3 化学平衡的移动

化学平衡时正逆反应速率相等，反应物在该条件下的吉布斯自由能变之和与产物的吉布斯自由能变之和相等，体系的势能最低。化学平衡是暂时的，相对的。当外界条件（如温度，浓度，气体压力）发生改变时，可导致正逆反应速率不相等或反应物和产物的吉布斯自由能不相等，化学反应的净速率不再为零，这就是平衡状态被打破。其结果必然向着吉布斯自由能变之和高的一端自由能减小，吉布斯自由能变之和低的一端自由能增加，重新使反应物在新条件下的吉布斯自由能变之和与产物的吉布斯自由能变之和相等，即势能变得最低。这种因外界条件改变，使可逆反应从一种平衡状态转变到另一种平衡状态的过程叫做化学平衡的移动。

3.3.1 浓度对平衡的影响

在一定温度下，可逆反应：$aA + bB \rightleftharpoons cC + dD$ 达到平衡时，若增加反应物 A 的浓度(非固态或纯液态)，正反应速率加快，$v_{正} > v_{逆}$，随着反应的进行，产物 C 和 D 的浓度不断增加，反应物 A 和 B 的浓度不断减小。因此，正反应速率随之又不断下降，而逆反应速率不断上升，当正逆反应速率再次相等，即 $v'_{正} = v'_{逆}$ 时，系统又一次达到平衡。

3.3.1.1　浓度变化对平衡的影响

增加反应物浓度或减小产物浓度，反应的净结果是更多的反应物转化成了产物，即平衡向正反应方向移动或简称向右移动；同样减小反应物浓度或增加产物浓度平衡向逆反应方向移动或简称向左移动。

3.3.1.2　平衡移动后有关物质的浓度

增加反应物浓度后平衡向右移动，此时产物的浓度肯定增加了。那反应物的浓度变化呢？若反应物只有一种，由于平衡向右移动，更多的反应物变成了产物，再次平衡时反应物浓度小于原平衡浓度与外加的反应物浓度之和，但后加入的反应物不可能完全转变成产物，故反应物的平衡浓度仍大于原平衡浓度。若有多种反应物，只增加了一种反应物，平衡当然也向右移动，未增加的反应物在这种平衡移动中也按反应方程式系数与增加的一种反应物一起转变为产物，故未增加的反应物在这种平衡移动中浓度减小。见图 3-8。

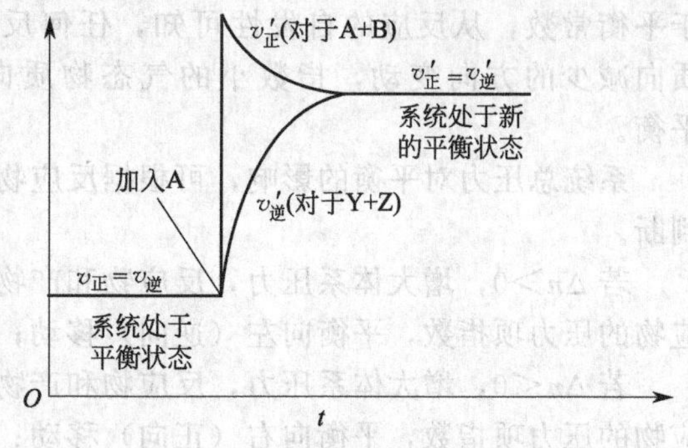

图 3-8　增加反应物浓度对平衡的影响

3.3.1.3　平衡常数的变化情况

前已证明，平衡常数 $K_c=\frac{k_{正}}{k_{逆}}$，而速率常数只与温度有关，与浓度无关，故在温度不变的情况下改变物质浓度，平衡常数不变。

浓度变化对平衡的影响也可由 $K^{\ominus}$ 与 $\Delta_r G_m^{\ominus}$ 的关系可知

$$\Delta_r G_m=\Delta_r G_m^{\ominus}+RT\ln J=-RT\ln K^{\ominus}+RT\ln J=RT\ln\frac{J}{K^{\ominus}}$$

要反应按所写方程式的方向进行则 $\Delta_r G_m=RT\ln\frac{J}{K^{\ominus}}<0$，即 $J<K^{\ominus}$。

若增加反应物浓度，由于在反应商表达式中反应物写在分母上，$J<K^{\ominus}$，平衡向右移动。同样，若增加产物浓度，$J>K^{\ominus}$，平衡向左移动。

3.3.2　压力改变对平衡的影响

系统压力的改变对液态和固态反应体系影响不大，因为压力改变对液体或固体的影响极小。因此对于无气态物质参加的化学反应，系统压力的改变对平衡体系几乎没有影响。对于有气体参加的反应，压力改变时，则有可能引起化学平衡的移动。

若改变某组分气体压力，加入某一气体或抽出某一气体（假设能操作），实际上是改变物质浓度，其平衡移动与浓度改变平衡一致。

3.3.2.1　系统变压

改变系统总压力，会使气体的体积发生变化，从而使气态反应物或产物的浓度发生改变，例如可逆反应：

$$2NO_2(g)\rightleftharpoons N_2O_4(g)$$

当反应在一定温度下达到平衡时，各组分的分压为 p_{NO_2}、$p_{N_2O_4}$，则

$$K^{\ominus}=\frac{p_{N_2O_4}/p^{\ominus}}{\{p_{NO_2}/p^{\ominus}\}^2}$$

如果平衡系统的总压力增加到原来的两倍（即体积缩小为 1/2），这时，各组分的分压

均增加到原来的两倍，但它们在反应式中的系数不同，对正逆反应速率影响的程度不同，使$v_{正} \neq v_{逆}$，平衡发生移动。如上述反应中，反应物和产物浓度均增加一倍后，正反应的速率大于逆反应的，使平衡向右移动。

也可从压力改变不改变平衡常数来理解，系统总压力增加后，各组分的分压力均增加，且增加的倍数一样（在同一原体积中被同样程度的压缩），但在平衡表达式中的指数不同，指数越大（即气体分子数越多），该项增加的倍数就越多，在增压时压力商不再等于平衡常数，从反应的自发性可知，任何反应会自动向平衡方向进行，指数大的气态物质向减少的方向变动，指数小的气态物质向增加其物质量的方向进行，直到重新达到平衡。

系统总压力对平衡的影响，可根据反应物气体分子与产物气体分子计量系数之差Δn来判断。

若$\Delta n>0$，增大体系压力，反应物和产物同倍数增加压力，但产物的压力项指数大于反应物的压力项指数，平衡向左（逆向）移动；

若$\Delta n<0$，增大体系压力，反应物和产物同倍数增加压力，但产物的压力项指数小于反应物的压力项指数，平衡向右（正向）移动；

若$\Delta n=0$，增大体系压力，反应物和产物同倍数增加压力，产物的压力项指数与反应物的压力项指数相同，平衡不移动。

换言之，在其他条件不变的情况下，增大系统总压力会使化学平衡向着减少气体分子数（即气体体积缩小）的方向移动；减小系统总压力会使化学平衡向着增多气体分子数（即气体体积增大）的方向移动。

根据压力对化学平衡的影响，为了提高反应物（原料）的转化率，可根据具体情况采用增大或降低体系的总压力来实现。

3.3.2.2 在平衡体系中加入惰性气体

在平衡体系中，加入某惰性气体（不参与体系中反应），则会影响系统的总压或体系中气体的分压，有可能使平衡移动。

例如反应：$2SO_2(g)+O_2(g) \rightleftharpoons 2SO_3(g)$

（1）在总体积不变的情况下，平衡体系中加入N_2　由于总体积不变，平衡体系中反应物与产物的分压均未改变，还是符合原平衡关系式

$$K^{\ominus}=\frac{[p(SO_3)/p^{\ominus}]^2}{[p(O_2)/p^{\ominus}][p(SO_2)/p^{\ominus}]^2}$$

故平衡不移动。

（2）加入N_2后，总压力不变　加入N_2后，体系体积扩大使总压不变，则反应体系各气体分压减小，相当于系统减压，平衡向左或气体分子数增加的方向移动。

3.3.3 温度改变对平衡的影响

化学反应总是伴随着热量的变化。如可逆反应的正反应是吸热的，其逆反应必然是放热的。大量实验证明，在其他条件不变的情况下，改变温度，化学平衡会移动。

3.3.3.1 从动力学看

对任一反应，$aA+bB \rightleftharpoons cC+dD$

平衡时，$v_{正}=v_{逆}$，也即$k_{正}c^x(A)c^y(B)=k_{逆}c^m(C)c^n(D)$，$x$，$y$，$m$，$n$为实际测定出的反应速率方程中的浓度项指数。当温度变化时，$v_{正}$、$v_{逆}$均增加，但由于$k_{正}$、$k_{逆}$增加的倍数不同，$v_{正}$、$v_{逆}$增加的倍数也不同，使$v_{正} \neq v_{逆}$，平衡发生了移动。

对于吸热反应，E_a(正)$>E_a$(逆)，根据阿佛加德罗公式，温度升高时，$v_{正}$ 增加的倍数大于 $v_{逆}$ 增加的倍数，净结果是平衡向正反应方向移动。故温度升高，平衡向吸热方向移动；温度降低，平衡向放热方向移动。

3.3.3.2　从热力学看

$$\Delta_r G_m^{\ominus}=-RT\ln K^{\ominus}=\Delta_r H_m^{\ominus}-T\Delta_r S_m^{\ominus}$$

$$\ln K^{\ominus}=\frac{-\Delta_r H_m^{\ominus}}{RT}+\frac{\Delta_r S_m^{\ominus}}{R}$$

① 对于吸热反应，$\Delta_r H_m^{\ominus}>0$，温度 T 升高时，$\frac{-\Delta_r H_m^{\ominus}}{RT}$项增加，平衡常数 $K^{\ominus}$变大，这就要求平衡关系表达式分子项即产物浓度（或分压）增加，分母项即反应物浓度（或分压）减小，平衡向右才能达到这种要求。

对于放热反应，$\Delta_r H_m^{\ominus}<0$，温度 T 升高时，$\frac{-\Delta_r H_m^{\ominus}}{RT}$项减小，平衡常数 $K^{\ominus}$变小，这就要求平衡关系表达式分子项即产物浓度（或分压）减小，分母项即反应物浓度（或分压）增加，平衡向左才能达到这种要求。

故升高温度，平衡向吸热方向移动，同样，降低温度，平衡向放热方向移动。

② 温度变化，平衡常数 $K^{\ominus}$改变

$$根据\ \ln K^{\ominus}=\frac{-\Delta_r H_m^{\ominus}}{RT}+\frac{\Delta_r S_m^{\ominus}}{R}$$

可推导出　$\lg\frac{K_2^{\ominus}}{K_1^{\ominus}}=\frac{-\Delta_r H_m^{\ominus}}{2.303R}\left(\frac{1}{T_2}-\frac{1}{T_1}\right)$

用此式可计算出不同温度下的平衡常数。其中 $\Delta_r H_m^{\ominus}=E_a$(正)$-E_a$(逆)。

3.3.3.3　把热效应 Q 看作物质来快速判断平衡移动方向

把热效应 Q 写入化学方程式，放热为产物中$+Q$，吸热为产物中$-Q$，移项后变为反应物$+Q$，如吸热反应

$$a\text{A}+b\text{B}+Q \rightleftharpoons c\text{C}+d\text{D}$$

升高温度，即增加了 Q 的浓度，增加反应物浓度，平衡向右移动。也即升高温度，平衡向吸热方向移动。降低温度，减小了 Q 的浓度，减小反应物浓度，平衡向左移动。也即降低温度，平衡向放热方向移动。

3.3.4　催化剂对化学平衡的影响

催化剂的加入改变了反应的途径，减小了反应的活化能。从反应历程图可见，催化剂同等程度地减小了正逆反应的活化能，根据阿佛加德罗公式，同等程度增加了正逆反应的速率常数，也即同等倍数增加了正逆反应速率。虽然催化剂的加入增加了反应速率，但并没破坏 $v_{正}=v_{逆}$ 这一平衡特征，净反应结果还是零，故平衡不移动。

3.3.5　平衡移动原理——吕·查德里原理

综上所述，如在平衡体系中增大反应物浓度，平衡就会向着减小所增反应物的方向移动；在有气体参与反应的平衡体系中增大系统的压力，平衡就会向着减少气体分子数，即向着减小系统压力的方向移动；升高温度，平衡向着吸热方向，即向系统温度升高少的方向移动。这些结论于 1884 年由法国科学家吕·查德里（Le Chĕtelier）归纳为一普遍规律：如以某种形式改变一个平衡系统的条件（如浓度、压力、温度），平衡就会向着减弱这种改变的方向移动。这个规律叫吕·查德里原理。

上述原理适用于所有的动态平衡体系。但必须指出，它只适用于已达平衡的体系，对于

未达到平衡的体系不适用。

3.4 有关化学平衡及其移动的计算

3.4.1 平衡常数的求得

测出某温度时化学平衡时各物质的浓度或分压，利用平衡常数的表达式即可求出平衡常数。

【例 3-6】 在一密闭容器中有如下反应 $2SO_2(g)+O_2(g) \rightleftharpoons SO_3(g)$，$SO_2$ 的起始浓度为 $0.4mol \cdot L^{-1}$，O_2 的起始浓度为 $1.0mol \cdot L^{-1}$，当 80% 的 SO_2 转化为 SO_3 时，反应达平衡，求平衡时三种气体的浓度和平衡常数。

解：

	$2SO_2(g)$	+ $O_2(g)$ $\rightleftharpoons$	$2SO_3(g)$
起始浓度/$mol \cdot L^{-1}$	0.4	1.0	0
转化浓度/$mol \cdot L^{-1}$	0.4×80%	1/2×0.4×80%	0.4×80%
平衡浓度/$mol \cdot L^{-1}$	0.4×(1−80%) =0.08	1.0−1/2×0.4×80% =0.84	0.4×80% =0.32

$$K_c=\frac{c_{SO_3}^2}{c_{SO_2}^2 c_{O_2}}=\frac{0.32^2}{0.08^2\times 0.84}=19.05\ (mol \cdot L^{-1})^{-1}$$

反应投料时所给浓度是任意的，但变化浓度是按化学方程式的计量关系的。

本题由于没有给出 T 值，故不能用公式 $p=\frac{n}{V}RT$ 或 $p=cRT$ 求分压，亦无法求 K_p 和 $K^\ominus$。若用 $c^\ominus=1.0mol \cdot L^{-1}$ 作为标准态，进而求 $K^\ominus$是错误的，因为气体物质的标准态是 $p^\ominus=100kPa$，若给出数据计算结果也是不同的。

平衡常数还可以通过查表，由 $\Delta_f G_m^\ominus$ 求出 $\Delta_r G_m^\ominus$，利用公式 $\Delta_r G_m^\ominus=-RT\ln K^\ominus$求得，公式可以变形如下：

$$\lg K^\ominus=-\frac{\Delta_r G_m^\ominus}{2.303RT}$$

【例 3-7】 298.15K 时，反应 $2SO_2(g)+O_2(g) \rightleftharpoons SO_3(g)$ 的标准平衡常数是多少？

解：查表得

$$\Delta_f G_m^\ominus(SO_3)=-371.1kJ \cdot mol^{-1}$$
$$\Delta_f G_m^\ominus(SO_2)=-300.2kJ \cdot mol^{-1}$$

从而计算出反应的 $\Delta_r G_m^\ominus$：

$$\begin{aligned}\Delta_r G_m^\ominus &=2\times\Delta_f G_m^\ominus(SO_3)-2\times\Delta_f G_m^\ominus(SO_2)\\ &=2\times(-371.1)-2\times(-300.2)\\ &=-141.8\ (kJ \cdot mol^{-1})\end{aligned}$$

$$\lg K^\ominus=-\frac{\Delta_r G_m^\ominus}{2.303RT}=-\frac{-141.8\times 10^3}{2.303\times 8.314\times 298}=24.85$$

$$K^\ominus=7.11\times 10^{24}$$

3.4.2 平衡转化率

化学反应在指定条件下的最大转化率，是根据体系达到平衡状态这个最大限度计算得来的。因为在一定温度下平衡时具有最大的转化率，所以平衡转化率即指定条件下的最大转化率。

平衡转化率是指反应达平衡时，已转化了的某反应物的量与转化前该反应物的量之比。用 α 表示：

$$\alpha=\frac{\text{反应物已转化的量}}{\text{反应物未转化前的总量}}\times 100\%$$

若反应前后体积不变，反应物的量之比可用浓度比代替：

$$\alpha=\frac{\text{反应物的起始浓度}-\text{反应物的平衡浓度}}{\text{反应物的起始浓度}}\times 100\%$$

转化率越大，表示在该条件下反应向右进行的程度越大。从实验测得的转化率，可用来计算平衡常数；反之，由平衡常数也可计算各物质的转化率。平衡常数和转化率虽然都可以表示反应进行的程度，但两者有差别，平衡常数与系统起始状态浓度无关，只与反应温度有关；而转化率除与温度有关外还与系统的起始状态浓度有关，并需指明是哪种物质的转化率，不同反应物，转化率的数据往往不同。

【例 3-8】 乙烷可按下式进行脱氢反应生成乙烯

$C_2H_6(g) \rightleftharpoons C_2H_4(g)+H_2(g)$　该反应在 1000K 时 $K_1^{\ominus}=0.59$。

求：(1) 在总压为 100kPa，$T=1000$℃时，求反应转化率 α_1；

(2) 总压不变时，若原料中掺有 $H_2O(g)$，开始时 $C_2H_6:H_2O=1:1$，求 1000K，100kPa 时乙烷的转化率 α_2；

(3) 原料中掺 $H_2O(g)$ 比例为多少时，转化率达到 90%？

(4) 若反应焓变 $\Delta_r H_m^{\ominus}=140\text{kJ}\cdot\text{mol}^{-1}$，求 1173K 时的平衡常数 $K_2^{\ominus}$；

(5) 求 1173K，(3) 条件下的转化率 α_3。

解：(1)

	$C_2H_6(g)$ $\rightleftharpoons$	$C_2H_4(g)$ +	$H_2(g)$	$n_{总}$
$n_{平衡}$	$1-\alpha_1$	α_1	α_1	$1+\alpha_1$
p_i	$\frac{1-\alpha_1}{1+\alpha_1}p_{总}$	$\frac{\alpha_1}{1+\alpha_1}p_{总}$	$\frac{\alpha_1}{1+\alpha_1}p_{总}$	

$$K^{\ominus}=\frac{\frac{\alpha_1}{(1+\alpha_1)}\frac{p_{总}}{p^{\ominus}}\times\frac{\alpha_1}{(1+\alpha_1)}\frac{p_{总}}{p^{\ominus}}}{\frac{1-\alpha_1}{1+\alpha_1}\times\frac{p_{总}}{p^{\ominus}}}=\frac{\alpha_1^2}{(1+\alpha_1)(1-\alpha_1)}\times\frac{p_{总}}{p^{\ominus}}=0.59$$

$p_{总}=p^{\ominus}=100\text{kPa}$ 代入

$\alpha_1=60.92\%$

(2) 加入等摩尔比 $H_2O(g)$ 后，转化率为 α_2

	$C_2H_6(g)$ $\rightleftharpoons$	$C_2H_4(g)$ +	$H_2(g)$	$n_{总}$
$n_{平衡}$	$1-\alpha_2$	α_2	α_2	$2+\alpha_2$
p_i	$\frac{1-\alpha_2}{2+\alpha_2}p_{总}$	$\frac{\alpha_2}{2+\alpha_2}p_{总}$	$\frac{\alpha_2}{2+\alpha_2}p_{总}$	

$$K_1^{\ominus}=\frac{\frac{\alpha_2}{(2+\alpha_2)}\frac{p_{总}}{p^{\ominus}}\times\frac{\alpha_2}{(2+\alpha_2)}\frac{p_{总}}{p^{\ominus}}}{\frac{1-\alpha_2}{2+\alpha_2}\times\frac{p_{总}}{p^{\ominus}}}=\frac{\alpha_2^2}{(2+\alpha_2)(1-\alpha_2)}\times\frac{p_{总}}{p^{\ominus}}=0.59$$

$p_{总}=p^{\ominus}=100\text{kPa}$ 代入

$\alpha_2=69.6\%$

(3) 设原料中C_2H_6：H_2O=1：x时转化率达到90%，则

$$\begin{array}{lcccc} & C_2H_6(g) \rightleftharpoons & C_2H_4(g) & + \quad H_2(g) & n_{总} \\ n_{平衡} & 0.1 & 0.9 & 0.9 & x+1.9 \\ p_i & \frac{0.1}{x+1.9}p_{总} & \frac{0.9}{x+1.9}p_{总} & \frac{0.9}{x+1.9}p_{总} & \end{array}$$

$$K_1^{\ominus}=\frac{\frac{0.9}{x+1.9}\frac{p_{总}}{p^{\ominus}}\times\frac{0.9}{x+1.9}\frac{p_{总}}{p^{\ominus}}}{\frac{0.1}{x+1.9}\times\frac{p_{总}}{p^{\ominus}}}=\frac{0.9^2}{0.1}\times\frac{p_{总}}{p^{\ominus}}=0.59$$

$p_{总}=p^{\ominus}=100\text{kPa}$ 代入

得 $x=11.83$

(4)
$$\lg\frac{K_2^{\ominus}}{K_1^{\ominus}}=\frac{\Delta_r H_m^{\ominus}}{2.303R}\left(\frac{T_2-T_1}{T_1T_2}\right)$$

$$\lg\frac{K_2^{\ominus}}{0.59}=\frac{140\times10^3}{2.303\times8.314}\left(\frac{1173-1000}{1000\times1173}\right)$$

$$K_2^{\ominus}=7.07$$

(5) 由(1) 推导得
$$K_2^{\ominus}=\frac{\alpha_3^2}{(1+\alpha_3)(1-\alpha_3)}\times\frac{p_{总}}{p^{\ominus}}=7.07$$

$$\alpha_3=93.6\%$$

对于总压一定的气相反应，加入惰性气体后，气体的总物质的量（mol）增加，各组分的摩尔分数减小，反应物和产物的分压也减小，用分压定律重新表示出各物质的分压（设平衡转化率为α），代入平衡关系表达式，计算出平衡转化率。体系温度变化，利用平衡常数与温度关系，可求出不同温度下的平衡常数（可认为反应焓变$\Delta_r H_m^{\ominus}$与温度无关）。从计算结果可知，对于气体分子数增加的反应，可通入惰性气体达到与系统减压相同的目的，使平衡向右移动；对于本题吸热反应，也可通过升高温度使平衡右移。

3.5 反应速率与化学平衡的综合应用*

化工生产中，如何采取有利的工艺条件，充分利用原料、提高产量、缩短生产周期、降低成本，是化学工作者面临的一项任务。下面简述在选用反应条件时，如何应用吕·查德里原理，并结合实际综合加以考虑。

① 让一种价廉易得的原料适当过量，以提高另一种原料的转化率。例如，在水煤气转化反应中，为了尽可能利用CO，使水蒸气过量；在SO_2氧化生成SO_3的反应中，让O_2过量，使SO_2充分转化。实际生产中，加入O_2的量是化学方程式系数比的3.2倍。但须指出，一种原料的过量应适可而止。如过量太多会使另一种原料的浓度变得太小，影响反应速率和产量。此外，对于气相反应，要注意原料气的性质，防止它们的配比进入爆炸范围，以免引起安全事故。

② 不断将产物移走，提高原料的转化率。如在合成氨中，通过循环压缩，使生成的产物氨气液化后离开体系，氢气和氮气回到反应体系，平衡不断向右移动，使反应物完全转化为产物。

③ 对于气体反应，加大压力会使反应速率加快，对分子数减少的反应还能提高转化率。但增加压力，会提高对设备材质的要求。故需结合国情，综合考虑。例如合成氨反应，若在10^6kPa的高压下，可以不用催化剂就能得到很高的转化率。然而这种高压设备价格昂贵，

我国目前大多数工厂仍采用中压（2×10^5kPa）法合成。

某些反应，如重油裂解，$C_{12}H_{26}(g) \rightleftharpoons C_6H_{12}(g) + C_6H_{14}(g)$，由于反应是气体分子数增加的反应，在减压设备中转化率更高，但减压设备比常压设备成本高得多，操作费用也大。可采用在原料气中混入惰性气体（如水蒸气），在常压设备中进行，在总压等于常压的情况下，参与反应的气体总压力小于常压，相当于在减压设备中进行反应，提高了原料的转化率。

④ 升高温度能增大反应速率，对于吸热反应，还能提高转化率。但须指出，有时温度过高会使反应物或产物分解，且会加大能源的消耗。

对于有机反应，有时升高温度会使副反应速率增加得更快，不仅浪费了原料，还增加了纯化产物的难度。故需要降温来尽量减小副反应速率。实际操作时可加入溶剂稀释反应物浓度，一反应物在与另一反应物作用时可采用喷雾加入，这样可使反应产生的热量被迅速带走，不至于产生局部高温而使副产物增多。

⑤ 选用催化剂时，需注意催化剂的活化温度，对容易中毒的催化剂需要注意原料的纯化。还要考虑催化剂的价格。

下面以二氧化硫催化氧化为三氧化硫为例，全面考虑如何选择最佳工艺条件。

SO_2 转化成 SO_3 的反应式为

$$2SO_2(g) + O_2(g) \rightleftharpoons 2SO_3(g);\ \Delta_r H_m^{\ominus} = -197.8\text{kJ}\cdot\text{mol}^{-1}$$

这是一个气体分子数减少的放热反应。

首先就原料气的组成而言，SO_2 的价格较贵，故以 O_2（来自空气）适当过量来提高 SO_2 的转化率，见表 3-2。由于是放热反应，温度升高，会使 SO_2 转化率下降。但是温度偏低，又会使反应速率显著减慢（见表 3-3），故应选取一个适当的温度。对于压力，似乎越大越好。但从表 3-4 看出，在常压下 SO_2 的转化率已很高，无需加压。实际生产正是如此。

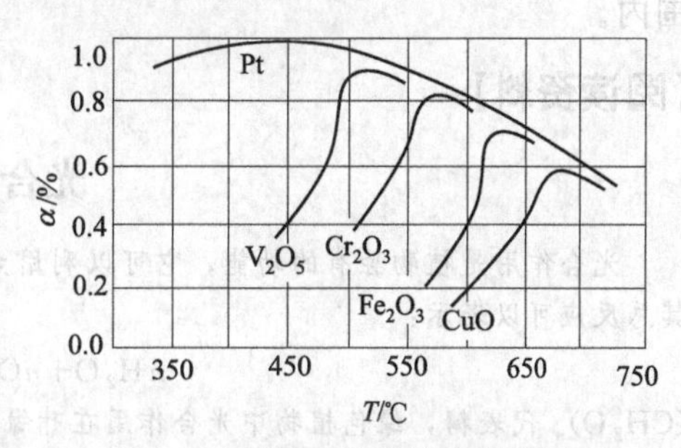

图 3-9　氧化反应的催化剂选择

此外，为了提高 SO_2 的转化速率，须采用催化剂。图 3-9 是对几种催化剂的试验结果。可见，使用 Pt 催化剂的转化率最高，所需温度最低。但是 Pt 的价格昂贵，又容易中毒。其余四种金属氧化物中，V_2O_5 的效果最好，故目前普遍采用。

表 3-2　原料气的组成和 SO_2 的平衡转化率（500℃）

原料气组成/%			SO_2 的平衡转化率
SO_2	O_2	N_2	α/%
5.0	13.9	81.1	95.0
6.0	12.4	81.6	94.3
7.0	11.0	82.0	93.5
8.0	9.6	82.4	92.9
9.0	8.2	82.8	91.6

表 3-3　相应反应速率与反应温度之间的关系

（原料气体组成：SO_2 7%，O_2 11%，N_2 82%，以 425℃时反应速率为基准的相对反应速率）

T/℃	425	450	475	500	525	550	575
$v(t)/v(425℃)$	1.0	3.2	5.1	7.7	11.6	16.1	23.8

表 3-4 不同温度下压力对 SO_2 转化率的影响

温度/℃	α/%				
	101.32kPa	506.5kPa	1013kPa	2532kPa	10130kPa
400	99.2	99.6	99.7	99.9	99.9
500	97.5	98.9	99.2	99.5	99.7
600	93.5	96.9	97.8	98.6	99.3
700	85.6	92.9	94.9	96.7	98.3

目前将 SO_2 转化成 SO_3 的具体条件为：

① 原料配比为 SO_2 7%，O_2 11%（其余为 N_2，约占 82%），可见 O_2 比理论上大为过量。

② 多次转化和多次吸收。SO_2 通过转化炉后（转化率可达 90%）进入吸收塔，其余气体再次返回转化炉。由于 SO_3 不断从系统中取走，有利于 SO_2 继续转化，总转化率可达 99.7%。

③ 采用 V_2O_5 为催化剂，温度需控制在 500℃左右。由于该反应是放热反应，生产中常采用多段催化氧化，通过热交换器将放出的热量不断取走，以维持系统的温度在控制的范围内。

【阅读资料】

光合作用及其应用

光合作用是植物独有的功能，它可以利用太阳能将二氧化碳和水等无机物合成有机物并释放出氧气。其总反应可以表示：

$$nH_2O + nCO_2 \xrightarrow{\text{光}} (CH_2O)_n + nO_2$$

$(CH_2O)_n$ 代表糖，绿色植物中光合作用在叶绿体中进行。

光合有机体可分为生氧的及不生氧的两类。绿色植物以 H_2O 为氢（电子）供体还原 CO_2，同时产生 O_2（如上式所示）。

光合细菌利用其他化合物代替水作为电子供体，如硫细菌，以硫化氢为氢供体。其光合作用的总反应为：

$$2H_2S + CO_2 \xrightarrow{\text{光}} \underset{\text{糖}}{(CH_2O)} + H_2O + 2S$$

光合作用看来很简明，实际上非常复杂，它是在精巧的结构中由许多微妙的部分反应相互组成协调起来完成的，对光合作用的深入研究关系着生物发展方向和人类命运的过程的奥秘。在最近一次颁发的与光合作用研究有关的诺贝尔奖时，评委会称光合作用是“地球上最重要的化学反应”。的确如此，它是生物科学和有关科学的一个重大基本问题，又与社会生产实践有着非常密切的关系，因而许多国家都把它列为科学研究中的首选课题。

生物科学的核心是生命的起源和演化。光合作用功能的出现在生物进化中无疑是一个重要的转折点。按照现有的认识，生命是由一些非生命来源的有机物质在当初的地球条件下经历漫长、复杂的过程演变发生的。生命一旦发生，它的各种活动就要消耗有机物质和其中蕴藏着的化学能。所以，如果生物没有进化出可利用其他能量合成有机物质的功能，则生命活动就会因耗尽有机物而无法维持。光合作用功能的出现为无数生物的持续生存与进化提供了物质和能量基础。在光合作用进行时，不仅合成有机物质，并且还有氧气从水中释放出来。氧气浓度的提高是生物进化中演变出可高效利用有机物中所含能量的有氧代谢的前提。只有在这样的基础上，才有可能产生进行复杂生命活动的多细胞生物。此后，生物的进化跨入了一个生气蓬勃、飞跃发展的新阶段。因此，植物是自然界的第一生产力。植物所进行的光合作用在自然界和人类社会中具有不可替代的作用。

关于光合作用的反应步骤，可以大体上分为三大阶段。其中第一阶段是在类囊体膜上进行的超快反应（短于纳秒）；第二阶段是膜内外串联起来进行的反应（微秒至毫秒）；第三阶段主要是在间质中进行的酶反应（毫秒至秒）。它们在时间上和空间上跨度很大，可是彼此却能很好地衔接起来，高效运转。

第一阶段是原初光物理、光化学反应。这包括光能的吸收、激发能的传递、分配和汇集到反应中心进行光化学反应。这些反应是在位于类囊体膜上的光系统Ⅰ和光系统Ⅱ两种色素蛋白复合体上进行的。它们都由20来种多肽组成，其结构功能、空间排列及所含色素正在进一步深入探讨。光系统Ⅰ和Ⅱ组成虽不相同，但它们的原初光化学反应的结果都是导致光系统Ⅰ和Ⅱ发生电荷分离，均将电子由位于膜内侧的原初电子供体交于位于膜外侧的原初电子受体，因而伴随着形成了膜内正与膜外负的电位差。

第二阶段是同化力形成，即原初光反应产生的电荷分离引起在类囊体膜中进行定向的电子和质子（H^+）传递，并伴随着形成膜内外的质子浓度差。这电子传递最终使水氧化并使铁氧还蛋白（Fd），辅酶Ⅱ（$NADP^+$）还原。伴随光合电子传递形成的膜内外质子浓度差和电位差可用于将二磷酸腺苷（ADP）与磷酸盐（Pi）合成三磷酸腺苷（ATP）。它们是生物力能学的重要过程。还原的Fd、NADPH和ATP合称同化力。光合作用通过同化力形成的过程使光能转变成生物体内可广泛利用的活跃的化学能。

第三阶段是碳同化，即光合电子传递和光合磷酸化形成的同化力用于使CO_2等无机物合成有机物的过程。CO_2首先是和核酮糖二磷酸反应形成两个磷酸甘油酸。它们从NADPH、ATP得到了能量，一部分同化成碳水化合物（糖），另一部分通过一个牵涉许多中间步骤的循环形成核酮糖二磷酸，可再用于固定CO_2。

如今随着光合作用研究的进展和人类面临的食物、能源、资源和环境等问题的日益严峻，光合作用的应用研究受到人们更多的关注，并且其效益日趋显著。农业的根本是种植业，而种植业的实质就是人们运用多种措施来影响植物，保证进行旺盛的光合作用并使它的同化物尽可能多地集中到人们所需要的产品中去。因而如何使农业增产是光合作用应用研究中非常重要的内容。自20世纪60年代初开始的以培养矮秆直立叶型作物品种为特征的“绿色革命”就得益于群体光能利用的研究。人们预测21世纪上半叶将发生以提高作物光合效率为中心的第二次“绿色革命”。

光合作用应用研究的另一个重要方面是初级生产力问题。这不仅将光合作用与生产实践的关系从耕地扩展到森林、草原、水域等自然生态系统，并且还联系到生物圈的运转和环境的保护。尤其是由于人们无节制的使用化石燃料使大气中CO_2的浓度不断上升，导致温室效应会造成地球的表层变暖，这将带来灾害性的气候，引起社会各界的担忧。植物的光合作用可切实有效地同化大气中的CO_2，因此联合国环境署等很重视这方面的研究。

光合作用除了同化二氧化碳合成有机物之外，并且还从水中释放氧气。因而，一些与航天或生态有关的实验室正在研究如何利用光合功能在密闭环境中为人们提供氧气、食物和去除CO_2等排出物。美国“生物圈2号”实验，就是这样一种大规模尝试。他们在$1.27hm^2$（公顷）土地面积上盖的玻璃建筑中，模拟地球生态环境，设有农田、“森林”、“沙漠”、“海洋”等，住进去8个人和放入三千多种生物，希望通过该人为生物圈能维持运转两年。实验进行得不太成功，环境中的二氧化碳浓度上升，氧气浓度下降，人的食物不够吃，不得不从外面输入氧气并且动用种子粮。其症结就是发挥光合作用的功能不够。可见，如何加强光合作用能力的研究必须认真探讨。

美国科学家培养了一种转基因蓝藻，这种蓝藻能通过光合作用清除CO_2并产生异丁醇。日本多家大学与公司利用微藻吸收工厂排放的CO_2，并通过光合作用制造代替石油的生物柴油，并已投入大量资金进行生产。

可以预期，在21世纪中，人们不仅将更全面深刻地认识这一地球上最重要的化学反应的奥秘，而且还将改善它的运转，为人类彻底解决所面临的食物、能源、资源和环境问题做出重要贡献！

思考题

1. 什么是化学反应平均速率、瞬时速率？两种反应速率之间有何区别与联系？

2. 下列说法是否正确：

(1) 质量作用定律适用于任何化学反应。

(2) 反应速率常数取决于反应温度，与反应物的浓度无关。

(3) 反应活化能越大，反应速率也越大。

(4) 要加热才能进行的反应一定是吸热反应。

3. 以下说法是否正确？说明理由。

(1) 某反应的速率常数的单位是$mol^{-1}\cdot L\cdot s^{-1}$，该反应是一级反应。

(2) 化学动力学研究反应的快慢和限度。

(3) 活化能大的反应受温度的影响大。

(4) 反应历程中的速控步骤决定了反应速率，因此在速控步骤前发生的反应和在速控步骤后发生的反应对反应速率都毫无影响。

(5) 反应速率常数是温度的函数，也是浓度的函数。

4. 反应：$2A(g)+B(g) \rightleftharpoons 2C(g)$；$\Delta_r H_m^{\ominus}<0$，下列说法你认为正确吗？

(1) 由于 $K^{\ominus}=\frac{\{p_C/p^{\ominus}\}^2}{\{p_A/p^{\ominus}\}^2\{p_B/p^{\ominus}\}}$，随着反应的进行，C的分压不断增大，A和B的分压不断减小，标准平衡常数不断增大。

(2) 增大总压力，使A和B的分压增大，正反应速率（$v_{正}$）增大，因而平衡向右移动。

(3) 升高温度，使逆反应速率（$v_{逆}$）增大，正反应速率（$v_{正}$）减小，因而平衡向左移动。

5. 下列A、B、C、D、E五个化学反应，其活化能数据如下：

基元反应	A	B	C	D	E
E_a(正)/kJ·mol^{-1}	70	16	40	20	35
E_a(逆)/kJ·mol^{-1}	20	35	45	80	75

在相同温度下，(1) 正反应是吸热反应的是________；(2) 放热最多的是________；(3) 正反应速率常数最大的反应是________；(4) 反应可逆性最大的是________；(5) 正反应速率常数 k 随温度变化最大的是________。

6. 比较温度与平衡常数的关系式同温度与反应速率常数的关系式，有哪些相似之处？有哪些不同之处？

7. 试说明催化剂能够使反应速率加快的原因。

8. 根据 Le Châtelier 原理，讨论下列反应：

$$2Cl_2(g)+2H_2O(g) \rightleftharpoons 4HCl(g)+O_2(g) \quad \Delta_r H_m^{\ominus}(298.15K)>0$$

将 $Cl_2(g)$、$H_2O(g)$、$HCl(g)$、$O_2(g)$ 四种气体混合于一容器中，反应达到平衡时，下列左面的操作条件改变对右面各物理量的平衡数值有何影响（操作条件中没有注明的，是指温度不变和体积不变）？

(1) 增大容器体积　　$n(H_2O, g)$

(2) 加 $O_2(g)$　　$n(H_2O, g)$

(3) 加 $O_2(g)$　　$n(O_2, g)$

(4) 加 O_2 (g)　　$n(HCl, g)$

(5) 减小容器体积　　$n(Cl_2, g)$

(6) 减小容器体积　　$p(Cl_2)$

(7) 减小容器体积　　$K^{\ominus}$

(8) 升高温度　　$K^{\ominus}$

(9) 升高温度　　$p(HCl)$

(10) 加氮气　　$n(HCl, g)$

(11) 加催化剂　　$n(HCl, g)$

9. 已知在 Br_2 与 NO 的混合物中，可能达成下列平衡（假定各种气体均不溶于液体溴中）：

① $2NO(g)+Br_2(l) \rightleftharpoons 2NOBr(g)$

② $Br_2(l) \rightleftharpoons Br_2(g)$

③ $2NO(g)+Br_2(g) \rightleftharpoons NOBr(g)$

(1) 如果在密闭容器中有液溴存在，当温度一定时，压缩容器使其体积缩小，则①，②，③平衡是否移动？为什么？

(2) 如果容器中没有液溴存在，当体积压缩时仍无液溴出现，则③向何方移动？②，③是否处于平衡状态？

10. 已知下列反应的平衡常数：

$$H_2(g)+S(s) \rightleftharpoons H_2S(g) \quad K_1^{\ominus}$$

$$S(s)+O_2(g) \rightleftharpoons SO_2(g) \quad K_2^{\ominus}$$

则反应：$H_2(g)+SO_2(g) \rightleftharpoons O_2(g)+H_2S(g)$ 的平衡常数是下列中的哪一个？

(1) $K_1^{\ominus}-K_2^{\ominus}$；(2) $K_1^{\ominus}\cdot K_2^{\ominus}$；(3) $K_1^{\ominus}/K_2^{\ominus}$；(4) $K_2^{\ominus}/K_1^{\ominus}$

11. 可逆反应：$A(g)+B(s) \rightleftharpoons 2C(g)$ 的 $\Delta_r H_m^{\ominus}(298.15K)<0$，达到平衡时，如果改变下述条件，试将其他各项发生的变化填入表中。

操作条件	v(正)	v(逆)	k(正)	k(逆)	平衡常数	平衡移动方向
增加 A(g)分压						
增加 B(s)						
压缩体积						
降低温度						
使用正催化剂						

12. 对于一个化学反应的活化能进行实验测定，根据阿仑尼乌斯公式判断，最少要进行几个温度下的速度测定？实验中为什么要比这些温度点多？

13. 对于多相反应，影响化学反应速率的主要因素有哪些？举例说明。

14. 五水硫酸铜 $CuSO_4\cdot 5H_2O$ 分三步脱水，其脱水反应在 50℃时的压力平衡常数为 K_p：

① $CuSO_4\cdot 5H_2O(s) \rightleftharpoons CuSO_4\cdot 3H_2O(s)+2H_2O(g)$　　$K_{p_1}=6.1kPa$

② $CuSO_4\cdot 3H_2O(s) \rightleftharpoons CuSO_4\cdot H_2O(s)+2H_2O(g)$　　$K_{p_2}=3.9kPa$

③ $CuSO_4\cdot H_2O(s) \rightleftharpoons CuSO_4(s)+H_2O(g)$　　$K_{p_3}=0.58kPa$

若 50℃时将五水硫酸铜 $CuSO_4\cdot 5H_2O$ 晶体装入容器中缓慢抽气，容器中水蒸气压力将如何变化？试用图示加以说明。

习　题

1. 反应 $2NO(g)+2H_2(g) \longrightarrow N_2(g)+2H_2O(g)$ 的速率方程式为 $v=k\{p(NO)\}^2\cdot\{p(H_2)\}^2$，试讨论下列条件时对初始速率的影响（有数据的计算初速变化的倍数）。

(1) NO 的分压增加 1 倍；　　(2) 有催化剂存在；

(3) 温度降低；　　(4) 反应容器的体积增大 1 倍。

2. 反应 $C_2H_6(g) \longrightarrow C_2H_4(g)+H_2(g)$，开始阶段反应级数近似为 3/2 级，910 K 时速率常数为 1.13 $dm^{3/2}\cdot mol^{-1/2}\cdot s$。试计算 $C_2H_6(g)$ 的压力为 1.33×10^4 Pa 时的起始分解速率 v_0。

3. 600K 时，测得反应 $2NO(g)+O_2(g) \longrightarrow 2NO_2(g)$ 的三组实验数据如下：

$c_0(NO)/mol\cdot L^{-1}$	$c_0(O_2)/mol\cdot L^{-1}$	$v/mol\cdot L^{-1}\cdot s^{-1}$
0.010	0.010	2.5×10^{-3}
0.010	0.020	5.0×10^{-3}
0.030	0.020	45×10^{-3}

(1) 确定反应级数，写出反应速率方程式；

(2) 计算反应速率常数；

(3) 计算 $c_0(NO)=0.015mol\cdot L^{-1}$，$c_0(O_2)=0.025mol\cdot L^{-1}$ 时的反应速率。

4. 反应 $N_2O_5 \longrightarrow 2NO_2+1/2O_2$，温度与速率常数的关系列于下表，求反应的活化能。

T/K	338	328	318	308	298	273
k/s^{-1}	4.87×10^{-3}	1.50×10^{-3}	4.98×10^{-4}	1.35×10^{-4}	3.46×10^{-5}	7.87×10^{-7}

5. $CO(CH_2COOH)_2$ 在水溶液中分解成丙酮和二氧化碳。在 283K 时分解反应速率常数为 $1.08\times 10^{-4} mol\cdot dm^{-3}\cdot s^{-1}$，333K 时为 $5.48\times 10^{-2} mol\cdot dm^{-3}\cdot s^{-1}$。求 303K 时分解反应的速率常数。

6. 已知水解反应

$HOOCCH_2CBr_2COOH+H_2O \rightleftharpoons HOOCCH_2COCOOH+2HBr$ 为一级反应，实验测得数据如下：

t/min	0	10	20	30
反应物质量 m/g	3.40	2.50	1.82	1.34

试计算水解反应的平均速率常数。

7. 写出下列反应的标准平衡常数的表达式：

(1) $CH_4(g)+H_2O(g) \rightleftharpoons CO(g)+3H_2(g)$

(2) $C(s)+H_2O(g) \rightleftharpoons CO(g)+H_2(g)$

(3) $2MnO_4^-(aq)+5H_2O_2(aq)+6H^+(aq) \rightleftharpoons 2Mn^{2+}(aq)+5O_2(g)+8H_2O(l)$

(4) $2NO_2(g)+7H_2(g) \rightleftharpoons 2NH_3(g)+4H_2O(l)$

8. 已知下列反应的平衡常数

(1) $HCN \rightleftharpoons H^+ + CN^-$ $K_1^\ominus=4.9\times10^{-10}$

(2) $NH_3+H_2O \rightleftharpoons NH_4^+ + OH^-$ $K_2^\ominus=1.8\times10^{-5}$

(3) $H_2O \rightleftharpoons H^+ + OH^-$ $K_w^\ominus=1.0\times10^{-14}$

试计算下面反应的平衡常数

$$NH_3+HCN \rightleftharpoons NH_4^+ + CN^- \quad K^\ominus=?$$

9. 乙酸和乙醇生成乙酸乙酯的反应在室温下按下式达到平衡：

$$CH_3COOH+C_2H_5OH \rightleftharpoons CH_3COOC_2H_5+H_2O$$

若起始时乙酸和乙醇的浓度相等，平衡时乙酸乙酯的浓度为 $0.4mol\cdot L^{-1}$，求平衡时乙醇的浓度（已知室温下该反应的平衡常数 $K^\ominus=4$）。

10. 699K 时，反应 $H_2(g)+I_2(g) \rightleftharpoons 2HI(g)$ 的标准平衡常数 $K^\ominus=55.3$，若将 2mol H_2 和 2mol I_2 置于 4L 的容器中，问在该温度下达到平衡时有多少 HI 生成？

11. 已知反应 $CO(g)+H_2O(g) \rightleftharpoons CO_2(g)+H_2(g)$ 在密闭容器中建立平衡，在 749K 时该反应的平衡常数 $K^\ominus=2.6$。

(1) 求 $n(H_2O)/n(CO)$ 为 1 时，CO 的平衡转化率；

(2) 求 $n(H_2O)/n(CO)$ 为 3 时，CO 的平衡转化率；

(3) 从计算结果说明反应物浓度对平衡移动的影响。

12. 在 294.8K 时反应：$NH_4HS(s) \rightleftharpoons NH_3(g)+H_2S(g)$ 的 $K^\ominus=0.070$，求：

(1) 平衡时该气体混合物的总压。

(2) 在同样的实验中，容器中先加入 NH_3，分压为 25.3kPa，H_2S 的平衡分压是多少？

13. 苯甲醇脱氢可用来生产香料苯甲醛，523K 时，反应 $C_6H_5CH_2OH(g) \rightleftharpoons C_6H_5CHO(g)+H_2(g)$ 的 $K^\ominus=0.558$。

(1) 假若将 1.20g 苯甲醇放在 2.00L 容器中加热至 523K，达平衡时苯甲醛的分压是多少？

(2) 平衡时苯甲醇的分解率是多少？

14. 在 308K 和总压 1.000×10^5 Pa 时，N_2O_4 有 27.2%分解。

(1) 计算 $N_2O_4(g) \rightleftharpoons 2NO_2(g)$ 反应的 $K^\ominus$；

(2) 计算 308K 时的总压为 2.026×10^5 Pa 时，N_2O_4 的解离分数；

(3) 从计算结果说明压力对平衡移动的影响。

15. $PCl_5(g)$ 在 523K 达分解平衡。

$$PCl_5(g) \rightleftharpoons PCl_3(g)+Cl_2(g)$$

平衡浓度：$[PCl_5]=1mol\cdot L^{-1}$，$[PCl_3]=[Cl_2]=0.204mol\cdot L^{-1}$。若温度不变而压力减小一半，在新的平衡体系中各物质的浓度为多少？

16. 反应 $SO_2Cl_2(g) \rightleftharpoons SO_2(g)+Cl_2(g)$ 在 375K 时平衡常数 $K^\ominus=2.4$，在 7.6g SO_2Cl_2 和 1.000×10^5 Pa 的 Cl_2 作用于 1.0L 的烧瓶中，试计算平衡时 SO_2Cl_2，SO_2 和 Cl_2 的分压。

17. 在 523 K 时，将 0.110mol $PCl_5(g)$ 引入 1L 容器中，建立下列平衡：

$$PCl_5(g) \rightleftharpoons PCl_3(g)+Cl_2(g)$$

平衡时 $PCl_3(g)$ 的浓度是 $0.050mol\cdot L^{-1}$。求在 523K 时反应的 K_c 和 $K^\ominus$。

18. 反应 $HgO(s) \rightleftharpoons Hg(g)+1/2O_2(g)$，于 693K 达平衡时总压为 5.16×10^4 Pa，于 723K 达平衡时

总压为 1.08×10^5 Pa，求 HgO 分解反应的 $\Delta_r H_m^{\ominus}$。

19. 在一定温度和压力下，某一定量的 PCl_5 气体的体积为 1L，平衡时 PCl_5 气体已有 50%解离为 PCl_3 和 Cl_2 气体。试判断下列条件下，PCl_5 的解离度是增大还是减小。

(1) 减压使 PCl_5 的体积变为 2L；

(2) 保持压力不变，加入氮气使体积增至 2L；

(3) 保持体积不变，加入氮气使压力增加 1 倍；

(4) 保持压力不变，加入氯气体积变为 2L；

(5) 保持体积不变，加入氯气使压力增加 1 倍。

第 4 章　酸碱平衡和溶解沉淀平衡

化学反应要快速进行，反应物间必须有充分接触碰撞的机会。对于溶于水的化合物特别是无机物，在水溶液中不同分子或离子间会充分接触反应，这是由于水是很好的溶剂，又提供了反应物分子或离子运动的空间。水不但作为溶剂，有时也参与反应。反应的无机物主要是酸、碱和盐类，它们在水溶液中均不同程度地发生了解离，其反应实际上是离子反应。水溶液中的酸碱平衡以及随后将讲到的沉淀-溶解平衡、配位平衡，这些反应的共同特点是：①反应的活化能较低，反应速率快；②水溶液温度变化不大，反应的热效应又较小，温度对平衡常数的影响可以不予考虑。

4.1　电解质的分类及其解离

4.1.1　电解质的分类

在三个烧杯中分别放入浓度同为 $0.1mol \cdot L^{-1}$ 的氯化钠溶液、乙酸溶液和酒精溶液，插上电极，接上同样的电池和灯泡构成电路，见图 4-1。可以发现，氯化钠溶液上的灯泡最亮，乙酸溶液上的灯泡较暗淡，而酒精溶液上的灯泡根本不亮。

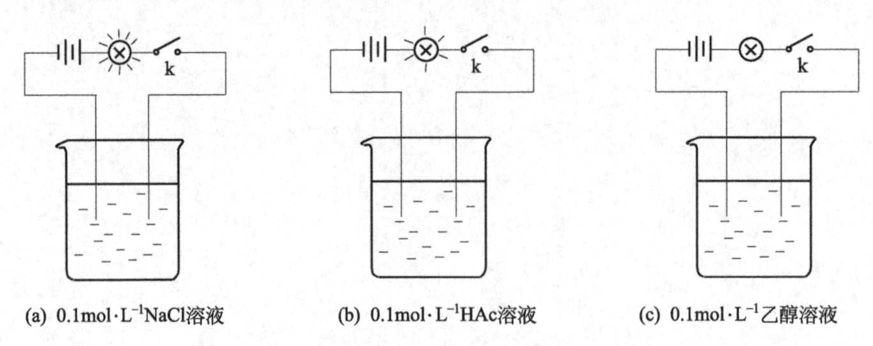

(a) $0.1mol \cdot L^{-1}$NaCl溶液　(b) $0.1mol \cdot L^{-1}$HAc溶液　(c) $0.1mol \cdot L^{-1}$乙醇溶液

图 4-1　三种同浓度不同物质溶液导电试验图

由上述实验现象可知，在水溶液中（或熔融态）不能导电的化合物（如上例中的酒精）是非电解质，原因是它在溶液中仍以分子的形式存在，没有可以导电的离子，故灯泡不亮。在水溶液中（或熔融态）能导电的化合物（如上例中的氯化钠溶液、乙酸溶液）是电解质，它们在水溶液中能解离（中学化学中称电离）成能导电的阴、阳离子，在外加电场作用下定向移动形成电流，故灯泡能亮。有些非金属氧化物如 CO_2、SO_2、P_2O_5（液态时不能导电）等虽然在水溶液中能够导电，但此时能导电的微粒并非这些非金属氧化物解离出来的离子，而是与水反应生成的 H_2CO_3、H_2SO_3、H_3PO_4 解离的离子导电，物质已经改变了，故这些非金属氧化物是非电解质。而有些活泼金属氧化物如 Na_2O、K_2O、CaO 等虽然在溶液中能导电也是其与水反应得到的相应碱 NaOH、KOH、$Ca(OH)_2$ 解离的结果，但这些活泼金属氧化物在熔融态时能导电，故也是电解质。

氯化钠溶液、乙酸溶液虽均能导电，但在浓度相同时，导电能力不同（灯泡亮度不同），显然是溶液中离子浓度不同引起的。这是由于氯化钠和乙酸属于不同的电解质，虽浓度相同，但电解质解离程度不同，溶液中能定向移动的离子浓度不同，造成了导电能力的不同。

在溶液中完全解离成离子的电解质是强电解质。强酸、强碱和大多数的盐属于强电解质。在溶液中部分解离成离子的电解质是弱电解质。通常弱电解质在溶液中大部分还是以未解离的中性分子形式存在。弱酸、弱碱和少量盐（如 Hg_2Cl_2、$HgCl_2$）属于弱电解质。如 $BaSO_4$ 在水中难溶解，在水溶液中导电性也很弱，但溶于水的那部分能完全解离，也是强电解质；醋酸与水互溶，但只能部分解离，是弱电解质。物质溶解度的大小和电解质强弱不能混淆。

电解质在水溶液中都是以水合离子（或分子）形式存在，如水合氢离子在水溶液中以 $H_5O_2^+$($H^+ \cdot 2H_2O$)、$H_7O_3^+$($H^+ \cdot 3H_2O$) 或 $H_9O_4^+$($H^+ \cdot 4H_2O$) 等形式存在，由于不能确定水分子的数目，化学反应时参与水合的水分子没有改变其分子本质，一般仍用 H^+(aq) 表示水合的氢离子。为了方便起见，在通常离子反应中，仍用简单离子符号书写水合离子。

4.1.2 酸碱的分类

根据酸碱不同的组成和性质，可进行以下分类：

① 根据酸、碱在水中的解离情况，将其分为强酸、强碱、中强酸、中强碱以及弱酸、弱碱。如硫酸、盐酸、硝酸为强酸，氢氧化钠、氢氧化钾为强碱，磷酸、氢氟酸为中强酸，氢氧化镁为中强碱；乙酸、碳酸为弱酸，氨水及一些难溶的金属氢氧化物为弱碱。有些酸是大家熟知的强酸如硫酸，其一级解离几乎是完全的，但二级解离则不完全，具有弱电解质的特征($K^{\ominus}_{2,H_2SO_4}=1.2\times10^{-2}$)。在实际操作中，解离度较大的(一般大于 60%) 酸或碱就叫做强酸或强碱(而非定义中全部电离)。解离度很小(一般不大于 5%) 的酸或碱则称为弱酸或弱碱。

② 根据一分子酸、碱在水中能提供 H^+、OH^- 的数目，又把酸、碱分为一元酸、一元碱和多元酸、多元碱。通常，一个酸分子中有几个可解离的氢原子就称为几元酸。如 HF、HCl、HNO_3 为一元酸，H_2SO_4、H_2CO_3、H_2S 为二元酸，H_3PO_4 为三元酸。一个碱分子中有几个可解离的氢氧根，就称为几元碱。如 NaOH、KOH、氨水（$NH_3 \cdot H_2O$）为一元碱，$Ca(OH)_2$、$Ba(OH)_2$ 为二元碱。

③ 根据分子中是否含有氧，把酸分成含氧酸和无氧酸。H_2SO_4、HNO_3、H_3PO_4、$HClO_4$ 为含氧酸；HF、HCl、H_2S 等为无氧酸。

④ 根据酸是否具有氧化还原性，把酸分成氧化性酸和非氧化性酸。如 HNO_3、浓 H_2SO_4、$HClO_4$ 等为氧化性酸；非氧化性酸，如 H_3PO_4、稀 H_2SO_4、HCl 等；还原性酸，如 H_2S、H_2SO_3 等。

此外，还有根据酸碱是否具有挥发性进行分类。如 HCl、HNO_3、H_2S 为挥发性酸；H_2SO_4、H_3PO_4 为非挥发性酸。

4.1.3 复分解反应的实质

中学化学中讲到离子互相交换成分的复分解反应能进行的条件是产物中要有沉淀、气体或水等弱电解质。如酸碱中和生成水，氯化钠与硝酸银生成氯化银沉淀，硫酸钠和硝酸钾不能进行复分解反应等。离子方程式为：

$$H^+ + OH^- \longequal H_2O$$

$$Cl^- + Ag^+ \longequal AgCl\downarrow$$

$$2Na^+ + SO_4^{2-} + K^+ + NO_3^- \longequal 2Na^+ + SO_4^{2-} + K^+ + NO_3^-$$

由此可见，复分解反应的实质是溶液中离子经碰撞结合成弱电解质（有些弱电解质会转为气体，如 CO_2、H_2S 等)、沉淀等确定物质，减小溶液中离子浓度。而硫酸钠和硝酸钾系统中离子不管怎么碰撞还是这些离子，无确定分子生成，故复分解反应不能进行。

4.1.4 强电解质溶液简述

电解质在水溶液中完全解离，不存在解离平衡，如 NaCl 水溶液中的解离反应式为

$$NaCl \longrightarrow Na^{+} + Cl^{-}$$

但是，由溶液导电性实验测知并非百分之百的离子参与导电。按照德拜和休克尔的观点，即使在一般的稀溶液中，离子是相互影响、相互制约的，特别是带有不同电荷的离子间相互静电作用较显著。阴、阳离子周围可以形成带有相反电荷离子的"离子氛"。由于离子不断运动，"离子氛"并不牢固，时拆时成，使离子不能完全自由运动。这样就使得强电解质溶液实测的导电性要小于理论值。其离子的有效浓度亦比实际浓度小些。

常用单位体积中所含有的能自由运动的离子的浓度表示有效浓度，称为活度，用 a 表示，它与浓度的关系如下：

$$a = f \cdot c$$

f 为活度系数，一般情况下，$f < 1$。电解质溶液愈稀，离子间相互牵制的程度愈小，则 f 值愈大。当溶液极稀时，f 值接近于 1，活度就基本上等于实际浓度。

4.2 弱酸、弱碱的解离平衡

4.2.1 一元弱酸、弱碱的解离平衡

4.2.1.1 一元弱酸、弱碱解离平衡的建立

弱酸、弱碱等弱电解质溶于水时，它们的解离过程是可逆的，并几乎立即达到平衡。如乙酸（HAc）溶液和氨水中分别存在着下列平衡：

$$HAc \rightleftharpoons H^{+} + Ac^{-}$$

$$NH_3 \cdot H_2O \rightleftharpoons NH_4^{+} + OH^{-}$$

这是未解离的分子和离子之间建立起来的平衡。与其他化学平衡一样，平衡时，各物质浓度间存在一种关系，用平衡常数表达分别为：

$$K_a^{\ominus} = \frac{c(H^{+})c(Ac^{-})}{c(HAc)} \quad K_b^{\ominus} = \frac{c(NH_4^{+})c(OH)}{c(NH_3 \cdot H_2O)}$$ [1]

式中，$K_a^{\ominus}$ 称为弱酸（这里是 HAc）的解离平衡常数，简称解离常数或酸常数；$K_b^{\ominus}$ 是弱碱（这里是 $NH_3 \cdot H_2O$）的解离平衡常数，简称碱常数。

4.2.1.2 解离常数和弱酸、弱碱的相对强弱

解离常数（$K_i^{\ominus}$）是平衡常数的一种，在一定温度下不随浓度变化，它能表示酸、碱解离的程度或趋势。$K_i^{\ominus}$ 值越大，表示解离程度越大，酸或碱的强度就越大。即 $K_i^{\ominus}$ 值的大小能表示酸、碱相对强弱的程度。例如：

$$K^{\ominus}(HAc) = 1.76 \times 10^{-5}$$

$$K^{\ominus}(HCN) = 4.93 \times 10^{-10}$$

两者的解离常数都不大，说明 HAc 或 HCN 的水溶液中大量是以分子形式存在的，只有少量的离子，所以它们都是弱酸，但通过比较 $K_a^{\ominus}$ 值可知，HCN 是比 HAc 更弱的酸。

通常把 $K_a^{\ominus} = 10^{-2} \sim 10^{-3}$ 的酸叫做中强酸，$K_a^{\ominus}$ 为 10^{-5} 左右的酸叫做弱酸，把 $K_a^{\ominus} < 10^{-7}$ 的酸叫做极弱酸。弱酸、弱碱的强弱可直接用它们的解离常数来比较其相对强弱。现将常见弱电解质的解离常数列于附表 3。

---

[1] 严格写，应为 $K_a^{\ominus} = \frac{[c(H^{+})/c^{\ominus}][c(Ac^{-})/c^{\ominus}]}{c(HAc)/c^{\ominus}}$，每种物质浓度应再除以标准浓度 $c^{\ominus}$（$c^{\ominus} = 1mol \cdot L^{-1}$），为标准平衡常数，量纲为 1，为简化起见，后面关系式中物质浓度$/c^{\ominus}$这一项，不再列入式中。

与所有平衡常数一样，解离平衡常数是弱电解质本性的常数，与浓度无关。温度对解离常数虽有影响，但由于弱电解质解离的热效应较小，且在水溶液中温度变化幅度不大，一般不影响其数量级，所以在室温范围内，可以忽略温度对解离常数 $K_i^{\ominus}$ 的影响。

4.2.1.3 一元弱酸、弱碱溶液中有关离子浓度的计算

由 $K_a^{\ominus}$ 与 $K_b^{\ominus}$ 的平衡关系表达式可直接计算有关离子的浓度。关键在于熟悉平衡原理和弄清体系中有关离子浓度，并采取合理的近似处理。

例如求某浓度 HAc 溶液中的 $c(H^+)$。

设：HAc 的初始浓度为 c_0(mol·L^{-1})，解离平衡时已解离出的 H^+ 浓度为 x(mol·L^{-1})；

$$HAc \rightleftharpoons H^+ + Ac^-$$

初始浓度/mol·L^{-1}　　c_0　　0　　0

平衡浓度/mol·L^{-1}　　c_0-x　　x　　x

$$K_a^{\ominus}=\frac{c(H^+)c(Ac^-)}{c(HAc)}=\frac{x^2}{c_0-x}$$

因为 $K^{\ominus}(HAc)=1.76\times10^{-5}$ 很小，说明平衡时 $c(H^+)$ 很小，$c_0 \gg x$

所以 c_0-x 中的 x 可忽略不计，即 $c_0-x\approx c_0$，上式可改写为

$$K_a^{\ominus}=\frac{x^2}{c_0}$$

即：
$$c(H^+)=\sqrt{K_a^{\ominus}\cdot c_0} \tag{4-1a}$$

上式是计算初始浓度为 c_0 的一元弱酸溶液中 $c(H^+)$ 的近似公式。若不能满足近似条件时，必须解一元二次方程

$$K_a^{\ominus}=\frac{x^2}{c_0-x}$$

可得下式：

$$c(H^+)=-\frac{K_a^{\ominus}}{2}+\sqrt{\frac{K_a^{\ominus 2}}{4}+K_a^{\ominus}c_0} \tag{4-2}$$

实践证明，当 $\frac{c(H^+)}{c_0}$（即解离度）$<5\%$，即原弱电解质浓度与解离平衡时弱电解质浓度相差不大，并 $\frac{c_0}{K_a^{\ominus}}>400$，即弱电解质浓度不很稀，可忽略水的解离的情况下可使用近似公式，否则将会引起较大的误差。对于更弱的酸或浓度极稀的酸，还要考虑水本身解离的 $c(H^+)$。在本书中这些内容暂不涉及。

对于一元弱碱，同理可以得到计算 $c(OH^-)$ 的近似公式：

$$c(OH^-)=\sqrt{K_b^{\ominus}\cdot c_0} \tag{4-1b}$$

【**例 4-1**】 计算 298.15K 时下列 HAc 溶液的 $c(H^+)$：

(1) 0.100mol·L^{-1}，(2) 1.0×10^{-5} mol·L^{-1}。

解：(1) 查表得 $K^{\ominus}(HAc)=1.76\times10^{-5}$，$\frac{c_0}{K_a^{\ominus}}>400$，所以此题可采用近似公式。

$$c(H^+)=\sqrt{K_a^{\ominus}\cdot c_0}=\sqrt{1.76\times10^{-5}\times0.100}=1.33\times10^{-3}(\text{mol}\cdot\text{L}^{-1})$$

(2) $\frac{c_0}{K_a^{\ominus}}=0.57<400$，必须用精确公式

$$c(H^+)=-\frac{K_a^{\ominus}}{2}+\sqrt{\frac{K_a^{\ominus 2}}{4}+K_a^{\ominus}c_0}$$

$$=-\frac{1.76\times10^{-5}}{2}+\sqrt{\frac{(1.76\times10^{-5})^2}{4}+1.76\times10^{-5}\times10^{-5}}$$

$$=7.2\times10^{-6}(\text{mol}\cdot\text{L}^{-1})$$

如果按照近似公式，就会得出荒谬的结果：

$$c(\text{H}^+)=\sqrt{K_a^{\ominus}\cdot c_0}=\sqrt{1.76\times10^{-5}\times1.0\times10^{5}}=1.33\times10^{-5}(\text{mol}\cdot\text{L}^{-1})>c_0(\text{酸})$$

4.2.1.4 解离度

解离度 α 是解离平衡时弱电解质的解离百分率

$$\alpha=\frac{\text{平衡时已解离的分子数}}{\text{解离前的分子数}}\times100\% \tag{4-3}$$

实验测得 0.100mol·L^{-1} HAc 溶液的解离度 $\alpha=1.33\%$，这表明在 10000 个 HAc 分子中有 133 个分子发生电离，变成了离子。所以解离度也能定量地表示电解质在溶液中电离生成离子的程度。

电解质解离度的大小除与电解质和溶剂本性有关外，由于解离度是在解离平衡时电解质的解离百分率，所以凡是可引起解离平衡移动的因素，如浓度、温度和其他电解质存在等，必定对解离度也有影响。下面分别讨论电解质和溶剂本性、浓度、温度对解离度的影响。

(1) 电解质和溶剂本性的影响 不同电解质在相同浓度时，它们的解离度不同（见表 4-1），这决定于电解质的本性。

表 4-1 几种 0.1mol·L^{-1} 弱酸溶液的解离度（291K）

弱酸	化学式	解离度(α)/%	弱酸	化学式	解离度(α)/%
二氯代乙酸	$Cl_2CHCOOH$	52	亚硝酸	HNO_2	6.5
磷酸	H_3PO_4	26	乙酸	CH_3COOH	1.33
亚硫酸	H_2SO_3	20	碳酸	H_2CO_3	0.17
氢氟酸	HF	15	氢硫酸	H_2S	0.07
水杨酸	HOC_6H_4COOH	10	氢氰酸	HCN	0.007

解离度也与溶剂的性质有关。我们知道电荷相吸或相斥的力与电荷周围介质的介电常数成反比。所谓介电常数，就是指两电荷在某介质中彼此的作用力比真空（或空气）中小多少倍，这个倍数就是该介质的介电常数。对溶液中的异号离子来说，它们之间的吸引力为：

$$f=\frac{q_1q_2}{\varepsilon d^2}$$

式中，q_1、q_2 为异号离子的电荷；d 为离子间距离；ε 为溶剂的介电常数。ε 与溶剂分子的极性有关，例如 ε(水)=81，ε(乙醇)=27，ε(苯)=2，ε(液氯)=17 等。可知在水中两异号离子间的相互吸引力，只有在空气中的 1/81 那么大。相同浓度的同一电解质在不同溶剂中的解离度不同，显而易见，ε 愈大，解离程度就愈大。

(2) 浓度的影响 电解质的解离度随溶液浓度的降低而增大（表 4-2）。

表 4-2 不同浓度的乙酸溶液的解离度和解离常数

溶液浓度/mol·L^{-1}	解离度(α)/%	解离常数	氢离子浓度 $c(H^+)$/mol·L^{-1}
0.2	0.934	1.76×10^{-5}	1.88×10^{-3}
0.1	1.34	1.79×10^{-5}	1.34×10^{-3}
0.02	2.96	1.80×10^{-5}	6.0×10^{-4}
0.002	12.4	1.76×10^{-5}	1.8×10^{-4}

为什么同一弱电解质，溶液愈稀，解离度会愈大呢？这是由于稀释对解离的速率几乎没有什么影响，但离子之间的平均距离大了，而使离子间碰撞机会减少，分子化速率显著减小，解离平衡向生成离子方向移动，解离度增加。或者说对解离反应，加入水即反应物后平衡向右移动，有利于解离。例如

$$HAc+H_2O \rightleftharpoons H_3O^++Ac^-$$

往平衡体系加水稀释，解离度明显增大。由于弱电解质浓度降低，溶液中离子浓度也是下降的。

4.2.1.5 解离常数与解离度的比较、稀释定律

解离度与解离常数既有联系又有区别。解离常数是化学平衡常数的一种具体形式，而解离度是转化率的一种具体形式。它们的相同点都是表示弱电解质解离程度的大小，都可以比较弱电解质的相对强弱程度，$K_i^\ominus$、α 愈大，解离程度就愈大，是愈强的电解质。它们的区别是解离常数不受浓度的影响，是弱电解质的本性的常数，但解离度随浓度的减小而增大。所以通常用解离常数的大小来比较弱电解质的解离程度和强弱。

解离度与解离常数的定量关系推导如下：

设 c_0 为一元弱酸（或弱碱）MA的物质的量浓度

$$MA \rightleftharpoons M^+ + A^-$$

初始浓度 $\quad c_0 \quad 0 \quad 0$

平衡浓度 $\quad c_0(1-\alpha) \quad c_0\alpha \quad c_0\alpha$

$$K_i^\ominus=\frac{c(M^+)c(A^-)}{c(MA)}=\frac{c_0\alpha \cdot c_0\alpha}{c_0(1-\alpha)}=\frac{c_0\alpha^2}{1-\alpha}$$

当 $K_i^\ominus$ 很小且浓度 c_0 不是很小时，α 很小，$1-\alpha \approx 1$

$$则\ K_i^\ominus=c_0\alpha^2 \qquad 即\ \alpha=\sqrt{\frac{K_i^\ominus}{c_0}} \tag{4-4}$$

由此联系解离常数、解离度和溶液浓度的关系式可见：当温度不变时，对某一电解质来说，它的解离度与浓度的平方根成反比，溶液稀释时，解离度增大，对于相同浓度的不同电解质，它们的解离度与解离常数的平方根成正比，$K_i^\ominus$ 愈大，α 也愈大。$1/c_0$ 又叫稀度，弱电解质的解离度与溶液的稀度的平方根成正比。我们把上述关系式叫做稀释定律。

这里需注意的一个问题是弱电解质溶液冲稀时，α 变大［式(4-4)］，但并不说明离子浓度也增大。

4.2.2 多元弱电解质的解离

多元弱电解质如弱酸在水溶液中的解离是分步进行的，即其中的氢原子依次一个一个地解离为离子。例如，氢硫酸是二元弱酸，分两步解离：

第一步解离：

$$H_2S \rightleftharpoons H^+ + HS^-$$

$$K_{a_1}^\ominus(H_2S)=\frac{c(H^+)c(HS^-)}{c(H_2S)}=1.32\times10^{-7}$$

第二步解离：

$$HS^- \rightleftharpoons H^+ + S^{2-}$$

$$K_{a_2}^\ominus(H_2S)=\frac{c(H^+)c(S^{2-})}{c(HS^-)}=7.10\times10^{-15}$$

磷酸分三步解离：

第一步解离：

$$H_3PO_4 \rightleftharpoons H^+ + H_2PO_4^-$$

$$K_{a_1}^\ominus(H_3PO_4)=\frac{c(H^+)c(H_2PO_4^-)}{c(H_3PO_4)}=7.1\times10^{-3}$$

第二步解离：

$$H_2PO_4^- \rightleftharpoons H^+ + HPO_4^{2-}$$

$$K_{a_2}^\ominus(H_3PO_4)=\frac{c(H^+)c(HPO_4^{2-})}{c(H_2PO_4^-)}=6.3\times10^{-8}$$

第三步解离：

$$HPO_4^{2-} \rightleftharpoons H^+ + PO_4^{3-}$$

$$K_{a_3}^\ominus(H_3PO_4)=\frac{c(H^+)c(PO_4^{3-})}{c(HPO_4^{2-})}=4.2\times10^{-13}$$

从所列数据看出，分步离解常数 $K_{a_1}^{\ominus} \gg K_{a_2}^{\ominus} \gg K_{a_3}^{\ominus}$。这是由弱酸的本性即其结构决定的。第二步解离需从带有一个负电荷的离子中再解离出一个阳离子 H^+，要比从不带电的中性分子中解离 H^+ 所需要克服的静电引力大；同理第三步解离比第二步更困难。由于各级解离常数相差甚大（一般每一级相差十万倍），故在计算多元弱酸溶液中的 H^+ 浓度时，只需考虑第一步解离即可。若对多元弱酸、弱碱的相对强弱进行比较时，只需比较它们的第一级解离常数即可。

【例 4-2】 室温和常压下，饱和 H_2S 水溶液中的浓度为 $0.1mol \cdot L^{-1}$，求该溶液中 $c(H^+)$、$c(HS^-)$ 和 $c(S^{2-})$。

解：(1) 已知 H_2S 的 $K_{a_1}^{\ominus} \gg K_{a_2}^{\ominus}$，求 $c(H^+)$ 时可按一元弱酸处理。

第一步解离：$H_2S \rightleftharpoons H^+ + HS^-$

平衡浓度/$mol \cdot L^{-1}$　　$0.1-x \quad x \quad x$

近似认为 $0.1-x \approx 0.1$

$$x = \sqrt{c(H_2S)K_{a_1}^{\ominus}(H_2S)}$$
$$= \sqrt{0.1 \times 1.32 \times 10^{-7}} = 1.1 \times 10^{-4}\ (mol \cdot L^{-1})$$

(2) 溶液中 S^{2-} 由第二步解离产生，根据第二步解离平衡：

$$HS^- \rightleftharpoons H^+ + S^{2-}$$

$$K_{a_2}^{\ominus}(H_2S) = \frac{c(H^+)c(S^{2-})}{c(HS^-)} = 7.10 \times 10^{-15}$$

$$c(S^{2-}) = K_{a_2}^{\ominus}(H_2S)\frac{c(HS^-)}{c(H^+)}$$

因为 $K_{a_1}^{\ominus} \gg K_{a_2}^{\ominus}$，所以　$c(HS^-) \approx c(H^+) = 1.1 \times 10^{-4} mol \cdot L^{-1}$

故　$c(S^{2-}) = K_{a_2}^{\ominus}(H_2S) = 7.10 \times 10^{-15}\ mol \cdot L^{-1}$

注意上面 $K_{a_2}^{\ominus}(H_2S)$ 平衡关系表达式中的 $c(H^+)$ 是指整个体系中 $c(H^+)$，是第一步解离和第二步解离出的 $c(H^+)$ 之和，并不是第二步解离出的 $c(H^+)$。即使再外加 H^+，平衡时平衡关系表达式中 $c(H^+)$ 也是整个体系的 $c(H^+)$，包括外加的。

另外，从上例计算可知，多元弱酸在二级解离中产生的酸根，其浓度必然等于其二级解离常数。如本例中 $c(S^{2-})$ 等于 H_2S 的二级解离常数，H_2CO_3 溶液中 $c(CO_3^{2-})$ 等于 H_2CO_3 的二级解离常数，H_3PO_4 溶液中的 $c(HPO_4^{2-})$ 等于 H_3PO_4 的二级解离常数等。不过，这个结论只有在没有其他影响其解离平衡的电解质存在的情况下是正确的。

【例 4-3】 在饱和 H_2S 水溶液中通入 HCl 气体，使 HCl 的浓度达到 $0.1mol \cdot L^{-1}$，求溶液中 $c(S^{2-})$。

解：根据多重平衡原则，对 H_2S 总的解离方程式为

$$H_2S \rightleftharpoons 2H^+ + S^{2-}$$

$$K_a^{\ominus}(H_2S) = K_{a_1}^{\ominus}(H_2S) \cdot K_{a_2}^{\ominus}(H_2S) = 1.32 \times 10^{-7} \times 7.10 \times 10^{-15} = 9.37 \times 10^{-22}$$

$$K_a^{\ominus}(H_2S) = \frac{c^2(H^+)c(S^{2-})}{c(H_2S)}$$

$$c(S^{2-}) = \frac{K_a^{\ominus}(H_2S)c(H_2S)}{c^2(H^+)} = \frac{9.37 \times 10^{-22} \times 0.1}{0.1^2} = 9.37 \times 10^{-21}(mol \cdot L^{-1})$$

计算结果表明，$c(S^{2-})$ 比无 $0.1mol \cdot L^{-1}$ HCl 存在时降低了 100 万倍。

在例 4-2 和例 4-3 中求 $c(S^{2-})$ 时，我们采用了两种不同的公式。这两个公式是有区别的。$c(S^{2-}) = K_{a_2}^{\ominus}(H_2S)$ 是 H_2S 单独存在于溶液中时的计算 $c(S^{2-})$ 的公式。而 $K_a^{\ominus}(H_2S) = \frac{c^2(H^+)c(S^{2-})}{c(H_2S)}$ 是当饱和 H_2S 溶液外加酸、碱时计算 $c(S^{2-})$ 的公式。进行计算时，要注

意使用不同公式时的条件。

4.2.3　水的解离和溶液的 pH 值

4.2.3.1　水的解离平衡

水是一种极弱的电解质（有微弱的导电性），绝大部分以水分子形式存在，仅能解离出极少量的 H^+ 和 OH^-。水的解离平衡可表示为：

$$H_2O \rightleftharpoons H^+ + OH^-$$

其平衡常数为：

$$K^{\ominus} = \frac{\{c(H^+)/c^{\ominus}\}\{c(OH^-)/c^{\ominus}\}}{\{c(H_2O)/c^{\ominus}\}}$$

由于极大部分水仍以水分子形式存在，因此可将 $c(H_2O)$ 看作一个常数合并入 $K^{\ominus}$ 项，得到：

$$c(H^+) \cdot c(OH^-) = K^{\ominus} c(H_2O) = K_w^{\ominus} \tag{4-5}$$

上式表明，在一定温度下，水中 $c(H^+)$ 和 $c(OH^-)$ 的乘积为一个常数，叫做水的离子积，用 $K_w^{\ominus}$ 表示。$K_w^{\ominus}$ 可从实验测得，也可由热力学计算求得。22℃时，有实验测得纯水中 H^+ 和 OH^- 浓度均为 $1.0\times10^{-7}\,mol\cdot L^{-1}$，因此 $K_w^{\ominus}=10^{-14}$。

水的离子积不仅适用于纯水，对于电解质水溶液同样适用。若在水中加入少量盐酸，H^+ 浓度增加，水的解离平衡向左移动，OH^- 浓度则随之减小。达到新平衡时，溶液中 $c(H^+)>c(OH^-)$，但 $c(H^+)\cdot c(OH^-)=K_w^{\ominus}$ 这一关系依然存在。并且 $c(H^+)$ 越大，$c(OH^-)$ 越小，但 $c(OH^-)$ 不会等于零。反之，若在水中加入少量氢氧化钠溶液，OH^- 浓度增加，平衡亦向左移动，此时 $c(H^+)<c(OH^-)$，仍满足 $c(H^+)\cdot c(OH^-)=K_w^{\ominus}$。同样，$c(OH^-)$ 越大，$c(H^+)$ 越小，但 $c(H^+)$ 不会等于零。即水溶液中，$c(H^+)$ 和 $c(OH^-)$ 永远存在，且浓度是一个此消彼长的关系。

4.2.3.2　溶液的酸碱性和 pH 值

(1) 溶液的酸碱性和 pH 值的对应关系

由上所述，可以把水溶液的酸碱性和 H^+、OH^- 浓度的关系归纳如下：

$c(H^+)=c(OH^-)=10^{-7}\,mol\cdot L^{-1}$		溶液为中性
$c(H^+)>c(OH^-)$	$c(H^+)>10^{-7}\,mol\cdot L^{-1}$	溶液为酸性
$c(H^+)<c(OH^-)$	$c(H^+)<10^{-7}\,mol\cdot L^{-1}$	溶液为碱性

溶液中的 H^+ 或 OH^- 浓度可以表示溶液的酸碱性，但因水的离子积是一个很小的数值（10^{-14}），在稀溶液中 $c(H^+)$ 或 $c(OH^-)$ 也很小，直接用摩尔浓度表示十分不便，1909 年索伦森提出用 pH 表示。所谓 pH，是溶液中 $c(H^+)$ 的以 10 为底的负对数：

$$pH = -\lg c(H^+) \tag{4-6}$$

溶液的酸碱性与 pH 值的关系为：

酸性溶液	$c(H^+)>10^{-7}\,mol\cdot L^{-1}$	$pH<7$
中性溶液	$c(H^+)=10^{-7}\,mol\cdot L^{-1}$	$pH=7$
碱性溶液	$c(H^+)<10^{-7}\,mol\cdot L^{-1}$	$pH>7$

可见，pH 值越小，溶液的酸性越强；反之，pH 值越大，溶液的碱性越强。

同样，也可以用 pOH 表示溶液的酸碱性。定义为：

$$pOH = -\lg c(OH^-) \tag{4-6a}$$

常温下，在水溶液中：

$$c(H^+) \cdot c(OH^-) = K_w^{\ominus}$$

在等式两边分别取负对数：

$$-\lg\{c(H^+) \cdot c(OH^-)\} = -\lg K_w^{\ominus}$$

$$pH+pOH=14 \quad (4\text{-}7)$$

(2) 强酸或强碱混合或稀释时的计算

① 稀释　强酸或强碱的稀释会使溶液中 $c(H^+)$ 或 $c(OH^-)$ 相应地减小，但计算 pH 或 pOH 的变化时，因浓度变化要换算成对数，稍复杂些。

【例 4-4】 某强酸溶液中 $c(H^+)=0.01mol \cdot L^{-1}$，pH＝2.0。该溶液加水稀释 1000 倍，求稀释后溶液的 pH。

解：溶液稀释 1000 倍后，$c(H^+)=0.01/1000=1.0\times10^{-5}$ $(mol \cdot L^{-1})$

$$pH=-lg1.0\times10^{-5}=5.0$$

由上题可知，强酸溶液，一般每稀释 10^n 倍，pH 增加 n，如上题溶液稀释 10^3 倍，pH 值增加 3。但在 pH 值接近 7 时，不能这样计算，因 pH 值在远离 7 时，水本身解离出的 H^+ 比溶液中强酸解离出的 H^+ 少得多，如上例中 pH ＝5.0，溶液中水解离的 $c(OH^-)$ 为 $10^{-14}/10^{-5}=10^{-9}mol \cdot L^{-1}$，由水解离出的 $c(H^+)$ 也是 $10^{-9}mol \cdot L^{-1}$，是外加 $c(H^+)$ 的万分之一，完全可以忽略。但在 pH 值接近 7 时，水本身解离出的 H^+ 与溶液中强酸解离出的 H^+ 相差减小，此时就不能忽略水本身的解离了。故 pH 值为 6 的强酸溶液稀释 10 倍或 100 倍，pH 值不会超过 7。强碱稀释的计算也类似。

② 混合　两种不同 pH 值的强酸溶液混合不是 pH 值的简单平均，而是要通过溶液混合体积扩大后再算出混合后溶液的 $c(H^+)$ 值。若是不同 pH 值的强酸和强碱溶液混合，会发生酸碱中和反应，H^+ 和 OH^- 等摩尔反应，就需计算反应结束后所剩 H^+ 或 OH^- 的浓度，再求出 pH 值。

【例 4-5】 将 pH＝2.0 和 pH＝4.0 的两种强酸溶液等体积混合，求混合溶液的 pH 值。

解：pH＝2.0　　　$c(H^+)=1.0\times10^{-2}mol \cdot L^{-1}$

　　pH＝4.0　　　$c(H^+)=1.0\times10^{-4}mol \cdot L^{-1}$

混合后　$c(H^+)=\dfrac{1.0\times10^{-2}+1.0\times10^{-4}}{2}=5.05\times10^{-3}(mol \cdot L^{-1})$

$$pH=-lg\,c(H^+)=-lg5.05\times10^{-3}=2.30$$

【例 4-6】 将 pH＝2.0 的强酸溶液和 pH＝11.0 的强碱溶液等体积混合，求混合溶液的 pH 值。

解：pH＝2.0　　　$c(H^+)=1.0\times10^{-2}mol \cdot L^{-1}$

　　pH＝11.0　　　$c(H^+)=1.0\times10^{-11}mol \cdot L^{-1}$

$$c(OH^-)=K_w^{\ominus}/c(H^+)=10^{-14}/10^{-11}=1.0\times10^{-3}(mol \cdot L^{-1})$$

混合后　　　$H^+ + OH^- = H_2O$

H^+ 和 OH^- 等摩尔反应后，H^+ 过量

$$c(H^+)=\frac{c(H^+)-c(OH^-)}{2}=\frac{1.0\times10^{-2}-1.0\times10^{-3}}{2}=4.5\times10^{-3}(mol \cdot L^{-1})$$

$$pH=-lg\,c(H^+)=-lg4.5\times10^{-3}=2.34$$

pH 值的数值一般保留小数点后两位。

4.2.3.3　酸碱指示剂

测定溶液酸碱性的方法有多种，根据用途和要求精确度的不同，常用的有酸碱指示剂、pH 试纸及 pH 计（酸度计）。

酸碱指示剂是一种借助自身颜色变化来指示溶液 pH 值改变的化学物质。酸碱指示剂一般是染料一类的有机弱酸、有机弱碱或两性物质。例如石蕊就是一种有机弱酸，它的分子和解离产生的离子颜色不同，以 HIn 代表石蕊的分子，它是红色的，阴离子 In^- 则是蓝色的。其解离方程式为：

$$HIn \rightleftharpoons H^+ + In^-$$

若溶液中 H^+ 浓度较大，即酸性时，上述平衡向左移动，呈现出有较高浓度的 HIn 的红色；若溶液中 OH^- 浓度增大，平衡向右移动，呈现有较高浓度的 In^- 的蓝色。

随着 H^+ 浓度的变化，$c(In^-)$ 和 $c(HIn)$ 比值也在改变，即指示剂的颜色也将改变，但其颜色是逐渐变化的。一般来说，当 $c(In^-)$ 和 $c(HIn)$ 比值为 10∶1 或 1∶10 时，我们的眼睛才能鉴别出 $c(In^-)$ 和 $c(HIn)$ 单独的颜色，即溶液的 pH 只有在一定范围内，我们才能看得出指示剂的变色。这个 pH 范围称指示剂的变色范围。不同指示剂由于结构不同，变色范围一般不相同。常用酸碱指示剂的变色范围见表 4-3。

表 4-3　常用酸碱指示剂的变色范围

指示剂	变色范围	颜色		
		酸色	中间色	碱色
甲基橙	3.1～4.4	红	橙	黄
甲基红	4.4～6.2	红	橙	黄
石蕊	5.0～8.0	红	紫	蓝
酚酞	8.2～10.0	无	粉红	玫瑰红

利用酸碱指示剂的颜色变化，可以判断溶液的 pH 值大约是多少。例如某溶液使甲基橙显示黄色，虽然是碱色，只说明该溶液 pH＞4.4，但不能肯定是酸性还是碱性，因为 pH 的变色点不是 7.0。因此用单一指示剂只能指示溶液酸碱性大于或小于某一 pH 值，但并不知道正确的 pH 范围。如果在上述溶液中加入一滴酚酞时溶液不变色，则可判断此溶液的 pH 范围在 4.4～8.0。故用复合指示剂可使所测 pH 范围较窄、较准确。

根据这一原理将多种指示剂混合后浸渍滤纸制得 pH 试纸，它对不同 pH 值的溶液能显示不同的颜色（称色阶），据此可迅速判断溶液的 pH 范围。常见的 pH 试纸有广泛 pH 试纸和精密 pH 试纸。前者的 pH 试纸范围为 1～14，可以识别的 pH 试纸差值为 1；后者的 pH 范围较窄，可以判断 0.2 或 0.3 的 pH 差值。

pH 计是通过电化学系统把溶液中 $c(H^+)$ 转换成电位值，通过指针或数字直接显示出来的电子仪器。由于快速、准确，已广泛用于科研和生产中。

4.3　同离子效应和缓冲溶液

4.3.1　同离子效应

弱电解质的解离平衡与其他化学平衡一样，会因某些外界条件的改变而发生移动。在弱电解质溶液中，若加入另一种含有相同离子的易溶强电解质，相当于化学平衡体系中加入产物，使解离平衡向左移动，使原弱电解质解离程度减小，这种现象叫同离子效应。

例如，一定浓度的氨在水中解离出 OH^-，加入酸碱指示剂酚酞显红色。在此溶液中加入 NH_4Cl 固体，溶液逐渐变为无色，表明加入 NH_4Cl 后，氨的解离度减小，OH^- 浓度减小，其平衡为：

$$NH_3 \cdot H_2O \rightleftharpoons NH_4^+ + OH^-$$

$$NH_4Cl \xlongequal{} NH_4^+ + Cl^-$$

使 $NH_3 \cdot H_2O$ 的解离平衡向左移动，解离度减小。

【例 4-7】　已知氨水的解离常数 $K^{\ominus}(NH_3) = 1.75 \times 10^{-5}$，求 (1) $0.20mol \cdot L^{-1}$ $NH_3 \cdot H_2O$ 溶液中 $c(OH^-)$，pH 值及解离度；(2) 在此溶液中加入 NH_4Cl 固体，使其浓度为 $1.0mol \cdot L^{-1}$，再求 $NH_3 \cdot H_2O$ 溶液中 $c(OH^-)$，pH 值及解离度。

解：(1) $NH_3 \cdot H_2O \rightleftharpoons NH_4^+ + OH^-$

$c/K^{\ominus}(NH_3)=0.2/1.75\times10^{-5}=11428.6>400$，可用简便公式。

$$c(OH^-)_1=\sqrt{c(NH_3)K^{\ominus}(NH_3)}=\sqrt{0.2\times1.75\times10^{-5}}=1.87\times10^{-3}(mol\cdot L^{-1})$$

$$pH_1=14-pOH=14-(-\lg1.87\times10^{-3})=11.27$$

$$\alpha_1=\frac{c(OH^-)}{c(NH_3\cdot H_2O)}=\frac{1.87\times10^{-3}}{0.2}\times100\%=0.94\%$$

(2) 加入 NH_4Cl 后，$NH_4Cl = NH_4^+ + Cl^-$，设溶液 $c(OH^-)$ 为 x

$$NH_3\cdot H_2O \rightleftharpoons NH_4^+ + OH^-$$

平衡浓度/$mol\cdot L^{-1}$　　$0.2-x$　　$1.0+x$　　x

由于 x 很小，$0.2-x\approx0.2$，$1.0+x\approx1.0$

$$K^{\ominus}(NH_3)=\frac{c(NH_4^+)c(OH^-)}{c(NH_3\cdot H_2O)}=\frac{1.0x}{0.2}=1.75\times10^{-5}$$

$$c(OH^-)_2=x=3.5\times10^{-6}\,mol\cdot L^{-1}$$

$$pH_2=14-pOH=14-(-\lg3.5\times10^{-6})=8.54$$

$$\alpha_2=\frac{c(OH^-)}{c(NH_3\cdot H_2O)}=\frac{3.5\times10^{-6}}{0.2}\times100\%=1.75\times10^{-3}\%$$

$$\frac{\alpha_1}{\alpha_2}=\frac{0.94}{1.75\times10^{-3}}=537.14$$

可见，同离子效应对弱电解质解离度的影响是如此之大。

在上述氨水中若加入 NaOH 固体后，虽然溶液的 $c(OH^-)$ 增加，但加入的 OH^- 也是氨水解离的产物，根据平衡移动原则，解离平衡向左，氨水解离度也是降低的。

在弱电解溶液中，加入含有相同离子的易溶强电解质越多，弱电解质的解离度越小，即同离子效应越大。但若加入不含有相同离子的易溶强电解质，由于溶液中离子浓度增大，离子氛的作用增强，活度系数减小，弱电解质离子的有效浓度（即活度）减小，弱电解质的解离平衡向右移动，造成弱电解质的解离度有所增加，这种作用叫做盐效应（在盐效应的体系中，由于平衡关系表达式中有关物质应为有效浓度，故平衡常数不变）。实际上，在加入含有相同离子的易溶强电解质造成同离子效应的同时，也有盐效应，只是盐效应造成弱电解质解离度的增加远远小于同离子效应造成弱电解质解离度减小，故在有同离子效应时不考虑盐效应。

4.3.2 缓冲溶液

4.3.2.1 缓冲溶液的概念

在引入缓冲溶液概念前，我们先看两道例题。

【例 4-8】 在 1L 纯水中分别加入 $1mol\cdot L^{-1}$ 的 HCl 0.1mL（2 滴）或 $1mol\cdot L^{-1}$ 的 NaOH 溶液 0.1mL（2 滴），试估计并计算溶液的 pH 变化。

解：(1) 加 0.1mL $1mol\cdot L^{-1}$ 的 HCl 后，相当于该 HCl 稀释 1000 倍。

$$c(H^+)=\frac{c(HCl)V(HCl)}{V_{总}}=\frac{1\times1\times10^{-4}}{1+10^{-4}}=1.0\times10^{-4}(mol\cdot L^{-1})$$

$$pH=-\lg c(H^+)=-\lg1.0\times10^{-4}=4.0$$

溶液为酸性。

$$\Delta pH=7.0-4.0=3.0$$

(2) 加 0.1mL $1mol\cdot L^{-1}$ 的 NaOH 后，相当于该 NaOH 稀释 1000 倍。

$$c(OH^-)=\frac{c(NaOH)V(NaOH)}{V_{总}}=\frac{1\times1\times10^{-4}}{1+10^{-4}}=1.0\times10^{-4}(mol\cdot L^{-1})$$

$$pH=14-pOH=14-[-\lg c(OH^-)]=14+\lg 1.0\times10^{-4}=10.0$$

溶液为碱性。

$$\Delta pH=7.0-10.0=-3.0$$

可见，在 1L 纯水中即使加入很少量的酸或碱，溶液的 pH 值也会有很大的变化。

【例 4-9】 在 1L HAc 和 NaAc 的混合溶液中（两种物质的浓度均为 $0.1mol\cdot L^{-1}$）分别加入 $1mol\cdot L^{-1}$ 的 HCl 1.0mL（约 20 滴）或 $1mol\cdot L^{-1}$ 的 NaOH 溶液 1.0mL（约 20 滴），试估计并计算溶液的 pH 变化。[已知 $K^{\ominus}(HAc)=1.8\times10^{-5}$]

解：(1) 先求原溶液的 pH 值。设溶液中 $c(H^+)$ 为 $x(mol\cdot L^{-1})$

$$HAc \rightleftharpoons H^+ + Ac^- \qquad (NaAc = Na^+ + Ac^-)$$

起始浓度/$mol\cdot L^{-1}$　0.1　0　0.1

平衡浓度/$mol\cdot L^{-1}$　$0.1-x$　x　$0.1+x$

$$K^{\ominus}(HAc)=\frac{c(H^+)c(Ac^-)}{c(HAc)}$$

$$=\frac{x(0.1+x)}{0.1-x}\approx\frac{0.1x}{0.1}=x=1.80\times10^{-5}$$

$$c(H^+)=x=1.80\times10^{-5}\ mol\cdot L^{-1}$$

$$pH=-\lg c(H^+)=-\lg 1.80\times10^{-5}=4.74$$

(2) 由于溶液中有大量的 NaAc，加入 HCl 后，首先与 NaAc 反应

$$NaAc+HCl = HAc+NaCl$$

故加入 1.0mL $1mol\cdot L^{-1}$ HCl（10^{-3}mol）后，消耗掉 10^{-3}mol NaAc，生成 10^{-3}mol HAc

设溶液中 $c(H^+)$ 为 $y(mol\cdot L^{-1})$

$$HAc \rightleftharpoons H^+ + Ac^-$$

起始浓度/$mol\cdot L^{-1}$　$0.1+10^{-3}$　0　$0.1-10^{-3}$

平衡浓度/$mol\cdot L^{-1}$　$0.1+10^{-3}-y$　y　$0.1-10^{-3}+y$

$$K^{\ominus}(HAc)=\frac{c(H^+)c(Ac^-)}{c(HAc)}$$

$$=\frac{y(0.1-10^{-3}+y)}{0.1+10^{-3}-y}=1.8\times10^{-5}$$

$$c(H^+)=y=1.84\times10^{-5}\ mol\cdot L^{-1}$$

$$pH=-\lg c(H^+)=-\lg 1.84\times10^{-5}=4.73$$

$$\Delta pH=4.74-4.73=0.01$$

变化极小，pH 计也难以测得。

(3) 由于溶液中有大量的 HAc，加入 NaOH 后，首先与 HAc 反应

$$HAc+NaOH = NaAc+H_2O$$

故加入 1.0mL $1mol\cdot L^{-1}$ NaOH（10^{-3}mol）后，消耗掉 10^{-3}mol HAc，生成 10^{-3}mol NaAc

设溶液中 $c(H^+)$ 为 $z(mol\cdot L^{-1})$

$$HAc \rightleftharpoons H^+ + Ac^-$$

起始浓度/$mol\cdot L^{-1}$　$0.1-10^{-3}$　0　$0.1+10^{-3}$

平衡浓度/$mol\cdot L^{-1}$　$0.1-10^{-3}-z$　z　$0.1+10^{-3}+z$

$$K^{\ominus}(HAc)=\frac{c(H^+)c(Ac^-)}{c(HAc)}$$

$$=\frac{z(0.1+10^{-3}+z)}{0.1-10^{-3}-z}=1.8\times10^{-5}$$

$$c(H^+)=z=1.76\times10^{-5}\text{mol}\cdot L^{-1}$$

$$pH=-\lg c(H^+)=-\lg 1.76\times10^{-5}=4.75$$

$$\Delta pH=4.74-4.75=-0.01$$

变化极小，pH 计也难以测得。通过计算也可以得知，上述溶液稀释后溶液的 pH 值变化很小。

从以上就可以看出：pH 值不因少量外来酸或碱的加入或稀释发生明显变化的溶液叫缓冲溶液。

4.3.2.2　缓冲作用的原理

现以 HAc-NaAc 混合溶液为例说明缓冲作用的原理。在 HAc-NaAc 混合溶液中存在以下解离过程：

$$HAc \rightleftharpoons H^+ + Ac^-$$

$$NaAc \longrightarrow Na^+ + Ac^-$$

由于 NaAc 完全解离，所以溶液中存在着大量的 Ac^-。弱酸 HAc 本来只有少部分解离，加上由 NaAc 解离出来的大量 Ac^- 产生的同离子效应，使 HAc 解离度变得极小，因此溶液中除了有大量的 Ac^- 外，还存在着大量 HAc 分子。这种在溶液中同时存在大量弱酸分子及该弱酸根离子（或大量的弱碱和该弱碱的阳离子），就是缓冲溶液组成的特征。缓冲溶液中的弱酸及其盐（或弱碱及其盐）称为缓冲对。

当向此混合溶液中加入少量强酸时，溶液中大量的 Ac^- 将与加入的 H^+ 结合而生成难解离的 HAc 分子，以致溶液中的 H^+ 浓度几乎不变。换句话说，Ac^- 起了抗酸的作用，叫抗酸因子。当加入少量强碱时，由于溶液中的 H^+ 与 OH^- 结合并生成 H_2O，使 HAc 的解离平衡向右移动，继续解离出的 H^+ 仍与 OH^- 结合，致使溶液中 OH^- 的浓度几乎不变，因而 HAc 分子在这里起了抗碱的作用，抗碱因子。

由此可见，缓冲溶液的缓冲作用就在于溶液中存在着大量的未解离的弱酸（或弱碱）分子及其盐的离子。此溶液中的弱酸（或弱碱）好比潜在的 H^+（或 OH^-）的仓库，当外界引起 $c(H^+)$［或 $c(OH^-)$］降低时，弱酸（或弱碱）就及时地解离出 H^+（或 OH^-）；当外界引起 $c(H^+)$［或 $c(OH^-)$］增加时，大量存在的弱酸盐（或弱碱盐）的离子则将其“吃掉”，从而维持溶液的 pH 基本不变。

4.3.2.3　缓冲溶液 pH 值的计算

设缓冲溶液由一元弱酸 HA 和相应的盐 MA 组成，一元弱酸的浓度为 $c_{酸}$，盐的浓度为 $c_{盐}$，由 HA 解离得 $c(H^+)=x(\text{mol}\cdot L^{-1})$。

则由盐　　$MA \longrightarrow M^+ + A^-$

$c_0/\text{mol}\cdot L^{-1}$　　$c_{盐}$　　$c_{盐}$

　　$HA \rightleftharpoons H^+ + A^-$

平衡时 $c/\text{mol}\cdot L^{-1}$　　$c_{酸}-x$　　x　　$c_{盐}+x$

$$K_a^{\ominus}(HA)=\frac{c(H^+)c(A^-)}{c(HA)}=\frac{x(c_{盐}+x)}{c_{酸}-x}$$

$$x=\frac{K_a^{\ominus}(HA)(c_{酸}-x)}{c_{盐}+x}$$

由于本身是弱电解质，且因存在同离子效应，此时 x 很小，因而 $c_{酸}-x\approx c_{酸}$，$c_{盐}+x\approx c_{盐}$，则

$$c(H^+)=x=\frac{K_a^\ominus(HA)c_{酸}}{c_{盐}} \tag{4-8}$$

$$-\lg c(H^+)=-\lg K_a^\ominus(HA)-\lg\frac{c_{酸}}{c_{盐}}$$

$$pH=pK_a^\ominus-\lg\frac{c_{酸}}{c_{盐}} \tag{4-8a}$$

这就是计算一元弱酸及其盐组成的缓冲溶液 H^+ 浓度及 pH 的通式。

同样，也可以推导出一元弱碱及其盐组成的缓冲溶液 pH 计算的通式。

$$c(OH^-)=x=\frac{K_b^\ominus c_{碱}}{c_{盐}}$$

$$pOH=-\lg K_b^\ominus-\lg\frac{c_{碱}}{c_{盐}}$$

$$pOH=pK_b^\ominus-\lg\frac{c_{碱}}{c_{盐}} \tag{4-8b}$$

除了弱酸-弱酸盐、弱碱-弱碱盐的混合溶液可作为缓冲溶液外，某些正盐和它的酸式盐（如 $NaHCO_3$-Na_2CO_3）、多元酸和它的酸式盐（如 H_2CO_3-$NaHCO_3$），或者同一种多元酸的两种酸式盐（如 KH_2PO_4-K_2HPO_4）也可以组成缓冲溶液，但必须明确在缓冲对中哪个作为酸，哪个作为盐，$K_a^\ominus$ 是缓冲体系中作为酸的解离常数，如 KH_2PO_4-K_2HPO_4 中，$H_2PO_4^-$ 作为酸，作为 HPO_4^{2-} 盐，$K_a^\ominus$ 是 $H_2PO_4^-$ 的酸常数，即 H_3PO_4 的二级解离常数。常用的缓冲溶液的配制方法可查阅有关手册。

4.3.2.4　缓冲溶液的缓冲容量*

一切缓冲溶液的缓冲能力都有一定的限度，为了定量地表示缓冲溶液缓冲能力的大小，提出“缓冲容量”的概念。能使每升缓冲溶液改变 1 个 pH 单位所需加入强酸或强碱的物质的量，叫做缓冲溶液的缓冲容量，Δ 为 1L 溶液中加入强酸或强碱的物质的量 β。

$$\beta=\frac{\Delta}{\Delta pH} \tag{4-9}$$

缓冲容量的大小决定于缓冲溶液的总浓度（$c_{酸}+c_{盐}$ 或 $c_{碱}+c_{盐}$）和缓冲组分的浓度比（$c_{酸}/c_{盐}$ 或 $c_{碱}/c_{盐}$），因此，可从这两个方面讨论。

① 缓冲组分的浓度比一定（如 $c_{酸}/c_{盐}=1$）时，缓冲容量与总浓度的关系。

【例 4-10】　浓度均为 0.1mol·L^{-1} 的 1L HAc 和 NaAc 混合溶液和浓度均为 0.01mol·L^{-1} 的 1L HAc 和 NaAc 混合溶液各加入 1mol·L^{-1} 的 HCl 1.0mL，试计算各溶液的缓冲容量。（已知 $K^\ominus(HAc)=1.8\times10^{-5}$）

解：(1) 由例 4-9，$\Delta pH=4.74-4.73=0.01$

$$\beta=\frac{\Delta}{\Delta pH}=\frac{0.001}{0.01}=0.1$$

(2) 在 0.01mol·L^{-1} 的 1L HAc 和 NaAc 混合溶液加入 1mol·L^{-1} 的 HCl 1.0mL 后

$$c(HAc)=0.01+0.001=0.011(mol\cdot L^{-1})$$

$$c(NaAc)=0.01-0.001=0.009(mol\cdot L^{-1})$$

$$pH=pK_a^\ominus-\lg\frac{c_{酸}}{c_{盐}}=4.74-\lg\frac{0.011}{0.009}=4.65$$

$$\Delta pH=4.74-4.65=0.09$$

$$\beta=\frac{\Delta}{\Delta pH}=\frac{0.001}{0.09}=0.01$$

计算结果表明，当组成缓冲溶液的酸和盐（或碱和盐）的浓度比一定时，其缓冲容量与溶液的浓度有关，抗酸成分（或抗碱成分）浓度越大，缓冲容量越大，抗酸（或抗碱）能力越强。具体地说，在 $c_{酸}/c_{盐}=1$ 的条件下，缓冲容量在数值上等于抗酸成分（Ac^-）或抗碱成分的浓度，如果外加的强酸（或强碱）物质的量超过 Ac^-（或 HAc）的浓度，溶液就会失去缓冲能力。

② 缓冲溶液的总浓度一定时，缓冲容量与缓冲组分浓度比有关系。

【例 4-11】 三份缓冲溶液，第一份含 0.1mol·L^{-1} HAc 和 0.1mol·L^{-1} NaAc，第二份含 0.15mol·L^{-1} HAc 和 0.05mol·L^{-1} NaAc，第三份含 0.05mol·L^{-1} HAc 和 0.15mol·L^{-1} NaAc，试计算各缓冲溶液的容量。

解：(1) $c(\mathrm{HAc}):c(\mathrm{NaAc})=1:1$

该溶液的缓冲容量 $\beta=0.1$（计算过程同上例）

(2) $c(\mathrm{HAc}):c(\mathrm{NaAc})=3:1$

$$c(\mathrm{HAc})=0.15+0.001=0.151(\mathrm{mol\cdot L^{-1}})$$

$$c(\mathrm{NaAc})=0.05-0.001=0.049(\mathrm{mol\cdot L^{-1}})$$

$$\mathrm{pH}=\mathrm{p}K_{\mathrm{a}}^{\ominus}-\lg\frac{c_{酸}}{c_{盐}}=4.74-\lg\frac{0.151}{0.049}=4.25$$

$$\Delta\mathrm{pH}=4.74-4.25=0.49$$

$$\beta=\frac{\Delta}{\Delta\mathrm{pH}}=\frac{0.001}{0.49}=0.002$$

(3) $c(\mathrm{HAc}):c(\mathrm{NaAc})=1:3$

$$c(\mathrm{HAc})=0.05+0.001=0.051(\mathrm{mol\cdot L^{-1}})$$

$$c(\mathrm{NaAc})=0.15-0.001=0.149(\mathrm{mol\cdot L^{-1}})$$

$$\mathrm{pH}=\mathrm{p}K_{\mathrm{a}}^{\ominus}-\lg\frac{c_{酸}}{c_{盐}}=4.74-\lg\frac{0.051}{0.149}=5.08$$

$$\Delta\mathrm{pH}=5.08-4.74=0.34$$

$$\beta=\frac{\Delta}{\Delta\mathrm{pH}}=\frac{0.001}{0.34}=0.003$$

计算结果表明，当组成缓冲溶液的弱酸和弱酸盐（或弱碱和弱碱盐）的总浓度一定时，如果弱酸和弱酸盐（或弱碱和弱碱盐）的浓度相等（1∶1），溶液的缓冲容量最大，抗酸或碱能力均最强；如果弱酸和弱酸盐（或弱碱和弱碱盐）的浓度不等（如 3∶1 或 1∶3），则溶液的缓冲容量都较小，而且弱酸和弱酸盐浓度相差越大，缓冲容量越小，其抗酸或抗碱能力越弱。

所以，常用的缓冲溶液，各组分的总浓度一般都大于 0.149mol·L^{-1}，其中抗酸和抗碱成分的浓度最好相等或大致相等。

4.3.2.5 缓冲溶液的选择和配制

(1) 选择缓冲溶液的注意点

① 所选择的缓冲溶液，不能参与体系的反应（和 H^+、OH^- 反应除外）。

② 缓冲溶液的 pH 值应在所要求的 pH 值范围内。

pH 值的范围为 $\mathrm{pH}=\mathrm{p}K_{\mathrm{a}}^{\ominus}\pm1$ 或 $\mathrm{pOH}=\mathrm{p}K_{\mathrm{b}}^{\ominus}\pm1$

缓冲溶液中 $c_{酸}/c_{盐}$ 的浓度变化是有限的，浓度太大可能无法溶解，浓度太小缓冲能力差，故 $c_{酸}/c_{盐}$ 的浓度比值在 0.1～10 范围内，通过对数，对 pH 值的影响在±1。

③ 为保证一定缓冲能力，浓度要适当大一些，一般在 0.1～1.0mol·L^{-1} 之间。药用缓冲溶液必须考虑是否有毒性。

(2) 在实际工作中有时需要某一 pH 值的缓冲溶液

其选择和配制的步骤如下：

根据 $$\mathrm{pH}=\mathrm{p}K_a^{\ominus}-\lg\frac{c_{酸}}{c_{盐}}$$

① 从上式可知，缓冲溶液的 pH 与溶液的 $\mathrm{p}K_a^{\ominus}$ 关系最大，其他浓度数据通过对数后，对 pH 的影响较小。故首先要选择适当的缓冲对，使其中弱酸的 $\mathrm{p}K_a^{\ominus}$ 与所要求的 pH 值相等或相近，这样可以保证缓冲溶液在总浓度一定时，具有最大的缓冲容量。因为当 $c_{酸}/c_{盐}=1$ 时，$\mathrm{pH}=\mathrm{p}K_a^{\ominus}$，溶液的缓冲容量最大。

② 如果 $\mathrm{p}K_a^{\ominus}$ 与 pH 不相等，需按要求的 pH 值利用式(4-8) 计算弱酸和弱酸盐的浓度比。

③ 根据实际需要选用适当的浓度和缓冲容量，并依此算出所需弱酸和弱酸盐的体积，配制成缓冲溶液。

④ 最后，用酸度计测定所配缓冲溶液的 pH 值。

在实际配制中，由于溶液浓度较大，离子氛作用强，导致分析浓度（实际加入浓度）和有效浓度有一定偏离，并不是完全根据计算求得的量加料，而通常根据 pH 计或 pH 试纸检测，凭操作人员的经验“边加边测”来调节。

4.3.2.6　一些重要的缓冲对

除弱酸和弱酸盐（或弱碱和弱碱盐）能组成缓冲溶液以外，一些两性物质也有缓冲能力，如：$NaHCO_3$、KH_2PO_4、K_2HPO_4、$Al(OH)_3$、氨基酸、蛋白质等。此外，较大体积高浓度的强酸、强碱溶液也有一定的缓冲能力。

4.3.2.7　缓冲溶液的应用

在化学上缓冲溶液的应用颇为广泛，如离子的分离、提纯以及分析检验，经常需要控制溶液的 pH。例如，欲除去镁盐中的杂质 Al^{3+}，可采用氢氧化物沉淀的方法。但因 $Al(OH)_3$ 具有两性，如果加入 OH^- 过多，不仅 $Al(OH)_3$ 会溶解，达不到分离的目的，而且 $Mg(OH)_2$ 也可能沉淀，造成损失；反之，若加入 OH^- 太少，则 Al^{3+} 沉淀不完全。这时，如采用 NH_3- NH_4Cl 的混合溶液作为缓冲溶液，保持溶液 pH 值在 9 左右，就能使 Al^{3+} 沉淀完全，而 Mg^{2+} 仍留在溶液中，达到分离的目的。

自然界特别是生物体内缓冲作用更是至关重要。如适合于大部分作物生长的土壤，其 pH 值在 5～8 的范围内，正是由于土壤中存在的多种弱酸以及相应的盐，维持了土壤的酸碱性，变化不大。人体内血液的 pH 值必须严格控制在 7.4 左右的一个很小的范围内，pH 值升高或降低较大时会引起“碱中毒”或“酸中毒”症。当 pH 值改变达到 0.4 时，将会有生命危险。维持血液中 pH 稳定的缓冲对有几种，其中属于无机物的有 H_2CO_3-HCO_3^- 及 $H_2PO_4^-$-HPO_4^{2-} 两种缓冲对。

4.4　盐类的水解

盐是酸碱中和的产物，但有些盐并不显中性，如 Na_2CO_3 俗称纯碱，Na_2S 俗称硫碱，在溶液中呈较强的碱性，在工业上作为碱使用，$ZnCl_2$ 或 $SnCl_4$ 常作为酸使用。但这些盐本身不含可解离的 H^+ 或 OH^-，那么怎么呈现酸性或碱性呢？

原来这些盐溶于水后，解离出的离子与水解离出的 H^+ 或 OH^- 结合生成弱电解质，破坏了水的解离平衡，使溶液中 H^+ 和 OH^- 浓度不再相等，从而使溶液呈现酸性或碱性。这种作用叫做盐的水解。水解中盐解离出的某些离子总是使水的解离平衡向右移动，更多的水分子被解离，故也可理解为水被盐“分解”。不过盐类的水解是酸碱中和反应的逆反应，并且产生的酸或碱都是弱的。

4.4.1 各类盐的水解

由强酸和强碱生成的盐，由于它们的离子不与水解离出的 H^+ 或 OH^- 结合生成弱电解质，不破坏水的解离平衡，即不水解，故它们的水溶液呈中性。由强酸和弱碱形成的盐，弱酸强碱盐形成的盐以及由弱酸和弱碱形成的盐，由于它们解离出的弱酸根离子、金属离子（或铵根离子）能与水解离出来的 H^+ 或 OH^- 结合生成弱电解质，故都有程度不等的水解。以下讨论后三种盐的水解。

4.4.1.1 弱酸强碱盐的水解

以 NaAc 为例，水解反应为：

$$
\begin{array}{c}
H_2O \rightleftharpoons H^+ + OH^- \\
+ \\
NaAc \longrightarrow Ac^- + Na^+ \\
\Big\Updownarrow \\
HAc
\end{array}
$$

NaAc 解离出的 Ac^- 和水解离出的 H^+ 结合生成弱电解质 HAc，减少了溶液中 H^+ 浓度，使水的解离平衡向右移动。当 Ac^- 的水解与水的解离同时建立平衡时，溶液中 $c(OH^-) > c(H^+)$，即 pH>7，因此溶液呈碱性。

Ac^- 的水解反应为

$$Ac^- + H—OH \rightleftharpoons HAc + OH^-$$

弱酸强碱盐水解的实质是酸根离子（阴离子）发生水解（见上式，把水“分解”），由于结合掉了水中的 H^+，溶液呈碱性。水解反应的标准平衡常数称为水解常数 $K_h^\ominus$，其表达式为

$$K_h^\ominus = \frac{c(HAc)c(OH^-)}{c(Ac^-)} = \frac{c(HAc)c(OH^-)}{c(Ac^-)} \times \frac{c(H^+)}{c(H^+)}$$

$$\frac{c(HAc)}{c(H^+)c(Ac^-)} \times c(H^+)c(OH^-) = \frac{K_w^\ominus}{K_a^\ominus} \tag{4-10}$$

水解常数是平衡常数的一种形式，可由它判断水解反应进行程度的大小。一定温度下，水解常数与酸解离常数 $K_a^\ominus$ 成反比，所以弱酸盐中的酸越弱，水解程度越大（见附录3）。大多数弱酸的 $K_a^\ominus > 10^{-9}$，所以多数情况下 $K_h^\ominus < 10^{-5}$，故弱酸强碱盐的水解反应虽然能进行，但一般程度不大。

盐类水解程度也可用水解度 h 来表示，水解度即水解反应的转化率。

$$h = \frac{\text{已水解的浓度}}{\text{盐的原始浓度}} \times 100\% \tag{4-11}$$

水解度 h、水解常数 $K_h^\ominus$ 和盐浓度 c 之间有一定关系，仍以 NaAc 为例：

	$Ac^- + H_2O \rightleftharpoons$	HAc	$+OH^-$
起始浓度 c_0	c_0	0	0
平衡浓度 c	$c_0(1-h)$	c_0h	c_0h

$$K_h^\ominus = \frac{c(HAc)c(OH^-)}{c(Ac^-)} = \frac{c_0h \cdot c_0h}{c_0(1-h)} = \frac{c_0h^2}{1-h}$$

若 $K_h^\ominus$ 较小，$1-h \approx 1$，$c \approx c_0$，则

$$K_h^\ominus = c_0h^2$$

$$h = \sqrt{\frac{K_h^\ominus}{c_0}} = \sqrt{\frac{K_w^\ominus}{K_a^\ominus c_0}} \tag{4-11a}$$

可见水解度除了与组成盐的弱酸的相对强弱有关外，还与盐的浓度有关。同一种盐，浓度越小，其水解程度越大。这类盐常见的有 NaAc、KCN、NaClO 等。

4.4.1.2　强酸弱碱盐的水解

由前面讨论可知，对于这种类型的盐实际上只是阳离子发生了水解。以为 NH_4^+ 例，水解反应为：

$$H_2O \rightleftharpoons H^+ + OH^-$$
$$+$$
$$NH_4Cl = Cl^- + NH_4^+$$
$$\Updownarrow$$
$$NH_3 \cdot H_2O$$

NH_4Cl 解离出的 NH_4^+ 和水解离出的 OH^- 结合生成弱电解质 $NH_3 \cdot H_2O$，减少了溶液中 OH^- 浓度，使水的解离平衡向右移动。当 NH_4^+ 的水解与水的解离同时建立平衡时，溶液中 $c(H^+) > c(OH^-)$，即 pH<7，因此溶液呈酸性。

NH_4^+ 的水解反应为

$$NH_4^+ + H{-}OH \rightleftharpoons NH_3 \cdot H_2O + H^+$$

强酸弱碱盐水解的实质是金属离子或铵根离子（阳离子）发生水解（见上式，把水“分解”），由于结合掉了水中的 OH^-，溶液呈酸性。水解反应的标准平衡常数称为水解常数 $K_h^\ominus$，与弱酸强碱盐同样处理，$K_h^\ominus$ 和水解度 h 分别为：

$$K_h^\ominus = \frac{K_w^\ominus}{K_b^\ominus}$$

$$h = \sqrt{\frac{K_w^\ominus}{K_b^\ominus c_0}} \qquad (4\text{-}11b)$$

这类盐常见的有 NH_4Cl、$Al_2(SO_4)_3$、$FeCl_3$ 等。

【例 4-12】 *计算 0.1mol·L^{-1} $(NH_4)_2SO_4$ 溶液的水解度 h 和溶液的 pH 值。*

解：$(NH_4)_2SO_4$ 为强酸弱碱盐，水解方程式为

$$NH_4^+ + H_2O \rightleftharpoons NH_3 \cdot H_2O + H^+$$

起始浓度 c_0/mol·L^{-1}	0.10×2	0	0
平衡浓度 c/mol·L^{-1}	0.20−x	x	x

$$K_h^\ominus = \frac{K_w^\ominus}{K_b^\ominus} = \frac{1.0\times10^{-14}}{1.8\times10^{-5}} = 5.6\times10^{-10}$$

$$K_h^\ominus = \frac{c(NH_3 \cdot H_2O)c(H^+)}{c(NH_4^+)} = \frac{x^2}{0.20-x}$$

由于 $K_h^\ominus$ 很小，可近似计算，$0.20-x \approx 0.20$

$$x = \sqrt{K_h^\ominus \times 0.20} = \sqrt{5.6\times10^{-10}\times0.20} = 1.1\times10^{-5}$$

$$c(H^+) = 1.1\times10^{-5}\ \mathrm{mol \cdot L^{-1}}$$

$$h = \frac{c(H^+)}{c_0}\times100\% = \frac{1.1\times10^{-5}}{0.20}\times100\% = 5.5\times10^{-3}\%$$

$$pH = -\lg c(H^+) = -\lg(1.1\times10^{-5}) = 4.96$$

4.4.1.3　弱酸弱碱盐的水解

弱酸弱碱盐溶于水时，它的阴离子和阳离子都发生水解，以 NH_4Ac 为例：

$$H_2O \rightleftharpoons H^+ + OH^-$$

$$\begin{array}{ccccc} NH_4Ac & \rightleftharpoons & Ac^- & + & NH_4^+ \\ & & + & & + \\ & & H_2O & \rightleftharpoons & OH^- + H^+ \\ & & \updownarrow & & \updownarrow \\ & & HAc & & NH_3 \cdot H_2O \end{array}$$

NH_4Ac解离出的NH_4^+与水解离出的OH^-结合生成弱碱$NH_3 \cdot H_2O$，而Ac^-与水解离出的H^+结合生成弱酸HAc，由于H^+和OH^-都在减少，水的解离平衡更向右移，故弱酸弱碱的水解程度较弱酸强碱盐或强酸弱碱盐大得多。

虽然弱电解质的阴、阳离子均发生水解，但其水解程度一般是不同的，要看弱酸和弱碱的相对强弱（比较$K_a^\ominus$和$K_b^\ominus$值）。弱酸和弱碱越弱即越难解离，其逆反应与水解离出的H^+或OH^-结合成弱电解质就越容易，结合耗去的H^+或OH^-就越多，若酸相对较强，酸根水解较小，溶液显酸性；若碱相对较强，阳离子水解较小，溶液显碱性。如NH_4CN中，$K_a^\ominus < K_b^\ominus$，溶液显碱性。

NH_4Ac的水解方程式为

$$Ac^- + NH_4^+ + H{-}OH \rightleftharpoons NH_3 \cdot H_2O + HAc$$

其水解常数$K_h^\ominus$式推导如下

$$K_h^\ominus = \frac{c(HAc)c(NH_3 \cdot H_2O)}{c(Ac^-)c(NH_4^+)} = \frac{c(HAc)c(NH_3 \cdot H_2O)}{c(Ac^-)c(NH_4^+)} \times \frac{c(H^+)c(OH^-)}{c(H^+)c(OH^-)}$$

$$\frac{c(HAc)}{c(H^+)c(Ac^-)} \times \frac{c(NH_3 \cdot H_2O)}{c(OH^-)c(NH_4^+)} = \frac{K_w^\ominus}{K_a^\ominus K_b^\ominus}$$

可推导（本课程并不要求）得：$c(H^+) = \sqrt{\dfrac{K_a^\ominus K_w^\ominus}{K_b^\ominus}}$　　(4-12)

由此可见，弱酸弱碱盐的水解常数比弱酸强碱盐或强酸弱碱盐大得多（因$K_a^\ominus$和$K_b^\ominus$都是很小的值）。弱酸弱碱盐溶液的酸碱性取决于生成的弱酸、弱碱的相对强弱。如果弱酸、弱碱的解离常数$K_a^\ominus$与$K_b^\ominus$近于相等，则溶液接近于中性，如NH_4Ac；若$K_a^\ominus < K_b^\ominus$，溶液呈碱性；若$K_a^\ominus > K_b^\ominus$，溶液呈酸性。在浓度不太低时，溶液的酸碱性与浓度无关。弱酸弱碱盐虽然水解程度大，但溶液的酸性或碱性不一定强，因为两者水解对酸碱性的影响相互抵消掉一部分。

4.4.1.4　多元弱酸盐的水解

与多元弱酸解离时分步解离一样，多元弱酸盐的水解也是分步水解的。以二元弱酸盐Na_2S为例：

第一步水解

$$S^{2-} + H_2O \rightleftharpoons HS^- + OH^-$$

$$K_{h_1}^\ominus = \frac{c(HS^-)c(OH^-)}{c(S^{2-})} \times \frac{c(H^+)}{c(H^+)} = \frac{K_w^\ominus}{K_{H_2S(2)}^\ominus}$$

第二步水解

$$HS^- + H_2O \rightleftharpoons H_2S + OH^-$$

$$K_{h_2}^\ominus = \frac{c(H_2S)c(OH^-)}{c(HS^-)} \times \frac{c(H^+)}{c(H^+)} = \frac{K_w^\ominus}{K_{H_2S(1)}^\ominus}$$

由于$K_{a_2}^\ominus \ll K_{a_1}^\ominus$，则$K_{h_1}^\ominus \gg K_{h_2}^\ominus$。可见多元弱酸盐的水解以第一步水解为主，在计算溶液酸碱性时，可按一元弱酸盐处理。

除了碱金属及部分碱土金属外，几乎所有的金属阳离子都会发生不同程度的水解，非一

价金属阳离子的水解也是分步进行的。如 Fe^{3+} 的水解可表示为

$$Fe^{3+} + H_2O \rightleftharpoons Fe(OH)^{2+} + H^+$$

$$Fe(OH)^{2+} + H_2O \rightleftharpoons Fe(OH)_2^+ + H^+$$

$$Fe(OH)_2^+ + H_2O \rightleftharpoons Fe(OH)_3 + H^+$$

并非所有多价金属离子的盐水解到最后一步才会析出沉淀，有时一级或二级水解即析出沉淀。此外，在水解反应的同时，还有聚合和脱水作用发生，因此水解产物也并非都是氢氧化物，所以多元弱碱盐的水解要比多元弱酸盐复杂得多。

【例4-13】 求 0.1mol·L^{-1} 的 Na_2CO_3 溶液的 $c(OH^-)$。已知 H_2CO_3 的 $K_{a_1}^{\ominus}=4.5\times10^{-7}$，$K_{a_2}^{\ominus}=4.7\times10^{-11}$。

解：水解分两步进行，但第一步水解远远大于第二步水解，计算水解出的 $c(OH^-)$，仅计算第一步水解已足够。

$$CO_3^{2-} + H_2O \rightleftharpoons HCO_3^- + OH^-$$

$$c(OH^-)=\sqrt{c(CO_3^{2-})K_{h_1}^{\ominus}}=\sqrt{\frac{c(CO_3^{2-})K_w^{\ominus}}{K_{a_2}^{\ominus}}}=\sqrt{\frac{0.1\times10^{-14}}{4.7\times10^{-11}}}=4.6\times10^{-3}(mol\cdot L^{-1})$$

4.4.2　影响水解平衡的因素

由于盐类水解现象广泛存在，故不论化工生产及实验室工作都会经常碰到，但不管是利用还是防止盐类水解的发生，都是根据平衡移动的原理进行的，下面结合实例来讨论。

4.4.2.1　加入酸或碱

由于水解的结果将生成 H^+ 或 OH^-，所以加入酸或碱可以抑制或促进水解。例如实验室配制 $SnCl_2$ 及 $FeCl_3$ 溶液，由于强酸弱碱盐水解而得到浑浊溶液：

$$Sn^{2+} + 2H_2O \rightleftharpoons Sn(OH)_2\downarrow + 2H^+$$

实际操作时上述溶液不是用水而是用盐酸溶液配制的，以防止水解产生沉淀。同样原因，检验 Fe^{3+} 用的 NH_4SCN 溶液在配制时也要加入少量盐酸，否则就会出现溶液遇到 Fe^{3+} 不出现血红色的“反常”现象。然而在无机盐提纯时为了除去少量混入的铁盐杂质，一般是加入少量 $KMnO_4$ 将 Fe(Ⅱ) 氧化成 Fe(Ⅲ)，然后利用后者的强烈水解倾向，把溶液 pH 值调到大于 6，使形成 $Fe(OH)_3$ 沉淀分离除去。

在配制 $Na_2S_2O_3$ 溶液时，为了防止水解生成 $H_2S_2O_3$ 而分解析出 S 沉淀，往往要加入少量碱。

4.4.2.2　改变溶液浓度

稀释溶液时相当于加入了反应物 H_2O，将使平衡向水解的方向进行。例如在制备 $Fe(OH)_3$ 溶胶时，把 20% 的 $FeCl_3$ 溶液滴加到沸腾的蒸馏水中，以便溶液足够稀，保证能充分水解。

4.4.2.3　温度

水解是中和反应的逆反应，中和是一个放热反应，故加热有利于水解的进行。上例 $Fe(OH)_3$ 溶胶的制备中所以要把蒸馏水加热至沸，也就是为充分水解创造条件。

4.4.3　盐类水解的应用

许多金属氢氧化物的溶解度都很小，当相应的盐溶于水时，由于水解作用会析出氢氧化物而出现浑浊。如 $Al_2(SO_4)_3$，$FeCl_3$ 水解后产生胶状氢氧化物，具有很强的吸附作用，可用作净水剂。有些盐如 $SnCl_2$，$SbCl_3$，$Bi(NO_3)_3$，$TiCl_4$ 等，水解产生大量的沉淀，生产上可利用这种作用来制备有关的化合物。例如，TiO_2 的制备反应如下：

$$\underset{\text{无色液体}}{TiCl_4} + H_2O \rightleftharpoons \underset{\text{黄绿色}}{TiOCl_2}\downarrow + 2HCl$$

$$TiOCl_2+(x+1)H_2O(\text{过量})\rightleftharpoons TiO_2\cdot xH_2O+2HCl$$

操作时加入大量的水（增加反应物），同时进行蒸发，赶出 HCl（减少生成物），促使水解平衡彻底向右移动，得到水合二氧化钛，再经焙烧即得无水 TiO_2。

有时为了配制溶液或制备纯的产品，需要抑制水解。例如，实验室配制 $SbCl_3$ 溶液时，实际上是用一定浓度的 HCl 来配制的，否则，因水解析出难溶的水解产物后，即使再加酸，也难得到清澈的溶液：

$$SbCl_3+H_2O\rightleftharpoons SbOCl\downarrow+2HCl$$

又如，Fe^{3+}、Al^{3+}、Bi^{3+}、Zn^{2+}、Cu^{2+} 等易水解的盐类，在制备过程中，也需加入一定浓度的相应酸，保持溶液有足够的酸度，以免水解产物混入，而使产品不纯。

4.5 酸碱质子理论

阿仑尼乌斯酸碱理论仅适用于水溶液，对于氨这个碱，阿仑尼乌斯酸碱理论不能说明。随着科学的发展，人们对酸碱的性质、组成和结构的认识不断深入，提出了不同的酸碱理论，如离解理论、溶剂理论、质子理论、电子理论以及软硬酸碱原则等。本章前面讨论的都是基于酸的离解理论。下面对酸碱的质子理论做简单介绍。

4.5.1 酸碱的定义

酸碱质子理论由丹麦化学家布朗斯特德（BrΦnsted J N）和英国化学家劳瑞（Lowry T M）于 1923 年分别提出。质子理论认为凡能给出质子的物质都是酸，凡能接受质子的物质都是碱。按此定义，酸又叫质子酸或布朗斯特德酸，碱又叫质子碱或布朗斯特德碱。

质子酸可以是分子、阳离子或阴离子。分子酸如 HCl，H_2SO_4，H_3PO_4，CH_3COOH，H_2S 等；阴离子酸如 HCO_3^-，HSO_4^-，HS^-，$H_2PO_4^-$，HPO_4^{2-} 等；阳离子酸如 NH_4^+，$[Cu(H_2O)_4]^{2+}$，$[Al(H_2O)_6]^{3+}$，$[Fe(H_2O)_6]^{3+}$ 等，它们都能给出质子。例如：

$$H_2SO_4\longrightarrow HSO_4^-+H^+$$

$$HSO_4^-\longrightarrow SO_4^{2-}+H^+$$

$$NH_4^+\longrightarrow NH_3+H^+$$

$$[Cu(H_2O)_4]^{2+}\longrightarrow[Cu(H_2O)_3(OH)]^++H^+$$

质子碱也可以是分子、阳离子或阴离子。分子碱如 NH_3，CH_3NH_2；阴离子碱如 OH^-，HS^-，NH_2^-，CO_3^{2-}，HCO_3^-，HSO_4^-，HPO_4^-，PO_4^{3-} 等；阳离子碱如 $[Cu(H_2O)_3(OH)]^+$，$[Fe(H_2O)_4(OH)_2]^+$ 等，它们都能接受质子。例如：

$$NH_3+H^+\longrightarrow NH_4^+$$

$$CO_3^{2-}+H^+\longrightarrow HCO_3^-$$

$$[Cu(H_2O)_3(OH)]^++H^+\longrightarrow[Cu(H_2O)_4]^{2+}$$

其中如 HSO_4^-，HS^-，$H_2PO_4^-$，HCO_3^- 等既能作为酸提供质子，也能作为碱接受质子，它们为酸碱两性物质。人们熟知的 H_2O 也是一种两性物质。

4.5.2 酸碱共轭关系

根据质子理论，酸给出质子后剩余的部分就称为碱，因为它具有接受质子的能力；碱接受质子后就变成了酸。此即谓“酸中有碱，碱能变酸”。这种酸和碱的相互依存关系称为酸碱共轭关系。

表 4-4 中左边的酸是右边碱的共轭酸，而右边的碱则是左边酸的共轭碱。左边的酸和右边的碱称为共轭酸碱对。

4.5.3　酸碱的强弱

酸给出质子的能力越强，其酸性越强；碱接受质子的能力越强，其碱性越强。酸性强的酸给出质子后，其对应碱接受质子的能力就相对较弱，换句话说，强酸所对应的共轭碱为弱碱；碱性越强的碱，其共轭酸的酸性就越弱。表 4-4 列出了常见的共轭酸碱对以及它们酸、碱性的强弱变化。

表 4-4　常见的酸碱共轭对

共轭酸（↑共轭酸酸性增加）	共轭碱（↓共轭碱碱性增加）
$HClO_4$	ClO_4^-
H_2SO_4	HSO_4^-
HCl	Cl^-
HNO_3	NO_3^-
H_3O^+	H_2O
HSO_4^-	SO_4^{2-}
H_3PO_4	$H_2PO_4^-$
HF	F^-
HNO_2	NO_2^-
HAc	Ac^-
H_2CO_3	HCO_3^-
$H_2PO_4^-$	HPO_4^{2-}
H_2S	HS^-
NH_4^+	NH_3
HCN	CN^-
HCO_3^-	CO_3^{2-}
HPO_4^{2-}	PO_4^{3-}
HS^-	S^{2-}
H_2O	HO^-
NH_3	NH_2^-

4.5.4　酸碱反应

上面提到的酸碱共轭关系，只有在酸（或碱）与其他的碱（或酸）作用时，才能体现出来。例如：

$$\underset{酸(1)}{HCl} + \underset{碱(2)}{NH_3} \longrightarrow \underset{酸(2)}{NH_4^+} + \underset{碱(1)}{Cl^-}$$

HCl 能给出质子是一质子酸，NH_3 接受质子是碱。当 HCl 与 NH_3 作用时，HCl 把质子传递给了 NH_3，本身就变成了相应的共轭碱 Cl^-；NH_3 接受了一个质子变成了相应的共轭酸 NH_4^+。可见在质子理论中，酸碱反应的实质就是质子的传递，即质子由酸传递给了碱。上面式子中左右两边各有一酸一碱，判断反应究竟向何方进行，总的原则是较强的酸和较强的碱反应，生成较弱的酸和较弱的碱。表 4-4 可以帮助我们判断反应进行的方向。例如，HCl 与 NH_4^+ 相比是较强的酸，NH_3 与 Cl^- 相比是较强的碱，因此该反应为强酸 HCl 与较强碱 NH_3 作用，生成弱酸 NH_4^+ 和更弱碱 Cl^-。

碱质子理论扩大了酸碱的范围，但它只限于质子的给予和接受，对于无质子参加的酸碱反应不能解释，因此质子理论仍具有局限性。

4.6 沉淀溶解平衡

沉淀反应是无机化学中极为普遍的一种反应。在无机化工的生产和科学实验中，原料溶解后才能在搅拌下快速反应，所需产物和副产物一般应分别在沉淀相中和溶液中，这样才能分离得到产物。故沉淀反应经常用来制备、分离和提纯物质。而有时又要防止沉淀的生成。本节就这方面的基本原理和规律做详细的讨论。

4.6.1 沉淀溶解平衡与溶度积

任何电解质在水中总能溶解一些，所谓不溶或难溶于水的电解质是指其溶解度小于0.01g/100gH_2O。虽然溶解的物质的量很少，如 $BaSO_4$ 的溶解度是 0.00024g/100gH_2O，但其中的沉淀溶解平衡原理在工业中常被用来制备、分离和提纯物质。

4.6.1.1 溶度积

在一定温度下，把足够量难溶电解质如 $BaSO_4$ 的固体放入水中，$BaSO_4$ 中 Ba^{2+} 和 SO_4^{2-} 在强极性的水分子作用下进入溶液，同时溶液中的 Ba^{2+} 和 SO_4^{2-} 也有碰到 $BaSO_4$ 固体重新沉淀的概率。当溶解和沉淀（结晶）速率达到相等时就达到了沉淀溶解平衡，这时的溶液是饱和溶液。见图 4-2。

图 4-2　$BaSO_4$ 的溶解和沉淀过程

$$BaSO_4(s) \underset{沉淀}{\overset{溶解}{\rightleftharpoons}} Ba^{2+}(aq) + SO_4^{2-}(aq)$$

化学平衡原理用于上述沉淀溶解平衡，得到化学平衡表达式如下：

$$K_{sp}^{\ominus} = c(Ba^{2+})c(SO_4^{2-})$$

反应物 $BaSO_4$ 是纯固体，按规定它的浓度不写在平衡关系式中。这种平衡是多相平衡，是水合离子和它的固体化合物之间建立起来的平衡，叫做沉淀溶解平衡。其平衡常数叫做溶度积常数，简称溶度积。

对于一般溶解沉淀平衡：

$$A_nB_m(s) \rightleftharpoons nA^{m+}(aq) + mB^{n-}(aq)$$

溶度积的表达式简写为

$$K_{sp}^{\ominus}(A_nB_m) = \{c(A^{m+})\}^n\{c(B^{n-})\}^m \tag{4-13}$$

例如：

$$Mg(OH)_2(s) \rightleftharpoons Mg^{2+}(aq) + 2OH^-(aq)$$

$$K_{sp}^{\ominus}[Mg(OH)_2] = c(Mg^{2+})\{c(OH^-)\}^2$$

① $K_{sp}^{\ominus}$ 的大小，是难溶电解质本性的常数，与浓度无关。

② $K_{sp}^{\ominus}$ 大小，表明了难溶电解质溶解的难易。

③ 溶度积表达式中的有关浓度为饱和浓度。

④ 因为在水溶液中，温度变化有限，一般不考虑温度对 $K_{sp}^{\ominus}$ 的影响。

与其他平衡常数一样，$K_{sp}^{\ominus}$ 的数值既可由实验测定，也可以热力学数据来计算。书后附录 4 有常见难溶电解质的溶度积常数。

4.6.1.2 溶度积和溶解度

溶度积和溶解度都可表示物质的溶解能力，但不同难溶电解质溶解度数据和溶度积数据大小不完全平行，但可以换算（在换算时要注意，溶解度应以物质的量浓度的单位为单位，即单位为 mol·L^{-1}）。另外，溶解度受溶液中其他物质的影响，而溶度积不受环境影响，更本质地反映了该物质的溶解能力。

【例 4-14】 已知 298.15K 时 $K_{sp}^{\ominus}(AgBr)=5.3\times10^{-13}$，$K_{sp}^{\ominus}(BaCrO_4)=1.2\times10^{-10}$，求各自的溶解度。

解：设 AgBr 和 $BaCrO_4$ 的溶解度分别为 S_1，S_2(mol·L^{-1})，则由

$$AgBr(s) \rightleftharpoons Ag^+(aq) + Br^-(aq)$$

可知：$c(Ag^+)=c(Br^-)=S_1(mol\cdot L^{-1})$，根据溶度积表达式：

$$K_{sp}^{\ominus}(AgBr)=c(Ag^+)c(Br^-)=S_1^2$$

$$S_1=\sqrt{K_{sp}^{\ominus}(AgBr)}=\sqrt{5.3\times10^{-13}}$$

$$=7.3\times10^{-7}(mol\cdot L^{-1})$$

$$BaCrO_4(s) \rightleftharpoons Ba^{2+}(aq) + CrO_4^{2-}(aq)$$

同理

$$K_{sp}^{\ominus}(BaCrO_4)=c(Ba^{2+})c(CrO_4^{2-})=S_2^2$$

$$S_2=\sqrt{K_{sp}^{\ominus}(BaCrO_4)}=\sqrt{1.2\times10^{-10}}$$

$$=1.1\times10^{-5}(mol\cdot L^{-1})$$

【例 4-15】 已知 298.15K 时 $K_{sp}^{\ominus}(AgCl)=1.8\times10^{-10}$，$K_{sp}^{\ominus}(Ag_2CrO_4)=1.1\times10^{-12}$，求各自的溶解度。

解：设 AgCl 和 Ag_2CrO_4 的溶解度分别为 S_1，S_2(mol·L^{-1})，则由

$$AgCl(s) \rightleftharpoons Ag^+(aq) + Cl^-(aq)$$

可知：$c(Ag^+)=c(Cl^-)=S_1(mol\cdot L^{-1})$，根据溶度积表达式：

$$K_{sp}^{\ominus}(AgCl)=c(Ag^+)c(Cl^-)=S_1^2$$

$$S_1=\sqrt{K_{sp}^{\ominus}(AgCl)}=\sqrt{1.8\times10^{-10}}$$

$$=1.34\times10^{-5}\ (mol\cdot L^{-1})$$

$$Ag_2CrO_4(s) \rightleftharpoons 2Ag^+(aq) + CrO_4^{2-}(aq)$$

平衡浓度/mol·L^{-1}　　$2S_2$　　S_2

$$K_{sp}^{\ominus}(Ag_2CrO_4)=\{c(Ag^+)\}^2c(CrO_4^{2-})=(2S_2)^2\cdot S_2=4S_2^3$$

$$S_2=\sqrt[3]{\frac{K_{sp}^{\ominus}(Ag_2CrO_4)}{4}}=6.5\times10^{-5}\,mol\cdot L^{-1}$$

由上两例题可知，对于同一类型的难溶电解质，可以通过溶度积的大小来比较它们的溶解度大小。例如，均属 AB 型的难溶电解质 AgCl、$BaSO_4$ 和 $CaCO_3$ 等，在相同温度下，溶度积越大，溶解度也越大；反之亦然。但对不同类型的难溶电解质，则不能认为溶度积小的溶解度也一定小，因溶解度与溶度积是不同的概念，要通过计算来比较溶解度大小。

一般类型难溶电解质 A_nB_m 溶度积 $K_{sp}^{\ominus}$ 与溶解度 S（以 mol·L^{-1} 为单位）的关系如下

$$A_nB_m(s) \rightleftharpoons nA^{m+}(aq) + mB^{n-}(aq)$$

$c_{平衡}$　　nS　　mS

$$K_{sp}^{\ominus}(A_nB_m)=\{c(A^{m+})\}^n\{c(B^{n-})\}^m=(nS)^n(mS)^m=m^mn^nS^{(m+n)}$$

$$s=\sqrt[m+n]{\frac{K_{sp}^{\ominus}}{m^mn^n}} \tag{4-14}$$

对于 AB 型难溶盐，$m=n=1$，公式就变为

$$s=\sqrt{K_{sp}^{\ominus}} \tag{4-14a}$$

对于 AB_2 或 A_2B 型难溶盐，$n=1$，$m=2$ 或 $n=2$，$m=1$，公式就变为

$$s=\sqrt[3]{\frac{K_{sp}^{\ominus}}{4}} \tag{4-14b}$$

4.6.2 溶度积规律及其应用

4.6.2.1 溶度积规则

难溶电解质的沉淀-溶解平衡与其他平衡一样，也是一种动态平衡。如果改变平衡条件，可以使沉淀向着溶解的方向移动，即沉淀溶解；也可以使平衡向着沉淀的方向移动，即沉淀析出。

对于难溶电解质的有关离子浓度幂的乘积（以 J 表示）为：

$$J=\{c(A^{m+})\}^n\{c(B^{n-})\}^m$$

式中 $c(A^{m+})$、$c(B^{n-})$ 分别为在任意时候 A^{m+} 和 B^{n-} 的浓度。

在沉淀反应中，根据溶度积的概念和平衡移动原理，将溶液中构成难溶电解质的有关离子浓度幂的乘积与该温度下的难溶电解质的溶度积比较，可以推断：

当 $J>K_{sp}^{\ominus}$ 时，沉淀从溶液中析出，直至溶液达到饱和；

当 $J=K_{sp}^{\ominus}$ 时，溶液饱和，处于平衡状态；

当 $J<K_{sp}^{\ominus}$ 时，溶液未饱和，无沉淀析出，若有沉淀，会溶解，直至饱和。

此原则为溶度积规则，它是判断沉淀生成或溶解的依据。从溶度积规则可以看出，沉淀的生成与溶解之间的转化关键在于构成难溶电解质的有关离子浓度，我们可以通过控制这些有关的离子浓度，设法使反应向我们希望的方向进行。

(1) 沉淀的生成 根据溶度积规则，加入沉淀剂只要使溶液中离子积 $J_i>K_{sp}^{\ominus}$，沉淀即生成。而加入形成沉淀的阴、阳离子的比例，并不一定要按分子式中离子的比例关系，是任意的。这样，在阴、阳离子按化学方程式比例生成沉淀后留下的难溶电解质的饱和溶液中，阴、阳离子的浓度当然不按其沉淀分子式的比例存在，但 $J_i=K_{sp}^{\ominus}$ 的关系依然存在，故阴、阳离子的浓度之间关系是此消彼长的。

【例 4-16】 将 100mL 浓度为 $0.0030mol\cdot L^{-1}$ 的 $Pb(NO_3)_2$ 溶液与 400mL 浓度为 $0.040mol\cdot L^{-1}$ 的 Na_2SO_4 混合，问能否生成 $PbSO_4$ 沉淀。[$K_{sp}^{\ominus}(PbSO_4)=1.06\times10^{-8}$]

解：混合后，$V=100+400=500$ (mL)

$$c(Pb^{2+})=0.1\times0.003/0.5=6.0\times10^{-4}(mol\cdot L^{-1})$$

$$c(SO_4^{2-})=0.4\times0.04/0.5=3.2\times10^{-2}(mol\cdot L^{-1})$$

$$J_i=c(Pb^{2+})c(SO_4^{2-})=6.0\times10^{-4}\times3.2\times10^{-2}$$

$$=1.9\times10^{-5}>K_{sp}^{\ominus}(PbSO_4)$$

有 $PbSO_4$ 沉淀生成。

实际上，两种能结合生成沉淀的离子达到溶度积后，若体系无结晶中心即晶核的存在，沉淀也不能生成，而将形成过饱和溶液。若向过饱和溶液中引入非常微小的晶体，甚至于灰尘微粒作为晶核，或用玻璃棒摩擦容器壁，则会立刻析出晶体。另外，当生成沉淀量很少时，人的肉眼有时也观察不到，这时要借用指示剂或仪器（如分光光度计或电导率仪等）来分辨。

(2) 沉淀的完全程度 用沉淀反应制备产品或分离杂质时，沉淀完全与否是人们最关心的问题。由于溶液中沉淀溶解平衡总是存在的，一定温度下 $K_{sp}^{\ominus}$ 为常数，故溶液中没有哪一种离子浓度会等于零。换句话说，没有一种沉淀反应是绝对完全的。通常认为残留在溶液中的离子浓度小于 $1.0\times10^{-5}mol\cdot L^{-1}$ 时，沉淀就达完全，即该离子被认为已除尽（这种规定仅限于除去某离子，在后续的其他计算中如电极电势，配合物中其浓度不能算 0，按实际数值计）。

(3) 同离子效应 在难溶电解质的溶解沉淀平衡中，加入含有与难溶电解质有相同离子的易溶强电解质时，会使溶解沉淀平衡向左移动，该难溶电解质的溶度积 $K_{sp}^{\ominus}$ 不变，但纯粹由该难溶电解质溶解出的物质的量减小，即溶解度减小，这种现象叫同离子现象。

如 AgCl 饱和溶液中加入 NaCl 固体

$$AgCl(s) \rightleftharpoons Ag^+(aq) + Cl^-(aq)$$

$$NaCl \rightleftharpoons Na^+(aq) + Cl^-(aq)$$

Cl^- 的加入使 AgCl 的沉淀溶解平衡向左移动，致使 AgCl 的溶解度减小。

【例 4-17】 分别求 298.15K 时 AgCl 在纯水中和在 $0.1mol \cdot L^{-1}$ NaCl 溶液中的溶解度。已知 $K_{sp}^{\ominus}(AgCl) = 1.8 \times 10^{-10}$。

解：(1) 设 AgCl 在纯水中的溶解度分别为 $S_1(mol \cdot L^{-1})$，则由

$$AgCl(s) \rightleftharpoons Ag^+(aq) + Cl^-(aq)$$

可知 $c(Ag^+) = c(Cl^-) = S_1(mol \cdot L^{-1})$，根据溶度积表达式：

$$K_{sp}^{\ominus}(AgCl) = c(Ag^+)c(Cl^-) = S_1^2$$

$$S_1 = \sqrt{K_{sp}^{\ominus}(AgCl)} = \sqrt{1.8 \times 10^{-10}}$$

$$= 1.34 \times 10^{-5}(mol \cdot L^{-1})$$

(2) 设 AgCl 在 $0.1mol \cdot L^{-1}$ NaCl 溶液中的溶解度为 $S_2(mol \cdot L^{-1})$，则

$$AgCl(s) \rightleftharpoons Ag^+(aq) + Cl^-(aq)$$

平衡浓度/$mol \cdot L^{-1}$　　　S_2　　$S_2 + 0.1$

代入溶度积表达式中　$S_2(S_2 + 0.1) = K_{sp}^{\ominus}(AgCl) = 1.8 \times 10^{-10}$

由于 AgCl 溶解度很小，$S_2 + 0.1 \approx 0.1$，所以

$$S_2 = 1.8 \times 10^{-9} mol \cdot L^{-1}$$

$S_1/S_2 = 1.34 \times 10^{-5}/1.8 \times 10^{-9} = 7444$ 倍，可见同离子效应的影响有多大。

(4) 盐效应　从上例中可知，溶液中 $c(Cl^-)$ 和 $c(Ag^+)$ 是此消彼长的关系。NaCl 的浓度越大，AgCl 的溶解度越小。但实际情况并非如此。实验证明，当含有其他易溶强电解质（无同离子）时，难溶电解质的溶解度比在纯水中的要大。如 $BaSO_4$ 和 AgCl 在 KNO_3 溶液中的溶解度都大于在纯水中的，而且 KNO_3 的浓度越大，其溶解度越大。这种由于加入易溶强电解质而使难溶电解质溶解度增大的效应称为盐效应。从图 4-3 可以看出，无论 $BaSO_4$ 或 AgCl 在 KNO_3 存在下的溶解度都比在水中大。

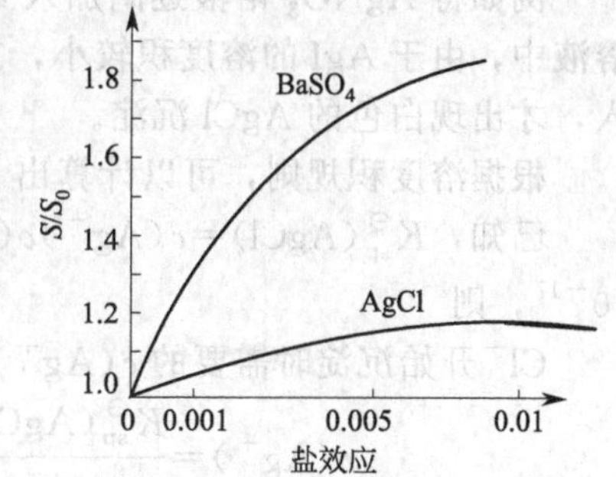

图 4-3　盐效应对 $BaSO_4$ 和 AgCl 溶解度的影响

产生盐效应的原因是由于易溶强电解质的存在，使溶液中阴、阳离子的浓度大大增加，离子间的相互吸引和相互牵制的作用加强，妨碍了离子的自由运动，使离子的有效浓度减小，因而沉淀速率变慢。这就破坏了原来的沉淀溶解平衡，使平衡向溶解方向移动。当建立起新的平衡时溶解度必有所增加。盐效应使溶解度增加，但该难溶盐的溶度积常数不变，因为溶度积公式中有关离子的浓度应是有效浓度，加入易溶强电解质使原离子有效浓度降低，为了使离子积重新达到溶度积常数，需要再溶解一部分。上一节弱电解质解离也有盐效应。

不难理解，在沉淀操作中利用同离子效应的同时也存在盐效应。故应注意所加沉淀剂不要量太多，否则由于盐效应反而会使溶解度增大。表 4-5 列出了 $PbSO_4$ 在 Na_2SO_4 溶液中的溶解度。

从表 4-5 中看出，当 Na_2SO_4 浓度由零增加到 $0.04mol \cdot L^{-1}$ 时，$PbSO_4$ 溶解度不断降

低，此时，同离子效应应起主导作用。但当 Na_2SO_4 浓度超过 $0.04mol \cdot L^{-1}$ 时，溶解度又有所增加，说明此时盐效应的作用已很明显。在实际工作中，沉淀剂的用量一般以过量20%～50%为宜。表 4-5 的数据还表明在沉淀剂过量不多时同离子效应对难溶电解质溶解度的影响远大于盐效应。因此，在有同离子效应的计算中，忽略盐效应所引起的误差不大，对于近似计算来说是允许的。

表 4-5　$PbSO_4$ 在 Na_2SO_4 溶液中的溶解度

$c(Na_2SO_4)/mol \cdot L^{-1}$	0	0.001	0.01	0.02	0.04	0.10	0.20
$c(PbSO_4)/10^{-5}mol \cdot L^{-1}$	15	2.4	1.6	1.4	1.3	1.5	2.3

盐效应实际上普遍存在。在无机试剂的制备中，若在浓溶液中使杂质沉淀，往往得不到预期效果。例如，在硝酸盐溶液中以 Ba^{2+} 沉淀 SO_4^{2-} 时，留在溶液中的 Ba^{2+} 及 SO_4^{2-} 的浓度之积远远超过 $BaSO_4$ 的溶度积。

过量的沉淀剂除了产生盐效应外，有时还会与沉淀发生化学反应，导致沉淀的溶解度增大甚至完全溶解。例如，在沉淀 Ag^+ 时，加入过量的 Cl^- 会因生成 $[AgCl_2]^-$ 配离子，使 AgCl 溶解度增大；在沉淀 Hg^{2+} 时，加入过量 I^- 会因生成无色 $[HgI_4]^{2-}$ 配离子而使红色的 HgI_2 沉淀溶解。又如，在 $Ca(OH)_2$ 的饱和溶液中通入 CO_2 有 $CaCO_3$ 沉淀生成，若继续通入 CO_2，则因生成可溶性酸式盐 $Ca(HCO_3)_2$，反而会出现沉淀重新溶解的现象。

4.6.2.2　分步沉淀

前面所讨论的沉淀反应都是加入一种试剂只能使一种离子生成沉淀的情况。实际工作中，溶液中往往会同时含有多种离子，当加入某种沉淀剂时，这些离子都有可能与沉淀剂发生沉淀反应，生成难溶电解质。在这种情况下，任何一种难溶电解质达到 $J_i > K_{sp}^{\ominus}$ 时，都要生成沉淀；有几种难溶电解质达到 $J_i > K_{sp}^{\ominus}$，就有几种难溶电解质生成沉淀。但由于不同难溶电解质的类型和溶度积 $K_{sp}^{\ominus}$ 不尽相同，生成沉淀所需沉淀剂的浓度也不相同，在加入沉淀剂的过程中离子会产生先后沉淀的现象，称为分步沉淀。

例如将 $AgNO_3$ 溶液逐滴加入到含有等浓度（均为 $0.1mol \cdot L^{-1}$）的 Cl^- 和 I^- 的混合溶液中，由于 AgI 的溶度积较小，首先析出的是黄色的 AgI 沉淀，随着 $AgNO_3$ 溶液继续加入，才出现白色的 AgCl 沉淀。

根据溶度积规则，可以计算出 AgCl 和 AgI 开始发生沉淀时所需要 Ag^+ 的最低浓度。

已知，$K_{sp}^{\ominus}(AgCl) = c(Ag^+)c(Cl^-) = 1.8 \times 10^{-10}$，$K_{sp}^{\ominus}(AgI) = c(Ag^+)c(I^-) = 8.3 \times 10^{-17}$，则

Cl^- 开始沉淀时需要的 $c(Ag^+)$ 为

$$c(Ag^+) = \frac{K_{sp}^{\ominus}(AgCl)}{c(Cl^-)} = \frac{1.8 \times 10^{-10}}{0.1} = 1.8 \times 10^{-9}(mol \cdot L^{-1})$$

I^- 开始沉淀时需要的 $c(Ag^+)$ 为

$$c(Ag^+) = \frac{K_{sp}^{\ominus}(AgI)}{c(I^-)} = \frac{8.3 \times 10^{-17}}{0.1} = 8.3 \times 10^{-16}(mol \cdot L^{-1})$$

显然，用于沉淀 I^- 所需的 Ag^+ 浓度比用于沉淀 Cl^- 所需要的 Ag^+ 浓度要小得多。因此，当滴加 $AgNO_3$ 溶液时，AgI 先沉淀出来。随着 I^- 不断被沉淀，溶液中 I^- 不断减小，若要继续析出沉淀，必须不断增大 $c(Ag^+)$，当 $c(Ag^+)$ 增大到能使 Cl^- 开始沉淀时，AgI 和 AgCl 将同时沉淀。此时的溶液对于 AgI 和 AgCl 来说都是饱和溶液，溶液中的 I^-、Cl^-、Ag^+ 同时满足 AgI 和 AgCl 的溶度积，则

$$c(Ag^+)c(Cl^-) = 1.8 \times 10^{-10}$$

$$c(Ag^+)c(I^-)=8.3\times10^{-17}$$

上面两式在同一溶液中达平衡，$c(Ag^+)$ 相等，所以

$$\frac{c(Cl^-)}{c(I^-)}=\frac{1.8\times10^{-10}}{8.3\times10^{-17}}=2.2\times10^6$$

因此，当 $c(Cl^-)$ 比 $c(I^-)$ 大 2.2×10^6 倍时，AgCl 就开始沉淀。根据溶度积，就可算出溶液中所剩的 $c(I^-)$。

$$c(I^-)=\frac{c(Cl^-)}{2.2\times10^6}=\frac{0.1}{2.2\times10^6}=4.54\times10^{-8}(mol\cdot L^{-1})$$

由此可见，当 AgCl 开始沉淀时，溶液中 $c(I^-)$ 已远远小于 $1.00\times10^{-5}mol\cdot L^{-1}$，即可认为 I^- 已完全沉淀。

利用分步沉淀原理，可使两种甚至多种离子分离。

【例 4-18】 工业上分析水中 Cl^- 的含量，常用 $AgNO_3$ 作为滴定剂，K_2CrO_4 作为指示剂。在水样中逐滴加入 $AgNO_3$ 时，有白色 AgCl 沉淀析出。继续滴加 $AgNO_3$，当开始出现砖红色 Ag_2CrO_4 沉淀时即为滴定的终点。

(1) 试解释为什么 AgCl 比 Ag_2CrO_4 先沉淀；

(2) 假定开始时水样中 $c(Cl^-)=7.1\times10^{-3}mol\cdot L^{-1}$，$c(CrO_4^{2-})=5.0\times10^{-3}mol\cdot L^{-1}$，计算当 Ag_2CrO_4 开始沉淀时，水样中的 Cl^- 是否已沉淀完全？

解：(1) 欲使 AgCl 或 $AgCrO_4$ 沉淀生成，溶液中离子积应大于溶度积。设生成 AgCl 和 Ag_2CrO_4 沉淀的最低 Ag^+ 的浓度分别为 $c_1(Ag^+)$ 和 $c_2(Ag^+)$，AgCl 和 $AgCrO_4$ 的沉淀溶解平衡式为

$$AgCl(s)\rightleftharpoons Ag^+(aq)+Cl^-(aq);\quad K_{sp}^{\ominus}(AgCl)=1.8\times10^{-10}$$

$$Ag_2CrO_4(s)\rightleftharpoons 2Ag^+(aq)+CrO_4^{2-}(aq);\quad K_{sp}^{\ominus}(Ag_2CrO_4)=1.1\times10^{-12}$$

$$c_1(Ag^+)=\frac{K_{sp}^{\ominus}(AgCl)}{c(Cl^-)}=\frac{1.8\times10^{-10}}{7.1\times10^{-3}}=2.5\times10^{-8}(mol\cdot L^{-1})$$

$$c_2(Ag^+)=\sqrt{\frac{K_{sp}^{\ominus}(Ag_2CrO_4)}{c(CrO_4^{2-})}}=\sqrt{\frac{1.1\times10^{-12}}{5.0\times10^{-3}}}=1.5\times10^{-5}(mol\cdot L^{-1})$$

计算得知，沉淀 Cl^- 所需 Ag^+ 最低浓度比沉淀 CrO_4^{2-} 小得多，故加入 $AgNO_3$ 时，AgCl 应先沉淀。随着 Ag^+ 的不断加入，溶液中 Cl^- 的浓度逐渐减小，要不断沉淀出 AgCl，Ag^+ 的浓度需逐渐增加。当达到 $1.5\times10^{-5}mol\cdot L^{-1}$ 时，Ag^+ 与 CrO_4^{2-} 的离子积达到了 Ag_2CrO_4 的 $K_{sp}^{\ominus}$，随即析出砖红色 Ag_2CrO_4 沉淀。

(2) 当 Ag_2CrO_4 析出时，溶液中 Cl^- 浓度为

$$c(Cl^-)=\frac{K_{sp}^{\ominus}(AgCl)}{c(Ag^+)}=\frac{1.8\times10^{-10}}{1.5\times10^{-5}}=1.2\times10^{-5}(mol\cdot L^{-1})$$

Cl^- 浓度接近 $10^{-5}mol\cdot L^{-1}$，故 Ag_2CrO_4 开始析出时，可认为溶液中 Cl^- 已基本沉淀完全。

从上面例子看出：当一种试剂能沉淀溶液中几种离子时，生成沉淀所需试剂离子浓度最小者首先沉淀。类型相同的电解质中，待沉淀离子浓度相等时，溶度积小的电解质首先沉淀；对于不同类型的电解质，可通过计算求出生成沉淀所需沉淀剂浓度小者首先沉淀，这就是分步沉淀的基本原理。如各离子沉淀所需试剂离子的浓度相差较大，借助分步沉淀就能达到分离的目的。

工业生产中，利用控制溶液 pH 的方法对金属氢氧化物进行分离，就是分步沉淀原理的

重要应用。

(1) 控制溶液 pH 值，使金属离子分别沉淀 大多数金属氢氧化物不溶于水，但形成氢氧化物沉淀所需的 $c(OH^-)$ 不同，故常通过控制溶液 pH 值，使金属离子分别沉淀。

【例 4-19】 已知某溶液中含有 $0.10mol\cdot L^{-1}$ Ni^{2+} 和 $0.010mol\cdot L^{-1}$ 的 Fe^{3+}，试问如何控制 pH 达到使其分离的目的。

解：查表得 $K_{sp}^{\ominus}\{Ni(OH)_2\}=2.0\times10^{-15}$，$K_{sp}^{\ominus}\{Fe(OH)_3\}=1.1\times10^{-36}$

$Fe(OH)_3$ 开始沉淀时，$c(Fe^{3+})\,c^3(OH^-)\geqslant K_{sp}^{\ominus}\{Fe(OH)_3\}$

$$c(OH^-)\geqslant\sqrt[3]{\frac{K_{sp}^{\ominus}\{Fe(OH)_3\}}{c(Fe^{3+})}}=\sqrt[3]{\frac{1.1\times10^{-36}}{0.01}}=4.79\times10^{-13}(mol\cdot L^{-1})$$

$$\begin{aligned}pH&=14-pOH=14-[-\lg c(OH^-)]=14+\lg c(OH^-)\\&=14+\lg c(OH^-)=14+\lg 4.79\times10^{-13}=2.68\end{aligned}$$

沉淀完全时，$c(Fe^{3+})\leqslant10^{-5}mol\cdot L^{-1}$

$$c(OH^-)=\sqrt[3]{\frac{K_{sp}^{\ominus}\{Fe(OH)_3\}}{c(Fe^{3+})}}=\sqrt[3]{\frac{1.1\times10^{-36}}{10^{-5}}}=4.79\times10^{-12}(mol\cdot L^{-1})$$

$$\begin{aligned}pH&=14-pOH=14-[-\lg c(OH^-)]=14+\lg c(OH^-)\\&=14+\lg 4.79\times10^{-12}=3.68\end{aligned}$$

$Ni(OH)_2$ 开始沉淀时，$c(Ni^{2+})c^2(OH^-)\geqslant K_{sp}^{\ominus}\{Ni(OH)_2\}$

$$c(OH^-)\geqslant\sqrt{\frac{K_{sp}^{\ominus}\{Ni(OH)_2\}}{c(Ni^{2+})}}=\sqrt{\frac{2.0\times10^{-15}}{0.10}}=1.4\times10^{-7}mol\cdot L^{-1}$$

$$\begin{aligned}pH&=14-pOH=14-[-\lg c(OH^-)]=14+\lg c(OH^-)\\&=14+\lg c(OH^-)=14+\lg 1.4\times10^{-7}=7.2\end{aligned}$$

只要控制在 $2.68\leqslant pH\leqslant7.2$，就能使两者达到分离的目的。

对于金属离子通过控制溶液的 pH 使之分别沉淀，达到分离的目的，可用下面的通式

$$M(OH)_n(s)\rightleftharpoons M^{n+}(aq)+nOH^-(aq)$$

$M(OH)_n$ 开始沉淀时，$c(M^{n+})c^n(OH^-)\geqslant K_{sp}^{\ominus}\{M(OH)_n\}$

$$c(OH^-)\geqslant\sqrt[n]{\frac{K_{sp}^{\ominus}\{M(OH)_n\}}{c(M^{n+})}}$$

$M(OH)_n$ 沉淀完全时，$c(OH^-)\geqslant\sqrt[n]{\dfrac{K_{sp}^{\ominus}\{M(OH)_n\}}{10^{-5}}}$，然后换算成相应的 pH，表 4-6 就是通过这样计算得到的一些金属离子开始沉淀和完全沉淀的 pH。

表 4-6 金属氢氧化物沉淀的 pH

金属氢氧化物		开始沉淀的 pH		沉淀完全的 pH
分子式	$K_{sp}^{\ominus}$	金属离子浓度 $1mol\cdot L^{-1}$	金属离子浓度 $0.1mol\cdot L^{-1}$	金属离子浓度 $<10^{-5}mol\cdot L^{-1}$
$Mg(OH)_2$	5.61×10^{-12}	8.37	8.87	10.87
$Co(OH)_2$	5.92×10^{-15}	6.89	7.38	9.38
$Cd(OH)_2$	7.2×10^{-15}	6.9	7.4	9.4
$Zn(OH)_2$	3×10^{-17}	5.7	6.2	8.24
$Fe(OH)_2$	4.87×10^{-17}	5.8	6.34	8.34

续表

金属氢氧化物		开始沉淀的 pH		沉淀完全的 pH
分子式	$K_{sp}^{\ominus}$	金属离子浓度 $1mol \cdot L^{-1}$	金属离子浓度 $0.1mol \cdot L^{-1}$	金属离子浓度 $<10^{-5}mol \cdot L^{-1}$
$Pb(OH)_2$	1.43×10^{-15}	6.58	7.08	9.08
$Be(OH)_2$	6.92×10^{-22}	3.42	3.92	5.92
$Sn(OH)_2$	5.45×10^{-28}	0.87	1.37	3.37
$Fe(OH)_3$	2.79×10^{-39}	1.15	1.48	2.81

控制溶液的 pH 范围，使一种金属离子达到完全沉淀另一种金属离子还未沉淀，然后通过过滤生成氢氧化物沉淀达到分离。图 4-4 是一些金属离子沉淀时与溶液 pH 的关系。

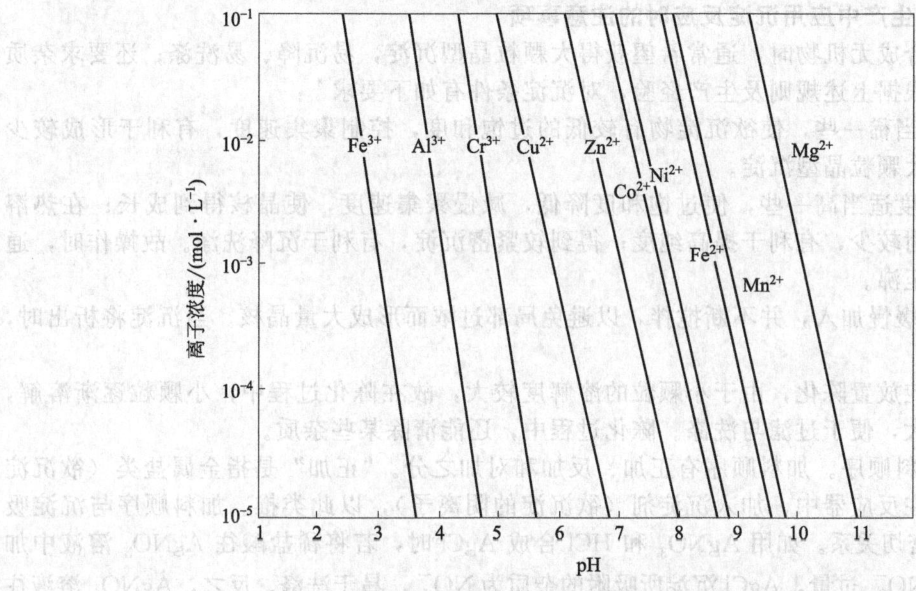

图 4-4　一些难溶氢氧化物的 s-pH 图

(2) 生成硫化物沉淀使金属离子分离　除碱金属、部分碱土和铵的硫化物溶于水外，很多金属的硫化物不溶于水。这些金属硫化物的溶度积相差很大，故有些能溶于稀酸，有些须浓盐酸才能溶解，有些溶于硝酸，有些只能溶于王水。溶于稀酸的金属硫化物，也可以通过控制溶液中 S^{2-} 浓度使之先后沉淀，若在溶液中通入饱和的 H_2S，则可通过控制 H^+ 浓度间接控制 S^{2-} 浓度。

【例 4-20】　Pb^{2+}，Zn^{2+} 浓度均为 $0.1mol \cdot L^{-1}$ 溶液中通入至饱和的 H_2S $(0.1mol \cdot L^{-1})$，H^+ 浓度多少时两种离子能完全分离？$[K_{sp}^{\ominus}(PbS)=3.4\times10^{-28}, K_{sp}^{\ominus}(ZnS)=2.5\times10^{-22}, K_{a_1}^{\ominus}(H_2S)=1.32\times10^{-7}, K_{a_2}^{\ominus}(H_2S)=7.10\times10^{-15}]$

解：开始沉淀 Pb^{2+} 时，所需 $c(S^{2-})_1=\dfrac{K_{sp}^{\ominus}(PbS)}{c(Pb^{2+})}=\dfrac{3.4\times10^{-28}}{0.10}=3.4\times10^{-27}(mol \cdot L^{-1})$

开始沉淀 Zn^{2+} 时，所需 $c(S^{2-})_2=\dfrac{K_{sp}^{\ominus}(ZnS)}{c(Zn^{2+})}=\dfrac{2.5\times10^{-22}}{0.10}=2.5\times10^{-21}(mol \cdot L^{-1})$

Pb^{2+} 首先沉淀，当 Zn^{2+} 开始沉淀时，Pb^{2+} 浓度为

$$c(Pb^{2+})=\frac{K_{sp}^{\ominus}(PbS)}{c(S^{2-})_2}=\frac{3.4\times10^{-28}}{2.5\times10^{-21}}=1.36\times10^{-7}(mol \cdot L^{-1})<10^{-5}(mol \cdot L^{-1})$$

即控制 $c(S^{2-})$ 在 $2.5\times10^{-21} mol \cdot L^{-1}$ 至 $3.4\times10^{-27} mol \cdot L^{-1}$ 时，Pb^{2+} 和 Zn^{2+} 可完全分离。饱和 H_2S 溶液中 $c(S^{2-})$ 和 $c(H^+)$ 有下列关系，

$$H_2S(aq) \rightleftharpoons 2H^+(aq) + S^{2-}(aq)$$

$$K_{a_1}^{\ominus}(H_2S)K_{a_2}^{\ominus}(H_2S) = \frac{c^2(H^+)c(S^{2-})}{c(H_2S)}$$

$$c(H^+)_1 = \sqrt{\frac{K_{a_1}^{\ominus}(H_2S)K_{a_2}^{\ominus}(H_2S)}{c(S^{2-})_1}} = \sqrt{\frac{1.32\times10^{-7}\times7.10\times10^{-15}}{3.4\times10^{-27}}} = 525(mol \cdot L^{-1})$$

$$c(H^+)_2 = \sqrt{\frac{K_{a_1}^{\ominus}(H_2S)K_{a_2}^{\ominus}(H_2S)}{c(S^{2-})_2}} = \sqrt{\frac{1.32\times10^{-7}\times7.10\times10^{-15}}{2.5\times10^{-21}}} = 0.61(mol \cdot L^{-1})$$

溶液中 $c(H^+)$ 只要大于 0.61mol·L^{-1}，即可将 Pb^{2+}，Zn^{2+} 完全分离。

4.6.2.3　实际生产中应用沉淀反应时的注意事项

用沉淀法合成无机物时，通常希望获得大颗粒晶型沉淀，易沉降、易洗涤；还要求杂质少，产率高。根据上述规则及生产经验，对沉淀条件有如下要求*：

① 溶液适当稀一些，使欲沉淀物有较低的过饱和度，控制聚集速度，有利于形成较少的晶核，得到大颗粒晶型沉淀。

② 合成温度适当高一些，使过饱和度降低，减慢聚集速度，使晶核得到成长；在热溶液中沉淀的吸附较少，有利于提高纯度；得到较紧密沉淀，有利于沉降洗涤。故操作时，通常将溶液加热至沸。

③ 沉淀剂缓慢加入，并不断搅拌，以避免局部过浓而形成大量晶核。当沉淀将析出时，尤其要慢。

如能将沉淀放置陈化，由于小颗粒的溶解度较大，故在陈化过程中，小颗粒逐渐溶解，大颗粒逐渐长大，便于过滤与洗涤。陈化过程中，还能清除某些杂质。

④ 注意加料顺序。加料顺序有正加、反加和对加之分。“正加”是指金属盐类（欲沉淀的阳离子）放在反应器中，加入沉淀剂（欲沉淀的阴离子），以此类推。加料顺序与沉淀吸附哪种杂质有密切关系。如用 $AgNO_3$ 和 HCl 合成 AgCl 时，若将稀盐酸往 $AgNO_3$ 溶液中加（正加），此时 NO_3^- 过量，AgCl 沉淀所吸附的杂质为 NO_3^-，易于洗涤。反之，$AgNO_3$ 溶液往稀盐酸里加（反加），AgCl 沉淀所吸附的杂质为 Cl^-，不易洗涤。两种溶液以一定速度同时加入反应器中（对加），可避免任一种溶液局部过浓，所得沉淀一般颗粒较大，吸附杂质少。

⑤ 若能采用均相沉淀法，能得到纯度高、颗粒粗大的晶体。均相沉淀的实质是：沉淀物的离子不是从外部直接加入，而是在溶液中逐步出现的。如下两例：

a. 沉淀物离子由缓慢的化学反应逐渐产生。例如用尿素作沉淀剂，它所提供的 CO_3^{2-} 和 OH^- 由水解反应产生：

$$CO(NH_2)_2 + H_2O \longrightarrow 2NH_3 + CO_2$$

$$NH_3 + H_2O \rightleftharpoons NH_4^+ + OH^-$$

$$CO_2 + H_2O \rightleftharpoons H_2CO_3 \rightleftharpoons H^+ + HCO_3^-$$

$$HCO_3^- \rightleftharpoons H^+ + CO_3^{2-}$$

由于水解作用缓慢，CO_3^{2-} 和 OH^- 两种离子逐步产生，有效地控制了溶液的过饱和度，效果十分显著。

b. 沉淀剂离子由配离子逐渐释出。如将非晶型 AgCl 溶解在氨水中，生成 $[Ag(NH_3)_2]Cl$，然后缓慢将氨赶出。此时，Ag^+ 浓度缓慢增加，AgCl 沉淀逐渐析出，结果得到相当粗大的晶体。

4.6.3　沉淀的溶解和转化

4.6.3.1　沉淀的溶解

根据溶度积规则，若有沉淀 A_nB_m 存在，难溶电解质离子在溶液中一定有如下关系：

$$K_{sp}^{\ominus}(A_nB_m) = \{c(A^{m+})\}^n\{c(B^{n-})\}^m$$

要使沉淀溶解，需减小溶液中 A^{m+} 或 B^{n-} 浓度，使 $J_i < K_{sp}^{\ominus}$。减小溶液中难溶电解质离子浓度主要有以下几种途径。

(1) 生成弱电解质，使沉淀溶解　这种方法是针对某些由弱电解质生成的难溶化合物，或某一离子可以通过反应生成弱电解质的化合物。如 CO_2 具有挥发性，H_2O 是极弱的电解质，故在溶液中加入较强的酸，碳酸盐和氢氧化物沉淀均可溶解。如

$$CaCO_3(s) \rightleftharpoons Ca^{2+}(aq) + CO_3^{2-}(aq)$$
$$+$$
$$2HAc(aq) \rightleftharpoons 2Ac^-(aq) + 2H^+(aq)$$
$$\Updownarrow$$
$$H_2O + CO_2(g)$$

$$Mg(OH)_2(s) \rightleftharpoons Mg^{2+}(aq) + 2OH^-(aq)$$
$$+$$
$$2NH_4Cl \longrightarrow 2Cl^-(aq) + 2NH_4^+(aq)$$
$$\Updownarrow$$
$$2NH_3 \cdot H_2O$$

$$FeS(s) \rightleftharpoons Fe^{2+}(aq) + S^{2-}(aq)$$
$$+$$
$$2HCl \longrightarrow 2Cl^-(aq) + 2H^+(aq)$$
$$\Updownarrow$$
$$H_2S(g)$$

分析溶解反应的平衡常数，可对上述反应有进一步认识。以 FeS 溶于 HCl 为例。该系统中同时存在着两个平衡，即 FeS 的沉淀溶解平衡和 H_2S 的解离平衡：

$$FeS(s) \rightleftharpoons Fe^{2+}(aq) + S^{2-}(aq) \qquad (1)\ K_1^{\ominus} = K_{sp}^{\ominus}$$
$$2H^+(aq) + S^{2-}(aq) \rightleftharpoons H_2S \qquad (2)\ K_2^{\ominus} = 1/(K_{a_1}^{\ominus} K_{a_2}^{\ominus})$$

溶解反应　$FeS(s) + 2H^+(aq) \rightleftharpoons Fe^{2+}(aq) + H_2S(g) \qquad (3)\ K_3^{\ominus}$

因为溶解反应平衡为多重平衡，即 (1)+(2)=(3)，故

$$K_3^{\ominus} = K_1^{\ominus} K_2^{\ominus} = K_{sp}^{\ominus}/(K_{a_1}^{\ominus} K_{a_2}^{\ominus})$$

溶解反应的平衡常数与难溶电解质的溶度积及弱电解质的离解常数有关。难溶电解质的溶度积越大，或所生成弱电解质的离解常数 $K_a^{\ominus}$ 或 $K_b^{\ominus}$ 越小，越易溶解。例如，FeS 和 CuS 虽然同是弱酸盐，因 CuS 的 $K_{sp}^{\ominus}$ 比 FeS 的小得多，故 FeS 能溶于 HCl，而 CuS 不溶。又如，溶度积很小的金属氢氧化物 $Fe(OH)_3$，$Al(OH)_3$ 不能溶于铵盐，但能溶于酸。这是因为加酸后生成水，加 NH_4^+ 后生成 $NH_3 \cdot H_2O$，而水是比氨水更弱的电解质。

(2) 发生氧化-还原反应　由于 CuS 的 $K_{sp}^{\ominus}$ 很小，上面 CuS 与酸的反应平衡常数很小，CuS 在酸中不能因形成 H_2S 气体而溶解。但用强氧化剂如 HNO_3 能将 S^{2-} 氧化成单质 S，降低了溶液中 S^{2-} 的浓度，使 $J_i < K_{sp}^{\ominus}$。

$$CuS(s) \rightleftharpoons Cu^{2+}(aq) + S^{2-}(aq)$$
$$+$$
$$HNO_3 \longrightarrow H^+ + NO_3^-$$
$$\Updownarrow$$
$$NO\uparrow + H_2O$$

总反应为：

$$3CuS(s) + 8HNO_3 \longrightarrow 3Cu(NO_3)_2 + 3S\downarrow + 2NO\uparrow + 4H_2O$$

同理，Ag_2S 也能溶于 HNO_3。但硫化物溶于 HNO_3 需要一定的 S^{2-} 浓度，若 S^{2-} 太少即硫化物的 $K_{sp}^{\ominus}$ 太小，如 HgS，HNO_3 也不能将其溶解（S^{2-} 还原能力与其浓度有关，浓度越小还原能力越弱，将在氧化-还原一章讲到）。

(3) 生成配离子使沉淀溶解 若难溶电解质离子能与其他分子或离子形成更稳定的复杂离子即配离子，降低溶液中难溶电解质离子的浓度，使 $J_i < K_{sp}^{\ominus}$，同样可以使难溶电解质溶解。如 AgCl 溶于氨水。

$$AgCl(s) \rightleftharpoons Ag^+(aq) + Cl^-(aq)$$

氨水与 Ag^+ 生成稳定的 $[Ag(NH_3)_2]^+$，使溶液中 Ag^+ 浓度减小，溶解沉淀平衡不断向右移动，最终沉淀溶解。又如 HgS，由于它的 $K_{sp}^{\ominus}$ 极小，不溶于 HNO_3，但王水（浓 HCl：浓 HNO_3 = 3：1）可使之溶解。一方面 Cl^- 与 Hg^{2+} 形成配离子 $[HgCl_4]^{2-}$，另一方面 S^{2-} 被氧化为单质 S 沉淀，双管齐下，使溶液中 Hg^{2+} 和 S^{2-} 浓度均减小，最终使 HgS 溶解。

$$3HgS(s) + 12HCl + 2HNO_3 = 3H_2[HgCl_4] + 3S\downarrow + 2NO\uparrow + 4H_2O$$

4.6.3.2 沉淀的转化

在含有白色沉淀的 $BaCO_3$ 溶液中加入 K_2CrO_4 溶液，可观察到原白色沉淀变为黄色沉淀 $BaCrO_4$。这种在含有沉淀的溶液中，加入适当试剂，与某一离子结合成为另一种沉淀的过程，叫做沉淀的转化。这里包含着两个过程，原沉淀的溶解，新沉淀的形成。

$$\begin{array}{c} BaCO_3(s) \rightleftharpoons Ba^{2+}(aq) + CO_3^{2-}(aq) \\ \text{白} \qquad\qquad + \\ K_2CrO_4 = CrO_4^{2-}(aq) + 2K^+ \\ \Updownarrow \\ BaCrO_4(s) \\ \text{黄} \end{array}$$

某些难溶盐如 $BaSO_4$，$CaSO_4$ 用一般方法不能溶解，可采用沉淀转化的方法，以使 $CaSO_4$ 转化成为 $CaCO_3$ 为例，在 $CaSO_4$ 饱和溶液中加入 Na_2CO_3，反应如下：

$$\begin{array}{c} CaSO_4(s) \rightleftharpoons Ca^{2+}(aq) + SO_4^{2-}(aq) \\ + \\ Na_2CO_3 = CO_3^{2-}(aq) + 2Na^+ \\ \Updownarrow \\ CaCO_3(s) \end{array}$$

沉淀能否转化，与两难溶电解质的 $K_{sp}^{\ominus}$ 及溶液中有关离子浓度有关。以上述反应为例：

总反应： $$CaSO_4(s) + CO_3^{2-}(aq) \rightleftharpoons CaCO_3(s) + SO_4^{2-}(aq)$$

$$K^{\ominus} = \frac{c(SO_4^{2-})}{c(CO_3^{2-})} = \frac{c(SO_4^{2-})}{c(CO_3^{2-})} \times \frac{c(Ca^{2+})}{c(Ca^{2+})} = \frac{K_{sp}^{\ominus}(CaSO_4)}{K_{sp}^{\ominus}(CaCO_3)}$$

从上式可见，沉淀转化反应要向右进行，$K^{\ominus}$ 要大，若相同类型的难溶电解质，由 $K_{sp}^{\ominus}$ 较大的难溶电解质转化为 $K_{sp}^{\ominus}$ 较小的；若不同类型的难溶电解质，转化为溶液中离子浓度更小的难溶电解质。若两种难溶电解质的 $K_{sp}^{\ominus}$ 相当，也可以通过调整离子浓度的方法使沉淀转化。要完成沉淀转化，原沉淀要成为细小微粒，转化时间也较长，且要不断搅拌，使反应完全。

【阅读资料】

室温离子液体——绿色替代溶剂

传统化学反应及相关的化学工业，特别是有机化学工业，在生产过程中常使用一些易挥发的溶剂和催化剂，如苯、氯代烷烃、醇、酮类等，造成了很大的环境污染。绿色化学便是针对污染的来源与特性通过设计新的路线、寻找绿色替代化合物与原材料、选择高效催化剂等方法从源头上防止污染的发生。针对有机溶剂产生的污染，寻找绿色替代溶剂便是重要研究内容。

目前替代溶剂技术主要有几方面，如用水作为溶剂，进行水基金属催化有机合成，用超临界二氧化碳作为溶剂及进行固相反应，无溶剂有机反应。现在一种新的绿色替代溶剂技术已引起人们的重视，那就是离子液体作为溶剂进行有机合成。

离子液体也称低温熔盐，是完全由离子组成的液体，是低温（<100℃）下呈液态的离子化合物，它一般由有机阳离子和无机阴离子组成。这类物质之所以熔点很低是由于其中的阴、阳离子体积都很大，而且阳离子通常为不对称非球结构的有机离子，难以作密堆积，以致其相应晶体的晶格能很小。

离子液体可以作为有机反应的介质，主要是由于离子液体具有一系列特性，具体为：①它们对无机和有机材料表现出良好的溶解能力，并可通过阴阳离子的设计来调节其对无机物、水、有机物及聚合物的溶解性，甚至其酸度可调至超强酸；②离子液体具有非挥发性特性，因此它们可以用在真空体系中；③具有较大的稳定温度范围和较好的化学稳定性；④它们相当便宜，易于制备。离子液体被认为是继临界二氧化碳后又一种极具吸引力的绿色溶剂，是传统溶剂理想的代用品。

早在 1914 年就发现了第一个离子液体——硝基乙胺，但其后此领域的研究进展缓慢。近年离子液体作为绿色溶剂开始用于有机及高分子合成受到重视。

离子液体种类繁多，改变阳离子/阴离子的不同组合，可以设计合成不同的离子液体。一般阳离子为有机成分，并根据阳离子的不同来分类。离子液体中常见的阳离子类型有烷基铵阳离子、烷基鏻阳离子、*N*-烷基吡啶阳离子和 *N*,*N*′-二烷基咪唑阳离子等，其中常见的为 *N*,*N*′-二烷基咪唑阳离子。离子液体合成大体上有两种基本方法：直接合成法和两步合成法。

直接合成法就是通过酸碱中和反应或季铵化反应一步合成离子液体，操作经济简便，没有副产品易纯化。硝基乙胺离子液体就是由乙胺的水溶液与硝酸中和反应制备的。

两步合成法先通过季铵化反应制备出含目标阳离子的卤盐（[阳离子] X 型离子液体），然后目标阴离子 Y^- 置换出 X^- 来得到目标离子液体，如图 4-5 所示。应注意的是，在用目标阴离子（Y^-）交换 X^- 阴离子的过程中，必须尽可能地使反应进行完全，确保没有 X^- 阴离子留在目标离子液体中，因为离子液体的纯度对于其应用和物理化学特性的表征至关重要。

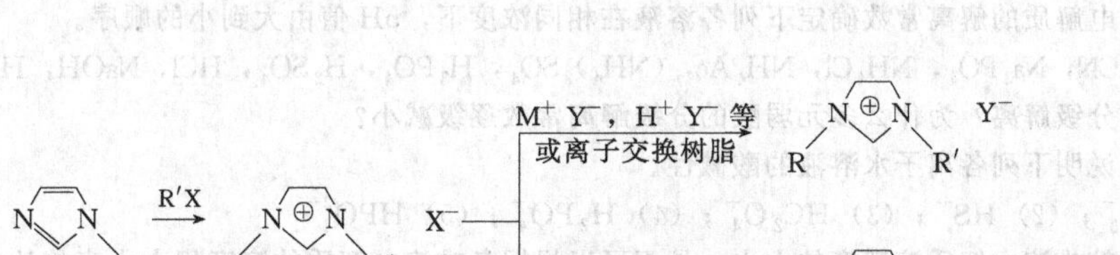

$R'X$；M^+Y^-，H^+Y^- 等 或离子交换树脂；Lewis 酸 MX_y；X^-；Y^-；$[MX_{y+2}]^-$

图 4-5　两步法合成离子液体路径

离子液体作为一种绿色溶剂已经成为当前研究的热点之一，它为人们探索“环境友好”的催化体系提供了更加广阔的空间。法国石油研究院已采用离子液体为溶剂，开发成功丁烯双聚制异辛烯的过程，并已工业化。英国 Belfast 的 Queen's 大学 Seddon 研究组采用六氟磷酸 1-丁基-3-甲基咪唑作为溶剂实施吲哚和萘酚的氮原子和氧原子上的烃基化反应，反应进行得十分快、高效。以往在工业生产中实施这些反应需要在二甲亚砜、二氯甲烷、二甲基甲酰胺（DMF）等极性溶剂里进行。这些溶剂高温下会降解，有恶臭，并易与水、有机物混溶，几乎很难回收，造成严重的环境、健康、安全以及设备腐蚀等问题。离子液体的蒸气压接近零，毫无此类问题，易于操作，没有危害，为名副其实的绿色化学所追求的溶剂。手性离子液体由于在手性识别、不对称合成、消旋体的拆分、立体选择聚合等方面有重要应用而备受关注。

离子液体由于液态温度范围广，稳定性高，外观像水或甘油，可作为特殊条件下如在航天和航空工业中高性能润滑油。

很多学者研究了有机物在离子液体和水相中的分配规律，总结出离子液体对水相中有机污染物的萃取规律，利用离子液体萃取冶金电镀、印染、油田、化学制药等方面产生的废水。离子液体富集率高，重复使用性好，在治理污水，环境保护方面得到了很好的应用。

2000 年 4 月在希腊召开了“离子液体的绿色工业应用”国际会议。国外有学者认为离子液体有可能引起化学工业的革命。离子液体在化学反应中的应用已更广泛、更深入地得到研究，需要进一步解决的问题是：

① 离子液体的回收利用，必须是简便的；

② 更易回收和更具效率的离子液体的研究；

③ 离子液体对环境和生物影响的更深入评价的研究。

离子液体作为绿色替代溶剂在有机合成中应用的研究目前仍处于起始阶段，研究还涉及高分子、离子液晶等领域。但可以肯定离子液体在以后化学工业中会有更加广泛的应用。

思考题

1. 强电解质的水溶液有强的导电性，但 AgCl 和 $BaSO_4$ 水溶液的导电性很弱，它们属于何种电解质？

2. 在氨水中加入下列物质时，$NH_3 \cdot H_2O$ 的解离度和溶液的 pH 将如何变化？

(1) NH_4Cl；(2) NaOH；(3) HAc；(4) 加水稀释

3. 下列说法是否正确？若有错误请纠正，并说明理由。

(1) 酸或碱在水中的解离是一种较大的分子拆开而形成较小离子的过程，这是吸热反应。温度升高将有利于电离。

(2) $1\times10^{-5}\,mol\cdot L^{-1}$ 的盐酸溶液冲稀 1000 倍，溶液的 pH 值等于 8.0。

(3) 将氨水和 NaOH 溶液的浓度各稀释为原来的 1/2 时，则两种溶液中 OH^- 浓度均减小为原来的 1/2。

(4) pH 相同的 HCl 和 HAc 浓度也应相同。

(5) 酸碱滴定中等当点即指示剂变色点。

(6) 某离子被完全沉淀是指其在溶液中的浓度为 0。

4. 同离子效应和盐效应对弱电解质的解离及难溶电解质的溶解各有什么影响？

5. 根据弱电解质的解离常数确定下列各溶液在相同浓度下，pH 值由大到小的顺序。

NaAc，NaCN，Na_3PO_4，NH_4Cl，NH_4Ac，$(NH_4)_2SO_4$，H_3PO_4，H_2SO_4，HCl，NaOH，HAc，$H_2C_2O_4$。

6. 什么是分级解离？为什么多元弱酸的分级解离常数逐级减小？

7. 请定性说明下列各离子水溶液的酸碱性。

(1) HSO_3^-；(2) HS^-；(3) $HC_2O_4^-$；(4) $H_2PO_4^-$；(5) HPO_4^{2-}

8. 若要比较难溶电解质溶解度的大小，是否可以根据各难溶电解质的溶度积大小直接比较？即溶度积较大的，溶解度就较大，溶度积较小的，溶解度也就较小？为什么？

9. 试用溶度积规则解释下列事实：

(1) $CaCO_3$ 溶于稀 HCl 中；

(2) $Mg(OH)_2$ 溶于 NH_4Cl 溶液中；

(3) AgCl 溶于氨水，加入 HNO_3 后沉淀又出现；

(4) 往 $ZnSO_4$ 溶液中通入 H_2S 气体，ZnS 往往沉淀不完全，甚至不沉淀。若往 $ZnSO_4$ 溶液中先加入适量的 NaAc，再通入 H_2S 气体，ZnS 几乎完全沉淀。

10. 在多相离子体系中，同离子效应的作用是什么？

11. 在草酸（$H_2C_2O_4$）溶液中加入 $CaCl_2$ 溶液后得到 $CaC_2O_4 \cdot H_2O$ 沉淀，将沉淀过滤后，在滤液中加入氨水后又有 $CaC_2O_4 \cdot H_2O$ 沉淀产生。试从离子平衡的观点加以说明。

12. 下列几组等体积混合物溶液中哪些是较好的缓冲溶液？哪些是较差的缓冲溶液？还有哪些根本不是缓冲溶液？

(1) 10^{-5} mol·L^{-1} HAc ＋ 10^{-5} mol·L^{-1} NaAc

(2) 1.0mol·L^{-1} HCl＋1.0mol·L^{-1} NaCl

(3) 0.5mol·L^{-1} HAc＋0.7mol·L^{-1} NaAc

(4) 0.1mol·L^{-1} NH_3＋0.1mol·L^{-1} NH_4Cl

(5) 0.2mol·L^{-1} HAc＋0.002mol·L^{-1} NaAc

13. 欲配制 pH 值为 3 的缓冲溶液，已知有下列物质的 $K_a^{\ominus}$ 值：

(1) HCOOH　　$K_a^{\ominus}=1.77\times10^{-4}$

(2) HAc　　$K_a^{\ominus}=1.76\times10^{-5}$

(3) NH_4^+　　$K_a^{\ominus}=5.65\times10^{-10}$

问选择哪一种弱酸及其共轭碱较合适？

14. 解释下列问题：

(1) 在洗涤 $BaSO_4$ 沉淀时，不用蒸馏水而用稀 H_2SO_4；

(2) 虽然 $K_{sp}^{\ominus}(PbCO_3)=7.4\times10^{-14}<K_{sp}^{\ominus}(PbSO_4)=1.6\times10^{-8}$，但 $PbCO_3$ 能溶于 HNO_3，而不溶 $PbSO_4$；

(3) CaF_2 和 $BaCO_3$ 的溶度积常数很接近（分别为 5.3×10^{-9} 和 5.1×10^{-9}），两者饱和溶液中 Ca^{2+} 和 Ba^{2+} 浓度是否也很接近？为什么？

15. 回答下列问题，简述理由：

(1) NaHS 溶液呈弱碱性，Na_2S 溶液呈较强碱性。

(2) 如何配制 $SnCl_2$，$Bi(NO_3)_3$，Na_2S 溶液。

(3) 为何不能在水溶液中制备 Al_2S_3。

(4) $CaCO_3$ 在下列哪种试剂中溶解度最大？

纯水，0.1mol·L^{-1} Na_2CO_3，0.1mol·L^{-1} $CaCl_2$，0.5mol·L^{-1} KNO_3。

(5) 溶液的 pH 值降低时，下列哪一种物质的溶解度基本不变？

$Al(OH)_3$　　AgAc　　$ZnCO_3$　　$PbCl_2$

(6) 同是酸式盐，NaH_2PO_4 溶液为酸性，Na_2HPO_4 溶液为碱性。

习　题

1. 将下列 pH 值换算为 H^+ 浓度，或将 H^+ 浓度换算为 pH 值。

(1) pH 值：0.24，1.36，6.52，10.23。

(2) $c(H^+)$(mol·L^{-1})：2.00×10^{-2}，4.50×10^{-5}，5.00×10^{-10}。

2. 计算下列溶液的 $c(H^+)$ 和 pH。

(1) 0.05mol·L^{-1} $Ba(OH)_2$ 溶液；　(2) 0.05mol·L^{-1} HAc 溶液；　(3) 0.5mol·L^{-1} $NH_3\cdot H_2O$ 溶液；

(4) 0.1mol·L^{-1} NaAc 溶液；　(5) 0.01mol·L^{-1} Na_2S 溶液。

3. 某一元弱酸 HA 的浓度为 0.010mol·L^{-1}，在常温下测得其 pH 值为 4.0。求该一元弱酸的解离常数和解离度。

4. 已知 0.010mol·dm^{-3} H_2SO_4 溶液的 pH＝1.84，求 HSO_4^- 的解离常数。

5. 在氢硫酸和盐酸混合溶液中，$c(H^+)$ 为 0.3mol·L^{-1}，已知 $c(H_2S)$ 为 0.1mol·L^{-1}，求该溶液中的 S^{2-} 浓度。

6. 将 0.20mol·dm^{-3} HCOOH($K_a^{\ominus}=1.8\times10^{-4}$) 溶液和 0.40mol·L^{-1} HCN($K_a^{\ominus}=6.2\times10^{-10}$) 溶液等体积混合，求混合溶液的 pH 值和 HCN 的解离度。

7. 现有 0.20mol·L^{-1} HCl 溶液与 0.20mol·L^{-1} 氨水，在下列几种情况下计算混合溶液的 pH 值。

(1) 两种溶液等体积混合；

(2) 两种溶液按 2∶1 的体积混合；

(3) 两种溶液按 1∶2 的体积混合。

8. (1) 写出下列各种物质的共轭酸。

(a) CO_3^{2-} (b) HS^- (c) H_2O (d) HPO_4^{2-} (e) NH_3 (f) S^{2-}

(2) 写出下列各种物质的共轭碱。

(a) H_3PO_4 (b) HAc (c) HS^- (d) HNO_2 (e) HClO (f) H_2CO_3

9. 在 1L 1.0mol·L^{-1} 氨水中，应加入多少克固体 $(NH_4)_2SO_4$，才能使溶液的 pH 值等于 9.00（忽略固体加入对溶液体积的影响）。

10. 在血液中 H_2CO_3-$NaHCO_3$ 缓冲对的作用之一是从细胞组织中迅速除去由运动产生的乳酸（简记为 HL）。

(1) 求 $HL + HCO_3^- \rightleftharpoons H_2CO_3 + L^-$ 的平衡常数 $K^{\ominus}$。

(2) 若血液中 $[H_2CO_3]=1.4\times10^{-3}$ mol·L^{-1}，$[HCO_3^-]=2.7\times10^{-2}$ mol·L^{-1}，求血液的 pH 值。

(3) 若向 1.0L 血液中加入 5.0×10^{-3} mol HL 后，pH 值为多大？

（已知 H_2CO_3：$K_{a_1}^{\ominus}=4.2\times10^{-7}$，$K_{a_2}^{\ominus}=5.6\times10^{-11}$；HL：$K_a^{\ominus}=1.4\times10^{-4}$）

11. 取 100g NaAc·3H_2O，加入 13mL 6.0mol·L^{-1} HAc 溶液，然后用水稀释至 1L，此缓冲溶液的 pH 值是多少？若向此溶液中通入 0.10mol HCl 气体（忽略溶液体积的变化），求溶液的 pH 值变化是多少？

12. 写出下列各难溶电解质的溶度积 $K_{sp}^{\ominus}$ 的表达式（不考虑离子水解）：

$PbCl_2$ Ag_2S Fe_2S_3 $Ba_3(PO_4)_2$

13. 根据下列给定条件求溶度积常数。

(1) $FeC_2O_4\cdot2H_2O$ 在 1dm^3 水中能溶解 0.10g；

(2) $Ni(OH)_2$ 在 pH＝9.00 的溶液中的溶解度为 1.6×10^{-6} mol·dm^{-3}。

14. 已知下列物质的溶度积常数 $K_{sp}^{\ominus}$，计算其饱和溶液中各种离子的浓度。

(1) CaF_2：$K_{sp}^{\ominus}(CaF_2)=5.3\times10^{-9}$；

(2) $PbSO_4$：$K_{sp}^{\ominus}(PbSO_4)=1.6\times10^{-8}$。

15. 通过计算说明下列情况有无沉淀生成。

(1) 0.010mol·L^{-1} $SrCl_2$ 溶液 2mL 和 0.10mol·L^{-1} K_2SO_4 溶液 3mL 相混合。

(2) 1mL 0.0001mol·L^{-1} 的 $AgNO_3$ 溶液和 2mL、0.0006mol·L^{-1} 的 $K_2Cr_2O_7$ 溶液相混合。

(3) 在 100mL、0.010mol·L^{-1} $Pb(NO_3)_2$ 溶液中，加入固体 NaCl 0. 584g（忽略体积变化）。

16. 已知 298.15K 时 $Mg(OH)_2$ 的溶度积为 5.56×10^{-12}。计算：

(1) $Mg(OH)_2$ 在纯水中的溶解度（mol·L^{-1}），Mg^{2+} 及 OH^- 的浓度；

(2) $Mg(OH)_2$ 在 0.01mol·L^{-1} NaOH 溶液中的溶解度；

(3) $Mg(OH)_2$ 在 0.01mol·L^{-1} $MgCl_2$ 溶液中的溶解度。

17. 试计算下列沉淀转化反应的 $K^{\ominus}$ 值：

(1) $PbCrO_4(s) + S^{2-}(aq) \rightleftharpoons PbS(s) + CrO_4^{2-}(aq)$

(2) $Ag_2CrO_4(s) + 2Br^-(aq) \rightleftharpoons 2AgBr(s) + CrO_4^{2-}(aq)$

18. 一种混合溶液中含有 3.0×10^{-2} mol·L^{-1} Pb^{2+} 和 2.0×10^{-2} mol·L^{-1} Cr^{3+}，若向其中逐滴加入浓 NaOH 溶液（忽略溶液体积变化），Pb^{2+} 与 Cr^{3+} 均有可能生成氢氧化物沉淀。

问：(1) 哪种离子首先被沉淀？

(2) 若要分离这两种离子，溶液的 pH 应控制在什么范围？

19. 某混合溶液中阳离子的浓度及其氢氧化物的溶度积如下：

阳离子	Mg^{2+}	Ca^{2+}	Cd^{2+}	Fe^{3+}
浓度/mol·dm^{-3}	0.06	0.01	2×10^{-3}	2×10^{-5}
$K_{sp}^{\ominus}$	1.8×10^{-11}	1.3×10^{-6}	2.5×10^{-14}	4×10^{-38}

向混合溶液中加入 NaOH 溶液使溶液的体积为原来的 2 倍时，恰好使 50% 的 Mg^{2+} 沉淀。问：

(1) 此时溶液的 pH 值是多少；

（2）其他阳离子被沉淀的摩尔分数是多少？

20. 在 1L 0.20mol·L^{-1} $ZnSO_4$ 溶液中含有 Fe^{2+} 杂质为 0.056g。加入氧化剂将 Fe^{2+} 氧化为 Fe^{3+} 后，调 pH 生成 $Fe(OH)_3$ 而除去杂质，问为何要把 Fe^{2+} 氧化为 Fe^{3+}？如何控制溶液的 pH？已知：$K^{\ominus}_{sp}$ $Zn(OH)_2=1.2\times10^{-17}$，$K^{\ominus}_{sp}Fe(OH)_3=4\times10^{-38}$，$K^{\ominus}_{sp}Fe(OH)_2=8\times10^{-16}$。

21. 将 Na_2SO_4 加到浓度均为 0.10mol·L^{-1} 的 Ba^{2+} 和 Sr^{2+} 的混合溶液中，当 Ba^{2+} 已有 99.99%沉淀为 $BaSO_4$ 时停止加入 Na_2SO_4。计算残留在溶液中 Sr^{2+} 的摩尔分数。已知：$K^{\ominus}_{sp}(BaSO_4)=1.1\times10^{-10}$，$K^{\ominus}_{sp}(SrSO_4)=3.2\times10^{-7}$。

第 5 章　氧化还原反应

氧化还原反应不同于酸碱反应、沉淀反应以及水解反应等不涉及元素化合价的改变的反应。以产生能量为目的而进行的大量化学反应都是氧化还原反应。例如，燃料的燃烧、原电池产生电流、食物的新陈代谢等在化学变化的过程中都伴随有元素化合价的改变，属于氧化还原反应。中学化学中提到的“金属活动顺序”实际上是对氧化还原反应规律的一种粗浅的定量，本章在“电极电势”以及影响电极电势的因素和能斯特方程中，将对它做更深入定量的讨论，这是溶液中发生氧化还原平衡的最基本规律。氧化还原平衡与其他电解质溶液中的平衡具有很多不同的规律，所以有必要在专门的章节中加以讨论。

5.1　氧化还原反应的基本概念

氧化还原反应的概念随着化学科学的发展经过了一些变迁，最初的氧化指金属元素与氧结合，还原指氧化物中的金属脱离氧，重现金属本色。后来随着化学反应越来越多，氧化还原的概念不再拘泥于有无氧的参与，只要化学反应中有电子转移或偏移，元素的价态发生变化，就属于氧化还原反应。中学教材上的定义是：凡是有电子得失的化学反应，就叫做氧化还原反应。物质失去电子的反应就是氧化反应，该物质为还原剂（使其他物质还原），物质得到电子的反应就是还原反应，该物质是氧化剂（使其他物质氧化）。

5.1.1　氧化数

事实上，在很多化学反应中并没有真正发生电子得失，仅仅是新形成的化学键中共用电子对偏向某一原子，例如在下面的反应中：

$$N_2+3H_2 \longrightarrow 2NH_3$$

反应生成的 NH_3 是一种共价化合物，共用电子对微略偏向电负性更大的氮原子，并未真正发生电子的转移。然而习惯上人们把其中的氮说成具有－3 价，每个氢原子为＋1 价，并认为这是一个氧化还原反应。

为此提出了氧化数的概念，1970 年国际纯粹和应用化学联合会（IUPAC）的定义是：氧化数是指某元素一个原子的荷电数，这个荷电数可由假设把每个键中的电子指定给电负性更大的原子。所带电荷有正、负之分，故氧化数也有正负。凡元素原子在化合物中成键时把电子给了（包括“假设”给了）电负性更大的原子，则该元素在此化合物中的氧化数为正，而化合物中电负性更大的元素原子氧化数则为负。

根据这一定义，可以得出确定“氧化数”的规则如下：

① 在离子型化合物中，阴阳离子的电荷数就是它们的氧化数。如 NaCl 中钠是＋1 价离子，其氧化数为＋1；氯是－1 价离子，其氧化数为－1，整个化合物氧化数的代数和等于零。

② 在具有极性键的共价化合物中，原子的表观价态就是它们的氧化数。例如 HCl 中，氢原子的表观价态是＋1，则其氧化数为＋1；氯原子的表观价态是－1，则其氧化数为－1。在 NH_3 分子中，每个氢原子氧化数为＋1，电负性较大的氮原子氧化数为－3，整个化合物氧化数的代数和亦为零。

③ 所有单质中原子的氧化数为零。除过氧化物、超氧化物、$O_2(PtF_6)$ 和 OF_2 以外化合物中，氧的氧化数一般为－2。除金属氢化物以外的化合物中，氢的氧化数为＋1。这些是

计算其他元素原子氧化数的标准。

④ 对于酸根等原子团，氧化数的代数和应等于原子团的总电荷。例如 SO_4^{2-} 中每个氧原子的氧化数为－2，则硫原子的氧化数可计算如下：

解：
$$4(-2)+x=-2$$
$$x=+6$$

⑤ 在复杂的情况下，氧化数可以是分数、零（非单质），并且不必考虑实际的成键情况。如 $Fe(CO)_5$ 中 Fe 的氧化数为 0。

【例 5-1】 计算 Fe_3O_4 中铁原子的氧化数。

因为氧原子的氧化数为－2，整个化合物氧化数代数和为零，故有：
$$3x+4(-2)=0$$
$$x=+8/3$$
在 Fe_3O_4 中铁原子的氧化数为＋8/3。

【例 5-2】 计算 $Na_2S_2O_3$ 分子中硫原子的氧化数。

解：因为钠离子氧化数为＋1，氧原子氧化数为－2，设硫原子氧化数为 x，则：
$$2(+1)+2x+3(-2)=0$$
$$x=-\frac{2(+1)+3(-2)}{2}=2$$

从结构可知，在 $S_2O_3^{2-}$ 中两个硫原子价态是不一样的，处于中心的一个硫原子为＋6价，而替代氧原子的那一个硫原子应为－2 价，在前例 Fe_3O_4 中，三个 Fe 原子实际带电荷情况也不一样，但在计算氧化数时是不必考虑实际成键情况的，只需计算平均带电量，它是一种假设的表观经验性的化合价。

【例 5-3】 计算 CH_4、C_2H_4、C_2H_2 中碳原子的氧化数。

解：因为这些化合物中氢原子氧化数为＋1，虽然 C 的共价数都是 4，但共价数和氧化数不同，故有：

CH_4 中碳原子的氧化数＝－4

C_2H_4 中碳原子的氧化数＝－4/2＝－2

C_2H_2 中碳原子的氧化数＝－2/2＝－1

并不考虑实际成键情况。

IUPAC 对氧化数做这样的规定，对于氧化还原反应的研究具有重要意义。

5.1.2　氧化还原反应方程式的配平

氧化还原反应方程式是化学方程式中较难配平的一类。主要的困难在于弄不清氧化数的变化，而无法配平化学式前面的系数，有时又会剩下一些氧原子、氢原子不好处理。所以氧化还原方程式的配平主要在于寻找一种简便准确方法，把氧化剂、还原剂找出来，并且弄清它们氧化数的改变。下面介绍常用的两种方法。

5.1.2.1　氧化数法

我们选择两个氧化还原反应：
$$FeCl_3+Cu \longrightarrow FeCl_2+CuCl_2$$
$$KMnO_4+H_2S+H_2SO_4 \longrightarrow MnSO_4+K_2SO_4+S\downarrow+H_2O$$

以这两个实例说明配平氧化还原方程式的方法。用氧化数法配平方程式的步骤如下：

① 首先写出未配平的方程式，找出反应物中何者氧化数发生了改变，以确定氧化剂和还原剂。
$$Fe^{+3}Cl^{-1}_3+Cu^0 \longrightarrow Cu^{+2}Cl_2^{-1}+Fe^{+2}Cl_2^{-1}$$
可见 $FeCl_3$ 中 Fe^{3+} 氧化数降低，它是氧化剂，Cu 的氧化数升高，它是还原剂。

② 根据整个反应氧化数变化的代数和应等于零的原则，配平氧化剂和还原剂化学式前面的系数。反应前后的变化情况可用箭号标注。

最后得出：$2FeCl_3 + Cu \longrightarrow 2FeCl_2 + CuCl_2$

第二个例子情况要复杂一些。首先完成以上两个步骤：①、②

$$\overset{+7}{K}MnO_4 + H_2\overset{-2}{S} + H_2SO_4 \longrightarrow \overset{+2}{Mn}SO_4 + \overset{0}{S} + K_2SO_4 + H_2O$$

Mn：$2-7=-5 \quad \times 2$

S：$0-(-2)=+2 \quad \times 5$

配平氧化剂与还原剂的系数

$$2KMnO_4 + 5H_2S + H_2SO_4 \longrightarrow 2MnSO_4 + 5S\downarrow + K_2SO_4 + H_2O$$

还有 H_2SO_4 和 H_2O 的系数没有配平。

③ 根据反应前后原子个数不变的原则配平其余未参加反应物质的系数。

根据生成物中需要三个 SO_4^{2-}，反应物中应有三个分子 H_2SO_4，反应物此时多余的 8×2 个 H 原子和 2×4 个 O 原子在生成物中形成 8 个 H_2O，最后得到：

$$2KMnO_4 + 5H_2S + 3H_2SO_4 = 2MnSO_4 + 5S\downarrow + K_2SO_4 + 8H_2O$$

可见对于较简单的反应用氧化数法就能很快配平；但对于较复杂的反应，在不熟练的情况下就很难用此法顺利配平了，此时可以采用离子-电子法来配平。

5.1.2.2 离子-电子法

离子-电子法又称“半电池法”。就是说首先要把一个完整的氧化还原反应拆成两个“半反应”，一个是氧化反应，另一个是还原反应，两个半反应得失电子数目应相等。然后再把两个配平了的半反应方程式相加得出一个完整的方程式。实际进行的电池反应中，氧化、还原被分开在不同区域，半反应法更体现实际反应，有助于原电池的设计。用离子-电子法配平氧化还原方程式的原则是：

① 根据质量守恒定律，反应前后各种元素的原子总数相等；

② 根据电荷平衡，反应前后各物种所带电荷总数之和相等。

为了简化起见，有些反应可用离子方程式形式表示，现以第一例具体讨论如下：

① 根据化学方程式，标出元素原子的氧化态，特别是同一元素反应前后不同氧化态，用相同的下划线标出。以同一元素反应前后不同的氧化态，写出氧化和还原两个半反应的离子方程式：

$$\underline{Fe^{+3}Cl_3^{-1}} + \underline{\underline{Cu^0}} \longrightarrow \underline{\underline{Cu^{+2}Cl_2^{-1}}} + \underline{Fe^{+2}Cl_2^{-1}}$$

还原反应　$Fe^{3+} \longrightarrow Fe^{2+}$

氧化反应　$Cu \longrightarrow Cu^{2+}$

② 根据电荷平衡，分别配平两个半反应电荷。

$$Fe^{3+} + e^- \longrightarrow Fe^{2+}$$

$$Cu - 2e^- \longrightarrow Cu^{2+}$$

③ 根据物料平衡，配平各半反应原子种类和数目。本反应原子数目和种类已平衡。

④ 要进行完整的电池反应，乘最小公倍数，使两半反应得失电子数相等。

$$\times 2 \quad 2Fe^{3+} + 2e^- \longrightarrow 2Fe^{2+}$$

$$\times 1 \quad Cu - 2e^- \longrightarrow Cu^{2+}$$

⑤ 合并两半反应，也可以进一步改写成一般的化学方程式

$$2FeCl_3 + Cu = 2FeCl_2 + CuCl_2$$

再用第二个例子具体说明如下。

① 出两个半反应式：

$$K\underline{Mn^{+7}O_4} + \underline{H_2S^{-2}} + H_2SO_4 \longrightarrow \underline{Mn^{+2}SO_4} + \underline{S^0}\downarrow + K_2SO_4 + H_2O$$

还原反应　$MnO_4^- \longrightarrow Mn^{2+}$

氧化反应　$H_2S \longrightarrow S$

② 根据电子得失数应相等的原则配平系数：

$$MnO_4^- + 5e^- \longrightarrow Mn^{2+}$$
$$H_2S - 2e^- \longrightarrow S$$

③ 根据物料平衡，配平各半反应原子种类和数目。用 8 个 H^+ 与 MnO_4^- 中的 4 个 O 结合。

$$MnO_4^- + 5e^- + 8H^+ \longrightarrow Mn^{2+} + 4H_2O$$
$$H_2S - 2e^- \longrightarrow S + 2H^+$$

④ 要进行完整的电池反应，乘最小公倍数，使两半反应得失电子数相等。

$$\times 2 \quad 2MnO_4^- + 10e^- + 16H^+ \longrightarrow 2Mn^{2+} + 8H_2O$$
$$\times 5 \quad 5H_2S - 10e^- \longrightarrow 5S + 10H^+$$

⑤ 合并两半反应，也可以进一步改写成一般的化学方程式

$$2MnO_4^- + 5H_2S + 16H^+ \longrightarrow 2Mn^{2+} + 5S + 8H_2O + 10H^+$$

削去反应前后相同的部分 H^+，如系数不是最小倍数，可约去一定倍数。

$$2MnO_4^- + 5H_2S + 6H^+ \longrightarrow 2Mn^{2+} + 5S + 8H_2O$$

或 $2KMnO_4 + 5H_2S + 3H_2SO_4 \Longrightarrow 2MnSO_4 + 5S\downarrow + K_2SO_4 + 8H_2O$

配平步骤是：

① 写出主要反应物和生成物的离子式；

② 根据元素原子氧化数的变化情况，分别找出氧化剂及还原产物、还原剂及被氧化产物，写出两个半反应；

③ 根据介质酸碱性配平两个半反应，先用加减电子数的方法使方程式两边电荷数相等，再使等号两边各种元素的原子数相等；

④ 将两个半反应分别乘以相应的系数使得失电子数相等，然后两半反应相加，即得到配平的离子方程式。

在配平中经常会遇到反应物需去氧或加氧的情况，处理方法如下：

去氧［O］：在酸性溶液中，用两个 H^+ 去掉一个［O］，生成一分子 H_2O；

在中性或碱性溶液中，用一分子水去掉一个［O］，生成两份 OH^-；

在产物中需加氢［H］，相当于去氧［O］。

加氧［O］：在碱性溶液中，加两份 OH^- 等于加一份［O］，再生成一份水；

在中性或酸性溶液中，用一份水等于加一份［O］，再有两份 H^+ 生成；

在产物中需去［H］，相当于加［O］。

在酸性溶液中，方程式中不能有 OH^- 出现，在碱性溶液中，方程式中不能出现 H^+。

对于水溶液中的反应，用离子-电子法配平可直观地反映出该原电池（或理论上原电池）氧化电对和还原电对上（负极或正极）的反应，也能反映出水溶液中氧化还原反应的本质。但对非电解质溶液中的氧化还原反应，如炼铁中反应：

$$Fe_2O_3 + 3CO \Longrightarrow 2Fe + 3CO_2$$

并无离子存在，用这种办法配平是不适宜的。

5.2　原电池与电极电势

5.2.1　原电池

1799 年，意大利物理学家 Volta A，用锌片和铜片放入盛有盐水的容器中，制成了世界

上第一个原电池——Volta 电池，为电化学的建立和发展开辟了道路。后来人们把利用自发的氧化还原化学反应产生电流的装置都称为原电池。

将锌板（最好是锌粉）放入硫酸铜溶液中，发生典型的自发反应：

$$Zn+Cu^{2+} = Zn^{2+}+Cu \qquad \Delta_r H_m^{\ominus} = -218.66kJ \cdot mol^{-1}$$

由于 Cu^{2+} 直接与锌接触，因此电子便由锌直接传递给 Cu^{2+}，受电势能差驱动，从各个方向向锌索取电子的 Cu^{2+} 的运动是毫无秩序的，故虽有电子转移，但并没有电子的定向流动。在这个氧化还原反应中释放出的能量（化学能）都转化成了热能。

欲使氧化还原反应的化学能转变成电能，产生电流，从而证明氧化还原反应发生了电子的转移，必须设计一种装置，把 Zn 片（还原剂）和 $CuSO_4$ 溶液（氧化剂）分开，不让 Zn 与 Cu^{2+} 直接接触，让电子通过溶液外的金属导线从 Zn 转移给 Cu^{2+}，在这种情况下，电子的运动不再是杂乱无章的了，而是沿着导线定向运动，电子的定向运动即产生电流，化学能就转变成电能。这种利用氧化还原反应产生电流的装置，即使化学能转变为电能的装置叫做原电池。

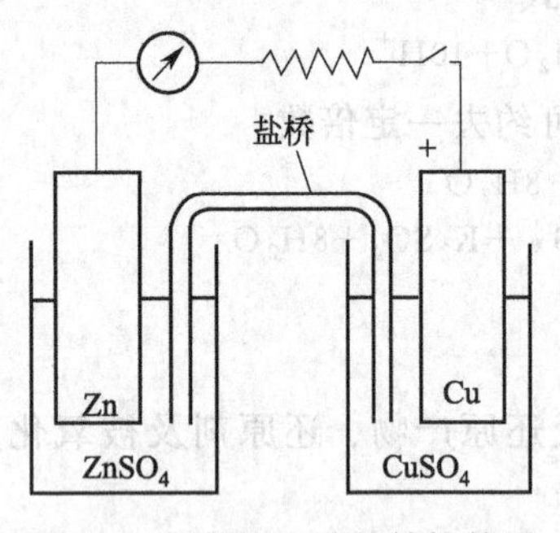

图 5-1　铜锌原电池的结构简图

5.2.2　原电池的组成

Zn-Cu 原电池也称为 Daniell 电池。图 5-1 是铜锌原电池的结构简图，从图可知，一般原电池由以下三部分构成：

5.2.2.1　半电池和电极

硫酸锌溶液和锌片，为氧化半电池，其中 Zn^{2+}/Zn 构成一电对；硫酸铜溶液和铜片，为还原半电池，其中 Cu^{2+}/Cu 构成另一电对。原电池中给出电子发生氧化反应的电极叫做负极，如上述的锌板为负极；接受电子发生还原反应的电极叫做正极，如上述的铜板为正极。Daniell 电池的两极反应和电池反应如下：

负极：　$Zn(s) = Zn^{2+}(aq) + 2e^-$　　氧化反应

正极：　$Cu^{2+}(aq) + 2e^- = Cu(s)$　　还原反应

电池总反应：　$Zn(s)+Cu^{2+}(aq) = Cu(s)+Zn^{2+}(aq)$

若用 Cu 片和硫酸铜溶液与 Ag 片和硝酸银溶液组成银铜原电池，由于铜比银要活泼，铜为负极、银为正极。两极反应和电池反应分别为：

负极：　$Cu(s) = Cu^{2+}(aq)+2e^-$　　氧化反应

正极：　$Ag^+(aq)+e^- = Ag(s)$　　还原反应

电池总反应：　$2Ag^+(aq)+Cu(s) = Cu^{2+}(aq)+2Ag(s)$

从上面的半反应式可以看出，每一个电极反应中都有两类物质：一类是可作为还原剂的物质，称为还原态物质，如上面所写的半反应中的 Zn 、Cu 等，另一类是可作为氧化剂的物质，称为氧化态物质，如 Cu^{2+}、Ag^+ 等。氧化态物质与其对应的还原态物质构成电对(同种元素两种不同氧化态的物质)，通常记为氧化态/还原态。如上面例子中 Zn^{2+}/Zn 、Cu^{2+}/Cu 和 Ag^+/Ag。对于稍复杂一些的反应，氧化态和还原态严格地说是指电极反应式左侧和右侧除电子外的所有物质。例如：

$$MnO_4^- + 8H^+ + 5e^- = Mn^{2+} + 4H_2O$$

其氧化态物质是指（MnO_4^-，$8H^+$），还原态物质是指（Mn^{2+},$4H_2O$）。但一般情况下只写氧化数有变化的物质，且不写化学计量数。该反应电对写作：MnO_4^- / Mn^{2+} 。

电池的半反应式可用一个通式表示：

$$氧化态 + ne^- \rightleftharpoons 还原态$$

式中 n 为电极反应中转移电子的化学计量数。

上述例子中的电对均为金属及其离子，由于金属都是导体，电子通过金属及导线可由一电对到另一电对，方便地构成原电池。除金属及其对应的金属盐溶液以外，还有金属及其难溶盐电极，如 $AgCl/Ag$，Hg_2Cl_2/Hg 等。不过从本质上讲，这类电极还是金属离子及其盐溶液电极，只不过因大量沉淀剂存在，金属离子浓度很小而已。还有非金属单质及其对应的非金属离子（如 H_2 和 H^+，O_2 和 OH^-，Cl_2 和 Cl^-），同一种金属不同价的离子（如 Fe^{3+} 和 Fe^{2+}，Sn^{4+} 和 Sn^{2+}）等。对于后两者，在组成电极时常需外加惰性导电材料如 Pt 来帮助其导电。

原则上，任何一个氧化还原反应都可以装成原电池。例如，对于下述反应：

$$2Fe^{2+}(c_1) + Cl_2(p_1) = 2Fe^{3+}(c_2) + 2Cl^-(c_3)$$

可分解为两个半反应式：

氧化反应：$$Cl_2(p_1) + 2e^- = 2Cl^-(c_3)$$

还原反应：$$Fe^{2+}(c_1) = Fe^{3+}(c_2) + e^-$$

5.2.2.2 盐桥

原电池中的盐桥通常是一 U 形玻璃管或塑料管，其中装入含有琼脂的饱和氯化钾溶液，其作用是接通内电路和进行电性中和。

因为在氧化还原反应进行过程中 Zn 氧化成 Zn^{2+}，使硫酸锌溶液因 Zn^{2+} 增加而带正电荷；Cu^{2+} 还原成 Cu 沉积在铜片上，使硫酸铜溶液因 Cu^{2+} 减少而带负电荷。这两种电荷都会阻碍原电池中反应的继续进行。当有盐桥时，盐桥中的 K^+ 和 Cl^- 分别向硫酸铜溶液和硫酸锌溶液扩散（K^+ 和 Cl^- 在溶液中迁移速率近于相等）。从而保持了溶液的电中性，使电流继续产生。选择盐桥中电解质时要注意的是此电解质不与两个半电池溶液发生化学反应。如果半电池溶液是 $AgNO_3$ 溶液，其中的 Ag^+ 与 Cl^- 生成沉淀 AgCl，此时不能用 KCl，可改用 KNO_3 或 NH_4NO_3。

根据盐桥的作用，也可以用一个能够让离子通过的不施釉的素烧瓷或其他离子膜代替，目的是构成回路，使两个半电池无过剩电荷，氧化还原反应能继续进行。

实际使用的很多原电池，若氧化剂、还原剂均为固体，如锌锰原电池、铅酸蓄电池，氧化剂分别为石墨支撑的 MnO_2、PbO_2，还原剂分别为 Zn、Pb，氧化剂、还原剂不必分开在两个隔开的半电池，安放时只要不直接接触，中间有电解液，就无需盐桥。

5.2.2.3 外电路

用金属导线把一个灵敏电流计与两个电极串联起来，接通外电路。从电流计的转动和偏向可知氧化还原反应是否进行及电子流动的方向。

5.2.3 原电池的符号

原电池的装置可用符号来表示。按惯例，负极写在左边，正极写在右边，以双垂线（‖）表示盐桥，以单垂线（|）表示两个相之间的界面。盐桥的两边应该是半电池组成中的溶液。例如 Daniell 电池可表示为：

$$(-)\ Zn \mid Zn^{2+}(c_1) \parallel Cu^{2+}(c_2) \mid Cu\ (+)$$

同一个铜电极，在铜锌原电池中作为正极，这时表示为 $Cu^{2+}(c_2) \mid Cu\ (+)$。但是在银铜原电池中作为负极，这时表示为 $(-)\ Cu \mid Cu^{2+}(c_2)$。下列反应：

$$2Fe^{2+}(c_1) + Cl_2(p_1) = 2Fe^{3+}(c_2) + 2Cl^-(c_3)$$

因两电对分别是两种不同价态的金属离子和非金属及其离子，电对物质本身不能导电，需引进辅助电极。此原电池表示为：

$$(-)\ Pt \mid Fe^{2+}(c_1), Fe^{3+}(c_2) \parallel Cl^-(c_3) \mid Cl_2(p_1) \mid Pt(+)$$

Fe^{2+}，Fe^{3+} 均在溶液相中，彼此无界面，不用表示界面的单垂线（|），只需用逗号分开即可。注意盐桥（‖）两边一定是两种溶液，表示盐桥连接两溶液。电对中的离子要标出浓度，气体要标出分压，如果没给出具体数据可分别用“c_i”、“p_i”表示，因离子浓度或气体分压不同，电极电势不同（将在下面讲到）。

5.3 电极电势

5.3.1 电极电势的产生

测定锌铜原电池的电流方向时，可知 Cu 为正极，Zn 为负极。在中学化学中电极的正负极可依据金属活动顺序表判断。但在水溶液中情况要稍复杂些，必须学习一些新的概念和新的方法。

1889 年，德国科学家 W. Nernst 首先提出，后经其他科学家的完善，建立了双电层理论，对电极电势产生的机理做了较好的解释。

当把金属插入其盐溶液时，在金属与其盐溶液的界面上会发生两种不同的过程。一是金属表面的正离子受极性水分子的吸引，有变成溶剂化离子进入溶液而将电子留在金属表面的倾向。金属越活泼，溶液中金属离子浓度越小，上述倾向就越大。二是溶液中的金属离子也有从溶液中沉积到金属表面的倾向。溶液中金属离子浓度越大，金属越不活泼，这种倾向就越大。当溶解与沉积这两个相反过程的速率相等时，即达到动态平衡。

$$M(s) \rightleftharpoons M^{n+}(aq) + ne^-$$

当金属溶解倾向大于金属离子沉积倾向时，则金属表面带负电层，这些电荷集中在金属表面，靠近金属表面附近处的溶液带正电层，这样便构成“双电层”。如图 5-2(a) 所示。相反，若沉积倾向大于溶解倾向，则在金属表面形成正电层，金属附近的溶液带负电层。也形成“双电层”。如图 5-2(b) 所示。

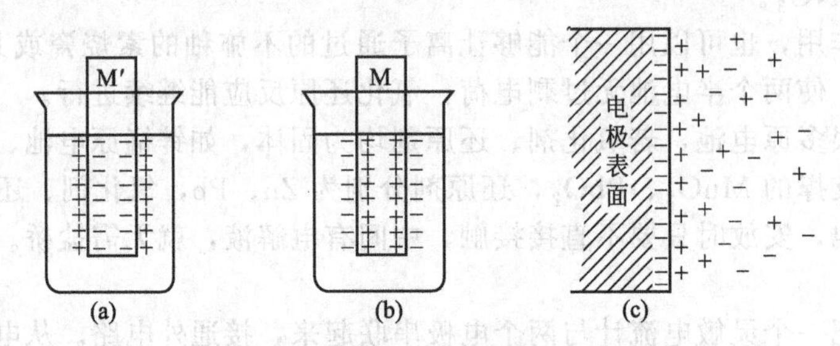

图 5-2 双电层图（金属表面带负电）

无论形成何种双电层，在金属与其盐溶液之间都产生电势差。这种电势差叫金属电极的平衡电极电势，也叫可逆电极电势，简称电极电势。可以看出，金属电极（或其他电极）的电极电势在温度一定的情况下主要取决于金属本性，此外还与其离子浓度有关。可以用电极电势来衡量金属失电子的能力。

5.3.2 标准电极电势

既然电极电势的大小反映了金属得失电子能力的大小，如果能确定电极电势的绝对值，就可以定量地比较金属在溶液中的活泼性。如锌铜原电池的电势差是 1.1V，由于盐桥把两溶液间的电势差拉平，则铜电极的电势比锌电极高 1.1V，那铜电极和锌电极的电极电势分别是多少呢？迄今为止，人们尚无法测定电极电势的绝对值。为了对所有电极的电极电势大小做系统的、定量的比较，按照 1953 年国际纯粹和应用化学联合会的建议，采用标准氢电极作为标准电极，规定其电极电势为零，以此来衡量其他电极的电极电势。这个建议已被接受和承认。

5.3.2.1　标准氢电极

如图 5-3(a) 所示，标准氢电极是将镀有一层海绵状铂黑的铂片浸入氢离子标准浓度的溶液中，并不断通入压力为 100kPa 的纯氢气，使铂黑吸附 H_2 至饱和，被铂黑吸附的 H_2 与溶液中的 H^+ 在 298.15K 时建立如下半衡：

$$2H^+(1.0\ mol\cdot L^{-1}) + 2e^- \rightleftharpoons H_2(100kPa)$$

这样，在铂片上吸附的氢气与溶液中的 H^+ 组成电对 H^+/H_2，构成标准氢电极。此时，铂片吸附的氢气与酸溶液 H^+ 之间的电极电势称为氢电极的标准电极电势。并规定标准氢电极的电极电势为零，即 $E^\ominus(H^+/H_2)=0V$（在氢电极与 H^+ 溶液间存在电势差，零是与其他电对比较时所选的水准面）。

5.3.2.2　标准电极电势的测定

欲测定某电极的标准电极电势，可把该标准态电极与标准氢电极组成原电池，测定该原电池的电动势。由于标准氢电极的电极电势规定为零，通过计算就可确定待测电极的标准电极电势。测定时必须使待测电极处于标准态（即若为溶液，其浓度为 $1.0mol\cdot L^{-1}$，若为气体，其压力为 100kPa），温度通常取 298.15K。例如，欲测锌电极的标准电极电势，可组成原电池：

$$(-)\ Zn\mid Zn^{2+}(1.0mol\cdot L^{-1})\parallel H^+(1.0mol\cdot L^{-1})\mid H_2(100kPa)\mid Pt(+)$$

测定时，通过电流计指针偏转方向，可知电子从锌电极流向氢电极。所以锌电极为负极，氢电极为正极。在 298.15K 时，测得该原电池的标准电动势 $E^\ominus$ 为 0.762V。

$$E^\ominus=E^\ominus(+)-E^\ominus(-)=E^\ominus(H^+/H_2)-E^\ominus(Zn^{2+}/Zn)=0.762V$$

因为 $E^\ominus(H^+/H_2)=0V$

所以 $E^\ominus(Zn^{2+}/Zn)=-0.762V$

用类似的方法可测得许多电极的标准电极电势，见附录 6。附录 6 列出了标准电极电势。此表是按标准电极电势代数值由小到大的顺序排列的。查阅标准电极电势数据时，要与所给条件相符。

标准氢电极要求氢气纯度很高，压力要稳定，且铂要较好地镀黑，以便吸氢良好。但是铂在溶液中易吸附其他物质而中毒，失去活性，条件不易掌握。因此，在实际测定中常用易于制备，使用方便且电极电势稳定的甘汞电极［见图 5-3(b)］或银-氯化银电极作为参比电极（它们的电极电势也是通过与标准氢电极组成原电池测得的）。

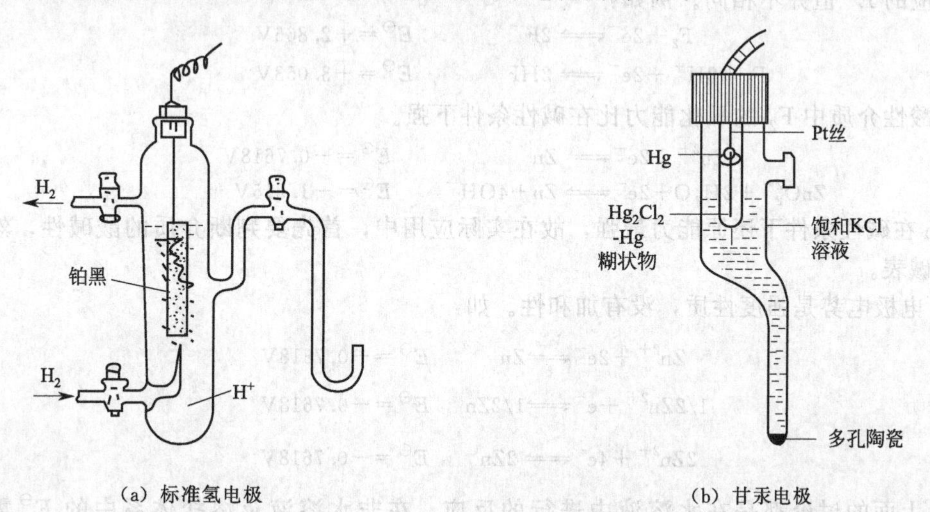

图 5-3　标准氢电极和甘汞电极

5.3.2.3　标准电极电势表

把各种氧化还原电对及 $E^{\ominus}$ 值按一定顺序排列起来形成的表格叫标准电极电势表。我们现在的表是分成比 $E^{\ominus}(H^+/H_2)$ 高和比 $E^{\ominus}(H^+/H_2)$ 低的两个部分排列的。该表的第一栏是电极反应过程栏，以还原反应方式表示，即反应物为氧化态，产物为还原态，$M^{n+}+ne^- \rightleftharpoons M$；第二栏为标准电极电势数值，其符号均为以标准氢电极作为负极，待测电极为正极时测得（或计算）的电动势符号。有的书中称此表为“标准还原电势表”，其还原的含义就是均作为正极，发生还原反应。

标准电极电势表在使用中应注意：

① 只要两个电极的标准电极电势不等，具有一定的差值，则这两电极即能组成原电池，发生氧化还原反应。其方向总是表上端的电极（负极）发生氧化反应，表下端的电极（正极）发生还原反应，其电池电动势为下端电极的标准电极电势减去上端电极的标准电极电势。如标准铜极与标准锌极，如图 5-4 即电池反应方向为“Z”形，反应发生在对角上 Cu^{2+} 与 Zn 之间，Cu^{2+} 为氧化剂，Zn 为还原剂。在此条件下 Cu 与 Zn^{2+} 则不能发生氧化还原反应。

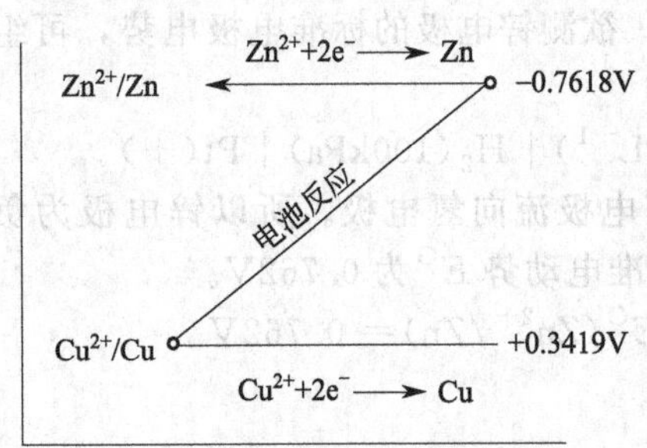

图 5-4　电极反应方向示意图

表中电对的电极电势数值相差越大，则发生氧化还原反应的趋势越大，电池电动势越高。表中越上边的右端越是强还原剂，越是下边左端越是强氧化剂。物质只要是上右位置遇到下左位置就能发生氧化还原反应。其方向如图 5-4 所示。当然表中给的数据均为标准态的，若非标准态，还与其离子浓度（更确切的是活度）有关，但主要还决定于物质本性，这些稍后还可从定量角度解释。

② 表中不同金属 $E^{\ominus}$ 值从小到大排列的顺序与中学所学金属活动顺序大致相同，但不完全一致。中学的金属活动顺序表是按金属原子第一电离能（即气态金属原子失去电子能力）由小到大排列；而按 $E^{\ominus}$ 值排列是金属原子在水溶液中变成水合离子整个过程放出的能量（为吉布斯自由能变 $\Delta G^{\ominus}$）。$E^{\ominus}$ 值也可从 $\Delta G^{\ominus}$ 换算出来，放出的吉布斯自由能变 $\Delta G^{\ominus}$ 越多，电极电势越低。

③ 表中的 $E^{\ominus}$ 值分为酸性介质和碱性介质两种情况。同一电对，在不同介质条件下发生还原反应的 $E^{\ominus}$ 值并不相同。例如：

$$F_2+2e^- \rightleftharpoons 2F^- \qquad E^{\ominus}=+2.866V$$

$$F_2+2H^++2e^- \rightleftharpoons 2HF \qquad E^{\ominus}=+3.053V$$

说明在酸性介质中 F_2 的氧化能力比在碱性条件下强。

又如：

$$Zn^{2+}+2e^- \rightleftharpoons Zn \qquad E^{\ominus}=-0.7618V$$

$$ZnO_2^{2-}+2H_2O+2e^- \rightleftharpoons Zn+4OH^- \qquad E^{\ominus}=-1.215V$$

说明 Zn 在碱性条件下还原能力最强，故在实际应用中，首先要判断介质的酸碱性，然后查酸表或碱表。

④ 电极电势是强度性质，没有加和性。如：

$$Zn^{2+}+2e^- \rightleftharpoons Zn \qquad E^{\ominus}=-0.7618V$$

$$1/2Zn^{2+}+e^- \rightleftharpoons 1/2Zn \qquad E^{\ominus}=-0.7618V$$

$$2Zn^{2+}+4e^- \rightleftharpoons 2Zn \qquad E^{\ominus}=-0.7618V$$

⑤ 上面的讨论都是在水溶液中进行的反应，在非水溶液及熔盐体系中的 $E^{\ominus}$ 需另行讨论。

5.4 影响电极电势的因素

标准电极电势是在标准状态下测得的数值，但实际上许多化学反应并非在标准状态下进行，而且随着反应的进行，溶液的浓度、温度或体系的压力都可能发生变化，这时电极电势的数值也必将随之发生变化。如实验室用 MnO_2 和 HCl 制备氯气，$E^\ominus(MnO_2/Mn^{2+})=1.23V$，$E^\ominus(Cl_2/Cl^-)=1.36V$，$E^\ominus(MnO_2/Mn^{2+})<E^\ominus(Cl_2/Cl^-)$，但使用浓 HCl 时，$MnO_2$ 把浓 HCl 中的 Cl^- 氧化成 Cl_2，显然，此时的 $E(MnO_2/Mn^{2+})>E(Cl_2/Cl^-)$。同一电对在不同条件下电极电势不同，这就是本节要讨论的问题——Nernst 方程式。

5.4.1 Nernst 方程式

德国科学家 Nernst 从理论上推导出电池的电动势和电极电势与溶液中离子浓度（或气体分压）、温度的关系。对于一般的半反应

$$a\ \text{氧化态}+ne^- \longrightarrow b\ \text{还原态}$$

其电极电势 E 与标准电极电势 $E^\ominus$ 间的关系可用 Nernst 方程表示为

$$E=E^\ominus+\frac{RT}{nF}\cdot\ln\frac{c(\text{氧化剂})^a}{c(\text{还原剂})^b} \tag{5-1}$$

式中，E 为电对中离子在某一浓度（气体为某一分压）时的电极电势；$E^\ominus$ 为该电极的标准电极电势；n 为电极半反应得失电子数；F 称为法拉第常数，其值为 $96500C\cdot mol^{-1}$；R 为气体常数，其值为 $8.315mol\cdot K^{-1}$；T 为热力学温度；c（氧化态）、c（还原态）分别为电对中氧化态物质和还原态物质的相对浓度 $c/c^\ominus$（或相对分压 $p/p^\ominus$）；a、b 分别为电极反应中氧化态物质和还原态物质的计量系数。

从式中可知，影响电极电势的因素主要有三个：①电极的本性，不同的电极反应，其标准电极电势 $E^\ominus$ 值不同；②氧化型物质和还原型物质的浓度（或分压）以及溶液的酸度；③反应温度。

由于水溶液中的化学反应通常是在常温下进行的，而且温度对电极电势的影响并不显著，因此，把温度固定为 298.15K。将上述三个常数 F、R、T 的值代入式(5-1) 中，并进行对数底的换算，则式(5-1) 可简化为

$$E=E^\ominus+\frac{0.0592}{n}\cdot\lg\frac{c(\text{氧化剂})^a}{c(\text{还原剂})^b} \tag{5-1a}$$

在应用 Nernst 方程式时，应注意以下几点：

① 电极反应中各物质的计量系数为其相对浓度或相对分压的指数。

② 电极反应中的纯固体或纯液体，不列入 Nernst 方程式中。由于反应常在稀的水溶液中进行，H_2O 也可作为纯物质看待而不列入式中。

③ 若在电极反应中有 H^+ 或 OH^- 参加反应，则这些离子的相对浓度应根据反应式计入 Nernst 方程式中。例如：

$$MnO_2(s)+4H^+(aq)+2e^- \longrightarrow Mn^{2+}(aq)+2H_2O$$

$$E(MnO_2/Mn^{2+})=E^\ominus(MnO_2/Mn^{2+})+\frac{0.0592}{2}\cdot\lg\frac{c(H^+)^4}{c(Mn^{2+})}$$

$$O_2(g)+2H_2O+4e^- \longrightarrow 4OH^-(aq)$$

$$E(O_2/OH^-)=E^\ominus(O_2/OH^-)+\frac{0.0592}{4}\cdot\lg\frac{p(O_2)/p^\ominus}{c(OH^-)^4}$$

5.4.2　浓度对电极电势的影响

从 Nernst 方程可知，对给定电对来讲，E 的大小只决定于氧化型物质和还原型物质浓度的比值。也就是说，任何能改变 $c(\text{氧化型})^a/c(\text{还原型})^b$ 比值的途径都可使 E 发生改变。改变离子浓度的途径很多，例如配制不同浓度的溶液，加水稀释；加入沉淀剂或配合剂（在配位平衡中讲）等，因此，浓度对电极电势的影响可表现在以下几个方面。

5.4.2.1　氧化型物质或还原型物质本身浓度的改变

【例 5-4】 若 Cu^{2+} 浓度为 $0.01\text{mol}\cdot\text{L}^{-1}$，计算电对 Cu^{2+}/Cu 的电极电势。

解：从附录中查得：

$$Cu^{2+}(aq)+2e^- \longrightarrow Cu(s);E^{\ominus}(Cu^{2+}/Cu)=0.3419\text{V}$$

$$E(Cu^{2+}/Cu)=E^{\ominus}(Cu^{2+}/Cu)+\frac{0.0592}{2}\cdot \lg c(Cu^{2+})$$

$$=0.3419+\frac{0.0592}{2}\cdot\lg(0.01)=0.2827(\text{V})$$

计算结果表明，氧化型物质浓度减小时，电极电势的代数值减小，还原型物质的还原性增强，上述电极反应的平衡向左移动。若有还原性物质在该方程式中，因其在对数项的分母上，故还原型物质浓度减小时，电极电势增加。

5.4.2.2　稀释溶液改变离子浓度

【例 5-5】 在 298.15K 时，将下列电极溶液用水稀释 10 倍，试分别计算稀释后各电极的电极电势。

(1) $Zn \mid Zn^{2+}(1\text{mol}\cdot\text{L}^{-1})$　　　$E^{\ominus}=-0.76\text{V}$

(2) $Pt \mid Hg^{2+}(1\text{mol}\cdot\text{L}^{-1}),Hg_2^{2+}(1\text{mol}\cdot\text{L}^{-1})$　　　$E^{\ominus}=0.92\text{V}$

(3) $Pt \mid Fe^{3+}(1\text{mol}\cdot\text{L}^{-1}),Fe^{2+}(1\text{mol}\cdot\text{L}^{-1})$　　　$E^{\ominus}=0.77\text{V}$

解：(1) 电极反应为：$Zn^{2+}+2e^- \longrightarrow Zn$，电极溶液稀释 10 倍后，$c(Zn^{2+})=1/10=0.1\ (\text{mol}\cdot\text{L}^{-1})$，代入 Nernst 方程

$$E(Zn^{2+}/Zn)=E^{\ominus}(Zn^{2+}/Zn)+\frac{0.0592}{2}\cdot\lg c(Zn^{2+})$$

$$=-0.76+\frac{0.0592}{2}\cdot\lg(0.1)=-0.76+(-1)\times 0.0296$$

$$=-0.79(\text{V})$$

(2) 电极反应为：$2Hg^{2+}+2e^- \longrightarrow Hg_2^{2+}$，电极溶液稀释 10 倍后，$c(Hg^{2+})=c(Hg_2^{2+})=1/10=0.1(\text{mol}\cdot\text{L}^{-1})$，代入 Nernst 方程

$$E(Hg^{2+}/Hg_2^{2+})=E^{\ominus}(Hg^{2+}/Hg_2^{2+})+\frac{0.0592}{2}\cdot\lg\frac{c^2(Hg^{2+})}{c(Hg_2^{2+})}$$

$$=0.92+\frac{0.0592}{2}\lg\frac{(0.1)^2}{0.1}=0.92+0.0296\times(-1)$$

$$=0.92-0.0296=0.89(\text{V})$$

(3) 电极反应为：$Fe^{3+}+e^- \longrightarrow Fe^{2+}$，电极溶液稀释 10 倍后，$c(Fe^{3+})=c(Fe^{2+})=1/10=0.1(\text{mol}\cdot\text{L}^{-1})$，代入 Nernst 方程

$$E(Fe^{3+}/Fe^{2+})=E^{\ominus}(Fe^{3+}/Fe^{2+})+\frac{0.0592}{2}\cdot\lg\frac{c(Fe^{3+})}{c(Fe^{2+})}$$

$$=0.77+0.0592\lg\frac{0.1}{0.1}=0.77+0=0.77(\text{V})$$

计算结果说明，通过稀释电极溶液改变离子浓度，只有当 $c^a(\text{氧化型})/c^b(\text{还原型})$

比值发生变化时，其电极电势才能发生相应的变化。对于电极反应 $Fe^{3+}+e^{-} \longrightarrow Fe^{2+}$，稀释后，$c(Fe^{3+})$ 和 $c(Fe^{2+})$ 虽减小，但两者的比值并没有变化，因此，其电极电势基本保持不变。

5.4.2.3 产生沉淀改变离子浓度

金属离子加入沉淀剂后生成沉淀，留在溶液中的原金属离子浓度可急剧减小，因此能较多地改变电极电势。

例如，电极反应 $Ag^{+}+e^{-} \longrightarrow Ag$，$E^{\ominus}=0.799V$。向电极溶液中加入 NaCl，便产生 AgCl 沉淀，留在溶液中的 $c(Ag^{+})$ 急剧减小，可根据 $K_{sp}^{\ominus}(AgCl)$ 计算出：

$$c(Ag^{+})=K_{sp}^{\ominus}(AgCl)/c(Cl^{-})$$

此时，电极电势为：

$$E(Ag^{+}/Ag)=E^{\ominus}(Ag^{+}/Ag)+0.0592\lg c(Ag^{+})$$
$$=E^{\ominus}(Ag^{+}/Ag)+0.0592\lg K_{sp}^{\ominus}(AgCl)/c(Cl^{-})$$

假设达到平衡时，$c(Cl^{-})=1mol \cdot L^{-1}$，则

$$E(Ag^{+}/Ag)=E^{\ominus}(Ag^{+}/Ag)+0.0592\lg K_{sp}^{\ominus}(AgCl)$$
$$=0.799+0.0592\lg 1.6\times10^{-10}$$
$$=0.799-0.578=0.221(V)$$

因 $c(Cl^{-})=1mol \cdot L^{-1}$，所以计算所得的电极电势就是下列电对的标准电极电势：

$$AgCl(s)+e^{-} \longrightarrow Ag+Cl^{-}(aq),\ E^{\ominus}(AgCl/Ag)=0.221V$$

即电极电势 $E^{\ominus}(AgCl/Ag)$ 本质上还是 $E(Ag^{+}/Ag)$，只是此标准态并非 $c(Ag^{+})=1mol \cdot L^{-1}$，而是在 $c(Cl^{-})=1mol \cdot L^{-1}$ 时的 $c(Ag^{+})$。

用同样的方法，可以计算出 AgBr/Ag 和 AgI/Ag 电对的电极电势：

$$E(AgX/Ag)=E^{\ominus}(Ag^{+}/Ag)+0.0592\lg K_{sp}^{\ominus}(AgX)/c(X^{-})$$

当 $c(X^{-})=1mol \cdot L^{-1}$ 时，所求得的电极电势就是相应电对的标准电极电势：

$$E^{\ominus}(AgX/Ag)=E^{\ominus}(Ag^{+}/Ag)+0.0592\lg K_{sp}^{\ominus}(AgX)$$

现将这些电对及其 $E^{\ominus}(AgX/Ag)$ 值对比如下

电 对	$K_{sp}^{\ominus}(AgX)$	$c(Ag^{+})$	$E(Ag^{+}/Ag)$/V
$Ag^{+}+e^{-} \longrightarrow Ag$		1.0	0.799
$AgCl(s)+e^{-} \longrightarrow Ag+Cl^{-}(aq)$	1.6×10^{-10}	1.6×10^{-10}	0.221
$AgBr(s)+e^{-} \longrightarrow Ag+Br^{-}(aq)$	5.3×10^{-13}	5.3×10^{-13}	0.073
$AgI(s)+e^{-} \longrightarrow Ag+I^{-}(aq)$	1.5×10^{-16}	1.5×10^{-16}	−0.151

由上可见，对同类型难溶电解质，随着 $K_{sp}^{\ominus}(AgX)$ 的逐渐减小，在 $c(X^{-})$ 浓度一定时，留在溶液中的 $c(Ag^{+})$ 逐渐减小，$E^{\ominus}(AgX/Ag)$ 降低，Ag^{+} 的氧化能力减小。相反，如果电对中还原型物质生成沉淀（如 X_2/X^{-}），则沉淀物（AgX）的 $K_{sp}^{\ominus}$ 越小，它们的电极电势越高，氧化型物质（X_2）的氧化能力越强。

5.4.2.4 酸度对电极电势的影响

如果电极反应式中包含着 H^{+} 或 OH^{-}，由于 H^{+} 或 OH^{-} 浓度可改变程度很大，所以介质的酸度就会对电极电势产生较大影响。H^{+}（或 OH^{-}）浓度与电极电势的关系同样可以用 Nernst 方程表示。例如，重铬酸根在酸性溶液中的电极反应为：

$$Cr_2O_7^{2-}+14H^{+}+6e^{-} \longrightarrow 2Cr^{3+}+7H_2O,\ E^{\ominus}=1.33V$$

$$E=E^{\ominus}(Cr_2O_7^{2-}/Cr^{3+})+\frac{0.0592}{6}\lg\frac{c(Cr_2O_7^{2-})c(H^{+})^{14}}{c(Cr^{3+})^{2}}$$

从上式可见，由于 $c(H^{+})$ 的指数是 14，且在不同酸碱性时 $c(H^{+})$ 变化幅度很大（可从 $10\sim10^{-15}mol \cdot L^{-1}$），因此介质的酸度对电极电势的影响很大，有时甚至成为控制氧化

还原反应方向的决定因素。这就是说，重铬酸钾在酸性溶液中能氧化某些物质，在中性溶液中却不一定能氧化。

含氧酸盐和高价金属氧化物的半反应中氧化态一端均有 H^+ 参与反应，故这些物质在酸性条件下是强氧化剂，在中性或碱性时氧化性弱。若其他物质均处于标准态，$c(H^+)$ 用 pH 值表示，重铬酸根的电极电势 E 和 pH 值的关系为：

$$E=E^{\ominus}(Cr_2O_7^{2-}/Cr^{3+})-\frac{14\times0.0592}{6}pH$$

如作 E 与 pH 关系图，这就是电势-pH 图。

【例 5-6】 反应 $MnO_2+4HCl \xlongequal{} MnCl_2+Cl_2\uparrow+2H_2O$ 问：①在标准状态下，该反应为什么不能发生？②若使反应发生，HCl 的浓度至少是多少？[已知 $E^{\ominus}(MnO_2/Mn^{2+})=1.23V$，$E^{\ominus}(Cl_2/Cl^-)=1.36V$]

解：电极反应为：$MnO_2(s)+4H^+(aq)+2e^-\longrightarrow Mn^{2+}(aq)+2H_2O(l)$

$$2Cl^-(aq)-2e^-\longrightarrow Cl_2(g)$$

① 在标准状态下，电动势

$$E=E^{\ominus}(MnO_2/Mn^{2+})-E^{\ominus}(Cl_2/Cl^-)=1.23-1.36=-0.13(V)<0$$

该反应不能发生。

② 要使该反应发生 $E(MnO_2/Mn^{2+})\geqslant E(Cl_2/Cl^-)$

即

$$E^{\ominus}(MnO_2/Mn^{2+})+\frac{0.0592}{2}\lg\frac{c(H^+)^4}{c(Mn^{2+})}\geqslant E^{\ominus}(Cl_2/Cl^-)+\frac{0.0592}{2}\lg\frac{p(Cl_2)/p^{\ominus}}{c(Cl^-)^2}$$

为方便起见，假设 $c(Mn^{2+})=1.0mol\cdot L^{-1}$，$p(Cl_2)=100kPa$，设 $c(HCl)=x(mol\cdot L^{-1})$

则 $$E^{\ominus}(MnO_2/Mn^{2+})+\frac{0.0592}{2}\lg x^4\geqslant E^{\ominus}(Cl_2/Cl^-)+\frac{0.0592}{2}\lg x^{-2}$$

$$\lg x\geqslant[E^{\ominus}(Cl_2/Cl^-)-E^{\ominus}(MnO_2/Mn^{2+})]\times\frac{1}{3\times0.0592}$$

$$=(1.36-1.23)\times\frac{1}{3\times0.0592}=0.732$$

$$c(HCl)=x=5.39mol\cdot L^{-1}$$

5.4.3 实际电对物质不为标准态时的标准电极电势

书本上经常出现 $E^{\ominus}(AgCl/Ag)$，$E^{\ominus}(HAc/H_2)$，$E^{\ominus}(H_2O/H_2)$，这三组电对中真正的氧化态物质是 Ag^+ 和 H^+，这里的标准态并非 Ag^+ 和 H^+ 浓度处于标准态，而是该电对反应中的所有物质处于标准态，如 $E^{\ominus}(AgCl/Ag)$，电对反应为：

$$AgCl(s)+e^-\longrightarrow Ag(s)+Cl^-(aq)$$

AgCl、Ag 为固体，本身可作为标准态，这里就是 Cl^- 的浓度为标准态，即 $1.0mol\cdot L^{-1}$。

$$\begin{aligned}E^{\ominus}(AgCl/Ag)&=E^{\ominus}(Ag^+/Ag)+0.0592\lg c(Ag^+)\\&=E^{\ominus}(Ag^+/Ag)+0.0592\lg[K_{sp}^{\ominus}(AgCl)/c(Cl^-)]\\&=E^{\ominus}(Ag^+/Ag)+0.0592\lg K_{sp}^{\ominus}(AgCl)\end{aligned}$$

对于 $E^{\ominus}(HAc/H_2)$，电对反应为：

$$HAc(aq)+e^-\longrightarrow 1/2H_2(g)+Ac^-(aq)$$

这里的标准态是 HAc、Ac^- 的浓度为标准态，即 $1.0mol\cdot L^{-1}$，H_2 的分压为 100kPa。

$$E^{\ominus}(HAc/H_2)=E^{\ominus}(H^+/H_2)+0.0592\ lg=E^{\ominus}(H^+/H_2)+0.0592\ lgc(H_+)$$
$$=E^{\ominus}(H^+/H_2)+0.0592\ lg=E^{\ominus}(H^+/H_2)+0.0592\ lgK^{\ominus}(HAc)$$

对于 $E^{\ominus}(H_2O/H_2)$，电对反应为：

$$H_2O+e^- \longrightarrow 1/2H_2(g)+OH^-(aq)$$

这里的标准态是 OH^- 的浓度为标准态，即 $1.0mol\cdot L^{-1}$，H_2 的分压为 100kPa。

$$E(H_2O/H_2)=E^{\ominus}(H_2O/H_2)+0.0592\ lg=E^{\ominus}(H^+/H_2)+0.0592\ lgc(H^+)$$
$$=E^{\ominus}(H^+/H_2)+0.0592\ lg=E^{\ominus}(H^+/H_2)+0.0592\ lgK_w^{\ominus}$$

5.5 电极电势的应用

电极电势在电化学中有广泛的应用，如计算原电池的电动势，判断氧化还原反应进行的方向以及比较氧化剂和还原剂的相对强弱等。

5.5.1 计算原电池的电动势

当电极中的物质均在标准状态时，电池中电极电势代数值大的为正极，代数值小的为负极，原电池的标准电动势为 $E^{\ominus}=E^{\ominus}(+)-E^{\ominus}(-)$；当电极中的物质为非标准状态时，应先用 Nernst 方程计算出正、负极的电极电势，再由 $E=E(+)-E(-)$ 求算出原电池的电动势。

【例 5-7】 在 298.15K 时，求下列原电池的电动势

$$(-)Ag\mid Ag^+(0.010mol\cdot L^{-1})\parallel Fe^{3+}(0.1mol\cdot L^{-1}),Fe^{2+}(1.0mol\cdot L^{-1})\mid Pt(+)$$

解：由所给原电池的符号可知

正极 $Fe^{3+}+e^- \longrightarrow Fe^{2+}$ 还原反应

负极 $Ag-e^- \longrightarrow Ag^+$ 氧化反应

查表得 $E^{\ominus}(Fe^{3+}/Fe^{2+})=0.770V$ $E^{\ominus}(Ag^+/Ag)=0.7396V$

$$E(Fe^{3+}/Fe^{2+})=E^{\ominus}(Fe^{3+}/Fe^{2+})+0.0592\cdot lg\frac{c(Fe^{3+})}{c(Fe^{2+})}$$
$$=0.770+0.0592\cdot lg0.1/1.0$$
$$=0.7108(V)$$
$$E(Ag^+/Ag)=E^{\ominus}(Ag^+/Ag)+0.0592\cdot lgc(Ag^+)$$
$$=0.7396+0.0592\cdot lg0.010$$
$$=0.6112(V)$$

则
$$E=E(+)-E(-)$$
$$=0.7108-0.6112$$
$$=0.0996\ (V)$$

【例 5-8】 计算下列电池在 298.15K 时的电动势。

$$(-)Pt\mid H_2(100kPa)\mid H_2SO_4(0.017mol\cdot L^{-1})\mid Hg_2SO_4(s),Hg(+)$$

解：由所给原电池的符号可知

正极 $Hg_2SO_4(s)+2e^- \longrightarrow 2Hg(l)+SO_4^{2-}(aq)$ 还原反应

负极 $H_2(g)-2e^- \longrightarrow 2H^+(aq)$ 氧化反应

电池反应 $H_2(g)+Hg_2SO_4(s) \longrightarrow 2H^+(aq)+2Hg(l)+SO_4^{2-}(aq)$

查表得 $E^{\ominus}(Hg/Hg_2SO_4)=0.615V$ $E^{\ominus}(H^+/H_2)=0.00V$

$$E(Hg/Hg_2SO_4)=E^{\ominus}(Hg/Hg_2SO_4)+\frac{0.0592}{2}\cdot \lg\frac{1}{c(SO_4^{2-})}$$

$$=0.615+\frac{0.0592}{2}\cdot \lg\frac{1}{0.017}$$

$$=0.667(V)$$

$$E(H^+/H_2)=E^{\ominus}(H^+/H_2)+\frac{0.0592}{2}\cdot \lg\frac{c(H^+)^2}{p(H_2)/p^{\ominus}}$$

$$=0+\frac{0.0592}{2}\cdot \lg\frac{(2\times 0.017)^2}{1}$$

$$=-0.0869(V)$$

$$E=E(+)-E(-)$$

$$=0.667-(-0.0869)$$

$$=0.7539(V)$$

5.5.2 判断氧化还原反应能否进行或方向

电池在恒温、恒压下可逆放电，所做的最大电功 W 等于电池电动势 E 与所通过的电量 Q 的乘积（类似于水从高处流下时所做功为水量与水位高度差之乘积）。当电池反应中得失电子数为 n 时，则通过全电路的电量 $Q=nF$，F 为法拉第常数。

$$W=nFE$$

又在恒温恒压下，电池反应发生过程中，吉布斯自由能（G）的降低等于该电池所做的最大电功，即

$$-\Delta_r G_m=W$$

故

$$\Delta_r G_m=-nFE=-nF[E(+)-E(-)]$$

由于吉布斯自由能变化 $\Delta_r G_m$ 是判断化学反应自发性的判据。

即　　$\Delta_r G_m<0$ 过程自发

$\Delta_r G_m>0$ 过程非自发

可知　当 $E=E(+)-E(-)>0$ 时，反应自发进行

当 $E=E(+)-E(-)<0$ 时，反应非自发进行

若电池反应中，各物质均处于标准状态，或 $E^{\ominus}(+)$、$E^{\ominus}(-)$ 相差较大（一般大于 0.2V），电对物质不生成沉淀、弱电解质或配合物而引起电对离子浓度急剧改变时，则可用标准电池电动势和标准电极电势来判断。

当 $E^{\ominus}=E^{\ominus}(+)-E^{\ominus}(-)>0$ 时，反应自发进行；

当 $E^{\ominus}=E^{\ominus}(+)-E^{\ominus}(-)<0$ 时，反应非自发进行。

【例 5-9】 判断在 298.15K 的标准状态下，铁离子滴入含有较多 Br^-、I^- 的溶液会发生什么反应。

解：按有关物质氧化态可知，Br^-、I^- 可作还原剂，Fe^{3+} 是氧化剂。查表得 $E^{\ominus}(Fe^{3+}/Fe^{2+})=0.771V$，$E^{\ominus}(Br_2/Br^-)=1.065V$，$E^{\ominus}(I_2/I^-)=0.536V$

$E^{\ominus}(Fe^{3+}/Fe^{2+})<E^{\ominus}(Br_2/Br^-)$，$Fe^{3+}$ 不能氧化 Br^-。

$E^{\ominus}(Fe^{3+}/Fe^{2+})>E^{\ominus}(I_2/I^-)$，$Fe^{3+}$ 能氧化 I^-，反应为：$2Fe^{3+}+2I^- \longrightarrow 2Fe^{2+}+I_2$。

判断时，要注意是电极电势高的氧化态物质氧化电极电势低的还原态物质，即电极电势高的右上角物质与电极电势低的左下角物质反应。虽有 $E^{\ominus}(Br_2/Br^-)>E^{\ominus}(Fe^{3+}/Fe^{2+})$，但该系统中只有 Fe^{3+} 和 Br^-，没有 Br_2 与 Fe^{2+}，氧化还原反应不会发生。

对于标准电极电势相差较大的物质间反应，电对物质浓度的改变很难对电动势的正、负

方向进行改变，故在没有标明物质浓度时，一律以标准电极电势进行比较。若标准电极电势相差较小的物质间反应，电对物质浓度的改变可对电动势的正、负方向进行改变，如下例。

【例 5-10】 当 $c(Pb^{2+})=0.010mol\cdot L^{-1}$，$c(Sn^{2+})=0.5mol\cdot L^{-1}$ 时，下述反应能否发生？

$$Sn(s)+Pb^{2+}(aq)\longrightarrow Sn^{2+}(aq)+Pb(s)$$

解：按已知反应可知，Sn 是还原剂，可作为负极，Pb^{2+} 是氧化剂，可作为正极，

且　$E^{\ominus}(Pb^{2+}/Pb)=-0.1263V, E^{\ominus}(Sn^{2+}/Sn)=-0.1364V$

$$E(+)=E(Pb^{2+}/Pb)=E^{\ominus}(Pb^{2+}/Pb)+\frac{0.0592}{2}\cdot \lg c(Pb^{2+})$$

$$=-0.1263+\frac{0.0592}{2}\cdot \lg 0.010$$

$$=-0.186(V)$$

$$E(-)=E(Sn^{2+}/Sn)=E^{\ominus}(Sn^{2+}/Sn)+\frac{0.0592}{2}\cdot \lg c(Sn^{2+})$$

$$=-0.1364+\frac{0.0592}{2}\cdot \lg 0.50$$

$$=-0.145(V)$$

故　$E=E(+)-E(-)=-0.186-(-0.145)=-0.041(V)<0$

因此，上述反应为非自发反应，相反，其逆反应是自发的。

5.5.3 比较氧化剂和还原剂的相对强弱

氧化剂和还原剂的相对强弱，可通过电极电势数值大小进行比较。一般，标准电极电势 $E^{\ominus}$ 的代数值越大，电对中的氧化态物质越易得到电子，是越强的氧化剂；对应的还原态物质越难失去电子，是越弱的还原剂。反之，标准电极电势 $E^{\ominus}$ 的代数值越小，该电对中的还原态物质越易失去电子，是越强的还原剂；对应的氧化态物质越难得到电子，是越弱的氧化剂。

例如：

$$F_2(g)+2e^-\longrightarrow 2F^-(aq)\qquad E^{\ominus}=2.87V$$

氧化态物质 F_2 易得 2 个电子，F_2 是强氧化剂；还原态物质 F^- 难失去电子，F^- 是弱还原剂。

$$Li^+(aq)+e^-\longrightarrow Li\qquad E^{\ominus}=-3.045V$$

还原态物质 Li 易失去 1 个电子，Li 是强还原剂；氧化态物质 Li^+ 难得到 1 个电子，Li^+ 是弱氧化剂。

【例 5-11】 在标准态时，下列电对中，哪种是最强的氧化剂？哪种是最强的还原剂？列出各氧化态物质氧化能力和各还原态物质还原能力的强弱次序。

MnO_4^-/Mn^{2+}　　Fe^{3+}/Fe^{2+}　　Fe^{2+}/Fe　　$S_2O_8^{2-}/SO_4^{2-}$　　I_2/I^-

解：查表得各电对的 $E^{\ominus}$ 值分别为：

$E^{\ominus}(MnO_4^-/Mn^{2+})=1.49V$，$E^{\ominus}(Fe^{3+}/Fe^{2+})=0.770V$，$E^{\ominus}(Fe^{2+}/Fe)=-0.4402V$，$E^{\ominus}(S_2O_8^{2-}/SO_4^{2-})=2.0V$，$E^{\ominus}(I_2/I^-)=0.535V$

比较可知，$E^{\ominus}(S_2O_8^{2-}/SO_4^{2-})$ 的代数值最大，$E^{\ominus}(Fe^{2+}/Fe)$ 的代数值最小，故 $S_2O_8^{2-}$ 是最强的氧化剂，Fe 是最强的还原剂。各氧化态物质氧化能力由强到弱的次序为

$$S_2O_8^{2-}>MnO_4^->Fe^{3+}>I_2>Fe^{2+}$$

各还原态物质还原能力由强到弱的次序为

$$Fe>I^->Fe^{2+}>Mn^{2+}>SO_4^{2-}$$

5.5.4 氧化剂或还原剂的选择

当体系中存在多种还原剂，要选择性地氧化某些还原剂，而其他还原剂不变化；或体系中存在多种氧化剂，要选择性地还原某些氧化剂，而其他氧化剂不变。这就需要根据标准电极电势数据选择适当的氧化剂或还原剂。

【例 5-12】 溶液中存在 Br^-、I^-，要使 I^- 被氧化而 Br^- 不被氧化，可选择下列何种氧化剂。Cl_2、$KMnO_4$、$FeCl_3$。

解：查出有关电对的电极电势：$E^{\ominus}(MnO_4^-/Mn^{2+})=1.49V$，$E^{\ominus}(Cl_2/Cl^-)=1.36V$，$E^{\ominus}(Fe^{3+}/Fe^{2+})=0.770V$，$E^{\ominus}(Br_2/Br^-)=1.065V$，$E^{\ominus}(I_2/I^-)=0.53V$。

要氧化 I^-，氧化剂的标准电极电势应大于 0.53V，不能氧化 Br^-，标准电极电势应小于 1.065V，即所选氧化剂的标准电极电势 $0.53V<E^{\ominus}<1.065V$，故只能选 $E^{\ominus}(Fe^{3+}/Fe^{2+})=0.770V$ 的 $FeCl_3$。若选 Cl_2 或 $KMnO_4$，由于它们的标准电极电势均大于 $E^{\ominus}(Br_2/Br^-)$ 和 $E^{\ominus}(I_2/I^-)$，会把 Br^- 和 I^- 一起氧化。一般总是把电极电势低的还原剂氧化。

若要选择性还原体系中某种氧化剂，则还原剂的标准电极电势要小于被选择欲还原的氧化剂，又要大于不要被还原的氧化剂。一般总是把电极电势高的氧化剂还原。若要选择标准电极电势低的氧化剂被还原，电极电势高的氧化剂不被还原，在热力学上是做不到的。在工业生产上，选择氧化剂或还原剂除考虑标准电极电势外，还要考虑外加氧化剂或还原剂的反应产物的分离等因素，用 H_2O_2 作氧化剂时无杂质离子引入，用 NaClO 作氧化剂仅有 Na^+ 被引入。

5.5.5 确定氧化还原反应进行的程度

确定氧化还原反应可能进行的最大程度也就是计算该氧化还原反应的标准平衡常数。氧化还原反应的平衡常数可从两个电对的标准电极电势求得。从电极电势的观点看，只要两个氧化还原电对存在电势差，就会因电子转移发生氧化还原反应。随着反应的进行，反应物（电极电势高的氧化态和电极电势低的还原态）浓度不断减小，产物浓度（电极电势高的还原态和电极电势低的氧化态）不断升高，原电极电势高的电对电极电势下降，原电极电势低的电对电极电势升高，到一定的程度两电极电势相等，这就达到了化学平衡。如反应：

$$Zn+Cu^{2+} \rightleftharpoons Zn^{2+}+Cu$$

随着反应的进行，$c(Cu^{2+})$ 不断降低，$c(Zn^{2+})$ 不断升高，$E(Cu^{2+}/Cu)=E^{\ominus}(Cu^{2+}/Cu)+\frac{0.0592}{2}\cdot \lg c(Cu^{2+})$ 逐渐降低，$E(Zn^{2+}/Zn)=E^{\ominus}(Zn^{2+}/Zn)+\frac{0.0592}{2}\cdot \lg c(Zn^{2+})$ 逐渐升高，到了一定的时候，$E(Cu^{2+}/Cu)=E(Zn^{2+}/Zn)$，即达到了化学平衡，得

$$E^{\ominus}(Cu^{2+}/Cu)+\frac{0.0592}{2}\cdot \lg c(Cu^{2+})=E^{\ominus}(Zn^{2+}/Zn)+\frac{0.0592}{2}\cdot \lg c(Zn^{2+})$$

移项得：

$$\lg\frac{c(Zn^{2+})}{c(Cu^{2+})}=\{E^{\ominus}(Cu^{2+}/Cu)-E^{\ominus}(Zn^{2+}/Zn)\}\times\frac{2}{0.0592}$$

$$\lg K^{\ominus}=\frac{2\{E^{\ominus}(Cu^{2+}/Cu)-E^{\ominus}(Zn^{2+}/Zn)\}}{0.0592}$$

$$=\frac{2E^{\ominus}}{0.0592}=\frac{2[0.34-(-0.76)]}{0.0592}=37.3$$

$$K^{\ominus}=2.00\times10^{37}$$

上式可推广到一般的氧化还原反应，得：

$$\lg K^{\ominus}=\frac{nE^{\ominus}}{0.0592} \tag{5-2}$$

式中 n 为氧化还原反应中转移的电子数。若两半反应转移的电子数不相同，n 为乘最小公倍数后转移的电子数。

此关系式也可从热力学推导。我们知道任一氧化还原反应，若在标准态下进行，则有 $\Delta_r G_m^\ominus = nFE^\ominus$；另外根据标准平衡常数的定义，有 $\Delta_r G_m^\ominus = -2.303RT \cdot \lg K^\ominus$。所以

$$-nFE^\ominus = -2.303RT \cdot \lg K^\ominus$$

$$\lg K^\ominus = nFE^\ominus / 2.303RT$$

在 $T=298.15\text{K}$ 时　$$\lg K^\ominus = \frac{nE^\ominus}{0.0592}$$

从式(5-2) 可以看出，在 298.15K 时氧化还原反应的标准平衡常数只与标准电动势有关，而与溶液的起始浓度（或分压）无关。也就是说，只要知道氧化还原反应所组成的原电池的标准电动势，就可以确定氧化还原反应可能进行的最大限度。

根据电极电势的大小并不能判断反应进行的快慢或先后，如 $KMnO_4$ 溶液中同时加入 Fe^{2+}、Sn^{2+} 溶液，由于 $KMnO_4$ 与 Sn^{2+} 的反应电动势：

$$E^\ominus = E^\ominus(MnO_4^-/Mn^{2+}) - E^\ominus(Sn^{4+}/Sn^{2+}) = 1.51 - 0.151 = 1.359\text{V}$$

而 $KMnO_4$ 与 Fe^{2+} 的反应电动势：

$$E^\ominus = E^\ominus(MnO_4^-/Mn^{2+}) - E^\ominus(Fe^{3+}/Fe^{2+}) = 1.51 - 0.771 = 0.739\text{V}$$

$KMnO_4$ 与 Sn^{2+} 的反应电动势大，所以 $KMnO_4$ 与 Sn^{2+} 首先反应，这与实际相符。但在上述溶液中同时加入锌粉，按 $KMnO_4$ 与 Zn 反应的电动势，

$$E^\ominus = E^\ominus(MnO_4^-/Mn^{2+}) - E^\ominus(Zn^{2+}/Zn) = 1.51 - (-0.7618) = 2.2718\text{V}$$

反应的电动势最大，但反应最慢。实际上反应电动势越大，即反应的吉布斯自由能下降越大，反应趋势越大或平衡时转化越完全，但不能判断反应速率的快慢，反应速率主要由反应活化能决定。上述反应中 Fe^{2+}、Sn^{2+} 都在溶液中，和 $KMnO_4$ 反应的活化能相差很小，这时 $KMnO_4$ 与 Sn^{2+} 反应的趋势大，首先进行；但锌粉是固体，与 $KMnO_4$ 溶液不同相，活化能大，即使此时反应趋势大，但由于活化能大，反应速率很小。

5.5.6　计算一系列平衡常数

前面讲到离子浓度对电极电势有影响，如有关离子生成沉淀、生成弱电解质或配位化合物后电极电势有较大变化，在这些计算中分别用到了溶度积常数、解离常数或水解常数、配合物稳定常数等。现在倒过来，测定出电极电势后，可计算出那些平衡常数。

【例 5-13】 已知下面原电池在 298.15 时测量其电动势=0.551V，计算该弱酸的解离常数。

$(-)Pt \mid H_2(100kPa) \mid HA(1.0mol \cdot L^{-1}), A^-(1.0mol \cdot L^{-1}) \parallel H^+(1.0mol \cdot L^{-1}) \mid H_2(100kPa) \mid Pt(+)$

解：$E = E(+) - E(-) = E^\ominus(H^+/H_2) - \{E^\ominus(H^+/H_2) + 0.0592\lg c(H^+)\}$

$= -0.0592\lg c(H^+) = -0.0592\lg K_{HA}^\ominus c(HA)/c(A)$

$= -0.0592\lg K_{HA}^\ominus 1.0/1.0 = -0.0592\lg K_{HA}^\ominus$

$$\lg K_{HA}^\ominus = -E/0.0592 = -0.551/0.0592 = -9.307$$

$$K_{HA}^\ominus = 4.93 \times 10^{-10}$$

【例 5-14】 已知 $E^\ominus(Ag_2SO_4/Ag) = 0.654\text{V}$，$E^\ominus(Ag^+/Ag) = 0.799\text{V}$，计算 Ag_2SO_4 的 $K_{sp}^\ominus$（H_2SO_4 作为二元强酸处理）。

解：$E^\ominus(Ag_2SO_4/Ag) = E(Ag^+/Ag) = E^\ominus(Ag^+/Ag) + 0.0592\lg c(Ag^+)$

$$= E^\ominus(Ag^+/Ag) + 0.0592\lg\sqrt{\frac{K_{sp}^\ominus}{c(SO_4^{2-})}}$$

$$0.654=0.799+\frac{0.0592}{2}\lg K_{sp}^{\ominus}$$

$$K_{sp}^{\ominus}=1.3\times10^{-5}$$

5.6 元素电势图

5.6.1 元素标准电势图

许多元素具有多种氧化数，可以组成多种氧化还原电对。不同电对间氧化还原能力是不同的。例如铁有 0、+2、+3 和+6 等氧化态，它们可以组成下列电对：

$$Fe^{2+}+2e^- \rightleftharpoons Fe \qquad E^{\ominus}(Fe^{2+}/Fe)=-0.44V$$

$$Fe^{3+}+3e^- \rightleftharpoons Fe \qquad E^{\ominus}(Fe^{3+}/Fe)=-0.036V$$

$$Fe^{3+}+e^- \rightleftharpoons Fe^{2+} \qquad E^{\ominus}(Fe^{3+}/Fe^{2+})=0.77V$$

$$FeO_4^{2-}+8H^++3e^- \rightleftharpoons Fe^{3+}+4H_2O \qquad E^{\ominus}(FeO_4^{2-}/Fe^{3+})=1.90V$$

同一元素任两个不同氧化态间均可组成电对，除了上述电对外，还可以有 FeO_4^{2-}/Fe^{2+}、FeO_4^{2-}/Fe 等电对。一一把半反应式写出较麻烦，若将各种氧化态按照由高到低的顺序，从左到右进行排列，并把各电对的标准电极电势写在连接两氧化态间的横线上，写起来方便，看起来也一目了然。如上面一系列铁的不同氧化态间的电势可表示为：

$$FeO_4^{2-}\frac{1.90}{\quad}Fe^{3+}\frac{0.77}{\quad}Fe^{2+}\frac{-0.44}{\quad}Fe$$

这种表示某一元素各种氧化态之间标准电极电势变化的关系图叫做元素的标准电势图，简称元素电势图。因为这种图由 Latimer 首先提出，故亦称 Latimer 图。

由于两种元素各电对在酸性和碱性溶液中测得的 $E^{\ominus}$ 值不同，因此元素电势图可分为两种：$E_a^{\ominus}$ 图和 $E_b^{\ominus}$ 图。例如，铜的电势图，先把铜可能有的氧化态按氧化数的高低从左到右进行排列，把它们两两用直线连接起来组成电对，把在酸性溶液中测得的 $E_a^{\ominus}$ 值标在横线上就是 $E_a^{\ominus}$ 电势图；把在碱性溶液得的 $E_b^{\ominus}$ 值标在横线上就是 $E_b^{\ominus}$ 电势图。

$E_a^{\ominus}$ $$Cu^{2+}\frac{0.17}{\quad}Cu^+\frac{0.52}{\quad}Cu$$

$E_b^{\ominus}$ $$Cu(OH)_2\frac{-0.08}{\quad}Cu_2O\frac{-0.36}{\quad}Cu$$

5.6.2 元素电势图的应用

5.6.2.1 从已知标准电极电势计算未知标准电极电势

当我们需要某电对的标准电极电势，但在表中又查不到时，可利用图中有关已知标准电极电势计算得到。假设有下列元素电势图：

$$M^a\ \frac{E_1^{\ominus}}{n_1}\ M^b\ \frac{E_2^{\ominus}}{n_2}\ M^c\ \frac{E_3^{\ominus}}{n_3}\ M^d \quad (M^a \text{ 至 } M^d:\ \frac{E^{\ominus}}{n})$$

图中 $E^{\ominus}$ 为电对 M^a/M^d 的未知标准电极电势；$E_1^{\ominus}$、$E_2^{\ominus}$、$E_3^{\ominus}$ 分别为依次相邻电对 M^a/M^b、M^b/M^c、M^c/M^d 的已知标准电极电势；n_1、n_2、n_3 分别表示电极电势为 $E_1^{\ominus}$、$E_2^{\ominus}$、$E_3^{\ominus}$ 的电对中转移的电子数，n 表示电对 M^a/M^d 中转移的电子数，且 $n=n_1+n_2+n_3$。另外 n 是氧化数变化的一个原子所转移的电子数，如 $Cr_2O_7^{2-}/Cr^{3+}$ 中，n 值是 3 不是 6。

电极反应 $M^a+ne^- \rightleftharpoons M^d$ 可以拆成从 M^a，经 M^b、M^c 到 M^d 的三个氧化还原反应，根据热力学定律，吉布斯自由能变化值 $\Delta_r G^{\ominus}(M^a/M^d)$ 等于三个有关电极反应自由能变化值之和：

$$\Delta_r G^{\ominus}(M^a/M^d)=\Delta_r G^{\ominus}(M^a/M^b)+\Delta_r G^{\ominus}(M^b/M^c)+\Delta_r G^{\ominus}(M^c/M^d)$$

因为 $$\Delta_r G^\ominus(M^a/M^d) = -nFE^\ominus$$

所以 $$-nFE^\ominus = -n_1FE_1^\ominus - n_2FE_2^\ominus - n_3FE_3^\ominus$$

$$E^\ominus = \frac{n_1E_1^\ominus + n_2E_2^\ominus + n_3E_3^\ominus}{n} = \frac{n_1E_1^\ominus + n_2E_2^\ominus + n_3E_3^\ominus}{n_1+n_2+n_3}$$

【例 5-15】 已知氯在酸性介质中的标准电极电势图：

$E_a^\ominus$ $$ClO_3^- \xrightarrow{1.21} HClO_2 \xrightarrow{?} HClO \quad (ClO_3^- \to HClO:\ 1.43)$$

试计算 $E^\ominus(HClO_2/HClO)$

解：首先把各电对中转移的电子数分别写在横线下面，然后把有关数据代入

$E_a^\ominus$ $$ClO_3^- \xrightarrow[2]{1.21} HClO_2 \xrightarrow[2]{?} HClO \quad (ClO_3^- \to HClO:\ \frac{1.43}{4})$$

$$4E^\ominus(ClO_3^-/HClO) = 2E^\ominus(ClO_3^-/HClO_2) + 2E^\ominus(HClO_2/HClO)$$

$$E^\ominus(HClO_2/HClO) = \frac{4E^\ominus(ClO_3^-/HClO) - 2E^\ominus(ClO_3^-/HClO_3)}{2}$$

$$= \frac{4\times1.43 - 2\times1.21}{2} = 1.65(V)$$

5.6.2.2 判断物质能否发生歧化反应

具有多种氧化态的元素，当它处于中间氧化态时，在适当条件下，其中一部分转变为较高氧化态的物质，另一部分转变为较低氧化态的物质，这类反应叫歧化反应或自身氧化还原反应。例如：

$$2Cu^+ \rightleftharpoons Cu^{2+} + Cu$$

在这一反应中，反应物 Cu^+ 处于中间氧化态，一部分 Cu^+ 氧化成 Cu^{2+}，另一部分 Cu^+ 还原成金属 Cu，这就是歧化反应。

歧化反应的发生与物质的稳定性有一定的联系。如果某物质不能发生歧化反应，表明该物质本身能稳定地存在，如果某物质在一定条件下能发生歧化反应，表明该物质在给定条件下不能稳定地存在。因此判断歧化反应能否发生，对认识物质的性质和确定制备物质的条件都具有重要意义。

判断物质能否发生歧化反应的一般规律是：

① 某物质有多种氧化态，把它们按氧化态从高到低的次序，从左到右排列（与元素电势图一样）。

$$M^a \xrightarrow{E^\ominus(左)} M^b \xrightarrow{E^\ominus(右)} M^c$$

三种物质组成两个电对，分别查出标准电极电势 $E^\ominus$(左)、$E^\ominus$(右)，并分别写在横线上。

② 比较 $E^\ominus$(左) 和 $E^\ominus$(右)。

若 $E^\ominus$(右)$>E^\ominus$(左)，就能发生歧化反应。

例如：$E_a^\ominus$ $$Cu^{2+} \xrightarrow{0.158} Cu^+ \xrightarrow{0.522} Cu$$

$$E^\ominus(右) = E^\ominus(Cu^+/Cu) = 0.522V$$
$$E^\ominus(左) = E^\ominus(Cu^{2+}/Cu^+) = 0.158V$$

显然，$E^\ominus(Cu^+/Cu) > E^\ominus(Cu^{2+}/Cu^+)$，即电极电势高的氧化态物质 Cu^+ 氧化电极电势低的还原态物质 Cu^+，反应为：

还原反应　$Cu^+ + e^- \rightleftharpoons Cu$

氧化反应　$Cu^+ - e^- \rightleftharpoons Cu^{2+}$

总反应　$2Cu^+ \rightleftharpoons Cu^{2+} + Cu$

电动势　　　$E^{\ominus}=E^{\ominus}(右)-E^{\ominus}(左)=0.522-0.158=0.364(V)$

$E^{\ominus}(右)>E^{\ominus}(左)$ 时，氧化态处于中间状态的物质既是电极电势高的电对的氧化态物质，同时又是电极电势低的还原态物质，该物质的一部分氧化该物质的另外一部分，就发生歧化反应。

若 $E^{\ominus}(右)<E^{\ominus}(左)$，就不能发生歧化反应。若有高价和低价氧化态物质存在，会发生生成中间氧化态物质的反歧化反应。

例如：$E^{\ominus}_{a}$　　$Fe^{3+}\xrightarrow{0.770}Fe^{2+}\xrightarrow{-0.409}Fe$

$E^{\ominus}(右)<E^{\ominus}(左)$，$Fe^{2+}$ 不能发生歧化反应，若体系中存在 Fe^{3+} 和 Fe，则 $E^{\ominus}(Fe^{3+}/Fe^{2+})>E^{\ominus}(Fe^{2+}/Fe)$，体系中电极电势高的氧化态物质 Fe^{3+} 氧化电极电势低的还原态物质 Fe，即发生了反歧化反应。

$$2Fe^{3+}+Fe \rightleftharpoons 3Fe^{2+}$$

因此，在 Fe^{2+} 盐溶液中，加入少量 Fe，能使被氧化的 Fe^{3+} 重新还原为 Fe^{2+}。

5.6.2.3 比较各氧化态物质的氧化性强弱

在比较同种元素不同氧化态物质的氧化性时，必须把它们与另一氧化态（较低或最低氧化态）物质组成电对，计算并比较各电对的 $E^{\ominus}$ 值，从而确定它们氧化性的相对强弱。如氯的各种氧化态，一般会误认为氯的氧化态越高，其氧化性越强，实际上从电极电势数据可知，氧化态最高的 ClO_4^-，其氧化性其实最弱。

$E^{\ominus}_{a}$　　$ClO_4^-\xrightarrow{1.19}ClO_3^-\xrightarrow{1.21}HClO_2\xrightarrow{1.64}HClO\xrightarrow{1.63}Cl_2\xrightarrow{1.36}Cl$

根据 $E^{\ominus}$ 值的大小，氯的含氧酸氧化性从强到弱的次序为：$HClO\approx HClO_2>ClO_3^->ClO_4^-$。

5.7 化学电源与电解

5.7.1 化学电源

化学电源是一种实用的电池，按其使用特点分为三大类，即一次电池、二次电池和燃料电池。

一次电池，也叫原电池，属于化学电池。电池中的活性物质用完后，电池即失去效用，而不能用简单的方法再生。一次电池不能充电。如铜锌电池、锌锰电池、锌汞电池和镁锰电池等均属于一次电池。

二次电池，又称蓄电池，也属于化学电池。电池中的活性物质经过反应后，可以用简单的方法（如通常以反方向的电流充电）使其再生，恢复到放电前的状态，因此电池可以反复使用，如铅酸蓄电池、碱性镉镍蓄电池和银锌蓄电池等。

燃料电池，是一种将燃料的化学能直接转换为电能的装置，又称为连续电池。一般以氢气或含氢化合物以及煤等作为负极的反应物质，以空气中的氧或纯氧作为正极的反应物质，例如氢-氧燃料电池、有机化合物-空气燃料电池、氨-空气燃料电池等。

5.7.1.1 一次电池

(1) 锌锰电池　锌锰电池是民用的主要干电池。其负极是锌、正极是 MnO_2，电解液以 NH_4Cl 为主（也有用 $ZnCl_2$ 或者苛性碱作为电解液的），见图 5-5。例如：

$$(-)Zn\mid NH_4Cl,ZnCl_2\mid MnO_2,C(+)$$

负极反应　　$Zn-2e^-\longrightarrow Zn^{2+}$

正极反应　　$2MnO_2+2NH_4^++2e^-\longrightarrow 2MnO(OH)+2NH_3$

电池反应　　$Zn+2MnO_2+2NH_4^+\longrightarrow 2MnO(OH)+[Zn(NH_3)_2]^{2+}$

该电池的正常电动势在 1.45～1.50V 范围内，在有效放电期间电压比较稳定。但在低温下放电性能较差，如 20℃时 100mA 电流放电电压降低 40mV，在－20℃以同样大小电流放电电压下降 90mV。电池的防漏性能较差。

为了使锌锰电池电压稳定，填加了少量汞，但从 1998 年开始，已不加汞。

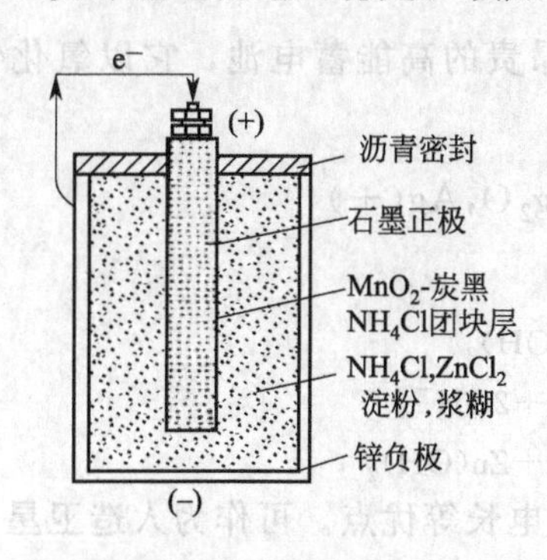

图 5-5 锌锰电池

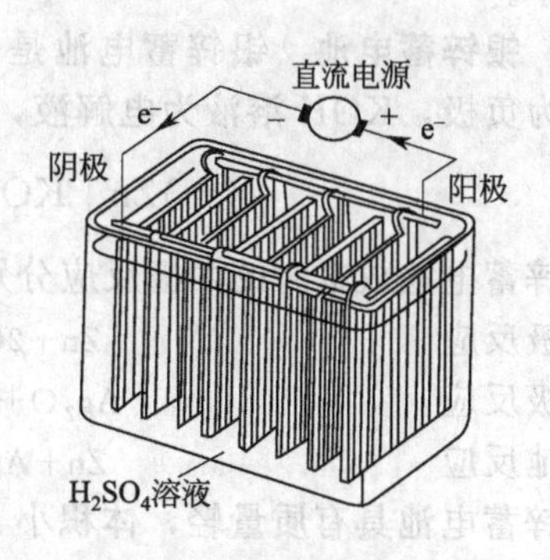

图 5-6 铅酸蓄电池

(2) 锌汞电池 锌汞电池是较新型的干电池，电池符号可表示为：

$$(-)Zn,ZnO \mid KOH \mid HgO,Hg(+)$$

电极反应如下：负极反应 $Zn+2OH^- -2e^- \longrightarrow Zn(OH)_2$

正极反应 $HgO+H_2O+2e^- \longrightarrow Hg+2OH^-$

电池反应 $HgO+Zn+H_2O \longrightarrow Zn(OH)_2+Hg$

锌汞电池的电动势约为 1.35V，其成本较高，但可做成体积很小的纽扣电池，适用于需小体积、大容量电池的场所，如计算器，助听器和照相机等之中。

5.7.1.2 二次电池

(1) 铅酸蓄电池 通常在汽车、轮船和助动车上使用的电源是铅酸蓄电池，是用量最大，应用最广的“二次电池”。铅酸蓄电池的构造是用含锑 5%～8%的 Pb-Sb 合金铸成栅状极板，在栅板上填满海绵状金属铅作为负极，二氧化铅板作为正极，正、负极交替排列，然后浸泡在质量分数为 27%～39%的稀硫酸溶液中而构成的，见图 5-6。

电池符号 $(-)Pb \mid H_2SO_4 \mid PbO_2,Pb(+)$

负极反应 $Pb+SO_4^{2-}-2e^- \longrightarrow PbSO_4$

正极反应 $PbO_2+SO_4^{2-}+4H^+ +2e^- \longrightarrow PbSO_4+2H_2O$

电池总反应 $Pb+PbO_2+2H_2SO_4 \longrightarrow 2PbSO_4+2H_2O$

当铅酸蓄电池电解质硫酸的密度取 1.25～1.28g·cm^{-3}，理论电压为 2V，电池放电电压降至 1.8V 时，应该停止放电，准备进行充电，充电反应是放电反应的逆反应。

铅酸蓄电池的放电量主要取决于参与反应物质的量，如 PbO_2、Pb 和 H_2SO_4 的浓度。为维持电池的放电量，可用凝胶类物质作为介质，以减少自放电。

(2) 爱迪生电池 爱迪生电池的正极是 $Ni(OH)_3$，负极是 Fe，电解液是质量分数为 20%的 KOH 溶液。

负极反应 $Fe+2OH^- -2e^- \longrightarrow Fe(OH)_2$

正极反应 $2Ni(OH)_3+2e^- \longrightarrow 2Ni(OH)_2+2OH^-$

电池反应 $Fe+2Ni(OH)_3 \longrightarrow 2Ni(OH)_2+Fe(OH)_2$

从电池反应可见，电解液的浓度对电极反应无影响，它仅起着传递 OH^- 的媒介作用。

当爱迪生电池中负极铁换成镉时，称为镉镍电池，其电池反应为

$$Cd + 2Ni(OH)_3 \longrightarrow 2Ni(OH)_2 + Cd(OH)_2$$

它具有和爱迪生电池类似的性质，但它的放电反应和自放电速率受温度影响，均比爱迪生电池小。

(3) 银锌蓄电池　银锌蓄电池是一种新型的价格昂贵的高能蓄电池，它以氧化银为正极，锌为负极，KOH 溶液为电解液，其符号为

$$(-)Zn \mid KOH(w=40\%) \mid Ag_2O, Ag(+)$$

银锌蓄电池放电时的两极反应分别为

负极反应　$Zn + 2OH^- - 2e^- \longrightarrow Zn(OH)_2$

正极反应　$Ag_2O + H_2O + 2e^- \longrightarrow 2Ag + 2OH^-$

电池反应　$Zn + Ag_2O + H_2O \longrightarrow 2Ag + Zn(OH)_2$

银锌蓄电池具有质量轻，体积小，能量大，电流放电长等优点。可作为人造卫星、宇宙火箭、潜水艇等的化学电源。银锌蓄电池的缺点是制造费用昂贵。见图 5-7。

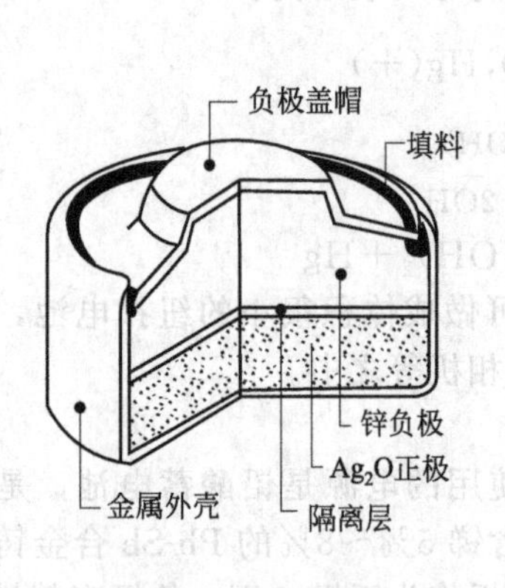

图 5-7　银锌蓄电池

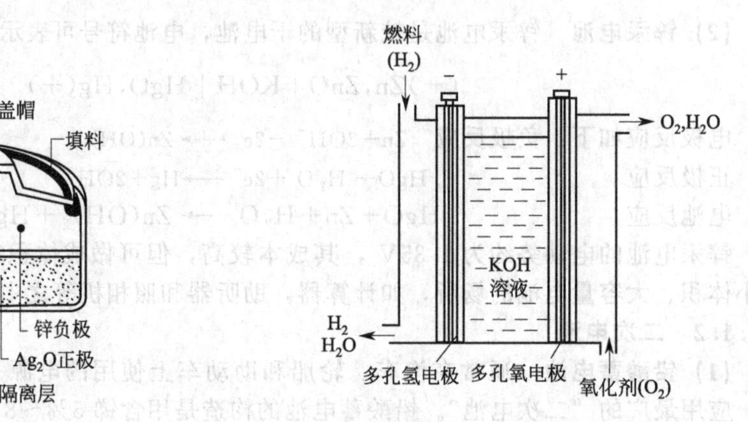

图 5-8　氢气燃料电池

5.7.1.3　燃料电池

燃料电池是引人注目的一种新型电池。它的种类很多，有固体燃料电池，氧化还原电极燃料电池，气体燃料电池等。目前研制得比较成功的是氢氧燃料电池。正、负电极用多孔活性炭作为电极导体。负极吸附氢气（燃料），正极吸附氧气（氧化剂）。用氢氧化钾溶液作为电池溶液，燃料（氢气）连续输入负极，空气或氧同时输入正极，发生氧化还原反应，从而实现化学能向电能的转换，源源不断地输出电流。见图 5-8。

氢气燃料电池的电池符号为

$$(-)C, H_2 \mid KOH(w=35\%) \mid O_2, C(+)$$

负极反应　$2H_2 + 4OH^- - 4e^- \longrightarrow 4H_2O$

正极反应　$O_2 + 2H_2O + 4e^- \longrightarrow 4OH^-$

电池总反应　$2H_2 + O_2 \longrightarrow 2H_2O$

燃料电池最大的优点是能量转换效率很高。例如，柴油机的能量利用率不超过 40%，火力发电的效率只有 34%左右，而燃料电池的能量利用率可达 80%以上，甚至可接近 100%，并且可以大功率供电。另外，燃料电池不需要锅炉发电机，汽轮机等，对大气不造成污染，电池的容量要比一般化学电源大得多。例如 10～20kW 的碱性燃料电池已应用于阿波罗登月飞行和航天飞机。目前已从磷酸型的第一代燃料电池发展到熔融碳酸盐型的第二代和固体电解质型的第三代燃料电池，并正向高温固体电解质

的第四代燃料电池开拓。尽管燃料电池的成本很高，至今未能普遍使用，但随着科学技术的发展，其应用的前景将是十分广阔的，特别是在平衡人类社会的电力负荷方面，必将大显身手。

5.7.1.4 绿色电池

除燃料电池外，其他新型电池有些已有较大规模的应用，如锂离子电池。有些目前还在深入研究，如钠硫电池以及银锌镍氢电池等。这些新型电池与铅电池相比，具有重量轻，体积小、储存能量大以及无污染等优点，被称为新一代无污染的绿色电池。这里主要介绍锂离子电池和钠硫电池。

(1) 锂离子电池 锂离子电池的负极是由嵌入锂离子的石墨层组成，正极由 $LiCoO_2$ 组成。锂离子电池在充电或放电情况下，使锂离子往返于正负极之间。外界输入电能（充电），锂离子由能量较低的正极材料“强迫”迁移到石墨材料的负极层间而形成高能态；进行放电时，锂离子由能量较高的负极材料间脱出，迁回能量较低的正极材料层间，同时通过外电路释放电能。图 5-9 为锂离子电池充电放电示意图，锂离子电池的反应如下：

正极反应： $x\text{Li}^+ + \text{Li}_{1-x}\text{CoO}_2 + xe^- \longrightarrow \text{LiCoO}_2$

负极反应： $\text{Li}_x\text{C}_6 \longrightarrow x\text{Li}^+ + 6\text{C} + xe^-$

电池总反应： $\text{Li}_x\text{C}_6 + \text{Li}_{1-x}\text{CoO}_2 = \text{LiCoO}_2 + 6\text{C}$

锂离子电池具有显著的优点：体积小及比能量密度高。单电池的输出电压高达 4.2V；在 60℃左右的高温条件下仍能保持很好的电性能。它主要用于便携式摄像机、液晶电视机、移动电话机和笔记本电脑等。

(2) 钠硫电池 钠硫电池以 $\beta\text{-Al}_2\text{O}_3$ 多晶陶瓷作为固体电解质，如图 5-10 所示。钠硫电池的反应式如下：

正极反应： $2\text{Na}^+ + 2e^- \longrightarrow 2\text{Na}$

负极反应： $\text{S}_5^{2-} + x\text{S} \longrightarrow (x+5)\text{S} + 2e^-$

电池总反应： $\text{Na}_2\text{S}_5 + x\text{S} = 2\text{Na} + (x+5)\text{S}$

钠硫电池作为一种新型高能密度的电池，具有相当高的比能量，是常用的铅蓄电池的 2～3 倍；钠硫电池的优点是结构简单，工作温度低，电池的原材料来源丰富。在车辆驱动和电站储能方面展现了钠硫电池的广阔发展前景。

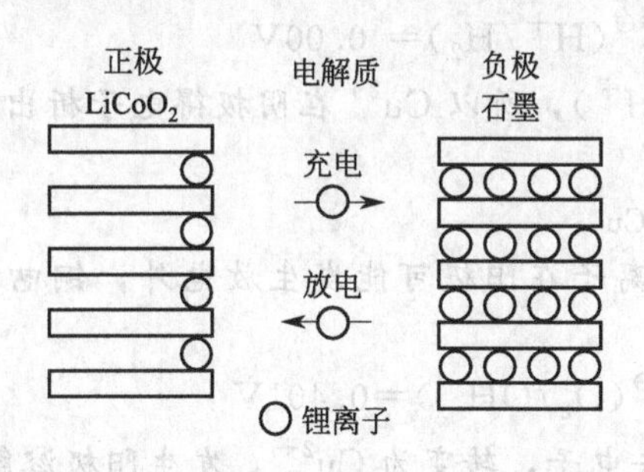

图 5-9 锂离子电池充电放电示意图

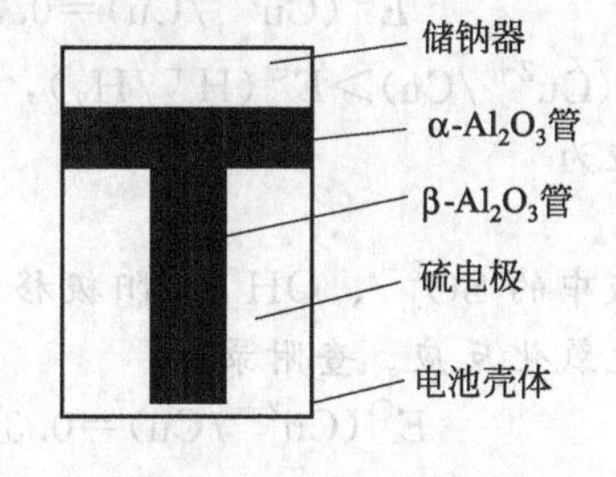

图 5-10 钠硫电池的示意图

5.7.2 电解过程简介

5.7.2.1 电解原理

使电流通过电解质溶液（或熔融液），而在两电极上分别发生氧化和还原反应的过程称为电解。这种借助于电流引起氧化还原反应的装置称为电解池。电解池由电极、电解质溶液和电源组成。电极以导线和直流电源相接。电解池中的两极习惯上称阴极和阳极，与电源负极相连接的电极称为阴极，与电源正极相连接的电极称为阳极。电子从直流电源的负极沿导线流至电解池的阴极；另一方面，电子又从电解池的阳极离开，沿导线流回电源的正极。这样在阴极上电子过剩，在阳极上电子缺少。因此，电解质溶液中的正离子移向阴极，从阴极上得到电子，发生还原反应；负离子移向阳极，在阳极上给出电子，发生氧化反应。离子在相应电极上得失电子的过程均称为放电。

由此可见，电解池中发生的过程与原电池恰好相反。由于历史原因，化学上，电解池中的电极名称，电极反应及电子流方向均与原电池有区别，切勿相互混淆。

5.7.2.2 电解时电极上的反应

(1) 电解原理 当电解池上外加电压由小到大逐渐变化时，将造成电解池阳极电势逐渐升高和阴极电势逐渐降低。

① 阴极反应 在阴极上发生的是还原反应，即金属离子还原成金属或 H^+ 还原成 H_2。如果电解液中含有多种金属离子，则电极电位越高的离子，越易获得电子而还原成金属。所以在阴极电势逐渐由高变低的过程中，各种离子是按其对应的电极电位由高到低的次序先后析出的。

如某电解液中含有浓度相同的 Ag^+、Cu^{2+} 和 Cd^{2+}，因 $E^{\ominus}(Ag^+/Ag) > E^{\ominus}(Cu^{2+}/Cu) > E^{\ominus}(Cd^{2+}/Cd)$，首先析出 Ag，其次析出 Cu，最后析出 Cd。通常利用此原理，可以把几种金属依次分离。

② 阳极反应 在阳极上发生的是氧化反应。电势越低的离子，越易在阳极上失去电子而氧化。因此，在电解时，在阳极电势逐渐由低变高的过程中，各种不同的离子依其电位由低到高的顺序先后放电而进行氧化反应。

当阳极材料是 Pt 等惰性金属时，则电解时的阳极反应只是负离子放电，即 Cl^-、Br^-、I^- 及 OH^- 等离子氧化成 Cl_2、Br_2、I_2 和 O_2。

当阳极材料是 Zn、Cu 等较为活泼的金属，电解时的阳极反应既可能是电极分解为金属离子，又可能是 OH^- 等负离子放电，其中哪一个反应所要求的放电电位低，就会发生哪一个反应。

【例 5-16】 用铜作为电极，电解 $CuSO_4$ 水溶液，试指出两电极上的电解产物。

解：溶液中存在着四种离子，即 Cu^{2+}、SO_4^{2-}、H^+、OH^-

通电后，Cu^{2+}、H^+ 移向阴极，查表得

$$E^{\ominus}(Cu^{2+}/Cu) = 0.3402V \qquad E^{\ominus}(H^+/H_2) = 0.00V$$

因为 $E^{\ominus}(Cu^{2+}/Cu) > E^{\ominus}(H^+/H_2)$，$c(Cu^{2+}) > c(H^+)$，所以 Cu^{2+} 在阴极得电子析出 Cu，电极反应为

$$Cu^{2+} + 2e^- \longrightarrow Cu$$

溶液中的 SO_4^{2-}、OH^- 向阳极移动，除这两种离子在阳极可能发生放电外，铜电极也可能发生氧化反应。查附录得：

$$E^{\ominus}(Cu^{2+}/Cu) = 0.3402V \qquad E^{\ominus}(O_2/OH^-) = 0.401V$$

其中 $E^{\ominus}$ 代数值小的还原物质为 Cu，首先在阳极失去电子，转变为 Cu^{2+}，发生阳极溶解。即：

$$Cu - 2e^- \longrightarrow Cu^{2+}$$

总反应为

$$Cu(阳极) \longrightarrow Cu(阴极)$$

(2) 工业上电解食盐水 电解食盐水溶液生产氯气、烧碱和氢气，其反应方程式为：

$$2NaCl + 2H_2O = Cl_2\uparrow + 2NaOH + H_2\uparrow$$

① 电解过程的主要反应 在阳极（石墨或金属阳极）上发生氧化反应，即

$$2Cl^- - 2e^- \longrightarrow Cl_2\uparrow$$

在阴极（如铁阴极）上发生还原反应，即

$$2H^{+}+2e^{-}\longrightarrow H_2\uparrow$$

氯化钠在水溶液中以离子的形式存在

$$NaCl = Na^{+}+Cl^{-}$$

水中存在以下平衡

$$H_2O \rightleftharpoons H^{+}+OH^{-}$$

在外电场作用下 Na^+、H^+ 向阴极移动，Cl^-、OH^- 向阳极移动，由于 Cl^- 的放电，在阳极产生 Cl_2，H^+ 的放电，在阴极产生 H_2，溶液中的 OH^- 和 Na^+ 结合，生成氢氧化钠。

$$Na^{+}+OH^{-}\longrightarrow NaOH$$

② 电解方法的发展　工业电解食盐水，使用石墨阳极已经有 80 年的历史，目前仍在广泛使用。当前使用的主要设备——电解槽向着新材料、大容量、高负荷、高效率和低电耗的方向发展。现在大多数国家已使用 TiO_2-RuO_2 涂层的金属阳极代替石墨阳极，金属阳极的主要优点为：节能、寿命长，并且避免了石墨阳极因铅和沥青固定电极而可能产生的污染。

【阅读资料】

电化学电容器——新型储能装置

电化学电容器最初主要用于时钟、定时器和储存器等；电动车等设备的快速发展，将电化学电容器的研究引向高比功率和高比能量方向。现正在研究的电化学电容器也叫超级电容器，是一种比常规电容器（静电电容器）电容大 20～200 倍的独特电容器。它能提供比电解电容器更高的比能量，比电池更高的比功率和更长的循环寿命。近来，人们一直都致力于开发高比功率和高比能量的电化学电容器来改进电动汽车和混合动力汽车储能系统，为此美国能源部已对全密封电容器制定了近期目标（1998～2003 年）为：比功率达到 $500W\cdot kg^{-1}$，比能量达到 $5W\cdot h\cdot kg^{-1}$（这一目标现已基本达到）；远期目标为（2003 年以后）为：比功率达到 $1500W\cdot kg^{-1}$，比能量达到 $15W\cdot h\cdot kg^{-1}$。电化学电容器将与高比能量蓄电池联用，作为电动汽车的动力电源，在车辆加速、刹车或爬坡的时候提供车辆所需的高功率，在车辆正常行驶时则由蓄电池放电或由车辆刹车时所产生的电能充电。电化学电容器的使用，将减少汽车对蓄电池大电流放电的要求，达到减小蓄电池的体积和延长蓄电池寿命的目的。现在，已经有电化学电容器用于计算机备用电源、信号灯电源及其他需要快速大电流充放电的电源系统。此外，它在航空航天方面的潜在用途也已经引起人们的极大兴趣。

电化学电容器作为能量储存装置，其储存电能的多少表现为电容的大小，如充电时产生的电容包括：在电极/溶液界面通过电子和离子或偶极子的定向排列所产生的双电层电容；在电极表面或体相中的二维空间或准二维空间上，电活性物质进行欠电位电沉积、发生高度可逆的化学吸附脱附或氧化还原反应、产生和电极充电电位有关的法拉第准电容。后者通常称为超级电容器。法拉第准电容具有如下性质：①电压与电极上施加或释放的电荷几乎成线性关系；②系统的充电过程是高度可逆的，与原电池及蓄电池不同，但与静电电容类似。

电化学电容器的早期研制，多半应归功于战略防御计划的弹道导弹防御计划。目前，所研制开发的电化学电容器储存的能量比传统的静电电容器高许多，但比先进的蓄电池低。由于电化学电容器最大充放电性能由活性物质表面的离子取向和电荷转移速度控制，因此可在短时间内进行电荷的转移，即可以得到更高放电比功率（可大于 $500W\cdot kg^{-1}$），同时，由于该近似理想状态下电活性物质发生电极反应时，电极上没有发生决定反应速率与限制电极寿命的活性物质的相变化，因此它具有很好的循环寿命（可大于 10^5 次循环）。

在电化学电容器的研究中，许多工作都是开发在各种电解液中有较高比容量的电极材料。目前应用于电化学电容器的材料有三种：碳基材料、金属氧化物和导电聚合物材料。一般认为金属氧化物和导电聚合物主要是由于氧化还原反应而引起准电容；而碳材料则主要是双电层电容，再加上一些吸附准电容。

碳电极电化学电容器的研究历史较长，研究主要集中在用活性炭颗粒制备具有较大比表面积的碳电极，一般用硫酸溶液作为电解液，采用合膏法和加入黏结剂等方法制备电极。碳电极电化学电容器价格低廉且易于制造，是目前商业化较成功的电容器之一。现有用石墨烯取代石墨做电池的电极，在很多方面体现出了很好的前景。研究工作集中在：在获得高表面积的同时增大孔径；研究电解液/碳界面的电化学特性来确定最好的电解液/碳组合，并弄清楚对电化学电容器有用的表面官能团动力学。

对贵金属氧化物电极电化学电容器的研究，主要研究了用 RuO_2、IrO_2 等贵金属氧化物作为电极材料，特别是以硫酸溶液作为电解液的 RuO_2 电化学电容器。由于 RuO_2 电极的导电性比碳电极好，电导率可比碳大两个数量级，电极在硫酸中稳定，因而可以获得更高的比能量，使制备的电容器比碳电极电容器具有更好的性能，因此具有很好的发展前景。1995 年报道，运用溶胶凝胶法制备无定形水合 RuO_2 电极材料，经加入黏结剂制备电极，所制得的电极活性物质的比电容为 $720F \cdot g^{-1}$，比已经报道的最好结果高出 2 倍。运用这种方法制备的电容器其循环寿命、充放电性能等也相当好，从而认为水合无定形 RuO_2 是很好的活性物质形态。但是，由于贵金属的资源有限，价格过高将限制对它的使用。

导电聚合物电极电容器，作为一种新型的电化学电容器，由于它的高性能和可能具有比贵金属电化学超电容器更优越的电性能，最重要的是人们还可能通过设计选择相应聚合物的结构来提高聚合物的性能，因而被认为更有前途。导电聚合物电极电化学电容器的电容主要也由法拉第准电容贡献。其作用机理是：通过在电极上聚合物膜中发生快速可逆的 n 型或 p 型元素掺杂和去掺杂氧化还原反应，使聚合物达到很高的储存电荷密度，产生很高的法拉第准电容器而实现储存电能。近期研究工作主要集中在寻找具有优良掺杂性能的导电聚合物，提高聚合物电极的放电性能，循环寿命和热稳定性等方面。

目前，走向商品化的电化学电容器主要是 AC（活性炭）对称电容器和 AC/NiOOH 混合电容器，比能量仍低于高能电池。电化学电容器作为一种应用前景较好的新型储能装置，在国外已经开展了不少研究工作，取得了一定进展，国内已有部分人开展这方面的工作，相信不久在我国也会有较大的发展。

思 考 题

1. 什么是氧化数？如何计算分子或离子中元素的氧化数？

2. 指出下列分子、化学式或离子中划线元素的氧化数：

$\underline{As}_2O_3$　$\underline{K}O_2$　$\underline{N}H_4^+$　$\underline{Cr}_2O_7^{2-}$　$Na_2\underline{S}_2O_3$　$Na_2\underline{O}_2$　$\underline{Cr}O_5$　$Na_2\underline{Pt}Cl_6$　$\underline{N}_2H_2$　$Na_2\underline{S}_5$

3. 举例说明下列概念的区别和联系：

(1) 氧化和氧化产物　(2) 还原和还原产物

(3) 电极反应和原电池反应　(4) 电极电势和电动势

4. 指出下列反应中何者为氧化剂，它的还原产物是什么？何者为还原剂，它的氧化产物是什么？

(1) $2FeCl_3 + Cu \longrightarrow 2FeCl_2 + CuCl_2$

(2) $Cu + CuCl_2 + 4HCl \longrightarrow 2H_2[CuCl_3]$

(3) $Cu_2O + H_2SO_4 \longrightarrow Cu + CuSO_4 + H_2O$

5. 离子-电子法配平氧化还原方程式的原则是什么？判断下列配平的氧化还原方程式是否正确，并把错误的予以改正。

(1) $2FeCl_2 + 3Br_2 \longrightarrow 2FeBr_3 + 4Cl^-$

(2) $Fe^{2+} + NO_3^- + 4H^+ \longrightarrow Fe^{3+} + NO\uparrow + 2H_2O$

6. 下列说法是否正确？

(1) 电池正极所发生的反应是氧化反应；

(2) $E^{\ominus}$ 值越大则电对中氧化型物质的氧化能力越强；

(3) $E^{\ominus}$ 值越小则电对中还原型物质的还原能力越弱；

(4) 电对中氧化型物质的氧化能力越强则还原型物质的还原能力越强。

7. 书写电池符号应遵循哪些规定？

8. 简述电池的种类，并举例说明

9. 怎样利用电极电势来确定原电池的正、负极，计算原电池的电动势？

10. 举例说明电极电势与有关物质浓度（气体压力）之间的关系。

11. 正极的电极电势总是正值，负极的电极电势总是负值，这种说法是否正确？

12. 标准氢电极，其电极电势规定为零，那么为什么作为参比电极常采用甘汞电极而不用标准氢电极？

13. 同种金属及其盐溶液能否组成原电池？若能组成，盐溶液的浓度必须具备什么条件？

14. 判断氧化还原反应进行方向的原则是什么？什么情况下必须用 E 值？什么情况下可以用 $E^{\ominus}$ 值？

15. 填写下列空白。

（1）下列氧化剂：$KClO_3$、Br_2、$FeCl_3$、$KMnO_4$、H_2O_2，当溶液中浓度增大时，氧化能力增加的是________________，不变的是__________。

（2）下列电对中，$E^{\ominus}$ 值最小的是____。

H^+/H_2，H_2O/H_2，HF/H_2，HCN/H_2

16. 由标准锌半电池和标准铜半电池组成原电池：

$$(-)Zn \mid ZnSO_4(1mol \cdot L^{-1}) \parallel CuSO_4(1mol \cdot L^{-1}) \mid Cu(+)$$

（1）改变下列条件时电池电动势有何影响？

① 增加 $ZnSO_4$ 溶液的浓度；

② 增加 $CuSO_4$ 溶液的浓度；

③ 在 $CuSO_4$ 溶液中通入 H_2S。

（2）当电池工作 10min 后，其电动势是否发生变化？为什么？

（3）在电池的工作过程中，锌的溶解与铜的析出，质量上有什么关系？

17. 试述原电池与电解槽的结构和原理，并从电极名称、电极反应和电子流动方向等方面进行比较。

18. 影响电解产物的主要因素是什么？当电解不同金属的卤化物和含氧酸盐水溶液时，所得的电解产物一般规律如何？

19. 金属发生电化学腐蚀的实质是什么？为什么电化学腐蚀是常见的且危害又很大的腐蚀？

20. 通常金属在大气中的腐蚀是析氢腐蚀还是吸氧腐蚀？分别写出这两种腐蚀的化学反应式。

21. 镀层破裂后，为什么镀锌铁（白铁）比镀锡铁（马口铁）耐腐蚀？

22. 为什么铁制的工具在沾有泥土处很容易生锈？

23. 用标准电极电势解释：

（1）将铁钉投入 $CuSO_4$ 溶液时，Fe 被氧化为 Fe^{2+} 而不是 Fe^{3+}；

（2）铁与过量的氯气反应生成 $FeCl_3$ 而不是 $FeCl_2$。

24. 一电对中氧化型或还原型物质发生下列变化时，电极电势将发生怎样的变化？

（1）还原型物质生成沉淀；

（2）氧化型物质生成配离子；

（3）氧化型物质生成弱电解质；

（4）氧化型物质生成沉淀。

习 题

1. 用离子-电子法配平下列反应式（酸性介质）

（1）$MnO_4^- + Cl^- \longrightarrow Mn^{2+} + Cl_2$

（2）$Mn^{2+} + NaBiO_3 \longrightarrow MnO_4^- + Bi^{3+}$

（3）$Cr^{3+} + PbO_2 \longrightarrow Cr_2O_7^{2-} + Pb^{2+}$

（4）$Cr_2O_7^{2-} + H_2S \longrightarrow Cr^{3+} + S$

（5）$HClO_3 + P_4 \longrightarrow Cl^- + H_3PO_4$

（6）$I^- + H_2O_2 \longrightarrow I_2 + H_2O$

（7）$MnO_4^- + H_2O_2 \longrightarrow Mn^{2+} + O_2 + H_2O$

(8) $Cu_2S+HNO_3 \longrightarrow Cu(NO_3)_2+S+NO+H_2O$

2. 用离子-电子法配平下列反应式（碱性介质）。

(1) $NaCrO_2+Br_2 \longrightarrow Na_2CrO_4+NaBr$

(2) $H_2O_2+CrO_2^- \longrightarrow CrO_4^{2-}$

(3) $ClO^-(aq)+Fe(OH)_3 \longrightarrow Cl^-+FeO_4^{2-}$

(4) $CN^-+O_2 \longrightarrow CO_3^{2-}+NH_3$　$Br_2 \longrightarrow Br^-+BrO_3^-$

(5) $Al+NO_2^- \longrightarrow Al(OH)_4^-+NH_3$

(6) $S_2O_3^{2-}+Cl_2 \longrightarrow SO_4^{2-}+Cl^-+H_2O$

3. 下列物质在一定条件下均可作为氧化剂：$KMnO_4$，$K_2Cr_2O_7$，$FeCl_3$，H_2O_2，I_2，Cl_2，$SnCl_4$，PbO_2，$NaBiO_3$。试根据它们在酸性介质中对应的标准电极电势数据，把上述物质按其氧化能力递增顺序重新排列，并写出它们对应的还原产物。[$E^{\ominus}(NaBiO_3/Bi^{3+})=1.80V$]

4. 下列物质在一定条件下均可作为还原剂：$SnCl_2$，KI，H_2，H_2O_2，$FeCl_2$，Zn，Al，Na_2S，$MnCl_2$。试根据它们在酸性介质中对应的标准电极电势数据，把上述物质按其还原能力递增顺序重新排列，并写出它们对应的氧化产物。

5. 将下列氧化还原反应设计成原电池，并写出两电极反应：

(1) $2Ag^++Fe \longrightarrow Fe^{2+}+2Ag$

(2) $2Ag^+2HI \longrightarrow 2AgI+H_2$

(3) $Cl_2+2I^- \longrightarrow I_2+2Cl^-$

(4) $MnO_4^-+5Fe^{2+}+8H^+ \longrightarrow Mn^{2+}+5Fe^{3+}+4H_2O$

6. 根据标准电极电势 $E^{\ominus}$，判断下列反应的方向：

(1) $Cd+Zn^{2+} \longrightarrow Cd^{2+}+Zn$

(2) $K_2S_2O_8+2KCl \longrightarrow 2K_2SO_4+Cl_2$

7. 计算下列原电池的电动势，写出相应的电池反应。

(1) $Zn \mid Zn^{2+}(0.01mol \cdot L^{-1}) \parallel Fe^{2+}(0.001mol \cdot L^{-1}) \mid Fe$

(2) $Pt \mid Fe^{2+}(0.01mol \cdot L^{-1}), Fe^{3+}(0.001mol \cdot L^{-1}) \parallel Cl^-(2.0mol \cdot L^{-1}) \mid Cl_2(p^{\ominus}) \mid Pt$

(3) $Ag \mid Ag^+(0.01mol \cdot L^{-1}) \parallel Ag^+(0.1mol \cdot L^{-1}) \mid Ag$

8. 铁条放在 $0.01\ mol \cdot L^{-1}$ $FeSO_4$ 溶液中作为一个半电池，锰条放入 $0.1mol \cdot L^{-1}$ $MnSO_4$ 溶液中作为另一半电池，用盐桥将两个半电池连接起来构成原电池，试求：

(1) 该原电池的电动势；

(2) 该电池反应的平衡常数；

(3) 如欲使电池电动势增加 0.02V，哪一个溶液需要稀释？稀释到原体积的多少倍？

9. 某学生为测定CuS的溶度积常数，设计如下原电池：正极为铜片浸在 $0.1mol \cdot L^{-1}$ Cu^{2+} 的溶液中，再通入 H_2S 气体使之达到饱和；负极为标准锌电极。测得电池电动势为 0.670V。已知 $E^{\ominus}(Cu^{2+}/Cu)=0.337V$，$E^{\ominus}(Zn^{2+}/Zn)=-0.763V$，$H_2S$ 的 $K_{a_1}^{\ominus}=1.3\times10^{-7}$，$K_{a_2}^{\ominus}=7.1\times10^{-15}$，求CuS的溶度积常数。

10. 已知 $E^{\ominus}(Cu^{2+}/Cu)=0.337V$，$E^{\ominus}(Cu^{2+}/Cu^+)=0.153V$，$K_{sp}^{\ominus}(CuCl)=1.2\times10^{-6}$，通过计算求反应 $Cu^{2+}+Cu+2Cl^- = 2CuCl$ 能否自发进行，并求反应的平衡常数 $K^{\ominus}$。

11. 已知 $E^{\ominus}(Tl^{3+}/Tl^+)=1.25V$，$E^{\ominus}(Tl^{3+}/Tl)=0.72V$。设计成下列三个标准电池为

(a) $(-)Tl \mid Tl^+ \parallel Tl^{3+} \mid Tl(+)$；

(b) $(-)Tl \mid Tl^+ \parallel Tl^{3+}, Tl^+ \mid Pt(+)$；

(c) $(-)Tl \mid Tl^{3+} \parallel Tl^{3+}, Tl^+ \mid Pt(+)$。

(1) 请写出每一个电池的电池反应式；

(2) 计算每个电池的电动势和 $\Delta_r G_m^{\ominus}$。

12. 对于反应 $Cu^{2+}+2I^- = CuI+1/2I_2$，若 Cu^{2+} 的起始浓度为 $0.10mol \cdot L^{-1}$，I^- 的起始浓度为 $0.50mol \cdot L^{-1}$，计算反应达平衡时留在溶液中的 Cu^{2+} 浓度。已知 $E^{\ominus}(Cu^{2+}/Cu^+)=0.153V$，$E^{\ominus}(I_2/I^-)=0.535V$，$K_{sp}^{\ominus}(CuI)=1\times10^{-12}$。

13. 假定其他离子的浓度为 $1.0mol \cdot L^{-1}$，气体的分压为 1.00×10^5Pa，欲使下列反应能自发进行，要求

HCl 的最低浓度是多少？已知 $E^{\ominus}(Cr_2O_7^{2-}/Cr^{3+})=1.33V$，$E^{\ominus}(Cl_2/Cl^-)=1.36V$，$E^{\ominus}(MnO_2/Mn^{2+})=1.23V$。

(1) $MnO_2+4HCl \longrightarrow MnCl_2+Cl_2+2H_2O$。

(2) $K_2Cr_2O_7+14HCl \longrightarrow 2KCl+2CrCl_3+3Cl_2+7H_2O$。

14. 求下列情况下在 298.15K 时有关电对的电极电势：

(1) 100kPa 氢气通入 0.10mol·L^{-1} HCl 溶液中，$E(H^+/H_2)=?$

(2) 在 1.0L 上述 (1) 溶液中加入 0.10mol 固体 NaOH，$E(H^+/H_2)=?$

(3) 在 1.0L 上述 (1) 溶液中加入 0.10mol 固体 NaAc，$E(H^+/H_2)=?$

(4) 在 1.0L 上述 (1) 溶液中加入 0.20mol 固体 NaAc，$E(H^+/H_2)=?$

15. 向 1mol·L^{-1} 的 Ag^+ 溶液中滴加过量的液态汞，充分反应后测得溶液中 Hg_2^{2+} 浓度为 0.311mol·L^{-1}，反应式为 $2Ag^++2Hg = 2Ag+Hg_2^{2+}$。

(1) 已知 $E^{\ominus}(Ag^+/Ag)=0.799V$，求 $E^{\ominus}(Hg_2^{2+}/Hg)$。

(2) 若将反应剩余的 Ag^+ 和生成的 Ag 全部除去，再向溶液中加入 KCl 固体使 Hg_2^{2+} 生成 Hg_2Cl_2 沉淀后溶液中 Cl^- 浓度为 1mol·L^{-1}。将此溶液与标准氢电极组成原电池，测得电动势为 0.280V。请给出该电池的电池符号。

(3) 若在 (2) 的溶液中加入过量 KCl 使 KCl 达饱和，再与标准氢电极组成原电池，测得电池的电动势为 0.240V，求饱和溶液中 Cl^- 的浓度。

(4) 求下面电池的电动势。[已知 $K_a^{\ominus}(HAc)=1.8\times10^{-5}$]

$$(-)Pt \mid H_2(10^5 Pa) \mid HAc(1.0mol\cdot L^{-1}) \parallel Hg_2^{2+}(1.0mol\cdot L^{-1}) \mid Hg(+)$$

16. 已知 $H_3AsO_3+H_2O \rightleftharpoons H_3AsO_4+2H^++2e^-$　$E^{\ominus}=0.599V$

$$3I^- \rightleftharpoons I_3^-+2e^- \quad E^{\ominus}=0.535V$$

(1) 计算反应 $H_3AsO_3+I_3^-+H_2O \rightleftharpoons H_3AsO_4+3I^-+2H^+$ 的平衡常数。

(2) 若溶液的 pH=7，反应朝哪个方向自发进行？

(3) 溶液中 $[H^+]=6mol\cdot L^{-1}$ 反应朝哪个方向自发进行？

17. 已知：$E_B^{\ominus}/V$　$H_2PO_2^- \xrightarrow{-1.82} P_4 \text{——} PH_3$（$H_2PO_2^-$ 至 PH_3：-1.11）

(1) 计算电极 $1/4P_4+3H_2O+3e^- \rightleftharpoons PH_3+3OH^-$ 的 $E^{\ominus}$；

(2) 判断 P_4 能否发生歧化反应。

第6章　原子结构和元素周期律

前面学习的化学热力学及其溶液中的化学平衡是化学的宏观性质，化学反应是原子之间的重新组合，要从根本上掌握其规律性，就必须从研究原子结构入手。

从1803年道尔顿提出原子论以来，科学家们经过两个多世纪的探索，现在已能用扫描隧道显微镜看到氢原子的模糊形象。原子很小，其直径约为10^{-10}m，卢瑟福的实验证实，原子由原子核和核外电子组成，原子核更小，其直径约为10^{-15}～10^{-14}m，是原子直径的万分之一，根据球体积公式$V=4/3\pi r^3$可知，其体积更是原子体积的几千亿分之一，但它几乎集中了原子的全部质量。

我们知道，在化学反应中，原子核的组成并不发生变化，即不会由一种原子变成另一种原子，但核外电子运动状态是可以改变的，这是化学反应的实质。为了更好地掌握化学变化规律，我们要研究原子核外电子的运动状态。

前面已提到，原子核的体积只占原子体积的几千亿分之一，所以原子内部十分空旷。想象一下，如果把整个原子慢慢放大，直至放大到教室一样大，原子核也只是像一粒芝麻大小在教室的中央，在周围很大的空域中，电子在核周围作高速的运动。这就是1911年卢瑟福提出的原子结构“行星式模型”。这种“行星式模型”有两个问题困扰着我们，按经典理论：

① 核外电子作高速绕核运动具有加速度，会不间断地辐射电磁波，得到连续光谱。

② 由于电磁波的辐射，消耗了能量，将使电子离核距离螺旋式下降，最终会落到原子核里，使原子毁灭。

但这与原子的稳定存在和具有不连续光谱的现象不符。1913年，年轻的丹麦物理学家玻尔为解释氢原子光谱，并试图解决卢瑟福模型所遇到的困难，综合了普朗克的量子论，爱因斯坦的光子说和卢瑟福的原子模型，提出了玻尔原子模型。

6.1　玻尔理论与微观粒子特性

6.1.1　光谱及氢原子光谱

借助于棱镜的色散作用，把复色光分解为单色光排列成带，叫做光谱。由炽热的固体或液体所发出的光，通过棱镜而得到一条包括各种波长光的彩色光带，叫做连续光谱。太阳的表面、灼热的灯丝和沸腾钢水所发出的光都能产生连续光谱，在可见光区内，各种颜色光的排列顺序是红、橙、黄、绿、青、蓝、紫。波长长于红色光的不可见部分叫红外光谱，波长短于紫色光的不可见部分叫紫外光谱。由激发态单原子气体所发出的光，通过棱镜而得到的由黑暗背景间隔开的若干条彩色亮线，叫做线状光谱。由于线状光是从激发态原子内部发射出来的，故又叫做原子光谱。

把一束日光通过棱镜色散，可看到不同颜色（即不同波长）的连续光，从红色一直到紫色（用仪器还能测到红外和紫外）。当用火焰、电弧或其他方法灼热气体或蒸气时，气体就会发射出不同频率（不同波长）的光线，利用棱镜折射，可把它们分成一系列按波长长短次序排列的线条，称为谱线。原子一系列谱线的总和叫该原子的光谱图。氢原子的光谱图（如图6-1所示）由一系列跳跃式的谱线组成，这种光谱叫线状光谱。

可以看到氢原子光谱在可见光区有四条明显的谱线：一条红线，一条蓝线和两条紫线，分别标以H_α、H_β、H_γ、和H_δ。

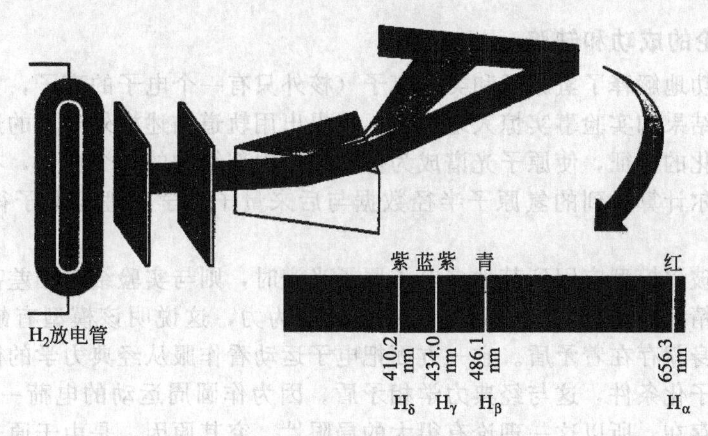

图 6-1　氢原子光谱图示意

这些谱线间的距离愈来愈小，表现出明显的规律性，1885 年，瑞士学者巴尔麦总结出这些谱线的波数 σ 符合下列规律：

$$\sigma=\frac{1}{\lambda}=R_{\infty}\left(\frac{1}{2^2}-\frac{1}{n^2}\right)$$

式中 $n=3$、4、5、…，是对每一条光线的自然数连续编号，$R_{\infty}=1.09677581\times10^{7}\,\mathrm{m}^{-1}$，称为里德堡常数。后来在氢光谱的紫外区，红外区也发现一系列谱线系，都有类似的关系。1890 年，瑞典学者里德堡归纳成统一的公式：

$$\sigma=\frac{1}{\lambda}=R_{\infty}\left(\frac{1}{n_1^2}-\frac{1}{n_2^2}\right)$$

式中 n_1、n_2 均为正整数，且 $n_2>n_1$。

这些问题促使人们寻找原子光谱与原子内部结构的关系。

6.1.2　玻尔理论

针对这些情况，玻尔提出了三条假定：

① 定态规则：电子绕核作圆形轨道运动，在一定轨道上运动的电子具有一定的能量，称为定态。在定态下运动的电子既不放出能量，也不吸收能量。原子中存在一系列定态，其中能量最低的定态叫做基态，其余为激发态。

② 频率规则：当电子由一个定态跃迁到另一个定态时，就会以光子形式吸收或放出能量，其频率 ν 由两定态间的能量差决定：

$$h\nu=|E_{n_2}-E_{n_1}|=\Delta E$$

③ 量子化条件：对原子可能存在的定态有一定的限制，即电子的轨道运动的角动量 L 必须等于 $\frac{h}{2\pi}$ 的整数倍：

$$L=n\frac{h}{2\pi}\qquad n=1、2、3、\cdots$$

n 称为主量子数，h 为普朗克常数，其值为 $6.626\times10^{-34}\,\mathrm{J\cdot s}$。根据量子化条件，轨道能量只能取某些分立的数值。“量子”就是不连续的意思。

可见，玻尔原子模型是电子在以原子核为圆心的一系列同心圆轨道上运动。根据以上假定，玻尔从经典力学计算了氢原子的各个定态轨道的能量和半径：

$$E_n=-R\frac{1}{n^2}\qquad R=2.1799\times10^{-18}\,\mathrm{J}=13.606\,\mathrm{eV}$$

$$r_n=52.9n^2\,\mathrm{pm}$$

氢原子处于基态时，$n=1$，$E_1=13.6\,\mathrm{eV}$，$r_1=52.9\,\mathrm{pm}$，称为玻尔半径，用符号 a_0 表示。

6.1.3 玻尔理论的成功和缺陷

玻尔理论成功地解释了氢原子和类氢离子（核外只有一个电子的离子，如 He^+、Li^{2+}）的光谱，其计算结果和实验事实惊人地吻合；他提出用轨道描述核外电子的运动，揭示了核外电子运动量子化的特征，使原子光谱成为探索原子内部结构的一个窗口，在科学发展中起了重大作用。玻尔计算得到的氢原子半径数据与后来量子力学处理氢原子得到的数据惊人一致。

但是，当把玻尔模型应用到其他多电子原子光谱时，则与实验结果相差甚远；它也不能解释原子光谱的精细结构，对化学键的形成更无能为力，这说明该模型有缺陷。从理论上看，玻尔理论本身就存在着矛盾。它一方面把电子运动看作服从经典力学的微粒，另一方面又人为地加入量子化条件，这与经典力学相矛盾。因为作圆周运动的电荷一定会辐射能量，原子就不能稳定存在。所以这一理论有很大的局限性。究其原因，是由于原子或分子中的电子具有波粒二象性，它的运动规律不遵循经典力学规律，而服从量子力学规律。

20 世纪 20 年代建立起原子结构的量子论模型，或称电子云模型，使人类对原子结构的认识进入一个崭新阶段。

6.1.4 微观粒子的特性

6.1.4.1 微观粒子的波粒二象性

原子、分子、电子、光子等微观粒子最突出的特征是既具有微粒性又具有波动性，称为波粒二象性。量子力学就是在认识这一特征的基础上建立起来的。

20 世纪初，人们认识了光的波粒二象性，其相互关系可表现为：

$$E=h\nu$$

$$P=h/\lambda$$

等式左边是表示光的微粒性的能量 E 和动量 P，等式右边则是描述光的波动性的频率 ν 和波长 λ，二者通过普朗克常数 h 定量地联系起来，从而揭示了光的二象性。

在光的波粒二象性启发下，1923 年德布罗依大胆地推想：光波具有粒子性，对于静止质量不为零的实物微粒（电子、原子等）在某些情况下也会呈现波动性，即电子等实物粒子也具有波粒二象性。他假设联系“波粒”二象性的两式也适用于电子等微粒，给出了著名的德布罗依关系式：

$$\lambda=\frac{h}{mv}=\frac{h}{P}$$

上式表明，具有质量为 m、运动速度为 v 的粒子，其相应的波长为 λ，称为德布罗依波，也叫做物质波。表征波性的波长与表征粒性的动量仍然是通过普朗克常数定量地联系在一起。这就是实物粒的波粒二象性。

对一个速度为 $10^6\,m\cdot s^{-1}$ 的电子，其德布罗依波长应为

$$\lambda=\frac{h}{mv}=\frac{6.63\times10^{-34}}{9.11\times10^{-31}\times10^{6}}=0.7\times10^{-9}(m)=700(pm)$$

可见，电子的波长与晶体中原子间距的数量级相近。可以设想用晶体衍射光栅，应观察到电子衍射现象。1927 年，美国科学家戴维逊·革末及英国科学家 G. P. 汤姆逊的电子衍射实验证实了德布罗依的假设，并从实验所得电子波长与从德布罗依关系式计算值完全一致。后来用中子、原子、分子等粒子流也同样观察到了衍射现象，充分证实了波粒二象性是微观粒子的特性。

6.1.4.2 德布罗依波的统计解释

从经典力学看，粒子是以分立分布为特征的，具有不可入性；而波动是以连续分布于空间为特征的，具有可入性。这两种对立的性质是无法统一在同一客观物体上的。现在实物粒

子具有波粒二象性，是如何使二者的矛盾统一起来的呢？实物粒子的德布罗依波究竟有什么物理意义呢？

让我们重新考察电子衍射实验（图 6-2）。人们发现，用较强的电子流（即大量电子）可以在较短时间内得到电子衍射花纹；但用很弱的电子流（电子一个一个地先后到达底片），只要足够长的时间（两个电子相继到达底片上的时间超过电子通过仪器的时间约三万倍）也得到同样的衍射花纹。这说明电子衍射不是电子间相互影响的结果，而是电子本身运动所固有的规律性。

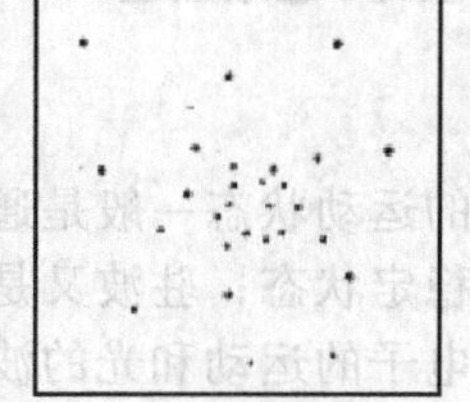

(a) 实验时间不长

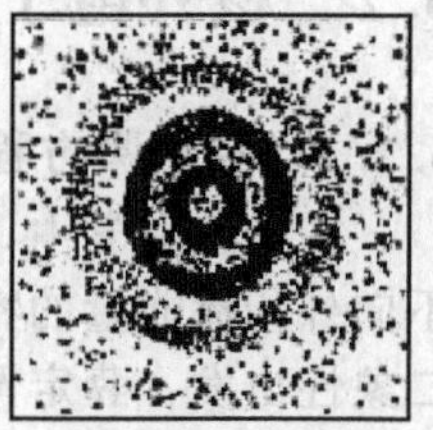

(b) 实验时间较长

图 6-2　电子衍射环纹示意图

我们让具有相同速度的电子一个跟一个地通过晶体落到底片上。因为电子具有粒子性，开始时电子只能到达底片的一个个点点上，我们无法知道它究竟落在什么地方。但是，经过足够长时间，通过了大量的电子，在底片上便得到衍射图样，显波动性，如图 6-2(b) 所示。可见，电子的波性乃是和电子行为的统计性规律联系在一起。就大量电子的行为而言，衍射强度（即波的强度）大的地方，电子出现的数目便多；衍射强度小的地方，电子出现的数目便少。就一个电子的行为而言，每次到达底片上的位置是不能预测的，但设想将这个电子重复进行多次相同的实验，一定是在衍射强度大的地方出现的机会多，在衍射强度小的地方出现的机会少。因此，电子的衍射波在空间任一点的强度和电子出现的概率成正比。德布罗依波是“概率波”，波的强度反映粒子出现概率的大小。这就是玻尔的统计解释。

6.1.4.3　测不准原理

电子衍射实验表明，电子的运动并不服从经典力学规律，因为符合经典力学的质点运动时具有确定的轨道，即在某一瞬间质点同时有确定的坐标和坐标方向上的动量。例如，一颗人造卫星在离地面的一定高空绕地球运动，具有确定的轨道，即我们若知道了某一时刻卫星的位置和速度（初值），可以预报它在任一时刻出现在地面某上空的位置。但是，具有波动的粒子，其特点是不能同时具有确定的坐标和动量，而遵循德国科学家海森堡于 1927 年提出的不确定性关系式：

$$\Delta x \cdot \Delta P_x \geqslant h$$

式中 Δx 为粒子位置的不准确量，ΔP_x 为粒子动量的不准确量，h 为普朗克常数。这一关系式表明，具有波性的微粒不能同时有确定的坐标和动量，它的某个坐标被确定地愈准确，则相应的动量就愈不准确，反之亦然，二者乘积约等于普朗克常数的数量级。由于 h 是非常小的数值，对于宏观物体运动而言，位置不确定量 Δx 比物体本身尺寸小得太多，h 实际上可忽略，即

$$\Delta x \cdot \Delta P_x \to 0$$

二者可以同时准确测定，因而可用经典力学来处理，表明波动性不明显。对于原子、分子中的电子运动而言，微观物体本身尺寸很小，h 是一个不可忽视的量，由于

$$\Delta x \cdot \Delta P_x \geqslant h$$

二者不能同时准确测定，因而不能用经典力学来处理，表明波动性显著。所以，应用测不准原理可以检验经典力学适用的限度。能用经典力学处理的场合，都是不确定性关系实际不起作用的场合。而不确定性关系起作用的场合，常称为量子场合，必须用量子力学才能处理。需要指出的是，测不准原理不是说微观粒子的运动是虚无缥缈的，不可认识的，也不是限制了人们认识的深度，而是限制了经典力学的适用范围，说明具有波粒二象性的微观体系有更深刻的规律在起作用。

6.2　核外电子运动状态描述

6.2.1　薛定谔方程

在经典力学中，波的运动状态一般是通过波动方程来描述，驻波是被束缚在一定空间、不向外传播能量的特殊稳定状态；驻波又是波动中唯一具有量子化能量的波。从电子的波粒二象性出发，薛定谔把电子的运动和光的波动理论联系起来，提出了描述核外电子运动的数学表达式，建立了实物微粒的波动方程，叫做薛定谔方程。薛定谔方程是一个偏微分方程，对单电子体系可写成下列形式。

$$\frac{\partial^2 \Psi}{\partial x^2}+\frac{\partial^2 \Psi}{\partial y^2}+\frac{\partial^2 \Psi}{\partial z^2}+\frac{8\pi^2 m}{h^2}(E-V)=0$$

式中，m 是电子的质量；E 是电子的总能量；V 电子的势能，如在核外，就是该原子核和原子中其他电子形成的势能，$E-V$ 是电子的动能；h 是普朗克常数；x、y、z 为空间坐标；Ψ 代表方程式的解，叫做波函数。

薛定谔方程是把物质波引入到电磁波的波动方程中，并不是按理论推导出来，但由它得出的结论却能反映微观粒子的运动规律，在一定条件下经受了实践的考验。从高等数学可知，微分方程的解并非某一个简单的数值，而是一个普通方程。对氢原子来说，薛定谔方程的每一个解 Ψ 都代表了氢原子核外电子的某一种运动状态，与这个解相应的 E，就是该电子在这个状态下的总能量。

为了方便起见，解薛定谔方程时先将直角坐标（x，y，z）变换为球坐标（r，θ，ϕ），再把波函数分离为只与 r 有关的函数 $R(r)$ 和只与变量 θ、ϕ 有关的函数 $Y(\theta,\ \phi)$，即

$$x=r\sin\theta\cos\phi$$

$$y=r\sin\theta\sin\phi$$

$$z=r\cos\theta$$

$$r^2=x^2+y^2+z^2$$

$$\Psi(r,\theta,\ \phi)=R(r)\,Y(\theta,\ \phi)$$

或把角度分布再变量分离

$$\Psi(r,\theta,\ \phi)=R(r)\phi(\theta)\phi(\phi)$$

式中，$R(r)$ 称为波函数的径向分布；$Y(\theta,\phi)$ 称为波函数的角度分布。r 为电子与坐标原点的距离，θ 是电子与原点连线与原 z 轴间夹角，ϕ 是电子与原点连线在原 XOY 平面投影与 x 轴间夹角，见图 6-3。

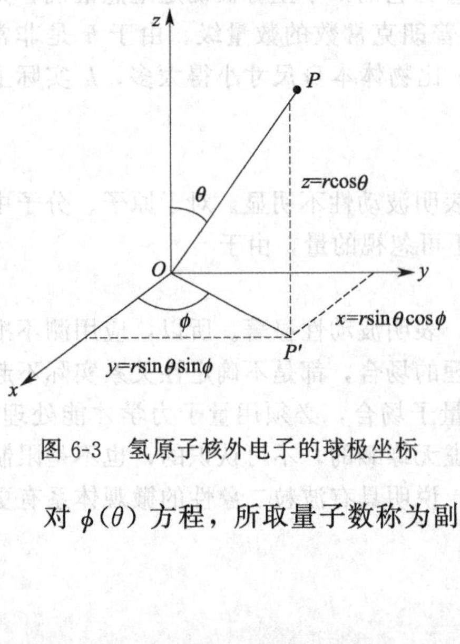

图 6-3　氢原子核外电子的球极坐标

6.2.2　波函数、原子轨道和电子云

用薛定谔方程解出的答案波函数 Ψ 就是描述核外高速运动电子运动状态的函数，就是原子轨道。

因电子波为驻波即具有量子化的波，三个分离出的变量的量子数只能取某些定值。根据量子力学的计算，这三个量子数的可取值如下：

对 $R(r)$ 方程（离核距离），所取量子数称为主量子数 n

$$n=1、2、3、4\cdots\infty$$

对 $\phi(\theta)$ 方程，所取量子数称为副量子数或角量子数 l

$$l=0、1、2、3\cdots$$

在光学上分别用 s、p、d、f 表示

对 $\phi(\phi)$ 方程，所取量子数称为磁量子数 m

$$m=0、\pm1、\pm2、\pm3\cdots\pm l$$

各角度方向有时分别用 x、y、z、xy、x^2-y^2、z^2 等表示。

可见 l 的数值受 n 数值的限制，m 数值又受 l 的数值限制，因此，三个量子数的组合有一定规律。例如当 $n=1$ 时，l 只可取 0，m 也只可取 0，n、l、m 三个量子数的组合方式只有一种，即（1，0，0），常用 Ψ_{1s} 表示，此时的波函数也只有一个 $\Psi(1,0,0)$。当 $n=2$ 时，三个量子数的组合方式有四种，即 (2,0,0)、(2,1,0)、(2,1,1)、(2,1,−1)，分别用 Ψ_{2s}、Ψ_{2p_x}、Ψ_{2p_y}、Ψ_{2p_z} 表示。

6.2.2.1　每一种波函数代表一种原子轨道

从薛定谔方程可以解得各种波函数，如 Ψ_{1s}、Ψ_{2s}、Ψ_{2p_x}、$\Psi_{3d_xy}\cdots$，每一种波函数都描述电子一定的空间运动状态，在量子力学中，把波函数 Ψ 叫做原子轨道。这里所说的“轨道”是指 Ψ 分布的空间状态，也就是电子运动的空间状态，绝不能把“轨道”理解为宏观物体的运动轨迹。例如，氢原子核外电子处于基态时，用波函数 Ψ_{1s} 描述，称为 1s 轨道。同理，波函数 Ψ_{2s}、Ψ_{2p_x}、Ψ_{3d_xy} 分别称为 2s 轨道、$2p_x$ 轨道、$3d_{xy}$ 轨道。可见波函数和原子轨道是同义词，两者的性状都由三个量子数决定。

6.2.2.2　原子轨道的图形

每一个原子轨道都有相应的波函数，把每一个波函数在三维空间或球坐标中描绘出来的图形就是原子轨道的图形。波函数 $\Psi(r,\theta,\phi)$ 是含有 r,θ,ϕ 三个变量的函数，很难绘出其空间图像。但是我们可以从

$$\Psi(r,\theta,\phi)=R(r)\,Y(\theta,\phi)$$

出发，固定径向 $R(r)$ 部分来讨论角度部分 $Y(\theta,\phi)$ 的分布，或固定 $Y(\theta,\phi)$ 去讨论 $R(r)$ 的分布。通过径向分布和角度分布可以了解原子轨道的形状和方向。

例如，基态氢原子轨道（1s 轨道）

$$R_{1s}=2\sqrt{\frac{1}{a_0^3}}\mathrm{e}^{-r/a_0}$$

$$Y_{1s}=\sqrt{\frac{1}{4\pi}}$$

由于 s 轨道波函数的角度部分是一个与角度 (θ,ϕ) 无关的常数，它的角度分布图是一个半径为 $\sqrt{1/4\pi}$ 的球面，Y_{1s} 值在各个方向上都相同，因此氢原子的 s 轨道是球形对称的。

表 6-1 列出了氢原子波函数及其径向部分和角度部分（$n=3$ 以上的波函数从略）。

表 6-1　氢原子的波函数极其 R 和 Y 值

轨　道	$\Psi(r,\theta,\phi)$	$R(r)$	$Y(\theta,\phi)$
1s	$\sqrt{\frac{1}{\pi a_0^3}}\mathrm{e}^{-r/a_0}$	$2\sqrt{\frac{1}{a_0^3}}\mathrm{e}^{-r/a_0}$	$\sqrt{\frac{1}{4\pi}}$
2s	$\frac{1}{4}\sqrt{\frac{1}{\pi a_0^3}}\left(2-\frac{r}{a_0}\right)\mathrm{e}^{-r/2a_0}$	$\sqrt{\frac{1}{8a_0^3}}\left(2-\frac{r}{a_0}\right)\mathrm{e}^{-r/2a_0}$	$\sqrt{\frac{1}{4\pi}}$
$2p_z$	$\frac{1}{4}\sqrt{\frac{1}{\pi a_0^3}}\left(\frac{r}{a_0}\right)\mathrm{e}^{-r/2a_0}\cdot\cos\theta$		$\sqrt{\frac{3}{4\pi}}\cos\theta$
$2p_x$	$\frac{1}{4}\sqrt{\frac{1}{\pi a_0^3}}\left(\frac{r}{a_0}\right)\mathrm{e}^{-r/2a_0}\cdot\sin\theta\cos\phi$	$\sqrt{\frac{1}{24a_0^3}}\left(\frac{r}{a_0}\right)\mathrm{e}^{-r/2a_0}$	$\sqrt{\frac{3}{4\pi}}\sin\theta\cos\phi$
$2p_y$	$\frac{1}{4}\sqrt{\frac{1}{\pi a_0^3}}\left(\frac{r}{a_0}\right)\mathrm{e}^{-r/2a_0}\cdot\sin\theta\sin\phi$		$\sqrt{\frac{3}{4\pi}}\sin\theta\sin\phi$

若根据波函数的角度部分 $Y(\theta, \phi)$ 随角度的变化作图便可得到原子轨道角度分布图 6-4。

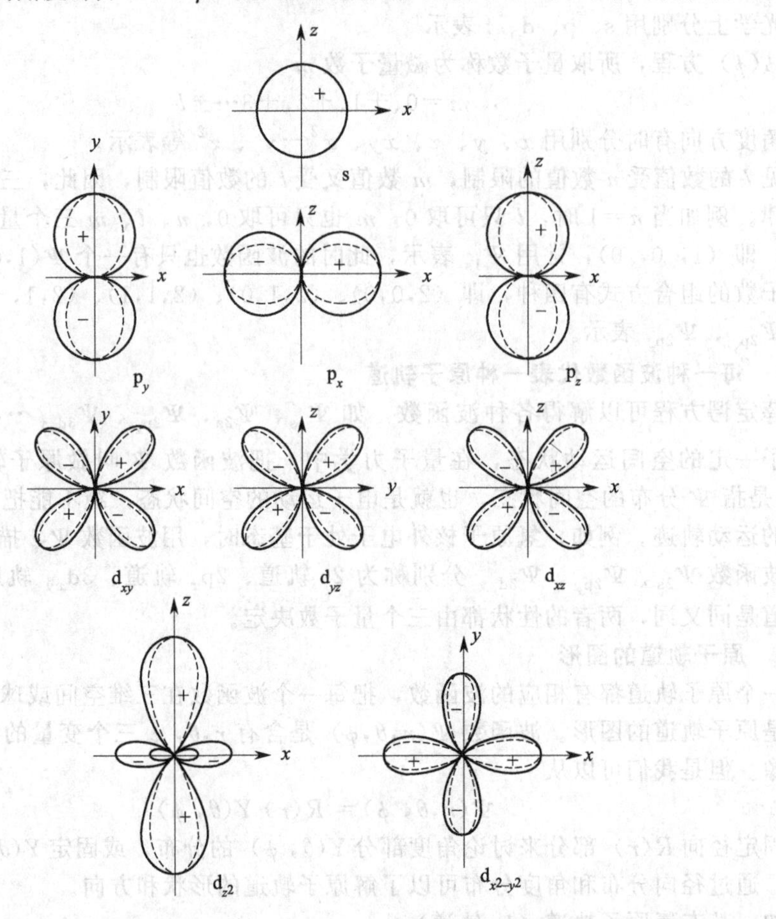

图 6-4 s,p,d 原子轨道（实线部分）、电子云（虚线部分）角度分布图（平面图）

从图 6-4 中可见，s 轨道是球形对称的，p 轨道是无柄哑铃形，d 轨道是花瓣形。另外，图 6-4 中有的部分标正号，有的部分标负号，这表明在该区域的波函数 Ψ 是正值或负值，切不要误认为它带正电荷或带负电荷。波函数的正，负对于原子轨道重叠形成共价键有重要意义。

6.2.2.3 概率密度和电子云

在经典力学中，用波函数 $u(x,y,z)$ 来表示电磁波 u 在空间（x,y,z）点的电场或磁场，$|u|^2$ 代表 t 时刻在空间（x,y,z）点电场或磁场波的强度。物质波也是如此，量子力学的一个基本假设就是原子核外的电子（能量有一定值的稳定态体系）的运动状态可以用一个波函数 $\Psi(r,\theta, \phi)$ 来表示。$|\Psi|^2$ 代表电子在（r,θ, ϕ）附近单位体积中出现的概率，即概率密度。所以概率和概率密度的关系是电子在核外空间某区域出现的概率等于概率密度与该区域总体积的乘积。

空间各点 $|\Psi|^2$ 数值的大小，反映电子在各点附近同样大小的体积中出现概率的大小。通常用小黑点的疏密程度来表示 $|\Psi|^2$ 在空间的分布，形象地称为电子云。小黑点较密的地方，表示概率密度较大，亦即电子云较密集，小黑点较疏的地方，表示概率密度较小，亦即电子云较稀疏。

例如，由表 6-1 氢原子基态 Ψ_{1s} 可知

$$|\Psi_{1s}|^2 = A_1^2 e^{-2Br} \frac{1}{4\pi}$$

$|\Psi|^2$只是r的函数，空间分布呈球形对称，即电子云分布是球对称的，图 6-5(b) 为其示意图。图中密集的小黑点是对核外一个电子（基态）运动情况多次重复实验所得的统计结果。离核愈近、小黑点愈密，即电子云较密集，电子在该处单位体积内出现的机会较多；反之亦然。总之，哪里的小黑点密集，哪里的电子的概率密度就大，只不过电子云是从统计的概念出发对核外电子的概率密度做形象化的图示，而概率密度$|\Psi|^2$可从理论上计算而得。所以说电子云是概率密度$|\Psi|^2$的具体图像。

应当注意，电子云只是电子行为具有统计性的一种形象化描述，这并不是说电子真的像云雾那样分散在原子核周围，而不再是一个粒子。在观测原子的实验中，实际上并不能观察到电子正在什么地方，观察到的正是电子在空间的概率分布即电子云分布。图 6-5(b) 中密集的小黑点并不代表许许多多电子在氢原子核外的运动情况，实际上只是说明核外一个电子的空间运动状态。

6.2.2.4　电子概率密度的几种表示方法

除用电子云图表示电子概率密度分布外，还有多种表示方法，其中比较常见的有以下几种。

(1) $|\Psi|^2$-r 图　对氢原子 1s 轨道，$|\Psi_{1s}|^2=A_1^2\mathrm{e}^{-2Br}\dfrac{1}{4\pi}$对$r$作图，见图 6-5(c)，可见，在核附近电子出现的概率密度最大，随r的增加而指数式下降。

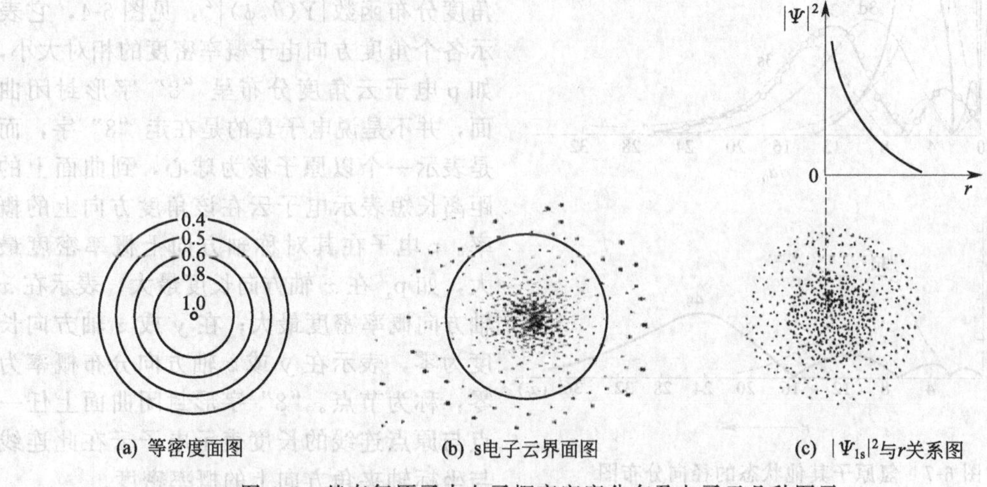

图 6-5　基态氢原子中电子概率密度分布及电子云几种图示

(2) 等密度面图　将空间上$|\Psi|^2$值相等的点连接起来而形成的曲面，叫做等密度面。对于氢原子来说，等密度面是一系列的同心球面，这些同心球面的剖面图则是一系列如同心圆的等密度线。见图 6-5(a)。靠近核的地方，$|\Psi|^2$最大。

(3) 电子云界面图　电子在空间的分布并没有明确的边界，在离核很远的地方，$|\Psi|^2$并不为零。但实际情况是在离核几百皮米之外，电子出现的概率已微不足道了。为了表示电子出现的主要区域分布，可以取一等密度面为界面，发现电子在此界面内概率很大（例如 90% 或 99%），电子在界面外出现的概率很小，一般可以忽略不计。氢原子Ψ_{1s}的电子界面图为一球面，见图 6-5(b)。

(4) 径向分布函数　径向分布函数是指电子在原子核外一定距离的单位厚度层内的概率。从$|\Psi|^2$-r图可见，随r的增加电子云密度快速下降。但$|\Psi|^2$乘球壳壳层体积

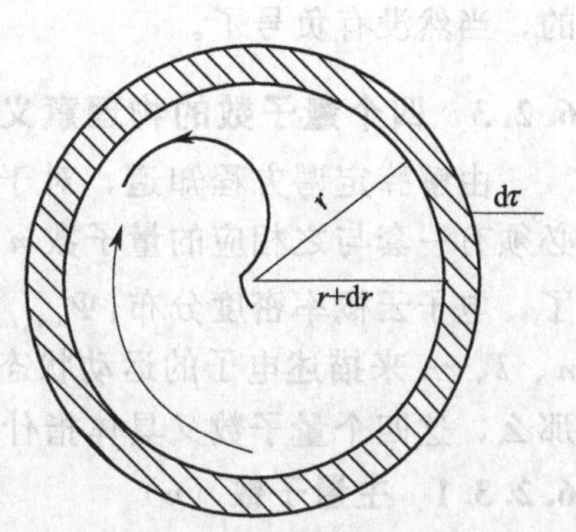

图 6-6　球壳壳层示意图

后，由于随 r 增加壳层体积也增加，而离核很近的地方，由于半径小，壳层体积小，虽电子云密度大，但壳层体积小，径向分布很小。电子云概率密度和壳层体积随 r 的增加其变化趋势相反，就会出现一个极大值，见图 6-6。图中极大值恰好与玻尔半径相吻合（$r=a_0=53\text{pm}$）。但必须注意两者的含义不同：玻尔半径表示基态氢原子中的电子在离核 53pm 的轨道上绕核运动，它是一个固定的线性轨道，在这个轨道以外的地方都不出现电子，而径向分布函数的极大值则表示在半径为 53pm 处单位极距内电子出现的概率最大，比此极距大或小的空间区域中也有电子出现，只是出现的概率较小而已。

径向分布图与通常指的电子云 $|\Psi|^2$ 的意义不同，它的着眼点是描述离核远近发现电子的概率分布情况。氢原子其他几种状态的径向分布图分别示于图 6-7，这些图形的特点是有（$n-l$）个极大值峰和（$n-l-1$）个节面（概率密度为零），2s 有两个峰，2p 只有一个峰，但是它们都有一个半径相似概率最大的主峰，3s 有三个峰，3p 有两个峰，3d 有一个峰，同样它们也都有一个半径相似概率最大的主峰。这些主峰离核的距离按主量子数的顺序有内外层次，n 愈大，离核愈远。因此，从径向分布的角度来看，核外电子可看作是分层分布的。

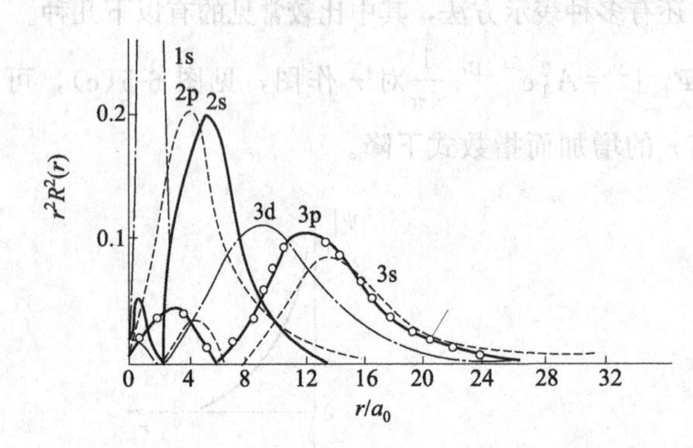

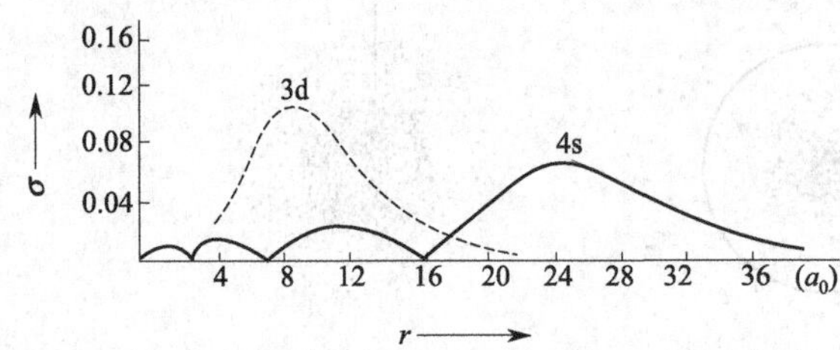

图 6-7　氢原子其他状态的径向分布图

（5）角度分布图　与原子轨道的角度分布函数 $Y(\theta,\phi)$ 相对应，亦有电子云的角度分布函数 $|Y(\theta,\phi)|^2$，见图 6-4，它表示各个角度方向电子概率密度的相对大小，如 p 电子云角度分布呈“8”字形封闭曲面，并不是说电子真的是在走“8”字，而是表示一个以原子核为球心，到曲面上的距离长短表示电子云在该角度方向上的概率。p 电子在其对称轴方向上概率密度最大，如 p_x 在 x 轴方向长度最大，表示在 x 轴方向概率密度最大；在 y 或 z 轴方向长度为零，表示在 y 或 z 轴方向分布概率为零，称为节点。“8”字形封闭曲面上任一点与原点连线的长度表示电子云在此连线与坐标轴夹角方向上的概率密度。

从图 6-4 可见，电子云的角度分布与原子轨道角度分布图形相似，不过前者要“瘦”一些，后者要“胖”一些；前者没有正负号，后者有正负号。这是因为电子云函数是原子轨道函数的平方。原子轨道在其伸展方向轴概率密度定为最大值 1，其他角度方向概率密度均小于 1，其平方值则更小，故电子云图形比原子轨道要“瘦”一些，电子云函数是经过平方的，当然没有负号了。

6.2.3　四个量子数的物理意义

由解薛定谔方程知道，对于薛定谔方程的合理解（因电子的各种运动都是量子化的），必须有一套与之相应的量子数 n、l、m，此时电子运动的轨道［原子轨道 $\Psi_{(n,l,m)}$］就确定了，电子云概率密度分布 $|\Psi_{(n,l,m)}|^2$ 也确定了。因此，量子力学中可以简化用三个量子数 n、l、m 来描述电子的运动状态，后来发现电子还有自旋，故又引进了第四个量子数 m_s，那么，这四个量子数又具体指什么呢？

6.2.3.1　主量子数（n）

氢原子和一切元素的原子都能产生线状光谱，证明原子中电子是分层排布的，习惯上叫做电子层。一个原子中有许多个电子层，电子究竟处于哪个电子层，由主量子数 n 决定，n 是电子层的编号，主量子数的取值为 $n=1$、2、3、4、5、6… 正整数，在光谱学上常用 K、L、M、N、O、P… 符号依次表示各电子层。主量子数不同（处于不同电子层）的电子有些什么差别呢?

① 主量子数是决定电子与原子核平均距离的参数。壳层概率最大的区域和原子核的平均距离 r 与主量子数 n 的关系为（氢原子）：

$$r_{ns}=0.53\cdot\frac{n^2}{Z}(10^{-10}\,\mathrm{m})$$

对给定原子来说，Z 值一定，n 值越大，电子在核外空间所占的有效体积也越大。例如，氢原子的 $Z=1$，$n=1$（处于第一电子层）的电子离核最近（$r_{1s}=53\mathrm{pm}$）；$n=2$（处于第二电子层）的电子离核稍远（$r_{2s}=212\mathrm{pm}$），n 值越大电子离核越远。

② 主量子数是决定电子能量的主要因素。电子能量与主量子数的关系为（氢原子）：

$$E_n=-13.6\frac{Z^2}{n^2}(\mathrm{eV})$$

可见 n 值越大，E_n 负值越小，能量越高。这说明电子的能量随主量子数的增大而升高。

6.2.3.2　角量子数或副量子数（l）

在分辨力较高的分光镜下观察一些元素的原子光谱时，发现每一条谱线是由一条或几条波长相差甚微的谱线组成的。这说明在同一电子层内电子的运动状态和所具有能量并不完全相同，由此推断：在同一电子层中，还包含若干个亚层（层中再分层或能级）。为了反映核外电子在运动状态和能量上的微小差异，除主量子数外，还需要另一种量子数——角量子数。角量子数决定原子轨道或电子云的形状。因为电子在核外运动时产生角动量 P_ϕ，角动量的绝对值与角量子数 l 的关系是

$$|P_\phi|=\sqrt{l(l+1)}\frac{h}{2\pi}$$

由此式可见，电子运动的角动量随角量子数的增大而增大。角动量越大，电子出现概率最大的区域向外扩展的趋势越大，因而原子轨道或电子云发生变形的程度越大。简言之，角量子数不同，角动量不同，电子沿角度分布的概率不同，因而原子轨道或电子云的形状也不同。

角量子数也是决定多电子原子能量大小的因素之一。我们已经知道，对于单电子体系（氢原子或类氢离子）来说，电子的能量只决定于 n 值，与 l 值无关。但对多电子原子来说，由于电子间的相互作用（屏蔽效应和钻穿效应，见 6.3），使同一电子层中各亚层的电子能量也有所不同：

$$E_n=-13.6\frac{(Z-\sigma)^2}{n^2}(\mathrm{eV})$$

$Z-\sigma$ 为有效核电荷；σ 为屏蔽常数。σ 值随 l 值的增大变大，因此当 n 值相同时，l 值越大，$Z-\sigma$ 越小，E 的负值越小，电子的能量越高。例如，$n=4$，则

$$\begin{array}{cccc} l=0 & 1 & 2 & 3 \\ E_{4s}< & E_{4p}< & E_{4d}< & E_{4f} \end{array}$$

由此可见，在多电子原子中各种状态电子的能量主要决定于主量子数，但角量子数对其能量也有一定的影响。

角量子数（l）的取值范围受主量子数（n）的制约。当主量子数的数值为 n 时，角量子数的数值限于从 0 到（$n-1$）的正整数：$l=0$、1、2、3、…、$n-1$，最大不得超过 $n-1$。这些数值在光谱学上依次用 s、p、d、f… 表示，它们分别代表一定的轨道形状和能量状态。如果两个电子的 n 值和 l 值均相同，说明这两个电子不仅在同一电子层，而且在同一

亚层（或能级）中。反之，若两个电子的 n 值相同而 l 值不同，则说明这两个电子虽属同一电子层，但处于不同的亚层或能级中，两者的轨道形状和能量状态均不同。现将 n、l 等项归纳于表 6-2 中。

表 6-2　各电子层中亚层的数目

n	l	亚层符号	亚层数目
1	0	1s	1
2	0	2s	2
	1	2p	
3	0	3s	3
	1	3p	
	2	3d	
4	0	4s	4
	1	4p	
	2	4d	
	3	4f	

从表 6-2 中可见，每一 l 值代表一个电子亚层（或能级），在给定的电子层中，亚层的数目与 n 值相等，也就是说，属于第几电子层，该电子层就包含几个亚层。例如，当 $n=l$ 时，l 值只能为 0，表明第一电子层只有一个亚层：1s 亚层。当 $n=2$ 时，l 可能有 0 和 1 两个值，表明第二电子层有两个亚层：2s 亚层和 2p 亚层。其余以此类推。

6.2.3.3　磁量子数（m）

在外加磁场作用下，原子光谱中某几条靠得很近的谱线，又分裂出若干条新的谱线，当外加磁场消除时，这几条新谱线又合并成原来的谱线。这种现象一方面说明某些原子轨道在核外空间有不同的伸展方向（同一方向磁场对它们影响不同），另一方面说明这些原子轨道核外空间的取向是量子化的。表征原子轨道上述性质的量子数叫做磁量子数（m）。

磁量子数的取值范围受角量子数的限制。当角量子数为 l 值时，则磁量子数的数值可以是从 $-l$ 经 0 到 $+l$ 的所有整数，即 $m=0$，±1，±2，…，$\pm l$，由此可见，m 的取值个数与 l 的关系是 $2l+1$。在量子力学中，电子绕核运动的角动量在空间给定方向 z 轴上的量大小由磁量子数 m 决定。由量子力学可得原子轨道在空间的取向也是量子化的。

磁量子数 m 的每一个数值代表原子轨道的一种伸展方向或一个原子轨道，因此一个亚层中 m 有几个数值，该亚层中就有几个伸展方向不同的原子轨道。例如，当 l 为 1（代表 p 亚层）时，m 可有三个取值（$m=-1$、0、$+1$），表明 p 亚层有三个伸展方向不同的原子轨道，即 p_x、p_y、p_z。这三个轨道彼此相互垂直，它们的轴互成 90°。前面已经指出，核外电子的能量仅决定于主量子数 n 和角量子数 l，而与磁量子数 m 无关，也就是说，原子轨道在空间的伸展方向虽然不同，但这并不影响电子的能量。例如，三个 p 轨道（$2p_x$、$2p_y$、$2p_z$）的能量是完全相同的。像这种 n 和 l 相同，而 m 不同的各能量相同的轨道，叫做简并轨道或等价轨道。

由 n、l、m 三个量子数所确定的状态就是一个原子轨道。每一能级上的轨道数为 $(2n+1)$ 个，则每一电子层上的轨道数为 n^2 个：

$$\sum_{l=0}^{n-1}(2l+1)=\{1+[2(n-1)+1]\}\times\frac{n}{2}=n^2$$

6.2.3.4　自旋量子数（m_s）

1921 年，史特恩和盖拉赫（C. Stern -W. Gerlach ）的实验发现：银原子射线在磁场作用下分裂成两条，而且它们的偏转方向是左右对称的。他们为了解释这种现象，提出电子自旋的假说。他们认为电子除绕核高速运动外，还绕自身的轴旋转，叫做电子的自旋。用 m_s 表示自旋量子数。其可能取值只有两个：$m_s=+1/2$ 或 $m_s=-1/2$。这说明电子自旋的方向只有顺时针和逆时针两种，分别用“↑”和“↓”表示。

在原子中处于同一电子层，同一亚层和同一轨道上的电子，其状态还因自旋方向不同而异。在同一轨道中，如果两个电子的 m_s 值分别为 $+1/2$ 和 $-1/2$，表明它们处于自旋相反状态，但能量相等，称这两个电子为“成对电子”，可用“↑↓”或“↓↑”表示。由于自旋量子数只有两个取值，因此每个原子轨道最多只能容纳 2 个电子。自旋量子数决定了电子自旋角动量在磁场方向上的分量，描述了电子自旋运动的方向，限定了原子轨道的最大容量。

我们已经讨论了四个量子数的意义和它们之间的关系。有了这四个量子数就能够比较全面地描述一个核外电子的运动状态。其中前三个量子数 n、l、m 能够确定原子轨道的类型(原子轨道的大小，能量的高低，轨道的形状和伸展方向）和电子在核外空间的运动状态(电子处于哪个电子层、哪个亚层、哪个轨道)；第四个量子数 m_s，能够确定电子的自旋状态。此外，根据四个量子数还可以推算出各电子层有几个亚层（或能级)，各层中有几个轨道，每个轨道能容纳几个电子和各电子层中电子的最大容量。

6.3　核外电子排布

6.3.1　多电子原子的能级

氢原子（或类氢离子）核外只有一个电子，它的原子轨道能级只取决于主量子数 n。但是对于多电子原子来说，由于电子间的互相排斥作用，因此原子轨道能级关系较为复杂。

6.3.1.1　屏蔽效应

多电子原子中，每个电子除受核对它的吸引外，又受到其他电子对它的排斥作用。根据中心势场模型，假设每个电子都处在核和其他电子所构成的平均势场中运动，即将某个电子 i 受到其他电子的排斥作用，看成相当于有 σ 个电子来自原子中心起着抵消核电荷对电子 i 的作用，好像使核电荷数减少到 $Z-\sigma$。这种把某一电子受到其他核外电子的排斥作用归结为抵消一部分核电荷的作用，称屏蔽效应。内层电子对外层电子的屏蔽作用大；n 相同时，l 愈小的电子屏蔽作用愈强，如 3s＞3p＞3d。

故①l 值相同时，n 值越大的轨道能级越高。如 $E_{1s}<E_{2s}<E_{3s}<E_{4s}\cdots$

②n 值相同时，l 值越大的轨道能级越高。如 $E_{ns}<E_{np}<E_{nd}<E_{nf}\cdots$

6.3.1.2　钻穿效应

在核附近出现概率较大的电子，可较多地回避其他电子的屏蔽作用，直接感受较大的有效核电荷的吸引，因而能量较低。对于给定的主量子数，从电子云径向分布图可见，角量子数愈小，峰数愈多，钻穿能力强，轨道能量愈低。由于径向分布的原因，角量子数 l 小的电子钻穿到核附近，回避其他电子屏蔽的能力较强，从而使自身的能量降低。这种作用称为钻穿效应（或穿透效应）。有时外层电子的能量低于内层电子甚至倒数第三层电子的能量，引起能级交错。

如

$$E_{4s}<E_{3d}$$

$$E_{6s}<E_{4f}<E_{5d}$$

6.3.1.3　原子轨道近似能级图和能级组

由上述讨论可见，单电子原子的轨道能量只与主量子数有关；而多电子原子的轨道能量还与电子的屏蔽和钻穿效应有关，即与核电荷 Z、主量子数 n 和角量子数 l 有关。从光谱实验结果及理论计算可得到多种原子轨道近似能级图。图 6-8 给出最常用到的鲍林近似能级图，是著名的美国化学家鲍林从光谱实验结果得到的。图 6-8 中每个小圆圈代表一个原子轨道，把能量相近的轨道划为一个能级组。

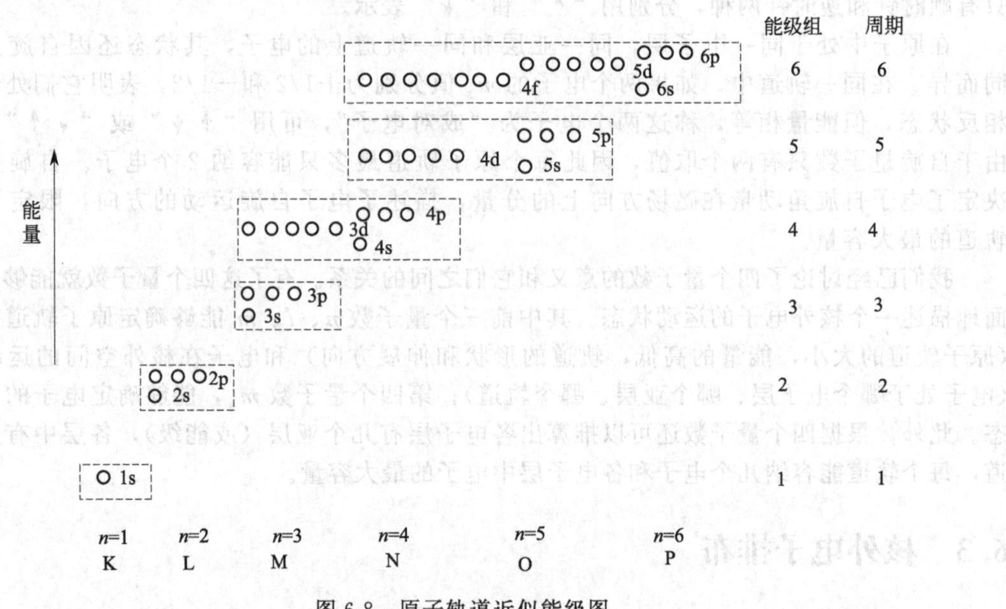

图 6-8　原子轨道近似能级图

我国化学家徐光宪从光谱数据总结归纳出（$n+0.7l$）的规则，根据主量子数和角量子数近似确定能级的相对高低顺序，并以第一位数字相同的划为一个能级组。每种轨道的（$n+0.7l$）值只表示轨道间能量相对高低，并非与该值大小成一定比例；（$n+0.7l$）值整数位相同的轨道能量接近，属于同一能级组。整数位不同时，即使（$n+0.7l$）值相差很小，实际能量差也是很大的。

6.3.2　核外电子排布原则与基态原子的电子构型

原子处于基态时，核外电子排布遵循下面三个原则。

(1) 泡利不相容原理　在一个原子中不可能有两个电子具有完全相同的四个量子数，也就是说在一个原子轨道中最多容纳两个自旋相反的电子。泡利原理表明，自旋相同的两个电子在同一轨道出现的概率为零，它们将相互尽可能远离，可使体系能量降低。因此，自旋相同的电子之间就显示一种斥力，称为“泡利斥力”，它和静电斥力本质不同，是一种量子力学效应。试想，若不存在这一原理，即同一轨道中可容纳多于两个的电子，则原子中的电子都集中在低能量的内层轨道上，无法形成分子，整个宇宙将全部改观。

(2) 能量最低原理　在不违背泡利原理的前提下，各个电子将优先占据能量较低的原子轨道，使体系的能量最低，原子处于基态。

能量最低原理是自然界的一个普遍规律，原子、分子中的电子亦如此。

根据上述两原理，我们可以试着对一些元素的原子写电子排布式，先写轨道，其右上标的数字是在该类轨道中所填的电子数。

如$_{26}$Fe　　　$1s^2 2s^2 2p^6 3s^2 3p^6 3d^6 4s^2$

$_{35}$Br　　　$1s^2 2s^2 2p^6 3s^2 3p^6 3d^{10} 4s^2 4p^5$

在写核外电子排布式时，我们发现，其实内层电子排布是不变的，若每次从内层到最外层都完全写出来，既麻烦又不必要，可用元素前一周期的稀有气体的元素符号表示原子内层电子全部排满，称为“原子实”。这样，上述两电子排布可简写为：

$$_{26}Fe, [Ar]3d^6 4s^2; \ _{35}Br \quad [Ar]3d^{10} 4s^2 4p^5$$

简便方法为：原子序数减去其前一周期的稀有气体原子序数作为原子实，剩下的电子，在 $(n-2)f(n-1)dnsnp$ 轨道按能量高低按 ns，$(n-2)f$，$(n-1)d$，np 顺序排布，如 113 号元素，先减去上一周期稀有气体电子数 86 作为原子实，剩下的 113－86＝27 个电子在 5f6d7s7p 轨道中排布，[Rn] $5f^{14}6d^{10}7s^2 7p^1$。在 $n \geqslant 4$ 时才有 d 轨道，在 $n \geqslant 6$ 时才有 f 轨道。

原子失去电子时，并非按照上述能级交错、能级高的电子先失去，而是严格按外层电子先失去的原则，如 Fe 先失去最外层 s 电子。

$$Fe(3d^6 4s^2) \xrightarrow{-2e^-} Fe(3d^6)$$

在核外电子中，能参与成键的电子称为价电子，而价电子所在的亚层通称价层。由于化学反应只涉及价层电子的改变，因此一般不必写出完整的电子排布式，而只需写出价层电子排布即可。对于主族元素，价层电子就是最外层电子，对于副族元素，最外层 s 电子、次外层 d 电子和倒数第三层 f 电子都可作为价电子。例如溴原子的价电子层构型是 $4s^2 4p^5$，铁原子的价电子层构型是 $3d^6 4s^2$。

但按上述规律排 $_{24}Cr$ 和 $_{29}Cu$ 等元素原子时与实验观察到的现象不符。$_{24}Cr$ 不是按轨道能量最低的 $[Ar]3d^4 4s^2$ 排布，而是 $[Ar]3d^5 4s^1$ 排布，$_{29}Cu$ 不是按轨道能量最低的 $[Ar]3d^9 4s^2$ 排布，而是 $[Ar]3d^{10} 4s^1$ 排布。那么到底哪种电子排布能量更低呢？

这里需要强调一点，电子在轨道中的填充顺序，并不一定是轨道能级高低的顺序，而是使整个原子所处的状态能量为最低。

(3) 洪特规则及其特例

① 在能量相同的轨道上电子的排布，将尽可能以自旋相同的状态分占不同的轨道，此即洪特规则。因电子之间有静电斥力，当某一轨道中已有一个电子，要使另一个电子与其配对，必须对电子提供能量（这种能量叫做电子成对能），以克服电子间的斥力。可见一个电子对的能量，要比两个成单电子的能量高。所以，在简并轨道中总是倾向于拥有最多的自旋平行的成单电子，使体系处于能量最低的稳定状态。

② 在能量相同的轨道上电子排布为全充满、半充满或全空时较稳定，此谓恩晓定理。

二者都是讨论简并轨道上电子排布问题，所以我们把它们合并在一起称为洪特规则及其特例。洪特规则可以看作是泡利原理的结果，这种状态排布的电子，使体系的能量较低。而全充满（p^6，d^{10}，f^{14}），半充满（p^3，d^5，f^7）及全空（p^0，d^0，f^0）状态的电子云分布近于球对称，为高对称性结构，体系能量亦较低。

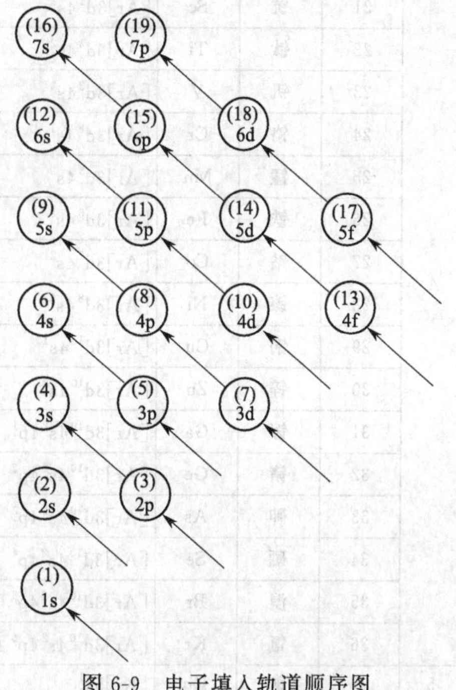

图 6-9　电子填入轨道顺序图

根据上述三原则，电子按近似能级图逐一填入原子中各个能级轨道。图 6-9 给出一个便于记忆的方阵图，图中箭头指向为电子填充顺序。表 6-3 列出 1～104 号元素的基态原子的电子构型。从表 6-3 中可见，有一些元素原子的最外层电子排布出现不规则现象，有些目前很难确切说明其原因。这是因为核外电子排布三原则是一般规律。随着原子序数的增大，核外电子数增多，电子间相互作用愈复杂，电子排布常出现例外情况。因此，一元素原子的电子

表 6-3　原子中电子分布

周期	原子序数	元素名称	元素符号	电子层结构	周期	原子序数	元素名称	元素符号	电子层结构
1	1	氢	H	$1s^1$	5	38	锶	Sr	[Kr]$5s^2$
	2	氦	He	$1s^2$		39	钇	Y	[Kr]$4d^1 5s^2$
2	3	锂	Li	[He]$2s^1$		40	锆	Zr	[Kr]$4d^2 5s^2$
	4	铍	Be	[He]$2s^2$		41	铌	Nb	[Kr]$4d^4 5s^1$
	5	硼	B	[He]$2s^2 2p^1$		42	钼	Mo	[Kr]$4d^5 5s^1$
	6	碳	C	[He]$2s^2 2p^2$		43	锝	Tc	[Kr]$4d^5 5s^2$
	7	氮	N	[He]$2s^2 2p^3$		44	钌	Ru	[Kr]$4d^7 5s^1$
	8	氧	O	[He]$2s^2 2p^4$		45	铑	Rh	[Kr]$4d^8 5s^1$
	9	氟	F	[He]$2s^2 2p^5$		46	钯	Pd	[Kr]$4d^{10}$
	10	氖	Ne	[He]$2s^2 2p^6$		47	银	Ag	[Kr]$4d^{10} 5s^1$
3	11	钠	Na	[Ne]$3s^1$		48	镉	Cd	[Kr]$4d^{10} 5s^2$
	12	镁	Mg	[Ne]$3s^2$		49	铟	In	[Kr]$4d^{10} 5s^2 5p^1$
	13	铝	Al	[Ne]$3s^2 3p^1$		50	锡	Sn	[Kr]$4d^{10} 5s^2 5p^2$
	14	硅	Si	[Ne]$3s^2 3p^2$		51	锑	Sb	[Kr]$4d^{10} 5s^2 5p^3$
	15	磷	P	[Ne]$3s^2 3p^3$		52	碲	Te	[Kr]$4d^{10} 5s^2 5p^4$
	16	硫	S	[Ne]$3s^2 3p^4$		53	碘	I	[Kr]$4d^{10} 5s^2 5p^5$
	17	氯	Cl	[Ne]$3s^2 3p^5$		54	氙	Xe	[Kr]$4d^{10} 5s^2 5p^6$
	18	氩	Ar	[Ne]$3s^2 3p^6$	6	55	铯	Cs	[Xe]$6s^1$
4	19	钾	K	[Ar]$4s^1$		56	钡	Ba	[Xe]$6s^2$
	20	钙	Ca	[Ar]$4s^2$		57	镧	La	[Xe]$5d^1 6s^2$
	21	钪	Sc	[Ar]$3d^1 4s^2$		58	铈	Ce	[Xe]$4f^1 5d^1 6s^2$
	22	钛	Ti	[Ar]$3d^2 4s^2$		59	镨	Pr	[Xe]$4f^3 6s^2$
	23	钒	V	[Ar]$3d^3 4s^2$		60	钕	Nd	[Xe]$4f^4 6s^2$
	24	铬	Cr	[Ar]$3d^5 4s^1$		61	钷	Pm	[Xe]$4f^5 6s^2$
	25	锰	Mn	[Ar]$3d^5 4s^2$		62	钐	Sm	[Xe]$4f^6 6s^2$
	26	铁	Fe	[Ar]$3d^6 4s^2$		63	铕	Eu	[Xe]$4f^7 6s^2$
	27	钴	Co	[Ar]$3d^7 4s^2$		64	钆	Gd	[Xe]$4f^7 5d^1 6s^2$
	28	镍	Ni	[Ar]$3d^8 4s^2$		65	铽	Tb	[Xe]$4f^9 6s^2$
	29	铜	Cu	[Ar]$3d^{10} 4s^1$		66	镝	Dy	[Xe]$4f^{10} 6s^2$
	30	锌	Zn	[Ar]$3d^{10} 4s^2$		67	钬	Ho	[Xe]$4f^{11} 6s^2$
	31	镓	Ga	[Ar]$3d^{10} 4s^2 4p^1$		68	铒	Er	[Xe]$4f^{12} 6s^2$
	32	锗	Ge	[Ar]$3d^{10} 4s^2 4p^2$		69	铥	Tm	[Xe]$4f^{13} 6s^2$
	33	砷	As	[Ar]$3d^{10} 4s^2 4p^3$		70	镱	Yb	[Xe]$4f^{14} 6s^2$
	34	硒	Se	[Ar]$3d^{10} 4s^2 4p^4$		71	镥	Lu	[Xe]$4f^{14} 5d^1 6s^2$
	35	溴	Br	[Ar]$3d^{10} 4s^2 4p^5$		72	铪	Hf	[Xe]$4f^{14} 5d^2 6s^2$
	36	氪	Kr	[Ar]$3d^{10} 4s^2 4p^6$		73	钽	Ta	[Xe]$4f^{14} 5d^3 6s^2$
5	37	铷	Rb	[Kr]$5s^1$		74	钨	W	[Xe]$4f^{14} 5d^4 6s^2$

续表

周期	原子序数	元素名称	元素符号	电子层结构	周期	原子序数	元素名称	元素符号	电子层结构
6	75	铼	Re	[Xe]$4f^{14}5d^{5}6s^{2}$	7	93	镎	Np	[Rn]$5f^{4}6d^{1}7s^{2}$
	76	锇	Os	[Xe]$4f^{14}5d^{6}6s^{2}$		94	钚	Pu	[Rn]$5f^{6}7s^{2}$
	77	铱	Ir	[Xe]$4f^{14}5d^{7}6s^{2}$		95	镅	Am	[Rn]$5f^{7}7s^{2}$
	78	铂	Pt	[Xe]$4f^{14}5d^{9}6s^{1}$		96	锔	Cm	[Rn]$5f^{7}6d^{1}7s^{2}$
	79	金	Au	[Xe]$4f^{14}5d^{10}6s^{1}$		97	锫	Bk	[Rn]$5f^{9}7s^{2}$
	80	汞	Hg	[Xe]$4f^{14}5d^{10}6s^{2}$		98	锎	Cf	[Rn]$5f^{10}7s^{2}$
	81	铊	Tl	[Xe]$4f^{14}5d^{10}6s^{2}6p^{1}$		99	锿	Es	[Rn]$5f^{11}7s^{2}$
	82	铅	Pb	[Xe]$4f^{14}5d^{10}6s^{2}6p^{2}$		100	镄	Fm	[Rn]$5f^{12}7s^{2}$
	83	铋	Bi	[Xe]$4f^{14}5d^{10}6s^{2}6p^{3}$		101	钔	Md	[Rn]$5f^{13}7s^{2}$
	84	钋	Po	[Xe]$4f^{14}5d^{10}6s^{2}6p^{4}$		102	锘	No	[Rn]$5f^{14}7s^{2}$
	85	砹	At	[Xe]$4f^{14}5d^{10}6s^{2}6p^{5}$		103	铹	Lr	[Rn]$5f^{14}6d^{1}7s^{2}$
	86	氡	Rn	[Xe]$4f^{14}5d^{10}6s^{2}6p^{6}$		104	𬬻	Rf	[Rn]$5f^{14}6d^{2}7s^{2}$
7	87	钫	Fr	[Rn]$7s^{1}$		105	𬭊	Db	[Rn]$5f^{14}6d^{3}7s^{2}$
	88	镭	Ra	[Rn]$7s^{2}$		106	𬭳	Sg	[Rn]$5f^{14}6d^{4}7s^{2}$
	89	锕	Ac	[Rn]$6d^{1}7s^{2}$		107	𬭛	Bh	[Rn]$5f^{14}6d^{5}7s^{2}$
	90	钍	Th	[Rn]$6d^{2}7s^{2}$		108	𬭶	Hs	[Rn]$5f^{14}6d^{6}7s^{2}$
	91	镤	Pa	[Rn]$5f^{2}6d^{1}7s^{2}$		109	鿏	Mt	[Rn]$5f^{14}6d^{7}7s^{2}$
	92	铀	U	[Rn]$5f^{3}6d^{1}7s^{2}$					

排布情况，应尊重事实，不能用理论去死搬硬套，对一些例外有待深入研究。

(4) 最外层和次外层电子数的限制　在中学化学中，我们知道最外层电子数不能超过 8 个，次外层电子数不能超过 18 个。这是原子轨道能级交错的必然结果。当原子最外层已排满 8 个电子时，按基态能量最低原理，这 8 个电子排布的轨道肯定是 ns^2np^6，若还有电子要进入原子轨道，由于 nd 的能量大于 $(n+1)$s 的能量，电子排在新开辟的 $(n+1)$s 轨道，在 $(n+1)$s 轨道排满 2 个电子后，电子再依次进入 nd 轨道，这时 n 层是次外层，所以最外层电子不会超过 8 个电子。当次外层 d 轨道的 10 个电子排满后，也是由于能级交错的原因，新增的电子进入到能量较低的 $(n+2)$s 轨道，只有 $(n+2)$s 轨道排满 2 个电子后，电子再依次进入 nf 轨道，这时 n 层是倒数第三层，所以次外层电子不会超过 18 个电子。

6.3.3　原子结构和元素周期的关系

1869 年，俄国化学家门捷列夫将已发现的 63 种元素按照其相对原子质量及化学、物理性质的周期性和相似性排列成表，称为元素周期表。在元素周期中，具有相似性质的化学元素按一定的规律周期性地出现，体现出元素排列的周期性特征。

(1) 原子序数　等于核电荷数（核中质子数），也等于核外电子数。

(2) 周期数　等于电子层数，即等于主量子数，也等于基态原子填充电子的最高能级组数。每一周期元素的数目与该能级组中最多容纳的电子数相等。

第一周期只有 1s 轨道，只能容纳两种元素 H 与 He，称为特短周期。其他周期都从碱金属元素开始至稀有气体为止。第二，三周期有 $nsnp$ 轨道，能容纳 8 个电子，故各有 8 种元素，称为短周期。第四，五周期的能级组有了 $(n-1)$d 轨道，又增加了 10 个电子的容量，故各有 18 种元素，称为长周期。第六周期又有 f 轨道 14 个电子容量加入，故有 32 种元素，称为特长周期。第七周期目前尚未完成，称未完成周期，预计也应为含有 32 种元素的特长周期。第八周期发现，预言为含有 50 种元素的超长周期。

除第一周期外，每一个周期都是从一个非常活泼的金属元素开始，从左到右元素的金属性逐渐减弱，最后递变成非金属元素，即以碱金属元素开始，以稀有气体元素结束。元素的性质呈现这种周期性变化的原因是如周期表中电子填充（除第一周期外），从左到右每一周期元素原子的最外层电子数都是由 1 递增到 8，相应的主要决定元素性质的最外层电子排布重复着 ns^1 到 ns^2np^6 的变化规律。所以元素周期律是原子内部结构周期性变化的反映。

(3) 原子的电子层结构与族的关系　元素周期表中，把最外层电子排布（或外围电子构型）相同的元素排成纵列，称为族。元素周期表共有 18 个纵行，共分为 16 个族，其中有 7 个主族（A 族），7 个副族（B 族），1 个零族和 1 个第Ⅷ族。同一族中，虽然不同元素的核外原子电子层数不同，但它们的最外层电子构型是相同的，因此它们的化学性质相似。

主族元素和ⅠB、ⅡB 的族数等于原子的最外层电子数（$ns+np$）；副族元素ⅢB～ⅦB，族数等于原子的外围构型电子数 $[(n-1)\mathrm{d}+ns]$；第Ⅷ族按横行分成三组：铁系、轻铂系和重铂系，族序数等于每组第一个元素中外围构型电子数。

副族元素（除ⅠB、ⅡB 族）最外层电子为 1～2 个，次外层上的电子数目多于 8 个而少于 18 个，随原子序数增加而增加的电子排在次外层，都是金属元素，但元素性质变化较小，被称为“过渡元素”。

(4) 周期表中元素的分区　根据基态原子中最后一个电子的填充轨道，可把元素分为 s、p、d、ds、f 五个区。见图 6-10，s 区为ⅠA、ⅡA 族金属元素；p 区为ⅢA～ⅦA 和零族元素；d 区为ⅢB～ⅦB 金属元素；ds 区为ⅠB、ⅡB 族金属元素；f 区为元素周期表下方的镧系和锕系元素。

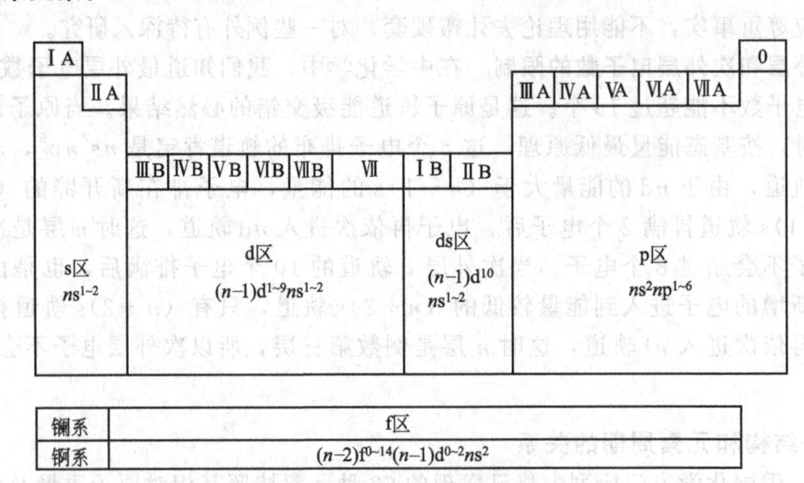

图 6-10　周期表中元素的分区

6.4　原子结构和元素某些性质的周期性变化

元素的性质是其内部结构的反映。随着原子序数的递增，电子排布呈周期性变化，与之有关的原子结构本身及元素基本性质如有效核电荷、原子半径、电离能、电子亲和能、电负性及金属性等，亦应呈现明显的周期性。

6.4.1 有效核电荷

元素的有效核电荷 Z^* 是核对最外层电子的净吸引作用。即扣除了其他电子屏蔽作用后剩下的核对最外层电子的作用力，$Z^*=Z-\sigma$。由于内层电子对外层电子屏蔽作用较强，同层电子之间彼此间屏蔽作用较弱，使得 Z^* 随原子序数递增呈现周期性变化，尽管原子的核电荷 Z 随原子序数增大而有序上升，但 Z^* 的变化要复杂些。

由图 6-11 可见，同一周期的主族元素从左向右，因增加的电子填充在同一最外层上，其屏蔽作用较弱，Z^* 增加较显著（每次增加 0.2～0.3）。同一周期的副族元素从左至右，因电子增加在次外层 d 轨道上，对外层电子屏蔽作用较强，Z^* 增加不大（每次增加约 0.07）。一周期最后一个元素到下周期第一个元素，由于新增加的一个电子在最外层，其余电子都成了内层电子，屏蔽作用强，Z^* 下降很多。然后新的周期 Z^* 从左到右逐渐增加。同族元素由上到下，因相邻周期的同族元素间相隔 8 或 18 种元素，Z^* 在主族增加较显著，在副族增加较小。

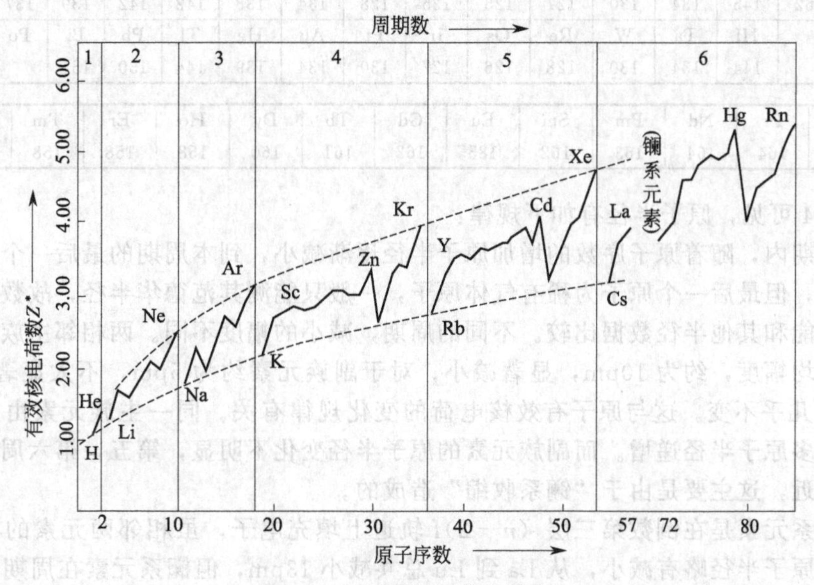

图 6-11　有效核电荷的周期性

严格地讲，Z^* 是扣去屏蔽效应后核对最外层电子吸引作用的正电量，至于对最外层电子的作用力，还应与两者平均距离的平方成反比。故同一周期从左到右电子层相同，增加 Z^*，核对最外层电子吸引力增强，电子越不容易失去；同一族从上到下电子层增加，虽然 Z^* 增加，但正、负电荷间距离增加，核对最外层电子作用力减小，电子容易失去。

6.4.2　原子半径

由前述电子云的讨论可知，孤立原子并无明确的边界，确切知道原子的大小是困难的。一般所谓的原子半径是实验测得类单质分子（或晶体）中相邻原子核间距离的一半，有共价半径、金属半径及范德华半径（图 6-12），列于表 6-4。

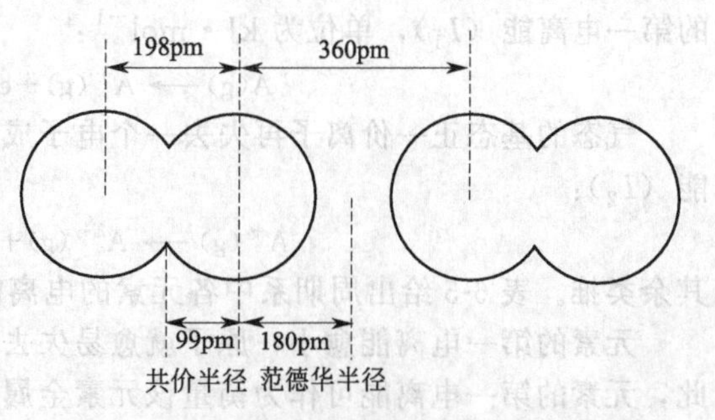

图 6-12　氯原子的共价半径与范德华半径

共价半径是单质分子中原子以共价单键结合时核间距离的一半；金属半径是金属晶体中相邻原子核间距离的一半，它与晶体结构有关；而范德华半径是单质分子间只靠分子间作用力相互接近时两个原子核间距的一半。一般原子的金属半径比它的共价半径大10%～15%；而范德华半径比上述二者大得多。各元素原子半径数据见表6-4。

表6-4 原子半径数据（pm）

H 37																	He 93
Li 123	Be 89											B 82	C 77	N 74	O 74	F 72	Ne 131
Na 154	Mg 136											Al 118	Si 117	P 110	S 104	Cl 99	Ar 174
K 203	Ca 174	Sc 144	Ti 132	V 122	Cr 118	Mn 117	Fe 117	Co 116	Ni 115	Cu 117	Zn 125	Ga 126	Ge 124	As 121	Se 117	Br 114	Kr 189
Rb 216	Sr 191	Y 162	Zr 145	Nb 134	Mo 130	Tc 127	Ru 125	Rh 125	Pd 128	Ag 134	Cd 138	In 142	Sn 142	Sb 139	Te 137	I 133	Xe 209
Cs 235	Ba 198		Hf 144	Ta 134	W 130	Re 128	Os 126	Ir 127	Pt 130	Au 134	Hg 139	Tl 144	Pb 150	Bi 151	Po	At	Rn 220

La	Ce	Pr	Nd	Pm	Sm	Eu	Gd	Tb	Dy	Ho	Er	Tm	Yb	Lu
169	165	164	164	163	162	185	162	161	160	158	158	158	170	156

由表6-4可见，原子半径有如下规律：

同一周期内，随着原子序数的增加原子半径逐渐减小，到本周期的最后一个元素原子的半径应最小，但最后一个原子为稀有气体原子，一般只能测其范德华半径，故数据大，实际上该数据不能和其他半径数据比较。不同的周期，减小的幅度不同。两相邻主族元素原子半径减小的平均幅度，约为10pm，显著减小；对于副族元素约为5pm，不太显著；f区元素小于1pm，几乎不变。这与原子有效核电荷的变化规律有关。同一主族元素由上向下，因电子层数增多原子半径递增。而副族元素的原子半径变化不明显，第五，第六周期的两元素半径非常接近，这主要是由于"镧系收缩"造成的。

由于镧系元素是在倒数第三层$(n-2)$f轨道上填充电子，虽相邻两元素的有效核电荷略有增加，原子半径略有减小，从La到Lu总共减小13pm，但镧系元素在周期表中总的半径收缩比一般只占一格的其他副族元素大得多，使位于镧系元素后面的原子半径比上一周期的同族元素半径不增加。这种原子半径在总趋势上有所收缩的现象称为镧系收缩。它不仅导致镧系元素的性质极其相似，而且产生了两个特殊后果。首先，使得ⅢB族的钇和重稀土元素性质相似；其次，使得第二系列与相应第三系列过渡元素的原子半径非常接近，其性质也极为相似。

6.4.3 电离能（I）

一个气态的基态原子失去一个电子成为气态的一价阳离子所需的最少能量，称为该原子的第一电离能（I_1），单位为kJ·mol^{-1}：

$$A(g) \longrightarrow A^+(g) + e^- \quad 第一电离能(I_1)$$

气态的基态正一价离子再失去一个电子成为气态正二价离子所需最少能量，称第二电离能（I_2）：

$$A^+(g) \longrightarrow A^{2+}(g) + e^- \quad 第二电离能(I_2)$$

其余类推。表6-5给出周期系中各元素的电离能。

元素的第一电离能愈小，原子就愈易失去电子，该元素的金属性就愈强。反之亦然。因此，元素的第一电离能可作为衡量该元素金属活泼性的尺度。表6-5列出了元素原子的第一电离能数据。

表 6-5　元素的第一电离能 I_1 (kJ · mol^{-1})

H 1312.0																	He 2372.3
Li 520.3	Be 899.5											B 800.6	C 1086.4	N 1402.3	O 1314.0	F 1681.0	Ne 2080.7
Na 495.8	Mg 737.7											Al 577.6	Si 786.5	P 1011.8	S 999.6	Cl 1251.1	Ar 1520.5
K 413.9	Ca 589.8	Sc 631	Ti 658	V 650	Cr 652.8	Mn 717.4	Fe 759.4	Co 758	Ni 736.7	Cu 745.5	Zn 906.4	Ga 578.8	Ge 762.2	As 944	Se 940.9	Br 1140	Kr 1350.7
Rb 403.0	Sr 549.5	Y 616	Zr 660	Nb 664	Mo 685.0	Tc 702	Ru 711	Rh 720	Pd 805	Ag 731.0	Cd 867.7	In 558.3	Sn 708.6	Sb 831.6	Te 869.3	I 1008.4	Xe 1170.4
Cs 375.7	Ba 502.9		Hf 654	Ta 761	W 770	Re 760	Os 840	Ir 880	Pt 870	Au 890.1	Hg 1007.0	Tl 589.3	Pb 715.5	Bi 703.3	Po 812	At	Rn 1037.6
Fr	Ra 509.4																

电离能变化的规律如下：

① 对同一元素，$I_1<I_2<I_3<I_4<\cdots$。这是由于原子每失去一个电子后，其余电子受核的引力增大，与核结合得更牢固的缘故。另外，电离能增加的幅度也不同，失去内层电子时，电离能增加的幅度突然增加。因此，由实验测定电离能数据，可以研究核外电子分层排布的情况。

② 对同一周期元素：同一周期主族元素，第一电离能从左向右总趋势是增大。从左至右元素的核电荷数增多，原子半径减小，核对外层电子的引力增强，失去电子的能力减弱，因此 I_1 明增大。但 I_1 不是直线增大，而出现一些曲折变化，如第二周期至第四周期ⅡA 族和Ⅴ族（Be、N、Mg、P、Ca、As）外层电子排布分别为 ns 全充满和 np 半充满，属于较稳定状态，要夺取其电子需较多的能量，故这几个元素原子 I_1 的数据反常，比其右边的原子的 I_1 要高。

对副族元素，从左向右由于原子半径减小的幅度很小，有效核电荷数增加不大，核对外层电子引力略微增强，第三、第四过渡系又有镧系收缩，因而 I_1 总体看来略有增大，而且个别处变化还不十分规律，造成副族元素金属性变化不明显。

③ 对同一族元素：同族中自上而下，有互相矛盾的两种因素影响电离能变化。

a. 核电荷数 Z^* 增大，核对电子剩余正电量增大。将使电离能 I_1 增大；

b. 电子层增加，原子半径增大，电子离核远，核对电子吸引力减小，将使电离能 I_1 减小。在 a. 和 b. 这对矛盾中，以 b. 为主导。所以同族中自上而下，元素的电离能减小。主族元素的电离能严格遵守上述规律。对副族元素，从上向下原子半径只略有增加，而且由于镧系收缩造成第五，六周期元素的原子半径非常接近，核电荷数增加较多，因而第四周期与第六周期同族元素相比较，I_1 总趋势是增大的，但其间的变化没有较好的规律。

6.4.4　电子亲和能（Y）

一个气态的基态原子得到一个电子变为负一价离子所放出的能量，称为该原子的第一电子亲和能（Y_1），单位亦为 kJ · mol^{-1}：

$$A(g)+e^- \longrightarrow A^-(g) \qquad \text{第一电子亲和能}(Y_1)$$

同样，类似于各级电离能，亦可以定义第二电子亲和能（Y_2）：

$$A^-(g)+e^- \longrightarrow A^{2-}(g) \qquad \text{第二电子亲和能}(Y_2)$$

例如：

$$O(g)+e^- \longrightarrow O^-(g) \qquad Y_1=-141.2\text{kJ} \cdot \text{mol}^{-1}$$

$$O^-(g)+e^- \longrightarrow O^{2-}(g) \qquad Y_2=779.6\text{kJ} \cdot \text{mol}^{-1}$$

上列数据表明，氧原子接受第一个电子时要放出能量（$Y_1<0$），若它再吸收一个电子，就会吸收能量（$Y_2>0$）。这种情况适用于大多数原子，因为它们的外层未达到稀有气体的稳定电子构型，可以接受电子，使体系能量降低而放出能量（即 $Y_1<0$）；若再接受电子，则由于阴离子与电子间的排斥作用，使体系能量升高，需吸收能量（即 $Y_2>0$、$Y_3\cdots>0$）。因此，在气相中氧（Ⅱ）离子是不稳定的，它仅能存在于晶体或熔盐中。

元素的第一电子亲和能愈小（负值愈大），原子就愈易得电子，该元素的非金属性就愈强。反之亦然。但是，目前电子亲和能的测定比较困难，所以实验数据较少，且准确性也较差，因此难于作为定量衡量元素非金属性强弱的依据。表 6-6 提供一些元素原子的电子亲和能数据。

表 6-6　主族元素的第一电子亲和能 Y_1（$kJ\cdot mol^{-1}$）

H −72.7							He +48.2
Li −59.6	Be +48.2	B −26.7	C −121.9	N +6.75	O −141.0	F −328.0	Ne +115.8
Na −52.9	Mg +38.6	Al −42.5	Si −133.6	P −72.1	S −200.4	Cl −349.0	Ar +96.5
K −48.4	Ca +28.9	Ga −28.9	Ge −115.8	As −78.2	Se −195.0	Br −324.7	Kr +96.5
Rb −46.9	Sr +28.9	In −28.9	Sn −115.8	Sb −103.2	Te −190.2	I −295.1	Xe +77.2

由表中数据可见，电子亲和能（$-Y_1$）一般随原子半径的减小而增大，因为半径减小时，核电荷对外层电子的吸引力增强。因此，电子亲和能（$-Y_1$）在周期表中从左到右总的趋势是增大的，表明元素的非金属性增强；主族元素从上向下总的变化趋势是减小的，表明元素的非金属性减弱。但是，ⅥA 和ⅦA 族的元素 O 与 F 的 $-Y_1$ 值并非最大，而是相应的第二种元素 S 和 Cl 的 $-Y_1$ 最大。这是由于第二周期的 O 与 F 原子半径很小，电子密度大，电子间斥力较强，而第三周期的 S 和 Cl 原子半径较大，又有空的 3d 轨道可以容纳电子，电子密度较小，电子间的相互排斥作用减小之故。

6.4.5　电负性（X）

严格来说，I_1 与 $-Y_1$ 只是分别从不同侧面来衡量一个孤立气态原子失去和获得电子的能力。某原子易失电子，不一定难得电子，反之，某原子易得电子，也不一定难失电子，有些原子既不易失去电子也不易得到电子。因此，I_1 只能用来衡量元素金属性的相对强弱，$-Y_1$ 只能定性地比较元素非金属性的相对强弱。而一般的原子同时具有失去和获得电子的能力，且它们通常处于键合状态。

为了较全面地描述不同元素原子在分子中吸引电子的能力，鲍林首先提出元素电负性的概念。他把原子在分子中吸引电子的能力定义为元素的电负性。1932 年，鲍林根据热化学数据和分子的键能，指定最活泼的非金属元素氟的电负性值 $X_F=4.0$，计算求得其他元素的相对电负性值。后经许多人做了更精确的计算，成为现在最流行的一种电负性值。

由表 6-7 中数据可见，随着原子序数递增，元素的电负性呈现明显的周期性：

① 同一周期元素从左向右，电负性一般递增；同一主族元素从上到下，电负性通常递减。因此电负性大的元素集中在周期表的右上角，F 的电负性最大，而电负性小的元素集中在周期表的左下角，Cs 的电负性最小。

表 6-7　元素的电负性值（X）

H							He
2.20							
Li	Be	B	C	N	O	F	Ne
0.98	1.57	2.04	2.55	3.04	3.44	3.98	—
Na	Mg	Al	Si	P	S	Cl	Ar
0.93	1.31	1.61	1.90	2.19	2.58	3.16	
K	Ca	Ga	Ge	As	Se	Br	Kr
0.82	1.00	1.81	2.01	2.18	2.55	2.96	—
Rb	Sr	In	Sn	Sb	Te	I	Xe
0.82	0.95	1.78	1.96	2.05	2.10	2.66	—

Sc	Ti	V	Cr	Mn	Fe	Co	Ni	Cu	Zn
1.36	1.54	1.63	1.66	1.55	1.83	1.88	1.91	1.90	1.65

② 金属元素的电负性较小，非金属元素的较大，$X=2.0$ 近似地标志着金属和非金属的分界点。但是，元素的金属性和非金属性之间并无严格界限。

电负性数据在判断化学键型方面是一个重要参数。一般来说，电负性相差大的元素之间化合易成离子键；电负性相同或相近的非金属元素之间以共价键结合，而金属元素则以金属键结合。但应了解，电负性是个相对概念；同一元素处于不同氧化态时，其电负性随氧化态升高而增加。

6.4.6　金属性和非金属性

从化学角度讲，元素的非金属性与金属性是指原子在化学反应中得失电子的能力。一般来说，原子易失电子，该元素的金属性强；原子易得电子，该元素的非金属性活泼。标志着元素得失子能力的电子亲和能，电离能和电负性都有周期性变化，因此元素的金属性与非金属性也呈周期性变化，并与原子结构的周期性直接有关，其规律如下：

① 同一周期元素从左至右，I_1 增大，X 增大，金属性减弱，非金属性增强，由活泼金属过渡到活泼非金属。这是由于同周期元素电子层数相同，外层电子数增多，有效核电荷增大，原子半径减小，核对外层电子引力增强之故。

② 同一主族元素从上向下，I_1 减小，X 减小，金属性增强，非金属性减弱。这是由于同族元素外层电子构型相同，电子层数增加，有效核电荷增大，而原子半径显著增大，核对外层电子吸引力减弱之故。

③ 金属与非金属之间没有严格界限，周期系存在一斜对角线区域，位于这一区域的元素性质间于金属和非金属之间，它们为两性金属或准金属。

【阅读资料】

微观物质的深层次剖示

1. 关于基本粒子概念的演化

约在公元前 300 多年古希腊哲学家德谟克利特（Democritus）认为万物都是由被称为原子的不可分割的粒子组成的；1897 年英国人汤姆逊（J. J. Thomson）通过阴极射线实验发现了从原子中释放出来的电子；1911 年英国物理学家卢瑟福（E. Rutherford）用 α 射线“轰开”了原子的大门，科学家们先后从原子核中发现了质子（1919 年）和中子（1932 年）。质子和中子被称为核子，当时与电子、光子一起被认为是构成物质的基本粒子。但是，后来随着天体物理学的研究和高能加速器的应用，科学家们陆续发现了一大批（至今多达 300 多种）比原子核更小，像质子、中子那样的下一个物质层次称为亚原子的粒子。这些粒子绝大多数在自然界中不存在，是在高能实验室内“制造”出来的。

根据作用力不同，这些亚原子粒子被分为强子、轻子和传播子三大类，见表 6-8。

表 6-8　亚原子粒子的分类

类别	作用力	粒子名称(发现时间)
强子	参与强力(或核力)作用	现有的绝大部分亚原子粒子,如质子(1919 年)、中子(1932 年)、π 介子(1947 年)
轻子	参与弱力、电磁力、引力作用	电子(1897 年)、电子中微子(1956 年) μ 子(1936 年)、μ 子中微子(1988 年) τ 子(1975 年)、τ 子中微子(1998 年)
传播子	传递强作用和弱作用	强作用:8 种胶子(1979 年) 弱作用:W^+、W^-、Z^0 中间波色子(1983 年)

进一步研究发现，强子类的亚原子粒子是由更小的夸克和胶子组成的。已发现 6 种夸克：上夸克、下夸克、奇异夸克（1964 年提出）；粲（音灿）夸克（1974 年）；底（或“美”）夸克（1977 年）；顶夸克（1994 年）。例如，质子是由两个上夸克和 1 个下夸克组成的。

夸克、胶子在自然界中不能以自由的、孤立的形式存在。事实上宇宙中超过 99.9% 的可见物质是以原子核的形式凝聚的。综上所述，由粒子物理学理论建立起来的标准模型，就目前的认识水平，只把夸克、轻子看作基本粒子。然而，夸克、轻子是否还能再“分”下去，这有待于粒子物理学的进一步研究。

2. 关于反粒子

1928 年英国物理学家保罗·狄拉克（Paul Dirac）应用波动方程描述电子时，导致涉及产生反物质的概念，即每个粒子都有它的反粒子，反粒子与它的（正）粒子有相同的质量，但其他所有量（如电荷、自旋）的符号却相反。

1932 年美国物理学家卡尔·安德森（C. Anderson）在宇宙线实验中发现了与电子质量相同但带单位正电荷的粒子——反电子（e^+）；1956 年美国物理学家张伯伦（O. Chamberlain）等在加速器实验中发现了质量与正质子（p^+）相同但带单位负电荷的粒子——反质子（p^-）。以后又陆续发现了许多类似的情况，证实一切粒子都有与之相对应的反粒子。例如，中子不带电荷但有一定的磁性，反中子则呈相反的磁性；又如 1974 年丁肇中和美国物理学家伯顿·里克特（Burton Richter）分别独立发现的 J（或 ψ）粒子，是由粲夸克和反粲夸克组成的。

据报道，欧洲核子研究中心的德国和意大利科学家从 1995 年 9 月开始的实验，已经成功地获得了反氢原子（由一个反质子 p^- 和一个反电子 e^+ 结合而成），亦即获得了反物质。尽管这种反氢原子只能存在极短瞬间，但这项实验不仅为系统的探索反物质世界打开了大门，而且为自然辩证法提供了极为有力的佐证，具有重大的理论和实际意义。从哲学的角度而言，往小看物质是无限可分的，往大看宇宙是无限延伸的。微观粒子之小与宇宙之大是物质世界的两个极端。

思考题

1. 氢原子为什么是线状光谱？谱线波长与能层间的能量差有什么关系？

2. 原子中电子的运动有什么特点？

3. 量子力学的轨道概念与玻尔原子模型的轨道有什么区别和联系？

4. 比较原子轨道角度分布图与电子云角度分布图的异同。

5. 氢原子的电子在核外出现的概率最大的地方在离核 52.9pm 的球壳上（正好等于玻尔半径），所以电子云的界面图的半径也是 52.9pm。这句话对吗？

6. 说明四个量子数的物理意义和取值范围。哪些量子数决定了原子中电子的能量？

7. 原子核外电子的排布遵循哪些原则？举例说明。

8. 为什么任何原子的最外层均不超过 8 个电子？次外层均不超过 18 个电子？为什么周期表中各周期所包含的元素数不一定等于相应电子层中电子的最大容量 $2n^2$？

9. 量子数 $n=2$，$l=1$ 的原子轨道的符号是什么？该类原子轨道的形状如何？有几个空间取向？共有几根轨道？可容纳多少个电子？

10. 什么叫有效核电荷？其递变规律如何？有效核电荷的变化对原子半径、第一电离能有什么影响？

11. 第二、第三周期中元素原子第一电离能的变化规律有哪些例外？原因是什么？

12. 说明屏蔽效应、钻穿效应与原子中电子排布的关系。

13. 为什么 He^+ 中 3s 和 3p 轨道能量相等，而在 Ar^+ 中 3s 和 3p 轨道的能量不相等？

14. A，B，C 为周期表中相邻的三种元素，其中元素 A 和元素 B 同周期，元素 A 和元素 C 同主族，三种元素的价电子数之和为 19，质子总数为 41，则元素 A 为______，元素 B 为______，元素 C 为______。

15. 什么叫镧系收缩？它对元素的化学性质有什么影响？

习　题

1. 根据玻尔理论，计算氢原子第五个玻尔轨道半径（nm）及电子在此轨道上的能量。

2. 氢原子核外电子在第四层轨道运动时的能量比它在第一层轨道运动时的能量高 2.034×10^{-21} kJ，这个核外电子由第四层轨道跃入第一层轨道时，所发出电磁波的频率和波长是多少？（已知光速为 $2.998\times10^{8}\,\mathrm{m\cdot s^{-1}}$）

3. 下列各组量子数中哪些是正确的？将正确的各组量子数用原子轨道表示之，并指出其他几组量子数的错误之处。

（1）$n=3$，$l=2$，$m=0$；（2）$n=4$，$l=1$，$m=0$；（3）$n=4$，$l=1$，$m=-2$；（4）$n=3$，$l=3$，$m=-3$。

4. 氧原子中的一个 p 轨道电子可用下面任何一套量子数描述：

① 2，1，0，$+\frac{1}{2}$；②2，1，0，$-\frac{1}{2}$；③2，1，1，$+\frac{1}{2}$；④2，1，1，$-\frac{1}{2}$；⑤2，1，−1，$+\frac{1}{2}$；⑥2，1，−1，$-\frac{1}{2}$。若同时描述氧原子的 4 个 p 轨道电子，可以采用哪四套量子数？

5. 分别用 4 个量子数表示 P 原子最外层的 5 个电子的运动状态：$3s^2 3p^3$。

6. 一个原子中，量子数 $n=3$，$l=2$ 时可允许的电子数是多少？

7. 下列各组电子分布中哪种属于原子的基态？哪种属于原子的激发态？哪种纯属错误？

（1）$1s^2 2s^1$　　（2）$1s^2 2s^2 2d^1$　　（3）$1s^2 2s^2 2p^3 4s^1$　　（4）$1s^2 2s^3 2p^2$

8. 试填写下表。

原子序数	电子分布式	各层电子数	周期	族	区	是否金属
12						
21						
35						
53						
80						

9. 19 号元素 K 和 29 号元素 Cu 的最外层中都只有一个 4s 电子，但二者的化学活泼性相差很大。试从有效核电荷和电离能说明之。

10. 写出下列元素原子的电子排布式，并给出原子序数和元素名称。

（1）第三个稀有气体；　　（2）第四周期的第六个过渡元素；

（3）电负性最大的元素；　　（4）4p 半充满的元素；

（5）4f 填 4 个电子的元素。

11. 有 A，B，C，D 四种元素。其中 A 为第四周期元素，与 D 可形成 1∶1 和 1∶2 原子比的化合物。B 为第四周期 d 区元素，最高氧化数为 7。C 和 B 是同周期元素，具有相同的最高氧化数。D 为所有元素中电负性第二大元素。给出四种元素的元素符号，并按电负性由大到小排列之。

12. 有 A，B，C，D，E，F 元素，试按下列条件推断各元素在周期表中的位置、元素符号，给出各元素的价电子构型。

（1）A，B，C 为同一周期活泼金属元素，原子半径满足 A>B>C，已知 C 有 3 个电子层。

（2）D，E 为非金属元素，与氢结合生成 HD 和 HE。室温下 D 的单质为液体，E 的单质为固体。

（3）F 为金属元素，它有 4 个电子层并且有 6 个单电子。

13. 由下列元素在周期表中的位置，给出元素名称、元素符号及其价层电子构型。

（1）第四周期第ⅥB 族；　　（2）第五周期第ⅠB 族；

（3）第五周期第ⅣA 族；　　（4）第六周期第ⅡA 族；

（5）第四周期第ⅦA族。

14. A，B，C三种元素的原子最后一个电子填充在相同的能级组轨道上，B的核电荷比A大9个单位，C的质子数比B多7个；1mol的A单质同酸反应置换出1g H_2，同时转化为具有氩原子的电子层结构的离子。判断A，B，C各为何元素，A，B同C反应时生成的化合物的分子式。

15. 对于116号元素，请给出

（1）价电子构型；　（2）在元素周期表中的位置；　（3）钠盐的化学式；

（4）简单氢化物的化学式；　（5）最高价态的氧化物的化学式；　（6）该元素是金属还是非金属。

16. 比较大小并简要说明原因。

（1）有效核电荷：Be与B，P与O；

（2）第一电离能：Na与Mg，P与S，N与P，Mg与K；

（3）原子半径：C与N，O与S，Si与N；

（4）电负性：N与O，Ca与Sr，Si与N。

第7章　分子结构和晶体

从原子结构可知，除稀有气体外，绝大多数原子都不是稳定结构，而是要相互结合成分子才能稳定存在。目前，物质虽有几千万种，然而组成这些物质的元素仅100多种，即这些元素原子间通过不同的排列组合组成了几千万种不同结构的物质。这些原子组合不同于数学上的组合，原子间要有大的吸引力才能稳定地排列在一起组成分子，化学键理论就是这些排列和组合的规则。

化学键是分子或晶体内原子（或离子）间强烈的相互作用，它把原子或离子连接成分子或晶体。物质的主要性质就是由组成物质的原子和原子间的化学键决定的。根据原子间作用方式的不同，化学键分为离子键、共价键和金属键。除了原子间这种强作用力，分子间还存在着一种较弱的称为范德华力的相互作用，它决定某些物质的熔点、沸点、溶解度等物理性质。

7.1　离子键

1916年，柯塞尔（W. Kossel）从稀有气体性质与原子结构的关系中得到启发，首先提出了离子键理论。他认为，稀有气体的化学性质之所以非常稳定，是因为它们的原子具有8电子稳定结构。其他不具有这种稳定结构的原子，在化学反应中，都有失去或获得电子使各自的电子排布达到稳定结构的趋势，得失电子后形成了阴、阳离子，这种阴、阳离子间的静电引力就是离子键。

7.1.1　离子键的形成

① 当活泼金属原子和活泼非金属原子，如钠原子（$X=0.93$）和氯原子（$X=3.0$），在一定条件下相遇时，由于两者的电负性相差较大，容易发生电子转移，形成带相反电荷的离子，使各自的电子层达到稀有气体的稳定结构：

$$n\mathrm{Na}(3s^1)-ne^- \longrightarrow n\mathrm{Na}^+(2s^22p^6)$$

$$n\mathrm{Cl}(3s^23p^5)+ne^- \longrightarrow n\mathrm{Cl}^-(3s^23p^6)$$

$$\longrightarrow n\mathrm{Na}^+\mathrm{Cl}^-$$

② 离子键的形成条件。两原子相遇时只有电负性相差足够大（$\Delta X \geqslant 1.7$）才能得失电子形成离子。一般是活泼的金属原子和活泼的非金属原子间能形成离子键。有些复杂的离子间（如NH_4^+、NO_3^-、SO_4^{2-}）也能形成离子键。

③ 阴、阳离子靠静电引力相互接近，但是，异号离子之间除了有静电引力之外，还有电子与电子，原子核与原子核之间的斥力。当异号离子接近到一定距离时，吸引力和排斥力达到暂时的平衡，整个体系的能量降到最低点，阴、阳离子在平衡位置上振动，形成稳定的离子键。

④ 离子键可存在于气态分子中，也可存在于晶体中。例如氯化钠蒸气分子就是由一个Na^+和一个Cl^-所组成的独立分子NaCl，这种分子叫做离子型分子。而固态氯化钠则是许多Na^+和许多Cl^-通过离子键交错排列成的巨型分子，这种固体叫做离子型晶体。由离子键所构成的化合物，统称为离子化合物。

7.1.2　离子键的特点

(1) 离子键的强度　阴、阳离子间的作用力类似于点电荷之间静电作用，可用库仑公式表示：

$$f=K\frac{q^{+}q^{-}}{d^{2}}$$

静电作用力 f 与离子电荷的乘积成正比，与阴、阳离子核间距离的平方成反比。可见，离子电荷愈大，离子核间距愈小（在一定范围内），离子间引力则愈强。如 MgO 与 CaO 比较，电荷数相同，但 MgO 中离子间距离较小，离子键较大，熔、沸点就较高。

(2) 无方向性 由于离子电荷的分布是球形对称的，离子的电场可施加于各方向，即一种离子可以在空间任何方向上（即无特定方向）与异电荷离子以同等强度（相同距离）互相吸引以形成离子键。因此，离子键没有方向性。

(3) 无饱和性 在离子的电场作用下，只要其周围空间允许，它将尽可能多地吸引异电荷离子以形成更多的离子键，而不受其电荷数的影响。因此，离子键没有饱和性。例如，Na^{+} 与 Cl^{-} 彼此能从各个方向接近对方，这样就可以在空间各个方向上相互结合，形成肉眼可见的 NaCl 晶体，同时由于 Cl^{-} 的空间效应及 Cl^{-} 离子间的相互斥力，每个 Na^{+} 周围最多排列六个最近的 Cl^{-}，而每个 Cl^{-} 周围也只能排列六个最近的 Na^{+}。因此在 NaCl 晶体中不存在着单个的 NaCl 分子，Na^{+} 与 Cl^{-} 离子数目比为 1∶1，故用化学式 NaCl 来表示其晶体的组成。不同的离子晶体，其阴阳离子半径、电荷数等不同，每个离子周围允许存在的异电荷离子的数目亦不同。

7.1.3 离子的特征

离子是形成离子化合物的基本微粒，离子的性质在很大程度上决定着离子化合物的性质。因此，为了认识离子化合物的性质，必须掌握离子的主要特征。

(1) 离子的电荷 离子均带有电荷，且有正、负之别。简单阳离子的电荷数等于原子失去电子的数目，一般有＋1、＋2、＋3 价阳离子，很少有＋4 价阳离子。简单阴离子的电荷数是其原子获得电子的数目，一般有－1、－2、－3 价阴离子。复杂离子或原子团是整个基团所带电荷数，如 NH_4^{+} 带一个单位正电荷，PO_4^{3-} 带三个单位负电荷。同样的原子，所带电荷数不同，化学性质和物理性质不同，如 Fe^{2+} 和 Fe^{3+}。

(2) 离子半径 与原子半径相类似，离子的真实半径也是难以确定的。不过，阴、阳离子靠静电作用形成离子晶体时，若把二者看成是互相接触的球体，那么核间距 d 就可以视为阴、阳离子有效半径之和，从而可以推算出离子半径，近似地反映离子的相对大小。

$$d=r_{+}+r_{-}$$

核间距 d 可由 X 射线衍射实验测定，但欲求出每个离子的半径，需选定一个基准。离子晶体中相邻原子间核间距减去另一离子半径（所选标准或以该标准测定过）就是该离子半径。不同的科学家选用的基准不同，获得的离子半径亦不同。但离子半径有一些变化规律：

① 同主族元素电荷数相同的离子，离子半径随电子层数的增加而增大。例如：

$$Mg^{2+}<Ca^{2+}<Sr^{2+}<Ba^{2+}；F^{-}<Cl^{-}<Br^{-}<I^{-}$$

② 同周期元素离子构型相同时，随离子电荷数增加，阳离子半径减小，阴离子半径增大。例如：

$$Na^{+}>Mg^{2+}>Al^{3+}；F^{-}<O^{2-}<N^{3-}$$

③ 同一元素其阴离子半径大于原子半径，阳离子半径小于原子半径，且随电荷数增大而减小。例如：

$$S^{2-}>S>S^{4+}>S^{6+}；Fe^{3+}<Fe^{2+}$$

总的来说，阴离子的半径较大，约在 130～250pm 之间，而阳离子半径则小于 190pm。

7.2　共价键

离子键对离子型化合物的形成和特性给予了较好的解释，它是阐明价键本质的一种重要理论。但这种理论有很大的局限性，它只能说明电负性相差很大的原子间所形成离子键和离子型化合物，而不能说明电负性相等或相差不大的原子间所形成的价键的本质。

7.2.1　路易斯理论

1916 年，美国科学家 Lewis 提出共价键理论。认为分子中的原子都有形成稀有气体电子结构的趋势，求得本身的稳定。而达到这种结构，可以不通过电子转移形成离子和离子键来完成，而是通过共用电子对来实现。

例如

$$\mathrm{H+H=\!=\!=H—H}$$

通过共用一对电子，每个 H 均成为 He 的电子构型，形成一个共价键。

$$\mathrm{H+Cl=\!=\!=H—Cl，H+O+H=\!=\!=H—O—H，H+N+H+H=\!=\!=H—\underset{\begin{subarray}{c}|\\ H\end{subarray}}{N}—H}$$

上述例子中的 Cl、O、N 均达到了最外层 8 电子的稳定结构。

Lewis 的贡献，在于提出了一种不同于离子键的新的键型，解释了 ΔX 比较小的元素之间原子的成键事实。

但 Lewis 没有说明这种键的实质，所以适应性不强。在解释 BCl_3，PCl_5 等其中的原子未全部达到稀有气体结构的分子时，遇到困难。Lewis 理论也不能说明共价键的特性，如方向性、饱和性等；更不能阐明共价键的本质，为什么电性相同的两个电子不相斥而配对成键呢？直到 1927 年，海特勒和伦敦成功地应用量子力学研究了氢分子结构，对共价键的本质才有了初步了解。

7.2.2　现代价键理论

现代共价键理论是以量子力学为基础的。但因分子的薛定谔方程比较复杂，严格求解至今还很困难，常采用某些近似的假定简化计算。不同的假定产生了不同的物理模型。一种认为成键电子局限在以化学键相连的两原子间的区域内运动，发展成为现代价键理论（简称电子 VB 法）。1927 年，Heitler 和 London 用量子力学处理氢气分子 H_2，解决了两个氢原子之间的化学键的本质问题，在此基础上，使共价键理论从经典的 Lewis 理论发展到今天的现代共价键理论。

7.2.3　共价键的形成

海特勒-伦敦用量子力学的方法近似解出了两个氢原子所组成的体系的波函数 ψ_A 和 ψ_s，它们描述了 H_2 分子可能出现的两种状态。ψ_A 称为推斥态，此时 H_2 分子处于不稳定状态，两个氢原子的电子自旋方向相同；ψ_s 称为基态，是 H_2 分子的稳定状态，两个氢原子的电子自旋方向相反。图 7-1 描述了氢分子能量与核间距的关系，图 7-2 绘出基态时 H_2 分子中两核间距。

在推斥态，两个氢原子的电子自旋方向相同。由图 7-3(a) 可以看出，在两个氢原子的核间电子云密度较小，两个带正电荷的核互相排斥。从能量曲线可见，在核间距 R 为无穷远处 $E=0$，为孤立的两个氢原子。随着 R 的减小，体系能量 E 不断上升，不能形成稳定的共价键。

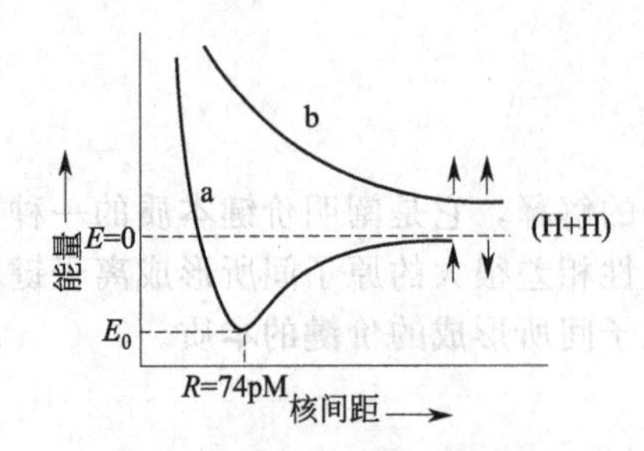

图 7-1 H_2 分子的能量曲线

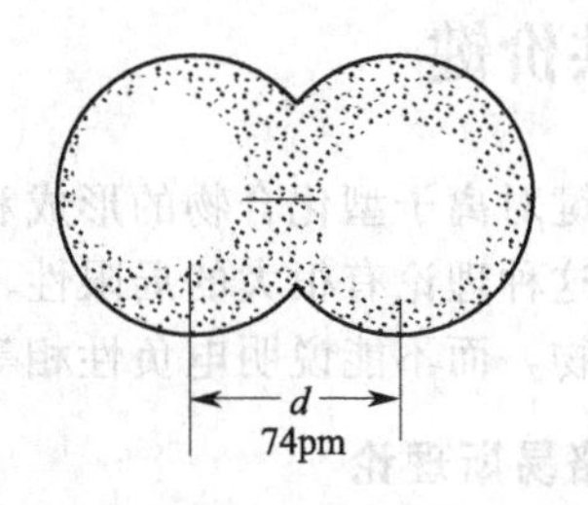

图 7-2 基态时 H_2 分子的核间距

在基态，两个氢原子的电子自旋方向相反。由图 7-3(b) 可以看出，在两个氢原子的核间电子云密度较大，形成负电荷“重心”，增加了对两个核的吸引作用。这是由于两个氢原子的 1s 原子轨道相互叠加，叠加后在两核间 ψ 增大、ψ^2 增大的结果。原子轨道重叠越多，核间 ψ^2 越大，形成的共价键越牢固，分子越稳定。从能量曲线（图 7-1）来看，在 $R=74\text{pm}$ 处（小于两氢原子的半径之和，显然，电子云发生了交盖），E_s 有一个极小值，它比两个孤立的氢原子的总能量低 $458\text{kJ}\cdot\text{mol}^{-1}$。所以，两个氢原子接近到平衡距离 R 时，可形成稳定的 H_2 分子。这个核间平衡距离就叫做 H—H 键的键长。

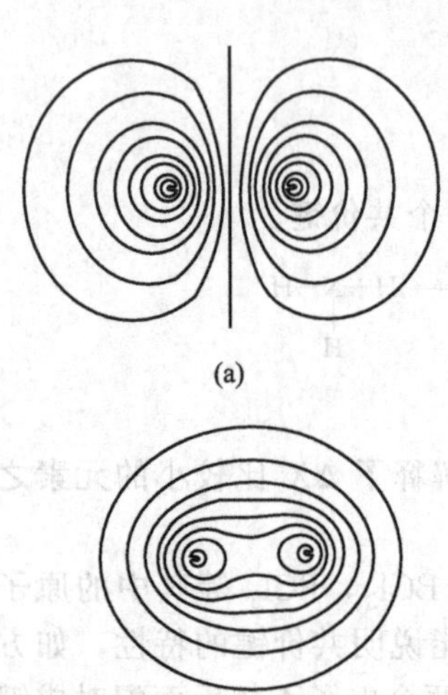

图 7-3 氢分子电子云分布

两个电子，带同种电荷，理应相互排斥，怎么会相互叠加呢？这又要用电子的波动性来理解，两个自旋相反的电子相互接近时，各自的波正好同相，就像两同相的正弦波叠加一样使振幅加大，交盖部分电子云密度增加。

7.2.4 共价键理论要点

应用量子力学研究 H_2 分子的结果，从个别到一般，可推广到其他分子体系，从而发展为共价键理论，共价键理论（俗称电子配对法）的基本要点是：

① 自旋方向相反的未成对电子相互接近时，由于两个原子轨道的重叠，核间电子云密度较大，可以形成稳定的共价键。例如，两个氯原子各有一个未成对电子，而且它们的自旋方向相反，因此可偶合配对，形成 Cl_2 分子。

② 原子形成分子时，原子轨道重叠越多，两核间的电子云密度越大，所形成的共价键越稳定。由此可以推知，共价键的形成在可能范围内将沿着原子轨道最大重叠的方向，叫做最大重叠原理。

7.2.5 共价键的特征

(1) 共价键的饱和性 由于共价键是由未成对的自旋反向电子配对、原子轨道重叠而形成的，所以一个原子的一个未成对电子（一轨道内只有一个电子，亦称单电子）只能与另一个未成对电子配对，形成一个共价单键。一个原子有几个单电子（包括激发后形成的单电子）便可与几个自旋反向的单电子配对成键，这就是共价键的饱和性。例如，H 原子的电子和另一个 H 原子的电子配对后，形成 H_2，H_2 则不能再与第三个 H 原子配对，不可能有 H_3 生成。在 HCl 分子中，氯原子的一个单电子和氢原子的一个单电子已构成共价键，那么 HCl 分子就不能继续与第二个氢原子或氯原子结合了。He 原子没有单电子，则不能形成双原子分子。共价键的饱和性是区别离子键的一种特征。

(2) 共价键的方向性 根据原子轨道最大重叠原理，成键原子轨道重叠越多，两核间的电子云密度越大，形成的共价键越稳定。因此，要形成稳定的共价键，两个原子轨道必须沿着电子云密度最大的方向重叠，这就是共价键的方向性。也是共价键区别于离子键的又一特征。

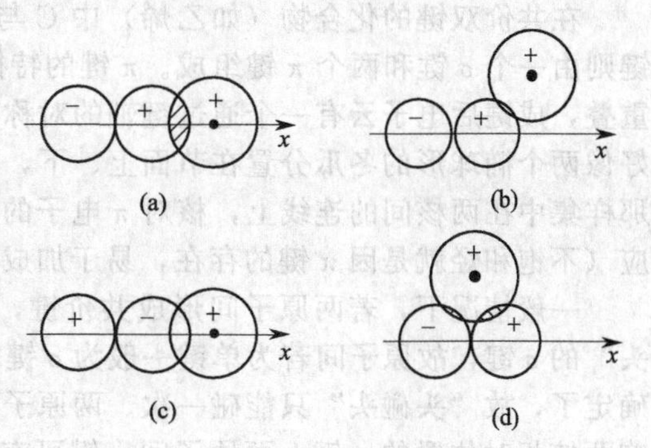

图 7-4　HCl 分子成键示意图

例如，氢原子与氯原子形成氯化氢分子时，氢原子的 1s 和氯原子的 3p 轨道有四种可能的重叠方式。如图 7-4 所示，其中 (a)、(b) 为同号重叠，是有效的，而 (a) 中 s 轨道是沿向 p 轨道极大值的方向重叠的，有效重叠最大，ψ^2 增加最大，故 HCl 分子是采取 (a) 方式重叠成键。(c) 为异号重叠，ψ 相减，是无效的。(d) 由于同号和异号两个部分互相抵消，仍然是无效的。又如在形成 H_2S 分子时，S 原子最外层有两个未成对的 p 电子，其轨道夹角为 90°。两个氢原子只有沿着 p 轨道极大值的方向才能实现有效的最大重叠，在 H_2S 分子中两个 S—H 键间的夹角（键角）近似等于 90°（实测为 92°）。

7.2.6　共价键的类型

(1) 按极性分　根据组成共价键的两原子电负性差别，共用电子对在两原子间的偏向，可分为非极性共价键和极性共价键两大类型。

极性共价键：成键的两原子不同，电负性不同，或原子相同，但该两相同原子的其他键不同，共用电子对偏向吸引电子能力较大的原子，使该端带部分负电荷，另一端带部分正电荷，这种共价键叫极性共价键。如：H—Cl，H—O，F—H，$Cl_3C—CH_3$。两原子电负性相差越大，键的极性也越大。如的 H—O 的极性大于 H—Cl 的极性。

非极性共价键：成键的两原子相同，且其他键也相同，共用电子对不偏向任一原子，这种共价键叫非极性共价键。

(2) 按重叠类型分　另外我们可根据原子轨道重叠部分所具有的对称性进行分类。

对于 s 电子和 p 电子，它们的原子轨道有两种不同类型的重叠方式，故形成两种类型的共价键：σ 键和 π 键。

如图 7-5(a) 所示，如 H_2 分子中的 s-s 重叠、HCl 分子中的 p_x-s 重叠、Cl_2 分子中的 p_x-p_x 重叠等，原子轨道是沿着键轴（两核间连线）的方向重叠，形象地称为“头碰头”方式，成键后电子云沿两个原子核间进行连线，即键轴的方向呈圆柱形的对称分布。这种键叫做 σ 键，形成 σ 键的电子叫 σ 电子。所有的共价单键一般都是 σ 键。

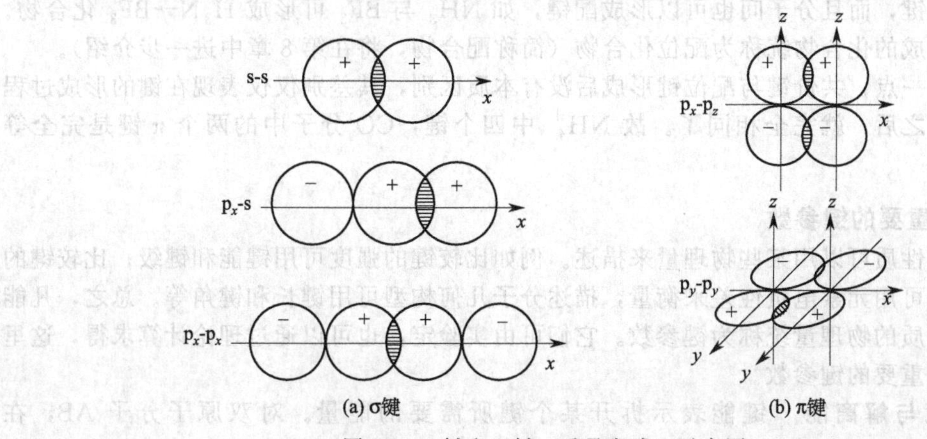

图 7-5　σ 键和 π 键（重叠方式）示意图

在共价双键的化合物（如乙烯）中 C 与 C 之间除有一个 σ 键外还有一个 π 键，共价三键则由一个 σ 键和两个 π 键组成。π 键的特征是成键的原子轨道沿键轴以“肩并肩”的方式重叠，成键后电子云有一个通过键轴的对称节面，节面上电子云密度为零，电子云的界面图好像两个椭球形的冬瓜分置在节面上、下，如图 7-5(b) 所示。由于 π 键的电子云不像 σ 键那样集中在两核间的连线上，核对 π 电子的束缚力较小，π 键的能量较高，易于参加化学反应（不饱和烃就是因 π 键的存在，易于加成）。

一般情况下，若两原子间形成共价键，根据最大重叠原理，首先形成的键应为“头碰头”的 σ 键，故原子间若为单键一般为 σ 键；但原子间“头碰头”后两原子核的相对位置就确定了，故“头碰头”只能碰一次。两原子间若形成多重键，余下的键为“肩并肩”的不影响两核相对位置的 π 键，两原子间 π 键可有两次，如 N_2 分子中就有两个 π 键。除 σ 键和 π 键这两种主要键型之外，近年来在重金属原子之间又发现了两个原子的 d 轨道以“面对面”方式发生重叠所形成的 δ 键，这里就不做介绍了。

(3) 单键与多重键 按键合原子间共用电子对的数目，常将共价键分为单键和多重键。单键是键合原子间只共用一对电子，一般由 σ 键构成。多重键则是键合原子间共用两对或三对电子等，分别称为双键或三键。双键一般由（$\sigma+\pi$）构成，如乙烯分子中的 C═C 双键；三键由（$\sigma+\pi_y+\pi_z$）构成，如 N_2 分子中的 N≡N 三键。

(4) 配位键 按键合原子提供电子的情况，可分为正常共价键与配位共价键。前面介绍的都是正常共价键，即共用电子对是由键合原子各提供一个电子组成。如果仅由键合原子之一方提供共用电子，所形成的共价键称为配位共价键，简称配位键（或配键）。

配位键亦有 σ 键和 π 键之分。前者如 NH_3 分子中，N 原子的一个未共用电子对（又称孤电子对）可进入 H^+ 空的 1s 为双方所共有，形成一个 σ 配键，常用箭号“→”表示：

```
    H                  H
    |                  |
H—N:  + H⁺ ══  H—N→H⁺
    |                  |
    H                  H
```

后者如 CO 分子中，C 原子的两个成单的 2p 电子可与 O 原子的两个 2p 电子形成一个 σ 键和一个 π 键，此外 O 原子的一个 2p 孤电子对可进入 C 原子的一个 2p 空轨道。形成一个 π 配键，其价键结构式可写成 C≤O。

由此可见，形成配位键必须具备两个条件：一个原子价层有孤电子对（最外层轨道上的成对电子），而另一个原子价层有空轨道可接受孤电子对。前者称为电子对的给予体（或授体），后者称为电子对的接受体（或受体）。满足上述条件，在一定情况下，不仅分子内原子之间可形成配键，而且分子间也可以形成配键，如 NH_3 与 BF_3 可形成 $H_3N\rightarrow BF_3$ 化合物。由配位结合而成的化合物统称为配位化合物（简称配合物，将在第 8 章中进一步介绍）。

需要说明一点，共价键与配位键形成后没有本质区别，其差别仅仅表现在键的形成过程中，一旦成键之后，就完全相同了。故 NH_4^+ 中四个键，CO 分子中的两个 π 键是完全等同的。

7.2.7 几个重要的键参数

化学键的性质可以用某些物理量来描述。例如比较键的强度可用键能和键级；比较键的极性强弱大致可用元素电负性差来衡量，描述分子几何构型可用键长和键角等。总之，凡能表征化学键性质的物理量统称为键参数。它们可由实验定，也可以通过理论计算求得，这里着重介绍几种重要的键参数。

(1) 键能与解离能 键能表示拆开某个键所需要的能量。对双原子分子 AB，在 100kPa、298.15K 下，拆开 1mol 气态分子成为气态原子所需要的能量为 AB 分子的解离能，也就是键能，可近似地等于反应体系的焓变。例如：

$$H—Cl(g) \longrightarrow H(g)+Cl(g) \qquad \Delta H^{\ominus}=431.85kJ \cdot mol^{-1}$$

$$解离能\ D^{\ominus}_{(H—Cl)}=键能\ E^{\ominus}_{(H—Cl)}=431.85kJ \cdot mol^{-1}$$

对多原子分子来说，由于包含了不止一个键，键能与解离能有区别。解离能是拆开每个键所需的能量，拆开第一根键和相同的第二根键的数值是不同的，因此键能为每一种键的平均解离能。例如，100kPa 与 298.15K 下

$$H_2O(g) \longrightarrow H(g)+OH(g) \qquad D^{\ominus}_{1(H—OH)}=498kJ \cdot mol^{-1}$$

$$OH(g) \longrightarrow H(g)+O(g) \qquad D^{\ominus}_{2(H—O)}=428kJ \cdot mol^{-1}$$

$$E^{\ominus}_{(H—O)}=\frac{D^{\ominus}_1+D^{\ominus}_2}{2}=\frac{498+428}{2}=463\ (kJ \cdot mol^{-1})$$

键能为某一特定分子每种键解离能总和的平均值，故为近似值。可以通过光谱法测定解离能从而确定键能，也可以利用生成焓计算键能。拆开一个键所需的能量与形成该键时所释放的能量数值上是相同的。因此，键能愈大，键愈牢固，含有该键的分子愈稳定。

参看数据（见表 7-1），可看出键能的一些变化规律：

① 键能一般随键数增大而增大：三键＞双键＞单键。成键电子对数愈多，该键愈稳定，其键能愈大，但不是键数的简单倍数。

② 键能一般随原子半径增大而减小。随原子半径的增加，核对外层电子的吸引力减弱，故键能减小。但第二周期的 F_2、O_2、N_2 分子由于本身原子半径小，原子靠得很近时，孤电子对之间显示过大的斥力，它们的键能分别比同族的 Cl_2、S_2、P_2 分子的键能小。

③ 异核键键能一般大于相应的同核键键能的平均值。异核键中两原子的电负性差使键有极性，增加了额外的吸引力，故键能增大。

(2) 键长与共价半径　键长是指成键原子的核间距离。同核双原子分子单键键长的一半即为该原子的共价半径（见表 7-1），异核原子间键长一般比共价半径之和稍小，这与键的极性有关。用衍射或光谱法可以测定许多复杂分子中共价键的键长，表 7-1 列出了若干化学键键长数据。

由表中可见，键长与键能之间有联系。两原子间键长愈短，表明轨道重叠程度愈大，其键能愈高，键愈牢固。因此在某种情况下键长亦可表征化学键的强度。实验测定表明，同一种键在不同分子中的键长数值基本上是定值，键能也近于一个常数。这说明一个键的性质主要取决于键合原子的本性。

表 7-1　若干共价键的键长

化学键	C—C	C═C	C≡C	N—N	N═N	N≡N	C—N	C═N
键长/pm	154	134	120	146	125	110	147	116
键能/$kJ \cdot mol^{-1}$	346	610	835	160	418	941	285	889

(3) 键角与几何构型　键角是指共价分子中某个多键原子与其键合原子的核间连线之间的夹角，即所形成的化学键之间的夹角。对于简单的 AB_n 型分子，键角直接表示了分子的几何构型（因现物理仪器能确定原子核的位置，键合原子间用一短线连接，勾画出分子的轮廓，表 7-2）。键角亦可用衍射及光谱法确定。如果知道了一个分子中所有化学键的键长和键角，则其空间构型就可以确定。

表 7-2 若干 AB_n 型分子的键角和分子的几何构型

AB_n	AB_2		AB_3		AB_4	AB_6
键角	180°	<180°	120°	<120°	109.5°	90°,180°
几何构型	直线型	V 形	正三角形	三角锥形	正四面体	正八面体
实例	CO_2	H_2O	BCl_3	NH_3	CH_4	SF_6

(4) 键的极性 键的极性强弱一般可由成键两原子间的电负性来衡量。ΔX 越大，键的极性越强。

共价键的极性是由成键元素的电负性差造成的。成键元素的电负性差愈大，共用电子对偏向电负性大的一方的程度增大，键的极性增加。当键的极性增加到一定程度时，共用电子对有可能完全转移到电负性大的元素原子一边，从而发生质变成为离子键。因此，键的极性亦即键的离子性，是指成键电子对该键中离子性成分的贡献。非极性键和离子键是两种极限情况，极性键是介于二者之间的一种过渡状态。从这一意义上讲，共价键和离子键既有区别又有联系，所谓离子型或共价型化合物只具有相对的意义。一般认为，电负性差为 1.7 时，键有 51%的离子性，大于此值可形成离子键。

7.3 价层电子对互斥理论简介*

早在 20 世纪 40 年代，西奇维克和鲍威尔曾指出，非过渡元素化合物的分子形状可根据键角的大小完全由排斥力所决定的假设来解释。随后海尔弗列雪，特别是吉利斯皮和尼霍姆发展了这一假设，在 20 世纪 60 年代形成了价层电子对互斥理论，简称 VSEPR 法。

价电子对包括中心原子价层的成键电子对（键对，bp）和孤电子对（孤对，ip）。VSEPR 法认为各个价电子对之间由于相互排斥作用，趋向于尽可能远离，使体系能量最低，由此可以说明许多简单分子的几何构型。如果采用球面点电荷模型，把中心原子的价层视为球面，把价电子对数目视为点电荷数目，对应于 2～6 个价电子对的能量最低排布将形成一些高对称性的几何体，如表 7-3 所示。

表 7-3 中心原子价层电子对的理想几何分布

价层电子对数 (VP)	价层电子对的理想几何分布	排 布 形 式
2	A 球体直径的两端	A 直线
3	A 通过球心的内接三角形的顶点	A 平面三角

续表

价层电子对数（VP）	价层电子对的理想几何分布	排布形式
4	内接四面体的四个顶点	四面体
5	内接三角双锥的五个顶点	三角双锥
6	内接八面体的六个顶点	八面体

7.3.1　价层电子对互斥理论要点

① 分子或离子的空间构型取决于中心原子周围的价层电子数。

② 价层电子对尽可能远离彼此，使它们之间的斥力最小。

③ 通常采取对称结构，如下所示。

价层电子对数	2	3	4	5	6
电子对的空间构型	直线型	平面三角形	四面体	三角双锥	八面体

7.3.2　推断分子或离子空间构型的步骤

(1) 确定中心原子价层电子对数

价层电子对数=(中心原子价电子数+配位原子提供的电子数−离子电荷代数值)/2

(2) 计算价层电子数的原则

① H 和 X（卤原子）各提供一个价电子，O 和 S 配位时，原子提供的电子数为 0。

② 卤素为中心原子时，提供的价电子数为 7。

③ O 和 S 为中心原子时，提供的价电子数为 6。

④ 阳离子价层电子总数应减去阳离子的电荷数，阴离子价层电子总数应加上阴离子的电荷数。

(3) 孤电子对的作用　键对与孤对的电子云分布情况不同。前者由于受到两个成键原子核的吸引，比较集中在键轴的位置，显得“瘦小”，而后者只受中心原子核的吸引，在原子周围占的体积大一些，显得相对“肥大”。孤对的这种“膨胀”的本性使它比键对电子更强烈地排斥电子对，因此价电子对的斥力依下列顺序递减：

孤对—孤对≫孤对—键对＞键对—键对

由此，可以解释下列事实：

① 价电子对数相同时，孤对愈多键角愈小。例如

	CH_4	NH_3	H_2O
价电子对数	4	4	4
孤对数	0	1	2
键角	109.5°	107.3°	104.8°

② 一般来说，价电子对排布为三角双锥时，孤对总是优先占据赤道平面位置，价电子对排布为八面体时，两个孤对优先占据对角线的顶点反位。例如

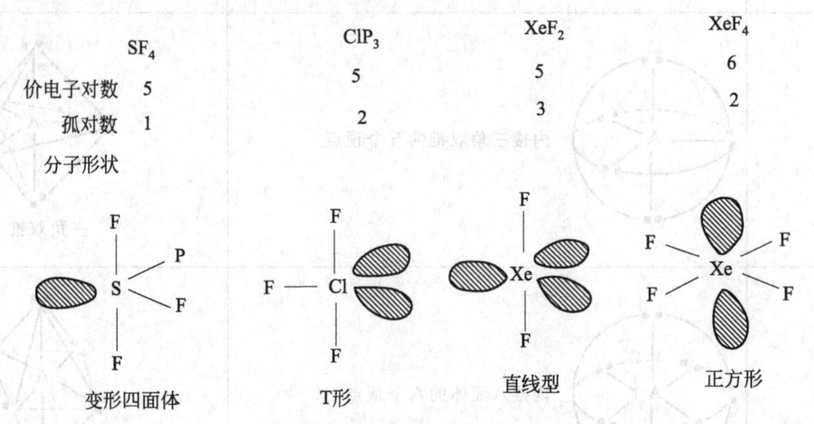

③ 成键原子电负性的影响　与中心原子键合的配位原子电负性愈大，吸引成键电子的能力愈强，成键电子将向配位原子方向移动，使键对间的斥力减小，即键对间斥力随配位原子电负性的增加而减小，形成的键角将减小。配位原子相同时，键角则随中心原子电负性增大而增大。例如

	NF_3		NH_3		PH_3
键角	102.1°	＜	107.3°	＞	93.3°

分子中若有重键，虽然π电子不影响分子骨架，但由于重键包含的电子数较单键多，所占据的空间较大，故键角较大。

7.4　杂化轨道理论

7.4.1　价键理论的局限性

价键理论成功地说明了许多共价分子的形成，阐明了共价键的本质及饱和性、方向性等特点。但在解释许多分子的空间结构方面遇到了困难。随着近代实验技术的发展确定了许多分子的空间结构，如实验测定表明甲烷（CH_4）是一个正四面体的空间结构，碳位于正四面体的中心，四个氢原子占据四个顶点，四个C—H键的强度相同，键能为413.4kJ·mol^{-1}，键角∠HCH为109°28′。但根据价键理论，考虑到将碳原子的1个2s电子激发到2p轨道上，有4个未成对电子，其中1个2s电子，3个2p电子，它可以与4个氢原子的1s电子配对形成4个C—H键。由于碳原子的2s电子与2p电子能量不同，那么形成的4个C—H键也应该是不等同的。这与实验事实不符。VSEPR法为预言分子结构提供了一个简单的模型，但它不能解释原子间化学键的形成。鲍林（L. Pauling）和斯莱特（J. C. Slater）于1931年提出了杂化轨道理论，进一步发展了价键理论，比较满意地解释了这类问题。

7.4.2　杂化轨道理论的基本要点

(1) 杂化轨道的形成　在共价键的形成过程中，受周围原子的影响，该原子的状态可能会发生一些变化，即同一个原子中能量相近的若干不同类型的原子轨道可以“混合”起来（即“杂”）组成成键能力更强的一组新的原子轨道（即“化”）。这个过程称为原子轨道的杂化，所组成的新的原子轨道称为杂化轨道。轨道杂化时所吸收的能量会从成键时放出的能量中得到补偿。故只有能量相近（同一能级组）的原子轨道才能发生杂化（如2s与2p），能量相差较大（不同能级组）的原子轨道（如1s与2p）若要杂化，所需能量较高，成键时因杂化多放出的能量也不能弥补，那就不能杂化。

(2) 杂化轨道的特点

① 杂化前后轨道总数不变　有几个原子轨道参加杂化，就组成几个杂化轨道。对于等性杂化来说，每个杂化轨道中所含原轨道的成分相等。例如，在形成CH_4分子时，C原子的一根2s轨道和三根2p轨道进行杂化，参加杂化的轨道共有四根，杂化后组成四根sp^3杂化轨道，轨道符号右上角的数字是参与杂化的该轨道数。对于等性杂化，每个杂化轨道中都含有1/4s成分和3/4p成分。

② 杂化轨道的成键能力比原来轨道增强。这主要有两个原因：

a. 杂化轨道的形状发生改变。对于sp型杂化来说，由于s轨道是正值，p轨道一半为正一半为负，两者杂化后使正瓣扩大，负瓣缩小，得到的两个sp杂化轨道是一头大一头小的葫芦形轨道（图7-6），更有利于和其他原子轨道重叠，从而增强了杂化轨道的成键能力。

b. 杂化轨道的方向发生改变。轨道杂化后，由于电子云的空间伸展方向发生改变，使成对电子间的距离变远，斥力减弱，体系的能量降低，形成的共价键变得更加稳定。

7.4.3　杂化类型与分子几何构型

(1) sp杂化　以$HgCl_2$为例。汞原子的外层电子构型为$6s^2$，在形成分子时，6s的一个电子被激发到6p空轨道上，然后一个6s轨道和一个6p轨道进行组合，构成两个等价的互成180°的sp杂化轨道。轨道右上角数字表示形成杂化轨道的原组成轨道。

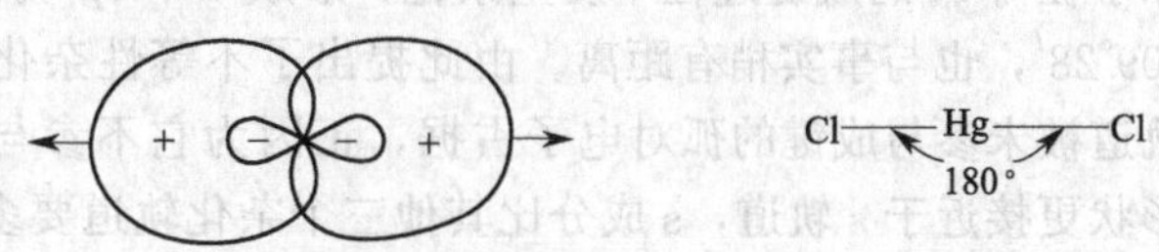

图7-6　sp杂化轨道的分布与分子几何构型

汞原子的两个sp杂化轨道，分别与两个氯原子的$3p_x$轨道重叠（假设三个原子核连线方向是x方向），形成两个σ键，$HgCl_2$分子是直线型（图7-6）。除汞原子外，铍原子也经常形成以sp杂化的直线型分子，如$BeCl_2$、BeF_2。

(2) sp^2杂化　以BF_3分子为例。中心原子硼的外层电子构型为$2s^22p^1$，在形成BF_3分子的过程中，B原子的1个2s电子被激发到空的2p轨道上，然后1个2s轨道和2个2p轨道杂化，形成3个sp^2杂化轨道。

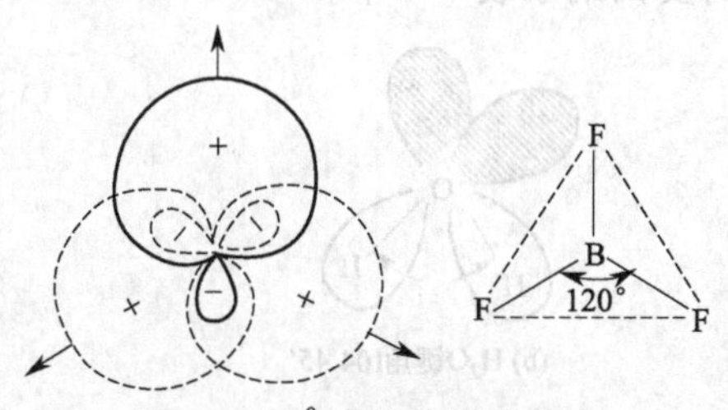

图7-7　sp^2杂化轨道的分布与分子几何构型

这3个杂化轨道互成120°的夹角并分别与氟原子的2p轨道重叠，形成σ键，构成平面正三角形分子（图7-7）。

又如乙烯分子。乙烯分子中的2个碳原子皆以sp^2杂化形成3根sp^2杂化轨道，2个碳原子各出1根sp^2杂化轨道相互重叠形成1个σ键；每一个碳原子余下的2个sp^2杂化轨道分别与氢原子的1s轨道重叠形成σ键；每个碳原子还各剩一个未参与杂化的

2p 轨道，它们垂直于碳氢原子所在的平面，并彼此重叠形成 π 键，常见的以 sp^2 杂化的分子有 BX_3（X 为卤素），C_2H_4 和 SO_3 等。

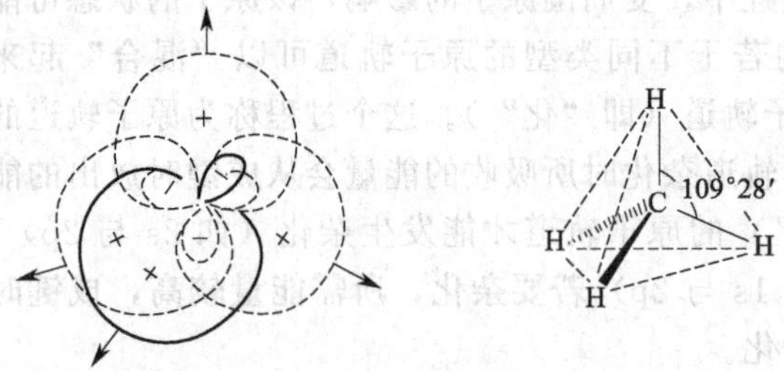

图 7-8　sp^3 杂化轨道的分布与分子几何构型

(3) sp^3 杂化　以 CH_4 分子为例。处于激发状态的 C 有 4 个未成对电子，各占一个原子轨道，即 $2s^1$、$p_x{}^1$、$p_y{}^1$ 和 $p_z{}^1$。这 4 个原子轨道在成键过程中发生杂化，重新组成 4 个新的能量完全相同的 sp^3 杂化轨道。

这 4 个 sp^3 杂化轨道对称地分布在 C 原子周围，互成 109°28′角，每一个杂化轨道都含有 1/4s 成分和 3/4p 成分。C 原子的这 4 个 sp^3 杂化轨道各自和一个氢原子的 1s 轨道重叠，形成 4 个 sp^3-s 的 σ 键，构成 CH_4 分子，如图 7-8 所示。由于杂化原子轨道的角度分布在上述 4 个方向大大增加，故可使成键的原子轨道重叠部分增大，成键能力增强，所以 CH_4 分子相当稳定。这与实验事实是一致的。

除 CH_4 以外，其他烷烃、SiH_4、NH_4^+ 等的中心原子都是以 sp^3 杂化轨道与其他原子成键的。

(4) 不等性杂化　所谓等性杂化是指参与杂化的原子轨道在每个杂化轨道中的贡献相等，或者说每个杂化轨道中的成分相同，形状也完全一样，否则就是不等性杂化了。我们用 NH_3 和 H_2O 分子结构予以说明。

NH_3 的分子结构通过实验测定是三角锥形，∠HNH＝107°18′，如图 7-9(a) 所示。

N 原子的电子层结构是 $1s^2 2s^2 2p^3$，在最外层两个 2s 电子已成对，称孤对电子。按价键理论，这一对孤对电子不参与成键，三个未成对的 p 电子的轨道互成 90°角，可与三个氢的 1s 电子配对成键，那么键角∠HNH 似乎应为 90°，但这与事实相差很大。根据杂化理论，N 原子在与 H 的成键过程中发生杂化，形成 4 个 sp^3 杂化轨道。如果是 sp^3 等性杂化，键角应为 109°28′，也与事实稍有距离。由此提出了不等性杂化的概念。在 NH_3 分子中有一个 sp^3 杂化轨道被未参与成键的孤对电子占据，正因为它不参与成键，电子云较密集于 N 原子周围，其形状更接近于 s 轨道，s 成分比其他三个杂化轨道要多一些。那三个成键电子占据的杂化轨道 s 成分相对少些，p 成分相对多一些。因为纯 p 轨道间夹角为 90°，所以随着 p 成分的增多，杂化轨道间的夹角相应减小，所以 NH_3 中键角∠HNH＝107°18′，稍小于 109°28′，远大于 90°。这种由于孤对电子存在，各个杂化轨道中所含成分不等的杂化叫做不等性杂化。

H_2O 的结构如图 7-9(b) 所示，也可以用 sp^3 不等性杂化来予以说明，氧的电子层结构为 $1s^2 2s^2 2p^4$，在最外层有两对孤对电子。同样，采取不等性杂化 sp^3，有两个 sp^3 杂化轨道被未参与成键的孤对电子占据，使成键的杂化轨道成分 s 更少，p 成分更多，使得键角∠HOH 进一步减小为 104°45′。

以上介绍了 s 轨道和 p 轨道的三种杂化形式，现简要归纳于表 7-4 中。

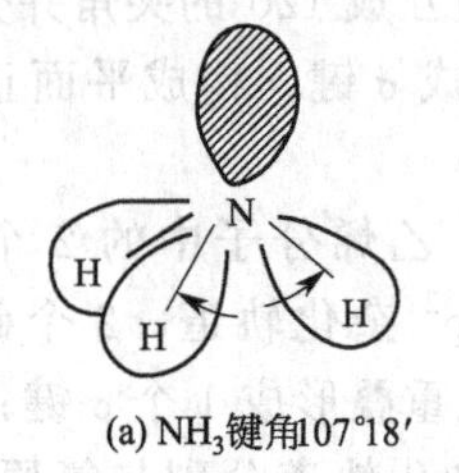

(a) NH_3键角107°18′

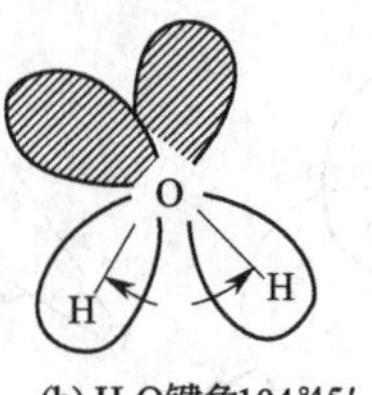

(b) H_2O键角104°45′

图 7-9　H_2O 和 NH_3 的不等性杂化

表 7-4　s-p 杂化轨道与分子几何构型

杂化类型	杂化轨道几何构型	杂化轨道中孤对电子数	分子几何构型	实例	键角
sp	直线型	0	直线型	$BeCl_2$、CO_2	180°
sp^2	三角形	0	三角形	BF_3、SO_3	120°
sp^3	四面体	0	正四面体	CH_4、CCl_4	109°28′
		1	三角锥形	NH_3、PCl_3	107°18′
		2	折线型	H_2O	104°45′

7.5　分子轨道理论

价键理论（VB 法）比较直观，能很好地解释分子的价键和所形成分子的空间构型。但现代物理技术的发展发现了一些新的现象令结构化学家再次陷入困惑。

① 价键理论不能解释某些简单分子的磁性。如 O_2，B_2（按价键理论已无单电子）在液态和固态时有顺磁性。

② 有些分子中参与成键的电子是奇数的。

H_2^+ 能存在

$$H_2^+(g) \longrightarrow H(g) + H^+(g),\ \Delta_r H_m^{\ominus} = 269\text{kJ} \cdot \text{mol}^{-1}$$

O_2^+，He_2^+，O_2^- 均能存在。

为了解决上述问题，洪特和密立根提出了分子轨道理论（MO 法）来解决上述困惑。近年来，由于计算机技术的迅速发展，MO 法发展很快。

7.5.1　分子轨道理论基本要点

(1) 单核体系变为多核体系　原子组成分子时，电子不再属于原来的原子轨道，而是在重新组合后的分子轨道中运动，即原来的原子轨道通过“大杂化”组成分子轨道，每个分子轨道也可用相应的波函数 ψ 表示。但分子轨道和原子轨道主要有两点区别：①在原子中，电子的运动只受一个原子核的作用，是单核体系；②而在分子中，电子则在所有原子核势场作用下运动，是多核体系。

(2) 轨道总数不变　与原子轨道杂化一样，由原子轨道线性组合成分子轨道时，有几条原子轨道参与成键，就组成几条分子轨道。原子轨道用光谱符号 s、p、d、f、…表示，分子轨道常用对称符号 σ、π、δ、…表示，在分子轨道符号的右下角表示组成该分子轨道的原原子轨道名称。

7.5.2　形成分子轨道的原则

原子轨道要有效地组成分子轨道，必须符合三条原则：对称性原则、能量相近原则和最大重叠原则。

(1) 对称性原则　只有对称性相同的原子轨道重叠时，才能组成成键分子轨道；对称性相反的原子轨道重叠时，则组成反键分子轨道。该规则叫做对称性原则。

原子轨道是波函数 ψ 的空间图形。因为波函数有正值与负值之分，所以原子轨道的图形也分正号部分和负号部分。当两个原子轨道以同号（“+”与“+”、“−”与“−”）部分相重叠时，对称性相同，能够成键，体系能量降低，组成成键分子轨道，这种重叠叫做有效重叠。如果两个原子轨道以异号（“+”与“−”、“−”与“+”）部分相重叠时，对称性不同，难以成键，体系能量升高（不是抵消），组成反键分子轨道，这种重叠叫做非有效重叠。例如，两个不同原子的 2p 原子轨道组成分子轨道，由于 2p 轨道在空间有三种取向

p_x、p_y、p_z，它们相互垂直。假设两个 $2p_x$ 原子轨道沿 x 轴方向以“头碰头”的方式重叠，组成两个分子轨道，其中一个是由同号重叠而组成的成键轨道 σ_{2p_x}，另一个是由异号重叠而组成的反键轨道 $\sigma_{2p_x}^*$（图 7-10）。

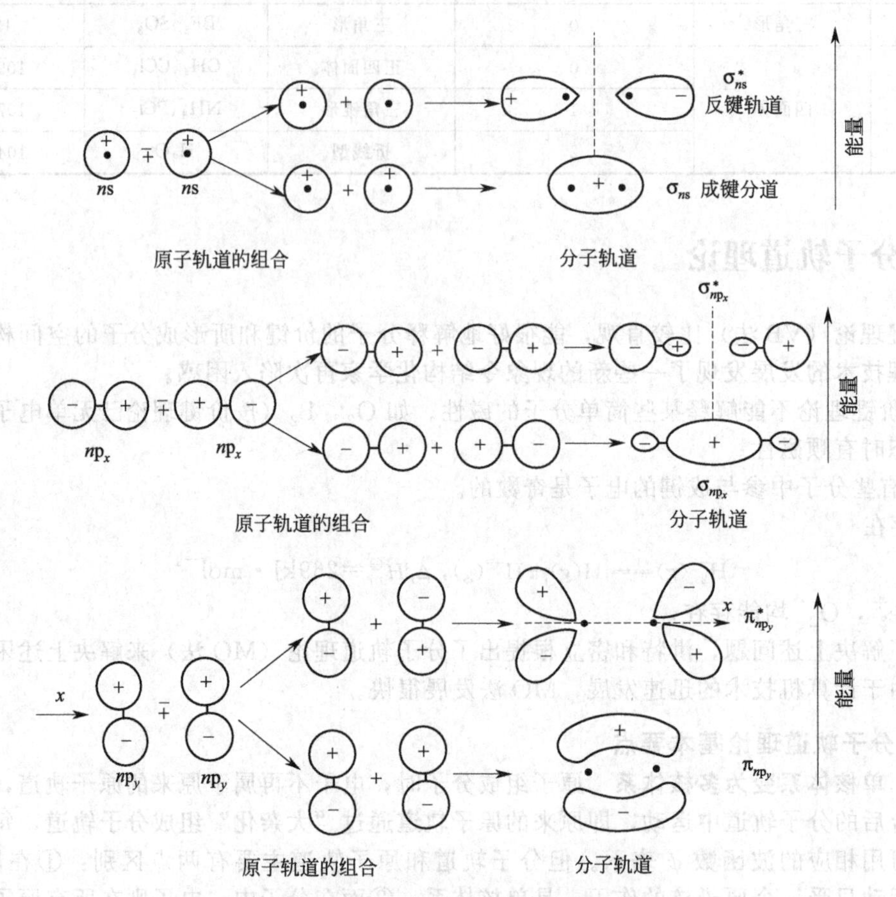

图 7-10 原子轨道组合成分子轨道示意图

在 p_x 和 p_x 形成 σ 键以后，两个 $2p_y$ 轨道都垂直于键轴，只能采取“肩并肩”的方式重叠，组成两个 π 分子轨道，其中一个是由同号重叠而组成的成键轨道 π_{2p_y}，另一个是由异号重叠而组成的反键轨道 $\pi_{2p_z}^*$，如图 7-10 所示。同理，两个 $2p_z$ 重叠，则组成另一组 π 轨道，即 π_{2p_z} 成键轨道和 $\pi_{2p_z}^*$ 反键轨道，它们与 π_{2p_y} 和 $\pi_{2p_y}^*$ 轨道互相垂直。在能量上两个成键 π 轨道是简并的，两个反键 π^* 轨道也是简并的。

这样，两个原子各提供三个 p 轨道，共组成六个分子轨道，σ_{2p_x} 和 $\sigma_{2p_x}^*$、π_{2p_y} 和 $\pi_{2p_y}^*$ 以及 π_{2p_z} 和 $\pi_{2p_z}^*$ （图 7-10）。

(2) 能量相近原则 在对称性相同的前提下，两个原子轨道能否发生有效重叠，取决于两轨道间能量差的大小。只有能量相近的原子轨道才能有效地组成分子轨道，而且能量差越小越好，叫做能量相近原则。对于同核双原子分子，由于两原子相同，相同原子轨道的能量肯定相同。对于异核双原子分子，原子轨道的能量近似于在该轨道中运动的电子，可通过光谱测定。如 H 原子的 1s 轨道和 F 的 2p 轨道能量相近，两者可组成分子轨道，形成 σ 共价键。对异核双原子分子来说，总是电负性较大的元素，其相应的原子轨道的能量较低（对外层电子吸引力较大），反映在能级图中，横线处于较低的位置。

(3) 最大重叠原则 组成分子轨道的两个原子轨道，在可能范围内，重叠程度越大，原子间的相互作用越强，所形成的共价键越牢，叫做最大重叠原则。但这并不意味着两个原子靠得越近越好。因为对每种分子来说，两个成键原子间，都有一个最合适的距离 R（参见图 7-1），在此距离时，两个原子轨道重叠的程度最大，体系的能量最低，所形成的键最牢。若使两原子的核间距进一步缩小，原子核间的斥力反而使体系的能量迅速升高。所以，当 $r=r_0$ 时，两个原子轨道重叠的程度最大，形成的分子稳定。

7.5.3　分子轨道的能级

分子轨道的能量由原子轨道的能量所决定。原子轨道能量越低，相应的分子轨道能量越低。组合前原子轨道的总能量与组合后分子轨道能量基本相等。原子轨道间组合方式不同，分子轨道的能量也不一样。一般 σ 轨道的能量低于 π 轨道的能量，σ^* 轨道的能量高于 π^* 轨道的能量。从图 7-11 可以看出，第二周期 N_2 及以前的同核双原子分子 $E_{\sigma_{2p}}>E_{\pi_{2p}}$，$N_2$ 以后的同核双原子分子 $E_{\sigma_{2p}}<E_{\pi_{2p}}$。主要的原因是：2s-2p 能级差随原子的不同而异，能级差较小时 $E_{\sigma_{2p}}>E_{\pi_{2p}}$；能级差较大时 $E_{\sigma_{2p}}<E_{\pi_{2p}}$。

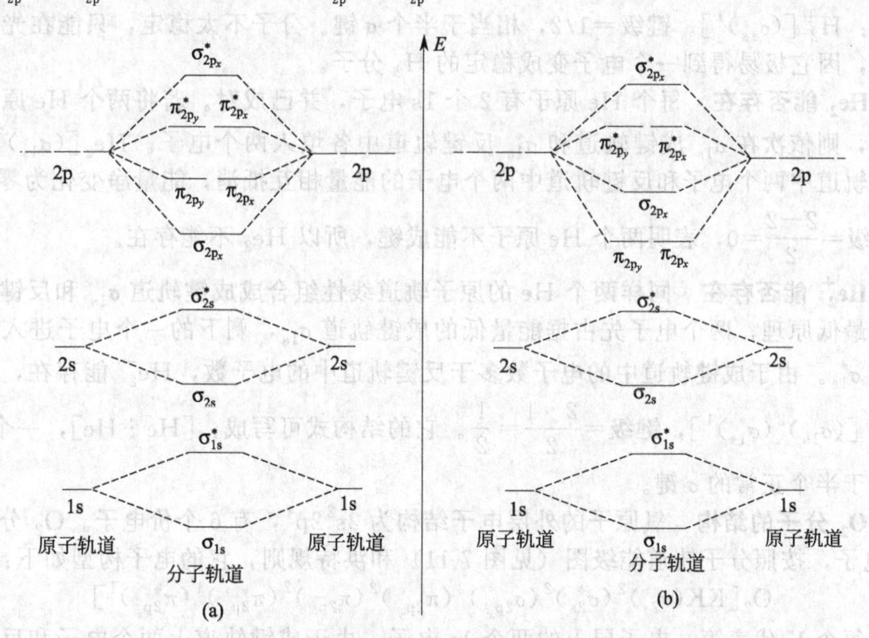

图 7-11　同核双原子分子的分子轨道能级图

(a) O_2 和 F_2 分子轨道能级示意图；(b) B_2、C_2 和 N_2 分子轨道能级示意图

第二周期同核双原子分子的能级排列顺序为（除 O_2、F_2）

$$\sigma_{1s}<\sigma_{1s}^*<\sigma_{2s}<\sigma_{2s}^*<\pi_{2p_y}=\pi_{2p_z}<\sigma_{2p_x}<\pi_{2p_x}^*\pi_{2p_y}^*=\pi_{2p_z}^*<\sigma_{2p_x}^*$$

O_2、F_2 中由于 2s-2p 能级差较大，组合成分子轨道后，其能级排列顺序为

$$\sigma_{1s}<\sigma_{1s}^*<\sigma_{2s}<\sigma_{2s}^*<\sigma_{2p_x}<\pi_{2p_y}=\pi_{2p_z}<\pi_{2p_x}^*\pi_{2p_y}^*=\pi_{2p_z}^*<\sigma_{2p_x}^*$$

7.5.4　分子轨道中电子填充的原理

电子填充分子轨道时，仍然遵守电子填充原子轨道的两个原理和一个规则。

① 保里原理：每一个分子轨道中最多只能容纳两个自旋方向相反的电子。

② 能量最低原理：在不违背保里原理的前提下，电子尽量先填入能量最低的分子轨道。按照“分子轨道能级图”，电子从低能级向高能级依次填充。

③ 洪特规则：在简并分子轨道中填充电子时，将尽可能占据最多的分子轨道，而且电子自旋方向相同。

键级就是键能的级别，它与成键轨道和反键轨道中电子的数目有关。对于一个给定键的键级，等于外层成键轨道中电子数与反键轨道中电子数之差（净成键电子数）的一半。即

$$键级=\frac{成键电子数-反键电子数}{2}$$

键级的大小表示相邻原子间成键的强度。键级越大，键越稳定。键级等于零，表示成键和反键能量彼此抵消，总的效果没有成键，分子不可能存在。对于同一周期的主族元素所组成的双原子分子来说，键级越高，键能越大，键长越短，分子越稳定。

7.5.5 分子轨道理论的应用实例

(1) H_2^+ 分子的结构 H_2^+ 是由两个 H 原子组成的。两个氢原子的原子轨道可组成两个分子轨道 σ_{1s} 成键轨道和 σ_{1s}^* 反键轨道。当两个 H 原子相互结合时，仅有的一个电子填入能量最低的 σ_{1s} 成键轨道中去，形成一个单电子 σ 键。解离能为 $269kJ\cdot mol^{-1}$。H_2^+ 分子的电子构型为：$H_2^+[(\sigma_{1s})^1]$。键级=1/2，相当于半个 σ 键。分子不太稳定，只能在光谱上证实它的存在，因它极易得到一个电子变成稳定的 H_2 分子。

(2) He_2 能否存在 每个 He 原子有 2 个 1s 电子，并已成对。若将两个 He 原子结合成 He_2 分子，则依次在 σ_{1s} 成键轨道和 σ_{1s}^* 反键轨道中各填入两个电子。$He_2[(\sigma_{1s})^2(\sigma_{1s}^*)^2]$，由于成键轨道中两个电子和反键轨道中两个电子的能量相互抵消，能量净变化为零，即 He_2 分子的键级$=\frac{2-2}{2}=0$，表明两个 He 原子不能成键，所以 He_2 不能存在。

(3) He_2^+ 能否存在 同样两个 He 的原子轨道线性组合成成键轨道 σ_{1s} 和反键轨道 σ_{1s}^*，根据能量最低原理，两个电子先占据能量低的成键轨道 σ_{1s}，剩下的一个电子进入能量高的反键轨道 σ_{1s}^*。由于成键轨道中的电子数多于反键轨道中的电子数，He_2^+ 能存在，电子排布式为 $He_2^+[(\sigma_{1s})^2(\sigma_{1s}^*)^1]$，键级$=\frac{2-1}{2}=\frac{1}{2}$。它的结构式可写成：[He ⋮ He]，一个三电子 σ 键，相当于半个正常的 σ 键。

(4) O_2 分子的结构 氧原子的外层电子结构为 $2s^22p^4$，有 6 个价电子。O_2 分子中共有 12 个价电子，按照分子轨道能级图（见图 7-11）和洪特规则，它的电子构型如下：

$$O_2[KK(\sigma_{2s})^2(\sigma_{2s}^*)^2(\sigma_{2p_x})^2(\pi_{2p_y})^2(\pi_{2p_z})^2(\pi_{2p_y}^*)^1(\pi_{2p_z}^*)^1]$$

式中每个 K 代表第一电子层上的两个 1s 电子，由于成键轨道上两个电子和反键轨道上两个电子的能量相互抵消，相当于这四个内层电子未参加成键，这种电子叫非键电子，相应的轨道叫非键轨道，它们对分子的稳定性不起作用，为了简便起见用 KK 表示。

$(\sigma_{2p_x})^2$ 构成一个 σ 键，由于反键的 $(\pi_{2p_y}^*)$ 和 $(\pi_{2p_z}^*)$ 各有一个单电子，根据洪特规则，自旋应相同，故 O_2 是顺磁性，解释了实验结果。

由于成键轨道 $(\pi_{2p_y})^2$ 和反键轨道 $(\pi_{2p_y}^*)^1$ 的空间方位一致，两者构成一个三电子 π 键；同样，成键轨道 $(\pi_{2p_z})^2$ 和反键轨道 $(\pi_{2p_z}^*)^1$ 也构成一个三电子 π 键。故 O_2 是由三重键构成的，即一个 σ 键和两个三电子 π 键，其电子构型为：

:O ⋯ O:

O_2 的键级$=\frac{8-4}{2}=2$，三电子 π 键的键能相当于半个正常的 π 键，O_2 中两个三电子 π 键相当于一个正常的 π 键，再加上一个 σ 键，O_2 中相当于有两个正常的共价键。

从以上几个实例可看出，分子轨道理论通过键级可知分子能否存在及其稳定性，只要键级大于零，该分子就能存在，键级越大，分子越稳定；通过电子在分子轨道中的排布是否有

单电子可判断该分子是否具有顺磁性，有单电子，分子就有顺磁性，无单电子，分子就有反磁性。

7.6　金属键和键性过渡

在 100 多种元素中约有 4/5 是金属，常温下除汞是液态外，其他金属都是固态。金属一般有金属光泽，易导电传热，有延展性而易于机械加工，这些共性都说明金属有相似的内部结构。金属在结构上有两大特征：一是原子外层价电子较少，一般少于 4 个，大多 1～2 个；二是金属晶体中的原子的配位数大，一般每个金属原子周围有 8 个或 12 个相邻的金属原子。金属原子的外层价电子少，决定了它不可能像非金属元素那样通过共用电子的方式使自己达到稀有气体的稳定结构。

7.6.1　金属键理论

为了说明金属键的本质，目前有两种主要的理论：金属键的改性共价键理论和金属键的能带理论。

(1) 金属的改性共价键理论　金属原子容易失去电子，所以在金属晶格中既有金属原子又有金属离子。在这些原子和离子之间，存在着从原子上脱落下来的电子。这些电子可以自由地在整个金属晶格内运动，常称之为“自由电子”。由于自由电子不停地运动，把金属的原子和离子“黏合”在一起，而形成金属键（metallic bond）。

一般的共价键是二电子二中心键，而金属键可看作多电子多中心键。从这个意义上讲，可以认为金属键是改性的共价键，但是金属键不具有方向性和饱和性。金属键理论可以较好地解释金属的共性。

① 金属中自由电子可以吸收可见光，又把各种波长的光大部分反射出去，因而金属一般不透明且呈银白色。

② 金属有良好的导电和导热性，这与自由电子的运动有关。由于有大量的自由电子，在外加电场（电压）作用下定向运动，这就是导电。若金属某区域受热，则该区域微粒运动加剧，由于大量电子的自由运动，把这种运动以碰撞的形式向四周传递能量，这就是金属的导热性。

③ 由于金属中的金属键原子间不一一对应，金属受外力发生变形时，电子也快速跟随着一起运动，金属键未被破坏。故金属有很好的延展性和良好的机械加工性能。

(2) 能带理论　从金属晶体的整体出发，由于原子间的紧密接触可以把它们之间的相互作用以分子轨道理论的方法来处理，这样就形成了能带理论（band theory）的雏形。

能带理论要点：

① 在固体中，紧密堆积的相邻原子价层轨道线性组合，形成许多能量非常接近的分子轨道，这些能量相近的分子轨道集合称为能带（energy band）。

② 不同原子轨道组成不同的能带，相邻两能带间的能量范围称为“能隙”（energy gap）或“禁带”（forbidden band），全充满电子的能带为“满带”（filled band），部分充有电子的能带称为“导带”（conductive band），未有电子占据的能带称为“空带”（empty band）。

③ 在导体中，价电子能带是导带，或价电子能带虽然是满带，但有空的能带，空带与满带之间的能量间隔很小，部分重叠，而成为导带。在绝缘体中，价电子所处的带为满带，满带与相邻能带之间存在禁带，且大于 5eV，电子不能越过禁带。在半导体中，价电子的满带与相邻空带间的禁带宽度较小，且小于 3eV，高温时，电子能越过禁带，而使满带成为导带。

以一个价电子的锂原子 2s 为例，当两个波函数接触时，形成两个新的波函数，一个能量升高，另一个能量降低，如图 7-12 所示。

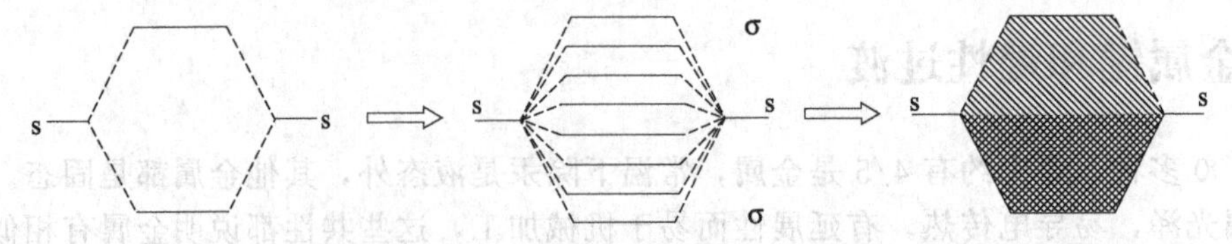

图 7-12　从两个接近的 Li 原子到 n 个接近的 Li 原子的 2s 轨道的线性组合

从图 7-12 中可以看到，随着原子数目的增多，成键分子轨道与反键分子轨道的数目也增多，这些成键分子轨道与反键分子轨道之间的能量差非常小，电子可以从一个成键轨道跃迁到另一成键轨道上，这样就形成了两个带，一个是被 Li 的 2s 填满的满带，而另一个则是没有电子填充的空带，两带之间的空隙则为禁带。图 7-13 给出了导体、半导体和绝缘体能带之间的关系。

从图 7-13 中可以看到，在导体中，电子的最高占有带即价带含有全充满的电子，而在它上面的能带即导带，含有部分电子，电子在导带中可以自由运动发生跃迁，因此可导电。在绝缘体中，在满带上面的空带中没有电子，即为空带，而禁带能量宽，满带中的电子不能跃过禁带进入空带中，因此没有导带，不导电。而在半导体中，由于满带与空带之间的禁带能量较窄，满带中的电子在温度升高时，热激发可使电子从满带跃迁到空带中，形成导带。因此，半导体在受热时导电性能增强。

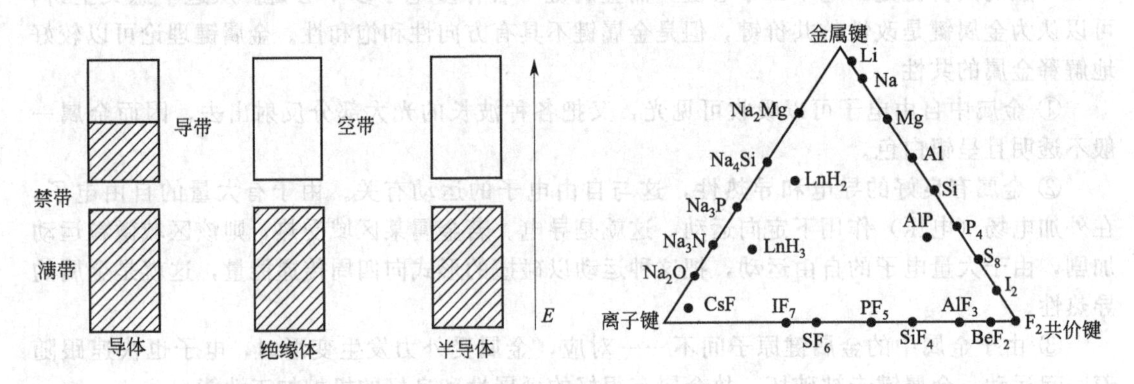

图 7-13　导体、绝缘体、半导体能带之间的关系　　图 7-14　三种典型化学键的过渡

7.6.2　键型过渡

物质内原子间的相互作用（化学键）可用三种典型的化学键即离子键、共价键和金属键来描述。但只有极少数物质属于其中的极端情况，大多数为三种键型的过渡。图 7-14 所示的是按周期系排列的一些化合物的键型示意图，图 7-14 中除三角形的三个顶点上的物质外，大部分物质的键型不是单一键型，常处于混合的逐渐过渡的情况。

7.7　分子间作用力和氢键

化学键不能说明微粒间的所有作用力。如水蒸气可凝聚成水，水凝固成冰，这一过程中化学键并没有发生变化，表明分子间还存在着一种非化学键的相互吸引作用。范德华早在 1873 年就已注意到这种作用力的存在，并进行了卓有成效的研究，所以后人将分子间力叫做范德华力。分子间力是决定物质的沸点、熔点、气化热、熔化热、溶解度、表面张力以及黏度等物理性质的主要因素。

7.7.1　分子的极性和变形性

(1) 分子的极性与偶极矩　就分子总体来说是电中性的，因为分子中正、负电荷数量相等。但就分子内部这两种电荷分布情况来看，可将分子分成极性分子和非极性分子两类（图7-15）。设想把正电荷和负电荷分别集中于一点，此两点分别称为正电荷重心和负电荷重心。若正、负电荷重心不重合，分子就有正、负两极，分子就具有极性，称为极性分子。反之，若正、负电荷重心是重合的，整个分子并不存在正、负两极，即分子没有极性，谓之非极性分子。如图 7-16 所示 H_2 和 HCl 分子极性情况。

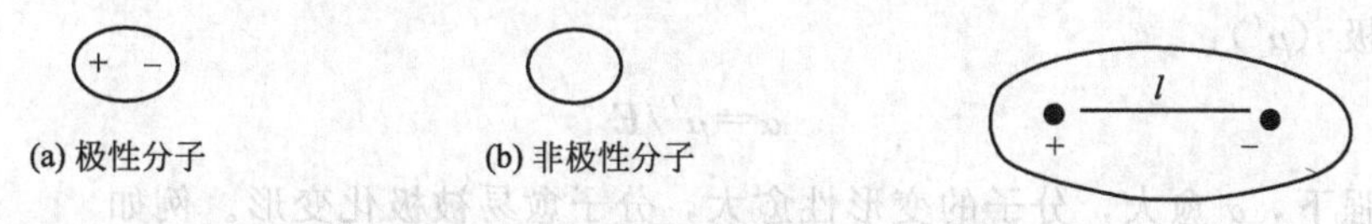

图 7-15　极性分子与非极性分子

表征极性强弱的物理量偶极矩 μ 定义为分子中电荷重心的电荷量 q 与正、负电荷重心间距离 d 之积：

$$\mu = q \cdot d$$

其值可通过实验测出，单位为库·米（C·m）。显然，非极性分子的 $\mu=0$，极性分子的 $\mu \neq 0$，且 μ 愈大，分子的极性愈强。因而可以根据偶极矩的大小来比较分子极性的强弱。例如

HX(g)	HF	HCl	HBr	HI
$\mu/10^{-30}$ C·m	6.37	3.57	2.67	1.40

分子极性　强 $\xrightarrow{递减}$ 弱

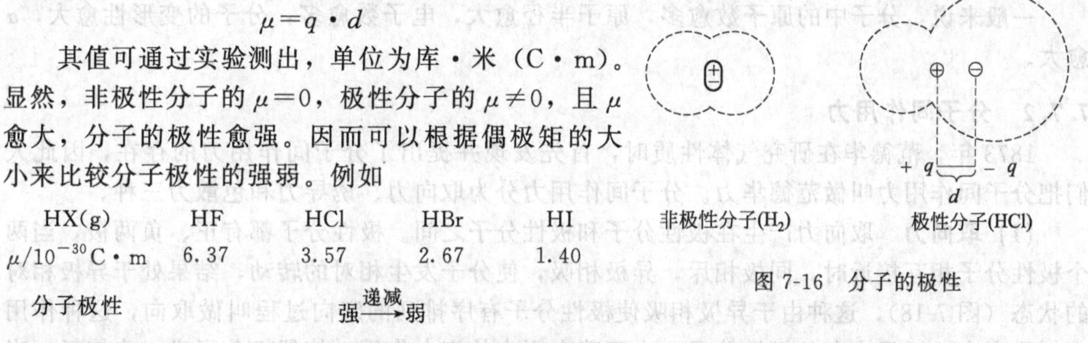

图 7-16　分子的极性

这里要注意的是，HI 中，虽然两原子核间的距离最大，但两原子的电负性差值最小，电子云偏移程度最小，正、负电荷重心距离短，且电量也小，故其偶极矩最小。

一般来说，双原子分子的极性与键的极性一致。同核双原子因形成的键为非极性键，故分子为非极性分子；异核双原子分子因形成的键为极性键，分子为极性分子。多原子分子的极性与分子的几何构型有关，通常价电子对全部成键，理想构型与分子形状相同的分子，如 CO_2、SO_3、CH_4 等，尽管键有极性，但分子中正、负电荷重合，为非极性分子；而含有孤电子对的分子，理想构型与分子形状不同，如 H_2O、NH_3、SO_2 等，键有极性，分子也有极性。可见，分子的极性既与键的极性有关，又与分子的几何构型有关。反之，通过分子极性的测量有助于判断分子的形状。

(2) 分子的变形性与极化率　前面讨论分子的极性时，只考虑孤立分子中电荷的分布情况，如果将其置于外加电场中，则其电荷分布可能发生某些变化。如果把一非极性分子置于场强为 E 的电场中，分子中带正电荷的核会被吸引向负电极，而电子云被吸引向正电极，结果与核发生相对位移，造成分子外形发生变化。这种性质的变形，使分子出现了诱导偶极，这一过程称为分子的变形极化。电场愈强，分子的变形愈显著，诱导偶极愈大。当外电场撤除时，诱导偶极自行消失，分子重新复原为非极性分子。

对于极性分子，本身就存在偶极，此为固有偶极或永久偶极。在气、液态时，它们一般都作不规则的热运动。但在外电场作用下，极性分子将发生异极相邻，都顺着电场方向整齐排列，这一过程叫做分子的定向极化。在电场的进一步作用下，极性产生变形，产生诱导偶

性。这时，分子的偶极增大，极性增强（见图 7-17）。可见，极性分子在电场中的极化包括分子的定向极化和变形极化。

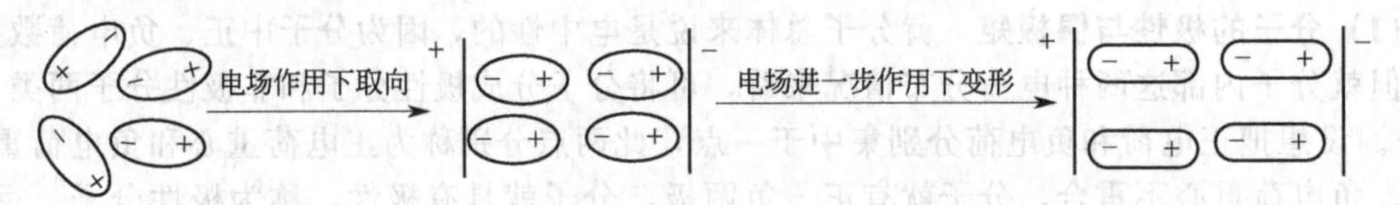

图 7-17 极性分子在电场中被进一步极化

分子的变形性大小，可用物理量极化率 α 来衡量。它定义为单位外电场强度（E）所引起的诱导偶极（μ'）：

$$\alpha=\mu'/E$$

一定场强下，α 愈大，分子的变形性愈大，分子愈易被极化变形。例如

HX(g)	HF	HCl	HBr	HI
$\alpha/10^{-30}\,m^3$	0.80	2.56	3.49	5.20
变形性	小 $\xrightarrow{递增}$ 大			

一般来说，分子中的原子数愈多，原子半径愈大，电子数愈多，分子的变形性愈大，α 愈大。

7.7.2 分子间作用力

1873 年，范德华在研究气体性质时，首先发现并提出了分子间作用力的存在，因此人们把分子间作用力叫做范德华力。分子间作用力分为取向力、诱导力和色散力三种。

(1) 取向力 取向力产生在极性分子和极性分子之间。极性分子都有正、负两极，当两个极性分子相互接近时，同极相斥，异极相吸，使分子发生相对的转动，结果处于异极相对的状态（图 7-18），这种由于异极相吸使极性分子有序排列的定向过程叫做取向，这种作用力叫取向力。已经定向的极性分子，由于静电引力的定向作用，使偶极分子进一步接近，当接近到一定距离时，吸引力和排斥力相平衡，从而使体系的能量最低，处于最稳定的状态。这种由极性分子的取向而产生的分子间引力叫做取向力。

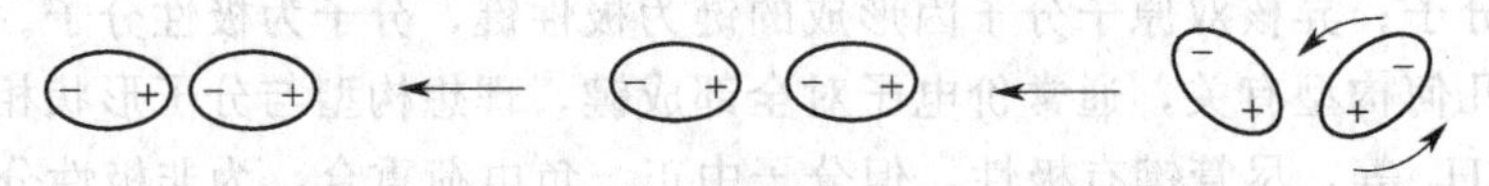

图 7-18 两个极性分子间产生取向力示意图

由于取向力本质上还是静电引力，故分子的极性越强，偶极矩越大，分子间的取向力也越大。只有极性分子才有固有偶极，故取向力只存在于极性分子间。

图 7-19 极性分子与非极性分子的相互作用

(2) 诱导力 当极性分子和非极性分子相互接近时，非极性分子处于极性分子产生的电场中，由于极性分子的偶极使非极性分子的电子云与原子核发生相对位移，正、负电荷重心由重合变成不重合，产生了分子的变形，从而产生了偶极。这种偶极叫做诱导偶极。诱导偶极与固有偶极间的作用力叫做诱导力（图 7-19）。极性分子和极性分子相互接近时，除取向力外，在固有偶极的相互影响下，每个分子也会发生变形，产生诱导偶极，其结果是使极性分子的偶极矩增大，从而使极性分子间出现了额外的吸引力，这也是诱导力。故诱导力不仅存在于极性分子与非极性分子之间，极性

分子之间也存在诱导力。诱导力的大小与极性分子偶极矩的大小和被诱导分子的变形性大小有关。

(3) 色散力 非极性分子没有偶极，它们之间为什么会产生吸引力呢？非极性分子中虽然从一段时间里测得的电偶极矩值为零，但由于每个分子中的电子和原子核都在不断运动着，不可能每一瞬间正、负电荷中心都完全重合。在某一瞬间总会有一个偶极存在，这种偶极叫做瞬时偶极。靠近的两个分子间由于同极相斥、异极相吸，瞬时偶极间总是处于异极相邻的状态。我们把瞬时偶极间产生的分子间力叫做色散力。

1930 年，伦敦（F. London）用量子力学的近似计算法证明分子间存在着第三种作用力，由于计算这种力的精确表示式与光的色散公式相似，故把这种作用力叫做色散力，其实分子间的色散力和光的色散现象没有任何关系。

虽然瞬时偶极存在的时间极短，但偶极异极相邻的状态，总是不断地重复着，所以任何分子（不论极性与否）相互靠近时，都存在着色散力。非极性分子相互作用的情况如图 7-20 所示。同族元素单质及其化合物，随着相对分子质量的增加，分子体积越大，瞬时偶极矩也越大，色散力越大。

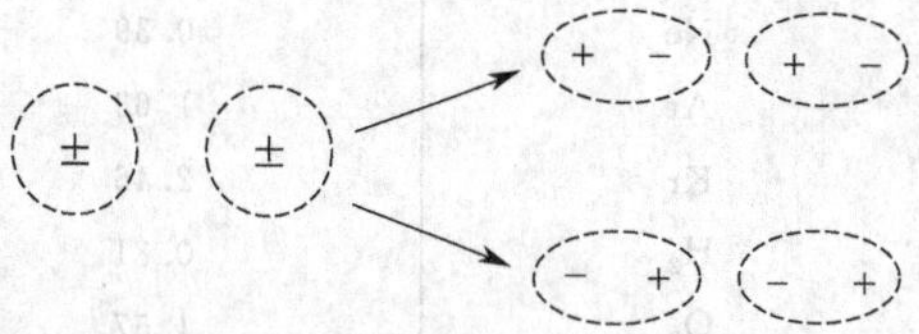

图 7-20 非极性分子间产生色散力

总之，在非极性分子间只存在着色散力；极性分子与非极性分子间存在着诱导力和色散力；极性分子间既存在着取向力，还有诱导力和色散力。分子间力就是这三种力的总称。分子间力永远存在于一切分子之间，是相互吸引作用，无方向性，无饱和性。其强度比化学键小 1～2 个数量级，与分子间距离的 7 次方成反比，并随分子间距离的增大而迅速减小。大多数分子，其分子间力是以色散力为主，只有极性很强的分子（如水分子）才是以取向力为主（表 7-5）。

表 7-5 分子间力（两分子间距离 d＝500pm，温度 T＝298.15K）

分子	$E_{取向}$/kJ·mol^{-1}	$E_{诱导}$/kJ·mol^{-1}	$E_{色散}$/kJ·mol^{-1}	$E_{总}$/kJ·mol^{-1}
Ar	0.0000	0.0000	8.49	8.49
CO	0.003	0.0084	8.74	8.75
HCl	3.305	1.004	16.82	21.13
HBr	0.686	0.502	21.92	23.11
HI	0.025	0.1130	25.86	26.00
NH_3	13.31	1.548	14.94	29.80
H_2O	36.38	1.929	8.996	47.30

7.7.3 范德华力与物理性质的关系

(1) 物质的熔点和沸点 共价化合物的气体凝聚成液体或固体，是范德华力作用的结果。因此，物质的范德华力越大，液体越不易气化，沸点越高，气化热越大。固体熔化为液体时，要部分地克服范德华力，所以分子间吸引力越大，熔点越高，熔化热越大。例如，稀有气体和简单非极性分子间只有色散力，它们的沸点和气化热都随着原子量或分子量的增大而升高。即使是极性分子，由于大多数物质的范德华力以色散力为主，所以同类型极性化合物的沸点和熔点，一般也随着分子量的增大而升高。

(2) 物质的溶解度 离子化合物在溶剂中的溶解度与溶剂介电常数有关，例如，KCl 的溶解度随溶剂的介电常数的增大而增大（表 7-6）。共价化合物在溶剂中的溶解度则与范德华力有关，例如，稀有气体和 H_2、O_2 等非极性分子在水中的溶解度，随着溶质的极化率的增大而增大（表 7-7）。

表 7-6　氯化钾在某些溶剂中的溶解度

溶剂	介电常数(ε)	溶解度(18～20℃)/(g/100g 溶剂)
乙醇	25.2	0.0034
甲醇	32.6	0.5
甘油	42.5	6.4
水	79.5	34.0

表 7-7　稀有气体、H_2、O_2 在水中的溶解度

溶质	极化率/$10^{-24}cm^3$	溶解度(1atm)/(g/100gH_2O)
He	0.20	0.00025
Ne	0.39	0.00133
Ar	1.63	0.00676
Kr	2.46	0.02730
H_2	0.81	0.00016
O_2	1.57	0.00434

从表 7-7 可以看出，非极性分子在水中的溶解度都很小，如把苯加入到水中，由于水是强极性溶剂，水分子间的引力（主要是氢键）比与苯分子强得多，水分子相遇时很快会聚到一起，非极性分子很难“挤”进去，最终形成两个液层。所以非极性溶质几乎不溶于水，而强极性溶质的分子与水分子之间，存在着很强的取向力，相互吸引，相互渗透，所以可以互溶，这就是所谓的“相似相溶”规律。例如，NH_3 极易溶解于水。而非极性分子间色散力较大，也可以互溶。例如，I_2 易溶于 CCl_4，而难溶于水。像这种结构和极性相似的化合物彼此互溶的规律叫做相似相溶原理，这也与范德华力有关。

“相似相溶”规律，甚至在钢铁冶炼过程中也可得到应用。炼钢脱硫一般用石灰石，它在熔融铁液的高温（1400℃）下发生分解：

$$CaCO_3 \longrightarrow CaO + CO_2 \uparrow$$

生成的 CaO 与铁水前期吹氧产生的 SiO_2 和 P_2O_5 等酸性氧化物形成熔渣，浮于铁液之上。CaO 还可以和铁液中存在的 FeS 发生复分解反应：

$$FeS + CaO = FeO + CaS$$

所生成的 CaS 溶入熔渣，其原因是 CaS 有很强的离子性（极性），所以它更容易溶解于由盐类组成的熔渣之中，从而钢液得以进一步脱硫。

另外，分子间力的大小对气体分子的可吸附性也有影响。用防毒面具能滤去空气中分子量较大的毒气（如氯气、光气、甲苯等），原因就是这些毒气的分子量比 O_2、N_2 分子大得多，变形性显著，与活性炭间的吸附作用强。现在广泛使用的气相色谱分析仪，原理是样品中各种极性稍有不同的被气化物质在载气的驱赶下，在色谱柱的填料上不断地脱附吸附，分子极性不同，填料对其吸引力不同，最后到达检测口的时间不同，从而分离并鉴定混合被气化样品的成分。

还有，分子间力对分子型物质的硬度也有一定的影响。分子极性小的聚乙烯、聚异丁烯等物质，分子间力较小，因而其硬度不大；含有极性基团的有机玻璃等物质，分子间引力较大，具有一定的硬度。

7.7.4　氢键

(1) 氢键的形成和特征　大多数同系列氢化物的熔、沸点随着分子量的增大而升高，唯

有 H_2O、HF、NH_3 不符合上述递变规律，如图 7-21 所示。原因是这些分子间除了存在上述分子间作用力外，还存在着一种特殊的作用力即氢键。

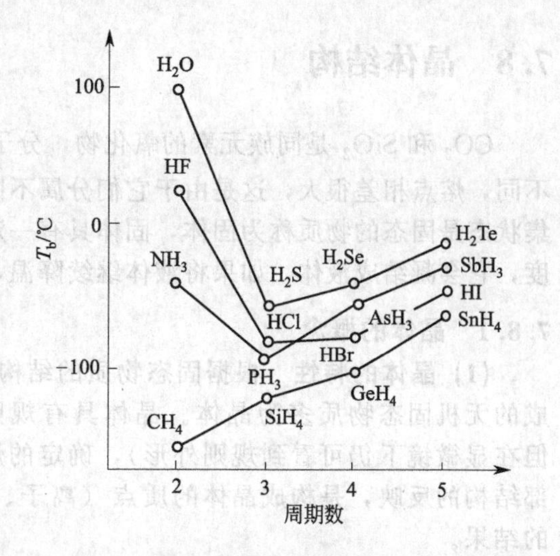

图 7-21　氢化物的沸点

当氢原子与电负性大、半径小的 X 原子（如 N、O、F）以极性共价键结合时，共用电子对强烈地偏向 X 原子，只有一个电子的 H 原子几乎成了“裸露”的质子，由于其半径特小，电荷密度大，还能吸引另一电负性大，半径小的 Y 原子（X、Y 原子可以相同，也可以不同）中的孤对电子而形成氢键 X—H ┈ Y。

实验表明，氢键比化学键弱得多，而比分子间力稍强（在同一数量级），氢键具有方向性和饱和性。方向性是指 Y 原子与 X—H 形成氢键时，尽可能使 X、H、Y 三个原子在同一直线上。饱和性是指每一个 X—H 只能与一个 Y 原子形成氢键。

氢键可分为分子间氢键和分子内氢键两种。一般我们所讲的氢键为分子间氢键，X—H ┈ Y 中的 X 与 Y 来自不同的分子，一个分子和另一个分子之间形成氢键，如硫酸、羧酸等。若形成氢键的 X 与 Y 属于同一分子，因而是在一个分子内形成的氢键为分子内氢键，如邻硝基苯酚、水杨酸等。由于 X—H 中 H 不可能在同一方向上再吸引一个 Y，故分子内氢键不可能在同一直线上。

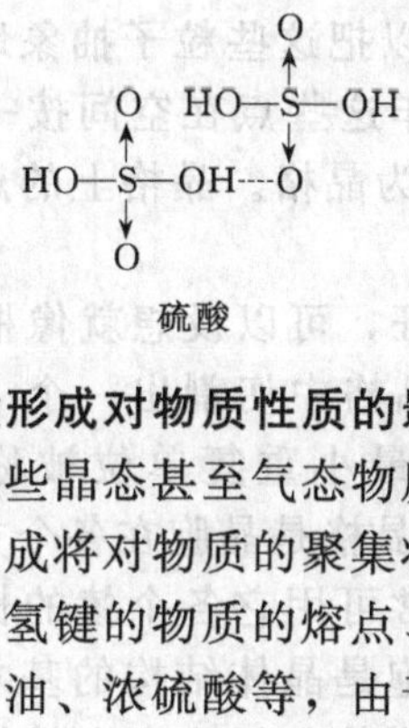

硫酸 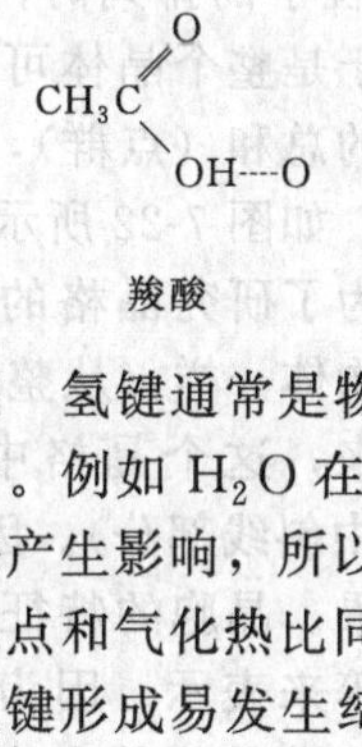　　羧酸 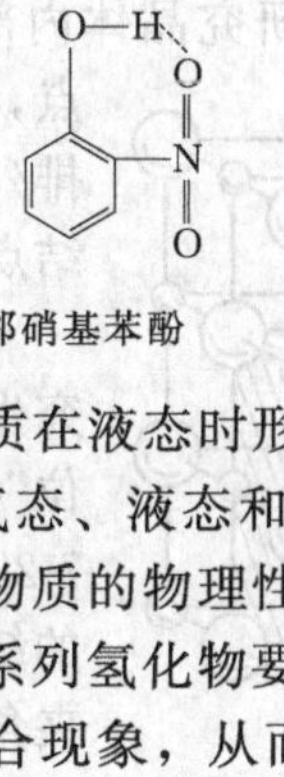　　邻硝基苯酚 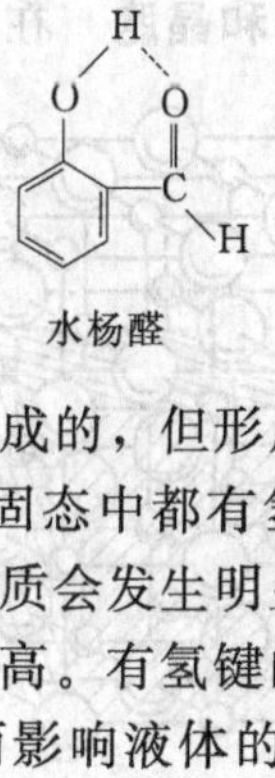　　水杨醛

(2) 氢键形成对物质性质的影响　氢键通常是物质在液态时形成的，但形成后有时也能继续存在于某些晶态甚至气态物质中。例如 H_2O 在气态、液态和固态中都有氢键存在。分子间氢键的生成将对物质的聚集状态产生影响，所以物质的物理性质会发生明显的变化。

分子间有氢键的物质的熔点、沸点和气化热比同系列氢化物要高。有氢键的液体一般黏度较大，如甘油、浓硫酸等，由于氢键形成易发生缔合现象，从而影响液体的密度；另外，氢键的存在使其在水中的溶解度大为增加。具有分子内氢键的分子，势必会妨碍分子间氢键的形成，故有分子内氢键的化合物熔、沸点较低。例如，没有分子内氢键的对硝基苯酚，熔点为 113～114℃，而有氢键的邻硝基苯酚，熔点为 44～45℃。

自氢键被发现以来，人们对氢键的研究至今兴趣不减。这是因为氢键广泛存在于许多化合物和溶液之中。一些无机含氧酸、有机羧酸、醇、胺，甚至生活中常见的纸张、衣物、皮革、煤炭、润滑油脂和棉花等纤维类材料中也有大量的氢键存在。

氢键对生物体的影响极为重要，最典型的是生物体内的 DNA。DNA 由两根作为主链的多肽链组成，两主链以大量的氢键连接组成螺旋状的立体构型。DNA 复制中碱基的配对，就是碱基对之间的氢键作用。因此可以说，由于氢键的存在，使 DNA 的复制得以实现，保持了物种的繁衍。不同蛋白质的空间构型体现出蛋白质分子的生物活性，而支撑蛋白质这种空间构型的链内或链与链之间的力大量的是氢键。

7.8 晶体结构

CO_2 和 SiO_2 是同族元素的氧化物，分子式（其实是最简式）写法相似，但性质却完全不同，熔点相差很大，这是由于它们分属不同的晶体，固体结构完全不同造成的。我们把聚集状态是固态的物质称为固体，固体具有一定的体积，且具有一定形状。如果将气体降低温度，它会凝结成液体，如果将液体继续降温，液体就会凝结成固体。

7.8.1 晶体的概念

(1) 晶体的特性 根据固态物质的结构和性质，可将其分为晶体和非晶体。天然和合成的无机固态物质多为晶体。晶体具有规则的几何外形（即使有些晶体已被碎成粉末，但在显微镜下仍可看到规则外形)，确定的熔点和各向异性等特点。晶体的外形是晶体内部结构的反映，是构成晶体的质点（离子、分子或原子）在空间有一定规律的点上排列的结果。

晶体的各向异性指由于晶格各个方向排列的质点的距离不同，而带来晶体各个方向上的性质也不一定相同，称各向异性。如云母的剥离性（容易沿某一平面剥离的现象）就不相同，又如石墨在与层垂直的方向上的导电率为平行的方向上导电率的 $1/10^4$。

非晶体（如玻璃、沥青、松香等）也叫做无定形物质。它们没有固定的熔点，只有软化的温度范围。温度升高时，它慢慢变软，直到最后成为流动的熔融体。只有内部微粒具有严格的规则结构的物质才是各向异性的，所以无定形物质都是各向同性的，目前引起广泛重视的非晶体固体有四类：传统的玻璃，非晶态合金（也称金属玻璃），非晶态半导体，非晶态高分子化合物。

(2) 晶格和晶胞 在研究晶体内部粒子的排列时，可以把这些粒子抽象地当成几何的点，于是整个晶体可看作这些点在空间按一定规律整齐排列的总和（点群），称为晶格。晶格上的点称为晶格的结点，如图 7-22 所示。

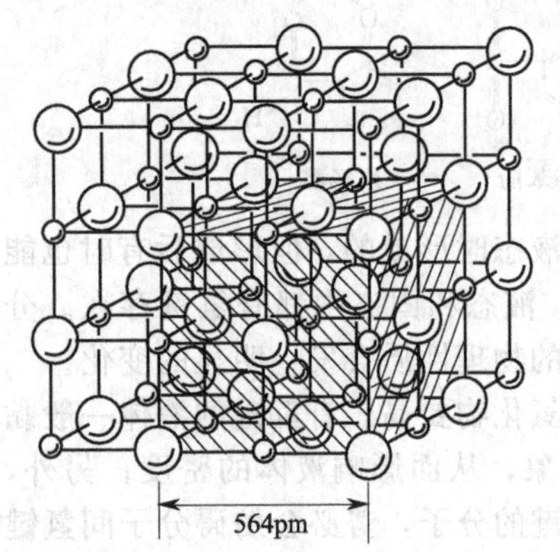

图 7-22 NaCl 的晶格与晶胞

为了研究晶格的特征，可以设想就像根据细胞来研究生物体一样，从整个晶格中切割出一个“最小重复单位”来，这个晶格中的最小重复单位被称为晶胞（图 7-22 中斜线部分）。因此晶格是晶胞在各个方向无限重复的结果。晶胞的特征通常可用它各个棱的长以及晶面的夹角等来表示。因为晶胞是晶体结构的基本单位，所以如果知道晶胞的大小、形状和组成，也就知道了相应晶体的空间结构。

(3) 晶格类型 根据晶胞质点排列方式，可以将晶体划分为若干晶系。在每一晶系中，又有不同的晶格类型。我们这里只讨论无机物中常见的三种立方晶格，即简单立方，体心立方和面心立方晶格，它们的晶胞如图 7-23 所示。

从图 7-23 中可以看出，在简单立方晶格内，立方体的八个角各被一个质点占据着；在体心立方晶格内，除立方体的八个角各被一个质点占据外，立方体的中心还有一个质点；在面心立方晶格内，不仅立方体的各个角，而且六个面的中心都被一个质点占据着。

7.8.2 晶体的基本类型

晶体的种类繁多，各种晶体都有它自己的晶格。若按晶体内部微粒的组成和相互间的作用力来划分，可分为离子晶体、原子晶体、金属晶体和分子晶体四种基本类型的晶体。它们之间最显著的区别是晶体中微粒间作用力的不同，将直接影响晶体的性质。

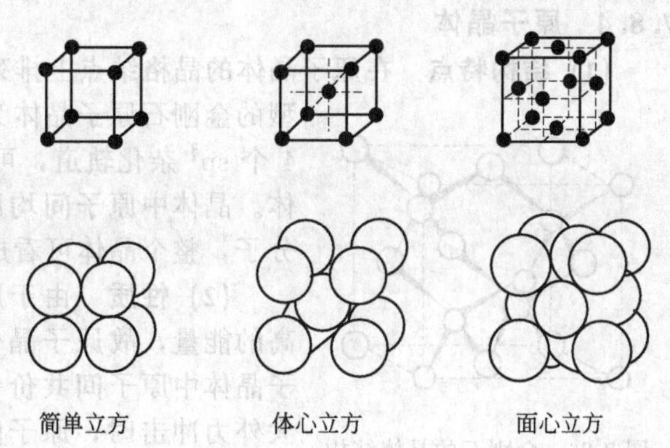

图 7-23　无机物中三种常见的立方晶格

7.8.3　离子晶体

(1) 结构特点　在离子晶体的晶格结点（在晶格上排有微粒的点）上交替地排列着正离子和负离子，在正、负离子间有静电引力（离子键）作用。离子键由于没有方向性和饱和性，在空间条件许可的情况下，各离子将尽可能吸引多的异号离子，以降低体系能量。拿氯化钠晶体来说（图 7-24），化学式 NaCl 只表示氯化钠晶体中 Na^+ 离子数和 Cl^- 离子数的比例是 1∶1，并不表示 1 个氯化钠分子的组成。在离子晶体中并没有独立存在的小分子，但习惯上仍把 NaCl 叫做氯化钠晶体的分子式。

活泼金属的氧化物、盐类、氯化物、氢氧化物等都是离子晶体，如：CaO、KCl、NaOH、NH_4NO_3 等。

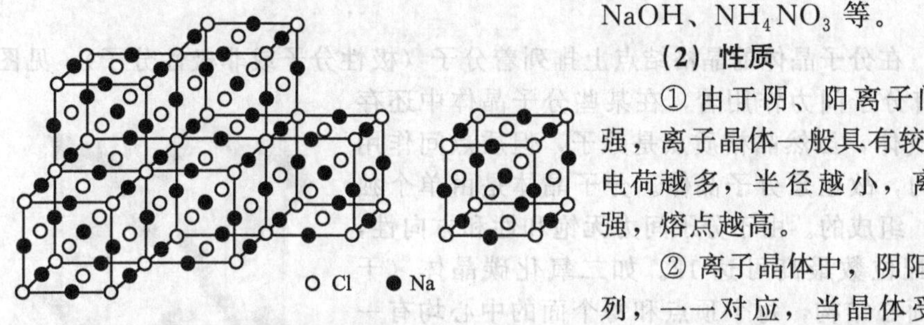

图 7-24　氯化钠的晶体结构

(2) 性质

① 由于阴、阳离子间的静电作用力较强，离子晶体一般具有较高的熔点，且离子电荷越多，半径越小，离子间静电作用越强，熔点越高。

② 离子晶体中，阴阳离子交替地规则排列，一一对应，当晶体受到较大外力冲击时，各层离子位置发生错位，本来层间阴、阳离子交替变成了阴离子与阴离子、阳离子与阳离子接触，引力变成了斥力，晶体破坏，故离子晶体硬而脆，无延展性。

③ 由于强极性的离子与极性溶剂水有较强的作用力，易形成水合离子，故离子晶体一般易溶于水，且水溶液导电。

(3) 几种离子晶体的空间结构　由于各种阴、阳离子的半径大小不同，其配位数就不同，离子晶体中阴、阳离子的空间排布也不同，因此可以得到不同类型的离子晶体。常见的有四种类型的离子晶体：NaCl 型、CsCl 型、立方 ZnS 型和 CaF_2 型。图 7-25 是这四种类型离子晶体的空间结构。

它们都属于立方晶系。其中 CsCl 型属于简单立方晶格，可看作 Cs^+ 与 Cl^- 分别组成简单立方晶格，再相互穿插；NaCl 型属于面心立方晶格，也可看作 Na^+ 与 Cl^- 分别组成面心立方晶格，再相互穿插。上述四种类型离子晶体中，前三种晶体的阳、阴离子数目比为 1∶1，称 AB 型。CaF_2 型的阳、阴离子数目比为 4∶8=1∶2，称 AB_2 型。离子晶体空间结构不同的主要原因是阳、阴离子半径比 r^+/r^- 不同。

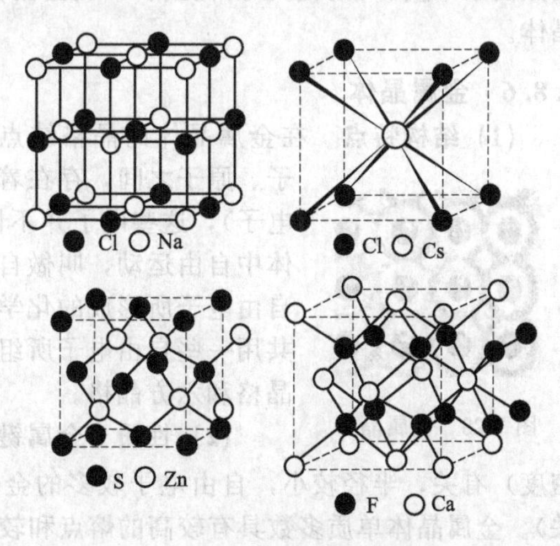

图 7-25　离子晶体的四种空间构型

7.8.4　原子晶体

(1) 结构特点　在原子晶体的晶格结点上排列着原子，原子之间作用力是共价键。以典型的金刚石原子晶体为例（如图 7-26 所示）。每个碳原子能形成 4 个 sp^3 杂化轨道，可以和 4 个碳原子形成共价键，组成正四面体。晶体中原子间均以共价键相联结，晶体中不存在简单的小分子，整个晶体可看成是一个巨大分子。

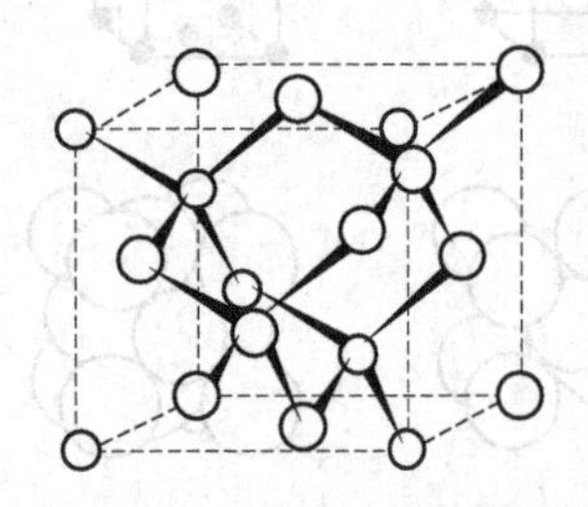

图 7-26　金刚石的晶体结构

(2) 性质　由于原子间的共价键强度高，破坏这种键需很高的能量，故原子晶体的熔点一般较高。与离子晶体一样，原子晶体中原子间共价键也是原子间一一对应的，若晶体受到较大外力冲击时，原子间的共价键被破坏，晶体破碎，故原子晶体硬而脆，无延展性。另外原子晶体不溶于溶剂，不导电。

周期系ⅣA 族元素碳（金刚石）、硅、锗、锡等单质的晶体是原子晶体，其化学式就是它们的元素符号。ⅢA、ⅣA、ⅤA 族元素彼此组成的某些化合物如碳化硅（SiC），氮化铝（AlN）甚至石英（SiO_2）等也都是原子晶体。

7.8.5　分子晶体

(1) 结构特点　在分子晶体的晶格结点上排列着分子（极性分子或非极性分子），见图 7-27，在分子之间有分子间力作用着，在某些分子晶体中还存在氢键。对于稀有气体，虽然晶格质点是原子，但质点间作用力是微弱的分子间力，故也是分子晶体。分子晶体是由单个独立的分子（或原子）组成的。由于分子间力无饱和性和方向性，微粒堆积较紧密，配位数最高可达 12。如二氧化碳晶体（干冰）的晶格类型是面心结构，每个顶点和每个面的中心均有一个 CO_2 分子。

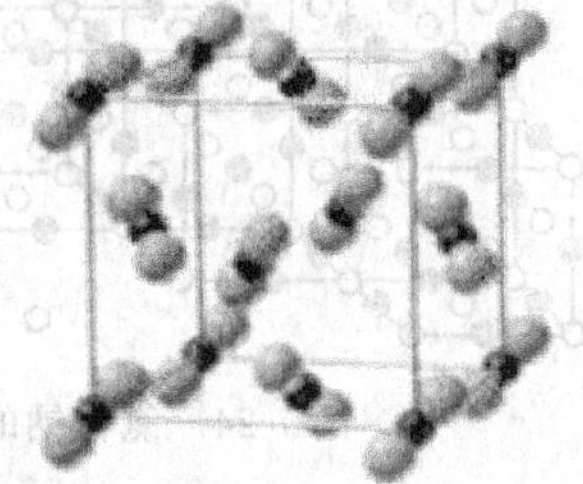

图 7-27　二氧化碳的晶体结构

(2) 性质　由于分子间力较弱，分子晶体的硬度较小，熔点一般低于 400℃，并有较大的挥发性，如碘片、萘晶体等。分子晶体是由电中性的分子组成的，固态和熔融态都不导电，是电绝缘体。但某些分子晶体含有极性较强的共价键，能溶于水产生水合离子，因而能导电，如冰醋酸。

许多非金属单质，非金属元素所组成的化合物（包括大多数有机物）都能形成分子晶体。例如卤素单质、单质氢、卤化氢、二氧化硫、水、氨、甲烷等低温下形成的晶体都属于分子晶体。

7.8.6　金属晶体

(1) 结构特点　在金属晶体的晶格结点上排列着原子或正离子（图 7-28），在这些离子、原子之间，存在着从金属原子脱落下来的电子（图中的黑点表示电子），这些电子并不固定在某些金属离子的附近，而可以在整个晶体中自由运动，叫做自由电子。整个金属晶体中的原子（或离子）与自由电子所形成的化学键叫做金属键。这种键可以看成是由多个原子共用一些自由电子所组成。金属晶体通常有体心立方晶格、面心立方晶格和六方晶格。

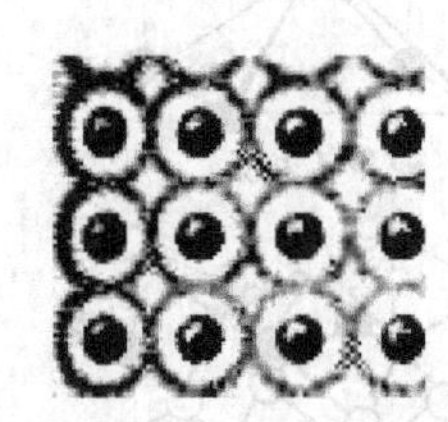

图 7-28　金属晶体

(2) 性质　金属键的强弱与单位体积内自由电子数（或自由电子密度）有关，半径较小，自由电子较多的金属的金属键较强，熔点就高（熔点还与晶型有关）。金属晶体单质多数具有较高的熔点和较大的硬度，通常所说的耐高温金属就是指熔点高于铬熔点（1857℃）的金属，集中在副族，其中熔点最高的是钨（3410℃）和铼

(3180℃)。它们是测高温用的热电偶材料。也有部分金属单质的熔点较低，如汞的熔点是 -38.87℃，常温下为液体。金属晶体具有良好的导电、导热性，尤其是第Ⅰ副族的 Cu、Ag、Au。金属中的金属键，金属阳离子与自由电子间不一一对应，故晶体受到较大外力冲击时，层与层间相对滑动时，金属键不被破坏。故金属有很好的延展性和良好的机械加工性能。

7.8.7　混合型晶体

(1) 结构特点　少数晶体中，质点并非一种，质点间作用力也不是一种。如石墨晶体(图 7-29)，在同一层中，结构质点是单个碳原子，质点间的作用力是共价键（碳原子 sp^2 杂化）；在层与层之间，质点是每一层以共价键结合的一层碳原子（相当于大分子），质点间的作用力为分子间力。由于同一层碳原子未参与杂化的 p 轨道间可组成巨大的 π 键，电子在这个杂化轨道中自由运动，又有金属晶体的性质。

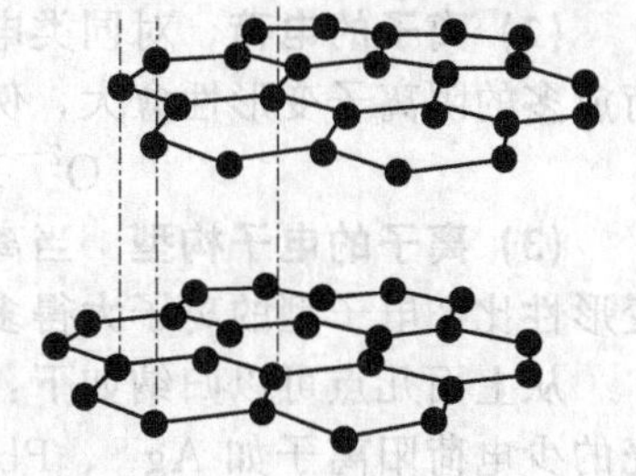

图 7-29　石墨的层状结构

(2) 性质　混合型晶体的结构较复杂，性质也多样。如石墨晶体熔点较高，在同一层面上有较好的导电性和导热性。石墨层与层间作用力较弱，易于相对运动，可制成铅笔芯和润滑剂。实际上还有一些物质如云母、氮化硼、氢氧化钙等也属于混合型晶体。

7.8.8　离子极化对物质性质的影响

研究离子晶体发现，有些离子电荷相同、离子半径极为相近的物质，性质上却差别很大。例如，NaCl 和 CuCl 晶体的阳、阴离子电荷都相同，Na^+ 的半径（95pm）与 Cu^+ 的半径（96pm）又极为相近，但这两种晶体在性质上却有很大的差别。如 NaCl 在水中溶解度很大，而 CuCl 却很小，这种现象表明除离子电荷、离子半径以外，还有别的因素也会影响离子晶体的性质。离子晶体中，阴、阳离子带有相反的电荷，它们相互接近时，除了相互吸引作用外，还能使对方的电子云发生变形，因而对离子晶体的性质，如水溶性，颜色，熔点等产生重大影响，其原因就在于所谓的离子极化作用与变形性不同。

7.8.8.1　离子的极化作用

离子的极化和分子极化相似，原电荷分布球对称、没有极性的简单离子在外电场作用下，离子的原子核就会受到正电场的排斥和负电场的吸引；而离子中的电子则会受到正电场的吸引和负电场的排斥，离子就会发生变形，产生诱导偶极，这一过程称为“离子的极化”。

在离子晶体中，阴、阳离子交替排列，每个离子作为带电的粒子，本身就会在其周围产生相应的电场，使周围的异号离子产生极化，所以离子极化现象普遍存在于离子晶体之中。不论阳离子或阴离子，都具有使异号离子被极化而变形的作用。离子的极化作用与离子的电荷、半径以及电子构型三个因素有关。

(1) 离子的电荷　离子电荷愈多，产生的电场强度愈大，极化作用愈强。因而下述阳离子极化作用大小顺序为 $Al^{3+}>Mg^{2+}>Na^+$。

(2) 离子的半径　离子电荷相同时，半径愈小，极化作用愈强。例如下述阳离子极化作用大小相比较为 $Mg^{2+}>Ca^{2+}$，$Na^+>K^+$。

(3) 离子的电子构型　当离子电荷相同，半径相近时，离子的电子层构型对于离子极化作用强弱具有决定性的意义。不同电子层构型的阳离子，极化作用大小如下：

8 电子型离子<9～17 电子型离子<18 电子型离子或（18+2）电子型离子

例如：极化作用 K^+ $(3s^23p^6)$<Fe^{2+} $(3s^23p^63d^6)$<Cu^+ $(3s^23p^63d^{10})$

7.8.8.2　离子的变形性

离子在外电场作用下，因受极化而发生电子云变形的性质，称为该离子的“变形性”。离子的变形性也主要决定于离子的半径、离子的电荷和离子的电子构型。

(1) 离子的半径　离子半径大，核与外层电子距离远。在外电场影响下核与电子云容易产生相对位移。所以一般来说，离子半径愈大、它的变形性也愈大，例如若干离子变形性大小顺序为：

$$F^- < Cl^- < Br^- < I^-$$
$$Li^+ < Na^+ < K^+ < Rb^+ < Cs^+$$

(2) 离子的电荷　对同类电子构型的离子来说，正电荷愈多的阳离子变形性愈小，负电荷愈多的阴离子变形性愈大，例如变形性大小顺序为：

$$O^{2-} > F^- > Na^+ > Mg^{2+} > Al^{3+} > Si^{4+}$$

(3) 离子的电子构型　当离子半径相近时，外层具有 18 电子或 9～17 电子的离子，其变形性比 8 电子型的离子大得多，这是由于 d 电子云易变形的结果。

从上面几点可以归纳如下：最容易变形的离子是体积大的阴离子和 18 电子或不规则外壳的少电荷阳离子如 Ag^+、Pb^{2+}、Hg^{2+} 等，最不易变形的离子是半径小、电荷高的稀有气体型的阳离子。如 Be^{2+}，Al^{3+}、Si^{4+} 等（它们的极化作用较强）。

7.8.8.3　离子的相互极化作用（附加极化）

如上所述，阴离子的极化作用一般不显著，而阳离子的变形又较小，所以通常考虑离子间相互作用时，主要是考虑阳离子对阴离子的极化作用。但当阳离子极化作用强又容易变形时，往往会引起两种离子之间的相互极化，结果使彼此的变形性增加，导致诱导偶极矩加大，从而又进一步加强了它们的相互极化能力。这种加强的极化作用称为附加极化作用。每个离子的总极化作用应该是它原来的极化作用和附加极化作用之和。附加极化作用大小与离子外层电子结构有关，最外层中含有 d 电子的阳离子容易被极化变形，因而具有较强的附加极化作用。一般是所含 d 电子数愈多，电子层数愈多，这种附加极化作用愈强（如 Ag^+、Hg^{2+} 与 I^-、S^{2-}）。

7.8.8.4　离子极化作用对物质结构及性质的影响

(1) 对化学键型的影响　在离子型晶体中，如果阴、阳离子相互间完全没有极化作用，则其化学键纯属离子键。然而，因为离子间的相互极化总是或多或少存在着，尤其是对于由含 d^x 或 d^{10} 电子的阳离子与半径大或电荷高的阴离子相互结合形成的离子晶体，由于相互极化，使外层电子云发生重叠，键的极性减弱、键长缩短，由离子键向共价键过渡。从这个观点可以看出，离子键和共价键之间并没严格的界限，两者之间有一系列过渡情况，如图 7-30 所示。

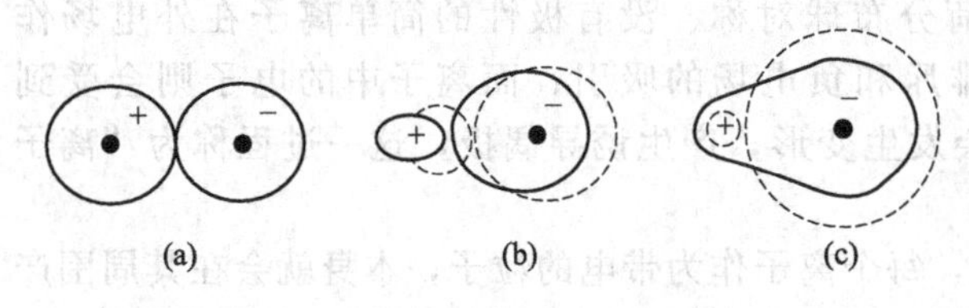

图 7-30　离子极化对键型的影响

下面以卤化银的键型变化为例来说明：

卤化银	AgF	AgCl	AgBr	AgI
X^- 离子半径/pm	136	181	195	216
阴、阳离子半径之和/pm	262	307	321	342
实测键长/pm	246	277	288	299
键型	离子键	过渡键型	过渡键型	共价键

(2) 对晶体类型的影响　现仍以卤化银为例，按离子半径比计算，它们均应属于 NaCl 晶体范畴，但由于 AgI 晶体中离子间强烈相互极化、变形作用，使核间距大为缩短，配位

数下降，而转变成为立方 ZnS 型。

(3) 对化合物在水中溶解度的影响 由于离子的相互极化，导致离子键逐步向共价键过渡的结果，使化合物在水中的溶解度变小。以离子键结合的无机化合物，由于阴、阳离子与极性水分子的作用强烈，一般是可溶于水的，而共价结合的无机化合物却难溶于水，例如：

	AgF	AgCl	AgBr	AgI
溶解度/$mol \cdot L^{-1}$	易溶	1.2×10^{-5}	8.8×10^{-7}	1.2×10^{-8}

这主要是因为 F^- 半径很小，不易发生变形，Ag^+ 和 F^- 的相互极化作用小，AgF 属于离子晶型物质，而其他卤化银，随着 Cl^-、Br^-、I^- 离子半径依次增大，变形性增大，Ag^+ 又是18电子构型，极化力和变形性都较强，所以，Ag^+ 和卤离子相互极化增强的结果，使共价程度增大，在水中的溶解度依次递减了。

又如正一价 Cu^+ 和 Ag^+ 的氯化物难溶于水，而半径相近、电荷相同的 K^+ 和 Na^+ 的氯化物却易溶于水，原因也在于此。

(4) 对化合物熔点的影响 晶型的变化，可导致化合物一系列性质的改变，化合物熔点也将会因离子键的削弱而降低。例如：

LiX	LiF	LiCl	LiBr	LiI	NaCl	AgCl
熔点/K	1040	886	820	719	1074	728

(5) 对化合物颜色的影响 某些同类化合物颜色的递变也与离子的极化变形有关，例如：

AgX	AgF	AgCl	AgBr	AgI
颜色	无色	白色	淡黄	黄色

离子极化导致电子跃迁所需能量降低，所吸收的能量从较高的紫外不可见光逐渐到可见光。又如，Pb^{2+}、Hg^{2+} 和 I^- 均为无色离子，但相互作用形成 PbI_2 和 HgI_2 后，由于极化作用明显，使得 PbI_2 呈金黄色，HgI_2 呈橙红色。

需要指出的是，离子极化学说在无机化学中的应用是对离子键理论的重要补充，一般只适用于对同等系列化合物做定性比较，所以应用此理论时要注意其局限性。

7.8.9 其他一些固体物质

7.8.9.1 高聚物

高聚物也称聚合物，是一类重要的共价化合物。它们由非常大的分子组成，具有 10^4 ~ 10^5 或更高的相对分子质量。这些大分子是由许多称为单体的小分子结合而成的。大多数聚合物是分子量并不完全相同的同系物的混合物，因此聚合物在许多方面的行为虽然和纯化合物相似，但是它们不能形成完整的晶体，也没有明显的熔点等晶体具有的特性，故常常被称为"塑料"或"玻璃体"。

聚合物有人工合成的和天然存在的两类，合成聚合物包括合成橡胶、尼龙、聚苯乙烯、聚四氟乙烯（特氟隆）和聚甲基丙烯酸甲酯（有机玻璃）等。天然存在的包括纤维素、淀粉和天然橡胶等。此外存在于自然界的无数不同种类的蛋白质分子和核酸分子等在许多方面都可看作是聚合物，只是它们的任一单个大分子和大多数其他聚合物相比是由更多不同种类的单体所组成的，而这些单个的单元在每个蛋白质和核酸中是按高度固定的顺序排列的。这些将在有机化学课程中详加讨论。一些无机物和单质也可以高聚物的形式存在，λ-硫（塑性硫）就是其中一例。

7.8.9.2 非整比化合物

我们通常接触到的化合物都是组成符合化合价的化合物。即整比化合物。还有一些化合物，它们的组成与化合价不符，例如 $Cu_{1.569}S$、$Fe_{0.94}O$ 等，被称为"非整比化合物"或"非计量化合物"。非整比化合物在过渡元素的二元化合物中最为人们所熟悉，特别是氢化物、氧化物、硫属元素化合物、氮属元素化合物、碳化物和硼化物。

非整比化合物中有一些是“金属间化合物”。它们的非计量组成主要是由于晶格中适合类型的原子被杂质原子取代，例如γ-黄铜的理想组成是$CuZn_{1.58}$或$CuZn_{1.60}$，但是一般所说的γ-黄铜，却超过$CuZn_{1.60}$的范围到$CuZn_{1.65}$。还有一些非整比化合物是“同晶置换物”，即一种原子的一部分从有规则的结构位置中失去，被另一种原子取代，例如铋-碲化合物。由于组成元素彼此相似，只要简单地把Bi原子放到Te的位置，或者反过来这样做，就可以得到富铋或富碲的化合物，由于铋与碲的价电子数不同，此时将会出现一个“空穴”。非整比化合物中再有一种就是所谓“间隙化合物”，过渡金属如钯、镍的吸氢，往往被认为生成这种间隙化合物，典型的无机间隙化合物是$Li_{\delta}TiS_2$（$\delta<1$），主体TiS_2具有层状结构，两层间以范德华力微弱结合，客体锂得以进入这种间隙中。石墨层间可充12000种客体。

非整比化合物在某些固体器件（如整流器、热电发生器和光探测器）的制造以及许多化学反应如多相催化、金属腐蚀的研究等方面是十分重要的。

7.8.9.3 包合物

某些分子被包在晶格形成的空腔或大分子固有的腔中而形成的加合物，称为包合物。包合物各组分之间有一定的比例关系。直到1948年包合物才被认为是化合物的一种特别类型，碘与淀粉形成的蓝色物质即属包合物。在包合物中，分子的几何形状是决定性因素。例如尿素和硫脲晶体都含有0.4～0.5nm的长管。无支链的烃类分子正好能与尿素管道相适应，而硫脲晶体管道直径较大，只有带支链的烃类分子才能与之相适应（见图7-31），使之分离。包合物的研究对烃类分离、分子筛制造与应用，以及人体生理过程如胆酸对脂肪的溶解，乃至对蛋白质等生化体系高度的反应专一性做出解释都具有重大意义。

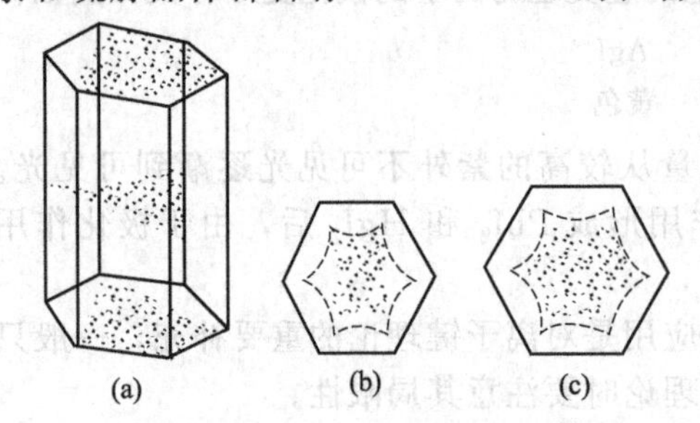

图7-31 （a）硫脲被石蜡占据的空间，（b）无支链石蜡和（c）有支链石蜡图

7.8.9.4 液晶

液晶是介于液态和固态之间独具一格的中间态。它在力学性质上与液体相同，例如有流动性、连续性，但在光学、电磁性质等方面又具有明显的各向异性，因而又具有晶体的某些特性。液晶材料的共同特性是：①分子呈棒状，板状或圆盘状，因而分子本身就具有各向异性；②每个分子都有极性。

目前用得最多的是长丝状液晶（向列型），这种液晶的分子具有电偶极矩，在未加电压作用时，分子呈平行排列，液晶是透明的。在外加电压作用下，液晶可由透明变浑浊，因而常用于显示器件（见图7-32）。胆甾型液晶（螺旋状）可随温度变化有选择地反射光，而呈现不同颜色。已用于医学来诊断疾病，探查肿瘤，以及用于金属探伤等方面。

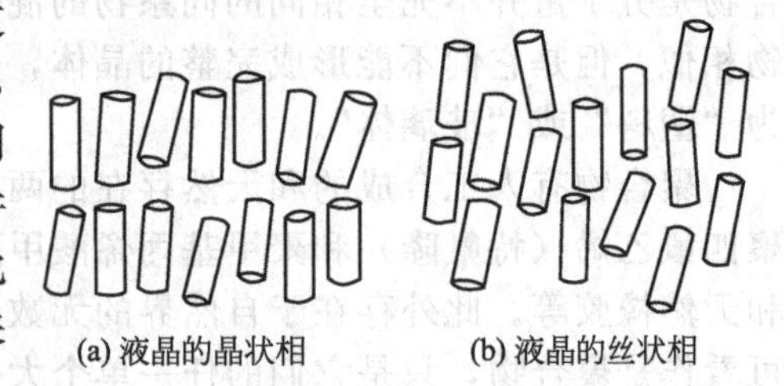

图7-32 液晶示意图

目前已知具有液晶性质的化合物约有2000种，像人眼感光器的膜结构，都属于液晶态物质。由于它耗电少，造价低，日益受到重视。

【阅读资料】

软 物 质

凝聚现象是众所周知的。气体可凝结成液体或固体。液体不同于固体主要在于它具有流动性，在体积一定时，其形状随盛放该液体的容器而变化；就微观而言，液体中的分子是离域的，可在体内漫游。而液体区别于气体在于它具有明确的表面，分开密度较高的液体和密度较低的气体。在临界点，两趋同而界面消失。有时对有机物质划分固体或液体会遇到困难，存在一大堆介乎其间的中介相，如液晶、高分子体系、胶体、微乳液、生命物质和流变体等。这些物质包括人脑被称为软物质，是指其某种物理性质在小的外力作用下能产生很大变化的凝聚态物质。我们以一个非常熟悉的例子来说明软物质的概念，考虑电子手表的液晶显示器，液晶分子在非常小的电场驱动下（由纽扣电池提供）每秒钟都在翻转，或抽象地说，分子系统对很小的扰动给出很大的变化。这里以电扰动为例给出了软物质的概念，实际上扰动的类型是完全任意的，可以有磁、热扰动、机械扰动、化学扰动及掺杂等。软物质的特征在于系统性质在小扰动下产生强的变化。

软物质在北美被称为复杂流体。这是由于软物质在较长的时间尺度（小时，天）上表现出可流动性。所谓复杂，是指它不同于一般的流体系统，不满足牛顿流体的规律，在宏观上或小的时间尺度上表现出一些固态物质才具有的特征，是一种兼有液态和固态特性的特殊系统。液体可分为简单液体和复杂液体两类。前者指一般液体和溶液。在这些体系中，原子或分子基本上是均匀地、无序地分布，呈现典型的液体特征。而复杂液体（complex fluid)，则是指混合液、悬浮液、胶体、聚合物、液晶、泡沫等。典型特征是组成的分子大，因而具有与简单液体不同的结构和特性。

大多数软物质系统都包含有有机大分子，下面通过一个典型的例子予以说明。

大约在 2500 年前，生活在亚马逊河流域的印第安人用一种称为巴西三叶胶的橡胶树的汁抹在脚上。大约 20min 后，这种奇怪的液体就凝结成了固体，成了一双靴子。这种有趣的现象在现代生活中也经常可以看到，女士们用以美容的一种称为“面膜”的物质天天在她们的脸上发生着类似的“液—固”相变。发生这种相变的原因现在已经比较清楚，这些液体中含有大量的链状有机分子，由于这些链状分子之间的相互作用非常小，它们各自流动的行为几乎是完全独立的。但当这些物质暴露在空气中时，就会有少量的氧进入这些物质。氧原子所特有的氧化活性使其在长链分子的某些位置和碳原子发生了化学反应，其结果是将两条长链分子在反应位置打了结，从而使这些长链交联成网，成了固体（见图 7-33)。

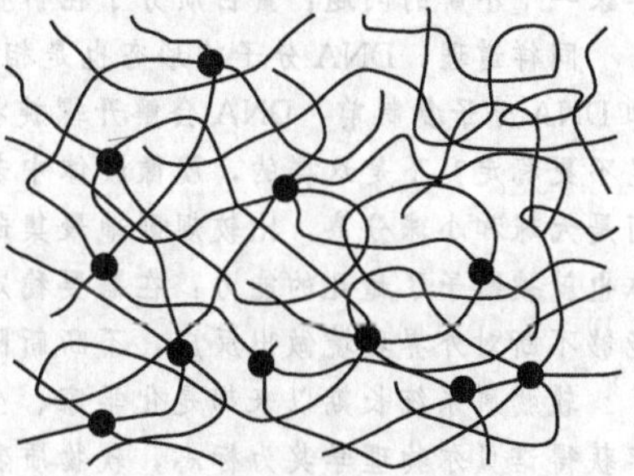

图 7-33　橡胶分子通过氧化而发生固化的示意图
（黑点表示经氧化而交联的点）

显然这种固体和一般意义上的固体有很大的不同，由于进入系统的氧的含量很少，从微观上看，大部分地方的分子行为与处在液态时没有大的区别。从任一局部的范围（若干个原子的尺度）观察，系统仍然处于液态。因此这是一种微观上的液体，宏观上的固体。

印第安人的“橡胶靴子”很不耐用。由于氧原子的高度活性，它会继续在结点处和橡胶分子反应，最终又断开，使靴子成了一些碎片。1839 年，化学家固特异(Goodyear) 将胶液放在硫中煮沸，制成了硫化橡胶。硫和氧在周期表中处于同一族，它也像氧一样能有选择性地与橡胶分子中的某些碳原子反应，并将长链连接起来形成柔软有弹性的固体。但硫的活性比氧低，它将链分子连接以后就终止了反应，从而使耐久性得到了极大的提高。硫化橡胶是一种典型的软物质，微量的化学掺杂（硫原子和碳原子之比为 1：200）就使系统的特性发生了极大的改变，由液体转变成了交联状的固体。

我们知道，在等温过程中一个热力学系统的平衡态由系统功函

$$F=U-TS$$

的极小值决定，其中 U 为系统的热力学能（内能），主要是相互作用能，T 是热力学温度，反映了系统中粒子热运动猛烈的程度，而 S 为熵，它是一个很有意思的物理量，用来度量系统中混乱的程度，即无序度。物质的平衡态就取决于能量和熵相互竞争的结果。简单来说，能量是有序结构的支柱；而熵则是无序结构的靠山。晶体—高分子—液晶—活物质—人脑，一个比一个对称性降低，组织程度增加、复杂性增加、熵降低、信息增加。

在硬物质材料中，热力学能对吉布斯自由能的贡献远远超过熵，因此在这类系统中，物质的结构和性能主要由相互作用能，即热力学能决定，而热涨落只是起着微扰作用。但对于软物质系而言，构成物质的

分子间的相互作用通常比较弱（对应于软弹簧的较小的弹性模量），或者在系统位形（结构）发生变化时，内能几乎不发生改变。这不仅意味着系统在外部的微小扰动下容易产生复杂的变形和流动，还意味着热涨落对系统的结构和行为有着很大的，甚至是决定性的影响，即系统的特性不像硬物质那样基本由基态及激发态所决定，而是在很大程度上取决于系统的熵。硬物质中，粒子间的相互作用决定了系统偏离能量极小时的恢复力的特性，而在软物质中，是由熵的变化产生系统偏离熵极大状态时的恢复力。软物质系统对外界扰动的响应基本上由这种“熵力”所驱动。

在油和水的混合物中加入表面活性剂，会形成油包水或水包油的膜。膜是柔软的，有一定的流动，膜中的分子在膜内可以自由移动和扩散，因此膜的形状和面积会随外界条件的变化而很容易变化，它很容易形成也很容易破裂，膜也是一种典型的软物质。

有一种非常有意义的膜叫做泡囊，它是一种双层分子膜构成的柔软的囊状物，小的如细胞大小，大的可以达到几个毫米，囊的内部可以装溶于水的各种营养物，然后整个泡囊还可以在水中到处游走，且囊中的营养物质还不会跑出来。囊的体积可以在一定范围内变大变小，形状可以千变万化，细长，浑圆，都可以，真有点像我们用来装东西的囊。最具有代表性的泡囊就是细胞膜，细胞膜包着细胞液和各种细胞器，但是这些物质却不会轻易跑出细胞膜外。囊一般不会破裂，一旦破裂，它会自动愈合。

我们的身体就是由细胞，体液，蛋白质和 DNA 等组成的，我们已经知道细胞膜是软物质，体液属于胶体，也是软物质，而蛋白质和 DNA 也是软物质。蛋白质分子能够随着环境的变化随时调整自己的形态，直到最稳定，因此蛋白质的形态容易变化，可以在生物反应时，从一种形态变到另一种形态，因此它可以用作酶来催化体内的生物反应。蛋白质分子在一定的外界条件下，只有一种形态是最稳定的，因此不管蛋白质分子链有多长，只要所处的环境相同，那么它们的折叠过程和最后的形态都是一样的，这也解开了科学家一个不解的问题：蛋白质分子在折叠的过程中为何不会出差错而导致其形态的改变。

同样道理，DNA 分子的形态也是相对稳定的，通常以双螺旋的形式存在，但是当体内的环境改变，例如 DNA 分子复制前，DNA 会解开螺旋状态。那么 DNA 为什么不是以乱麻的形式存在呢，更杂乱的状态岂不更稳定？不是这样的，就像胶体中若存在大球和小球，最稳定的状态不是大球和小球随机杂乱分布，而是大球和小球分离，比较规则地聚集起来更稳定。由于软物质相对的稳定和变化，由软物质构成的生命体也就被赋予了超凡的能力：在需要稳定时稳定，在需要变化时灵活变化。是软物质的“软功夫”造就了能够不断对外界环境做出反应，不断新陈代谢，生长变化的生命体。

软物质系统长期以来都是化学家、生物学家的研究对象。以法国著名物理学家 P. G. de Gennes 1991 年获得诺贝尔物理学奖为标志，软物质研究成为物理学的一个重要研究方向得到广泛的认可。20 世纪，人类创造了灿烂的文明，在科学技术上取得的成就就是史无前例的。但是人类在激光、超导、航天、通信、计算机等技术方面的开拓和应用大都建立在我们对硬物质世界的深刻认识和理解的基础上。现在我们已经越来越感受到软物质时代急切的步伐。生物医学、分子生物、遗传工程在 20 世纪已经获得了相当的成就，但更重大的突破和进展依赖于我们在软物质领域更深层次的认识。对软物质运动的理论和规律的进一步研究，必将极大地促进人类对自然和对人类自身的认识。

思考题

1. 举例说明下列概念的区别：

离子键与共价键、共价键与配位键、σ 键和 π 键、极性键和非极性键、极性分子与非极性分子、分子间力与氢键。

2. 离子键是怎样形成的？离子键的特征和本质是什么？为什么离子键无饱和性和方向性？

3. 比较下列各对离子半径大小。

Mg^{2+} 和 Ca^{2+}，Mg^{2+} 和 Al^{3+}，S^{2-} 和 Se^{2-}，Fe^{2+} 和 Fe^{3+}，K^{+} 和 Mg^{2+}。

4. 共价键是怎样形成的？共价键的特征和本质是什么？为什么共价键有饱和性和方向性？

5. 下列说法中哪些是不正确的，并说明理由。

(1) 离子化合物中，原子间的化学键也有共价键。

(2) s 电子与 s 电子间配对形成的共价键一定是 σ 键，p 电子与 p 电子间配对形成的化学键一定是 π 键。

(3) 按价键理论，π 键不能单独存在，在共价双键或三键中只能有一个 σ 键。

(4) 一般来说，σ键比π键的键能大。

(5) 轨道杂化时，同一原子中所有的原子轨道都参与杂化。

(6) 键的极性越强，键能就越大。

(7) 两原子间形成的同型共价键键长越短，共价键就越牢固。

6. 成键的两原子间电负性相差越大，它们形成的化学键是否就越牢固？

7. 举例说明杂化轨道的类型与分子空间构型的关系，有什么规律？试联系周期表予以简要说明。

8. 什么情况下发生不等性杂化？CH_3Cl是等性杂化还是不等性杂化？

9. 指出下列各分子中各C原子所采取的杂化轨道类型。

CH_4、C_2H_2、C_2H_4、H_3COH、CH_2O、$H_3C—CH═CH—CH_3$

10. 用价层电子对互斥理论推断下列分子的空间构型。

BCl_3、PH_3、$SnCl_2$、H_2S、SF_4、SO_2、CO_2、SO_4^{2-}、ICl_4^-、NH_4^+、BrF_3。

11. 写出NO分子的分子轨道电子排布式，并说明：

(1) 它的键级是多少？

(2) 它的键长应比NO^-更长或更短？

(3) 有几个单电子？

(4) 从键级推测NO^+化合物存在的可能性。

(5) 讨论NO、NO^-和NO^+的磁性。

12. 用VB法和MO法分别说明为什么H_2能稳定存在？而He_2分子不能稳定存在？

13. 试解释下述事实：

(1) C和Si是同族元素，但通常情况下CO_2是气体，SiO_2则是高熔点、高硬度固体；

(2) 常温下，氟和氯是气体，溴是液体，而碘是固体；

(3) 甲烷、氨和水有相似的相对分子质量，但甲烷沸点是111.5K，氨的沸点是239.6K，水的沸点是373K。

习 题

1. 从元素的电负性数据判断下列化合物哪些是离子型化合物，哪些是共价型化合物。

NaF，AgBr，RbF，HI，CuI，HBr，KCl

2. NaF，MgO为等电子体，都具有NaCl晶型，但MgO的硬度几乎是NaF的两倍，MgO的熔点(2800℃)比NaF的熔点(993℃)高得多，为什么？

3. C—C、N—N、N—Cl键的键长分别为154pm、145pm、175pm，试粗略估算C—Cl键的键长。

4. 分别指出下列各组化合物中，哪个价键的极性最大？哪个极性最小？

(1) NaCl、$MgCl_2$、$AlCl_3$、$SiCl_4$、PCl_5。

(2) LiF、NaF、KF、RbF、CsF。

(3) HF、HCl、HBr、HI。

5. 在BCl_3和NCl_3分子中，中心原子的氧化数和配体数都相同，为什么二者的中心原子采取的杂化类型、分子构型却不同？

6. 指出下列分子或离子中中心原子杂化轨道类型：

CO_2(直线型)、SO_3(正三角形)、SO_2(弯曲形)、PH_4^+(正四面体)、H_2S(弯曲形)。

7. 下列各变化中，中心原子的杂化轨道类型及空间构型如何变化。

(1) $BF_3 \rightarrow BF_4^-$；(2) $H_2O \rightarrow H_3O^+$(三角锥形)；(3) $NH_3 \rightarrow NH_4^+$

8. 用价层电子对互斥理论推测下列分子或离子的空间构型。

$BeCl_2$，$SnCl_3^-$，ICl_2^+，XeO_4，BrF_3，$SnCl_2$，SF_4，ICl_2^-，SF_6

9. 写出下列双原子分子或离子的分子轨道式，指出所含的化学键，计算键级并判断哪个最稳定？哪个最不稳定？哪个具有顺磁性？哪个具有反磁性？

H_2^+，He_2^+，C_2，Be_2，B_2，N_2^+，O_2^+

10. 试用分子轨道理论说明超氧化钾(KO_2)中的超氧离子O_2^-和过氧化钠(Na_2O_2)中的过氧离子O_2^{2-}能否存在？与O_2比较，其稳定性和磁性如何？

11. 请指出下列分子中哪些是极性分子，哪些是非极性分子？

NO_2，$CHCl_3$，NCl_3，SO_3，SCl_2，$COCl_2$，BCl_3

12. 下列每对分子中，哪个分子的极性较强？试简单说明理由。

(1) HCl 和 HBr　　(2) H_2O 和 H_2S　　(3) NH_3 和 PH_3

(4) CH_4 和 CCl_4　　(5) CH_4 和 CH_3Cl　　(6) BF_3 和 NF_3

13. HF 分子间氢键比 H_2O 分子间氢键更强些，为什么 HF 的沸点及气化热均比 H_2O 的低？

14. C 和 O 的电负性差较大，CO 分子极性却较弱，请说明原因。

15. 为什么由不同种元素的原子生成的 PCl_5 分子为非极性分子，而由同种元素的原子形成的 O_3 分子却是极性分子？

16. 指出下列物质在晶体中质点间的作用力、晶体类型、熔点高低。

(1) KCl；(2) SiC；(3) CH_3Cl；(4) NH_3；(5) Cu；(6) Xe

17. 列出下列两组物质熔点由高到低的次序：

(1) NaF，NaCl，NaBr，NaI；

(2) BeO，SrO，CaO，BaO

18. 对下列各对物质的沸点的差异给出合理的解释。

(1) HF (20℃) 与 HCl (−85℃)　　(2) NaCl (1465℃) 与 CsCl (1290℃)

(3) $TiCl_4$ (136℃) 与 LiCl (1360℃)　　(4) CH_3OCH_3 (−25℃) 与 CH_3CH_2OH (79℃)

19. 试用离子极化理论比较下列各组氯化物熔、沸点高低。

(1) $CaCl_2$ 和 $GeCl_4$；(2) $ZnCl_2$ 和 $CaCl_2$；(3) $FeCl_3$ 和 $FeCl_2$

20. 判断下列化合物的分子间能否形成氢键，哪些分子能形成分子内氢键？

NH_3，H_2CO_3，HNO_3，CH_3COOH，$C_2H_5OC_2H_5$，HCl，

HO—⌬—CHO，(OH, CHO 邻位取代苯环)，(OH, NO_2 邻位取代苯环)

21. 判断下列各组分子之间存在何种形式的分子间作用力。

(1) CS_2 和 CCl_4；(2) H_2O 与 N_2；(3) H_2O 与 NH_3

22. 解释下列实验现象：

(1) 沸点 HF＞HI＞HCl，BiH_3＞NH_3＞PH_3；　　(2) 熔点 BeO＞LiF；

(3) $SiCl_4$ 比 CCl_4 易水解；　　(4) 金刚石比石墨硬度大

23. 试用离子极化观点排出下列化合物的熔点及溶解度由大到小的顺序

(1) $BeCl_2$，$CaCl_2$，$HgCl_2$；(2) CaS，FeS，HgS；(3) LiCl，KCl，CuCl

24. 元素 Si 和 Sn 的电负性相差不大，为什么常温下 SiF_4 为气态而 SnF_4 却为固态？

第 8 章　配位化合物

前面我们学习的化合物，如酸、碱、盐等都是符合经典化学键理论的物质。如 $CoCl_3$、NH_3 等，在这些化合物中，不管是离子键还是共价键，每个原子的键都已经饱和，能稳定存在。但把氨水滴入无水 $CoCl_3$ 时，得到了组成为 $CoCl_3 \cdot 6NH_3$ 的新物质。性质和结构均证明 $CoCl_3 \cdot 6NH_3$ 不是 $CoCl_3$ 的简单氨合物，而是一种新物质，那么这种新物质的价键是怎样的呢？1893 年，瑞士化学家维尔纳提出了配位理论，把这类化合物归为配位化合物，简称配合物。

迄今为止，配位化合物已大量进入了人们的生产、生活。就其数量而言，已远远超过一般的无机化合物，研究配位化合物已成为化学领域中一门独立的学科。随着科学的发展，对配位化学的研究已深入到生命科学的领域，如高等动物输送氧气的血液是二价铁的配合物；绿色植物光合作用的叶绿素是镁的配合物；对豆科植物根瘤菌所做的研究表明，生物固氮是依靠铁和钼的配合物进行的；催化生命体新陈代谢的许多酶，都是由金属离子组成的配合物。

8.1　配位化合物的基本概念

我们先讲一个实验。向硫酸铜溶液中滴加氨水，开始有蓝色沉淀，通过分析可知沉淀是碱式硫酸铜 $Cu_2(OH)_2SO_4$。当氨水过量时，蓝色沉淀消失，变成深蓝色的溶液。往该深蓝色溶液中加入乙醇，立即有深蓝色晶体析出。通过化学分析确定其组成为 $CuSO_4 \cdot 4NH_3 \cdot H_2O$。把该深蓝色晶体再溶于水，加入 NaOH 溶液，无蓝色沉淀析出，加入 $BaCl_2$ 溶液，则有白色沉淀生成。溶液几乎无氨味。

从加入 NaOH 溶液，无蓝色沉淀析出，可知溶液中无较高浓度的 Cu^{2+}；而加入 $BaCl_2$ 溶液，则有白色 $BaSO_4$ 沉淀生成，说明溶液中 SO_4^{2-} 浓度较高。从化学式看 Cu^{2+} 和 SO_4^{2-} 的浓度应该是一样的，固体和溶液又无氨味，那么 Cu^{2+} 和 NH_3 到哪儿去了呢？原来 Cu^{2+} 和 NH_3 以配位键结合生成了较复杂又较稳定的离子——铜氨配离子 $[Cu(NH_3)_4]^{2+}$。

8.1.1　配位化合物的定义

有一些化合物，如 $[Cu(NH_3)_4]SO_4$、$[Ag(NH_3)_2]Cl$、$[Co(NH_3)_6]Cl_2$ 等，它们在水溶液中能解离出复杂的离子，如 $[Cu(NH_3)_4]^{2+}$、$[Ag(NH_3)_2]^+$、$[Co(NH_3)_6]^{2+}$，这些离子在水中具有足够的稳定性。像这些中心原子与一定数目的分子或阴离子以配位键相结合成的复杂离子称为配离子，所带电荷为零时称为配位分子，含有配离子及配位分子的化合物统称为配位化合物（coordination compound），简称配合物。

8.1.2　配合物的组成

下面以 $[Cu(NH_3)_4]SO_4$ 为例，讨论配位化合物的组成特点。

8.1.2.1　内界与外界

$[Cu(NH_3)_4]SO_4$

中心原子　配体　外界离子

内界（配离子）　外界

配合物

中心离子（或原子）与配体以配位键紧密结合部分称为内界，用方括号括上。内界多为带电荷的配离子，也有不带电荷的配位分子。配合物的内界也称配位个体或配位单元，配合物的性质主要是内界配位单元的性质。配离子电荷数等于中心原子与配体电荷数的代数和，配合物分子也应是电中性的，故配离子会结合等量异号电荷的离子以中和其电性，这些等量异号电荷的离子称为配合物的外界。内界与外界之间是以离子键结合的，在水溶液中的行为类似于强电解质。如配位单元的电荷数为零，则不需要外界来中和其电性，故没有外界，称为配分子，如 $Ni(CO)_4$。有些配合物的阴阳离子均是配离子，两部分为各自的内界，如 $[Cu(NH_3)_4][PtCl_4]$。

8.1.2.2 中心离子（或原子）

中心离子（或原子）是配合物的核心部分，位于配位单元的几何中心，又称为配合物的形成体。中心离子（或原子）的共同特点是半径较小，具有易接受孤对电子的空轨道，与配位原子形成配位键。形成体可以是：①金属离子（尤其是过渡金属离子），如 $[Cu(NH_3)_4]^{2+}$ 中的 Cu^{2+}，$[Fe(CN)_6]^{3-}$ 中的 Fe^{3+}，$[HgI_4]^{2-}$ 中的 Hg^{2+}；②中性原子，如 $Ni(CO)_4$，$Fe(CO)_5$，$Cr(CO)_6$ 中的 Ni，Fe 和 Cr；③少数高氧化态的非金属元素，如 $[BF_4]^-$，$[SiF_6]^{2-}$，$[PF_6]^-$ 中的 B(Ⅲ)、Si(Ⅳ)、P(Ⅴ) 等。

8.1.2.3 配位原子与配位体

能提供孤对电子，并与中心原子形成配位键的原子称为配位原子。常见配位原子多为：C、O、S、N、F、Cl、Br、I 等。含有配位原子的中性分子或阴离子称为配位体，简称配体。配体分为两大类：含有单个配位原子的配体为单齿配体；含有两个或两个以上配位原子且每个都和中心原子以配位键相结合的配体为多齿配体。多齿配体与中心原子形成的具有环状结构的配合物称为螯合物（chelate）。

中心离子（或原子）的空轨道接受配体的孤对电子时，为减少孤对电子间的斥力，中心离子（或原子）已杂化的空轨道也相互远离且对称，为使提供的孤对电子进入这些轨道，配位原子间须相隔 2 个或 2 个以上其他原子。因此，一个配位原子即使有多对孤对电子，也只有一对电子能与中心离子（或原子）形成配位键；配体中有多个含孤对电子的原子可作为配位原子，若这两原子连接或间隔太小，如 CO、SCN^-（S 或 N 可作为配位原子），由于上述空间效应，也只能有一个原子作为配位原子。由于电负性较小的原子给电子能力强，常常为配位原子，如 CO 中 C 为配位原子，CN^- 中 C 作为配位原子。（但 $H_2NCH_2CH_2NH_2$、$C_2O_4^{2-}$ 中配位原子分别为 N、O 原子，因为其中的 C 原子没有孤对电子）。常见的配体列于表 8-1。

表 8-1 常见的配体

单齿配体	多齿配体
F^-、Cl^-、Br^-、I^-、NH_3、H_2O、CO（羰基）、CN^-（氰根）、SCN^-（硫氰酸根）、NCS^-（异硫氰酸根）、NO_2^-（硝基）、ONO^-（亚硝酸根）、$S_2O_3^{2-}$（硫代硫酸根）、C_5H_5N（吡啶）	$H_2NCH_2CH_2NH_2$（乙二胺）、—OOC—COO—（草酸根）、H_2NCH_2COO—（甘氨酸根）、EDTA［乙二胺四乙酸，$(HOOCH_2C)_2NCH_2CH_2N(CH_2COOH)_2$］

8.1.2.4 配体数与配位数

配合物中配体的总数称为配体数。而与中心原子结合成键的配位原子的数目称为配位数，或者说中心原子与配体间的配位键数为配位数。由单齿配体形成的配合物中，配体数等于配位数；由多齿配体形成的配合物中配体数小于配位数，为配离子中配体与配体齿数乘积的总加和。决定配位数的因素为：中心离子的半径、电荷数及其与配体的半径比。一般规律为：

① 中心离子电荷数越大，对配位体的孤对电子的吸引力也越大，能吸引较多的配位体。一般中心离子氧化数为＋1，配位数为 2；氧化数为＋2，配位数为 4 或 6；氧化数为＋3，配位数为 6。如 $[Cu(CN)_2]^-$ 中 Cu^+ 的配位数为 2，$[Cu(CN)_4]^{2-}$ 中 Cu^{2+} 的配位数为 4。

② 相同电荷的中心离子的半径越大，其周围能容纳的配位体就越多，配位数就越大。如 Al^{3+} 和 F^- 可以形成配位数为 6 的 $[AlF_6]^{3-}$，而半径较小的 B^{3+} 只能形成配位数为 4 的 $[BF_4]^-$。但这也是相对的，中心离子半径大，则电荷密度会降低，从而减弱了配体与中心离子的结合力。

③ 对于同一种中心离子来说，随着配体半径的增加，中心离子周围能容纳的配位体数目减少，因而配位数减小，例如，半径较大的 Cl^- 与 Al^{3+} 配位时，只能形成配位数为 4 的

$[AlCl_4]^-$，见图 8-1。

中心离子的电荷数增加和配体半径的减小，对于形成配位数较大的配位化合物都是有利的。一般来说中心离子的配位数常常是它所带电荷的 2 倍。

④ 配位体浓度大，反应温度低，有利于高配位的配离子生成，如 Fe^{3+} 与 SCN^- 所生成的配离子，随 SCN^- 浓度的增大配位数可以从 1 增大到 6。温度升高，分子热运动加剧，不利于高配位离子生成。

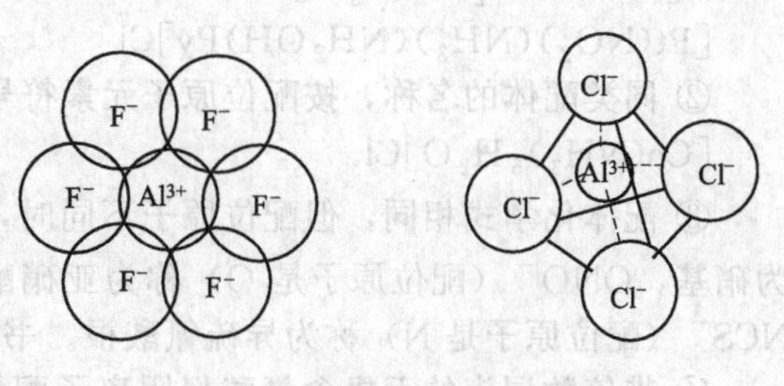

图 8-1　配体与配位数的关系

影响配位数的因素很多，且影响因素彼此间相互制约、相互联系、相互影响。为了讨论方便，常以最稳定、最常见，即特征配位数的配离子作为研究对象。

【例 8-1】 指出配合物 $K[Fe(en)Cl_2Br_2]$ 的中心原子、中心原子氧化值、配体、配位原子、配体数、配位数、配离子电荷、外界离子。

解：中心原子：Fe^{3+}　　中心原子氧化值＋3

配体：en、Cl^-、Br^-　　配位原子：N、Cl、Br

配体数：5　　配位数：6

配离子电荷：－1　　外界离子：K^+

有些非金属原子作中心原子时，中心原子与其他原子形成一般共价键的数目通常也作配位键来计数，如 $[SiF_6]^{2-}$、$[BF_4]^-$ 中 Si、B 的配位数分别为 6、4。

8.1.3　配位化合物的命名

配位化合物的命名服从一般无机化合物的命名原则。从右到左，为“某化某”（阴离子为简单离子）或“某酸某”（阴离子为复杂离子），具体方法如下：

如果配位化合物由内界配位离子和外界离子组成，当配位离子为阳离子，先命名外界阴离子，某化（或某酸）＋配位离子名称；当配位离子为阴离子时，先命名配位离子，配位化合物名称为，配位离子名称＋酸＋外界阳离子名称。关键是配离子的命名。

① 命名顺序：配体数（汉字）＋ 配体名称（不同的配体间用“·”隔开）＋合＋中心离子（原子）及其氧化态（括号内以罗马数字注明，若氧化数为零可以不写）。例如

$[CoCl(NH_3)_5]Cl_2$	二氯化一氯·五氨合钴(Ⅲ)
$[Cu(NH_3)_4]SO_4$	硫酸四氨合铜(Ⅱ)
$[Co(NH_3)_2(en)_2](NO_3)_3$	硝酸·二氨·二(乙二胺)合钴(Ⅲ)
$H_2[PtCl_6]$	六氯合铂(Ⅳ)酸
$K_3[Fe(CN)_6]$	六氰合铁(Ⅲ)酸钾
$Na_3[Ag(S_2O_3)_2]$	二(硫代硫酸根)合银(Ⅰ)酸钠
$K[Co(NO_2)_4(NH_3)_2]$	四硝基·二氨合钴(Ⅲ)酸钾

② 没有外界的配位化合物命名同配位离子的命名方法相同。

$[Ni(CO)_4]$	四羰基合镍
$[PtCl_2(NH_3)_2]$	二氯·二氨合铂(Ⅱ)
$[Co(NO_2)_3(NH_3)_3]$	三硝基·三氨合钴(Ⅲ)

若配体不止一种，在命名时要遵从以下原则：

① 配体中如果既有无机配体又有有机配体，则先命名无机配体（简单离子—复杂离子—中性分子），而后有机配体（有机酸根—简单有机分子—复杂有机分子）。

$K[SbCl_5(C_6H_5)]$	五氯·苯基合锑(Ⅴ)酸钾

$K[PtCl_2(NO_2)(NH_3)]$　　　　二氯·一硝基·一氨合铂(Ⅱ)酸钾

$[Pt(NO_2)(NH_3)(NH_2OH)Py]Cl$　　　　氯化一硝基·一氨·一羟氨·吡啶合铂(Ⅱ)

② 同类配体的名称，按配位原子元素符号的英文字母顺序排列。

$[Co(NH_3)_5H_2O]Cl_3$　　　　三氯化五氨·一水合钴(Ⅲ)

③ 配体化学式相同，但配位原子不同时，命名则不同。如：NO_2^-（配位原子是N）称为硝基，ONO^-（配位原子是O）称为亚硝酸根；SCN^-（配位原子是S）称为硫氰酸根，NCS^-（配位原子是N）称为异硫氰酸根。书写时一般配位原子靠近中心原子。

④ 带倍数词头的无机含氧酸根阴离子配体，命名时要用括号括起来，例如，三（磷酸根）。有的无机含氧酸阴离子，即使不含倍数词头，但含有一个以上代酸原子，也要用括号，例如，$[Ag(NH_3)(S_2O_3)]^-$，命名为一氨·（硫代硫酸根）合银离子。

除系统命名外，有些常见配合物还有习惯名称：如 $[Cu(NH_3)_4]^{2+}$ 称为铜氨配位离子；$[Ag(NH_3)_2]^+$ 为银氨配位离子。$K_3[Fe(CN)_6]$ 叫铁氰化钾（赤血盐），$K_4[Fe(CN)_6]$ 为亚铁氰化钾（黄血盐）；$H_2[SiF_6]$ 称氟硅酸、$K_2[PtCl_6]$ 称氯铂酸钾等。

8.2 配位化合物的化学键理论

配位键中的化学键，指配位个体中配体与中心原子之间的化学键。阐明这种键的理论有价键理论、晶体场理论、配位场理论和分子轨道理论等，这里对价键理论和晶体场理论做一些介绍。

8.2.1 配合物的价键理论

1931年，美国化学家Pauling L. 把杂化轨道理论应用到配合物上，提出了配合物的价键理论。

(1) 基本要点

① 配体的配位原子都含有未成键的孤对电子。

② 中心离子（或原子）的价电子层必须有空轨道，而且在形成配位化合物时发生杂化，杂化的类型有 d^2sp^3、sp^3d^2、dsp^2、sp^3、sp 等。

③ 配位原子的含有孤对电子的轨道与中心离子（原子）的空杂化轨道重叠，形成配位键。中心离子（或原子）中的配位键一般为 σ 配位键。

(2) 配位键的形成

价键理论认为：在形成配离子时，中心离子（或原子）提供的空轨道必须杂化，形成一组等价的杂化轨道，以接受配体的孤对电子。这些轨道当然具有一定的方向性和饱和性。

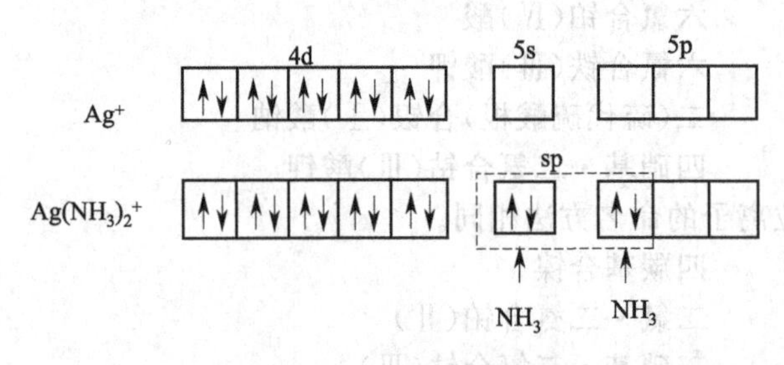

图 8-2　$[Ag(NH_3)_2]^+$ 离子配位键的形成示意图

以 $[Ag(NH_3)_2]^+$ 离子配位键的形成（图 8-2）来看，两个配位氮原子的两对孤对电子，只能进入 Ag^+ 的 5s 和 5p 轨道。由于 s 轨道与 p 轨道的成键情况不同，在 $[Ag(NH_3)_2]^+$ 中两个 NH_3 应有不同的配位性质，但实际上两个氨并无差别。

Ag^+ 与 NH_3 生成配位化合物时，发生 sp 等性杂化，形成两个能量相同的 sp 杂化轨道（轨道间夹角为 180°），因此 $[Ag(NH_3)_2]^+$ 配位离子的几何构型是直线型的（这里的构型指中心原子的核位置与配位原子的核位置的连接线图形）。由此可见，配位离子的几何构型主要取决于中心离子的杂化轨道的空间分布形状。

$[Zn(NH_3)_4]^{2+}$ 的形成（图 8-3）：Zn^{2+} 与 NH_3 形成配位化合物时，发生等性的 sp^3 杂化，形成 4 个能量完全相等的 sp^3 杂化轨道，方向为指向平面正方形的四个顶角，与 4 个 NH_3 分子形成 4 个配位键，所以配位离子的空间构型为正四面体。

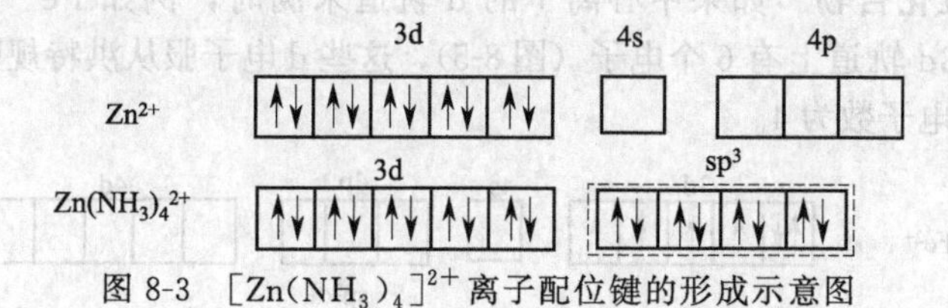

图 8-3　$[Zn(NH_3)_4]^{2+}$ 离子配位键的形成示意图

$[Ni(CN)_4]^{2-}$ 的形成（图 8-4）：Ni^{2+} 与 CN^- 形成配位化合物时，发生 dsp^2 杂化，形成 4 个能量完全等同的 dsp^2 杂化轨道，方向为指向正四边形的四个顶角，分别与 4 个 CN^- 形成 4 个配位键，所以配位离子的空间构型为平面四方形。

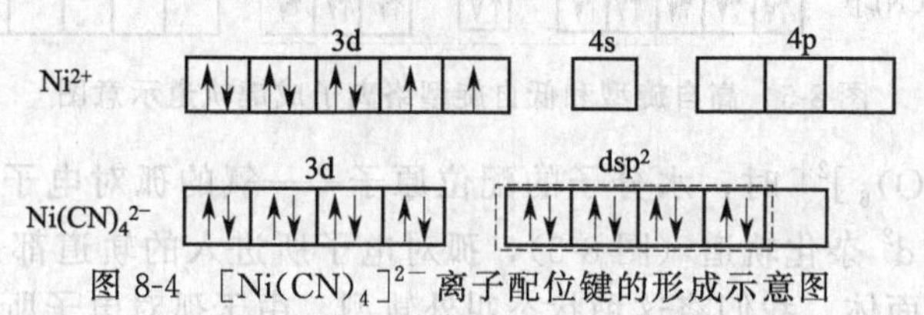

图 8-4　$[Ni(CN)_4]^{2-}$ 离子配位键的形成示意图

$[Co(CN)_6]^{4-}$ 的形成：Co^{2+} 与 CN^- 形成配位化合物时，中心离子 Co^{2+} 发生等性 d^2sp^3 杂化，配位离子的空间构型为八面体。

$[FeF_6]^{3-}$ 配位离子形成时，中心离子 Fe^{3+} 采取等性 sp^3d^2 杂化，与 F^- 形成配位化合物，配位离子的空间构型也为正八面体。

配位离子的空间构型见表 8-2。

表 8-2　配位离子的空间构型

配位数	轨道杂化类型	空间构型	结构示意图	实　例
2	sp	直线型		$[Ag(NH_3)_2]^+$、$[Cu(NH_3)_2]^+$、$[Cu(CN)_2]^-$
3	sp^2	平面三角形	O	$[CuCl_3]^{2-}$、$[HgI_3]^-$
4	sp^3	四面体	o	$[ZnCl_4]^{2-}$、$[NiCl_4]^{2-}$、$[CrO_4]^{2-}$、$[BF_4]^-$、$[Ni(CO)_4]$、$[Zn(CN)_4]^{2-}$
4	dsp^2	平面正方形	o	$[Cu(NH_3)_4]^{2+}$、$[Cu(CN)_4]^{2-}$、$[PtCl_4]^{2-}$、$[Ni(CN)_4]^{2-}$
6	d^2sp^3 (sp^3d^2)	正八面体	o	$[Fe(CN)_6]^{4-}$、$[W(CO)_6]$、$[Co(NH_3)_6]^{3+}$、$[PtCl_6]^{2-}$、$[CeCl_6]^{2-}$、$[Ti(H_2O)_6]^{3+}$

每一个配离子都有一定的空间结构。配离子如果只含一种配体，那么配体在中心离子周围排列的方式只有一种，如果配离子中含有两种或几种不同的配体，则配体在中心离子周围可能有几种不同的排列方式。如 $[Pt(NH_3)_2Cl_2]$，dsp^2 杂化，为平面正方形，有：

H_3N　Cl　　　　H_3N　Cl
　　Pt　　　　　　　Pt
H_3N　Cl　　　　Cl　NH_3
　顺式　　　　　　　反式

顺式 [$Pt(NH_3)_2Cl_2$] 为橙黄色；反式 [$Pt(NH_3)_2Cl_2$] 为亮黄色。

8.2.2　外轨型配位化合物和内轨型配位化合物

(1) 外轨型配位化合物　如果中心离子的 d 轨道未满时，例如 Fe^{2+} 形成配位离子的情况较复杂。Fe^{2+} 的 3d 轨道上有 6 个电子（图 8-5），这些 d 电子服从洪特规则，即尽可能排布在等价轨道中，自旋单电子数为 4。

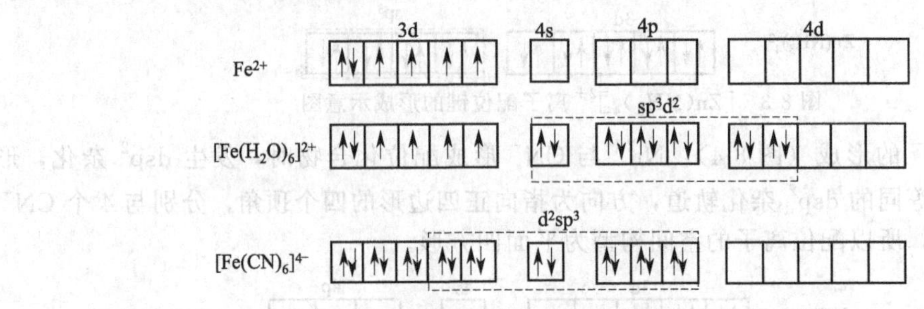

图 8-5　高自旋型和低自旋型络离子成键轨道示意图

在形成 [$Fe(H_2O)_6$]$^{2+}$ 时，水分子的配位原子——氧的孤对电子进入 Fe^{2+} 的 4s、4p 和 4d 空轨道形成 sp^3d^2 杂化轨道（图 8-5），孤对电子所进入的轨道都是中心原子的最外层轨道，空间构型为八面体。我们将这种状态叫外轨型。由于孤对电子所占据的轨道均为原来就是空的最外层轨道，单电子没有被归并，自旋单电子（或未成对电子）数和自由 Fe^{2+} 相同。相应的配位化合物也叫高自旋配位化合物。

(2) 内轨型配位化合物　在形成 [$Fe(CN)_6$]$^{4-}$ 时，CN^- 对电子的排斥力特别强，能使 Fe^{2+} 的 6 个 d 电子发生归并，被挤进 3 个 d 轨道中，将两个 d 轨道空出来，Fe^{2+} 以 d^2sp^3 杂化轨道接受配体 CN^- 中的孤对电子，孤对电子所进入的轨道中有中心原子的次外层即内层轨道，我们把这种状态叫内轨型。由于孤对电子所占据的轨道有内层轨道，单电子有时被归并成成对电子以空出内层轨道，自旋相同的单电子减少，相应的配位化合物叫低自旋配位化合物。如 [$Fe(CN)_6$]$^{3-}$ 等都是低自旋配位化合物。

(3) 形成条件

① 中心离子：内层 d 轨道全充满的离子（d^{10}）如 Ag^+、Zn^{2+}、Hg^{2+} 等离子无内层空轨道，只形成外轨配位化合物；内层 d 轨道电子数少于 5 个电子，即内层本身就有空轨道，所以总是形成内轨型配离子，如 Cr^{3+}、Zr^{4+}、V^{3+} 等；d 轨道其他构型的副族元素离子，既可形成内轨配位化合物又可形成外轨配位化合物。中心离子电荷数多易形成内轨型，如 [$Co(NH_3)_6$]$^{3+}$ 是内轨型，[$Co(NH_3)_6$]$^{2+}$ 是外轨型。内轨配键是利用中心离子的 $(n-1)$

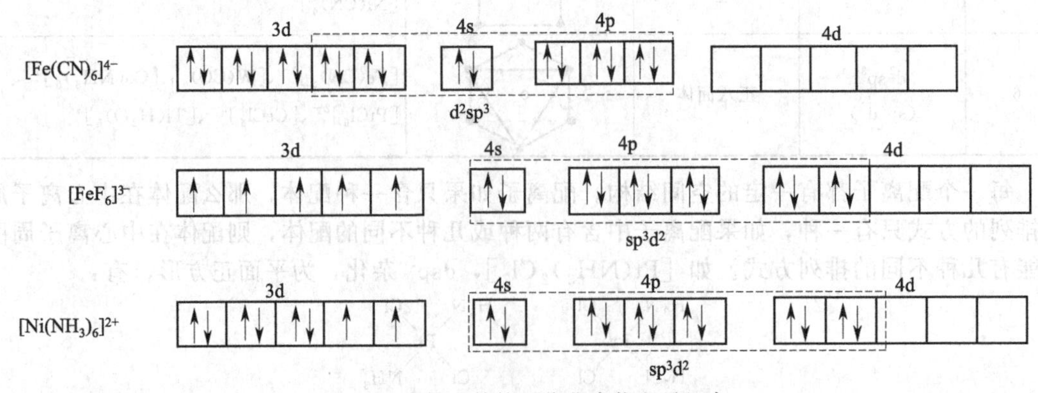

图 8-6　内轨、外轨配位化合物电子组态

d、ns、np 参加杂化组成的轨道。见图 8-6。

② 当中心离子既可形成外轨型又可形成内轨型配离子时，配位体的种类就成为决定配离子构型的主要因素。

F^-、OH^-、H_2O 等配体的配位原子电负性大，吸引本身孤对电子能力强，对中心离子（$n-1$）轨道的排斥作用较小，不易使其发生电子重排，倾向于生成外轨型配位化合物；CN^-、CO 等配体中的配位原子 C 的电负性小，吸引本身孤对电子能力弱，对中心离子（$n-1$）轨道的排斥作用较大，易使其发生电子重排，易形成内轨型配位化合物。而 NH_3、Cl^- 等配体既可生成内轨型配位化合物，也可生成外轨型配位化合物。

(4) 配合物的磁矩　一种配离子是内轨型还是外轨型，可以用磁矩测定实验检测。公式是：

$$\mu=\sqrt{n(n+2)}\text{ 玻尔磁子（记作 B.M.）} \tag{8-1}$$

公式中 μ 为磁矩，单位玻尔磁子，n 为单电子数目。$[Fe(H_2O)_6]^{2+}$ 中有 4 个单电子，它的磁矩理论值为

$$\mu=\sqrt{4(4+2)}=4.90\ \text{(B.M.)}$$

与 Fe^{2+} 的磁矩接近。而 $[Fe(CN)_6]^{4-}$ 的磁矩为

$$\mu=\sqrt{0(0+2)}=0.0\ \text{(B.M.)}$$

已由实验得到了证实。

(5) 外轨型配合物和内轨型配合物的判断　外轨型配合物和内轨型配合物的主要区别是杂化并接受孤对电子的 d 轨道是最外层 d 轨道还是次外层 d 轨道。如果已写出杂化轨道，只要看 d 轨道写在前面还是后面，若 d 轨道写在前面，如 d^2sp^3，其实是 $(n-1)d^2nsnp^3$，使用了内层的 d 轨道，当然属于内轨型；若 d 轨道写在后面，如 sp^3d^2，使用的都是最外层轨道，属于外轨型。若已测得磁矩，根据磁矩求出单电子数，与原自由离子（未配位前离子）比较单电子数，若单电子数无变化，说明其 d 电子未发生归并，未空出内层 d 轨道参与成键，属于外轨型、高自旋配合物；若单电子数减少，原自旋相同的 d 轨道单电子肯定发生了归并，空出内层 d 轨道用于成键，这时属于内轨型、低自旋配合物。若中心离子既可外轨型，又可内轨型时，对于一些典型的配体，即使不告诉你任何其他信息，根据配位原子，也容易判断其轨型。如配体为 CN^- 时，一定是内轨型；若配体是 F^-、H_2O、OH^- 时，一定是外轨型。

8.2.3　价键理论的应用

价键理论的化学键概念简单、明确，易于接受，主要应用有三点：

① 可以解释许多配合物的配位数和几何构型，σ 配键数就是配位数。

② 可以解释某些配离子的稳定性，一般内轨型较稳定，如 $[Fe(CN)_6]^{4-}$ 为内轨低自旋，形成配位键的键对电子占据能量较低的内层 d 轨道，中心原子与配体结合较牢，配离子较稳定。

③ 可以解释某些配合物的磁性。通过磁矩大小的测定，判断配离子是高自旋——外轨型，还是低自旋——内轨型。

价键理论虽有上述优点，但不能解释配位化合物的紫外光谱和可见吸收光谱，无法说明过渡金属配位离子为何有不同的颜色；对 $[Cu(NH_3)_4]^{2+}$ 的平面正方形结构也难以解释；很难满意解释夹心配位化合物，如二茂铁、二苯铬等的结构等事实。

8.2.4　晶体场理论

晶体场理论（crystal field theory，CFT）是 1929 年由 Bethe H. 首先提出的，直到 20 世纪 50 年代成功地用它解释金属配合物的吸收光谱后，才得到迅速发展。

8.2.4.1 晶体场理论的基本要点

① 中心原子与配体之间靠静电作用力相结合。中心原子是带正电的点电荷，配体（或配位原子）是带负电的点电荷。它们之间的作用犹如离子晶体中正、负离子之间的离子键。这种作用是纯粹的静电吸引和排斥，并不形成共价键。

② 中心原子在周围配体所形成的负电场的作用下，原来能量相同的 5 个简并 d 轨道能级发生了分裂。有些 d 轨道能量升高，有些则降低。

③ 由于 d 轨道能级发生分裂，中心原子 d 轨道上的电子重新排布，使系统的总能量降低，配合物更稳定。

下面只以八面体构型的配合物为例予以介绍。

8.2.4.2 在八面体配位场中中心原子 d 轨道能级分裂

配合物的中心原子大多为过渡金属元素离子，过渡金属元素离子价电子层五个简并 d 轨道的空间取向不同，所以在具有不同对称性的配体静电场的作用下，将受到不同的影响。现假定 6 个配体的负电荷均匀分布在以中心原子为球心的球面上（即球形对称），5 个 d 轨道上的电子所受负电场的斥力相同，能量虽都升高，但仍属同一能级。实际上 6 个配体分别沿着 3 个坐标轴正负两个方向（$\pm x$、$\pm y$、$\pm z$）接近中心原子，如图 8-7 所示，d_{z^2} 和 $d_{x^2-y^2}$ 轨道的电子云极大值方向正好与配体迎头相碰，因而受到较大的排斥，使这两个轨道的能量升高（与球形场相比），而其余 3 个 d 轨道 d_{xy}、d_{yz}、d_{xz} 的电子云极大值方向正插在配体之间，受到排斥作用较小，能量虽也升高，但比球形场中的低些。结果，在正八面体配合物中，中心原子 d 轨道的能级分裂成两组：一组为高能量的 d_{z^2} 和 $d_{x^2-y^2}$ 二重简并轨道，称为 d_γ 能级；另一组为低能量的 d_{xy}、d_{xz} 和 d_{yz} 三重简并轨道，称为 d_ε 能级。如图 8-8 所示。图中 E_0 为生成配合物前自由离子 d 轨道的能量，E_s 为球形场中金属离子 d 轨道的能量。

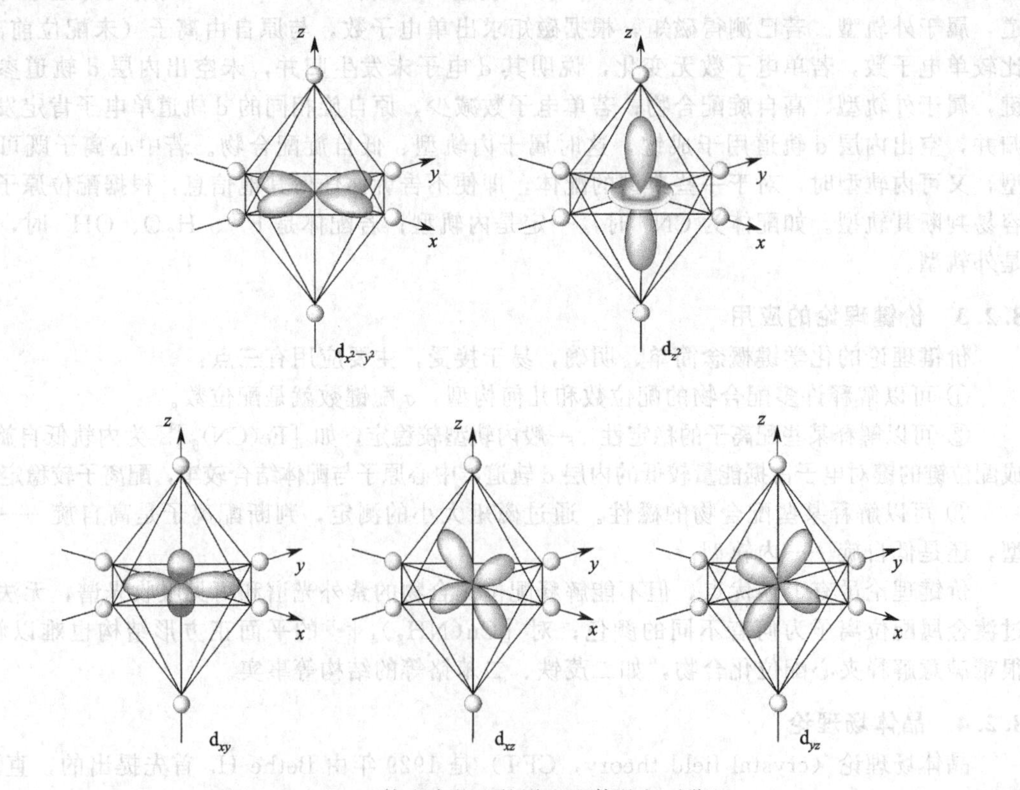

图 8-7 正八面体配合物 d 轨道和配体的相对位置

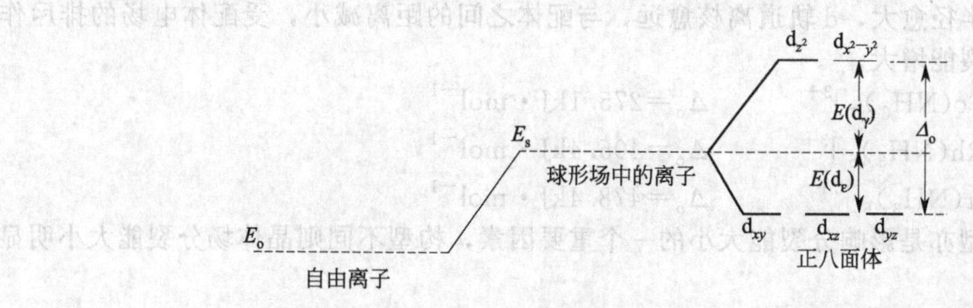

图 8-8　中心原子 d 轨道在正八面体场中的能级分裂

8.2.4.3　分裂能及其影响因素

在不同构型的配合物中，d 轨道分裂的方式和程度都不相同。中心原子 d 轨道能级分裂后最高能级与最低能级之间的能量差称为分裂能，用符号 Δ 表示。八面体场的分裂能为 d_γ 与 d_ε 两能级之间的能量差，用符号 Δ_o 表示。

根据晶体场理论，可以计算出分裂后的 d_γ 和 d_ε 轨道的相对能量。在八面体配合物中，中心原子 5 个 d 轨道在球形负电场作用下能量均升高，升高后的平均能量 $E_s=0$ 作为计算相对能量的比较标准，在八面体场中 d 轨道分裂前后的总能量保持不变，即

$$\begin{cases}2E(d_\gamma)+3E(d_\varepsilon)=5E_s=0\\E(d_\gamma)-E(d_\varepsilon)=\Delta_o\end{cases}$$

解此联立方程得：

$$E(d_\gamma)=+0.6\Delta_o,E(d_\varepsilon)=-0.4\Delta_o$$

即正八面体场中 d 轨道能级分裂的结果是：d_γ 能级中每个轨道的能量上升 $0.6\Delta_o$，而 d_ε 能级中每个轨道的能量下降 $0.4\Delta_o$。

对于相同构型的配合物来说，影响分裂能的因素有配体的场强、中心原子的氧化值和中心原子的半径。

① 配体的场强　对于给定的中心原子而言，分裂能的大小与配体的场强有关。场强愈大，分裂能就愈大，从正八面体配合物的光谱实验得出的配体场强由弱到强的顺序如下：

$I^- < Br^- < Cl^- < \underline{S}CN^- < F^- < S_2O_3^{2-} < OH^- \approx \underline{O}NO^- < C_2O_4^{2-} < H_2O < \underline{N}CS^- \approx EDTA < NH_3 < en < SO_3^{2-} < \underline{N}O_2^- \ll CN^- < CO$

这一顺序称光谱化学序列。配体中元素符号下画有短横的为配位原子。由光谱化学序列可看出，I^- 把 d 轨道能级分裂为 d_γ 与 d_ε 的本领最差（Δ 数值最小），而 CN^-、CO 最大。因此 I^- 为弱场配体，CN^-、CO 称为强场配体，其他配体是强场还是弱场，常因中心离子不同而不同，一般来说位于 H_2O 以前的都是弱场配体，H_2O 和 CN^- 间的配体是强是弱，还要看中心原子，可结合配合物的磁矩来确定。上述光谱化学序列存在这样的规律：配位原子相同的列在一起，如 OH^-、$C_2O_4^{2-}$、H_2O 均以 O 作为配位原子，又如 NH_3、en 均以 N 作为配位原子。从光谱化学序列还可以粗略看出，按配位原子来说 Δ 的大小顺序为 $I<Br<Cl<F<O<N<C$。

② 中心原子的氧化值　对于配体相同的配合物，分裂能取决于中心原子的氧化值。中心原子的氧化值愈高，则分裂能就愈大。例如：$[Co(H_2O)_6]^{2+}$ 的 Δ_o 为 $111.3kJ\cdot mol^{-1}$，$[Co(H_2O)_6]^{3+}$ 的 Δ_o 为 $222.5kJ\cdot mol^{-1}$；$[Fe(H_2O)_6]^{2+}$ 的 Δ_o 为 $124.4kJ\cdot mol^{-1}$，$[Fe(H_2O)_6]^{3+}$ 的 Δ_o 为 $163.9kJ\cdot mol^{-1}$。这是因为中心原子的氧化值愈高，中心原子所带的正电荷愈多，对配体的吸引力愈大，中心原子与配体之间的距离愈近，中心原子外层的 d 电子与配体之间的斥力愈大，所以分裂能也就愈大。

③ 中心原子的半径　中心原子氧化值及配体相同的配合物，其分裂能随中心原子半径

的增大而增大。半径愈大，d 轨道离核愈远，与配体之间的距离减小，受配体电场的排斥作用增强，因而分裂能增大。

$3d^6$ $[Co(NH_3)_6]^{3+}$ $\Delta_o = 275.1 kJ \cdot mol^{-1}$

$4d^6$ $[Rh(NH_3)_6]^{3+}$ $\Delta_o = 405.4 kJ \cdot mol^{-1}$

$5d^6$ $[Ir(NH_3)_6]^{3+}$ $\Delta_o = 478.4 kJ \cdot mol^{-1}$

配合物的几何构型亦是影响分裂能大小的一个重要因素，构型不同则晶体场分裂能大小明显不同。

8.2.4.4 八面体场中中心原子的 d 电子排布

在八面体配合物中，中心原子的 d 电子排布倾向于使系统的能量降低。对于具有 d^1～d^3 组态的中心原子，根据能量最低原理和 Hund 规则，电子应成单排布在 d_ε 能级各个轨道上，且自旋方向相同。对于 d^4～d^7 组态的中心原子，当形成八面体型配合物时，d 电子可以有两种排布方式：一种排布方式是按能量最低原理，中心原子的 d 电子尽量排布在能量最低的 d 轨道上；另一种排布方式是按 Hund 规则，中心原子的 d 电子尽量分占 d 轨道且自旋平行，这时能量最低。究竟采取何种排布方式，这取决于分裂能 Δ_o 和电子成对能（electron pairing energy）P 的相对大小。当轨道中已排布一个电子时，另一个电子进入而与前一个电子成对时，就必须给予能量，克服电子之间的相互排斥作用，这种能量称为电子成对能。表 8-3 列出了正八面体配合物中心原子 d 电子的排布情况。

表 8-3 正八面体配合物中心电子 d 电子的排布

d 电子数	弱场（$P>\Delta_o$）			单电子数	强场（$P<\Delta_o$）			单电子数
	d_ε	d_γ			d_ε	d_γ		
1	↑			1	↑			1
2	↑ ↑			2	↑ ↑			2
3	↑ ↑ ↑			3	↑ ↑ ↑			3
4	↑ ↑ ↑	↑	高	4	↑↓ ↑ ↑		低	2
5	↑ ↑ ↑	↑ ↑	自	5	↑↓ ↑↓ ↑		自	1
6	↑↓ ↑ ↑	↑ ↑	旋	4	↑↓ ↑↓ ↑↓		旋	0
7	↑↓ ↑↓ ↑	↑ ↑		3	↑↓ ↑↓ ↑↓	↑		1
8	↑↓ ↑↓ ↑↓	↑ ↑		2	↑↓ ↑↓ ↑↓	↑ ↑		2
9	↑↓ ↑↓ ↑↓	↑↓ ↑		1	↑↓ ↑↓ ↑↓	↑↓ ↑		1
10	↑↓ ↑↓ ↑↓	↑↓ ↑↓		0	↑↓ ↑↓ ↑↓	↑↓ ↑↓		0

中心原子的 d 电子组态为 d^1～d^3 及 d^8～d^{10}，根据能量最低原理和 Hund 规则，无论是强场还是弱场配体，d 电子只有一种排布方式。中心原子的 d 电子组态为 d^4～d^7，若与强场配体结合时 $\Delta_o<P$，电子将尽量分占 d_ε 和 d_γ 能级的各轨道。后者的单电子数多于前者。我们把中心原子 d 电子数目相同的配合物中单电子数多的配合物称为高自旋配合物，单电子数少的配合物称为低自旋配合物。在中心原子电子组态为 d^4～d^7 的配合物中，配体为强场者（例如，NO_2^-、CN^- 和 CO 等）形成低自旋配合物，配体为弱场者（X^-、H_2O 等）形成高自旋配合物。

8.2.4.5 晶体场稳定化能

由于配体负电场的作用，中心原子的 d 轨道能级分裂，电子优先进入能量较低的 d 轨道。d 电子进入分裂后的 d 轨道与进入未分裂时的 d 轨道（在球形场中）相比，系统所降低总能量，称为晶体场稳定化能（crystal field stabilization energy，CFSE）。CFSE 的绝对值愈大，表示系统能量降低得愈多，配合物愈稳定。

在晶体场理论中，配合物的稳定性，主要是因为中心原子与配体之间靠异性电荷吸引使配合物的总体能量降低而形成的。图 8-8 中的 E_s 没有反映出这个总体能量降低，仅反映 d 轨道能量升高，而晶体场稳定化能体现了形成配合物后系统能量比未分裂时系统能量下降的情况，配合物更趋稳定。

晶体场稳定化能与中心原子的 d 电子数目有关，也与配体所形成的晶体场的强弱有关，此外还与配合物的空间构型有关。正八面体配合物的晶体场稳定化能可按下式计算：

$$\mathrm{CFSE}=xE(\mathrm{d}_\varepsilon)+yE(\mathrm{d}_\gamma)+(n_2-n_1)P \tag{8-2}$$

式中，x 为 d_ε 能级上的电子数；y 为 d_γ 能级上的电子数；n_1 为球形场中中心原子 d 轨道上的电子对数；n_2 为配合物中 d 轨道上的电子对数。计算结果列于表 8-4 中。

表 8-4　八面体强场、弱场中配位化合物的 CFSE 值

d^n	弱场				强场			
	电子排布	未成对电子数	CFSE	自旋状态	电子排布	未成对电子数	CFSE	自旋状态
d^1	$(\mathrm{d}_\varepsilon)^1$	1	$-0.4\Delta_o$		$(\mathrm{d}_\varepsilon)^1$	1	$-0.4\Delta_o$	—
d^2	$(\mathrm{d}_\varepsilon)^2$	2	$-0.8\Delta_o$		$(\mathrm{d}_\varepsilon)^2$	2	$-0.8\Delta_o$	—
d^3	$(\mathrm{d}_\varepsilon)^3$	3	$-1.2\Delta_o$		$(\mathrm{d}_\varepsilon)^3$	3	$-1.2\Delta_o$	—
d^4	$(\mathrm{d}_\varepsilon)^3(\mathrm{d}_\gamma)^1$	4	$-0.6\Delta_o$	高	$(\mathrm{d}_\varepsilon)^4$	2	$-1.6\Delta_o+P$	低
d^5	$(\mathrm{d}_\varepsilon)^3(\mathrm{d}_\gamma)^2$	5	0	高	$(\mathrm{d}_\varepsilon)^5$	1	$-2.0\Delta_o+2P$	低
d^6	$(\mathrm{d}_\varepsilon)^4(\mathrm{d}_\gamma)^2$	4	$-0.4\Delta_o$	高	$(\mathrm{d}_\varepsilon)^6$	0	$-2.4\Delta_o+2P$	低
d^7	$(\mathrm{d}_\varepsilon)^5(\mathrm{d}_\gamma)^2$	3	$-0.8\Delta_o$	高	$(\mathrm{d}_\varepsilon)^6(\mathrm{d}_\gamma)^1$	1	$-1.8\Delta_o+P$	低
d^8	$(\mathrm{d}_\varepsilon)^6(\mathrm{d}_\gamma)^2$	2	$-1.2\Delta_o$		$(\mathrm{d}_\varepsilon)^6(\mathrm{d}_\gamma)^2$	2	$-1.2\Delta_o$	
d^9	$(\mathrm{d}_\varepsilon)^6(\mathrm{d}_\gamma)^3$	1	$-0.6\Delta_o$		$(\mathrm{d}_\varepsilon)^6(\mathrm{d}_\gamma)^3$	1	$-0.6\Delta_o$	
d^{10}	$(\mathrm{d}_\varepsilon)^6(\mathrm{d}_\gamma)^4$	0	0		$(\mathrm{d}_\varepsilon)^6(\mathrm{d}_\gamma)^4$	0	0	

【例 8-2】　分别计算 Co^{3+} 形成的强场和弱场正八面体配合物的 CFSE，并比较两种配合物的稳定性。

解：Co^{3+} 有 6 个 d 电子（$3\mathrm{d}^6$），其电子排布情况分别为

球形场　　弱八面体（$\Delta_o<P$）　　强八面体（$\Delta_o>P$）

d_γ

d_ε

球形场：$E_s=0$

强场：$\mathrm{CFSE}=6E(\mathrm{d}_\varepsilon)+0E(\mathrm{d}_\gamma)+(3-1)P$

$=6\times(-0.4\Delta_o)+2P$

$=-2.4\Delta_o+2P$

$=(-2.0\Delta_o+2P)-0.4\Delta_o<-0.4\Delta_o$（因 $\Delta_o>P$）

弱场：$\mathrm{CFSE}=4E(\mathrm{d}_\varepsilon)+2E(\mathrm{d}_\gamma)+(1-1)P$

$=4\times(-0.4\Delta_o)+(2\times0.6\Delta_o)$

$=-0.4\Delta_o$

计算结果表明，Co^{3+} 与强场配体或弱场配体所形成的配合物的 CFSE 均小于零，强场时更低，故强场配体与 Co^{3+} 形成的配合物更稳定。

8.2.4.6　d-d 跃迁和配合物的颜色

可见光是各种波长光线的混合光。物质在可见光照射下呈现的颜色，是由物质对混合光的选择吸收引起的。物质若吸收可见光中的红色光，便呈现蓝绿色；若吸收蓝绿色的光便显红色。即物质呈现的颜色与该物质选择吸收光的颜色互为补色，表 8-5 为物质颜色与吸收光颜色的互补关系。

表 8-5 物质颜色与吸收光颜色关系

物质颜色	吸收光的颜色	吸收波长范围/nm	物质颜色	吸收光的颜色	吸收波长范围/nm
黄绿	紫	400～425	紫红	绿	500～530
黄	深蓝	425～450	紫	黄绿	530～560
橙黄	蓝	450～480	深蓝	橙黄	560～600
橙	绿蓝	480～490	绿蓝	橙	600～640
红	蓝绿	490～500	蓝绿	红	640～750

实验测定结果表明，配合物的分裂能 Δ 的大小与可见光所具有的能量相当。过渡金属离子在配体负电场的作用下发生能级分裂，在高能级处具有未充满的 d 轨道，处于低能级的 d 电子选择吸收了与分裂能相当的可见光的某一波长的光子后，从低能级 d 轨道跃迁到高能级 d 轨道，这种跃迁称为 d-d 跃迁。从而使配合物呈现被吸收光的补色光的颜色。例如 $[Ti(H_2O)_6]^{3+}$ 配离子显红色，Ti^{3+} 的电子组态为 $3d^1$，在正八面体场中这个电子排布在能量较低的 d_ε 能级轨道上，当用可见光照射 $[Ti(H_2O)_6]^{3+}$ 时，处于 d_ε 能级轨道上的电子吸收了可见光中波长为 492.7nm（为蓝绿色光）的光子，跃迁到 d_γ 能级轨道上（图 8-9）。波长 492.7nm（相当于图 8-10 中吸收峰的波长）光子的能量为 $242.79kJ\cdot mol^{-1}$，若用波数 $\bar{\nu}$（$\bar{\nu}=1/\lambda$）表示，则为 $20300cm^{-1}$（$1cm^{-1}=11.96J\cdot mol^{-1}$），恰好等于该配离子的分裂能 Δ_o，这时可见光中蓝绿色的光被吸收，溶液呈红色。分裂能的大小不同，配合物选择吸收可见光的波长就不同，配合物就呈现不同的颜色。配体的场强愈强，则分裂能愈大，d-d 跃迁时吸收的光子能量就愈大，即吸收光波长愈短。电子组态为 d^{10} 的离子（例如 Zn^{2+}、Ag^+ 等），因 d_γ 能级轨道上已充满电子，没有空位，它们的配合物不可能产生 d-d 跃迁，因而它们的配合物没有颜色。

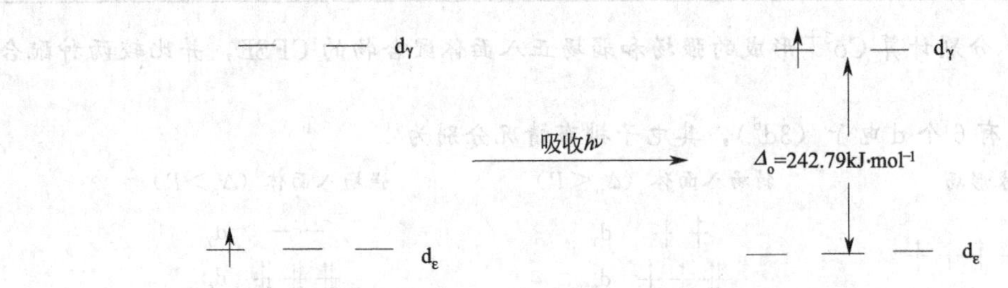

图 8-9 $[Ti(H_2O)]^{3+}$ 的 d-d 跃迁

综上所述，配合物的颜色是由于中心原子的 d 电子进行 d-d 跃迁时选择性地吸收一定波长的可见光而产生的。因此，配合物呈现颜色必须具备以下两个条件：

① 中心原子的外层 d 轨道未填满。

② 分裂能必须在可见光所具有的能量范围内。

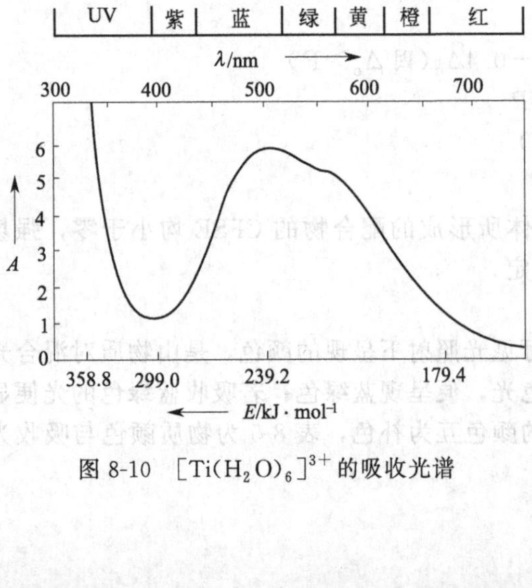

晶体场理论比较满意地解释了配合物的颜色、磁性等，但是不能合理解释配体在光谱化学序列中的次序，也不能解释 CO 分子不带电荷，却使中心原子 d 轨道能级分裂产生很大的分裂能，这是由于晶体场理论只考虑中心原子与配体之间的静电作用，着眼于配体对中心原子 d 轨道的影响，而忽略了金属原子 d 轨道与配体轨道之间的重叠，不承认

图 8-10 $[Ti(H_2O)_6]^{3+}$ 的吸收光谱

共价键的存在所致。

8.2.5　螯合物

螯合物是中心原子与多齿配体形成的具有环状结构的一类配合物。

8.2.5.1　螯合物与螯合效应

从图 8-11 $[CaY]^{2-}$ 的结构看出，螯合物中的配体为多齿配体，也称螯合剂。即一个配体含有两个以上参与配位的配位原子。同一配体的两个配位原子之间相隔两个或三个其他原子，中心原子与配体间形成五元环或六元环，简称螯合环。当同一配体中含有多个配位原子时，可同时形成多个螯合环。这种由于形成螯合环而使螯合物具有特殊稳定性的作用称为螯合效应。

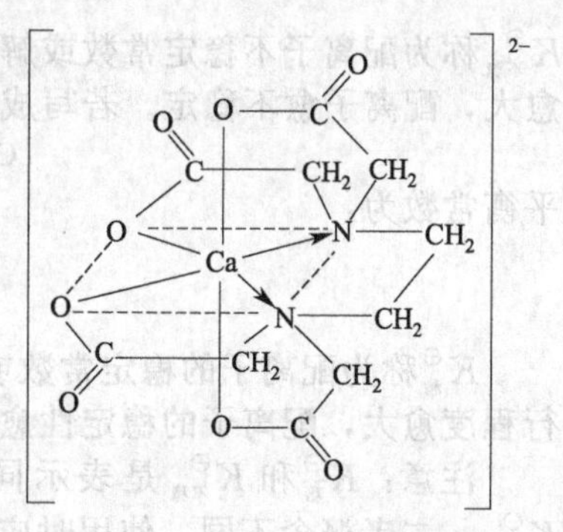

图 8-11　$[CaY]^{2-}$ 的结构

8.2.5.2　影响螯合物稳定性的因素

（1）螯合环的大小　螯合物的稳定性与螯合环的大小有关系，五元环最稳定。五元环的键角为 108°，与 C sp^3 杂化轨道的夹角 109°28′接近，张力小，环稳定。六元环的键角为 120°，还比较稳定，如二（乙酰丙酮）合铜（Ⅱ）中配体共轭双键上的 C 为 sp^2 杂化，键角 120°，与六元环的键角相符。有些配体中虽有两个或两个以上配位原子，但由于两个配位原子间无相隔或间隔一、四、五个其他原子，即使形成螯合物，其稳定性也不高。

（2）螯合环的数目　螯合物的稳定性与螯合环的数目也有关。螯合环的数目越多，中心原子脱离配体的概率越小，所以在可能的情况下形成的螯合环的数目越多，稳定性越大，见表 8-6。

表 8-6　Cu^{2+} 与一些多齿配体形成螯合物的 $\lg K_s$

中心原子	配体	配体数	螯合环数	$\lg K_s^\ominus$
Cu^{2+}	$H_2NCH_2CH_2NH_2$	1	1	10.67
	$H_2NCH_2CH_2NH_2$	2	2	20.0
	$(H_2NCH_2CH_2)_2NH$	1	2	15.9
	$H_2N(CH_2)_2NH(CH_2)_2NH(CH_2)NH_2$	1	3	20.5

乙二胺四乙酸（EDTA，医学上称为依地酸）是一种应用广泛的螯合剂，它含有 6 个配位原子，与中心原子可同时形成五个五元环，可与大多数金属离子形成稳定的螯合物。

此外，一些具有闭合大环的多齿配体，也能与金属离子形成非常稳定的螯合物。如生物体内的血红素分子，正是由 Fe^{2+} 与卟啉环形成的大环螯合物。

8.3　配位平衡

配合物的内界与外界之间是以离子键结合的，与强电解质类似，在水溶液中几乎完全解离。而配合物内界却很难解离。如在 $[Cu(NH_3)_4]SO_4$ 溶液中，加入 $BaCl_2$ 溶液，立即产生白色 $BaSO_4$ 沉淀，而加入少量稀 NaOH 溶液时，却得不到 $Cu(OH)_2$ 浅蓝色沉淀。但这并不能说明溶液中根本没有 Cu^{2+}，只能说明 Cu^{2+} 浓度不大，若加入 Na_2S 溶液，会得到黑色的 CuS 沉淀，并嗅到氨的特殊气味。这说明 $[Cu(NH_3)_4]^{2+}$ 水溶液中类似于弱电解质，可以发生部分解离。

8.3.1　配合物的不稳定常数与稳定常数

以配合物 $[Cu(NH_3)_4]SO_4$ 为例，其解离分下列两种情况：

$[Cu(NH_3)_4]SO_4 \longrightarrow [Cu(NH_3)_4]^{2+} + SO_4^{2-}$ (1) 强电解质的完全解离方式

$[Cu(NH_3)_4]^{2+} \rightleftharpoons Cu^{2+} + 4NH_3$ (2) 弱电解质的部分解离方式

式(2) 解离反应（配位反应的逆反应）是可逆的，像这样配离子在一定条件下达到 $v_{解离} = v_{配位}$ 的平衡状态，称为配离子的解离平衡，也称配位平衡。它有固定的标准平衡常数，即：

$$K^{\ominus}_{不稳} = \frac{c(Cu^{2+})c^4(NH_3)}{c\{[Cu(NH_3)_4]^{2+}\}}$$

$K^{\ominus}_{不稳}$ 称为配离子不稳定常数或解离常数，也可用 $K^{\ominus}_{d}$ 表示。$K^{\ominus}_{不稳}$ 愈大表示解离反应进行程度愈大，配离子愈不稳定。若写成配离子的形成反应：

$$Cu^{2+} + 4NH_3 \rightleftharpoons [Cu(NH_3)_4]^{2+}$$

平衡常数为：

$$K^{\ominus}_{稳} = \frac{c\{[Cu(NH_3)_4]^{2+}\}}{c(Cu^{2+})c^4(NH_3)} \tag{8-3}$$

$K^{\ominus}_{稳}$ 称为配离子的稳定常数或生成常数，也可用 β 或 $K^{\ominus}_{f}$ 表示。$K^{\ominus}_{稳}$ 愈大表示配合反应进行程度愈大，配离子的稳定性愈大。

注意：$K^{\ominus}_{稳}$ 和 $K^{\ominus}_{不稳}$ 是表示同一事物的两个方面，两者的关系互为倒数，即 $K^{\ominus}_{稳} = 1/K^{\ominus}_{不稳}$，二者概念不同，使用时应注意不可混淆。

实际上，配离子的生成或解离都是分步进行的，如 $[Cu(NH_3)_4]^{2+}$ 的形成。

逐级稳定常数：配位离子的生成一般是分步进行的，因此溶液中存在着一系列的配位平衡，对于这些平衡每一步都有相应的逐级稳定常数。如

$$Cu^{2+} + NH_3 \rightleftharpoons [Cu(NH_3)]^{2+} \qquad K^{\ominus}_{f_1} = \frac{c[Cu(NH_3)^{2+}]}{c(Cu^{2+})c(NH_3)}$$

$$[Cu(NH_3)]^{2+} + NH_3 \rightleftharpoons [Cu(NH_3)_2]^{2+} \qquad K^{\ominus}_{f_2} = \frac{c[Cu(NH_3)_2^{2+}]}{c[Cu(NH_3)^{2+}]c(NH_3)}$$

$$[Cu(NH_3)_2]^{2+} + NH_3 \rightleftharpoons [Cu(NH_3)_3]^{2+} \qquad K^{\ominus}_{f_3} = \frac{c[Cu(NH_3)_3^{2+}]}{c[Cu(NH_3)_2^{2+}]c(NH_3)}$$

$$[Cu(NH_3)_3]^{2+} + NH_3 \rightleftharpoons [Cu(NH_3)_4]^{2+} \qquad K^{\ominus}_{f_4} = \frac{c[Cu(NH_3)_4^{2+}]}{c[Cu(NH_3)_3^{2+}]c(NH_3)}$$

总稳定常数是逐级稳定常数的乘积：

$$K^{\ominus}_{f} = K^{\ominus}_{f_1}K^{\ominus}_{f_2}K^{\ominus}_{f_3}K^{\ominus}_{f_4} \tag{8-4}$$

随配位体数的增加，配位体间的斥力增加，逐级稳定常数会逐渐减小。一般情况下由于配位剂的加入常过量，且各级稳定常数都较大，可认为中心离子与配位剂以最高配位数结合。

累积稳定常数 β 是前几级稳定常数的乘积。如 $\beta_2 = K^{\ominus}_{f_1}K^{\ominus}_{f_2}$，$\beta_3 = K^{\ominus}_{f_1}K^{\ominus}_{f_2}K^{\ominus}_{f_3}$，$\beta_4 = K^{\ominus}_{f_1}K^{\ominus}_{f_2}K^{\ominus}_{f_3}K^{\ominus}_{f_4} = K^{\ominus}_{f}$。

8.3.2 稳定常数的应用

8.3.2.1 应用配合物的稳定常数，可以比较同种类型配合物的稳定性

如：

$[Ag(NH_3)_2]^+$ $\lg K^{\ominus}_{f} = 7.23$

$[Ag(CN)_2]^-$ $\lg K^{\ominus}_{f} = 18.74$

可见，$[Ag(CN)_2]^-$ 比 $[Ag(NH_3)_2]^+$ 稳定得多。

注意：配离子类型必须相同即配位体数相同才能比较，否则会出错误。对于不同类型的配离子，只能通过计算来比较。即在配位剂浓度相同的情况下，溶液中游离的中心离子浓度越小则该配离子越稳定。

8.3.2.2 判断配位反应进行的方向

【例 8-3】 向 $[Ag(NH_3)_2]^+$ 溶液中加入 KCN，将会发生什么变化？

【解】溶液中存在下列反应：

$$\begin{array}{l} Ag^{+}+2NH_3 \rightleftharpoons [Ag(NH_3)_2]^{+} \\ + \\ 2CN^{-} \qquad \rightleftharpoons [Ag(CN)_2]^{-} \end{array}$$

即存在两个平衡：

(1) $Ag^{+}+2NH_3 \rightleftharpoons [Ag(NH_3)_2]^{+}$　　$K_f^{\ominus}([Ag(NH_3)_2]^{+})=1.1\times10^{7}$

(2) $Ag^{+}+2CN^{-} \rightleftharpoons [Ag(CN)_2]^{-}$　　$K_f^{\ominus}([Ag(CN)_2]^{-})=1.3\times10^{21}$

总反应＝式(2)－式(1)：$[Ag(NH_3)_2]^{+}+2CN^{-} \rightleftharpoons [Ag(CN)_2]^{-}+2NH_3$

$$K^{\ominus}=\frac{c([Ag(CN)_2]^{-})c^{2}(NH_3)}{c([Ag(NH_3)_2]^{+})c^{2}(CN^{-})}\times\frac{c(Ag^{+})}{c(Ag^{+})}$$

$$=\frac{K_f^{\ominus}([Ag(CN)_2]^{-})}{K_f^{\ominus}([Ag(NH_3)_2]^{+})}=\frac{1.3\times10^{21}}{1.1\times10^{7}}=1.18\times10^{14}>10^{5}$$

由平衡常数 $K^{\ominus}$ 可知，配位反应向着生成 $[Ag(CN)_2]^{-}$ 的方向进行的趋势很大。

配离子转化的反应有很多种，除了上述不同配位剂争夺金属离子外，还有沉淀剂与配位剂争夺金属离子，多种金属离子或氢离子争夺一种配位剂等。粗略判断反应方向是利用已知各种常数计算出配离子转化反应的平衡常数（如上题）$K^{\ominus}$，若 $K^{\ominus}>10^{5}$，反应能进行，若 $K^{\ominus}<10^{-5}$，则反应不能进行，逆反应可以进行。若要精确计算，则要知道有关物质浓度，再进行计算。

【例 8-4】　$100cm^3$ $1mol\cdot L^{-1}$ $NH_3\cdot H_2O$ 中能溶解固体 AgBr 多少克？($K_f^{\ominus}[Ag(NH_3)_2]^{+}=1.1\times10^{7}$，$K_{sp}^{\ominus}(AgBr)=5.35\times10^{-13}$)

【解】要使 AgBr 溶解，溶液必然存在下列两个平衡：

$AgBr(s) \rightleftharpoons Ag^{+}(aq)+Br^{-}(aq)$　　$K_{sp}^{\ominus}(AgBr)=5.35\times10^{-13}$

$Ag^{+}(aq)+2NH_3(aq) \rightleftharpoons [Ag(NH_3)_2]^{+}(aq)$　　$K_f^{\ominus}[Ag(NH_3)_2]^{+}=1.1\times10^{7}$

两式相加得：$AgBr(s)+2NH_3(aq) \rightleftharpoons [Ag(NH_3)_2]^{+}(aq)+Br^{-}(aq)$

该反应的平衡常数 $K^{\ominus}=K_{sp}^{\ominus}(AgBr)\ K_f^{\ominus}[Ag(NH_3)_2]^{+}$

$$=1.1\times10^{7}\times5.35\times10^{-13}=5.89\times10^{-6}$$

设平衡时 $c(Br^{-})=x\,mol\cdot L^{-1}$，则 $c[Ag(NH_3)_2^{+}]\approx x\,mol\cdot L^{-1}$，$c(NH_3)=1-2x\,mol\cdot L^{-1}$

∵$K^{\ominus}$ 较小，说明 AgBr 转化为 $[Ag(NH_3)_2]^{+}$ 的部分很小，x 远小于 1，故 $1-2x\approx 1mol\cdot L^{-1}$

$$K^{\ominus}=\frac{c[Ag(NH_3)_2^{+}]c(Br^{-})}{c^{2}(NH_3)}=\frac{x^{2}}{1-2x}=x^{2}=5.89\times10^{-6}$$

∴$x=2.42\times10^{-3}\,mol\cdot L^{-1}$

即 $100cm^3$ $1mol\cdot L^{-1}$ $NH_3\cdot H_2O$ 中能溶解 $2.43\times10^{-3}\times188\times0.1=0.046(g)$ AgBr。

【例 8-5】　在 $[Ag(NH_3)_2]^{+}$ 的溶液中加入酸时，将发生什么变化？

【解】加入酸后，溶液存在两个平衡的竞争：

$$\begin{array}{c} Ag^{+}(aq)+2NH_3(aq) \rightleftharpoons [Ag(NH_3)_2]^{+}(aq) \\ + \\ 2H^{+} \rightleftharpoons 2NH_4^{+} \end{array}$$

即(1) $Ag^{+}(aq)+2NH_3(aq) \rightleftharpoons [Ag(NH_3)_2]^{+}(aq)$　　$K_f^{\ominus}[Ag(NH_3)_2]^{+}=1.1\times10^{7}$

(2) $NH_3+H^{+} \rightleftharpoons NH_4^{+}$　　$K_{总}^{\ominus}=\frac{K_b^{\ominus}}{K_w^{\ominus}}=\frac{1.77\times10^{-5}}{10^{-14}}=1.77\times10^{9}$

2×式(2)－式(1) 得：$[Ag(NH_3)_2]^{+}+2H^{+} \rightleftharpoons 2NH_4^{+}+Ag^{+}$

$$K_{总}^{\ominus}=\frac{(K^{\ominus})^2}{K_f^{\ominus}}=2.85\times10^{11}$$

可见，平衡常数 $K_{总}^{\ominus}$很大，说明 H^+ 与 Ag^+ 在竞争 NH_3 的过程中，平衡向 $[Ag(NH_3)_2]^+$ 离解的方向移动。

8.3.2.3 进行一系列计算

(1) 计算配位离子溶液中有关离子的浓度

【例 8-6】 在 $1cm^3$ $0.04mol\cdot L^{-1}$ $AgNO_3$ 溶液中，① 加入 $1cm^3$ $1mol\cdot L^{-1}$ 的 NH_3，计算在平衡后溶液中的 Ag^+ 浓度；②加入 $1cm^3$ $10mol\cdot L^{-1}$ 的 NH_3，计算溶液中的 Ag^+ 浓度。

【解】 ①由于溶液的体积增加一倍，$AgNO_3$ 浓度减小一半为 $0.02mol\cdot L^{-1}$，NH_3 浓度为 $0.5mol\cdot L^{-1}$，NH_3 大大过量，可假设 Ag^+ 几乎全部转变为 $[Ag(NH_3)_2]^+$。设平衡时 Ag^+ 浓度为 x $(mol\cdot L^{-1})$

配位反应为	Ag^+ +	$2NH_3$ ⇌	$[Ag(NH_3)_2]^+$	$K_f^{\ominus}[Ag(NH_3)_2]^+=1.1\times10^7$
$c_0/mol\cdot L^{-1}$	0	$0.5-0.02\times2$	0.02	
$c_{eq}/mol\cdot L^{-1}$	x	$0.46+2x$	$0.02-x$	

$$K_f^{\ominus}=\frac{c[Ag(NH_3)_2^+]}{c(Ag^+)[c(NH_3)]^2}=\frac{(0.02-x)}{x(0.46+2x)^2}=1.1\times10^7$$

NH_3 过量时 $[Ag(NH_3)_2]^+$ 离解很小，故 $0.02-x\approx0.02$，$0.46+2x\approx0.46$，即

$$\frac{0.02-x}{x(0.46+2x)^2}\approx\frac{0.02}{x\times0.46^2}=1.1\times10^7$$

$$x=c(Ag^+)=8.59\times10^{-9}mol\cdot L^{-1}$$

② 加入 $1cm^3$ $10mol\cdot L^{-1}$ 的 NH_3，同法处理 $y=c(Ag^+)=7.39\times10^{-11}mol\cdot L^{-1}$。可见，增加配体浓度，可大大减小中心离子浓度，与“同离子效应”相似，溶液中剩余配体的浓度可称“支持浓度”。

计算配位离子溶液中有关离子的浓度，尤其是中心离子的浓度是配位平衡计算的基础。其他计算如加沉淀剂能否生成沉淀、电极电势的改变及某些氧化还原反应能否进行等，均可先计算出游离的金属离子（配合物中的中心离子）的浓度，再利用溶度积规则计算是否能生成沉淀；把金属离子浓度代入能斯特方程式计算电极电势，通过比较可判断氧化还原反应能否发生。

(2) 计算沉淀能否生成

【例 8-7】 向例 8-6 两个体系中分别加入 NaCl，NaCl 的浓度为 $0.05mol\cdot L^{-1}$，问有无 AgCl 沉淀形成？$[K_{sp}^{\ominus}(AgCl)=1.77\times10^{-10}]$

【解】 在此体系中发生了配位平衡和沉淀溶解平衡的多重平衡，即 NH_3 和 Cl^- 同时竞争 Ag^+。

$$Ag^+ +2NH_3 \rightleftharpoons [Ag(NH_3)_2]^+$$
$$+$$
$$Cl^- \rightleftharpoons AgCl$$

可写成 $[Ag(NH_3)_2]^+ +Cl^- \rightleftharpoons 2NH_3+AgCl(s)$

在例 8-6①中，$c(Ag^+)=8.59\times10^{-9}mol\cdot L^{-1}$，可求出离子积

$$J_1=c(Ag^+)c(Cl^-)=8.59\times10^{-9}\times0.05$$
$$=4.30\times10^{-10}>K_{sp}^{\ominus}(AgCl)=1.77\times10^{-10}$$

所以能生成沉淀。

在例 8-6②中，$c(Ag^+)=7.39\times10^{-11}mol\cdot L^{-1}$

$$J_2=c(Ag^+)c(Cl^-)=7.39\times10^{-11}\times0.05$$
$$=3.70\times10^{-12}<K_{sp}^{\ominus}(AgCl)=1.77\times10^{-10}$$

所以不能生成沉淀。

(3) 计算金属与其配位离子间的 $E^{\ominus}$ 值

【例 8-8】 求 $[Ag(CN)_2]^- + e^- \rightleftharpoons Ag + 2CN^-$ 的标准电极电势 $E^{\ominus}$。

【解】 求 $E^{\ominus}[Ag(CN)_2]^-/Ag$ 实际上是求 $Ag^+ + e^- \rightleftharpoons Ag\downarrow$ 的电极电势 $E(Ag^+/Ag)$，只不过其标准态是电极反应 $[Ag(CN)_2]^- + e^- \rightleftharpoons Ag + 2CN^-$ 的标准态，即 $[Ag(CN)_2]^-$ 和 CN^- 的浓度处于标准态。

即：
$$E(Ag^+/Ag) = E^{\ominus}(Ag^+/Ag) + 0.0592\ \lg c(Ag^+)$$

$$K_f^{\ominus} = \frac{c[Ag(CN)_2^-]}{c(Ag^+)[c(CN^-)]^2}$$

由于
$$c(Ag^+) = \frac{c[Ag(CN)_2^-]}{c^2(CN^-)K_f^{\ominus}} = \frac{1}{K_f^{\ominus}}$$

所以
$$E(Ag^+/Ag) = E^{\ominus}(Ag^+/Ag) + 0.0592\ \lg c(Ag^+)$$

$$= 0.7996V + 0.0592\ \lg\frac{1}{K_f^{\ominus}} = 0.7996V - 1.249V = -0.4494V = -0.45V$$

配位反应可影响氧化还原反应的完成程度，甚至影响氧化还原反应的方向。例如，在水溶液中，Fe^{3+} 可氧化 I^-：

$$2Fe^{3+} + 2I^- \rightleftharpoons 2Fe^{2+} + I_2$$

但若溶液中含有 F^-，由于 $[FeF_6]^{3-}$ 配位离子的生成，降低了 $E^{\ominus}(Fe^{3+}/Fe^{2+})$，此时 I_2 反而将 Fe^{2+} 氧化。

$$2Fe^{2+} + I_2 + 12F^- \rightleftharpoons 2[FeF_6]^{3-} + 2I^-$$

8.4　配位化学的制备和应用

8.4.1　配合物的制备

配合物的制备分为经典配合物（维尔纳型）和包括金属羰合物在内的金属有机配合物两大类。第一类一般具有盐的性质，易溶于水；第二类则通常是共价化合物，一般易溶于非极性溶剂，熔点、沸点低。

(1) 经典配合物的制备　根据经典配合物合成的反应类型，可将配合物制备方法分为加成、取代、氧化还原及热分解等方法。

① 加成法　这是制备配合物最简单的方法。例如：

$$BF_3(g) + NH_3(g) \longrightarrow [BF_3 \cdot NH_3](s)$$

② 配体取代法　分为水溶液中取代和非水溶剂中取代。

a. 水溶液中取代　这是迄今为止最常用的方法之一。例如 $[Cu(NH_3)_4]SO_4$ 可以用 $CuSO_4$ 水溶液与过量 NH_3 反应：

$$\underset{\text{浅蓝}}{[Cu(H_2O)_4]^{2+}} + 4NH_3 \longrightarrow \underset{\text{深蓝}}{[Cu(NH_3)_4]^{2+}} + 4H_2O$$

然后在反应混合液中加入乙醇或丙酮等有机溶剂，深蓝色 $[Cu(NH_3)_4]SO_4 \cdot H_2O$ 即可结晶析出。此法也适用于制备 Ni^{2+}、CO^{2+}、Zn^{2+} 等的氨合物，但不适合制备 Fe^{3+}、Al^{3+}、Cr^{3+}、Ti^{4+} 等的氨合物。因为氨水中除存在与金属离子配合的 NH_3 分子外，同时存在与金属离子结合的 OH^- ($NH_3 + H_2O \rightleftharpoons NH_4^+ + OH^-$)，$OH^-$ 与这些金属离子会形成溶度积很小的氢氧化物。

b. 非水溶剂中取代　在非水溶剂中合成配合物，是近些年才使用的方法，下面举例说明。例如：

$$FeCl_2(无水)+6NH_3(l) \longrightarrow [Fe(NH_3)_6]Cl_2$$
$$CrCl_3(无水)+6NH_3(l) \longrightarrow [Cr(NH_3)_6]Cl_3$$
$$CrCl_3(无水)+3en \xrightarrow{乙醇} [Cr(en)_3]Cl_3$$

③ 氧化、还原合成　分为氧化合成和还原合成。

a. 氧化合成　例如 $[Co(NH_3)_6]Cl_3$ 的合成：

$$\underset{粉红色}{[Co(H_2O)_6]Cl_2}+6NH_3 \longrightarrow \underset{土黄色}{[Co(NH_3)_6]Cl_2}+6H_2O$$

$$\underset{土黄色}{4[Co(NH_3)_6]Cl_2}+4NH_4Cl+O_2 \longrightarrow 4[Co(NH_3)_6]Cl_3+2H_2O+4NH_3$$

总反应为

$$4[Co(H_2O)_6]Cl_2+4NH_4Cl+20NH_3+O_2 \longrightarrow 4[Co(NH_3)_6]Cl_3+26H_2O$$

此反应中木炭做催化剂。

b. 还原合成　例如：

$$K_2[Ni(CN)_4]+2K \xrightarrow{液氨} K_4[Ni(CN)_4]$$

④ 热分解合成　热分解合成相当于固态下的取代。当固体配合物加热到一定温度时，易挥发的配体分解跑掉，其原配体位置被外界阴离子所取代。例如

$$\underset{粉红色}{2[Co(H_2O)_6]Cl_2} \xrightarrow{加热} \underset{蓝色}{Co[CoCl_4]}+12H_2O$$

(2) 金属羰基配合物的制备　金属羰基配合物的制备方法很多，现仅介绍典型方法。对于铁和镍的二元金属羰合物，常用活性粉末状 Ni 和 Fe 与 CO 直接反应生成羰合物：

$$Ni+4CO \longrightarrow [Ni(CO)_4]$$
$$Fe+5CO \xrightarrow{200℃,2\sim20Pa} [Fe(CO)_5]$$

其他所有金属羰合物都是由相应化合物在还原条件下制得的。常用的还原剂有 Na、烷基铝或 CO 本身等。例如：

$$CoCO_3+8CO+H_2 \xrightarrow{200℃,25\sim300Pa} [Co(CO)_8]+CO_2+H_2O$$

8.4.2　配位化合物的应用

8.4.2.1　在无机化学中的应用

(1) 湿法冶金　利用合适的配合剂从矿石中提取贵金属。例如在 NaCN 溶液中，由于 $E^{\ominus}[Au(CN)_2]^-/Au$ 值比 $E^{\ominus}(O_2/OH^-)$ 值小得多，Au 的还原性增强，容易被 O_2 氧化，形成 $[Au(CN)_2]^-$ 而溶解，然后用锌粉从溶液中置换出金。

$$4Au+8CN^-+O_2+2H_2O = 4[Au(CN)_2]^-+4OH^-$$
$$2[Au(CN)_2]^-+Zn = 2Au\downarrow+2[Zn(CN)_4]^{2-}$$

(2) 高纯金属的制备　工业上采用羰基化精炼技术制备高纯金属。先将含有杂质的金属制成羰基配合物并使之挥发以与杂质分离，然后加热分解制得纯度很高的金属。例如，制造铁芯和催化剂用的高纯铁粉，正是采用这种技术生产的。

$$Fe(细粉)+5CO \xrightarrow{200℃、20MPa} [Fe(CO)_5] \xrightarrow{200\sim250℃} Fe(高纯)+5CO$$

由于金属羰基配合物大多剧毒、易燃，所以在制备和使用时应特别注意安全。

8.4.2.2　在分析化学方面的应用

(1) 离子的鉴定　形成有色配离子：例如在溶液中 NH_3 与 Cu^{2+} 能形成深蓝色的 $[Cu(NH_3)_4]^{2+}$，Fe^{3+} 与 NH_4SCN 作用生成血红色的 $[Fe(NCS)_n]^{3-n}$ 配离子。

形成难溶有色配合物：丁二肟在弱碱性介质中与 Ni^{2+} 可形成鲜红色难溶的二(丁二肟)合镍（Ⅱ）沉淀。

(2) 离子的掩蔽　在定性分析中还可以利用生成配合物来消除杂质离子的干扰。例如用 NaSCN 鉴定 Co^{2+} 时，Co^{2+} 与配合剂将发生下列的反应：

$$\underset{\text{粉红}}{[Co(H_2O)_6]^{2+}} + 4SCN^- \longrightarrow \underset{\text{艳蓝}}{[Co(SCN)_4]^{2-}} + 6H_2O$$

但是，如果溶液中同时含有 Fe^{3+}，Fe^{3+} 也可与 SCN^- 反应，形成血红色的 $[Fe(NCS)_6]^{3-}$，妨碍了对 Co^{2+} 的鉴定。若事先在溶液中加入足量的配合剂 NaF(或 NH_4F)，使 Fe^{3+} 形成更稳定的无色配离子 $[FeF_6]^{3-}$，这样就可以排除 Fe^{3+} 对 Co^{2+} 鉴定的干扰。在分析化学上，这种排除干扰的效应称为掩蔽效应，所用的配合剂称为掩蔽剂。

(3) 离子的分离　例如，在含有 Zn^{2+} 和 Al^{3+} 的溶液中加入过量的氨水：

$$Zn^{2+}, Al^{3+} \xrightarrow{\text{过量的 } NH_3 \cdot H_2O} [Zn(NH_3)_4]^{2+}(aq) + Al(OH)_3(s)$$

可达到分离 Zn^{2+} 和 Al^{3+} 的目的。

8.4.2.3　在生物化学方面的应用

由于自然界中多数化合物是以配合物的形式存在的，因此，配合物所涉及的范围和应用是十分广泛的。与配合物相联系的学科也很多，例如生物无机化学、药物化学、有机化学、分析化学、结构化学等。这里只介绍配合物在医学上的应用。

(1) 配合物在维持机体正常生理功能中的作用　生物体内的微量金属元素，尤其是过渡金属元素，主要是通过形成配合物来完成生物化学功能的。这些化合物在维持生物体内正常生理功能方面具有重要的意义。例如植物生长中起光合作用的叶绿素是含 Mg^{2+} 的配合物。人体内输送氧气和 CO_2 的血红蛋白（Hb）是由亚铁血红素和 1 个分子球蛋白构成的。1 个亚铁血红素分子除由 Fe^{2+} 同原卟啉大环配体上四个吡咯 N 原子形成四个配位键外，还与球蛋白中肽键上一个组氨酸残基的咪唑 N 原子形成第五个配位键，Fe^{2+} 的第六个配位位置由水分子占据，它能被 O_2 置换形成氧合血红蛋白（$Hb \cdot O_2$）以保证体内对氧的需要。CO 中毒患者是由于吸入被 CO 污染的空气，在肺泡进行气体交换时，CO 就迅速与血红蛋白结合成碳氧合血红蛋白（Hb · CO），其结合力要比氧与血红蛋白的结合力大 240 倍，使下述平衡向右移动。

$$HbO_2 + CO \rightleftharpoons Hb \cdot CO + O_2$$

因而血红蛋白输送氧的功能大为降低，减少对体内细胞的氧气供应，从而造成体内缺氧，如不及时抢救，最终因肌体缺氧而导致死亡。临床上常采用高压氧气疗法抢救 CO 中毒患者，高压的氧气可使溶于血液的氧气增多，从而导致上述可逆反应向左进行，达到治疗 CO 中毒之目的。现在已知的 1000 多种生物酶中，约有 1/3 是金属配合物。这些酶在维持体内正常代谢活动中起着非常重要的作用。

(2) 配合物的解毒作用　配合物的解毒作用通常是指配体作为去毒剂，与体内有毒的金属原子（或离子）生成无毒的可溶的配合物排出体外。随着现代工、农业的迅速发展，给环境造成了严重的污染，某些非必需甚至有毒的金属可能进入体内，给人类的健康带来严重的危害，如重金属 Pb、Hg、Cd 等，它们能与蛋白质中的—SH 基相结合，抑制酶的活性；也有具有毒性的金属离子取代必需微量元素，如 Cd^{2+} 能取代 Zn^{2+} 从而抑制锌金属酶的活性；某些含汞化合物进入人体后会迅速通过脑屏障，导致对细胞的损害。摄入过量必需金属元素也会引起中毒。利用配体生成无毒的配合物可以除去这些有毒金属。临床上已广泛应用了这类金属的解毒剂，如用枸橼酸钠治疗铅中毒，使铅转变为稳定的无毒的可溶性的 $[Pb(C_6H_5O_7)]^-$ 配离子从肾脏排出体外。EDTA 的钙盐是排除体内 U、Th、Pu、Sr 等放射性元素的高效解毒剂。二巯基丙醇是治疗 As、Hg 中毒的首选药物。

(3) 配合物的治癌作用　20 世纪 60 年代末，以金属配合物为基础的抗癌药物的研制有明显的进展。例如，1969 年 Rosenberg 发现了顺式二氯二氨合铂（Ⅳ）（顺铂）具有广谱且较高的抗癌活性。顺式二氯二氨合铂（Ⅳ）就是第一代的抗癌药物。该配合物具有脂溶性载体配体 NH_3，可顺利地通过细胞膜的脂质层进入癌细胞内，进入癌细胞的顺式二氯二氨合铂（Ⅳ），由于有可取代配体 Cl^- 存在，Cl^- 即被配位能力更强的 DNA 中的配位原子所取代，进而破坏癌细胞的 DNA 的复制能力，抑制了癌细胞的生长，该配合物作为抗癌药物从 1978 年开始正式应用于临床以来，取得良好的疗效。在配合物顺式二氯二氨合铂（Ⅳ）结构模式的启发下，人们广泛开展了研制抗癌金属配合物的探索工作，现在已发现有机锡化合物、金属茂类化合物具有较高的抗癌活性，它们有的已在临床使用。我们坚信，在不久的将来，抗癌金属配合物在防癌、治癌方面将会发挥更大的作用。另外以生物配体（包括蛋白质、核酸、氨基酸、微生物等）的配合物作为研究对象的新兴的边缘学科——生物无机化学正在蓬勃发展中。还有，以螯合反应为基础的螯合滴定分析法，在生化检验、药物分析及环境检测等领域，应用也很广泛。

【阅读资料】

我国配位化学进展

配位化学是在无机化学基础上发展起来的一门边缘学科。它所研究的主要对象为配位化合物（coordination compounds，简称配合物）。早期的配位化学集中在研究以金属阳离子受体为中心（作为酸）和以含 N、O、S、P 等给体原子的配体（作为碱）而形成的所谓“Werner 配合物”。在工业上，美国在实行原子核裂变曼哈顿（Manhattan）工程基础上所发展的铀和超铀元素溶液配合物的研究，以及 1951 年 Panson 和 Miller 对二茂铁的合成打破了传统无机和有机化合物的界限，从而开始了无机化学的复兴。

当代的配位化学沿着广度、深度和应用三个方向发展。在深度上表现在有众多与配位化学有关的学者获得了诺贝尔奖，如 Werner 创建了配位化学，Ziegler 和 Natta 的金属烯烃催化剂，Eigen 的快速反应，Lipscomb 的硼烷理论，Wilkinson 和 Fischer 发展的有机金属化学，Hoffmann 的等瓣理论，Taube 研究配合物和固氮反应机理，Cram，Lehn 和 Pedersen 在超分子化学方面的贡献，Marcus 的电子传递过程。在以他们为代表的开创性成就的基础上，配位化学在其合成、结构、性质和理论的研究方面取得了一系列进展。在广度上表现在自 Werner 创立配位化学以来，配位化学处于无机化学研究的主流，配位化合物还以其花样繁多的价键形式和空间结构在化学理论发展中，及与其他学科的相互渗透中，而成为众多学科的交叉点。在应用方面，结合生产实践，配合物的传统应用继续得到发展，例如金属簇合物作为均相催化剂，在能源开发中 C_1 化学和烯烃等小分子的活化，螯合物稳定性差异在湿法冶金和元素分析、分离中的应用等。随着高新技术的日益发展，具有特殊物理、化学和生物化学功能的所谓功能配合物在国际上得到蓬勃的发展。

自从 Werner 创建配位化学至今 100 年以来，以 Lehn 为代表的学者所倡导的超分子化学将成为今后配位化学发展的另一个主要领域。人们熟知的化学主要是研究以共价键相结合的分子的合成、结构、性质和变换规律。超分子化学可定义为分子间弱相互作用和分子组装的化学。分子间的相互作用形成了各种化学、物理和生物中高选择性的识别、反应、传递和调制过程。

我国配位化学的研究在中华人民共和国成立前几乎属于空白。1949 年后随着国家经济建设的发展，仅在个别重点高等院校及科研单位开展了这方面的教学和科研工作。20 世纪 60 年代中期以前，主要工作集中在简单配合物的合成、性质、结构及其应用方面的研究，特别是在溶液配合物的平衡理论、混合和多核配合物的稳定性、取代动力学、过渡金属配位催化以及稀土和 W、Mo 等我国丰产元素的分离提纯以及配位场理论的研究。除了个别方面的研究外，总体来说与国际水平差距还较大。

80 年代后，在改革开放政策指引下，我国的配位化学取得了突飞猛进的发展。中国化学会 1985 年创办了《无机化学》杂志。在国家自然科学基金委员会、国家科学技术部和国际纯粹与应用化学联合会（IUPAC）发起下，1987 年在我国成功地召开了第 25 届国际配位化学会议，标志着我国配位化学研究开始走向世界。南京大学配位化学研究所、北京大学稀土研究中心、中国科学院长春应用化学研究所等相关研究实体相继建立。我国无机化学工作者在环顾了国际上的最新进展后，除了对传统的配合物体系继续发展之外，还开始填补了一些诸如生物无机、有机金属、大环配位化学等原属空白的分支学科。从此我国配位化学研究已步入国际先进行列，研究水平大为提高。特别在下列几个方面取得了重要进展：①新型配合物、簇合物、有机金属化合物和生物无机配合物，特别是配位超分子化合物的基础无机合成及其结构研究取得丰硕成果，丰富了配合物的内涵；②开展了热力学、动力学和反应机理方面的研究，特别在溶液中离子萃取分离和均向催化等应用方面取得了成果；③现代溶液结构的谱学研究及其分析方法以及配合物的结构和性质的基础研究水平大为提高；④随着高新技术的发展，具有光、电、热、磁特性和生物功能配合物的研究正在取得进展。它的很多成果还包含在其他不同学科的研究和化学教学中。

我国配位化学的进展具有一系列特点。作为化学的重要分支领域之一的配位化学，在其学科本身发展的同时创造出更为奇妙的新材料，揭示出更多生命科学的奥妙。在研究对象上日益重视与材料科学和生命科学相结合。在从分子到材料合成的研究中更加重视功能体系的分子设计。金属离子在生物体系中的成键，除维生素 B_{12} 中的Co—C键以外，几乎都是以配位键形式结合。其功能体系组装是一个更为复杂的问题。这时要求将正确的物种放在正确的位置（在与动力学有关的问题中，还要按着正确的时间）才能发挥应有的功能。高效、经济和微量的组合化学的应用，将有助于分子合成和设计的实践从超分子之类的新观点研究分子的合成和组装，在我国日益受到重视。化学模板有助于提供组装的物种和创造有序的组装，但是其最大的困难在于克服热力学第二定律所要求的无序。这时配位化学家的任务之一就是和热力学进行妥协。尽管目前我们了解一些局部的组装规律和方法，但比起自然界长期进化而得到的完满而言，还有很大差距。正如有了一群能分别演奏各种乐器的音乐家，若没有很好的指挥，还不能演奏出一场满意的交响乐。其原因就是缺乏有意识的进行组装。对于组装的本质和规律，有很多基础性研究有待深入进行。

作为边缘学科的配位化学日益和其他相关学科相互渗透和交融。正如Lehn所指出，超分子化学可以看作是广义的配位化学，另一方面，配位化学又是包含在超分子化学概念之中。配位化学的原理和规律，无疑将在分子水平上对未来复杂的分子层次以上聚集态体系的研究起着重要作用。其概念及方法也将超越传统学科的界限。我国配位化学家在进一步促进它和化学内有机化学、物理化学、分析化学、高分子化学、环境化学、材料化学、生物化学以及凝聚态物理、分子电子学等学科的结合方面做出了重要贡献，进一步的发展必将给配位化学带来新的发展前景。

我国幅员辽阔，资源丰富，经济建设中有各方面的要求。还存在一些无人问津的薄弱领域，例如配位光化学、界面配位化学、纳米配位化学、新型和功能配合物以及配位超分子化合物的研究。金属配合物的研究有明显的应用背景，具有开发出重大经济效益的潜力。它的基础和理论性研究也处在现代化学发展的前沿领域，对新世纪我国化学学科的发展，必将产生深远影响。

思考题

1. 以 $[Cr(en)_2Cl_2]NO_3$ 为例，解释下列名词：

(1) 内界、外界和配位单元 (2) 配位体、配位原子和配位数 (3) 单齿配体和多齿配体

2. 已知两种钴的配合物具有相同的化学式 $Co(NH_3)_5BrSO_4$，它们之间的区别在于：在第一种配合物的溶液中加入 $BaCl_2$ 溶液时，产生沉淀，但加入 $AgNO_3$ 溶液时不产生沉淀；而第二种配合物的溶液则与之相反。试写出这两种配合物的分子式。

3. 无水 $CrCl_3$ 和氨作用能形成两种配合物，组成相当于 $CrCl_3 \cdot 6NH_3$ 及 $CrCl_3 \cdot 5NH_3$。加入 $AgNO_3$ 溶液能从第一种配合物水溶液中将几乎所有的氯原子沉淀为AgCl，而从第二种配合物水溶液中仅能沉淀出相当于含氯量的2/3，加入NaOH并加热时，两溶液均无氨味。试推算出它们的内界和外界，并指出配离子的电荷数、中心离子的氧化数和配合物的名称。

4. 以下各配合物的中心离子的配位数均是6，若它们的浓度都是 $0.001 mol \cdot L^{-1}$，则它们导电能力的顺序如何，为什么？

(1) $[CrCl_2(NH_3)_4]Cl$ (2) $[Pt(NH_3)_6]Cl_4$ (3) $K_2[PtCl_6]$ (4) $[Co(NH_3)_6]Cl_3$

5. 写出反应方程式，以解释下列现象。

(1) 用氨水处理 $Mg(OH)_2$ 和 $Zn(OH)_2$ 混合物，$Zn(OH)_2$ 溶解而 $Mg(OH)_2$ 不溶。

(2) NaOH加入到 $CuSO_4$ 溶液中生成浅蓝色的沉淀；再加入氨水，浅蓝色的沉淀溶解成为深蓝色的溶液，将此溶液用 HNO_3 处理又能得到浅蓝色溶液。

(3) 用王水可溶解Pt和Au等惰性较大的贵金属，单独用硝酸或盐酸却不能溶解。

6. 判断正误，并说明理由。

(1) 只有金属离子才能作为配合物的形成体；

(2) 配合物由内界和外界两部分组成；

(3) 配位体的数目就是形成体的配位数；

(4) 配离子的几何构型取决于中心离子所采用的杂化轨道类型；

(5) 配离子的电荷数等于中心离子的电荷数。

7. 请根据配合物的磁矩，在括号内填上中心离子的杂化状态。

(1) $[Co(NCS)_4]^{2-}$　　$\mu=3.87B.M.$ (　　)

(2) $[Zn(NH_3)_4]^{2+}$　　$\mu=0B.M.$ (　　)

(3) $[Fe(H_2O)_6]^{3+}$　　$\mu=5.9B.M.$ (　　)

(4) $[Co(edta)]^{-}$　　$\mu=0B.M.$ (　　)

(5) $[Ni(CN)_4]^{2-}$　　$\mu=0B.M.$ (　　)

(6) $[AlF_6]^{3-}$　　$\mu=0B.M.$ (　　)

(7) $[Ag(CN)_2]^{-}$　　$\mu=0B.M.$ (　　)

8. $[Cu(CN)_4]^{3-}$ 中 Cu(Ⅰ) 为 d^{10} 结构，则配离子的空间构型和中心离子的杂化方式是（　　）。

(1) 平面正方形　dsp^2 杂化　　(2) 变形四面体　sp^3d 杂化

(3) 正四面体　sp^3 杂化　　(4) 平面正方形　sp^3d^2 杂化

9. $[Ni(NH_3)_4]^{2+}$ 和 $[Ni(CN)_4]^{2-}$ 是 Ni 的配合物，已知前者的磁矩大于零，后者的磁矩等于零，则前者的空间构型是（　　），杂化方式是（　　）；后者的空间构型是（　　），杂化方式是（　　）。

10. 下列配离子中，磁矩最大的是（　　）。

(1) $[Fe(CN)_6]^{3-}$　　(2) $[Fe(CN)_6]^{4-}$　　(3) $[Co(CN)_6]^{3+}$

(4) $[Ni(CN)_4]^{2-}$　　(5) $[Mn(CN)_6]^{3-}$

11. 实验测得 $[Co(NH_3)_6]^{3+}$ 是反磁性的，问

(1) 它属于什么空间构型？根据价键理论判断中心离子采用什么杂化？

(2) 根据晶体场理论说明中心离子 d 轨道的分裂情况，求出相应的晶体场稳定化能。

12. 解释下列事实：

(1) $[Fe(CN)_6]^{3-}$ 为顺磁性，而 $[Fe(CN)_6]^{4-}$ 为反磁性；

(2) $[Co(CN)_6]^{3-}$ 比 $[Co(CN)_6]^{4-}$ 稳定；

(3) $[FeF_6]^{3-}$ 为高自旋，而 $[Fe(CN)_6]^{3-}$ 为低自旋；

(4) $[Co(H_2O)_6]^{3+}$ 比 $[Co(NH_3)_6]^{3+}$ 的稳定性差；

(5) $[FeF_6]^{3-}$ 和 $[Fe(H_2O)_6]^{3+}$ 配离子颜色很浅甚至无色，而 $[Fe(NCS)_6]^{3-}$ 却呈深红色。

13. 构型 $d^1 \sim d^{10}$ 的过渡金属离子，在八面体配合物中，哪些有高、低自旋之分？哪些没有？哪些单凭磁性即可区分强场和弱场配位体？

14. 按晶体场理论，八面体过渡金属配合物的稳定性由形成体与配位体之间的静电吸引作用和晶体稳定化能共同决定，两者中起主要作用的是（　　）。

15. 从晶体场理论知 $[Fe(CN)_6]^{4-}$ 和 $[Fe(CN)_6]^{3-}$ 均为低自旋配合物，则中心离子 d 电子的排布方式分别为（　　）、（　　），按价键理论两种配合物中心离子的杂化方式分别为（　　）、（　　）。

16. 判断正误，并说明理由。

(1) 配离子 $K^{\ominus}_{稳}$ 值越大，其配位键越强；

(2) 配离子 $K^{\ominus}_{稳}$ 值越小，该配离子越稳定；

(3) 同类型配离子 $K^{\ominus}_{不稳}$ 值越小，该配离子越稳定；

(4) 配合剂浓度越大，生成的配合物的配位数越大；

(5) 配合物 $K^{\ominus}_{稳}/K^{\ominus}_{不稳}$ 等于 1。

17. AgI 在下列相同浓度的溶液中，溶解度最大的是（　）

(1) KCN　(2) $Na_2S_2O_3$　(3) KSCN　(4) $NH_3 \cdot H_2O$

18. 向含有 $[Ag(NH_3)_2]^{+}$ 的溶液中分别加入下列物质，则平衡 $[Ag(NH_3)_2]^{+} \rightleftharpoons Ag^{+} + 2NH_3$ 移动方向如何？

(1) 稀 HNO_3　　(2) $NH_3 \cdot H_2O$　　(3) Na_2S 溶液

19. 比较下列电极电势的大小。已知 $K^{\ominus}_{sp,Fe(OH)_2} \gg K^{\ominus}_{sp,Fe(OH)_3}$，$K^{\ominus}_{稳,[Co(NH_3)_6]^{3+}} \gg K^{\ominus}_{稳,[Co(NH_3)_6]^{2+}}$。

(1) $E^{\ominus}[Fe(OH)_3/Fe(OH)_2]$ 与 $E^{\ominus}$ (Fe^{3+}/Fe^{2+})

(2) $E^{\ominus}[Co(NH_3)_6^{3+}/Co(NH_3)_6^{2+}]$ 与 $E^{\ominus}(Co^{3+}/Co^{2+})$

(3) $E^{\ominus}(Cu^{2+}/CuI_2^-)$ 与 $E^{\ominus}(Cu^{2+}/Cu^+)$

(4) $E^{\ominus}(HgI_4^{2-}/Hg)$ 与 $E^{\ominus}(Hg^{2+}/Hg)$

习　题

1. 完成下表

配合物或配离子	命　名	中心离子	配体	配位原子	配位数
	六氟合硅(Ⅳ)酸铜				
$[PtCl_2(OH)_2(NH_3)_2]$					
	四(异硫氰酸根)·二氨合铬(Ⅲ)酸铵				
	三羟基·水·乙二胺合铬(Ⅲ)				
$[Fe(CN)_5(CO)]^{3-}$					
$[FeCl_2(C_2O_4)(en)]^-$					
	三硝基·三氨合钴(Ⅲ)				
	四羰基合镍				

2. 完成下表

配合物	名称	配离子的电荷	形成体的氧化数
$[Cu(NH_3)_4][PtCl_4]$			
$Cu[SiF_6]$			
$K_3[Cr(CN)_6]$			
$[Zn(OH)(H_2O)_3]NO_3$			
$[CoCl_2(NH_3)_3(H_2O)]Cl$			
$[PtCl_2(en)]$			

3. 写出下列配合物的化学式：

(1) 三氯·一氨合铂（Ⅱ）酸钾；

(2) 四氰合镍（Ⅱ）配离子；

(3) 五氰·一羰基合铁（Ⅲ）酸钠；

(4) 一羟基·一草酸根·一水·一乙二胺合铬（Ⅲ）；

(5) 四（异硫氰酸根）·二氨合铬（Ⅲ）酸铵。

4. 有两种钴（Ⅲ）配合物组成均为 $Co(NH_3)_5Cl(SO_4)$，但分别只与 $AgNO_3$ 和 $BaCl_2$ 发生沉淀反应。写出两种配合物的化学式。

5. 试用价键理论指出中心离子成键的杂化类型，配离子的磁性。已知配离子的空间构型如下

(1) $[Cu(NH_3)_2]^+$（直线）　　(2) $[Zn(NH_3)_4]^{2+}$（正四面体）

(3) $[PtCl_2(NH_3)_2]$（平面正方形）　　(4) $[Fe(CN)_6]^{3-}$（正八面体）

6. 已知配合物的磁矩，请指出中心离子的杂化类型、配离子的空间构型和内、外轨类型。

(1) $[Cr(C_2O_4)_3]^{3-}$　$\mu=3.38$B. M.　　(2) $[Co(NH_3)_6]^{2+}$　$\mu=4.26$B. M.

(3) $[Mn(CN)_6]^{4-}$　$\mu=2.00$B. M.　　(4) $[Fe(edta)]^{2-}$　$\mu=0.00$B. M.

7. 下列配合物的空间构型如何？(平面正方形、正八面体、正四面体)

$[PtCl_4]^{2-}$　$[Zn(NH_3)_4]^{2+}$　$[Fe(CN)_6]^{3-}$　HgI_4^{2-}　$[Ni(H_2O)_6]^{2+}$　$[Cu(NH_3)_4]^{2+}$

8. 用价键理论和晶体场理论分别描述下列配离子的中心离子价层电子分布。

(1) $[Ni(NH_3)_6]^{2+}$（外轨型）　　(2) $[Co(en)_3]^{3+}$（低自旋）

9. 已知 $[CoF_6]^{3-}$ 和 $[Co(CN)_6]^{3-}$ 的磁矩分别为 5.3B.M. 和 0.0B.M.，试用晶体场理论说明中心离子 d 电子分布情况及高低自旋状况。

10. 已知下列配合物的分裂能（Δ_0）和电子成对能（P），试写出它们中心离子 d 电子的排布方式，估计磁矩大小，并指出属于什么（高、低）自旋。

	$[Mn(H_2O)_6]^{2+}$	$[Fe(CN)_6]^{4-}$	$[Cr(H_2O)_6]^{3+}$	$[Co(NH_3)_6]^{3+}$
$P/kJ \cdot mol^{-1}$	259.6	212.9	239.2	212.9
$\Delta_0/kJ \cdot mol^{-1}$	93.3	394.7	166.3	275.1

11. 利用光谱化学序列确定下列配合物的配体是强场配体还是弱场配体？确定电子在 d_ε（或 t_{2g}）d_γ（或 e_g）轨道中的分布，未成对电子数和晶体场稳定化能。

（1）$[Co(CN)_6]^{3-}$ （2）$[Ni(H_2O)_6]^{2+}$ （3）$[FeF_6]^{3-}$ （4）$[Cr(NO_2)_6]^{3-}$

12. 已知 $[Cu(NH_3)_4]^{2+}$ 的逐级稳定常数的对数值分别为 4.22、3.67、3.04、2.30。试求该配合物的逐级累积稳定常数 β_i、稳定常数 $K^{\ominus}_{稳}$ 及不稳定常数 $K^{\ominus}_{不稳}$。

13. 将 40mL 0.10mol·L^{-1} $AgNO_3$ 溶液和 20mL 6.0mol·L^{-1} 氨水混合并稀释至 100mL。试计算：

（1）平衡时溶液中 Ag^+、$[Ag(NH_3)_2]^+$ 和 NH_3 的浓度。

（2）在混合稀释后的溶液中加入 0.010mol KCl 固体，是否有 AgCl 沉淀产生？

（3）若要阻止 AgCl 沉淀生成，则应改取 12.0mol·L^{-1} 氨水多少毫升？

14. 10mL 0.10mol·L^{-1} 的 $CuSO_4$ 溶液与 10mL 6.0mol·L^{-1} 的氨水混合达到平衡后，计算溶液中 Cu^{2+}、$[Cu(NH_3)_4]^{2+}$ 以及 NH_3 的浓度各是多少？若向此溶液中加入 0.01mol 的 NaOH 固体，问是否有 $Cu(OH)_2$ 沉淀生成？

15. 计算 100mL 0.50mol·L^{-1} $Na_2S_2O_3$ 溶液可溶解多少克固体 AgBr？

16. 在三份 0.2mol·L^{-1} $[Ag(CN)_2]^-$ 配离子的溶液中，分别加入等体积的 0.2mol·L^{-1} KCl、KBr、KI 溶液，问：

（1）三种卤化银沉淀是否均能生成？

（2）若原 $[Ag(CN)_2]^-$ 溶液中还含有浓度为 0.2mol·L^{-1} 的 KCN，则分别加入上述 KCl、KBr、KI 溶液时，三种卤化银是否会沉淀出来？

17. 计算下列电对的标准电极电势 $E^{\ominus}$。

（1）$[Ni(CN)_4]^{2-} + 2e^- \rightleftharpoons Ni + 4CN^-$

（2）$[Co(NH_3)_6]^{3+} + e^- \rightleftharpoons [Co(NH_3)_6]^{2+}$

18. 已知 $E^{\ominus}(Hg^{2+}/Hg) = 0.851V$，$[Hg(CN)_4]^{2-}$ 的 $K^{\ominus}_{稳} = 2.51 \times 10^{41}$，计算 $E^{\ominus}[Hg(CN)_4^{2-}/Hg]$。比较标准状态下 Hg^{2+} 与 $[Hg(CN)_4]^{2-}$ 的氧化能力。

19. 已知 $E^{\ominus}(Cu^{2+}/Cu) = 0.340V$，$[Cu(NH_3)_4]^{2+}$ 的 $K^{\ominus}_{稳} = 1.70 \times 10^{13}$，$c(NH_3) = 1mol \cdot L^{-1}$。计算说明能否用铜器储存氨水？

20. 一个铜电极浸在 1mol·L^{-1} $[Cu(NH_3)_4]^{2+}$ 和 1mol·L^{-1} 氨水中，一个银电极浸在 1mol·L^{-1} $AgNO_3$ 溶液中，求组成电池的电动势。

21. 计算下列反应的平衡常数

（1）$[Ag(NH_3)_2]^+ + 2CN^- \rightleftharpoons [Ag(CN)_2]^- + 2NH_3$

（2）$[FeF_6]^{3-} + 6CN^- \rightleftharpoons [Fe(CN)_6]^{3-} + 6F^-$

第9章 非金属元素(一) 氢 稀有气体 卤素

已知的非金属元素共22种，21种位于周期表p区的右上方。除H和He外，其原子的价层电子结构的共同特点是所增加的电子依次填充在np轨道上，从ⅢA至ⅧA族，对应为$ns^2np^{1\sim6}$。在这些非金属单质中，常温下以固态存在的有硼、碳、硅、磷、砷、硫、硒、碲、碘、砹10种；以液态存在的只有溴；其余为气体。

9.1 氢

氢是宇宙中最丰富的元素，也是地球上常见的元素。据估计，H占宇宙原子总数的90%；在地壳和海洋中，以原子计H占15.4%，以质量计则占0.76%，主要以化合态存在，如水、有机物和生命体中；火山喷发的气体中含有大量H_2，一种假设认为，地核中有大量的金属氢化物。由于H_2分子运动速度极快，能逃逸出大气层，在空气中的含量极微，其体积分数仅为5×10^{-5}%。

已知元素氢有三种同位素，即氕^1_1H(或普通氢H)，氘^2_1H(或重氢D) 和氚^3_1H(或超重氢T)。自然界中的氢由99.98%氕和0.016%氘组成，所以基本上显示同位素氕的性质。

9.1.1 氢的性质

H_2是无色、无味的气体，是所有气体中是最轻的，可以用来填充气球。氢气在水中溶解度很小，易燃。常压下，当空气中H_2的体积分数在4%～78%之间，一经点燃，立即爆炸。这个浓度范围叫做氢的爆炸极限。H_2的临界温度为－240℃，很难液化。通常将氢气压缩在厚壁钢瓶中储存，氢气钢瓶的颜色为绿色。使用时应严禁烟火并加强通风。

氢原子的电子构型为$1s^1$，在元素周期表中列于ⅠA族，但它不是碱金属元素，电负性为2.20。由于最外层只有一个电子，失去这唯一的电子后变成的H^+实际上就是质子。由于半径极小，电场很强，总是与其他原子或分子结合以降低能量，例如在水中与几个水分子结合成水合氢离子$H_9O_4^+$或H_3O^+等。电子构型为$1s^1$的氢原子，如得到一个电子可达到稀有气体结构$1s^2$，故也可把它排在元素周期表的ⅦA族。

除稀有气体外，氢几乎能与所有的元素化合。与p区非金属元素通过共用电子对，以共价键结合，如HX，H_2O，NH_3等；与s区元素（Be和Mg除外）化合时，获得1个电子形成H^-负离子，以离子键相结合，例如NaH，CaH_2等；过渡型键存在于非化学计量氢化物中，如$LaH_{2.87}$，它是由氢原子填充在镧金属的晶格空隙中形成的非整比化合物。

将H_2加热，特别是通过电弧、低压放电或用汞蒸气冷弧灯的紫外光辐照，都可得到原子氢。所得原子氢仅能存在半秒钟，随后便重新结合成分子氢，并放出大量的热。若将原子氢气流吹向金属表面，则原子氢再结合成分子氢所释放出的热集中在金属的局部表面上，足以产生4300K的高温而使金属熔化。由于原子氢焰有强的还原性，能在常温下将铜、铁、铋、汞和银等的氧化物或氯化物迅速还原为金属，又能直接与锗、锡、砷、锑和硫等作用生成氢化物，甚至能还原某些含氧酸盐。

$$CuCl_2+2H \xlongequal{} Cu+2HCl$$

$$BaSO_4+8H \xlongequal{} BaS+4H_2O$$

9.1.2 氢气的制备

实验室制备少量的氢气，常用中等活泼的金属锌粒或铁粉与稀 H_2SO_4 作用，或用两性金属 Zn，Al 与 NaOH 溶液作用；野外制氢可用 NaH，CaH_2 与水作用。

工业上制氢的方法很多，主要有水煤气法和电解法。

(1) 水煤气法 用焦炭或天然气（主要成分为 CH_4）与水蒸气作用，首先得到水煤气：

$$C+H_2O \xrightarrow{1000℃} CO+H_2$$

$$CH_4+H_2O \xrightarrow{800℃催化剂} CO+3H_2$$

水煤气再与水蒸气反应，其中的 CO 被氧化成 CO_2，同时还原出 H_2：

$$CO+H_2O \xrightarrow{500℃催化剂} CO_2+H_2$$

分离出混合气中的 CO_2，就得到比较纯的氢气。这是目前工业上氢的主要来源。

(2) 电解法 用 15%～20% NaOH 或 KOH 溶液进行电解：

阴极 $$2H^++2e^- \longrightarrow H_2$$

阳极 $$4OH^--4e^- \longrightarrow 2H_2O+O_2$$

阴极产生的氢气其纯度可达 99.5%～99.9%。此法的原料虽然便宜，但耗电量大，每生产 1kg 氢需要五六十度电。此外，氯碱工业中电解食盐水生产烧碱时，氢气是重要的副产品，反应为：

$$2NaCl+2H_2O \xrightarrow{电解} Cl_2(阳极)+H_2(阴极)+2NaOH$$

(3) 制氢新技术 由于上述方法耗能较多，近年开发了利用太阳能在催化剂 TiO_2 作用下光解水、光电池分解水等制取氢气、生物质制氢等方法，这些研究成果目前成本很高，但随着一些难点的突破，为廉价制氢展现了美好的前景。

9.1.3 氢的用途

(1) 清洁能源 由于 H_2 燃烧后的产物是水，单位质量热值又高，是理想的清洁能源。如燃料电池车已作为新概念能源车在某些地方示范。现在的问题是储存尚存在困难，高压冷却制得的液氢现只用于火箭的燃料。新型储氢材料 $LaNi_5$ 每立方米可储存 88kg 氢，超过液态氢储氢（70.6kg 氢/m^3）能力。可望成为较理想的储氢材料。

在原子能工业中，重水用在核反应堆里作为中子减速剂；氘和氚进行热核反应时放出巨大的核聚变能。

(2) 冶炼金属的还原剂 氢具有还原性，可将氧化物、氯化物还原到金属或非金属，如还原 WO_3 制钨，还原 $SiHCl_3$ 制纯硅等。

$$WO_3+3H_3 \xrightarrow{高温} W+3H_2O$$

$$TiCl_4+2H_2 \xrightarrow{高温} Ti+4HCl$$

$$SiHCl_3+H_2 \xrightarrow{高温} Si+3HCl$$

(3) 合成氨或氯化氢 高温下氢气可与卤素、氮气等非金属反应，生成共价型氢化物。

$$3H_2+N_2 \xrightarrow{高温,高压,催化剂} 2NH_3$$

(4) 还原制备有机物 氢在有机合成上用于不饱和烃的加氢反应及醛类的加氢还原等。例如，将植物油通过加氢反应生成固态的人造黄油。

9.2 稀有气体

1893 年英国物理学家雷利用精密天平测量氮的密度时，发现得自空气中的氮气每升重

1.2565g，而由氨等含氮化合物分解得到的氮每升仅重1.2507g。相差虽不多，但远超过了实验误差范围。通过进一步研究，经光谱分析断定这里还含有另一种新元素，命名为氩(Ar原意为懒惰，不活泼)。1868年法国天文学家简森在观察日全食时，发现太阳光的光谱中有一条地球上已知元素中从未出现过的黄色谱线，英国科学家弗兰克兰认为这是一种太阳中的元素，命名为氦（太阳元素之意），10多年后在地球上也找到了氦。后来陆续又发现了氖、氪、氙、氡。由于这些元素化学上的惰性，被长期冠之以“惰性气体”并成为初期化学键理论的键合根据——“稳定八隅体”。

9.2.1 稀有气体的存在与制备

在大气中，每$1m^3$空气内约含9.3L氩、18mL氖、5mL氦、1mL氪和0.8mL氙。氦也存在于某些天然气中。氡是某些放射性元素的蜕变产物，本身又是具有放射性的物质。稀有气体在地壳中的丰度很小，含量最多的氩仅为$4\times10^{-6}\%$；但在宇宙中的分布比地球上广泛，氦是仅次于氢的位于第二的元素。

利用稀有气体物理性质的不同（如熔、沸点以及被吸附难易程度等）进行空气中各组分的分离。先将液态空气分级蒸馏，除去大部分氮和氧以后，得到含少量氮的以氩为主的稀有气体混合物。继续分馏与氮分离，用氢氧化钠吸收二氧化碳，用赤热的铜丝除去微量氧，氮则用灼热的Mg、Ca和Al使其生成氮化物被除去，剩余的气体是以氩为主的稀有气体混合物。

常用低温分馏或低温选择性吸附的方法分离混合稀有气体。如在低温下用活性炭处理混合气体，易液化者优先被吸附。173K时，氩、氪和氙被吸附，剩余气体含有氦和氖。所以可用活性炭在不同温度下对各种稀有气体进行吸附和解吸附，并将其分离。

9.2.2 稀有气体的性质和用途

稀有气体的最外层电子构型都是相对稳定的全充满球形对称结构，电离能较高，电子亲和能近于零，因此在通常条件下不易得失电子，表现为化学上的惰性。稀有气体的一些基本性质列于表9-1中。

表9-1 稀有气体的基本性质

元素	原子序数	相对原子质量	外围电子构型	范德华半径/pm	I_1 /kJ·mol^{-1}	放电时颜色	熔点/K	沸点/K	溶解度(293K) /mL·kg^{-1} 水中
He	2	4.003	$1s^2$	93	2372	黄	0.95	4.25	8.61
Ne	10	20.18	$2s^22p^6$	112	2081	红	24.48	27.25	10.5
Ar	18	39.95	$3s^23p^6$	154	1521	红或蓝	83.95	87.45	33.6
Kr	36	83.8	$4s^24p^6$	169	1351	黄-绿	116.55	120.25	59.4
Xe	54	131.3	$5s^25p^6$	190	1170	蓝-绿	161.15	166.05	108.1
Rn	86	222.0	$6s^26p^6$	220	1037	—	202.15	208.15	2300

稀有气体都是无色、无嗅的单原子气体。原子之间仅存在着微弱的色散力，故熔、沸点相当低，在水中溶解度很小。随原子序数的递增，原子半径增大，核对外层电子束缚较松弛，色散力增大，熔、沸点亦递增。氦是沸点最低的物质，是最难液化的气体。它在常压下不能凝固，必须大于2.5×10^6Pa，约1K左右才成固体。它在冷却到4.2K时形成正常液体He(Ⅰ)，冷却到2.2K以下时转变成特殊的液体He(Ⅱ)，具有许多反常性质。例如，具有超流动性，在容器中会自动沿器壁流出容器外，直到内外液面高度相等为止；具有低黏滞性，流动时几乎无摩擦；具有超导性；导热性是铜的800倍。氦的密度小，不像氢那样易燃，故可用于充填飞艇或气球。氦在人体血液中的溶解度比氮小得多，且溶解度随压力增加变化很小，因此可利用它代替氮与氧混合制成“人造空气”供潜水员呼吸，以防潜水员出水时由于压力骤降，使原先溶在血液中的氮迅速逸出而在血管中形成栓塞所造成的“潜水病”。液氦常被用于超低温技术，

核反应堆的冷却剂，还可用作惰性气氛焊接，轻泡沫纤维，气相色谱载气等。

稀有气体的电阻小，容易放电，发出各种颜色的光，故可充入灯管。氖能产生美丽的红光，广泛用于霓虹灯、灯塔照明工程。氩的导热性和导电性很小，可用作灯泡的填充气，以减少钨丝的挥发，延长灯泡寿命。氩还用于难熔金属冶炼中的保护气，防止金属在高温下氧化。氪和氙都具有几乎连续的光谱，故在高压下放电，产生极为明亮、类似日光的光线，称为“人造小太阳”，除用于特殊照明外，主要用作固体激光器的激励光源；二者本身也是激光工作物质。氙在医药中是性能极好的麻醉气体，氙-氧混合气可产生深度麻醉，副作用小，诱导和恢复期都很短，但价格昂贵。氪和氙的同位素在医学上被用于测量脑血流量和研究肺功能、计算胰岛素分泌量等。氡在医学上用于恶性肿瘤的放射性治疗。但氡吸入人体内是很危险的，应防止放射性污染。

9.2.3　重要稀有气体化合物

1962 年，巴特列发现强氧化性的 PtF_6 可使 O_2 氧化成 $O_2^+[PtF_6]^-$。他考虑到 O_2 的第一电离能为 $1176kJ \cdot mol^{-1}$，与氙的第一电离能 $1170kJ \cdot mol^{-1}$ 十分相近，氙也有可能被 PtF_6 氧化；从晶格能估算也预见到生成物尚能稳定存在。他于是将 PtF_6 蒸气和氙按等物质的量比在室温下混合，果然立即生成了橙黄色固体 $Xe^+[PtF_6]^-$。

$$Xe + PtF_6 = Xe^+[PtF_6]^-$$

这一发现震动了化学界，动摇了长期禁锢人们思想的“绝对惰性”的形而上学观念，从此稀有气体元素化学揭开了新的篇章，促使稀有气体化学迅速发展起来。以后又合成了氙的氟化物、氧化物、氯化物、氟氧化物及含氧酸盐。目前研究最多的是氙的化合物。

(1) 氙的氟化物　在密闭的镍容器中，将氙和氟加热，依氟的用量不同，可分别得到 XeF_2、XeF_4 和 XeF_6，反应式为：

$$2Xe + nF_2 = 2XeF_n \quad (n=2, 4, 6)$$

三种氟化物都是无色固体，在真空中易升华。它们都是强氧化剂，能使许多物质氧化，而本身重新生成单质。例如：

$$XeF_2 + H_2 = Xe + 2HF$$

$$XeF_2 + BrO_3^- + H_2O = Xe + BrO_4^- + 2HF$$

$$XeF_2 + Hg = Xe + HgF_2$$

它们均遇水分解，XeF_2 较慢，后两者极快。

$$2XeF_2 + 2H_2O = 2Xe + O_2 + 4HF$$

$$6XeF_4 + 12H_2O = 2XeO_3 + 4Xe + 3O_2 + 24HF$$

(2) 氙的含氧化合物　目前已知的含氧化合物只能由氟化物转化制得，其反应如前。但 XeO_4 则需要由高氙酸转化而成。

XeO_3 是无色透明晶体，易潮解，易爆炸，但在水溶液中较稳定。它具有很强的氧化性，能将 Cl^-、NH_3，Mn^{2+} 和甲酸等分别氧化成 Cl_2、N_2、MnO_4^- 及 CO_2 等，本身则还原成 Xe。此外，氙还可以形成 $XeOF_2$、$XeOF_4$ 等氟氧化合物。

9.3　卤族元素

9.3.1　在自然界中的存在

周期系第ⅦA 族元素氟、氯、溴、碘和砹总称为卤素（常用 X 表示），即成盐元素之意。它们表现出典型的非金属属性，易与碱金属元素化合成盐。

在地壳中卤素含量大约是：F 0.045%，Cl 0.028%，Br 4.4×10^{-4}%，I 6×10^{-5}%。

氟多以难溶矿物萤石（CaF_2）、冰晶石（Na_3AlF_6）和氟磷灰石［$Ca_5F(PO_4)_3$］形式存在，其次在动物的骨骼、牙齿、毛发等组织内部也含有氟的成分。氯、溴、碘主要以钠、钾、钙、镁的无机盐形式存在于海水中，其中以氯化钠含量最高（约含1.9%的Cl）。海水中Cl、Br、I的质量比约为200∶1∶0.1。氯也存在于某些盐湖、盐井和岩盐矿床中。某些海洋植物具有富集碘的能力，故干海藻是碘的一个重要来源。智利的硝石矿（$NaNO_3$）中含有少量碘酸钠$NaIO_3$。砹是1940年美国加州大学的意大利籍物理学家科尔森等用α粒子攻击铋时得到的，它是不稳定的放射性元素。

9.3.2　卤素的通性

见表9-2。

表9-2　有关卤素原子的一些基本性质

元素	原子序数	相对原子质量	外围电子构型	常见氧化态	原子共价半径/pm	X^-离子半径/pm	I_1/kJ·mol^{-1}	Y_1/kJ·mol^{-1}	X^-水合能/kJ·mol^{-1}	X_2解离能/kJ·mol^{-1}	电负性(鲍林值)	$E^\ominus(X_2/X^-)$(298.15K)/V
F	9	19.00	$2s^22p^5$	−1,0	64	136	1681	−322.2	−506.3	155	3.98	+2.866
Cl	17	35.45	$3s^23p^5$	−1,0,+1,+3,+5,+7	99	181	1251	−348.7	−368.2	238	3.16	+1.358
Br	35	79.90	$4s^24p^5$	−1,0,+1,+3,+5,+7	114	195	1140	−324.5	−334.7	188	2.96	+1.068
I	53	126.9	$5s^25p^5$	−1,0,+1,+3,+5,+7	133	216	1008	−292.9	−292.9	151	2.66	+0.5355

卤素原子的最外层电子构型为ns^2np^5，有获得一个电子成为X^-的强烈倾向。与同周期元素相比较，卤素原子核电荷最多（稀有气体除外），原子半径最小，电负性最大，因此非金属性最强，是一族典型的非金属元素。在本族内，随原子序数递增，原子半径递增，电负性递减，非金属性递减，是性质最相似、规律性最明显的一族元素。

卤素的电负性较高，所以最常见的氧化态为−1。Cl、Br、I价电子层中都存在着空nd轨道，如与电负性更大的元素化合时，nd轨道可以参与成键，表现出更高的氧化数。如在卤素的含氧酸和卤素互化物中常见+1、+3、+5和+7氧化态。氟原子的价层没有空的d轨道，具有本族最小的原子半径，氟的氧化态只有−1和0。氟的电子亲和能较氯低，这是因为氟原子半径很小，核周围电子密度较大，当它获得一个外来电子引起电子之间较大的斥力，部分抵消了F获得电子成为F^-时所放出的能量。

卤素在溶液中氧化能力的大小可以用标准电极电势$E^\ominus$值来衡量。卤素单质的$E^\ominus$值具有较大的正值，表明它们都具有较强的氧化能力。从氟到碘随$E^\ominus$值递减，其氧化性亦递减。X^-具有较弱的还原能力，还原性从F^-到I^-依次增强，I^-易被一般的氧化剂所氧化。

从卤素元素电势图中可见，卤素单质、不少含氧酸及其盐都可发生歧化作用。卤素的各种$E^\ominus$见图9-1。

$E_A^\ominus$/V

ClO_4^- —1.19— ClO_3^- —1.43— HClO —1.61— $\frac{1}{2}Cl_2$ —1.36— Cl^-
（ClO_3^-—$\frac{1}{2}Cl_2$：1.47；HClO—Cl^-：1.48；ClO_3^-—Cl^-：1.45）

BrO_4^- —1.76— BrO_3^- —1.49— HBrO —1.59— $\frac{1}{2}Br_2$ —1.07— Br^-
（HBrO—Br^-：1.33；BrO_3^-—$\frac{1}{2}Br_2$：1.48；BrO_3^-—Br^-：1.42）

图9-1

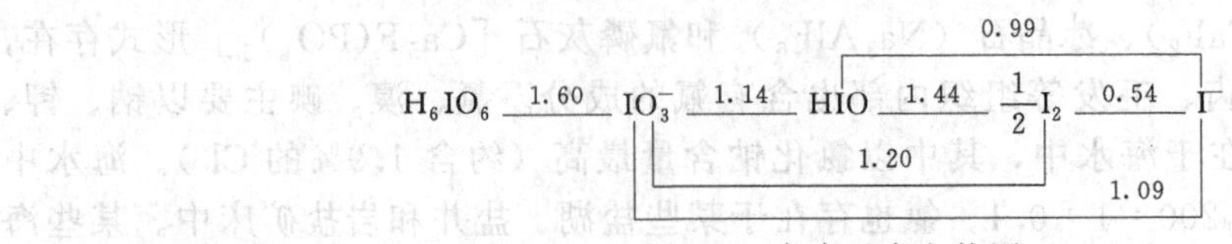

图 9-1　卤素元素电势图

9.3.3　卤素单质

卤素是相当活泼的元素，在自然界中均以化合态的形式存在，广泛地分布在地壳、海洋及矿石中。

9.3.3.1　卤素单质的物理性质

卤素单质都是双原子分子，其中砹有放射性。常温下，氟和氯是气体，溴是易挥发液体，碘是易升华的固体。卤素单质的相关物理性质如表 9-3 所示。

表 9-3　卤素单质的物理性质

单质	状态	颜色	密度(液体) /g·mL^{-1}	水中溶解度(392K) /mol·L^{-1}	熔点/K	沸点/K	气化热 /kJ·mol^{-1}	临界温度 /K	临界压力 /MPa
氟	气体	淡黄色	1.513(85K)	与水反应	53.38	84.86	6.54	144	5.57
氯	气体	黄绿色	1.655(203K)	0.09	172	238.4	20.41	417	7.7
溴	液体	红棕色	3.187(273K)	0.21	265.8	331.8	29.56	588	10.33
碘	固体	紫黑色	3.960(393K)	0.0013	386.5	457.4	41.95	785	11.75

氟是淡黄色的气体，较易液化，有剧毒。氟又是人体必需的微量元素之一，少量的氟有助于骨骼的发育，有效地预防龋齿，氟过量会导致氟骨病和氟斑牙。

氯是黄绿色的气体，具有强烈刺激性气味，密度约为 1.7g·mL^{-1}，易液化，运输时装入黄绿色的钢瓶中。氯能使人窒息，刺激鼻腔和喉头黏膜，破坏呼吸系统，毒性很强。由于氯的密度比空气大，所以当发生氯气泄漏事故时，应往高处逃生，并用浸有弱碱性溶液的湿毛巾捂住鼻和嘴。对于中毒者，可使其吸入酒精和乙醚组成的混合蒸气或氨蒸气进行解毒。

溴是常温下唯一处于液态的非金属元素，呈红棕色，易挥发，同样有强烈的刺激性气味，对人体的呼吸系统和视觉系统的破坏作用很强，溅到皮肤上会深度烧伤皮肉，造成难以治愈的溃疡，实验中使用时要戴乳胶手套。若不慎贱到皮肤上，应立即用大量水冲洗，再用 5%的 $NaHCO_3$ 溶液冲洗。

碘是一种紫黑色并具有光泽的片状固体，常温下在水中的溶解度很小，在微热时不经熔化而直接升华，其蒸气大多呈紫红色。碘主要分布在海洋及矿石中，在人体中主要分布在甲状腺中，是相当重要的微量元素。缺碘会造成甲状腺肿大，过量会导致甲亢。

由于卤素单质都是非极性分子，因此它们在水中的溶解度并不大，但在有机溶剂中的溶解度却大大增加。碘单质的水溶液呈浅黄色，加入碘化钾溶液后溶解度大为增加，颜色加深，这是因为有 I_3^- 的生成。实验室中进行 I_2 的性质实验时，经常用 I_2 的 KI 溶液。5%碘的酒精溶液即医药上常见的碘酒，单质碘易溶解在四氯化碳中，呈紫红色，在 CS_2 中溶解度更大。而单质溴溶解在四氯化碳中一般呈橙红色，随着溴浓度的变化颜色的深浅也会变化。利用卤素单质的这一物理性质，我们可以通过萃取来提取卤素。

9.3.3.2　卤素单质的化学性质

卤素单质（除碘外）都具有强氧化性，电负性随着原子半径的增大而减小。

(1) 卤素单质与金属单质的反应　反应通式为：

$$2M + nX_2 \longrightarrow 2MX_n$$

F_2、Cl_2 可与所有金属反应；Br_2、I_2 可与除贵金属外的所有金属反应，F_2 的氧化性最强，与金属可以直接作用，而且反应非常剧烈，金属一般被氧化到高价。但在与铜、镍和镁作用时，由于金属表面生成致密的氟化物薄膜而阻止了进一步被氟化，因此氟可储存在这些金属及其合金制的容器中。Cl_2 和 Br_2 与金属作用时大多需要点燃或加热，反应也比较剧烈。I_2 与金属作用时，需要加热或是通过水的催化。

如：

$$3Cl_2 + 2Fe \longrightarrow 2FeCl_3$$

$$I_2 + Fe \longrightarrow FeI_2$$

$$Sn(熔融态) + 2Cl_2 \longrightarrow SnCl_4(液态)$$

在实际生产上，卤素（如氯气）与金属直接合成卤化物（称干法合成），生成的卤化物应有较低的熔点、容易升华或容易液化，如氯化锌、氯化汞、四氯化锡等，快速离开金属界面，使反应持续进行。如生成的卤化物不易液化或挥发，则金属要制成粉末状或金属花（熔化的金属快速倒入水中后呈花状）。

$$Cu(铜屑或细铜丝) + Br_2 \longrightarrow CuBr_2$$

$$Cd(镉花) + Br_2 \longrightarrow CdBr_2$$

干燥的氯单质与铁在常温不发生反应，因此，可用干燥的钢瓶存放液氯。

（2）卤素单质与非金属单质的反应　氟是最活泼的非金属元素，它几乎可以与所有的非金属单质（除氧气、氮气和部分稀有气体外）直接化合，反应剧烈，并放出大量的热。因为生成的氟化物具有挥发性，不妨碍非金属表面进一步氟化，可以生成高氧化态的氟化物。氟在低温、黑暗中与氢气反应时，会发生剧烈的爆炸。另外，在 520K 的温度下，氟可以与极不活泼的稀有气体氙发生反应，得到二氟化氙。氯与非金属单质作用时也比较剧烈，而溴和碘与非金属单质作用时一般需要加热，有时反应呈现出一定的可逆性。氟、氯、溴与 S 和 H_2 作用的反应式如下：

$$S + X_2 \longrightarrow SF_6、SCl_4、SBr_2$$

$$H_2 + X_2 \longrightarrow 2HX$$

其反应有所差异（X_2 与 H_2）：

① 速率差别：F_2 在黑暗处就会发生爆炸；Cl_2 需在光照或者明火的条件下发生；Br_2、I_2 则要在加热和催化剂两者同时存在的情况下发生爆炸。

② 平衡常数不同：从 F_2 到 I_2 的平衡常数 $K^{\ominus}$ 值逐渐减小，1000℃时与 H_2 反应完成程度分别为：

F_2　100%；Cl_2　99.8%；Br_2　99.5%；I_2　1.67%

（3）卤素单质与水及碱的反应

① 氧化水的反应　反应通式为：

$$X_2 + H_2O \longrightarrow \frac{1}{2}O_2 + 2HX$$

X_2 能否氧化水取决于 $E^{\ominus}(X_2/X^-)$ 是否大于 $E^{\ominus}(O_2/H_2O)$。

酸性 $E^{\ominus}(O_2/H_2O) = 1.229V$，中性 $E^{\ominus}(O_2/H_2O) = 0.816V$，碱性 $E^{\ominus}(O_2/H_2O) = 0.401V$，$E^{\ominus}(F_2/F^-) = 2.87V$，$E^{\ominus}(Cl_2/Cl^-) = 1.36V$，$E^{\ominus}(Br_2/Br^-) = 1.07V$，$E^{\ominus}(I_2/I^-) = 0.54V$。

由上述数据可看出，从 F_2 到 I_2 的 $E^{\ominus}$ 逐渐减小。F_2 与水反应的趋势最大，实际上反应也很猛烈（甚至有少量臭氧放出）：

$$F_2 + H_2O \longrightarrow \frac{1}{2}O_2 + 2HF$$

Br_2 在中性条件中能进行，I_2 在碱性条件下虽可进行，但此时 I_2 已歧化。从热力学角度来看，氯和溴虽然可以氧化水，但反应需要的活化能较高，实际反应速率很慢，所以氯和溴与水进行的往往是歧化反应。

② 与水的歧化反应　反应通式为：

$$X_2 + HOH \rightleftharpoons HX + HXO \text{（氟除外）}$$

对 F_2，通常只能进行置换反应，但将 F_2 通过冰面可生成白色固体 HOF。对 Cl_2、Br_2，I_2，反应是可逆的，298.15K 时平衡常数分别为 4.2×10^{-4}、7.2×10^{-9} 和 2.0×10^{-13}。可见，从 Cl_2 到 I_2 反应程度愈来愈小，氯水中有较小浓度的 HClO，溴和碘在纯水中几乎不发生歧化反应。歧化反应进行程度与溶液的 pH 值有很大关系，加酸能抑制卤素的水解，加碱则促进水解，同时生成卤化物和次卤酸盐。

③ 与强碱的歧化反应　由元素电势图可知，除 F_2 外卤素在碱溶液中的歧化反应趋势很大：

$$X_2 + 2OH^- \rightleftharpoons X^- + XO^- + H_2O$$

298.15K 时 Cl_2、Br_2、I_2 发生歧化反应的平衡常数分别为 3.5×10^{15}、2×10^{8} 和 30。但 XO^- 在碱溶液中会进一步歧化：

$$3XO^- \rightleftharpoons 2X^- + XO_3^-$$

ClO^-、BrO^- 和 IO^- 歧化反应的平衡常数分别为 10^{27}、10^{15} 和 10^{20}。但动力学因素对反应的影响也很大。如在低于室温时，ClO^- 歧化速率很慢，而当温度升高到 348K 左右时，歧化速率大大地加快；所以 Cl_2 在冷碱中歧化产物为 Cl^- 和 ClO^-，而在热碱中产物则为 Cl^- 和 ClO_3^-。卤素在碱液中的歧化反应为：

$$Cl_2 + 2OH^- \xrightarrow{\text{常温}} Cl^- + ClO^- + H_2O$$

$$3Cl_2 + 6OH^- \xrightarrow{>75^\circ C} 5Cl^- + ClO_3^- + 3H_2O$$

$$Br_2 + 2OH^- \xrightarrow{<0^\circ C} Br^- + BrO^- + H_2O$$

$$3Br_2 + 6OH^- \xrightarrow{>0^\circ C} 5Br^- + BrO_3^- + 3H_2O$$

$$3I_2 + 6OH^- \xrightarrow{\text{任何温度}} 5I^- + IO_3^- + 3H_2O$$

保存液溴时，上面可放一些稀酸液，以防液溴挥发或歧化。

④ 卤素单质的其他反应

a. 卤素互化物

$$X_2 + nX'_2 \longrightarrow 2XX'_n \qquad (n=1、3、5、7)$$

X 代表电负性较小的卤素，X′代表电负性较大的卤素。n 随电负性差值的增大而增加（如 IF_7、BrF_5、ClF_3、BrCl 等）。

b. 氧化具有还原性的物质，如卤素间的置换反应等。

$$Cl_2 + 2Br^- \longrightarrow Br_2 + 2Cl^-$$

$$Br_2 + 2I^- \longrightarrow I_2 + 2Br^-$$

$$X_2 + H_2S \longrightarrow S\downarrow + 2HX$$

$$4Cl_2 + S_2O_3^{2-} + 5H_2O \longrightarrow 2SO_4^{2-} + 8Cl^- + 10H^+$$

9.3.3.3　卤素单质的制备与用途

卤素在自然界中均以化合态存在，通常以 −1 价的 X^- 存在。因此 X_2 的制备可归结为 X^- 的氧化。由于卤离子的还原能力 $I^- > Br^- > Cl^- \gg F^-$，所以采用的氧化方法各异。

(1) 电解法　F_2 的制取只能采用中温（373K）电解氧化法。目前工业上和实验室通常是用电解三份 KHF_2 和两份无水 HF 的熔融混合物（熔点 345K）：

$$2KHF_2 \xrightarrow{\text{电解}} 2KF + H_2\uparrow + F_2\uparrow$$

用铜制电解槽作为阴极，石墨作为阳极。

F_2 大量用于制取有机氟化物，如制冷剂中的氟里昂（CCl_2F_2），高效灭火剂中的 CBr_2F_2，杀虫剂中的 CCl_3F，耐热绝缘材料中四氟乙烯等。在原子能工业中制备的挥发性

UF_6，用于铀的同位素 ^{235}U 和 ^{238}U 的分离，即铀浓缩。

Cl_2 的制取可采用电解法和氧化法。氯碱工业生产常采用电解饱和食盐水的方法。由于食盐溶液中 Cl^- 浓度很大，在阳极主要生成 Cl_2，在阴极放出 H_2：

$$2NaCl+2H_2O \xrightarrow{\text{电解}} 2NaOH+H_2\uparrow+Cl_2\uparrow$$

目前，主要采用隔膜法和离子交换膜法来制备氯气。隔膜电解以石墨或金属（如钌-钛合金）作为阳极，铁网作为阴极，以石棉为隔膜材料（图 9-2），离子交换膜法是 20 世纪 80 年代起采用的新工艺，以离子交换膜代替石棉隔膜，制得的氢氧化钠浓度大、纯度高，并且节能（图 9-3）。

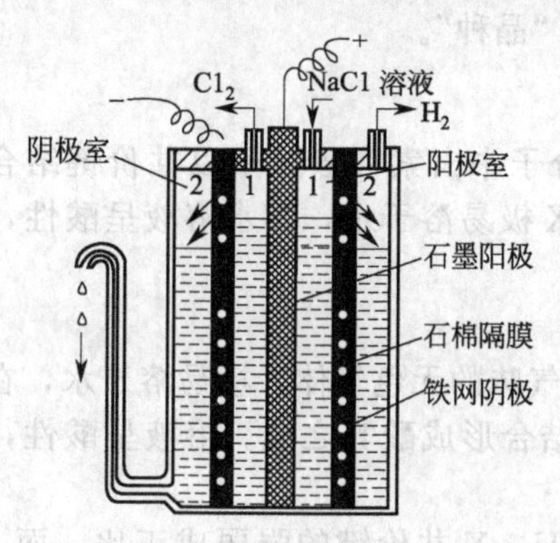

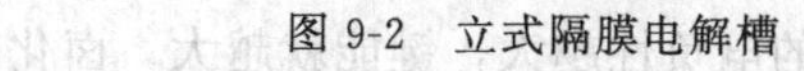
图 9-2　立式隔膜电解槽

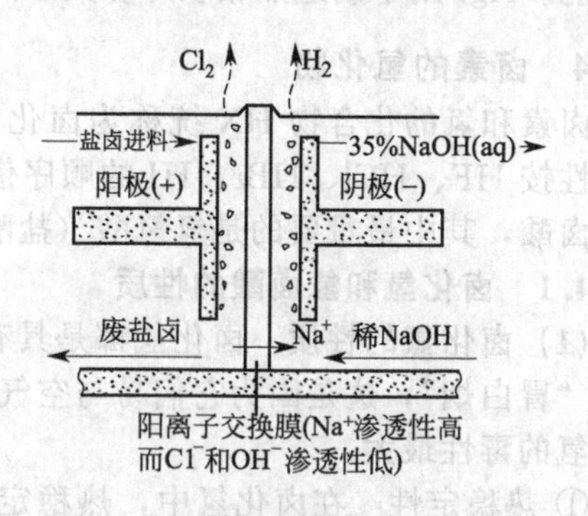

图 9-3　使用离子交换膜的氯碱池

(2) 化学法　化学法适用于制备 Cl_2、Br_2 和 I_2，其必要条件是：$E^\ominus$(氧化剂)$>E^\ominus(X_2/X^-)$（其中 X_2 为 Cl_2、Br_2、I_2）。例如，在实验室制备氯气时，经常采用的氧化剂有 MnO_2、$KMnO_4$ 和 $K_2Cr_2O_7$。实验室制备氯气反应如下：

$$MnO_2+4HCl(\text{浓}) \xrightarrow{\triangle} MnCl_2+2H_2O+Cl_2\uparrow$$

采用 MnO_2（软锰矿）为原料是因为它价格便宜，但 MnO_2 需灼烧后才能使用，为节约成本，可以用 NaCl 和浓 H_2SO_4 来代替浓盐酸。

Cl_2 主要用于合成盐酸，也用于制造漂白粉，漂白纸浆，饮水消毒等。在染料、农药、塑料、提炼稀有金属等方面有广泛应用。

Br_2 的工业制法是从海水中提取。首先在 383K 时将 Cl_2 通入 pH 值为 3.5 的盐卤中，置换出 Br_2：

$$Cl_2+2Br^- \longrightarrow Br_2+2Cl^-$$

然后用空气把 Br_2 吹出，吸收在 Na_2CO_3 水溶液中，得到较浓的 NaBr 和 $NaBrO_3$ 溶液：

$$3Br_2+3CO_3^{2-} \longrightarrow 5Br^-+BrO_3^-+3CO_2\uparrow$$

最后用硫酸将溶液酸化，Br_2 又析出：

$$5Br^-+BrO_3^-+6H^+ \longrightarrow 3Br_2+3H_2O$$

上述两反应方向恰好相反，这可以用 $E^\ominus$ 值解释：

$$E_B^\ominus/V:\ BrO_3^- \xrightarrow{0.52} Br_2 \xrightarrow{1.07} Br^-$$

$$E_A^\ominus/V:\ BrO_3^- \xrightarrow{1.48} Br_2 \xrightarrow{1.07} Br^-$$

在碱性溶液中 $E^\ominus_{\text{右}}>E^\ominus_{\text{左}}$，故歧化反应可以发生；而在酸性溶液中 $E^\ominus_{\text{右}}>E^\ominus_{\text{左}}$，则反歧化反应可以发生。这是利用酸度来影响氧化还原平衡的例子。

Br_2 主要用于制造染料，生产照相软片的光敏性物质 AgBr，NaBr、KBr 及无机溴酸盐用于医药中的镇静剂和安眠药。它还用于制取 $C_4H_4Br_2$，作为汽油抗震剂的添加剂。

I^- 具有较强的还原性，因此许多氧化剂如 Cl_2、Br_2，MnO_2 等在酸性溶液中都能将 I^-

氧化为 I_2。如从海藻灰中提取 I_2 的反应为

$$Cl_2 + 2I^- \longrightarrow I_2 + 2Cl^-$$

可加热使 I_2 升华或用有机溶剂萃取以分离和提纯 I_2。用此法应避免通入过量 Cl_2，否则 I_2 会被进一步氧化为 IO_3^- 或 ICl_2^-。大量的 I_2 是从智利硝石中所含的 $NaIO_3$ 制取的，经浓缩的碘酸盐用 $NaHSO_3$ 还原可析出 I_2：

$$2IO_3^- + 5HSO_3^- = 3HSO_4^- + 2SO_4^{2-} + I_2 + H_2O$$

I_2 在医药上用作消毒剂；碘仿用作防蚀剂等。碘化物有预防和治疗地方性甲状腺肿大的功能。AgI 用于制造照相软片和人工降雨时造云的“晶种”。

9.3.4 卤素的氢化物

卤素和氢的化合物 HX 统称为卤化氢，卤化氢分子中卤素和氢原子以共价键结合，键的极性按 HF、HCl、HBr、HI 的顺序依次减弱。HX 极易溶于水，其水溶液呈酸性，通称为氢卤酸，其中最重要的是氢氯酸（盐酸）。

9.3.4.1 卤化氢和氢卤酸的性质

(1) 卤化氢的性质 卤化氢都是具有强烈刺激性气味的无色气体，极易溶于水，在空气中会“冒白烟”，这是因为它们易与空气中的水蒸气结合形成酸雾之故。溶液呈酸性，其中氟化氢的毒性最大。

① 热稳定性 在卤化氢中，热稳定性的强弱与 H—X 共价键的强弱成正比，而 H—X 共价键的强弱与卤原子的电负性有着密切的关系。卤原子的电负性越大，键能就越大，卤化氢的热稳定性也越强，由强到弱的顺序为 HF＞HCl＞HBr＞HI。

② 熔、沸点 卤化氢的熔、沸点随着相对分子质量的增加而按 HCl、HBr、HI 的顺序升高，这是因为它们分子间作用力依次增大。但 HF 却很反常，它的熔、沸点和气化热都特别高。这是因为氟原子的半径比较小，电负性大，HF 在气态、液态和固态时分子之间存在氢键，形成缔合，而其他卤化氢分子中并没有这种明显的缔合作用。

卤化氢的性质如表 9-4 所示。

表 9-4 卤化氢的性质

性 质	HF	HCl	HBr	HI
相对分子质量	20.226	36.461	80.912	127.913
熔点/K	189.61	158.94	186.28	222.36
沸点/K	292.67	188.11	206.43	237.80
$\Delta_f H_m^{\ominus}$/kJ·mol^{-1}	−271	−92.30	−36.4	26.5
$\Delta_f G_m^{\ominus}$/kJ·mol^{-1}	−273	−95.4	−53.6	1.72
在 1273K 时的分解百分数/%	很小	0.0014	0.5	33
气态分子偶极矩/10^{-3}C·m	6.37	3.57	2.67	1.40
键长/pm	91.8	127.4	141.4	160.9
键能/kJ·mol^{-1}	561	428	362	295
气化热/kJ·mol^{-1}	30.31	16.12	17.62	19.77
水合热/kJ·mol^{-1}	−48.14	−17.58	−20.93	−23.02
在水中溶解度(273K)/(g/100g 水)	完全混溶	45.15	68.85	约 71
氢卤酸表观解离度(0.1mol·L^{-1})/%	10	92.6	93.5	95

(2) 氢卤酸的性质 除了氢氟酸是弱酸外，其他的氢卤酸都是强酸，并按照 HCl、HBr、HI 的顺序，酸性依次增强。

氢卤酸的酸性可根据 HX 在水中解离的自由能变 $\Delta G_m^{\ominus}$ 来判断：

$$HX(aq) \xrightarrow{\Delta G_m^{\ominus}(\text{酸式解离})} H^+(aq) + X^-(aq)$$

该反应可通过一系列热力学循环，如 HX 的分解，H 原子的电离、X 原子的亲和以及 H^+、X^- 的水合来解出。解出的结果见表 9-5。

表 9-5　氢卤酸解离的 $\Delta G_m^\ominus$ 和 $K_a^\ominus$

物质	$\Delta_r G_m^\ominus$/kJ·mol^{-1}	$K_a^\ominus$	物质	$\Delta_r G_m^\ominus$/kJ·mol^{-1}	$K_a^\ominus$
HF	15	10^{-3}	HBr	−60	10^{10}
HCl	−47	10^{8}	HI	−62	10^{11}

以上数据表明，氢氟酸为弱酸，而其他酸为强酸；$\Delta_r G_m^\ominus$ 愈负，酸性愈强。HF 由于解离和脱水的 $\Delta_r G_m^\ominus$ 都特殊的大，虽然解离产生的 F^- 也具有最负的水合自由能变，仍不足以抵消前两种能量变化影响，使得 HF 解离的 $\Delta_r G_m^\ominus$ 具有不小的正值。这可以看成 F 原子半径很小和电负性很大，使 HF 具有很大的键能，因而它的解离能亦很大。同样的原因使 HF 与水分子间产生了较强的氢键，使 HF(aq) 脱水能很大。氢氟酸中，HF 分子间的氢键缔合成 $(HF)_x$，影响了氢氟酸的解离。例如，0.1mol·L^{-1} 的氢氟酸的解离度约为 8%。与其他弱酸相似，HF 浓度越小，其解离度越大。但是，随着 HF 浓度的增加，一部分 F^- 通过氢键与未解离的 HF 分子形成相当稳定的 HF_2^- 等离子，体系酸度增大。当浓度大于 5mol·L^{-1} 时，氢氟酸便是一种相当强的酸。

$$HF + F^- \rightleftharpoons HF_2^- \qquad K_a^\ominus = 5.1$$

(3) 氢氟酸的特性　氢氟酸除了具有上述在酸性和熔、沸点上的特殊性外，氢氟酸和氟化氢都能与 SiO_2 和硅酸盐（玻璃的主要成分）反应生成易挥发的 SiF_4 气体，而其他的氢卤酸都没有这种性质，因此不能用玻璃容器或陶瓷容器存放氢氟酸，一般存放在铅制或塑料的容器中。

氢氟酸或氟化物对人体有严重的烧伤作用，并具有毒性。值得注意的是当氢氟酸或氟化物接触皮肤后并不马上感到疼痛（可能是麻醉作用），当感到疼痛时，已造成难以治愈的创伤。所以操作时，必须事前检查橡胶手套是否完整无破损。万一贱到皮肤上，应立即用大量水冲洗，再用 5% $NaHCO_3$ 溶液或 1%氨水冲洗，然后涂上新配制的 20%的 MgO 甘油悬液。

利用氢氟酸对玻璃的腐蚀作用，氢氟酸被广泛应用于玻璃工艺中的刻蚀玻璃。

$$SiO_2 + 4HF \longrightarrow SiF_4\uparrow + 2H_2O$$

9.3.4.2　卤化氢的制备

(1) 合成法　反应通式为：

$$H_2 + X_2 \xrightarrow{\text{加热}} 2HX$$

工业上常用电解食盐水得到的氢气和氯气平静地燃烧直接合成氯化氢，然后冷却、用水吸收得盐酸。氟与氢反应猛烈且 F_2 本身难以制备，溴、碘与氢反应的产率不高，所以这三种 HX 都不用直接合成法制取。

工业盐酸因含有杂质 $FeCl_3$ 和游离 Cl_2 而呈黄色，可用蒸馏法提纯。由于 $FeCl_3$ 和 Cl_2 都可能随 HCl 一起蒸出，不能达到分离的目的，故在蒸馏前加入某些还原剂，使 $FeCl_3$ 转变为 $FeCl_2$；Cl_2 转变为氯化物，留在蒸馏瓶的底液中除去。常用的还原剂有 $SnCl_2$，反应如下：

$$2FeCl_3 + SnCl_2 \longrightarrow 2FeCl_2 + SnCl_4$$

$$Cl_2 + SnCl_2 \longrightarrow SnCl_4$$

蒸馏时，无论开始用稀盐酸或浓盐酸，最终都会达到一种组成和沸点均不再改变的恒定状态。也即比该恒定状态稀的溶液挥发的水多，逐渐变浓；而比其浓的溶液挥发的氯化氢多，逐渐变稀。此时的沸点称为恒沸点，溶液称为恒沸溶液。盐酸的恒沸点为 110℃；恒沸溶液的组成为：HCl 20.24%，H_2O 79.76%。还原产物 $FeCl_2$、$SnCl_4$ 在浓盐酸中挥发性较低，蒸馏时“留底”除去。其他几种氢卤酸也有这种性质。

当蒸馏工业盐酸（含 HCl 30%左右）时，将馏出液分为两部分接收。前一部分为浓酸，后一部分为稀酸（含 HCl 约 20%的恒沸酸）。在连续分批蒸馏的过程中，将下一批蒸出的浓酸用前一批所得稀酸吸收，就能得到含量为 36%～38%的试剂型盐酸。在常压下，HCl 在水中的溶解度能够达到 42%(20℃)，就是说，可以制得浓度更高的盐酸。但因这种浓酸挥发性太大，给包装、储运带来困难，使用也不方便，所以试剂级盐酸的含量一般控制在 36%～38%。

(2) 酸置换法 因为卤化氢沸点较低，故可用不挥发的酸来置换，反应通式为：

$$X^- + 酸(浓) \longrightarrow HX\uparrow + 新盐$$

反应进行的条件为：①高沸点酸置换低沸点酸；②强酸置换弱酸；③易溶酸置换难溶酸。只要满足任一条件，反应均可向右进行（其实就是复分解反应条件）。

浓 H_2SO_4 具有强氧化性，是典型的高沸点酸，只适用于制取 HF 和 HCl。

$$CaF_2 + H_2SO_4(浓) \longrightarrow CaSO_4 + 2HF\uparrow$$

$$NaCl(固体) + H_2SO_4(浓) \longrightarrow NaHSO_4 + HCl\uparrow$$

上述制备中必须使用浓硫酸的原因是 HF、HCl 在水中的溶解度大，浓硫酸含水少，产物易放出；浓硫酸是高沸点酸，不会因挥发而导致产物不纯；HF、HCl 不被浓硫酸氧化，而 HBr、HI 会被浓硫酸氧化。制氢氟酸时有两点要注意：它对玻璃或陶瓷有腐蚀性，另外其蒸气毒性大。

$$2HBr + H_2SO_4(浓) \longrightarrow Br_2 + SO_2\uparrow + 2H_2O$$

$$8HI + H_2SO_4(浓) \longrightarrow 4I_2 + H_2S\uparrow + 4H_2O$$

制备 HBr 和 HI 应该选用高沸点的非氧化性酸，一般选择浓磷酸。

$$NaBr + H_3PO_4(浓) \longrightarrow HBr\uparrow + NaH_2PO_4$$

$$NaI + H_3PO_4(浓) \longrightarrow HI\uparrow + NaH_2PO_4$$

(3) 非金属卤化物水解法 非金属卤化物（除 CCl_4）大多数在水中强烈水解。将水滴到非金属卤化物上，HX 则源源不断地产生，这个方法适用于在实验室中制备 HBr 和 HI。

$$PI_3 + 3H—OH \longrightarrow 3HI\uparrow + P(OH)_3(H_3PO_3)$$

反应原理：非金属卤化物中呈电正性的元素与 OH^- 结合（电负性小的元素）形成含氧酸；呈负电性的元素与 H^+ 结合（电负性大的元素）形成氢卤酸。

实际工作中，不需要事先制备卤化磷，而是把溴滴加在红磷和少许水的混合物中；或把水滴加在红磷和碘的混合物中，卤化氢即可徐徐产生：

$$2P + 6H_2O + 3Br_2 \longrightarrow 2H_3PO_3 + 6HBr$$

$$2P + 6H_2O + 3I_2 \longrightarrow 2H_3PO_3 + 6HI$$

纯化蒸馏上述两种卤化氢时，最好将所得粗品静置过夜，让未反应的红磷沉降到容器底部，然后过滤、蒸发。否则混入的少量红磷在蒸馏时转化成白磷，与混入的少量空气发生爆炸。

9.3.5 卤化物

9.3.5.1 卤化物的性质

卤化物指卤素与电负性较小的元素形成的化合物。几乎所有的金属和非金属都能形成卤化物，范围广泛，性质各异，较为常见的卤化物分布在各相关元素的章节中讨论，此处只概述其性质的规律性。

(1) 键型与熔、沸点 卤素与ⅠA、ⅡA 和ⅢB 族的绝大多数金属元素形成离子型卤化物；卤素与非金属则形成共价型卤化物。其他金属的卤化物则属于过渡键型。

离子型卤化物一般都具有较高的熔点和沸点，熔融体或水溶液能导电。共价型卤化物的熔、沸点较低，熔后不导电，能溶于非极性溶剂。但是，这两种类型的卤化物并没有严格的界限。同一金属不同氧化态的卤化物，以高氧化态的共价性较为显著，熔点、沸点比较低，挥发性也比较强，见表 9-6。

表 9-6　几种金属卤化物的熔点、沸点

卤化物	熔点/℃	沸点/℃	卤化物	熔点/℃	沸点/℃
$SnCl_2$	246.8	623	$PbCl_4$	−15	105
$SnCl_4$	−33	114.1	$SbCl_3$	73	223.5
$PbCl_2$	501	950	$SbCl_5$	3.5	79

同一金属不同卤素的卤化物，由于卤素的电负性按 F、Cl、Br、I 的顺序依次减小，且变形依次增大，所以键型由离子型过渡到共价型，晶体类型由离子晶体过渡到分子晶体，熔点、沸点也依次降低。表 9-7 的数据说明了这种变化趋势。

表 9-7　卤化铝的性质及结构

卤化铝	熔点/℃	沸点/℃	键型	晶型
AlF_3	1040	1200	离子键	离子晶体
$AlCl_3$	193(加压)	183(升华)	过渡型	过渡型晶体
$AlBr_3$	97.5	268	共价型	分子晶体
AlI_3	191	382	共价型	分子晶体

表 9-7 中，AlI_3 的熔点、沸点高于 $AlBr_3$ 的，这是因为它们虽同属分子晶体，但 AlI_3 具有较大的相对分子质量和体积，分子间的色散力较强的缘故。

(2) 热稳定性　卤化物的热稳定性差别很大，一般来说，金属卤化物的热稳定性比非金属卤化物明显地高；比较同一元素的卤化物，它们的热稳定性按 F、Cl、Br、I 的顺序依次降低。如，PF_5 稳定而难分解，PCl_5 加热至 300℃可分解为 PCl_3 和 Cl_2，PBr_5 熔融时已开始分解，PI_5 尚未制得。卤化物的热稳定性一般可用其生成热的大小来估计。

(3) 溶解性和水解性　多数金属卤化物易溶于水，常见的氯化物中难溶的只有 AgI、Hg_2Cl_2、$PbCl_2$，CuCl 和 CuI。除碱金属卤化物外，大多数金属卤化物在溶解于水的同时，都会发生不同程度的水解，金属离子的碱性越弱，其水解程度越大。

$$SnCl_2 + H_2O \longrightarrow Sn(OH)Cl + HCl$$

$$SbCl_3 + H_2O \longrightarrow SbOCl + 2HCl$$

非金属卤化物，除 CCl_4 和 SF_6 等少数难溶于水者外，大多遇水即强烈水解，生成相应的含氧酸和氢卤酸。例如：

$$PCl_3 + 3H_2O \longrightarrow H_3PO_3 + 3HCl$$

$$SiCl_4 + 3H_2O \longrightarrow H_2SiO_3 + 4HCl$$

(4) 配位性　卤素离子能与多数金属离子形成配合物，例如 $[AlF_6]^{3-}$，$[FeF_6]^{3-}$，$[HgI_4]^{2-}$。它们多易溶于水，常用于难溶盐溶解和金属离子的掩蔽或检出。例如：

$$PbCl_2 + 2Cl^- \longrightarrow [PbCl_4]^{2-}$$

$$Fe^{3+} + 6F^- \longrightarrow [FeF_6]^{3-}$$

9.3.5.2　卤化物的制备

卤化物的制备方法很多，具体选用哪一种需全面考虑卤化物的性质，以及原料的成本和产物的收率等因素。

(1) 卤化氢与相应物质作用　卤化氢与某些金属、金属氧化物、碱、盐作用均可得到金属卤化物。例如下列化学反应，产物中均有金属卤化物：

$$Zn + 2HCl \longrightarrow ZnCl_2 + H_2$$

$$CuO + 2HCl \longrightarrow CuCl_2 + H_2O$$

$$Li_2CO_3 + 2HBr \longrightarrow 2LiBr + H_2O + CO_2\uparrow$$

(2) 金属与卤素直接化合　属于干法合成。某些高氧化态的金属卤化物极易水解，不能通过某种物质与氢卤酸的反应，从水溶液中得到，而必须由金属和卤素在高温和干燥的条件下直接化合制取。要求金属和生成物的熔点、沸点都比较低，或易于升华，这便于实现均匀的气相反应，并使产品及时离开反应界面。例如

$$Hg(g)+Cl_2(g) \longrightarrow HgCl_2(s)\ (HgCl_2\ 沸点低)$$

$$Al(s)+3/2Cl_2(g) \longrightarrow AlCl_3(s)\ (AlCl_3\ 易升华)$$

$$Sn(s)+2Cl_2(g) \longrightarrow SnCl_4(g)$$

9.3.6　卤素的含氧酸及其盐

卤素的含氧化合物大多是不稳定的，其中最不稳定的是氧化物，其次是含氧酸，比较稳定的是含氧酸盐。除氟外，卤素在其含氧化合物中显正氧化态。表 9-8 是卤素的几种含氧酸，本节着重讨论氯的含氧酸及其盐。

表 9-8　卤素的含氧酸

名　称	卤素氧化值	氯	溴	碘
次卤酸	+1	$HClO$	$HBrO$	HIO
亚卤酸	+3	$HClO_2$	$HBrO_2$	—
卤酸	+5	$HClO_3$	$HBrO_3$	HIO_3
高卤酸	+7	$HClO_4$	$HBrO_4$	H_5IO_6，HIO_4

在这些酸中，除了碘酸和高碘酸能得到比较稳定的固体结晶外，其余都不稳定，且大都只能存在于水溶液中。它们的盐则较稳定，并得到普遍应用。卤素含氧酸及其盐最突出的性质是氧化性。此外，歧化反应也是常见的。在讨论这些性质变化规律时，元素电势图颇有实用意义，较大的电极电势表明卤素的含氧酸都是强氧化剂。

9.3.6.1　次氯酸及其盐

Cl_2 与水作用生成次氯酸和盐酸。可看成是氯气分子和水分子相互交换成分的反应。

$$Cl—Cl+H—OH \rightleftharpoons Cl—OH(HClO)+H—Cl$$

由于 Cl_2 在水中溶解度不大，反应又有强酸生成，而 HClO 又是极弱的酸，所以反应不完全，如往氯水中加入能与盐酸作用的物质，像新沉淀的 HgO 或碳酸盐，则能制得较纯的次氯酸水溶液。

$$2Cl_2+H_2O+2HgO = HgO\cdot HgCl_2\downarrow+2HClO$$

$$2Cl_2+H_2O+CaCO_3 = CaCl_2+CO_2\uparrow+2HClO$$

HClO 很不稳定，至今尚未制得纯态。其浓溶液呈黄色，稀溶液为无色，有刺鼻的气味。在水溶液中会逐渐分解，同时发生歧化反应：

分解反应

$$2HClO \longrightarrow 2HCl+O_2\uparrow$$

$$2HClO \xrightarrow{脱水剂} Cl_2O+H_2O$$

歧化反应

$$3HClO \xrightarrow{\triangle} 2HCl+HClO_3$$

由元素电势图可见，HClO 比 Cl_2 有更强的氧化性，故氯水的漂白和杀菌能力比氯气更强。但是 Cl_2 在水中的溶解度不大，稳定性较差，运输、储存困难，因此氯水的实用价值不太大。如果将氯气通入冷的碱溶液中，则歧化反应进行得很彻底：

$$Cl_2+2NaOH \longrightarrow NaClO+NaCl+H_2O$$

常温下平衡常数为 7.5×10^{15}，可获得高浓度的 ClO^-，而且 NaClO 的稳定性远高于 HClO。NaClO 是黄色固体，工业上常用作漂白剂，但用氯和消石灰作用制取漂白粉成本更低：

$$2Cl_2+3Ca(OH)_2+H_2O \xrightarrow{<40℃} Ca(ClO)_2\cdot 2H_2O+CaCl_2\cdot Ca(OH)_2\cdot H_2O$$

漂白粉是 $Ca(ClO)_2 \cdot 2H_2O$ 和 $CaCl_2 \cdot Ca(OH)_2 \cdot H_2O$ 的混合物，有效成分是 $Ca(ClO)_2$，约含有效氯 35%。将漂白粉分离提纯，可得到高效漂白粉（又称漂白粉精），主要成分仍是 $Ca(ClO)_2 \cdot 2H_2O$，其中的有效氯可高达 60%～70%。

漂白粉广泛用于纺织漂染、造纸等工业中，也是常用的廉价消毒剂。因其易水解，且 CO_2 会使其分解，所以保存时不要暴露在空气中。使用时注意不要与易燃物（即还原剂）混合，否则可能引起爆炸；因为漂白粉有毒，不要吸入体内，否则会引起鼻喉疼痛，甚至全身中毒。

9.3.6.2　氯酸及其盐

氯酸 $HClO_3$ 是强酸，其强度与 HCl 和 HNO_3 接近。$HClO_3$ 虽比 HClO 或 $HClO_2$ 稳定，但也只能在溶液中存在。当进行蒸发浓缩时，控制含量不要超过 40%。若进一步浓缩，则会有爆炸危险。$HClO_3$ 也是一种强氧化剂，但氧化能力不如 $HClO_2$ 和 HClO。

$KClO_3$ 是最重要的氯酸盐，为无色透明结晶，它比 $HClO_3$ 稳定。$KClO_3$ 在碱性或中性溶液中氧化作用很弱，在酸性溶液中则为强氧化剂。

$$ClO_3^- + 6I^- + 6H^+ = Cl^- + 3I_2 + 3H_2O$$

在有催化剂（如 MnO_2，CuO）存在时，$KClO_3$ 加热至 300℃左右就会放出氧：

$$2KClO_3 \xrightarrow{\text{催化剂，}\triangle} 2KCl + 3O_2 \uparrow$$

若无催化剂，高温时歧化成 $KClO_4$ 和 KCl：

$$4KClO_3 \xrightarrow{\triangle} KCl + 3KClO_4$$

600℃以上，$KClO_4$ 分解，放出全部的氧：

$$KClO_4 \longrightarrow KCl + 2O_2 \uparrow$$

固体 $KClO_3$ 是强氧化剂，与易燃物质（P、S、C 等）混合后，引爆或撞击会发生爆炸，常用来制作火柴、焰火及炸药等。$NaClO_3$ 易吸潮，一般不用它制作焰火、炸药。$KClO_3$ 有毒，内服 2～3g 就会致命。

目前工业上制备 $KClO_3$ 以电解法为主。如氯碱工业的电解，但电解反应是在无隔膜的电解槽中进行，初级产物与电解法制烧碱相似。即阳极区产生 Cl_2(不放出)；阴极区产生 H_2(放出) 和 NaOH。这里由于阴、阳极间并无隔膜并且彼此靠近，Cl_2 进一步和 NaOH 作用而歧化分解成为 $NaClO_3$ 和 NaCl，后者又作为原料进行电解，反应式为：

$$2NaCl + 2H_2O \xrightarrow{\text{电解}} Cl_2 + H_2 \uparrow + 2NaOH$$

$$3Cl_2 + 6NaOH \longrightarrow NaClO_3 + 5NaCl + 3H_2O$$

在制得的 $NaClO_3$ 溶液中加入 KCl，降温时溶解度较小的 $KClO_3$ 即结晶析出：

$$NaClO_3 + KCl \longrightarrow KClO_3 \downarrow + NaCl$$

9.3.6.3　高氯酸及其盐

将 $KClO_4$ 与浓 H_2SO_4 作用，减压蒸馏可得 $HClO_4$：

$$KClO_3 + H_2SO_4\text{（浓）} \xrightarrow{\text{减压}} KHSO_4 + HClO_4 \uparrow$$

温度要低于 365K，否则会爆炸。也可用 $Ba(ClO_4)_2$ 与浓 H_2SO_4 反应制取：

$$Ba(ClO_4)_2 + H_2SO_4\text{(浓)} \longrightarrow 2HClO_4 + BaSO_4 \downarrow$$

$HClO_4$ 是无色黏稠液体。含量低于 60%时热稳定性高，不易分解，是最稳定的氯的含氧酸。当含量高于 60%时则不稳定，易分解放氧：

$$4HClO_4\text{(浓)} = 2Cl_2 \uparrow + 7O_2 \uparrow + 2H_2O$$

它的浓溶液是强氧化剂，与易被氧化的物质一起加热会发生爆炸。冷的稀溶液无明显氧化性。$HClO_4$ 是最强的无机酸之一，在水中完全解离。ClO_4^- 为正四面体构型，对称性高，因此要比 ClO_3^- 稳定得多。许多还原剂如 SO_2，S、HI、Zn 和 Al 等都不能使 $HClO_4$ 还原，但低价 Ti、Pt 等的化合物可使之还原。在浓溶液中，$HClO_4$ 以分子形式存在，表现出强氧化性。

高氯酸盐则比较稳定。$KClO_4$ 的热分解温度高于 $KClO_3$，因此曾把用 $KClO_4$ 制成的炸药叫“安全炸药”。现在出口鞭炮、焰火多用 $KClO_4$ 代替 $KClO_3$。

高氯酸盐多是无色晶体，它们的溶解度颇为特殊。例如 K^+，Rb^+，Cs^+ 的硫酸盐、硝酸盐都是可溶的，而这些离子的高氯酸盐却难溶。基于此分析化学中用高氯酸定量测定 K^+，Rb^+，Cs^+。有些高氯酸盐有较强的水合作用，例如，无水 $Mg(ClO_4)_2$、$Ba(ClO_4)_2$ 有强的吸湿性，可用作干燥剂。

总之，氯的含氧酸及其盐都是较强的氧化剂，还原为 Cl_2 和 Cl^- 时其氧化能力一般随氧化态的增高而减弱。现将它们的酸性、氧化性和热稳定性的一般规律归纳如下：

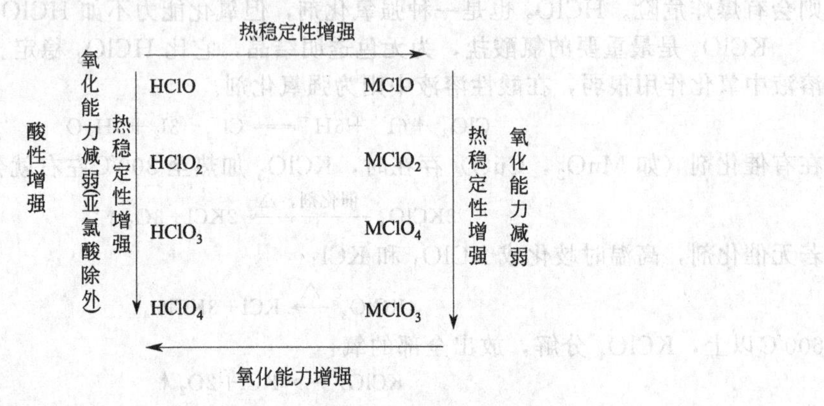

溴和碘的含氧酸及其盐有许多类似之处，但是规律性不如氯明显。

9.4 拟卤素

某些由非金属元素形成的原子团，它们能自相结合成分子和阴离子，这些物质与卤素的性质相似，故称为拟卤素或类卤素。重要的拟卤素见表 9-9。

表 9-9　拟卤素

游离态	酸	盐	毒性
卤素 X_2	氢卤酸	MX	
氰 $(CN)_2$ 无色气体	氢氰酸	MCN	剧毒
硫氰 $(SCN)_2$ 易挥发黄色液体	硫氰酸，强酸	MSCN	无毒
氧氰 $(OCN)_2$ 仅存在于溶液中	氰酸	MOCN	无毒

9.4.1 拟卤素与卤素性质的对比

① 游离态通常为二聚体，易挥发，有氧化性；

② 氢化物溶于水皆形成相当强的酸（除氢氰酸 HCN 外）；

③ 金属拟卤化物大多数溶于水，Ag^+、Hg_2^{2+}、Pb^{2+} 盐难溶；

④ 在水或碱性溶液中易发生歧化作用；

⑤ 易成拟卤配离子，如 $[Fe(NCS)]^{2+}$、$[Ag(CN)_2]^-$ 等；

⑥ 拟卤离子具有还原性，与 X^- 比较还原能力强弱顺序为

$$F^- \ll OCN^- < Cl^- < Br^- < CN^- < SCN^- < I^-$$

可与卤素发生置换反应，被用来制备拟卤素：

$$Pb(SCN)_2 + Br_2 = PbBr_2 + (SCN)_2$$

总之，拟卤素与卤素有许多相似的性质。下面讨论几种重要的拟卤化物。

(1) 氢氰酸（HCN）　HCN是无色透明液体，易挥发。熔点－14℃，沸点26℃。有苦杏仁味，剧毒，在空气中的最高允许浓度为0.0003mg·L^{-1}。

HCN是极弱的酸，与碱作用生成盐，故HCN气体可用碱液吸收而生成氰化物。HCN有多种制法，其中之一是由NaCN与H_2SO_4作用：

$$2NaCN + H_2SO_4 \longrightarrow Na_2SO_4 + 2HCN$$

生成的HCN经冷凝并加入少量无机酸作为稳定剂，即得市售品，含量在90%以上。工业上，HCN用作生产有机玻璃、合成橡胶、染料、合成纤维的原料。在农药方面，制成的HCN蒸熏剂，是消灭柑橘树害虫的特效农药。也用于仓库、船舶的消毒等。

(2) 氰化物　氢氰酸的盐称为氰化物。碱金属和碱土金属的氰化物易溶于水，常用的氰化物有氰化钠NaCN和氰化钾KCN。它们都是易潮解的白色晶体，因水解而呈强碱性：

$$CN^- + H_2O \rightleftharpoons HCN + 2OH^-$$

NaCN，KCN及所有氰化物都易与酸（包括一些弱酸）作用。

氰离子最重要的化学性质是配位作用。铁、锌、镉、铜、银等过渡金属在氧的作用下能溶解在NaCN或KCN溶液中，形成稳定的配离子，例如，$[Fe(CN)_6]^{4-}$，$[Hg(CN)_4]^{2-}$等。基于此，NaCN和KCN广泛地用于从矿物中提取金或银。例如：

$$4Au + 8NaCN + O_2 + 2H_2O \longrightarrow 4NaAu(CN)_2 + 4NaOH$$

NaCN和KCN除用于提取金、银和浮选矿物外，还大量用于电镀、钢的热处理以及医药、染料等工业。氰化物的毒性极强（0.1g即可使人致死），且毒性发作快，3～5min即会致死，因此使用时必须有严格的安全措施，用过的设备和工具都要用$KMnO_4$溶液洗至红色不消失，然后再用大量水冲洗。

(3) 硫氰化物　常见的硫氰化物有硫氰酸铵NH_4SCN，硫氰酸钾KSCN和硫氰酸钠NaSCN，它们都是常用的分析试剂。硫氰酸根离子SCN^-与许多金属离子能形成配合物，它既可用S原子也可用N原子上的孤对电子作为电子给予体。用S原子上的孤对电子作为电子给予体时称硫氰酸根，书写时S原子靠近中心离子（SCN^-），用N原子上的孤对电子作为电子给予体时称异硫氰酸根，书写时N原子靠近中心离子，（NCS^-）与Fe^{3+}反应生成血红色的配离子：

$$Fe^{3+} + xSCN^- \longrightarrow [Fe(NSC)x]^{3-x} \quad (x=1\sim6)$$

SCN^-浓度越大，颜色越深，可用目视比色法或分光光度计检验Fe^{3+}的浓度。

9.4.2　含氰废水的处理

由于氰化物的毒性极大，国家对工业废水中氰化物的含量控制很严，要求排放标准为0.005mg·L^{-1}以下。下面介绍几种处理方法：

① 化学氧化法　常用的氧化剂有漂白粉、氯气、H_2O_2及臭氧等，它们能破坏氰根。例如，在pH值大于8.5碱性条件下用氯气氧化：

$$CN^- + 2OH^- + Cl_2 \longrightarrow CNO^- + 2Cl^- + H_2O$$

$$2CNO^- + 4OH^- + 3Cl_2 \longrightarrow 2CO_2 + N_2 + 6Cl^- + 2H_2O$$

② 配位法　在废水中加入$FeSO_4$和消石灰，在pH值为7.5～10.5的范围内，将氰化物转化为无毒的配合物：

$$Fe^{2+} + 6CN^- \longrightarrow [Fe(CN)_6]^{4-}$$

$$2Ca^{2+} + [Fe(CN)_6]^{4-} \longrightarrow Ca_2[Fe(CN)_6]\downarrow$$

$$2Fe^{2+} + [Fe(CN)_6]^{4-} \longrightarrow Fe_2[Fe(CN)_6]\downarrow$$

此外，还有活性炭法。在活性炭存在下，利用空气将CN^-氧化成OCN^-，OCN^-再水解成无毒的NH_3，HCO_3^-等。生物化学法是由活性污泥中的微生物将CN^-分解为无毒物。

9.5 分子型氢化物的结构及其性质变化的规律性

分子型氢化物集中在周期表中右上方，主要由ⅣA～ⅦA族元素与氢化合而成。它们的性质虽差别悬殊，但其结构及性质变化也存在一些规律性。如第8章氢键一节所述熔点、沸点的规律性。下面就它们的结构及热稳定性、还原性，水溶液中的行为在周期系中的递变规律进行讨论。

9.5.1 分子结构

简单共价氢化物分子式可用 RH_n（$n=8-$R 的族数）来表示。R 周围都有四价电子呈四面体排布，由于孤电子对数目不同，分子构型亦不同。同一主族元素，氢化物的分子构型相同，因 R 的孤电子对数相同；同一周期元素氢化物的分子构型不同，从左到右随孤电子对数的增加，分子的内对称性降低，如表 9-10 所示。

表 9-10 简单共价氢化物的分子结构

族 数	分 子 式	孤电子对数	分子构型
ⅢA	$(RH_3)_2$①	缺电子①	双四面体①
ⅣA	RH_4	0	四面体
ⅤA	RH_3	1	三角锥形
ⅥA	H_2R	2	V形
ⅦA	HR	3	直线型

① BH_3 在有 B_2H_6 参与的某些反应中存在，为缺电子结构。

B 为缺电子原子，氢化物中最简单分子不是 BH_3 而是乙硼烷 B_2H_6，B 原子采取 sp^3 杂化态，含有 2 个“氢桥”键（见第 10 章），使分子成为共边四面体构型。

9.5.2 热稳定性

分子型氢化物受热分解为单质的稳定性差别较大。一般来说，元素的电负性愈大，与 H 形成的键愈强，则氢化物愈稳定。同一主族元素从上向下，元素的电负性减小，氢化物的热稳定性降低，如卤化物系列；同一周期从左到右，元素的电负性增大，氢化物的热稳定性增强。例如，常压下 NH_3 在 573K 时可分解 97%，H_2O 在 1473K 时只分解 0.02%，而 HF 在 3300K 时仍能存在。实际上，HF、HCl 和 H_2O 最稳定，可用单质合成法制备；而合成 NH_3、H_2S 及 HI 都是可逆反应；最不稳定的是 AsH_3、SbH_3 及 H_2Te 等。

9.5.3 还原性

通常情况下除 HF 外，其他氢化物都有还原性。与热稳定性规律相反，随元素电负性的增大，氢化物的还原性减弱。因此，同一主族从上向下，氢化物还原性增强，如 $H_2O<H_2S<H_2Se<H_2Te$；同一周期从左到右，氢物还原性减弱，如 $SiH_4>PH_3>H_2S>HCl$。SiH_4 遇到空气能爆炸性自燃，PH_3 在空气中易自燃，H_2S 水溶液在空气中即逐渐被氧化析出硫，而 HCl 在空气中很稳定。在水溶液中的还原性强弱还可根据 $E^{\ominus}(R/RH_n)$ 值加以比较。例如：

电对	P_4/PH_3	S/H_2S	Cl_2/Cl^-	Br_2/Br^-	I_2/I^-
$E^{\ominus}$(A)	−0.064	0.14	1.36	1.07	0.54
$E^{\ominus}$(B)	−0.87	−0.48	1.36	1.07	0.54

9.5.4 水溶液性质

共价氢化物在水中的行为，大体可分为三类，与 R 和 H 的电负性差有关：

① 不溶：当 R 与 H 的电负性相近（$\Delta x=0$）时，R—H 键的极性很小，分子的极性也

很小或没有极性，则 RH_n 在水中溶解度很小，不与水发生作用。例如 CH_4、GeH_4、PH_3、AsH_3、SbH_3 等不溶于水。

② 水解：当R的电负性小于H（$\Delta x<0$）时，H为－1氧化态，RH_n 水中分解放出 H_2。例如 B_2H_6、Al_2H_6、SiH_4 等在水中分解。

③ 电离：当R的电负性大于H（$\Delta x>0$）时，H为＋1氧化态，则 RH_n 可溶于水，发生酸式离解或碱式（加合 H^+）离解。

④ 水溶液的酸碱性：从质子理论看，物质呈酸性还是碱性，同它是给出质子还是接受质子有关。非金属元素的氢化物在水溶液中的酸碱性和该氢化物在水中给出或接受质子能力的相对强弱有关，即取决于下列质子传递反应的平衡常数 K_a 或 pK_a 的大小：

$$HA + H_2O \rightleftharpoons H_3O^+ + A^-$$

K_a 越大或 pK_a 越小，酸的强度越大。如果氢化物的 pK_a 小于 H_2O 的 pK_a，它们给出质子，表现为酸。氢化物接受质子的能力应根据下式的 K_b 或 pK_b 判断，与 pK_a 无关。

$$HA + H_2O \rightleftharpoons H_2A + OH^-$$

表9-11列出了某些非金属二元氢化物在水溶液中的 pK_a。从该表可知，HX和 H_2S 等在水溶液中显酸性，NH_3、PH_3 显碱性，H_2O 本身既是酸又是碱，表现为两性。表中各氢化物的酸性递变规律为：同族元素氢化物从上至下酸强度增大；同周期元素氢化物从左至右酸性增强。

表9-11　某些非金属二元氢化物在水溶液中的 pK_a

氢化物	pK_a	氢化物	pK_a	氢化物	pK_a
NH_3	39	H_2O	15.74	HF	3.15
PH_3	27	H_2S	6.89	HCl	－6.3
AsH_3	≤23	H_2Se	3.7	HBr	－8.7
		H_2Te	2.6	HI	－9.3

对于表9-11中各物质所显示的酸强度变化规律，可以从能量和结构两个角度来加以分析。

① 从热力学角度看，分子型氢化物在水溶液中酸性的强弱，取决于下列反应 $\Delta_r G_m^{\ominus}$ 的大小。

$$HA(aq) \rightleftharpoons H^+(aq) + A^-(aq)$$

$\Delta_r G_m^{\ominus}$ 的负值越大，按公式 $\Delta_r G_m^{\ominus} = -RT\ln K_a^{\ominus}$ 计算出来的值越大，酸性越强。而 $\Delta_r G_m^{\ominus}$ 的计算又涉及到各物质的水化热、脱水能、解离能、电离能、亲和能及熵变等数据，例如氢卤酸的电离过程可设计为如下的热力学循环：

$$\begin{array}{ccc}
HX(aq) & \xrightarrow{\Delta_r H_m^{\ominus}} & H^+(aq) + X^-(aq) \\
\downarrow \Delta_r H_1^{\ominus} & & \uparrow \Delta_r H_6^{\ominus} \quad \uparrow \Delta_r H_4^{\ominus} \\
 & & H^+(g) + X^-(g) \\
 & & \uparrow \Delta_r H_5^{\ominus} \quad \uparrow \Delta_r H_3^{\ominus} \\
HX(g) + H_2O & \xrightarrow{\Delta_r H_2^{\ominus}} & H(g) + X(g) + H_2O
\end{array}$$

最后计算出的数据是：$\Delta_r G_m^{\ominus}(HF) = 14kJ \cdot mol^{-1}$，$\Delta_r G_m^{\ominus}(HCl) = -47kJ \cdot mol^{-1}$，$\Delta_r G_m^{\ominus}(HBr) = -61kJ \cdot mol^{-1}$，$\Delta_r G_m^{\ominus}(HI) = -65kJ \cdot mol^{-1}$。可见，同一主族，从上到下，氢化物的酸性逐渐增强。

② 从结构角度分析，分子型氢化物酸性的强弱决定于与质子直接相连的原子的电子密

度的大小，若该原子的电子密度越大，对质子的引力越强，酸性越小，反之则酸性越大。

原子的电子密度大小与原子所带的负电荷数及半径有关。一般来说，若原子有高的负氧化态，电子密度较大；若原子半径较大，电子密度则较小。同一周期元素的氢化物（如NH_3、H_2O、HF系列），由于与质子相连的原子的负氧化态从左至右依次降低，虽然半径也依次减小，但影响的主要方面是前者，因而电子密度减小，质子的作用力减弱，故酸性增强。同一族的元素氢化物（如氢卤酸HX系列），与质子直接相连的原子的负氧化态相同，但由于原子半径依次增大，电子密度减小，故酸性也增强。

【阅读资料】

碘在人体中的作用

碘，虽然在人体中只需要20～50mg，只有一汤匙之多，却与人们的生命息息相关。人体内70%～80%的碘集中于甲状腺体，是构成甲状腺激素的重要成分，其余分布在循环血液中。甲状腺激素能调节人体的能量代谢及氧的磷酸化过程，参与三大产热营养素的合成与分解过程，促进机体的生长与发育。

科学家在研究中发现，碘是人体内所必需的微量元素，它具有促进生长发育、维持新陈代谢、介入蛋白质合成的作用，并且是调节能量代谢和活化100多种酶等重要生理功能的主要组成成分。碘的生理功能其实就是甲状腺素的生理功能。

人们俗称的“大脖子病”是一种碘缺乏病。一般情况下，甲状腺组织根据身体对甲状腺激素的需求而运作，当身体对甲状腺激素的需要量增加时，甲状腺滤泡细胞就处于活跃状态，胶质减少，上皮细胞变大。碘缺乏时，由于合成甲状腺激素的原材料不足，甲状腺激素的合成较少。这时候控制甲状腺的下丘脑垂体，开始分泌出甲状腺激素来督促甲状腺细胞活跃起来，满足身体对甲状腺激素的需求。于是，甲状腺细胞开始增生，变大，长此以往就形成了浮肿的“大脖子”。

事情都是过犹不及的，碘过量会引起甲状腺功能的减退。碘过量虽然并不能使体内碘含量成倍增加，但是，如果高碘状态持续存在，为了保护机体免受损伤，钠-碘运体（NIS）将持续处于较低水平，大量的碘不能使用，最终随尿液排出。一段时间后，甲状腺组织中碘含量减小了，甲状腺激素也减少了。这时候，为了维持甲状腺的正常运行，机体又上调NIS的含量，增加碘的供给。于是，身体在自我调节与高碘抑制作用的反复折腾中，最终发生异常，从而造成甲状腺损伤，引起高碘甲状腺肿大等不良反应。

中国人懂得缺啥吃啥，吃啥补啥，于是大规模的补碘政策过后，到了2000年，碘缺乏疾病得到了基本的控制。可令人奇怪的是，曾经的碘缺乏地区出现了一系列的补碘并发症。这是否与食用加碘盐有关呢？现在尚无定论，不过医学界普遍认为，补碘确实会带来一些副作用，对于长期缺碘的甲状腺细胞来说，突如其来的碘，不是救星，而是杀手。国际上公认的碘研究成果显示，碘的摄入量与甲状腺疾病的关系呈U形的关系，碘摄入量的过高与过低都会导致甲状腺疾病的增加。世界卫生组织认为，人群尿碘水平在$100\sim200\mu g \cdot L^{-1}$是碘营养最适宜状态，处于这一状态下，碘缺乏病和高碘疾病的发病率是最低的。

碘是每日摄入量以微克计的元素，究竟哪些人不应该吃加碘盐，这是个复杂的问题。

① 非缺碘地区的居民不需食用加碘盐。像山东菏泽地区的一些县，属于高碘地区，已经取消了强制补碘；还有以海鲜为主食的渔民，据计算日摄入海鱼750g以上的人群，就不需要再补碘了。

② 甲亢患者不需食用碘盐，因为补碘会增加甲状腺激素的合成，加剧病情。甲状腺炎患者不要食用碘盐，补碘会加重炎症症状。

③ 甲状腺瘤患者，关于甲状腺癌和碘营养水平的关系，目前的医学研究尚不明确。因此甲状腺癌患者在食用碘盐与否的问题上更要慎重，结合病情，听从医嘱为上。

④ 其他甲状腺疾病患者，通常认为，只有甲状腺肿大患者需要补碘，但实际上缺碘和碘过量都能诱发甲状腺疾病，所以还是需要结合病情和自身的碘营养状况，在医生的指导下做出选择。

⑤ 患有甲状腺疾病的孕妇和哺乳期妇女，这是个棘手的问题，碘营养水平与婴幼儿的智力发展水平关系密切，需要结合个体情况遵从医嘱，或采取单独对哺乳期婴幼儿补碘的方法。

碘可以防核辐射吗？

碘不能“防”核辐射，但可以减少对放射性碘的吸收。依据美国疾病预防和控制中心资料，碘化钾在保护人们免受放射性碘-131的伤害方面有着很重要的作用。但是，它也仅仅只能对甲状腺起到保护作用，对身体的其他部位则是完全无能为力。

那么，碘化钾是如何起作用的呢？核电站的核裂变反应中，U-235裂变后放出多种放射性原子，碘-131是其中的一种放射性物质。也是2011年3月日本核泄漏事件释放的有害物质之一。它有可能通过呼吸或者受污染的食品、水进入人体。我们的甲状腺会将人体摄入的碘元素都集中到它那儿去，再用碘来合成人体必需的甲状腺激素。这样，放射性的碘-131也就被富集到甲状腺里了。碘-131进一步衰变所释放的β射线会造成甲状腺的损伤。如果是高剂量的接触，会导致急性的甲状腺炎；慢性和延迟效应则包括甲状腺机能减退、甲状腺结节和甲状腺癌的发生。前苏联曾经发生过类似的情况。如果增大非放射性碘的量，放射性碘元素的吸收比重就会减小，一旦甲状腺"吃饱"了非放射性碘，在接下来的24个小时里就不会再吸收碘了，无论是放射性的还是非放射性的。在此情况下，进入人体的放射性碘-131虽然没有进入到甲状腺内，对甲状腺的伤害减小了。但还是会产生一定的损害，不过相比之下，伤害会小一些。

碘化钾不能使人们免受其他放射性物质的伤害，例如铯-137，这次日本核泄漏的另一种主要的放射性元素。它也不能阻止放射性物质进入到我们的体内，伤害我们其他的器官，例如呼吸摄入放射性物质首先接触到的肺。它同样不能阻止已经被吸收入甲状腺的放射性碘-131对甲状腺的伤害。所以，日本计划实施的分发碘片是针对放射性碘-131的，也仅仅只能是针对放射性碘-131。

思考题

1. 试说明氢在下列物质中的价键情况与氧化数：

   HF　　NaOH　　NaH　　H_2

2. 试写出能从冷水、热水、水蒸气、酸、碱中置换出 H_2 的五种金属的反应式和反应条件。
3. 氢化物分为几类？它们的组成和结构各有什么特点？举例说明之。
4. 为什么说氢是理想的二次能源？目前解决储氢的最好方法是什么？
5. 简述几种稀有气体的主要用途。
6. 为什么稀有气体原子如（Xe、Kr）和F、O形成稀有气体化合物的可能性最大？
7. 简要说明卤素与水的作用有何不同？
8. 用电极电势说明，在实验室中用不同的氧化剂，Cl^- 被氧化成氯气时，对盐酸的要求有以下差异：

(1) MnO_2 要求用浓盐酸；

(2) $K_2Cr_2O_7$ 至少要用中等浓度的盐酸；

(3) $KMnO_4$ 使用较稀的盐酸也可。

9. 溴能从碘化物溶液中置换出碘，碘又能从溴酸钾溶液中置换出溴，这两个反应是否矛盾，为什么？
10. 在氯水中分别加入下列物质，对氯与水的可逆反应有何影响？

(1) 稀硫酸　(2) 苛性钠　(3) 氯化钠溶液　(4) 硝酸银溶液

11. 解释下列现象：

(1) I_2 在水中溶解度小，而在KI溶液中溶解度大；

(2) I^- 可被 Fe^{3+} 氧化，但加入 F^- 后就不被 Fe^{3+} 氧化；

(3) 漂白粉在潮湿空气中逐渐失效。

12. 从卤化物制取各种HX(X＝F、Cl、Br、I)，各应采用什么酸，为什么？
13. 为什么制备氙的氟化物一般用镍制容器而不用石英容器？
14. 设法除去：(1) KCl中的KI杂质；(2) $CaCl_2$ 中的 $Ca(ClO)_2$ 杂质；(3) $FeCl_3$ 中的 $FeCl_2$ 杂质。
15. 若误将少量KCN排入下水道，应立即采取什么措施消除污染？
16. 以氯的含氧酸为例，简要说明影响含氧酸稳定性、酸性的原因。
17. 比较 $(CN)_2$ 和 Cl_2 有哪些相似的性质？

习题

1. 完成并配平下列方程式：

(1) $LiH+B_2H_6 \longrightarrow$　(2) $Li+H_2 \longrightarrow$　(3) $CaH_2+H_2O \longrightarrow$

(4) $SiH_4+H_2O \longrightarrow$　(5) $NaH+HCl \longrightarrow$　(6) $Zn+NaOH \longrightarrow$

(7) $XeF_2+H_2O \longrightarrow$　(8) $XeF_2+H_2O_2 \longrightarrow$　(9) $XeF_6+H_2O \longrightarrow$

2. 写出 BaH_2、SiH_4、NH_3、AsH_3、$PdH_{0.9}$、HI 的名称和分类，室温下各呈何种状态？哪种氢化物是电的良导体？

3. 完成并配平下列反应方程式

(1) 氯酸钾受热分解。

(2) 次氯酸钠溶液与硫酸锰反应。

(3) 氯气通入碳酸钠热溶液中。

(4) 浓硫酸与溴化钾反应。

(5) 浓硫酸与碘化钾反应。

(6) 向碘化亚铁溶液中滴加过量氯水。

(7) 向碘化钾溶液中加入次氯酸钠溶液。

(8) 用氢碘酸溶液处理氧化铜。

(9) 氯气长时间通入碘化钾溶液中。

4. 试解释以下现象：

(1) 浓 HCl 在空气中发烟；

(2) 工业盐酸呈黄色，怎样除去；

(3) 车间正在使用氯气罐时，常见到气罐外壁结一层白霜；

(4) 液溴上面放一层水。

5. 简答题

(1) 讨论 Cl_2，Br_2，I_2 与 NaOH 溶液作用的产物及条件。

(2) 工业上有哪几种制造氯酸钾的方法？说明反应原理。并比较它们的优缺点。

(3) 四支试管分别盛有 HCl，HBr，HI，H_2SO_4 溶液。如何鉴别？

(4) 试解释 Fe 与盐酸作用产物和 Fe 与氯气作用产物不同的原因。

(5) 为什么 NH_4F 一般盛在塑料瓶中？

6. 以食盐为主要原料制备下列各物质，写出过程中的主要反应式：

NaClO　　$Ca(ClO)_2$　　$KClO_4$　　HCl

7. 写出下列制备过程的反应方程式，并注明反应条件：

(1) 从盐酸制氯气；

(2) 从 $KClO_3$ 制备 $HClO_4$；

(3) 由海水精制 Br_2；

(4) 由盐酸制 HClO 溶液

8. 皮肤被液溴伤害或沾上碘水，应如何处置？

9. 制备卤化氢的方法有哪些？制取 HBr 和 HI 以哪种方法合适？

10. 下列几种气体需要干燥：HF，HCl，HI 和 Cl_2。现有浓 H_2SO_4、生石灰、无水 $CaCl_2$ 等干燥剂，如何使用，为什么？

11. 润湿的 KI-淀粉试纸遇到 Cl_2 显蓝紫色，但该试纸继续与 Cl_2 接触，蓝紫色又会褪去，用相关的反应式解释上述现象。

12. 氯与水反应的歧化反应中，加酸、加碱对该反应有何影响？试用电极电势 $E^{\ominus}$ 加以说明。

13. 用漂白粉漂白物件时，常采用以下操作：

(1) 将物件放入漂白粉溶液，然后取出暴露在空气中；

(2) 将物件浸在稀盐酸中；

(3) 将物件浸入大苏打溶液，取出放在空气中干燥。

说明每步处理的作用，并写出相应的反应方程式。

14. 由海带提取碘生产中，可以用 $NaNO_2$、NaClO 或 Cl_2 做氧化剂将 I^- 氧化为 I_2，试分别写出有关反应的离子方程式。如何用智利硝石中碘化合物制取单质碘？写出相关的反应方程式。

15. 有棕黑色粉末 A，不能溶于水。加入 B 溶液后加热生成气体 C 和溶液 D；将气体 C 通入 KI 溶液得棕色溶液 E。取少量溶液 D 以 HNO_3 酸化后与 $NaBiO_3$ 粉末作用，得紫色溶液 F；往 F 中滴加 Na_2SO_3 溶液则紫色褪去；接着往该溶液中加入 $BaCl_2$ 溶液，则生成难溶于酸的白色沉淀 G。试推断 A，B，C，D，E，F，G 各为何物？写出相关的化学方程式。

16. 今有白色的钠盐晶体 A 和 B。A 和 B 都溶于水，A 的水溶液呈中性，B 的水溶液呈碱性。A 溶液与 $FeCl_3$ 溶液作用，溶液呈棕色。A 溶液与 $AgNO_3$ 溶液作用，有黄色沉淀析出。晶体 B 与浓盐酸反应，有黄绿色气体产生，此气体同冷 NaOH 溶液作用，可得到含 B 的溶液。向 A 溶液中开始滴加 B 溶液时，溶液呈红棕色；若继续滴加过量的 B 溶液，则溶液的红棕色消失。试判断白色晶体 A 和 B 各为何物？写出有关的反应方程式。

第 10 章　非金属元素(二)
氧　硫　氮　磷　碳　硅　硼

10.1　氧

10.1.1　氧族元素的通性

10.1.1.1　氧族元素的存在

氧族元素有氧、硫、硒、碲和钋五种元素。氧是地球上含量最多、分布最广的元素。约占地壳总质量的 46.6%。它遍及岩石层、水层和大气层。在岩石层中，氧主要以氧化物和含氧酸盐的形式存在。在海水中，氧占海水质量的 89%。在大气层中，氧以单质状态存在，约占大气质量的 23%。

硫在地壳中的含量为 0.045%，是一种分布较广的元素。它在自然界中以两种形态出现，单质硫和化合态硫。天然的硫化合物包括金属硫化物、硫酸盐和有机硫化合物三大类。最重要的硫化物矿是黄铁矿 FeS_2，它是制造硫酸的重要原料。其次是黄铜矿 $CuFeS_2$、方铅矿 PbS、闪锌矿 ZnS 等。硫酸盐矿以石膏 $CaSO_4 \cdot 2H_2O$ 和芒硝 $Na_2SO_4 \cdot 10H_2O$ 为最丰富。有机硫化合物除了存在于煤和石油等沉积物中外，还广泛地存在于生物体的蛋白质、氨基酸中。单质硫主要存在于火山附近。

10.1.1.2　氧族元素的基本性质

见表 10-1。

表 10-1　氧族元素原子的一些基本性质

元素	原子序数	相对原子质量	外围电子构型	常见氧化态	原子共价半径/pm	X^{2-} 离子半径/pm	I_1 /kJ·mol^{-1}	Y_1 /kJ·mol^{-1}	电负性（鲍林值）	单键解离能 /kJ·mol^{-1}
O	8	16.00	$2s^22p^4$	−2,−1,0	66	140	1314	−141	3.44	213
S	16	32.07	$3s^23p^4$	−2,0,+4,+6	104	184	1000	−200	2.58	268
Se	34	78.96	$4s^24p^4$	−2,0,+4,+6	117	198	941	−195	2.55	193
Te	52	127.6	$5s^25p^4$	−2,0,+4,+6	137	221	869	−190	2.1	138

氧族元素原子最外层电子构型为 ns^2np^4，有获得 2 个电子成为−2 氧化态的倾向，表现出较强的非金属性。它们的原子半径、离子半径、电离能、电负性等变化趋势与卤素相似，但结合两个电子不像卤素结合一个电子那么容易，因此非金属性弱于卤素。氧和硫是典型的非金属。硒和碲是准金属，而钋为金属。

氧在本族元素中原子半径最小，电离能最大（仅次于 F），表现出特殊性，其性质与卤素更接近。氧是活泼的非金属元素，能和大多数金属元素形成二元离子型化合物，一般显−2 氧化态。从氧到硫过渡，原子半径、电负性等有一突跃，所以 S、Se、Te 和电负性较大的元素结合时形成共价化合物，且外层空 nd 轨道可参与成键，呈现+2，+4、+6 等氧化态。

从氧族元素的电势图可知，氧的 $E^{\ominus}$ 是较大的正值，氧化性较强。而硫、硒、碲的 $E^{\ominus}$ 值较小，甚至是负值，其氧化性递减；氧、硫、硒、碲的−2 氧化态离子 R^{2-} 的还原性递增。

10.1.2　氧及其化合物

10.1.2.1　氧与氧分子离子

自然界中的氧含有三种同位素，即^{16}O、^{17}O 和^{18}O，在普通氧中，^{16}O 的含量占

99.76%，^{17}O 占 0.04%，^{18}O 占 0.2%。^{18}O 是一种放射性同位素，常作为示踪原子用于反应机理的研究。

图 10-1 是氧族元素的电势图。

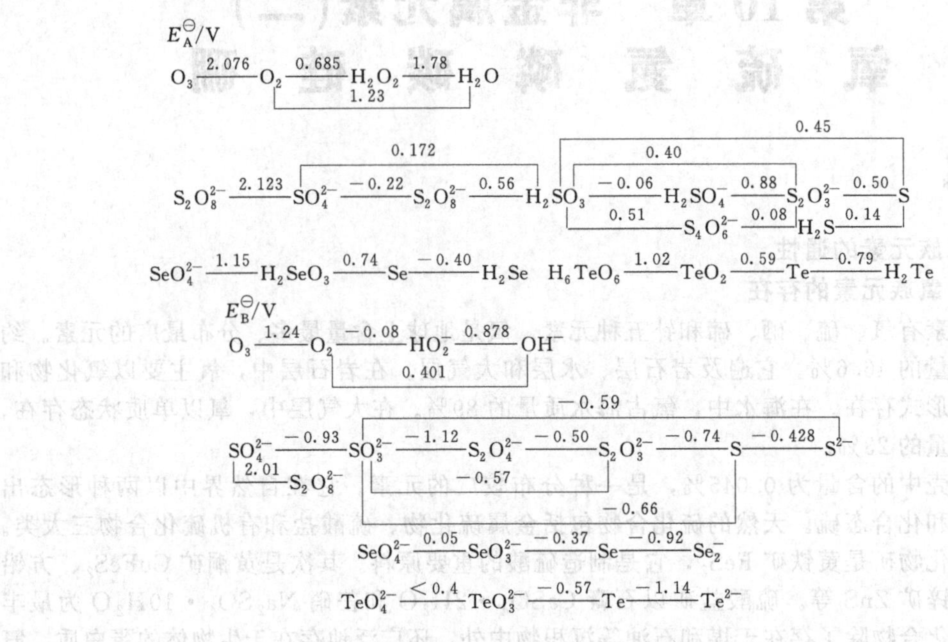

图 10-1　氧族元素的电势图

(1) 氧气和氧分子离子　氧是无色无臭的气体，在 90K 时凝为淡蓝色液氧，进一步冷却到 54K 时可凝成淡蓝色固体。工业上制取氧气多用分离液态空气或电解水的方法，前者可以得到纯度为 99.5%的液氧，以 15MPa 的压力压入钢瓶。氧气钢瓶的颜色为蓝色。实验室常用 $KClO_3$ 或 $KMnO_4$ 等含氧化合物的热分解法制备氧气。

O_2 是非极性分子，常温常压下 1L 水可溶解 49mL 氧气。这是水中生物赖以生存的基础。如果江湖水系污染严重，水中溶氧量下降。氧气不仅能维系生命的存在，同时又是生命的杀手。呼吸时，吸入的氧气中 98%被正常利用，2%被转化为氧自由基，如超氧自由基 $O_2\cdot$。氧气在参与生命活动的同时也产生氧自由基，引起细胞损伤，导致衰老和患病。因此，氧并不是多多益善。

氧原子的基态价层电子结构为 $2s^22p^4$，最外层有 6 个电子，氧气的分子轨道式为：$[KK(\sigma_{2s})^2(\sigma_{2s}^*)^2(\sigma_{2p_x})^2(\pi_{2p_y})^2(\pi_{2p_z})^2(\pi_{2p_y}^*)^1(\pi_{2p_z}^*)^1]$，其中 $(\pi_{2p_y})^2(\pi_{2p_y}^*)^1$ 和 $(\pi_{2p_z})^2(\pi_{2p_z}^*)^1$ 是三电子 π 键相当于 0.5 个正常 π 键，2 个三电子 π 键相当于 1 个正常 π 键。由于有单电子存在，氧分子有顺磁性。

从氧气分子的分子轨道式可知，它得失电子后可形成 O_2^-、O_2^{2-} 和 O_2^+（二氧基阳离子），带负电荷的氧分子为负氧离子，有“空气维生素”之称。当人在海滨、瀑布和喷泉等处或在 2000～3000m 高山上，会顿时觉得空气格外新鲜，这是由于在那里含有较为丰富的负氧离子，据测定一般可达到 2000～5000 个/cm^3。而根据大量研究结果表明，负氧离子对中枢神经系统会产生较大的影响，能促进人体的新陈代谢，使血沉变慢，肝、肾、脑等组织氧化过程加快，从而具有镇定安神、止咳平喘、降低血压、消除疲劳等功效。近些年来，负氧离子在医疗和保健方面得到了广泛的应用并收到了很好的效果，受到了普遍的重视，产生负氧离子的仪器称为负氧离子发生器，它的工作原理是将空气经过滤网去尘由风机抽入，然后被送入有高压电场的极栅中（电子云区），产生高浓度的负氧离子，经加速电场从窗口送出，成为含有丰富负氧离子的新鲜空气。

(2) 臭氧　臭氧是浅蓝色气体，因它有特殊的鱼腥臭味，故名臭氧。O_3 是 O_2 的同素异形体。空气中放电，例如雷击、闪电、电焊、甚至使用复印机时，都会有部分氧气转变成臭氧，人们就能嗅到它的臭味。地面 20～40km 的高空处，存在较多的臭氧，称为臭氧层。其中的 O_3 是由太阳的紫外辐射引发 O_2 分子离解成的 O 原子与 O_2 分子作用形成的：

$$O_2 \xrightarrow{h\nu} 2O$$
$$O + O_2 \rightleftharpoons O_3$$

生成的 O_3 在紫外辐射的作用下能重新分解为 O 和 O_2，如此保证 O_3 在臭氧层的平衡，此过程消耗了太阳辐射到地球 95%的紫外线，避免了大部分太阳紫外线到达地球表面，减弱了对地球生物的伤害。

研究表明，能使臭氧层遭到破坏的污染物很多，例如NO，CO，SO_2，H_2S 和 CCl_2F_2，其中 NO 和 CCl_2F_2 被公认为是最大的臭氧消耗剂，其机理为：

$$CCl_2F_2 \xrightarrow{h\nu} CClF_2\cdot + Cl\cdot$$
$$Cl\cdot + O_3 \longrightarrow ClO\cdot + O_2$$
$$ClO\cdot + O \longrightarrow Cl\cdot + O_2$$

上述链反应不断循环往复，一个 $CClF_2\cdot$ 可破坏10万个以上的臭氧分子。

臭氧中三个 O 原子是等腰三角形分布，中心氧原子有一孤电子对占据一个顶点，分子为 V 形结构，键角 116.8°。分子中还有三个原子共用四个电子的离域 π 键垂直于分子平面，以 π_3^4 表示。它的键长为 127.8pm，介于单键（148pm）和双键（112pm）之间；键能也低于 O_2 分子而不稳定。O_3 分子结构如图 10-2 所示。

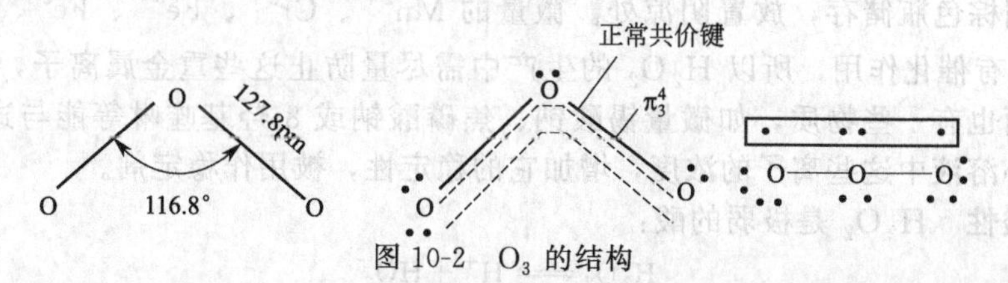

图 10-2　O_3 的结构

由于没有成单电子，O_3 分子是反磁性的。它是单质中唯一发现有极性的分子。

O_3 是比 O_2 更强的氧化剂，比较它们的电极电势就能看出这一点。

酸性溶液　$O_2 + 4H^+ + 4e^- \rightleftharpoons 2H_2O$　　$E^\ominus = +1.229V$

　　　　　$O_3 + 2H^+ + 2e^- \rightleftharpoons O_2 + H_2O$　　$E^\ominus = +2.07V$

碱性溶液　$O_2 + 2H_2O + 4e^- \rightleftharpoons 4OH^-$　　$E^\ominus = +0.401V$

　　　　　$O_3 + H_2O + 2e^- \rightleftharpoons O_2 + 2OH^-$　　$E^\ominus = +1.24V$

在平常条件下，O_3 能氧化许多不活泼的单质如 Hg，Ag，S 等，而 O_2 则不能。例如，在臭氧的作用下，润湿的硫黄能被氧化成 H_2SO_4：

$$S + 3O_3 + H_2O \longrightarrow H_2SO_4 + 3O_2$$

金属银被氧化成黑色的过氧化银：

$$2Ag + 2O_3 \longrightarrow Ag_2O_2 + 2O_2$$

碘遇淀粉呈蓝色，因此浸过 KI 的淀粉试纸可用来检测臭氧：

$$2KI + O_3 + H_2O \longrightarrow I_2 + O_2 + 2KOH$$

臭氧可由无声放电作用于氧气而制得，这是一个吸热反应：

$$3O_2 \longrightarrow 2O_3;\qquad \Delta_r H_m^\ominus = 285.3kJ\cdot mol^{-1}$$

基于臭氧的强氧化性，可将其用作纸浆、棉麻、油脂、面粉等的漂白剂，饮水的消毒剂以及废水、废气的净化，例如将工业废水中的有害成分酚、苯、硫、醇和异戊二烯等变为无害的物质。在化工制备上，用臭氧氧化代替催化氧化和高温氧化，能简化工艺流程，提高产率。近年，臭氧还被用于洗涤衣物，将臭氧发生器产生的 O_3 导入洗衣机的水桶，可以提高水对污渍的去除与溶解，起到杀菌、除臭、节省洗涤剂和减少污水的作用。医学上可以利用臭氧的杀菌能力强，将其作为杀菌剂。在空气中，含少量 O_3 可使人兴奋。作为强氧化剂，臭氧几乎能与任何生物组织反应，因此臭氧对于人体和各种动植物都是有害的，含量达 10^{-6} （1ppm）时人将会感到疲劳、头痛、气短和胸痛。

10.1.2.2　过氧化氢

过氧化氢 H_2O_2，俗称双氧水。纯品是无色黏稠液体，能和水以任意比例混合。市售品有 30%和 3%两种规格。

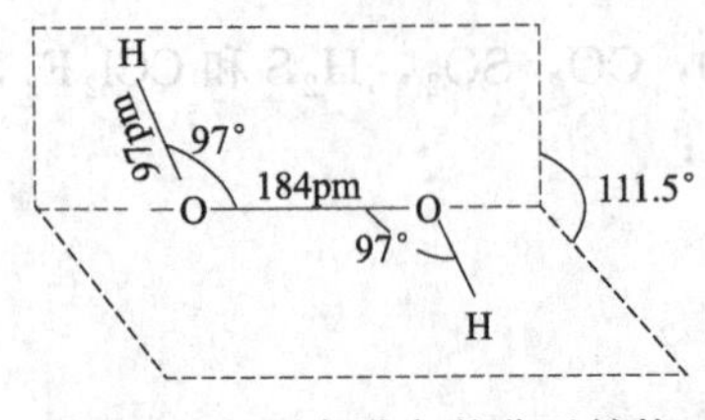

图 10-3　过氧化氢的分子结构

H_2O_2 的结构如图 10-3 所示。中间部分的—O—O—称为过氧键。2 个 H 原子和 O 原子并非在同一平面上，而具立体结构，像一本翻开的书。H_2O_2 分子间由于存在氢键而有缔合作用，其缔合程度大于水，约是水重的 1.5 倍。H_2O_2 的主要性质如下：

(1) 热稳定性差　H_2O_2 中过氧键—O—O—的键能较小，不稳定，可按下式分解（此反应室温下不明显，150℃以上猛烈进行）：

$$2H_2O_2 \longrightarrow H_2O + O_2 \qquad \Delta_r H_m^{\ominus} = -196\text{kJ}\cdot\text{mol}^{-1}$$

含量高于 65%的 H_2O_2 和有机物接触时，容易发生爆炸。光照、加热或在碱性溶液中分解加速，故常用棕色瓶储存，放置阴凉处。微量的 Mn^{2+}、Cr^{3+}、Fe^{3+}、Fe^{2+}、MnO_2 等对 H_2O_2 的分解有催化作用，所以 H_2O_2 的生产中需尽量防止这些重金属离子，特别是 Fe^{2+} 的污染。然而也有一些物质，如微量锡酸钠、焦磷酸钠或 8-羟基喹啉等能与这些重金属离子配位，减小溶液中这些离子的浓度，增加它的稳定性，被用作稳定剂。

(2) 弱酸性　H_2O_2 是极弱的酸：

$$H_2O_2 \rightleftharpoons H^+ + HO_2^-$$

$K_1^{\ominus}=2.2\times10^{-12}$(25℃)，$K_2^{\ominus}$ 更小，约为 10^{-25}。

H_2O_2 可与碱反应而生成盐(过氧化物)。例如：

$$H_2O_2 + Ca(OH)_2 \longrightarrow CaO_2 + 2H_2O$$
$$H_2O_2 + Ba(OH)_2 \longrightarrow BaO_2 + 2H_2O$$

在工业上，CaO_2 和 BaO_2 就利用上述反应制得，它们可以看成是 H_2O_2 的盐。

(3) 氧化性和还原性　H_2O_2 中氧的氧化值为−1，这种中间氧化态预示它既具有氧化性又具有还原性。其还原产物和氧化产物分别为 H_2O(或 OH^-) 和 O_2，因此不会给介质带入杂质，是一种较理想的氧化剂或还原剂。

从元素电势图看，无论哪种介质，$E_{右}^{\ominus}$ 都远大于 $E_{左}^{\ominus}$，故 H_2O_2 歧化的趋势很大，但因歧化反应速率很小，因此温度不高时，高浓度的 H_2O_2 甚至纯态都还能稳定存在。$E_A^{\ominus}(H_2O_2/H_2O)=1.776V$，酸性介质中，$H_2O_2$ 为较强的氧化剂。由于它的还原产物是水，不会造成环境污染，所以人们把过氧化氢称为“绿色氧化剂”，主要用作漂白剂，用于漂白纸浆、织物、皮革、油脂以及合成物等。化工生产上用于制取过氧化物、药物等。

$$H_2O_2 + 2I^- + 2H^+ \longrightarrow 2H_2O + I_2$$
$$PbS + 4H_2O_2 \longrightarrow PbSO_4 + 4H_2O$$

前一反应可定量和定性检测 I^- 浓度，后一反应可用于油画的漂白。

$$Cl_2 + H_2O_2 \longrightarrow O_2 + 2HCl$$

$$2KMnO_4 + 5H_2O_2 + 3H_2SO_4 \longrightarrow 2MnSO_4 + K_2SO_4 + 8H_2O + 5O_2\uparrow$$

前一反应工业上常用于除氯，后一反应用来测定 H_2O_2 的含量。

(4) 过氧化氢的制备 实验室中可将 Na_2O_2 加到冷的稀 H_2SO_4 中来制备 H_2O_2。工业上生产 H_2O_2 通常采用1908年发展起来的电解法或1945年以后发展起来的蒽醌法。

① 电解法 以铂（或钽）作为阳极，石墨（或铅）作为阴极，电解 NH_4HSO_4(或 $KHSO_4$）溶液，在两极分别发生下列反应：

阴极 $$2H^+ + 2e^- \rightleftharpoons H_2$$

阳极 $$2SO_4^{2-} \rightleftharpoons S_2O_8^{2-} + 2e^-$$

在酸性条件下，$S_2O_8^{2-}$ 与水反应得到 H_2O_2：

$$S_2O_8^{2-} + 2H_2O \longrightarrow H_2O_2 + 2HSO_4^-$$

所得 H_2O_2 经减压蒸馏可得到较纯（30%～35%）的水溶液，置于塑料瓶中。产生的 HSO_4^- 可循环使用。

② 蒽醌法 在钯或镍催化剂的存在下，将乙基蒽醌用氢气氢化，再经空气或纯氧氧化即：

O(α-乙基蒽醌) + H_2O_2 $\underset{O_2}{\overset{H_2/Pd}{\rightleftharpoons}}$ OH(α-乙基二氢蒽醌)

（结构式中取代基：C_2H_5）

蒽醌法与电解法相比，具有耗能低、蒸气和水的消耗比较少、空气中的氧作为原料以及乙蒽醌能重复使用等优点，所以在工业上大量制备 H_2O_2 时被广泛采用。但是，电解法因其设备较简单、原料易得、投资较少，有些需要量不大的地区仍在使用。

10.2 硫及其化合物

10.2.1 单质硫

硫的同素异形体常见的有3种：斜方硫（菱形硫）、单斜硫和弹性硫。天然硫即斜方硫，为柠檬黄色固体，它在95.5℃以上逐渐转变为颜色较深的单斜硫：

$$S(菱形)(>368K) \rightleftharpoons S(单斜) \qquad \Delta_r H_m^{\ominus} = 0.898kJ \cdot mol^{-1}$$

斜方硫和单斜硫都是分子晶体，且每个分子都是由8个S原子组成的环状结构。由于 S_8 分子间只有微弱的范德华力，故这两种硫的熔点都比较低。它们都不溶于水，而易溶于 CS_2 和 CCl_4 等有机溶剂。

单质硫经加热熔融后，得到浅黄色易流动的透明液体；热至160℃时 S_8 环断裂形成长链状巨型分子，且互相纠缠使之不易流动，黏度增大，颜色变深，200℃时达最大值；继续加热，长链断裂，黏度降低；444.6℃沸腾，硫蒸气中有 S_8，S_6，S_4，S_2 等，温度再高，S_8 减少，S_2 增多，到2000℃，S_2 开始离解为单原子S。

加热至约200℃的熔融硫迅速倒入冷水中，得到棕黄色玻璃状弹性硫或塑性硫。由于骤冷，长链硫来不及成环，仍以长链固定在玻璃状态中，所以具有弹性。弹性硫不溶于任何溶剂，在空气中可以缓慢地转化为晶态硫，室温下需要1年时间方能转变完全。

工业硫的提纯方法很多，如升华、蒸馏、区域熔炼、有机溶剂提取、酸洗等。

硫的化学性质与氧比较，氧化性较弱，较不活泼。但在一定条件下也能与许多金属和非金属作用，形成硫化物。例如：

$$2Al+3S \xrightarrow{\triangle} Al_2S_3$$

$$C+2S \xrightarrow{\triangle} CS_2$$

硫还能与热的浓 H_2SO_4 和 HNO_3 反应（表现出还原性）：

$$S+2H_2SO_4(\text{浓}) \xrightarrow{\triangle} 3SO_2\uparrow +2H_2O$$

$$S+2HNO_3(\text{浓}) \xrightarrow{\triangle} H_2SO_4+2NO\uparrow$$

在碱性溶液中也可发生歧化反应：

$$3S+6NaOH \xrightarrow{\triangle} 2Na_2S+Na_2SO_3+3H_2O$$

单质硫可从天然矿制得。把含有天然硫的矿石隔绝空气加热，可把硫熔化而和砂石等杂质分开。也可用黄铁矿和焦炭混合燃烧（有限空气）制取。

$$3FeS_2+12C+8O_2 \xrightarrow{\text{燃烧}} Fe_3O_4+12CO+6S$$

在高含硫原油和天然气中，通过适度催化氧化回收硫黄现已成为硫黄的一个重要来源。

单质硫主要用来制备 H_2SO_4，硫化橡胶、造纸、漂染等工业及烟火制造中也广泛应用。医药上用以制硫黄软膏治疗某些皮肤病。

10.2.2 硫化氢和硫化物

10.2.2.1 硫化氢

H_2S 是无色有臭蛋味的气体，当空气中含有十万分之一的 H_2S 时，就能明显地觉察到这种臭味。H_2S 有剧毒，但人们对它的毒性往往估计不足！因为它有麻醉中枢神经的作用，吸入后引起头疼、晕眩，大量吸入会严重中毒，甚至死亡。近年来多次发生沼气池中和城市下水道中工作人员 H_2S 中毒而身亡，所以按规定操作岗位上必须有两人，以防不测时相互救援。工业生产场所规定空气中 H_2S 含量不得超过 $0.01mg\cdot L^{-1}$。

H_2S 的分子结构与 H_2O 相似，呈 V 形，也是一个极性分子，但其极性比 H_2O 弱，熔点（−85.5℃）和沸点（−60.7℃）比水低得多。它不如水稳定，400℃就开始分解。

制备 H_2S 的硫化物一般有 FeS 和 Na_2S，可用的酸有 HCl 和稀 H_2SO_4。反应的通式为：

$$S^{2-}+2H^+ \longrightarrow H_2S$$

FeS 和 Na_2S 对比，前者反应较慢，产生的 H_2S 气流平稳；后者快，气流大，且避免带入杂质铁。Na_2S 比 FeS 价廉，工业上常选用 Na_2S，实验室中则多用 FeS。HCl 和稀 H_2SO_4 对比，前者反应快，被普遍采用，如需反应平稳进行，尤其要避免 Cl^- 时，则以稀 H_2SO_4 为宜。

H_2S 能溶于水，20℃时 1 体积水能溶解 2.6 体积的 H_2S，相当于 $0.1mol\cdot L^{-1}$。完全干燥的 H_2S 气体是很稳定的，不易和空气中的 O_2 作用。其水溶液的稳定性却显著下降，在空气中很快析出游离硫，而使溶液变浑：

$$2H_2S+O_2 \longrightarrow 2S\downarrow +2H_2O$$

所以工作中使用的 H_2S 溶液必须现用现配。

在酸碱平衡中已讲到，H_2S 的水溶液氢硫酸是二元弱酸，溶液中 S^{2-} 浓度与 H^+ 浓度有如下关系

$$K^{\ominus}_{a_1}(H_2S)K^{\ominus}_{a_2}(H_2S)=\frac{c^2(H^+)c(S^{2-})}{c(H_2S)}$$

$$c(S^{2-})=\frac{K_{a_1}^{\ominus}(H_2S)K_{a_2}^{\ominus}(H_2S)c(H_2S)}{c^2(H^+)}$$

上式表明，氢硫酸溶液中 S^{2-} 浓度的大小，在很大程度上取决于溶液的酸度。在酸性溶液中通入 H_2S，它只能供给极低浓度的 S^{2-}。但在碱性溶液中，则可供给较高浓度的 S^{2-}。金属硫化物在水中的溶解度差异甚大，通过 H^+ 浓度的改变对 S^{2-} 浓度的控制作用，可以达到多种金属硫化物的分级沉淀，使不同金属离子得以分离。

H_2S 中 S 的氧化态 -2 已达最低，因此具有还原性。它在空气中燃烧时火焰呈蓝色：

$$2H_2S+3O_2(\text{空气足量})\xrightarrow{\text{燃烧}}2SO_2+2H_2O$$

$$2H_2S+O_2(\text{空气不足量})\xrightarrow{\text{燃烧}}2S+2H_2O$$

许多氧化剂能氧化 H_2S，如 Cl_2、Br_2、I_2、浓 H_2SO_4 等。

$$Br_2+H_2S\longrightarrow S+2HBr$$

$$H_2S+H_2SO_4(\text{浓})\longrightarrow SO_2+S+2H_2O$$

H_2S 能和 Ag 作用，生成黑色 Ag_2S，此处 Ag 是还原剂。

H_2S 可用硫蒸气和氢直接化合制得，但反应不完全。实验中常用金属硫化物与非氧化性酸反应制备：

$$FeS+2H^+\longrightarrow Fe^{2+}+H_2S\uparrow$$

由于 H_2S 的毒性，分析化学上常用硫代乙酰胺 CH_3CSNH_2 代替 H_2S 水溶液。5%的硫代乙酰胺水溶液可水解产生 H_2S 和 S^{2-}，使用简便、干净：

$$CH_3CSNH_2+2H_2O\rightleftharpoons CH_3COO^-+NH_4^++H_2S\uparrow$$

$$CH_3CSNH_2+3OH^-\rightleftharpoons CH_3COO^-+NH_3+H_2O+S^{2-}$$

10.2.2.2 硫化物

非金属硫化物在应用方面不很重要，本部分只讨论金属硫化物。常见的金属硫化物不下20种，它们有广泛的用途。Na_2S 在工业上称为硫化碱，价格比较便宜，常代替 NaOH 作为碱使用，是生产硫化染料的重要原料。Ca，Sr，Ba，Zn，Cd 等的硫化物，以及硒化物、氧化物，都是很好的发光材料（需要某些微量重金属离子作为激活剂），广泛用于夜光仪表和黑白、彩色电视中。CdS 和 ZnS 还作为换能器材料用在微波技术中。其他，如 BaS，CaS，PbS，CdS 和 HgS 等在颜料、染料、农药、医药、焰火、橡胶及半导体工业等方面各有应用。

下面对硫化物的性质做一概述：

(1) 颜色 许多硫化物具有特殊的颜色（见表 10-2），同一种硫化物，由于制备时的工艺条件不同，也可能有不同的颜色。这与硫化物的结构、颗粒大小以及存在某种微量杂质等因素有关。

(2) 溶解性 金属硫化物的溶解情况差别很大，根据水溶、酸溶的情况大致可以将它们分为三类，表 10-2 列出了常见金属硫化物的溶解性。

表 10-2 金属硫化物的颜色和溶解性

溶于水的硫化物			不溶于水而溶于稀酸的硫化物			不溶于水和稀酸的硫化物		
化学式	颜色	$K_{sp}^{\ominus}$	化学式	颜色	$K_{sp}^{\ominus}$	化学式	颜色	$K_{sp}^{\ominus}$
Na_2S	白	—	MnS	肉红	2.5×10^{-10}	SnS_2	深棕	2.5×10^{-27}
K_2S	白	—	FeS	黑	6.3×10^{-18}	CdS	黄	8.0×10^{-27}
BaS	白	—	NiS(α)	黑	3.0×10^{-19}	PbS	黑	8.0×10^{-32}
			CoS(α)	黑	4.0×10^{-21}	CuS	黑	6.3×10^{-36}
						Ag_2S	黑	6.3×10^{-50}
			ZnS	白	2.5×10^{-24}	HgS	黑	1.6×10^{-52}

硫化物在酸中的溶解情况与其溶度积的大小有关。以 MS 型硫化物为例，若要令其溶解，必须使$[c(M^{2+})\cdot c(S^{2-})]<K_{sp}^{\ominus}$，势必要求降低$S^{2-}$或$M^{2+}$的浓度。使$S^{2-}$浓度降低的办法有两种：一是提高溶液的酸度，抑制$H_2S$的离解；二是采用氧化剂，将$S^{2-}$氧化。要降低$M^{2+}$的浓度，可加入配位剂与$M^{2+}$配合。对于溶度积较大($K_{sp}^{\ominus}>10^{-24}$)的硫化物，可用提高溶液酸度的办法降低$S^{2-}$的浓度，使之溶解。例如：

$$FeS+2H^+ \longrightarrow Fe^{2+}+H_2S\uparrow$$

对于溶度积较小（$10^{-25}\sim10^{-32}$）的硫化物，仍可使用提高酸度（即加浓 HCl）的方法，高浓度的H^+能使S^{2-}的浓度显著降低；高浓度的Cl^-又使金属离子M^{2+}形成配离子，双管齐下，从而使硫化物溶解。例如：

$$PbS+2H^+ +4Cl^- \longrightarrow [PbCl_4]^{2-}+H_2S\uparrow$$

对于溶度积更小的硫化物（如 CuS，Ag_2S 等），利用浓 HCl 降低S^{2-}和M^{2+}浓度的办法已不能满足要求，所以需用HNO_3将S^{2-}氧化，从而使其溶解：

$$3CuS+8HNO_3 \longrightarrow 3Cu(NO_3)_2+3S\downarrow+2NO\uparrow+4H_2O$$

溶度积极小的 HgS 等只能溶于王水。王水是浓HNO_3与浓 HCl 体积之比为 1∶3 的混合溶液，用它溶解难溶硫化物，王水不仅提供了H^+和氧化剂，还提供了配位剂，因此被称为“三效试剂”（即酸效应、氧化效应和配位效应）。它与 HgS 作用，可以使系统中S^{2-}和Hg^{2+}的浓度大大降低，HgS 便得以溶解：

$$3HgS+12HCl+2HNO_3 \longrightarrow 3[HgCl_4]^{2-}+6H^+ +3S\downarrow+2NO\uparrow+4H_2O$$

HgS 除了能溶于王水，还能溶于Na_2S溶液，因为生成了配合物：

$$HgS+Na_2S \longrightarrow Na_2[HgS_2]$$

(3) 水解性 由于氢硫酸是弱酸，故所有硫化物都有不同程度的水解性。许多硫化物由于溶解度小，水解作用不引人注目。几种易溶于水的硫化物其水解反应颇为显著。例如，Na_2S的水解：

$$Na_2S+H_2O \rightleftharpoons NaHS+NaOH$$

据计算，$0.1mol\cdot l^{-1}$ Na_2S溶液的水解度为 95%，此溶液的 pH 值高达 13，超过相同浓度的Na_2CO_3溶液，这也是把Na_2S作为碱使用的原因。

Al_2S_3遇水完全水解：

$$Al_2S_3+6H_2O \longrightarrow 2Al(OH)_3+3H_2S\uparrow$$

Cr_2S_3的情况相同，因此，这类化合物只能用“干法”合成。

10.2.2.3 多硫化物

Na_2S或$(NH_4)_2S$溶液能溶解单质硫生成多硫化物溶液，一般呈黄色，随S_x^{2-}中 S 原子数的增加，颜色加深，黄→橙→红色。

多硫化铵溶液的制备是通H_2S于浓氨水溶液中至饱和。然后加入细硫粉，放置 1～2 昼夜，不时振荡，直到硫不再溶解为止。反应式为：

$$2NH_3\cdot H_2O+H_2S \longrightarrow (NH_4)_2S+2H_2O$$

$$(NH_4)_2S+(x-1)S \longrightarrow (NH_4)_2S_x$$

多硫离子具有链状结构，S 原子通过共用电子对连接成长链状：

```
        S       S
      /   \   /   \
(…S        S        S…)²⁻
```

因此多硫化物具有氧化性（弱于过氧化物），在反应中能提供活性硫，氧化 As(Ⅲ)、Sb(Ⅲ)、Sn(Ⅱ) 的硫化物。例如，在碱性溶液中 SnS 能被S_x^{2-}氧化，生成硫代锡酸盐SnS_3^{2-}而溶解：

$$SnS + S_2^{2-} \longrightarrow SnS_3^{2-}$$

S_x^{2-} 在酸性溶液中会生成不稳定的多硫化氢 H_2S_x，易歧化分解为 H_2S 和 S：

$$S_x^{2-} + 2H^+ \longrightarrow H_2S\uparrow + (x-1)S\downarrow$$

多硫化物是分析化学常用的试剂；多硫化铵可用作分析试剂和杀虫剂，在制革工业中 Na_2S_2 是脱毛剂，农业上 CaS_2 是杀虫剂。

10.2.3　硫的含氧化合物和含氧酸

硫可以生成一系列的氧化物，如 S_2O、SO、S_2O_3、SO_2、SO_3、SO_4 等，其中最重要的是 SO_2 和 SO_3。硫的某些氧化物溶于水得到相应的酸，SO_2 和 SO_3 溶于水分别得到 H_2SO_3 和 H_2SO_4。此外，硫的含氧酸还有焦（亚）硫酸、连硫酸、过硫酸和硫代硫酸等。

10.2.3.1　二氧化硫和亚硫酸

SO_2 是无色气体，有强烈的刺激气味。容易液化，液化温度为－10℃，在 0℃时液化压力仅需 193kPa。液态 SO_2 储存在钢瓶中备用，液态 SO_2 用作制冷剂，能使系统的温度降至－50℃。

SO_2 易溶于水，常温下 1L 水能溶解 40L SO_2，相当于 10％的溶液。若加热可将溶解的 SO_2 完全赶出。SO_2 溶于水生成不稳定的亚硫酸（H_2SO_3），它只能在水溶液中存在，游离态的 H_2SO_3 尚未制得。光谱实验证明，SO_2 和 H_2O 分子间存在较弱的结合，主要以 $SO_2 \cdot xH_2O$ 形式存在。H_2SO_3 是二元中强酸，分两步离解：

$$H_2SO_3 \rightleftharpoons H^+ + HSO_3^- \qquad K_1^{\ominus} = 1.3\times10^{-2}$$

$$HSO_3^- \rightleftharpoons H^+ + SO_3^{2-} \qquad K_2^{\ominus} = 6.1\times10^{-8}$$

因此，它能形成正盐和酸式盐，如 Na_2SO_3 和 $NaHSO_3$。亚硫酸氢盐一般溶于水，而其正盐只有碱金属和铵盐溶于水，其他金属盐均难溶于水，但都溶于强酸。

SO_2 和 H_2SO_3 中硫的氧化值为＋4，这是 S 的中间氧化态。它既有氧化性又有还原性，但以还原性为主。其电对的标准电极电势为

酸性溶液：　$H_2SO_3 + 4H^+ + 4e^- \rightleftharpoons S + 3H_2O$　　$E^{\ominus} = 0.45V$

$SO_4^{2-} + 4H^+ + 2e^- \rightleftharpoons H_2SO_3 + H_2O$　　$E^{\ominus} = 0.17V$

碱性溶液：　$SO_4^{2-} + H_2O + 2e^- \rightleftharpoons SO_3^{2-} + 2OH^-$　　$E^{\ominus} = -0.93V$

SO_2 或 H_2SO_3，能将 MnO_4^-，Cl_2，Br_2 分别还原为 Mn^{2+}，Cl^- 和 Br^-，碱性或中性介质中，SO_3^{2-} 更易于氧化，其氧化产物一般都是 SO_4^{2-}：

$$2MnO_4^- + 5SO_3^{2-} + 6H^+ \longrightarrow 2Mn^{2+} + 5SO_4^{2-} + 3H_2O$$

$$Cl_2 + SO_3^{2-} + H_2O \longrightarrow 2Cl^- + SO_4^{2-} + 2H^+$$

后一反应在织物漂白工艺中，用作脱氯剂。

酸性介质中，与较强还原剂相遇时，SO_2 或 H_2SO_3 才能表现出氧化性，例如：

$$H_2SO_3 + 2H_2S \longrightarrow 3S\downarrow + 3H_2O$$

SO_2 来自硫或黄铁矿（FeS）和其他含硫矿冶炼金属的副产物，工业上主要用于生产 H_2SO_4，也是制备亚硫酸盐的基本原料。SO_2 溶于水生成的 H_2SO_3 可以与有机色素反应生成无色有机物，因此有漂白作用。当这种无色有机物中的 S（Ⅳ）被氧化剂氧化后，有机色素的颜色恢复。此外 SO_2 在漂染、消毒、制冷等方面有广泛应用。

SO_2 是有害气体，低浓度时主要危害上呼吸道，浓度高时会致人呼吸困难，甚至死亡。在大气中 SO_2 主要来自燃煤发电厂含硫煤的燃烧，我国现在是世界上最大的 SO_2 排放国。它可通过气相或液相的氧化反应生成 H_2SO_4：

气相反应：　$2SO_2 + O_2 \xrightarrow{催化剂} 2SO_3$

$$SO_3 + H_2O \longrightarrow H_2SO_4$$

液相反应：

$$SO_2 + H_2O \longrightarrow H_2SO_3$$

$$H_2SO_3 + O_2 \xrightarrow{\text{催化剂}} 2H_2SO_4$$

大气中的烟尘、O_3 等都是上述反应的催化剂，O_3 同时还是氧化剂。因此，SO_2 是对农业、林业、建筑物等危害极大的“酸雨”（pH<5.6 的雨水）的主要根源。所以在环境保护中，治理含有 SO_2 的废气特别被人们所关注。

治理 SO_2 污染的方法很多，当废气中 SO_2 含量较高时，可将 SO_2 收集氧化为 SO_3，制成 H_2SO_4；或用碱性物质吸收生成亚硫酸盐。如果 SO_2 的含量较小，可用石灰水或 Na_2CO_3 溶液吸收除去：

$$Ca(OH)_2 + SO_2 \longrightarrow CaSO_3 + H_2O$$

$$2Na_2CO_3 + SO_2 + H_2O \longrightarrow Na_2SO_3 + 2NaHCO_3$$

焦炉气中的 SO_2，可以在高温下用铝矾土作为催化剂，用 CO 作为还原剂，使 SO_2 还原为单质硫：

$$SO_2 + 2CO \longrightarrow 2CO_2 + S$$

含硫煤可通过与消石灰混合，燃烧时生成的 SO_2 被石灰吸收而减少 SO_2 的排放，生成的亚硫酸钙可用作塑料或橡胶工业的填料。冶炼硫化矿的烟道气中 SO_2 的含量较高，发达国家及我国早已利用其制备 H_2SO_4。如何变废为宝，实现综合利用，是我国化学工作者的一项紧迫任务。

焦亚硫酸（$H_2S_2O_7$）可看作由两份亚硫酸失去一份水所得的产物，其钠盐焦亚硫酸钠常作为食品保鲜剂，在有机反应中，能与醛或酮反应生成溶于水的物质，而与其他不溶于水的有机物分离。

10.2.3.2 三氧化硫和硫酸

(1) 三氧化硫 SO_2 与 O_2 在下述条件下制得 SO_3：

$$2SO_2 + O_2 \xrightarrow{450℃, V_2O_5} 2SO_3$$

纯净的 SO_3 是易挥发的无色固体，熔点 16.8℃，沸点 44.8℃。它极易与水化合，生成 H_2SO_4，并放出大量热：

$$SO_3 + H_2O \longrightarrow H_2SO_4 \qquad \Delta_r H_m^{\ominus} = -133\text{kJ} \cdot \text{mol}^{-1}$$

因此，SO_3 在潮湿空气中易形成酸雾。SO_3 中 S 的氧化数为 +6，有强氧化性。

(2) 硫酸

① 硫酸的性质 H_2SO_4 分子间存在氢键，纯浓 H_2SO_4 是无色透明的油状液体，沸点高。工业品因含杂质而发浑或呈浅黄色。市售 H_2SO_4 有含量为 92% 和 98% 两种规格，密度分别为 $1.82\text{g} \cdot \text{mL}^{-1}$ 和 $1.84\text{g} \cdot \text{mL}^{-1}$（常温）。

a. 吸水性和溶解热 浓 H_2SO_4 有强烈的吸水作用，同时放出大量的热。据研究，H_2SO_4 和水能生成一系列水合物，如 $H_2SO_4 \cdot H_2O$，$H_2SO_4 \cdot 2H_2O$，$H_2SO_4 \cdot 6H_2O$ 等。它不仅能吸收游离水，还能从含有 H 和 O 元素的有机物（如棉布、糖、油脂）中按 H_2O 的组成夺取水，这就是浓 H_2SO_4 的脱水性。例如：

$$xC_2H_5OH + H_2SO_4(\text{浓}) \longrightarrow xC_2H_4 + H_2SO_4 \cdot xH_2O (x=1,2,6,8)$$

$$xC_{12}H_{22}O_{11} + H_2SO_4(\text{浓}) \longrightarrow 12xC + 11H_2SO_4 \cdot xH_2O$$

因此，浓 H_2SO_4 能使有机物炭化。基于 H_2SO_4 的吸水性，可用作干燥剂。

值得注意，浓 H_2SO_4 稀释时会放出大量的热，配制 H_2SO_4 溶液时，需将浓 H_2SO_4 徐徐注入水中，并不断搅拌。切不可反过来！浓 H_2SO_4 能严重灼伤皮肤，万一误溅，应先用软布或纸轻轻沾去，再用大量水冲洗，最后用 2% 小苏打水或稀氨水浸泡片刻。

b. 氧化性 稀硫酸中氧化数为+6的S无氧化性，浓 H_2SO_4 中硫酸以分子态存在，未解离的 H^+ 的强极化作用造成 H_2SO_4 中的S—O键不稳定，易断裂生成氧化性很强的S(Ⅵ)，故在加热的条件下，浓 H_2SO_4 几乎能氧化所有的金属和一些非金属。它的还原产物一般是 SO_2，若遇活泼金属，会析出S，甚至生成 H_2S。例如：

$$Cu+2H_2SO_4(浓) \longrightarrow CuSO_4+SO_2\uparrow+2H_2O$$

$$3Zn+4H_2SO_4(浓) \longrightarrow 3ZnSO_4+S+4H_2O$$

$$2P+5H_2SO_4(浓) \xrightarrow{\triangle} 2H_3PO_4+5SO_2\uparrow+2H_2O$$

$$C+2H_2SO_4(浓) \xrightarrow{\triangle} CO_2\uparrow+2SO_2\uparrow+2H_2O$$

后一反应用在生产半导体器件的光刻工艺中。其作用是浓 H_2SO_4 能使光刻胶（对光敏感的高分子有机物）炭化，随即按上式除去碳。

但是，冷的浓 H_2SO_4 与活泼金属铁、铝和铬并无作用。这是由于金属表面生成了致密的氧化物薄膜，保护了内部金属不继续与酸作用，这种状态称为“钝态”。所以常用铁罐储运浓 H_2SO_4（含量必须在92.5%以上）。

c. 酸性 H_2SO_4 是二元强酸，第一步完全离解，第二步离解并不完全，HSO_4^- 只相当于中强酸：

$$H_2SO_4 \longrightarrow H^++HSO_4^-$$

$$HSO_4^- \rightleftharpoons H^++SO_4^{2-} \qquad K_2^{\ominus}=1.2\times10^{-2}$$

还需指出，H_2SO_4 具有较高的沸点（98.3% H_2SO_4 沸点为338℃），因此能与氯化物或硝酸盐作用，并生成易挥发的HCl和 HNO_3（早年的生产方法）：

$$NaCl(s)+H_2SO_4(浓) \xrightarrow{\triangle} NaHSO_4+HCl\uparrow$$

$$NaNO_3+H_2SO_4(浓) \xrightarrow{\triangle} NaHSO_4+HNO_3\uparrow$$

② 硫酸的生产与用途 生产 H_2SO_4 的主要原料有单质硫、黄铁矿和冶炼厂的烟道气等。英、美主要用单质硫；日本主要用冶金烟道气；我国因硫储量少，基于环境保护和资源利用的需要，目前我国的有色金属冶炼厂，如贵溪铜矿、铜陵铜矿、葫芦岛铅锌厂都已从烟道气中回收 SO_2，大量制取硫酸。正逐步淘汰采用黄铁矿为原料制取硫酸的生产工艺。

世界各国生产 H_2SO_4 都以接触法为主。此法主要分为三个阶段：焙烧黄铁矿或硫燃烧得到 SO_2；在 V_2O_5 催化下将 SO_2 氧化为 SO_3；用98.3%的浓 H_2SO_4 吸收 SO_3 得发烟硫酸，加稀酸调整含量到98%，即得市售品。吸收 SO_3 不能直接用水，否则会形成难溶于水的 H_2SO_4 酸雾，并随尾气排出；而用浓 H_2SO_4 吸收，因水蒸气压力低，不会形成酸雾。

H_2SO_4 主要用于生产化肥，同时也广泛用于无机化工、有机化工、轻工、纺织、冶金、石油、医药及国防等领域。

10.2.3.3 发烟硫酸和焦硫酸

含有过量 SO_3 的浓 H_2SO_4 称为发烟硫酸（$H_2SO_4\cdot xSO_3$）。市售品通常有两种规格：一种含 SO_3 20%～25%，另一种含 SO_3 40%～50%。当 H_2SO_4 和 SO_3 的物质的量之比为1∶1（含45% SO_3）时，这种发烟硫酸称为焦硫酸（$H_2SO_4\cdot SO_3$ 或 $H_2S_2O_7$）。其凝固点为35℃，故在常温下是无色晶体。发烟硫酸比 H_2SO_4 有更强的氧化性，主要用作有机合成的磺化剂。

10.2.4 硫的含氧酸盐

硫的含氧酸盐种类繁多，其相应的含氧酸除 H_2SO_4 和焦硫酸外，多数只能存在于溶液中，但盐却比较稳定。表10-3列出了一些主要类型的酸和盐。

表 10-3　硫的含氧酸及其盐

硫的氧化数	酸的名称	化学式	结构式	存在形式(代表物)
+2	硫代硫酸	$H_2S_2O_3$	HO—S(→S)(→O)—OH	盐($Na_2S_2O_3$)
+3	连二硫酸	$H_2S_2O_4$	HO—S(→O)—S(→O)—OH	盐($Na_2S_2O_4$)
+4	亚硫酸	H_2SO_3	HO—S(→O)—OH	盐(Na_2SO_3)
+4	焦亚硫酸	$H_2S_2O_5$	HO—S(→O)—O—S(→O)—OH	盐($Na_2S_2O_5$)
+6	硫酸	H_2SO_4	HO—S(→O)(→O)—OH	酸,盐(H_2SO_4)
+6	焦硫酸	$H_2S_2O_7$	HO—S(→O)(→O)—O—S(→O)(→O)—OH	酸,盐($Na_2S_2O_7$)
+7	过二硫酸	$H_2S_2O_8$	HO—S(→O)(→O)—O—O—S(→O)(→O)—OH	酸,盐($Na_2S_2O_8$)

由表 10-3 得知，由于含氧酸的组成和结构不同，有“焦”、“代”、“连”、“过”等类型，其他无机含氧酸也是如此。所谓“焦酸”，是指两个含氧酸分子失去 1 分子水所得产物，如焦硫酸（$H_2S_2O_7$）即 2 个 H_2SO_4 分子脱去 1 分子 H_2O。“代酸”是氧原子被其他原子所代替的含氧酸，如硫代硫酸（$H_2S_2O_3$）就是 H_2SO_4 中的 1 个 O 原子被 1 个 S 原子所代替。“连酸”是指中心原子互相连在一起的含氧酸，如 2 个 S 原子相连的连二亚硫酸（$H_2S_2O_4$）。“过酸”是指含有过氧基—O—O—的含氧酸，如过二硫酸（$H_2S_2O_8$）。下面讨论硫的几种重要的含氧酸盐。

10.2.4.1　硫酸盐

在硫的含氧酸盐中，以硫酸盐种类最多，常见的金属元素几乎都能形成硫酸盐，下面对其性质做一概述。

① 硫酸盐的溶解性　多数硫酸盐易溶于水，只有 $CaSO_4$，$SrSO_4$，$PbSO_4$，Ag_2SO_4 难溶或微溶。$BaSO_4$ 不仅难溶于水，也不溶于酸和王水。因此，Ba^{2+} 和 SO_4^{2-} 能生成稳定的白色沉淀：借此反应可以鉴定或分离 SO_4^{2-} 或 Ba^{2+}。

② 硫酸盐的热稳定性　硫酸盐的热稳定性与相应阳离子的电荷、半径及电子构型有关。分解温度差别很大。一般来说，ⅠA 和ⅡA 族元素的硫酸盐对热很稳定，加热到 1000℃也不分解；过渡元素硫酸盐在高温下可以分解，例如：

$$CuSO_4 \xrightarrow{760℃} CuO + SO_3\uparrow$$

$(NH_4)_2SO_4$ 只需加热至 100℃便可分解，甚至在常温下也能嗅到氨味：

$$(NH_4)_2SO_4 \xrightarrow{\triangle} NH_4HSO_4 + NH_3\uparrow$$

③ 硫酸盐的水合作用　许多硫酸盐从溶液中析出时都带有结晶水，例如 $CuSO_4$·

$5H_2O$，$ZnSO_4 \cdot 7H_2O$ 等。这类硫酸盐受热时会逐步失去其结晶水，成为无水盐。制备水合硫酸盐通常在室温下晾干，以免脱去结晶水。

④ 硫酸复盐　硫酸盐的另一特征是容易形成复盐，例如 $K_2SO_4 \cdot Al_2(SO_4)_3 \cdot 24H_2O$，$(NH_4)_2SO_4 \cdot FeSO_4 \cdot 6H_2O$ 等，将两种硫酸盐按比例混合，即可得到硫酸复盐。

⑤ 酸式硫酸盐　H_2SO_4 是二元酸，除生成正盐外，还能形成酸式盐，例如 $NaHSO_4$，$KHSO_4$ 等。它们都可溶于水，并呈酸性，市售“洁厕净”的主要成分即 $NaHSO_4$。

酸式硫酸盐受热可以生成焦硫酸盐：

$$2KHSO_4 \xrightarrow{\triangle} K_2S_2O_7 + H_2O$$

焦硫酸盐极易吸潮，遇水又水解成酸式硫酸盐（上式的逆过程），故须密闭保存。$K_2S_2O_7$ 用作分析试剂和助溶剂。例如，某些金属氧化物如 Al_2O_3，Cr_2O_3 等，它们既不溶于水，也不溶于酸、碱溶液，但可与熔矿剂 $K_2S_2O_7$ 共熔，生成可溶性硫酸盐：

$$Al_2O_3 + 3K_2S_2O_7 \longrightarrow Al_2(SO_4)_3 + 3K_2SO_4$$

$$Cr_2O_3 + 3K_2S_2O_7 \longrightarrow Cr_2(SO_4)_3 + 3K_2SO_4$$

10.2.4.2　过硫酸盐

过硫酸的分子中含有过氧链—O—O—，可以看成是过氧化氢 H—O—O—H 分子中的 H 被—SO_3H 基所取代的衍生物。单取代物 H—O—O—SO_3H(H_2SO_5) 称为过一硫酸，见式(b)；双取代物 HO_3S—O—O—SO_3H($H_2S_2O_8$) 称为过二硫酸，见式(a)：

二者都不稳定，常用的是它们的盐，如 $K_2S_2O_8$ 或 $(NH_4)_2S_2O_8$。

$(NH_4)_2S_2O_8$ 为白色结晶，干燥制品比较稳定，潮湿状态或在水溶液中易水解：

$$(NH_4)_2S_2O_8 + 2H_2O \longrightarrow 2NH_4HSO_4 + H_2O_2$$

工业上利用上述反应制备 H_2O_2。$(NH_4)_2S_2O_8$ 受热按下式分解：

$$2(NH_4)_2S_2O_8 \xrightarrow{\triangle} 2(NH_4)_2SO_4 + 2SO_3\uparrow + O_2\uparrow$$

过硫酸盐是强氧化剂：

$$S_2O_8^{2-} + 2e^- \rightleftharpoons 2SO_4^{2-} \qquad E^{\ominus} = 2.0V$$

它能在 Ag^+ 催化下，将 Mn^{2+} 氧化成 MnO_4^-：

$$2Mn^{2+} + 5S_2O_8^{2-} + 8H_2O \xrightarrow{Ag^+} 2MnO_4^- + 10SO_4^{2-} + 16H^+$$

此反应在钢铁分析中用来测定锰的含量。

$(NH_4)_2S_2O_8$ 是电解法生产 H_2O_2 的中间产物，它与 K_2SO_4 发生复分解反应制得 $K_2S_2O_8$，二者都是实验室常用的氧化剂。在合成橡胶、树脂工业中作为聚合引发剂；肥皂、油脂工业中作为漂白剂；也用于染料的氧化及金属的刻蚀等。它们与有机物混合易引起燃烧或爆炸，需密闭储存在阴凉通风处。

10.2.4.3　硫的几种低氧化态含氧酸盐

所谓低氧化态是指含氧酸盐中硫的氧化值低于 6，如亚硫酸盐、连二亚硫酸盐和硫代硫酸盐。它们都是以 SO_2 为主要原料制得的：

$$(NH_4)_2SO_3 \xleftarrow{NH_3 \cdot H_2O} \boxed{SO_2} \xrightarrow{Na_2CO_3} Na_2SO_3 \xrightarrow{SO_2} Na_2S_2O_5$$

$$SO_2 \xrightarrow{Zn\ NaOH} Na_2S_2O_4 \qquad Na_2SO_3 \xrightarrow{S} Na_2S_2O_3$$

这类化合物都具有还原性，是工业上重要的还原剂。它们的主要性质和用途列于表10-4，这里着重讨论 Na_2SO_3 和 $Na_2S_2O_3$。

表 10-4 硫的几种低氧化态含氧酸盐

名称(别名)	化学式(硫的氧化态)	性质及用途
亚硫酸钠(硫氧)	$Na_2SO_3(+4)$	白色结晶,易氧化。工业上重要还原剂。织物漂白和脱氯剂,照相显影剂,鞣革阻氧剂,食品防腐,脱水蔬菜保鲜,染料及医药合成等
亚硫酸钙	$CaSO_3(+4)$	白色粉末,易氧化。还原剂,织物漂白和脱氯剂,食品、果汁防腐剂,酿造业消毒剂
亚硫酸铵	$(NH_4)_2SO_3(+4)$	白色结晶,易潮解和氧化。主要用于造纸业,照相业,卷发液
焦亚硫酸钠(重氧硫)	$Na_2S_2O_5(+4)$	白色或微黄色结晶,有强烈气味,吸潮,易氧化。还原剂。糖料、饮料和酿造业的防腐、杀菌剂,蔬菜、水果保鲜及饼干松脆
连二亚硫酸钠(保险粉)	$Na_2S_2O_4(+3)$	白色粉末,极不稳定,能自燃。工业上重要还原剂,由于反应速率快,普遍被采用。广泛用在印染工业,造纸及制糖漂白剂,制造雕白粉、医药、染料等
硫代硫酸钠(大苏打)	$Na_2S_2O_3(+2)$	无色透明结晶,遇酸分解。织物漂白后脱氯剂,照相业定影剂,鞣革、电镀、医药等分析试剂

(1) 亚硫酸钠 (Na_2SO_3) 向 Na_2CO_3 溶液中通入 SO_2，由于 H_2CO_3 是比 H_2SO_3 更弱的酸，所以能发生复分解反应得到 Na_2SO_3：

$$Na_2CO_3+SO_2 \longrightarrow Na_2SO_3+CO_2\uparrow$$

若 SO_2 用量不足，会生成 $NaHCO_3$；若 SO_2 过量，则生成 $NaHSO_3$，它们给分离提纯带来麻烦。为了保证产物单一，应该使 SO_2 的通入量恰到好处，关键是在反应终点时控制溶液呈弱酸性（pH=6）。溶液经冷却，若在 33℃以上，即得无水 Na_2SO_3 结晶；在 33℃以下得二水合物 $Na_2SO_3 \cdot 2H_2O$ 结晶，两种都是工业上需要的产品。亚硫酸及其盐不稳定，受热易分解：

$$2Na_2SO_3 \xrightarrow{\triangle} Na_2SO_4+Na_2S+O_2$$

比较下列电极电势，可以看出，Na_2SO_3 的还原性比 H_2SO_3 的强得多：

$$SO_4^{2-}+4H^++2e^- \rightleftharpoons H_2SO_3+H_2O \qquad E^{\ominus}=0.17V$$

碱性溶液： $$SO_4^{2-}+H_2O+2e^- \rightleftharpoons SO_3^{2-}+2OH^- \qquad E^{\ominus}=-0.93V$$

事实正是如此，Na_2SO_3 水溶液很容易被氧化：

$$2Na_2SO_3+O_2 \longrightarrow 2Na_2SO_4$$

所以在实际工作中使用的 Na_2SO_3 溶液，其有效成分几乎是逐日下降。如果要求准确度高，须重新测定其含量。

在 Na_2SO_3 的悬浮液中通入 SO_2，即得焦亚硫酸钠（$Na_2S_2O_5$），也是工业上常用的还原剂

(2) 硫代硫酸钠 ($Na_2S_2O_3$) 在沸腾的 Na_2SO_3 碱性溶液中加入硫黄粉，按下式反应便得 $Na_2S_2O_3$：

$$Na_2SO_3+S \xrightarrow{\triangle} Na_2S_2O_3$$

$Na_2S_2O_3$ 在中性和碱性溶液中很稳定，在酸性溶液中由于生成不稳定的 $H_2S_2O_3$ 而分解：

$$S_2O_3^{2-}+2H^+ \longrightarrow S\downarrow+SO_2\uparrow+H_2O$$

这是一个歧化反应，从下面的电势图看出 $E^{\ominus}_{左}<E^{\ominus}_{右}$，具备了歧化条件：

$$E^{\ominus}_A/V \qquad H_2SO_3 \xrightarrow{+0.40} H_2S_2O_3 \xrightarrow{+0.50} S$$

$Na_2S_2O_3$ 还原 I_2 生成连四硫酸钠（$Na_2S_4O_6$）的反应是定量进行的：

$$2Na_2S_2O_3+I_2 \longrightarrow Na_2S_4O_6+2NaI$$

它是定量测定碘的重要试剂，在分析化学上，用于定量测定 I_2，即碘量法。

10.3 氮族元素及其化合物

10.3.1 氮族元素通性

周期表第ⅤA族元素氮、磷、砷、锑和铋总称为氮族元素，氮和磷是非金属，砷和锑为准金属，而铋是金属，构成从非金属到金属的一个完整过渡。

在地壳中的丰度 N 为 1.8×10^{-3}%，P 为 0.12%，As 为 2.2×10^{-4}%，Sb 为 6.0×10^{-5}%，Bi 为 4.0×10^{-7}%。氮主要以单质存在于大气中，体积分数为 78.09%。氮是组成动植物蛋白质的基本元素，蛋白质中约含 16%～18%的氮，克氏定氮法就是依此通过测含氮量来倒推出蛋白质的含量。土壤中含有一些铵盐、硝酸盐。智利硝石（$NaNO_3$）是少见的含氮矿藏。磷在自然界以化合态存在，最重要的矿石是磷酸钙矿 $Ca_3(PO_4)_2\cdot H_2O$、磷灰石 $Ca_5F(PO_4)_3$。磷是生物体中重要元素之一，存在于细胞、蛋白质、骨骼和牙齿之中。砷、锑、铋有单质和化合态，是亲硫元素，主要以硫化物矿存在，如雄黄 As_4S_4、雌黄 As_2S_3、砷硫铁矿 FeAsS、辉锑矿 Sb_2S_5、辉铋矿 Bi_2S_3 等。少量矿还广泛存在于金属硫化矿中。我国锑的蕴藏量占世界首位约占 44%。基本性质见表 10-5。

表 10-5 氮族元素的基本性质

元素	原子序数	相对原子质量	外围电子构型	主要氧化态	原子半径/pm	离子半径		I_1 /kJ·mol^{-1}	Y_1 /kJ·mol^{-1}	电负性	单键解离能 /kJ·mol^{-1}
						M^{3-}/pm	M^{3+}/pm				
N	7	14.01	$2s^22p^3$	−3～+5	70	171	14	1403	−3.85	3.04	251
P	15	30.97	$3s^23p^3$	−3,0,+1,+3,+5	110	212	44	1012	−74	2.19	208
As	33	74.92	$4s^24p^3$	−3,0,+3,+5	121	222	58	946	−77	2.18	180
Sb	51	121.8	$5s^25p^3$	(−3),0,+3,+5	141	245	76	854	−101	2.05	142
Bi	83	209.0	$6s^26p^3$	0,+3,+5	152	—	96	703	−101	2.02	—

氮族元素原子最外层电子构型为 ns^2np^3，形成正氧化态的趋势较卤素和氧族元素明显。它们与电负性较大的元素相结合时，主要表现为+3 和+5 氧化态，且自上而下随原子半径增大，电负性减小及成键能力减弱，+3 氧化态的稳定性增加，而+5 氧化态的稳定性降低。Bi 原子半径最大，形成+3 氧化态的倾向最大，表现为较活泼的金属。

氮族元素在基态时原子都有半充满的 p 轨道，因而与同周期中左右元素相比有相对较高的电离能和较小的电子亲和能，它们的电负性又较大，易形成共价化合物是本族元素的特性。仅电负性较大的 N 和 P 可形成离子型 Mg_3N_2、Ca_3P_2 等固态物质，但 N^{3-} 和 P^{3-} 因半径大，易变形，在水溶液中强烈水解。本族元素随原子半径增大，形成+3 价离子化合物的倾向增大。

10.3.2 氮气

N_2 是无色、无味的气体，主要存在于大气中。它虽是典型的非金属元素，但在常温下化学性质极不活泼，远不如同周期的 F_2 和 O_2。例如，F_2 与 H_2 在−192℃就发生爆炸式反应；O_2 与 H_2 在一定范围内按比例混合点燃也会发生爆鸣；而 N_2 与 H_2 必须在高温、高压下，并辅以催化剂，才能合成 NH_3，并有可观的反应速率。

此外，N_2 和金属不容易发生反应，即使像钙、镁、锶和钡这些活泼金属，也只有在加热下才能作用。

$$3Mg+N_2 \xrightarrow{\triangle} Mg_3N_2$$

N_2 的这种高度化学稳定性与其分子结构有密切关系。N 原子的价层电子构型是 $2s^22p^3$，两个 N 原子以三键结合成为 N_2 分子，其中包含一个 σ 键和 2 个 π 键，因此 N_2 具有很高的离解能（941.7kJ·mol^{-1}）。实验证明，3000℃时，N_2 只有 0.1%离解。基于这种稳定性，氮气常用作保护气体。

氮气是主要的工业气体之一，其产量与日俱增。它除了大量用于化学工业（如合成氨）外，在电子、机械、钢铁（如氮化热处理）、食品（防腐）工业等方面均有应用。如食品或医药液体中充入氮气置换出空气，以免被氧化变质。

工业上用的氮气主要由液态空气经分馏制得。目前，膜分离技术和吸附纯化技术的研究十分活跃，并已付诸应用。这些新技术与低温技术相结合，除了能制得高纯度的 N_2 外，还能制取 H_2，O_2，He 及 CO_2 等其他工业气体。又如，采用高性能的碳分子筛吸附技术，所得氮气的纯度能到 99.999%。

实验室里常用加热 $NaNO_2$ 和 NH_4Cl 的饱和溶液来制取 N_2：

$$NH_4Cl + NaNO_2 \longrightarrow NH_4NO_2 + NaCl$$

$$NH_4NO_2 \longrightarrow N_2\uparrow + 2H_2O$$

使空气中的氮气转化为可利用的氮化合物，称为固氮。固氮的关键在于削弱 N_2 分子的化学键，使其活化，从而生成氮的化合物。自然界的某些微生物，如大豆、花生等豆科植物的“根瘤菌”，在常温、常压下有固定空气中的氮的功能。据估算，世界化肥工业每年的固氮量约 1 亿吨，大约仅为生物固氮量的 1/40。目前，人们正在探索仿生物固氮的方法，我国科学家在这方面的研究成果居世界前列。此法一旦获得成功，人类将受益无穷。

10.3.3 氨和铵盐

10.3.3.1 氨

氨是氮的重要化合物，主要用于化肥的生产，如 $(NH_4)_2SO_4$，NH_4NO_3，NH_4HCO_3，尿素等，氨本身也是一种化肥。几乎所有的含氮化合物都可由氨制取，大量的氨还用来生产 HNO_3。

工业上制氨是由氮气和氢气直接合成：

$$N_2(g) + 3H_2(g) \rightleftharpoons 2NH_3(g) \qquad \Delta_r H_m^{\ominus} = -92.38\text{kJ} \cdot \text{mol}^{-1}$$

氨的合成与 SO_2 和 O_2 合成 SO_3 相似，是一个体积缩小的放热反应。根据化学平衡原理，增加压力和降低温度对上述平衡的转化有利。但是增大压力，需要具有足够机械强度的设备，而且材质要不为氢气所穿透。另一方面，降低温度，不仅达不到所要求的反应速率，并且催化剂往往需要在一定的温度（活化温度）下才有较高的催化活性。所以，综合考虑的结果，目前我国多采用中温、中压的催化合成法：

$$N_2 + 3H_2 \xrightarrow{20.3\text{MPa},500℃,\text{铁催化剂}} 2NH_3$$

实验室需要少量的氨气时，常用碱分解铵盐制得。例如：

$$2NH_4Cl + Ca(OH)_2 \longrightarrow CaCl_2 + 2NH_3 + 2H_2O$$

氨是具有特殊刺激气味的无色气体。在常压下冷到－33℃，或 25℃加压到 990kPa，氨即凝聚为液体，称为液氨，储存在钢瓶中备用。必须注意，在使用液氨钢瓶时，减压阀及压力表不能用铜制品，要用不锈钢制品，因铜会迅速被氨腐蚀。液氨气化时，气化热较高(23.35kJ·mol^{-1})，故氨可作为制冷剂，但由于其刺激性气味且有毒性，目前已逐渐被取代。

NH_3 分子呈三角锥形，分子中的正、负电荷中心不重合，为强极性分子，极易溶于水。常温下 1 体积 H_2O 能溶解 700 体积 NH_3。氨溶于水时放热，在制备氨水时，需同时冷却以利吸收。氨溶于水后溶液体积显著增大，故氨水越浓，密度反而越小。市售氨水的密度约为 0.9g·cm^{-3}，含 NH_3 25%～28%。

与水类似，液氨也能发生微弱的自电离：

$$2NH_3 \rightleftharpoons NH_4^+ + NH_2^- \qquad K^{\ominus} = 1.9\times10^{-33}(223\text{K})$$

因此液氨也是一种良好的溶剂。由于 NH_3 释放 H^+ 的倾向弱于水，其特点是它能溶解活泼金属生成深蓝色的溶液。这种金属液氨溶液导电能力强于任何电解质溶液，而与金属相近。如将新制的溶液小心蒸干，可得原来金属，目前认为在此溶液中生成了电子氨合物和金属离子：

$$Na + xNH_3 \rightleftharpoons Na^+ + e(NH_3)_x^-$$

电子氨合物是溶液显蓝色的原因，也是溶液导电的根源。浓的碱金属液氨溶液是强还原剂，放置时缓慢地分解放出 H_2：

$$2M + 2NH_3 \rightleftharpoons 2M^+ + 2NH_2^- + H_2\uparrow$$

从氨分子的结构，有三根 N—H 键和 N 上一对孤对电子，故氨的化学反应主要有以下三方面，孤对电子的配位、N—H 键的氧化和取代。

(1) 加合反应 从结构上看，氨分子中的氮原子上有孤对电子，倾向于与别的分子或离子形成配位键。例如，NH_3 与酸中的 H^+ 反应：

$$\mathrm{H{:}\overset{\displaystyle H}{\underset{\displaystyle H}{\ddot{N}}}} + H^+ \longrightarrow \left[\mathrm{H{:}\overset{\displaystyle H}{\underset{\displaystyle H}{\ddot{N}}}{\rightarrow}H}\right]^+$$

NH_4^+ 具有正四面体结构，其中 4 个 N—H 键均处于等同地位。

NH_3 还能与许多金属离子加合成氨合离子，例如，$[Cu(NH_3)_4]^{2+}$，$[Ag(NH_3)_2]^+$ 等。

氨易溶于水，这和氨与水通过氢键形成氨的水合物有关。已确定的水合物有 $NH_3 \cdot H_2O$ 和 $2NH_3 \cdot 2H_2O$。氨溶于水后，在生成水合物的同时，发生部分离解而使氨水显碱性：

$$NH_3 + H_2O \rightleftharpoons NH_4^+ + OH^-$$

(2) 氧化反应 NH_3 分子中 N 的氧化值为 -3，处在最低氧化态，只具有还原性。NH_3 经催化，可得到 NO，这是制硝酸的基础反应（见 3.3）。

NH_3 很难在空气中燃烧，但能在纯氧中燃烧，呈黄色火焰，生成 N_2：

$$4NH_3 + 3O_2 \xrightarrow{\text{燃烧}} 2N_2 + 6H_2O$$

氨在空气中的爆炸极限体积分数为 16%～27%，氨气爆炸事故也曾发生，因此要注意防止明火。氨和氯或溴会发生强烈反应。用浓氨水检查氯气或液溴管道是否漏气，就利用了氨的还原性，反应式为：

$$3Cl_2 + 2NH_3 \longrightarrow N_2 + 6HCl$$

$$HCl + NH_3 \longrightarrow NH_4Cl(\text{白烟})$$

(3) 取代反应 NH_3 遇活泼金属，其中的 H 可被取代。例如，氨和金属钠生成氨基钠的反应（金属铁催化）：

$$2NH_3 + 2Na \xrightarrow{Fe} 2NaNH_2 + H_2\uparrow$$

除氨基（$-NH_2$）化合物外，还有亚氨基（$=NH$）和氮（$\equiv N$）化合物，如亚氨基银（Ag_2NH）和氮化锂（Li_3N）等。这类反应只能在液氨中进行。

10.3.3.2 铵盐

铵盐多是无色晶体，易溶于水，有热稳定性低、易水解的特征。

(1) 热稳定性 铵盐热分解温度比碱金属盐明显低。目前认为其分解过程是质子传递过程，如 NH_4HCO_3。质子传递所需的活化能较小，所以分解温度较低。与 NH_4^+ 结合的阴离子的碱性愈强（即阴离子对应酸的酸性愈弱），得质子的能力就愈强，则铵盐愈易分解。因此弱酸的铵盐相对来说不如强酸的稳定，其分解产物取决于对应酸的特点。对应的酸有挥发性时，分解生成 NH_3 和相应的挥发性酸，例如：

$$NH_4Cl \xrightarrow{\triangle} NH_3\uparrow + HCl\uparrow$$

$$NH_4HCO_3 \xrightarrow{\triangle} NH_3\uparrow + CO_2\uparrow + H_2O$$

对应的酸难挥发时，分解过程中只有 NH_3 挥发，而酸式盐或酸残留在容器中，例如：

$$(NH_4)_2SO_4 \xrightarrow{100℃} NH_3\uparrow + NH_4HSO_4$$

$$(NH_4)_3PO_4 \xrightarrow{\triangle} 3NH_3\uparrow + H_3PO_4$$

对应的酸有氧化性时，分解的同时 NH_4^+ 被氧化，生成 N_2，N_2O 等，例如：

$$NH_4NO_3 \xrightarrow{210℃} N_2O\uparrow + 2H_2O\uparrow$$

$$2NH_4NO_3 \xrightarrow{300℃} 2N_2\uparrow + 4H_2O\uparrow + O_2\uparrow \text{(爆炸)}$$

$$(NH_4)_2Cr_2O_7 \xrightarrow{150℃} N_2\uparrow + Cr_2O_3 + 4H_2O\uparrow$$

对于后一类铵盐，无论是制备、储存或是运输，都应格外小心，避免高温、撞击，以防爆炸。

(2) 水解性　由于组成铵盐的碱（$NH_3\cdot H_2O$）是弱碱，故铵盐在溶液中都有不同程度的水解作用。若是强酸组成的铵盐，如 NH_4Cl，$(NH_4)_2SO_4$，NH_4NO_3 等，其水溶液显酸性：

$$NH_4^+ + H_2O \rightleftharpoons NH_3 + H_3O^+$$

根据化学平衡移动原理，若在铵盐溶液中加入强碱并稍加热，上述平衡右移，即有氨气逸出。这一反应常用来鉴定 NH_4^+，也是从其溶液中分离出 NH_3 的有效方法。

另一些弱酸的铵盐如（$(NH_4)_2CO_3$，$(NH_4)_2S$，它们在溶液中会强烈水解，水解度高达 90%以上。

10.3.4　氮的含氧化合物

10.3.4.1　氮的氧化物

氮能和氧形成多种不同的化合物，如 N_2O、NO、N_2O_3、NO_2、N_2O_4、N_2O_5。其中以 NO 和 NO_2 最为重要。

(1) 一氧化氮　NO 具有顺磁性，其价电子数之和为 15。根据 MO 法表示式为：

$$[KK(\sigma_{2s})^2(\sigma_{2s}^*)^2(\pi_{2p_y})^2(\pi_{2p_z})^2(\sigma_{2p_x})^2(\pi_{2p_y}^*)^1]$$

有未成对电子，为顺磁分子。价电子数为奇数的分子为奇电子分子，通常分子是有颜色的，但气态 NO 是无色的。液态和固态的 NO 有时会显蓝色，这是由于含有微量的 N_2O_3。

$NO\pi_{2p}^*$ 反键轨道上的一个电子易失去，形成 NO^+（亚硝酰离子），可形成相应的化合物如 $NOHSO_4$。

NO 难溶于水又不与水反应，不助燃，常温下易被氧化成 NO_2，与卤素生成 NOX(X=F、Cl、Br)

$$2NO + O_2 \longrightarrow 2NO_2 \qquad \Delta_rH_m^{\ominus} = -113kJ\cdot mol^{-1}$$

$$2NO + Cl_2 \longrightarrow 2NOCl$$

NO 是生产硝酸时的中间产物，工业上用氨的铂、铑催化氧化来制取。实验室用铜与稀硝酸反应来制备 NO。

(2) 二氧化氮　NO_2 是红棕色气体，具有特殊的臭味且有毒。NO_2 也是奇电子分子，易聚合成无色 N_2O_4，并于 21.15℃时可完全转化成 N_2O_4（沸点 21.15℃），在−9.3℃凝结成无色晶体。

$$2NO_2(g) \rightleftharpoons N_2O_4(g)$$

当温度升高到 140℃时，N_2O_4 几乎全部分解为 NO_2，显深棕色。温度超过 150℃，NO_2 开始分解为 NO 和 O_2。

N_2O_4 是较强的氧化剂，常用作火箭燃料 N_2H_4 的氧化剂。氮的几种氧化物的空间结构如表10-6所示。

表10-6　氮的氧化物结构及其性质

化学式	熔点/K	沸点/K	性状	结构
N_2O	182	184.5	无色气体,可助燃,无毒,曾作为麻醉剂	N—N—O（N 112pm N 119pm O） N以sp杂化轨道成键
NO	109.5	121	无色气体,有顺磁性,易氧化	N—O（N 115pm O） N以sp杂化轨道成键
N_2O_3	172.4	276.5 (分解)	低温下的固体和液体为蓝色,极不稳定,室温下即分解为NO和NO_2	114pm, 105°, 186pm, 113°, 120pm, 122pm, 118°
NO_2	181	294.5 (分解)	红棕色气体,低温下聚合为N_2O_4	O—N—O（120pm, 134°） N以sp^2杂化轨道成键
N_2O_4	261.9	297.3	无色气体,极易解离为NO_2	175pm, 113pm, 134° N以sp^2杂化轨道成键
N_2O_5	305.6	(升华)	固体由NO_2^+、NO_3^-组成,无色,易潮解,极不稳定,强氧化剂	115pm, 273pm, 122pm O₂N—O—NO₂ N以sp^2杂化轨道成键

10.3.4.2　硝酸及硝酸盐

(1) 硝酸　硝酸是工业上的“三酸”之一，在国民经济和国防工业中占有重要地位。硝酸由于存在分子内氢键，沸点较低（359K），易挥发，能与水以任意比互溶。

① 硝酸的品种　市售硝酸按浓度可分为两类：

a. 硝酸　密度为 $1.39\sim1.42\text{g}\cdot\text{cm}^{-3}$，含 HNO_3 65%～68%。为无色透明液体，受热或日光照射，或多或少按下式分解：

$$4HNO_3 \xrightarrow{\text{热或光}} 4NO_2\uparrow + O_2\uparrow + 2H_2O$$

含有少量 NO_2 致使 HNO_3 有时呈浅黄色。

b. 发烟硝酸　含 HNO_3 约98%，密度 $1.5\text{g}\cdot\text{cm}^{-3}$ 以上。由于含有 NO_2 而呈黄色。这种硝酸有挥发性，逸出的 HNO_3 蒸气与空气中的水分形成的酸雾似发烟，故称发烟硝酸。

此外，还有一种红色发烟硝酸，即纯硝酸（100% HNO_3）中溶有过量的 NO_2，故呈红棕色。当敞开容器盖时，会不断逸出红棕色的 NO_2 气体。它比普通硝酸具有更强的氧化性，可作为火箭燃料的氧化剂，多用于军工方面。

实验室一般使用含量为65%左右的 HNO_3，工业上使用发烟硝酸，因为它具有以下优点：

(a) 氧化能力强，制备无机盐时发烟硝酸能直接溶解许多金属。有机合成如硝化反应更需要发烟硝酸。此外，发烟硝酸与金属作用时，所含 NO_2 还具有催化加速作用，能加快反应速率。

(b) 可用铝罐储运。发烟硝酸对金属铝有钝化作用，使其不被腐蚀。金属铝质轻价廉，容易加工，是理想的酸罐材料。

② 硝酸的制备　目前，工业上制备 HNO_3 的主要方法是氨的催化氧化法。将氨和空气的混合气体通过灼热（800℃）的铂-铑合金网，NH_3 被氧化成 NO。随后，进一步和空气中的 O_2 反应生成 NO_2。NO_2 遇水发生歧化反应而得 HNO_3。各步的反应式如下：

$$4NH_3+5O_2 \xrightarrow{\text{Pt-Rn},800℃} 4NO+6H_2O$$

$$2NO+O_2 \longrightarrow 2NO_2$$

$$3NO_2+H_2O \longrightarrow 2HNO_3+NO\uparrow$$

前两步反应进行得相当完全，第三步生成物中的NO可回到第二步循环使用。最后排放尾气中还含有少量的NO，它和 NO_2 都有毒，是大气污染的重要污染源。

上法制得的 HNO_3 其含量仅有50%～55%。让它和浓 H_2SO_4（吸水剂）混合，然后加热，将挥发出来的 HNO_3 蒸气冷凝，便可制得浓 HNO_3。

③ 硝酸的化学性质

a. 酸性　HNO_3 是强酸，具有强酸的一切性质，能与氢氧化物、碱性及两性氧化物发生中和作用；能从弱酸盐中置换出弱酸等。

还须指出，由于 HNO_3 是氧化剂，当它与某些低氧化态的氧化物发生中和作用时，同时伴有氧化作用。例如：

$$3FeO+10HNO_3 \longrightarrow 3Fe(NO_3)_3+NO\uparrow+5H_2O$$

b. 氧化性　在常见的无机酸中，HNO_3 的氧化性最为突出。浓硝酸能氧化C，S，P，I_2 等非金属，还原产物为NO。例如：

$$3C+4HNO_3(\text{浓}) \longrightarrow 3CO_2+4NO\uparrow+2H_2O$$

$$3I_2+10HNO_3(\text{发烟}) \longrightarrow 6HIO_3+10NO\uparrow+2H_2O$$

后一反应可用来制备碘酸。

HNO_3 和金属之间的反应颇为复杂，主要讨论以下两点：

(a) 硝酸的还原产物　HNO_3 与金属作用，可以有多种氧化态的还原产物：

+4	+3	+2	+1	0	−3
NO_2	HNO_2	NO	N_2O	N_2	NH_4^+

HNO_3 的还原产物到底是哪一种，主要取决于 HNO_3 的浓度和金属的活泼性。一般来说，浓 HNO_3 主要还原产物是 NO_2，稀 HNO_3 为NO。当稀 HNO_3 与活泼金属如锌、镁、铁等作用时，可一步还原成 N_2O，N_2 甚至 NH_4^+。例如：

$$Cu+4HNO_3(\text{浓}) \longrightarrow Cu(NO_3)_2+2NO_2\uparrow+2H_2O$$

$$3Cu+8HNO_3(\text{稀}) \longrightarrow 3Cu(NO_3)_2+2NO\uparrow+4H_2O$$

$$Zn+4HNO_3(\text{浓}) \longrightarrow Zn(NO_3)_2+2NO_2\uparrow+2H_2O$$

$$4Zn+10HNO_3(\text{稀}) \longrightarrow 4Zn(NO_3)_2+NH_4NO_3+3H_2O$$

从氮的元素电势图（图10-4）来看，HNO_3 无论被还原成哪一种产物的可能性都很大，其中以 N_2 最大。然而，N_2 在生成物中往往不是主要的，这是由于还原成 N_2 的反应速率较低的缘故。

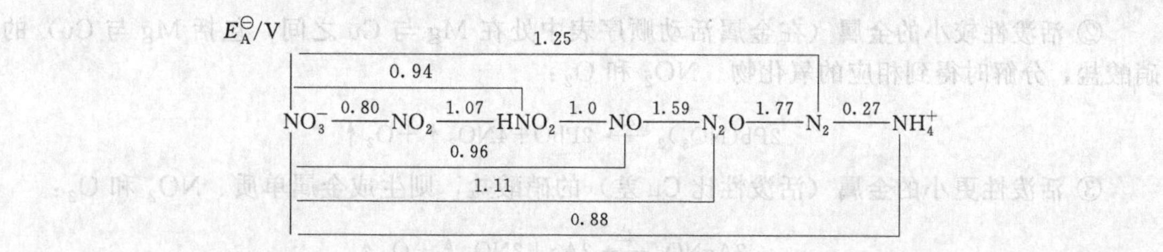

图 10-4　氮的电极电势图

事实上，HNO_3 在与金属反应的过程中，很难保持浓度、温度等条件一致，所以还原产物往往并非一种，反应方程式只是说明 HNO_3 被还原的主要产物。因此反应产物主要取决于酸的浓度和金属的活泼性。对同一金属而言，酸愈稀，被还原程度愈大，这可能与溶液中存在下列平衡有关：

$$3NO_2 + H_2O \rightleftharpoons 2HNO_3 + NO$$

随 HNO_3 浓度增大，平衡左移，所以浓 HNO_3 被还原的主要产物为 NO_2；反之，在稀酸中，平衡右移，故最后产物主要是 NO。但当 HNO_3 浓度低于 $2mol \cdot L^{-1}$ 时，氧化能力很弱，只有 Mg 在反应开始时有 NO 从稀酸中释出。

(b) 金属的氧化产物　金属被 HNO_3 氧化后的产物，可能是硝酸盐或氧化物；若金属有多种氧化态时，要推测产物的形式则比较困难。一般来说，多数金属的氧化产物为硝酸盐，只有氧化物难溶于 HNO_3 的金属（如 Sn，W，Mo 等）才生成氧化物；至于金属在硝酸盐中的价态，与其相应电对的电极电势值有关：

$$E^{\ominus}(Fe^{3+}/Fe^{2+}) = 0.771V$$
$$E^{\ominus}(PbO_2/Pb^{2+}) = 1.45V$$
$$E^{\ominus}(NO_3^-/NO_2) = 0.80V$$

上面数据表明 HNO_3 还可将 Fe^{2+} 氧化为 Fe^{3+}，而不能将 Pb^{2+} 氧化为 PbO_2，所以过量的 HNO_3 溶解铁时生成 $Fe(NO_3)_3$，而溶解铅则只能生成 $Pb(NO_3)_2$。

Au，Pt 等贵金属不能被 HNO_3 溶解，只能溶于王水（一体积浓硝酸和三体积浓盐酸的混合液）：

$$Au + HNO_3 + 4HCl \longrightarrow HAuCl_4 + NO\uparrow + 2H_2O$$
$$3Pt + 4HNO_3 + 18HCl \longrightarrow 3H_2PtCl_6 + 4NO\uparrow + 8H_2O$$

c. 硝化作用　硝酸除了具有氧化性以外，还能与有机化合物发生硝化反应。以硝基（—NO_2）取代有机化合物分子中的氢原子，生成硝基化合物。例如：

$$C_6H_6 + HNO_3 \xrightarrow{H_2SO_4} C_6H_5NO_2 + H_2O$$

硝基化合物大多是黄色的。

(2) 硝酸盐　多数硝酸盐为无色晶体，易溶于水。固体硝酸盐在常温下比较稳定，受热能分解。有些带结晶水的硝酸盐受热时先失去结晶水，同时熔化或水解，最后才分解。例如：

$Al(NO_3)_3 \cdot 9H_2O$，70℃熔化并失去3分子水，140℃生成碱式盐 $Al_4(OH)_9(NO_3)_3 \cdot 9H_2O$，200℃生成 Al_2O_3。

$Bi(NO_3)_3 \cdot 5H_2O$，80℃时失去全部结晶水，同时水解成碱式盐，200℃分解并生成 Bi_2O_3。无水硝酸盐受热分解一般有以下三种形式：

① 活泼金属（比 Mg 活泼的碱金属和碱土金属，不包括 Mg，Li）分解时放出 O_2，并生成亚硝酸盐：

$$2NaNO_3 \xrightarrow{\triangle} 2NaNO_2 + O_2\uparrow$$

② 活泼性较小的金属（在金属活动顺序表中处在 Mg 与 Cu 之间，包括 Mg 与 Cu）的硝酸盐，分解时得到相应的氧化物、NO_2 和 O_2：

$$2Pb(NO_3)_2 \xrightarrow{\triangle} 2PbO + 4NO_2\uparrow + O_2\uparrow$$

③ 活泼性更小的金属（活泼性比 Cu 差）的硝酸盐，则生成金属单质、NO_2 和 O_2：

$$2AgNO_3 \xrightarrow{\triangle} 2Ag + 2NO_2\uparrow + O_2\uparrow$$

实际上，硝酸盐分解都经历亚硝酸盐阶段，再经氧化物而分解为金属单质。由于金属的亚硝酸盐和氧化物的稳定性不同，所以最后产物也不同。如果阳离子有氧化还原性，分解时可能有进一步的反应，如：

$$4Fe(NO_3)_2 \xrightarrow{\triangle} 2Fe_2O_3 + 8NO_2\uparrow + O_2\uparrow$$

几乎所有的硝酸盐受热分解都有氧气放出，所以硝酸盐在高温下大都是供氧剂。它与可燃物混合在一起时，受热会迅猛燃烧甚至爆炸。基于这种性质，硝酸盐可以用来制造焰火及黑火药，储存、使用时需注意安全。

10.3.4.3　亚硝酸和亚硝酸盐

(1) 亚硝酸（HNO_2） 是一种较弱的酸，$K^\ominus = 7.2\times10^{-4}$，它只能以冷的稀溶液存在，浓度稍大或微热立即分解：

$$2HNO_2 \longrightarrow H_2O + NO\uparrow + NO_2\uparrow$$

向 MNO_2 的冷溶液中加入硫酸，可得 HNO_2：

$$NaNO_2 + H_2SO_4 \xrightarrow{冷冻} HNO_2 + NaHSO_4$$

HNO_2 虽不稳定，但它的盐却相当稳定。$NaNO_2$ 和 KNO_2 是两种常用的盐，加热熔化也不分解。在工业上，生产 HNO_3 或硝酸盐时所排放的尾气中常含有 NO 和 NO_2，用碱液吸收就能得到亚硝酸盐。这种亚硝酸盐广泛用于偶氮染料、硝基化合物的制备，还用作媒染剂、漂白剂、金属热处理剂、缓蚀剂等，也是食品工业如鱼、肉加工的发色剂。必须注意，亚硝酸盐有毒！且是当今公认的致癌物之一。曾有人误食含有 $NaNO_2$ 的食盐，引起中毒死亡事故。蔬菜中含有较多的硝酸盐，如果在较高温度下存放时间过久，在细菌和酶的作用下，硝酸盐会被还原成亚硝酸盐，因此隔夜的剩菜不吃为好。同样，腌制时间不够长的咸菜，各类鱼、肉罐头等都不宜吃得过多。

(2) 亚硝酸盐　亚硝酸盐中，N 的氧化值为＋3，处于 N 的中间氧化态，所以既有氧化性又有还原性。有关的电极电势值为

$$HNO_2 + H^+ + e^- \longrightarrow NO + H_2O \qquad E^\ominus = 1.00V$$

$$NO_3^- + 3H^+ + 2e^- \longrightarrow HNO_2 + H_2O \qquad E^\ominus = 0.94V$$

可见，在酸性溶液中 HNO_2 以氧化性为主。例如，与 I^-，Fe^{2+} 的反应：

$$2I^- + 2HNO_2 + 2H^+ \longrightarrow I_2 + 2NO\uparrow + 2H_2O$$

$$Fe^{2+} + HNO_2 + H^+ \longrightarrow Fe^{3+} + NO\uparrow + H_2O$$

前一反应能定量进行，可用来测定亚硝酸盐的含量。当亚硝酸盐遇到了强氧化剂时，可被氧化成硝酸盐。例如：

$$5KNO_2 + 2KMnO_4 + 3H_2SO_4 \longrightarrow 2MnSO_4 + 5KNO_3 + K_2SO_4 + 3H_2O$$

$$KNO_2 + Cl_2 + H_2O \longrightarrow KNO_3 + 2HCl$$

必须指出，固体亚硝酸盐与有机物接触，易引起燃烧和爆炸。

10.3.5　含氮氧化物废气的处理

硝酸、硝酸盐、硝基化合物的制备过程中，会排出含有大量 NO_2 和 NO（通常用 NO_x 表示）的废气，它们严重污染环境和危害人体健康。

工业上一般用碱液吸收法处理。所用碱为 NaOH 或 Na_2CO_3（通常用废碱液）。由于 NO_2 或 NO 并非 HNO_3 或 HNO_2 的酸酐，故吸收反应并非简单的酸碱中和，其中包含有歧化和逆歧化反应：

歧化　　$2NO_2+2NaOH \longrightarrow NaNO_3+NaNO_2+H_2O$

逆歧化　　$NO+NO_2+2NaOH \longrightarrow 2NaNO_2+H_2O$

吸收后的溶液为 $NaNO_3$ 和 $NaNO_2$ 的混合物。利用它们溶解度的不同，经两次重结晶就能得到含量为95%～98%的 $NaNO_2$。

汽车尾气中的有害成分除 NO_x 外，还有 CO 和碳氢化合物，通过净化装置可以减轻汽车尾气对环境的污染。在各类汽车上装配催化净化装置，在催化剂的作用下，使尾气中的有害气体快速转变为 N_2，CO_2 和 H_2O：

$$2CO+2NO \longrightarrow 2CO_2+N_2$$

$$4CO+2NO_2 \longrightarrow 4CO_2+N_2$$

$$C_nH_m+(n+m/4)O_2 \longrightarrow nCO_2+m/2H_2O$$

过去用于净化汽车尾气的催化剂主要是Pt等贵金属，因其价格昂贵、易遭铅中毒等缺陷而难以推广。20世纪80年代，人们发现稀土与Co，Mn，Pb的复合氧化物作为催化剂用于尾气净化，也可收到良好效果，它们有可能取代汽车净化装置中的贵金属，而得以推广。

10.3.6　磷及其化合物

10.3.6.1　单质磷

单质磷有多种同素异形体，常见的是白磷和红磷。白磷见光逐渐变为黄色。二者虽由同一元素构成，但性质差异甚大，见表10-7。

表10-7　白磷和红磷性质的比较

白　磷	红　磷
白色或黄色透明蜡状固体，质软	暗红色固体
化学性质活泼	比较稳定
在空气中自燃（燃点40℃）	热至400℃才能燃烧
暗处发光	不发光
需储存在水中	一般密闭保存
溶于 CS_2	不溶于 CS_2
剧毒（经口0.1g即可致死）	无毒
磷蒸气迅速冷却得白磷（价格较低）	白磷在高温下缓慢转化为红磷（价格较高）

白磷的分子式是 P_4，具有正四面体结构，4个P原子位于4个顶点上，白磷的键与键之间存在张力，$\angle PPP=60°$，比纯p轨道间的夹角90°要小，键是受了应力而弯曲的键，P—P键能很低，仅 $200kJ \cdot mol^{-1}$，很容易受外力而开。这说明白磷在通常情况下，非常活泼。它和空气接触时发生缓慢的氧化作用，部分反应能量以光能的形式释放，这就是磷光现象。在空气中，当温度达到313K时，白磷就会自燃。因此通常将白磷储存于水面下保存。它是非极性分子，不溶于水也不与水作用。

白磷与卤素单质的反应剧烈，在氯气中自燃遇液氯会发生爆炸；能被冷硝酸氧化，反应猛烈，生成磷酸；和热的浓碱溶液发生歧化反应生成次磷酸盐和磷化氢；能把铜、银、金等从它们的盐溶液中还原出来。由磷的元素电势图可知，白磷可发生歧化反应，但在酸或水中很慢，而在热的浓碱溶液中却很容易。

$$P_4 + 3NaOH + 3H_2O \xrightarrow{\triangle} PH_3\uparrow + 3NaH_2PO_2$$

红磷的结构尚不清楚，有人认为红磷是 P_4 分子断开一个键，把许多对成对三角形连接起来而形成的长链状巨大分子所组成。黑磷具有石墨状的层型结构，有一定的导电性。红磷和黑磷比白磷要稳定得多。

工业上制备单质磷是以磷矿石为原料，通常是将磷酸钙矿石、砂（SiO_2）和煤按一定比例混合在炉中熔烧而得：

$$2Ca_3(PO_4)_2 + 6SiO_2 + 10C \xrightarrow{>1300℃} 6CaSiO_3 + 10CO\uparrow + P_4\uparrow$$

将生成的磷蒸气 P_4（高于 800℃时，部分地分解成 P_2）导入水中，即凝结成白磷。

白磷是剧毒物质，在空气中允许量为 $0.1mg \cdot m^{-3}$，吸入 0.15g 蒸气可致人死亡。不能用手拿白磷，若皮肤接触了白磷，可在接触处涂 $0.2mol \cdot L^{-1}$ $CuSO_4$ 溶液。若不慎误服白磷，应立即饮一杯约含 0.25g $CuSO_4$ 的 $CuSO_4$ 溶液，可解毒。

$$2P + 5CuSO_4 + 8H_2O \xrightarrow{冷} 5Cu + 2H_3PO_4 + 5H_2SO_4$$

$$11P + 15CuSO_4 + 24H_2O \longrightarrow 5Cu_3P + 6H_3PO_4 + 15H_2SO_4$$

单质磷的用途广泛，白磷主要用于制备纯度较高的 P_4O_{10}，H_3PO_4，PCl_3，$POCl_3$（三氯氧磷），P_4S_{10}（供制备农药用）等。少量用于生产红磷，军事上用它制作磷燃烧弹、烟幕弹等。红磷是生产安全火柴和有机磷的主要原料。

P_4 四面体结构最为重要，磷的一系列化合物都是以它为结构基础而衍生的，磷是亲氧元素，P—O 键有较高的键能（$359.8kJ \cdot mol^{-1}$），使［PO_4］四面体成为一个很稳定的结构单元，作为许多 P（Ⅴ）含氧化合物的结构基础。

10.3.6.2　磷的氧化物

常见磷的氧化物有六氧化四磷和十氧化四磷（中学课本中称三氧化二磷和五氧化二磷），它们分别是磷在空气不足和充足情况下燃烧后的产物，分子式是 P_4O_6 和 P_4O_{10}，其结构都与 P_4 的四面体结构有关（见图 10-5），P_4 弯曲的 P—P 键受氧的进攻而断开，在每两个 P 之间嵌入一个 O 而形成稠环分子，先形成 P_4O_6。P_4O_6 中每个 P 上仍有一孤电子对，可进一步与氧作用，形成 P_4O_{10}。

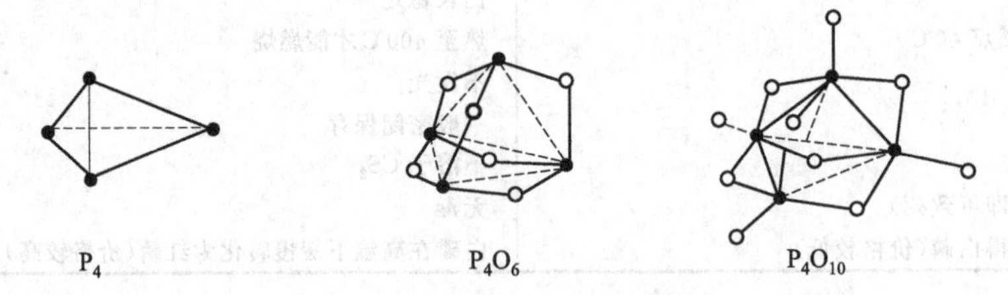

图 10-5　P_4，P_4O_6，P_4O_{10} 的分子结构

(1) 六氧化四磷（P_4O_6）　六氧化四磷是有滑腻感的白色固体，气味似蒜，在 24℃时熔融为易流动的无色透明液体。能逐渐溶于冷水而生成亚磷酸，故又叫亚磷酸酐：

$$P_4O_6 + 6H_2O(冷) \longrightarrow 4H_3PO_3$$

在热水中则激烈地发生歧化反应，生成磷酸和膦（PH_3，大蒜味，剧毒!）：

$$P_4O_6 + 6H_2O(热) \longrightarrow 3H_3PO_4 + PH_3\uparrow$$

(2) 十氧化四磷（P_4O_{10}）　十氧化四磷为白色雪花状晶体，即磷酸酐，工业上俗称无水磷酸。358.9℃升华，极易吸潮。它能浸蚀皮肤和黏膜，切勿与人体接触。P_4O_{10} 常用作半导体掺杂剂、脱水及干燥剂、有机合成缩合剂、表面活性剂等，也是制备高纯磷酸和制药工业的原料。P_4O_{10} 有很强的吸水性，是一种重要的干燥剂。表 10-8 说明它的干燥效果最佳。

表 10-8 几种常用干燥剂的干燥效果比较

干燥剂	P_4O_{10}	KOH	H_2SO_4	NaOH	$CaCl_2$	$ZnCl_2$	$CuSO_4$
水蒸气含量(5℃)/$g\cdot m^{-3}$	1.0×10^{-5}	2.0×10^{-3}	3.0×10^{-3}	0.16	0.34	0.8	1.4

P_4O_{10} 与水反应激烈，放出大量的热（每摩尔 P_4O_{10} 与水作用放出 284.5kJ 热量），并生成 P(Ⅴ) 的各种含氧酸。但是，它与水作用后主要生成 $(HPO_3)_n$ 的混合物，其转变成 H_3PO_4 的速率很低，只有在 HNO_3 存在下煮沸 P_4O_{10} 的水溶液，才能较快地实现这种转变：

$$P_4O_{10}+6H_2O(\text{热})\xrightarrow{HNO_3}4H_3PO_4$$

P_4O_{10} 还能从许多化合物中夺取化合态的水，例如：

$$P_4O_{10}+6H_2SO_4\longrightarrow 4H_3PO_4+6SO_3\uparrow$$
$$P_4O_{10}+12HNO_3\longrightarrow 4H_3PO_4+6N_2O_5\uparrow$$

10.3.6.3 磷的含氧酸及其盐

(1) 磷的含氧酸 磷有多种含氧酸，现将其中比较重要的列于表 10-9。

磷的氧化值为+5 的含氧酸又有正、焦、偏之分，它们都能由 P_4O_{10} 和不等量的水作用得到：

$$3P_4O_{10}+6H_2O\longrightarrow 12HPO_3 \quad \text{偏磷酸(含 } P_4O_{10}\ 88.0\%)$$
$$P_4O_{10}+4H_2O\longrightarrow 2H_4P_2O_7 \quad \text{焦磷酸(含 } P_4O_{10}\ 78.7\%)$$
$$P_4O_{10}+6H_2O\longrightarrow 4H_3PO_4 \quad \text{(正)磷酸(含 } P_4O_{10}\ 72.5\%)$$

表 10-9 磷的各种含氧酸

氧化数	名称及分子式	结构式	酸性强弱
+1	次磷酸 H_3PO_2	H、O、HO、H 连于 P（P→O）	一元酸 $K^{\ominus}=1.0\times10^{-2}$
+3	亚磷酸 H_3PO_3	H、O、HO、OH 连于 P（P→O）	二元酸 $K_1^{\ominus}=6.3\times10^{-2}$
+5	磷酸 H_3PO_4	HO、O、HO、OH 连于 P（P→O）	三元酸 $K_1^{\ominus}=7.1\times10^{-3}$
+5	焦磷酸 $H_4P_2O_7$	HO、O、HO 连于 P—O—P，O、OH、OH 连于另一 P	四元酸 $K_1^{\ominus}=3.0\times10^{-2}$
+5	偏磷酸 HPO_3	HO—P，P→O，P→O	一元酸 $K^{\ominus}=1.0\times10^{-1}$

H_3PO_4 的含水量最大。所以，由 H_3PO_4 加热脱水，又能相继制得其他两种酸：

$$2H_3PO_4\xrightarrow{250℃}H_4P_2O_7+H_2O\uparrow$$
$$4H_3PO_4\xrightarrow{300℃}(HPO_3)_4+4H_2O\uparrow$$

下面重点讨论 H_3PO_4 和 H_3PO_3。

① 磷酸（H_3PO_4） 市售品 H_3PO_4 含量一般为 85%，为无色透明的黏稠液体，密度 $1.7g\cdot cm^{-3}$，相当于 $15mol\cdot L^{-1}$。当 H_3PO_4 含量高达 88%以上时，在常温下即凝结为固体。100% H_3PO_4 为无色透明的晶体，熔点 42.35℃，易溶于水。

H_3PO_4 无氧化性、无挥发性，属中强酸。它的特点是 PO_4^{3-} 有较强的配位能力，能与许多金属离子形成可溶性的配合物。例如，含有高铁离子（Fe^{3+}）的溶液常呈黄色，加入 H_3PO_4 后黄色立即消失，这是由于生成了 $[Fe(HPO_4)]^+$，$[Fe(HPO_4)_2]^-$ 等无色配离子之故，常用于分析上掩蔽 Fe^{3+}。

H_3PO_4 是重要的无机酸，大量用于生产各种磷肥。此外，还用在电镀、塑料、有机合成（作为催化剂）、食品（酸性调味剂）等工业。H_3PO_4 也是制备某些医药及磷酸盐的原料。

工业品 H_3PO_4 一般以磷灰石为原料，用76%左右的 H_2SO_4 进行复分解制得：

$$Ca_3(PO_4)_2+3H_2SO_4 \longrightarrow 3CaSO_4+2H_3PO_4$$

试剂品 H_3PO_4 则多以白磷为原料，在充足的空气中燃烧得到 P_4O_{10}，用水吸收，再经过除杂等工序而得。

磷酸经强热时发生脱水作用，生成链状多磷酸 $H_{n+2}P_nO_{3n+1}$（$n \geqslant 2$）和环状偏磷酸 $(HPO_3)_n$（$n \geqslant 3$），它们都是以（PO_4）为结构基础，通过共用O原子联结而成。这种由几个单酸分子脱水，用氧键连成多酸的作用，称为缩合作用。由同种单酸分子缩合成的多酸叫同多酸。从磷酸中脱去水分子数不同，形成的缩合酸也不同。缩合程度愈大，缩合酸中非羟基氧原子数愈多，酸性愈强。

② 亚磷酸（H_3PO_3） 亚磷酸是二元中强酸，分子中有1个H原子直接与P原子相连，故不会离解。受热发生歧化反应，生成 H_3PO_4 和 PH_3（膦）：

$$4H_3PO_3 \xrightarrow{\triangle} 3H_3PO_4+PH_3\uparrow$$

H_3PO_3 具有相当强的还原性，放置时能逐渐被氧化成 H_3PO_4；在溶液中能将不活泼金属离子还原为金属单质：

$$H_3PO_3+CuSO_4+H_2O \longrightarrow Cu\downarrow+H_3PO_4+H_2SO_4$$

$$H_3PO_3+HgCl_2+H_2O \longrightarrow Hg\downarrow+H_3PO_4+2HCl$$

(2) 磷酸盐 H_3PO_4 可以形成1种正盐和2种酸式盐，例如：

一取代盐	二取代盐	三取代盐(正盐)
NaH_2PO_4 磷酸二氢钠	Na_2HPO_4 磷酸氢二钠	Na_3PO_4 磷酸钠
$NH_4H_2PO_4$ 磷酸二氢铵	$(NH_4)_2HPO_4$ 磷酸氢二铵	$(NH_4)_3PO_4$ 磷酸铵
$Ca(H_2PO_4)_2$ 磷酸二氢钙	$CaHPO_4$ 磷酸氢钙	$Ca_3(PO_4)_2$ 磷酸钙

磷酸盐在水中的溶解度差异很大，正盐和二取代酸式盐中除了 Na^+，K^+，NH_4^+ 盐外大多难溶于水；一取代酸式盐均易溶于水。

可溶性磷酸盐在溶液中有不同程度的水解作用，PO_4^{3-} 和其他多元弱酸根一样，分步水解，其中第一步水解是主要的。以 Na_3PO_4 为例，水解反应如下：

$$PO_4^{3-}+H_2O \rightleftharpoons HPO_4^{2-}+OH^-$$

因此，Na_3PO_4 溶液有很强的碱性。

HPO_4^{2-} 兼有离解和水解双重作用：

$$HPO_4^{2-} \rightleftharpoons H^++PO_4^{3-} \qquad K_{a_3}^{\ominus}=4.2\times10^{-13}$$

$$HPO_4^{2-}+H_2O \rightleftharpoons H_2PO_4^-+OH^-$$

由于离解常数 $K_{a_3}^{\ominus}$ 值较小，故 Na_2HPO_4 以水解反应为主，溶液呈弱碱性。

$H_2PO_4^-$ 也有离解和水解双重作用：

$$H_2PO_4^- \rightleftharpoons H^++HPO_4^{2-} \qquad K_{a_2}^{\ominus}=6.3\times10^{-8}$$

此时，离解作用占优势，故 NaH_2PO_4 溶液呈弱酸性。

H_3PO_4 的三种钠盐都可由 H_3PO_4 和 NaOH 直接合成，只要严格控制溶液的酸碱度，即可制任何一种，实际生产中所控制的条件是：

$$H_3PO_4+NaOH \xrightarrow{pH4.0\sim4.2} NaH_2PO_4+H_2O$$

$$H_3PO_4+2NaOH \xrightarrow{pH8.0\sim8.4} Na_2HPO_4+2H_2O$$

$$H_3PO_4+3NaOH \xrightarrow{强碱性} Na_3PO_4+3H_2O$$

以上三式的 pH 和三种钠盐水解后所表现出的酸碱性是一致的。

在工农业和日常生活中磷酸盐有着广泛的用途。KH_2PO_4 是重要的磷钾肥，Na_3PO_4 常被用作锅炉除垢剂、金属防护剂、橡胶乳汁凝固剂、织物丝光增强剂以及洗衣粉的添加剂。检测表明，造成江、湖水质富营养化的磷污染的主要来源是流失的磷肥和生活污水中的含磷洗涤剂，推广使用无磷洗涤剂是减少磷污染的有效措施。

10.3.6.4　磷的氯化物

磷和氟、氯、溴、碘都能生成相应的化合物，并且大都有重要用途，这里只讨论几种氯化物。

(1) 三氯化磷（PCl_3）　三氯化磷是无色透明液体，在空气中发烟，有刺激性，能刺激眼结膜，并引起咽喉疼痛、支气管炎等。三氯化磷可用作半导体掺杂源、有机合成的氯化剂和催化剂、光导纤维材料及医药工业原料等。

PCl_3 可由干燥的氯气和过量的磷反应制得：

$$2P+3Cl_2 \longrightarrow 2PCl_3$$

$$2P+5Cl_2 \longrightarrow 2PCl_5$$

$$3PCl_5+2P \longrightarrow 5PCl_3$$

PCl_3 极易按下式水解：

$$PCl_3+3H_2O \longrightarrow H_3PO_3+3HCl$$

上述反应被用于制备 H_3PO_3。因此制备 PCl_3 时，一切原料、设备、容器都须经过严格干燥，以防水解。

(2) 五氯化磷（PCl_5）　五氯化磷是白色或淡黄色结晶，易潮解，在空气中发烟，易分解为 PCl_3 和 Cl_2。有类似 PCl_3 的刺激性气味，有毒和腐蚀性。用作氯化剂和催化剂、分析试剂。也用于医药、染料、化纤等工业。

PCl_5 由 PCl_3 和过量的氯气作用而制得：

$$PCl_3+Cl_2 \longrightarrow PCl_5$$

PCl_5 和 PCl_3 相似，也容易水解。若水量不足，生成氯氧化磷和氯化氢：

$$PCl_5+H_2O \longrightarrow POCl_3+2HCl$$

在过量的水中则完全水解：

$$POCl_3+3H_2O \longrightarrow H_3PO_4+3HCl$$

(3) 氯氧化磷或三氯氧磷（$POCl_3$）　三氯氧磷是无色透明液体，在空气中发烟，有类似 PCl_3 的辛辣味，并有强烈的腐蚀性。它是有机合成的氯化剂、催化剂以及制造有机磷农药的原料。在制药工业、光导纤维、半导体掺杂源等方面都有应用。

工业上常用氯化水解法制备 $POCl_3$，即将氯气通入 PCl_3 中，并滴加水，同时进行氯化和水解两种反应：

$$PCl_3+Cl_2+H_2O \longrightarrow POCl_3+2HCl$$

然后进行分馏，所挥发出的 HCl 气用水吸收即得盐酸，或用氨水中和得 NH_4Cl。

10.4　碳、硅、硼及其化合物

碳和硅是元素周期系ⅣA 族元素，硼是ⅢA 族元素，它们的单质及化合物应用极为广泛。

10.4.1　碳及其化合物

10.4.1.1　碳

碳只占地壳总质量的0.027%，然而它却是生命世界的栋梁之材。据统计，全世界已经发现的化合物种类达3000万种，其中绝大多数是碳的化合物（不含碳的化合物不超过10万种，仅是它的百分之几）。动植物的机体内，有各种含碳的有机化合物。

碳原子的价层电子构型为$2s^2 2p^2$，根据它的原子结构和它的电负性（2.50），可知它得电子和失电子的倾向都不强，因此经常形成共价化合物。其中碳的氧化值大多为+4。

碳有^{12}C，^{13}C，^{14}C三种主要的同位素，IUPAC于1961年将^{12}C质量的1/12确定为原子质量的相对标准。

^{14}C是在宇宙射线影响下形成的放射性同位素，半衰期为5684年。它参与自然界碳的循环而不断进入生物体内，植物从大气中吸收CO_2，故生物体内碳的同位素与大气中是相等的。生物体"死亡"后停止呼吸，^{14}C得不到补充，就只发生^{14}C蜕变，其数量随时间减少。因此测定某些物质中^{14}C的含量，可推算形成这些物质的年代（适用于500～50000年），用于考古学和地球化学的研究。

金刚石和石墨是人们熟知的碳的两种同素异形体，过去认为无定形碳是另一种同素异形体，现已确证它只不过是微晶形石墨。自然界有金刚石矿和石墨矿，由于金刚石的特殊性能和用途，人们很早就尝试用石墨作为原料以人工合成金刚石来弥补天然储量和产量的不足。但在解决合成条件、设备和催化剂等一系列难题上经历了漫长的探索过程，直到1954年才首次获得成功。基本条件为

$$C(石墨) \xrightarrow{6\times10^3 MPa, 1600\sim1800K, 催化剂} C(金刚石) \qquad \Delta_f H_m^{\ominus} = 1.9 kJ \cdot mol^{-1}$$

金刚石的硬度大，被大量用于切削和研磨材料；石墨由于导电性能良好，又具化学惰性，耐高温，广泛用作电极和高转速轴承的高温润滑剂，也用来作为铅笔芯（铅笔芯其实是由石墨和黏土混合而成，并不含铅）。无定形碳是石墨的微晶体。其中常见的炭黑由有机物不完全燃烧制备，主要用作橡胶和塑料制品的添加剂，以提高其强度，每个汽车轮胎平均含炭黑3kg。活性炭表面积很大，一般为$1000m^2 \cdot g^{-1}$，有很强的吸附能力，用于化工、制糖工业的脱色剂，防毒面具中用作脱毒气剂，工业和饮用水的去臭剂等。

近年发展起来的碳纤维，是将有机纤维如聚丙烯腈隔绝空气加热至1273K以上，可得黑色，纤细而柔软的碳纤维。它是由金刚石和石墨碎片无序连接而成的无定形碳。它密度小，强度高（抗拉强度和比强度分别是钢的4倍和12倍），抗腐蚀（长期在王水中使用亦不被腐蚀），耐高、低温性能好（−180℃时仍很柔软，2000℃仍可保持强度），线膨胀系数和热导率均小，导电性能优良，可与铜媲美，因而它在工业，特别是国防和科技研究中起着重要作用，也为宇航工业提供了优异材料。可用它作为韧带或腱植入人体内，不仅是代用器官，还能被组织吸收甚至促进新组织生长。

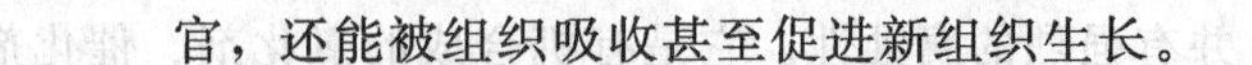

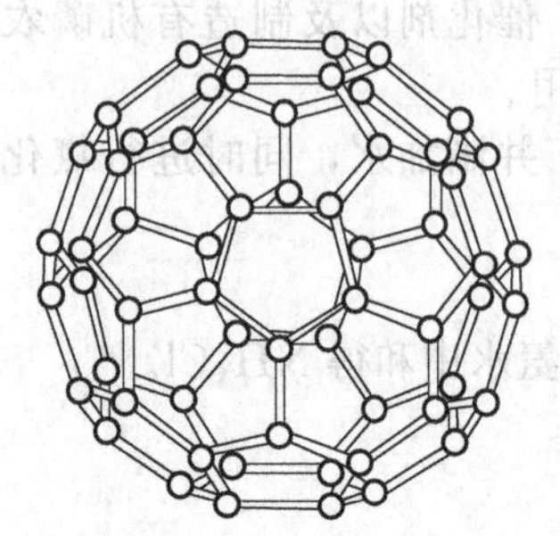

图 10-6　C_{60} 结构

碳的第三种同素异形体是20世纪80年代中期发现的C_n原子簇（40<n<200），其中C_{60}是最稳定的分子，它是由60个碳原子构成的近似于足球的32面体，即由12个正五边形和20个正六边形组成，如图10-6所示。因为这类球形碳分子具有烯烃的某些特点，所以被称为球烯。90年代以来，球烯化学得到蓬勃发展，由于合成方法的改进，C_{60}与钾、铷、铯化合后得到的超导体展示出潜在的应用价值。C_{60}的发现成为碳化学研究新的里程碑。

10.4.1.2 碳的氧化物

(1) 一氧化碳（CO） 碳在不充分空气中燃烧生成CO。它与N_2、CN^-为等电子体、结构相似，具有三重键，其中一个σ键、两个π键：

$$:C\text{———}O: \quad 或: C \equiv O: \qquad \underset{112.8\text{pm}}{C\text{——}O}$$

其中一个π键的电子对是由O原子提供的，补偿了C和O间电负性差所造成的极性，且使C原子略带负电荷，使偶极矩很小（0.37×10^{-30}C·m）。因此，这个C原子较易向其他原子的空轨道提供电子对，这是CO易作为配位体的原因。

CO是无色无臭的有毒气体，它是煤炭及烃类燃料在空气不充分条件下燃烧产生的。当空气中CO的体积分数达到0.1%时，就会引起中毒。它能和血液中的血红蛋白结合，破坏其输氧功能（CO与血红蛋白中的Fe^{2+}的结合力比O_2大210倍），使人的心、肺和脑组织受到严重损伤，甚至死亡。一旦中毒可注射与CO的结合力更强的亚甲基蓝解毒。

在工业上将空气和水蒸气交替通入红热炭层，通入空气时发生的反应是：

$$2C+O_2 \longrightarrow 2CO \qquad \Delta_r H_m^{\ominus}=-221\text{kJ}\cdot\text{mol}^{-1}$$

得到的气体体积组成为CO 25%，CO_2 4%，N_2 70%。这种混合气体称为发生炉煤气。

通入水蒸气时，发生另一反应：

$$C+H_2O \longrightarrow CO+H_2 \qquad \Delta_r H_m^{\ominus}=131\text{kJ}\cdot\text{mol}^{-1}$$

一个放热反应，一个吸热反应，交替进行，维持系统的持续运转。

多数工业燃料中含有CO，如以下几种燃气中CO都占有相当比例：

水煤气 CO 40%～50%，H_2 45%～50%，CO_2 3%～7%，N_2 4%～5%；

发生炉煤气 CO 20%～35%，H_2 5%～10%，N_2 55%～65%；

干馏煤气 H_2 45%～54%，CH_4 28%～34%，CO 8%～10%，CO_2及N_2 6%～7%。

CO也是冶炼金属的重要还原剂，例如：

$$FeO+CO \xrightarrow{\triangle} Fe+CO_2$$

CO具有加合性，在一定条件下能以C原子上的孤对电子配位，与金属单质作用生成金属羰基化合物，如$Ni(CO)_4$，$Fe(CO)_5$等。20世纪30年代发展起来的羰基化学，至今方兴未艾，它们在有机催化和金属提纯等方面具有重要意义。

(2) 二氧化碳（CO_2） CO_2是无色无臭的气体，易液化，常温加压成液态，储存在钢瓶中。液态CO_2气化时能吸收大量的热，可使部分CO_2被冷却为雪花状固体，称为“干冰”。干冰是分子晶体，熔点很低，在−78.5℃升华，是低温制冷剂，广泛用于化学与食品工业。CO_2在通常条件下不助燃，也不能支持呼吸。用它制造的灭火剂可扑灭一般火焰，但不能扑灭燃着的Mg条，因Mg可在高温下还原CO_2：

$$CO_2(g)+2Mg(s) \xrightarrow{燃烧} 2MgO(s)+C(s) \qquad \Delta_f H_m^{\ominus}=-745\text{kJ}\cdot\text{mol}^{-1}$$

CO_2能溶于水，20℃时1L水中约溶解0.9L CO_2，大部分CO_2与水松散地结合成水合物（$CO_2\cdot H_2O$），溶解的CO_2只有约1%生成H_2CO_3，饱和的CO_2水溶液pH值为4左右，与空气接触的蒸馏水因溶有CO_2，pH≈5.7。H_2CO_3很不稳定，只能在水溶液中存在，是二元弱酸，离解式如下：

$$H_2CO_3 \rightleftharpoons H^+ + HCO_3^- \qquad K_{a_1}^{\ominus}=4.4\times10^{-7}$$

$$HCO_3^- \rightleftharpoons H^+ + CO_3^{2-} \qquad K_{a_2}^{\ominus}=4.7\times10^{-11}$$

实验室常由盐酸和$CaCO_3$作用来制备CO_2：

$$CaCO_3 + 2HCl \longrightarrow CaCl_2 + CO_2\uparrow + H_2O$$

工业上，CO_2 主要来自煅烧石灰石或发酵工业的副产品：

$$CaCO_3 \xrightarrow{\triangle} CaO + CO_2\uparrow$$

CO_2 是重要的工业气体，大量用于制碱工业（Na_2CO_3，$NaHCO_3$），与 NH_3 作用还能制备尿素：

$$2NH_3 + CO_2 \longrightarrow (NH_2)_2CO + H_2O$$

大气中 CO_2 的含量并不多，约 0.03%。它主要来自生物的呼吸、各种含碳燃料和有机物燃烧及动植物的腐烂分解等。另一方面，又通过植物的光合作用与碳酸盐的形成而被消耗。所以大气中 CO_2 的含量几乎保持恒定。CO_2 有吸收太阳光中红外线的功能，如同给地球罩上一层硕大无比的塑料薄膜，留下温暖的红外线使地球成为昼夜温差不大的温室，为生命提供了合适的生存环境。但是，近年来由于工业、交通业迅速发展，排放在大气中的 CO_2 越来越多，破坏了生态平衡，它所产生的温室效应导致全球气温逐渐升高。长此下去，将会产生许多不良后果。如，现正使地球两极冰融化，海平面上升，可能淹没沿海城市和农田，从而给人类带来灾难。对此问题环保科学家已发出紧急呼吁，限制各国特别是发达国家的 CO_2 的排放量。1997 年 12 月世界各国在日本京都召开会议，经过激烈争论，通过了《京都议定书》，它规定工业化国家在 2008～2012 年将 CO_2 等 6 种温室气体的排放量在现有基础上削减 5.2%。1998 年 4 月有关工业化国家气候问题专家聚会纽约，研究减少温室气体排放的措施。

(3) 碳酸盐　H_2CO_3 能形成正盐和酸式盐，它们的溶解性和热稳定性有着显著差异。

① 溶解性　多数碳酸盐难溶于水，工农业上常用的 Na_2CO_3，K_2CO_3，$(NH_4)_2CO_3$ 易溶于水。就难溶的碳酸盐来说，其相应的酸式盐通常比正盐的溶解度大。如 $Mg(HCO_3)_2$、$Ca(HCO_3)_2$ 溶于水。但可溶性碳酸盐的酸式盐，其溶解度反而小，如 $NaHCO_3$、NH_4HCO_3 等却较正盐小。例如向浓 $(NH_4)_2CO_3$ 溶液中通入 CO_2 至饱和，可析出 NH_4HCO_3，是生产碳铵的基础：

$$2NH_4^+ + CO_3^{2-} + CO_2 + H_2O \longrightarrow 2NH_4HCO_3\downarrow$$

但 $Ca(HCO_3)_2$ 的溶解度还是远小于 $NaHCO_3$ 的。

② 水解性　碱金属正碳酸盐和酸式盐在水溶液中均因水解而分别显强碱性（pH 为 11～12）和弱碱性（pH 为 8～9），常把它们当成碱来使用。例如，Na_2CO_3 俗称纯碱，$Na_2CO_3 \cdot 10H_2O$ 叫洗碱，$NaHCO_3$ 俗称小苏打。实际工作中可溶性碳酸盐可同时兼碱和沉淀剂，用于分离溶液中某些金属离子。一般来说，金属碳酸盐溶解度小于其氢氧化物，则生成碳酸盐沉淀；反之，则生成氢氧化物沉淀；若两者溶解度相近，则产生碱式碳酸盐沉淀：

$$Ba^{2+} + CO_3^{2-} \longrightarrow BaCO_3\downarrow \quad (Ca^{2+}、Sr^{2+}、Ag^+、Cd^{2+}、Mn^{2+}等)$$

$$2Al^{3+} + 3CO_3^{2-} + 3H_2O \longrightarrow 2Al(OH)_3\downarrow + 3CO_2\uparrow \quad (Fe^{3+}、Cr^{3+}等)$$

$$2Cu^{2+} + 2CO_3^{2-} + H_2O \longrightarrow Cu_2(OH)_2CO_3\downarrow + CO_2\uparrow \quad (Bi^{3+}、Mg^{2+}、Pb^{2+}等)$$

若改变沉淀剂，不加入 Na_2CO_3 溶液，改加入 $NaHCO_3$ 溶液，则 $c(OH^-)$ 减小，Bi^{3+}、Mg^{2+}、Pb^{2+} 等可以生成碳酸盐。

$$Mg^{2+} + HCO_3^- \longrightarrow MgCO_3\downarrow + H^+$$

③ 热稳定性　多数碳酸盐的热稳定性较差，分解产物通常是金属氧化物和 CO_2。

比较其热稳定性，大致有以下规律：

碳酸＜酸式碳酸盐＜碳酸盐

例如：

$$H_2CO_3 \xrightarrow{常温} H_2O + CO_2\uparrow$$

$$2NaHCO_3 \xrightarrow{150℃} Na_2CO_3 + H_2O\uparrow + CO_2\uparrow$$

$$Na_2CO_3 \xrightarrow{>1800℃} Na_2O + CO_2\uparrow$$

对不同金属离子的碳酸盐，其热稳定性表现为

铵盐＜过渡金属盐＜碱土金属盐＜碱金属盐

例如：

$$(NH_4)_2CO_3 \xrightarrow{58℃} 2NH_3\uparrow + H_2O + CO_2\uparrow$$

$$ZnCO_3 \xrightarrow{350℃} ZnO + CO_2\uparrow$$

$$CaCO_3 \xrightarrow{910℃} CaO + CO_2\uparrow$$

(4) 碳酸盐及其他含氧酸盐热稳定性解释 如上所述，碳酸及不同碳酸盐分解温度相差很大，这可以从离子极化和反极化予以解释。

① 不同阳离子的碳酸盐 CO_3^{2-} 可看成 C^{4+} 被三个 O^{2-} 包围（图10-7），当没有外加电场影响时，CO_3^{2-} 中3个 O^{2-} 已被 C^{4+} 所极化而变形；金属离子（或氢离子）可看作外电场，只极化邻近的一个 O^{2-}，由于金属离子（或氢离子）对其极化的偶极方向与 C^{4+} 对 O^{2-} 极化所产生的偶极方向相反，使这个 O^{2-} 原来的偶极矩变小甚至反向，从而减弱了碳-氧间的键，这种作用称反极化作用，如图10-7所示。当反极化作用强烈时，可以超过 C^{4+} 对 O^{2-} 的极化作用，最后导致碳酸根的破裂，MCO_3 分解成MO和 CO_2。

显然，金属离子的极化力越强，它对碳酸根的反极化作用也越强烈，碳酸盐也就越不稳定。对金属离子进行比较，可知：

a. 碱金属离子的电荷少，半径较大，又是8电子构型，极化力小，因此它们对 CO_3^{2-} 中与之邻近 O^{2-} 的反极化作用也小，所以它们的碳酸盐很稳定，难于分解。碱土金属离子的电荷为＋2，半径较同周期的碱金属小，对碳酸根有较大的反极化作用，因此碱土金属碳酸盐的分解温度较碱金属碳酸盐低。同一族内，从上到下金属离子的电荷数相同，但离子半径逐渐增大，反极化作用依次减弱，因此它们的碳酸盐的热稳定性依次递增。

b. 同一周期金属离子，从左到右，半径减小，电荷数增加，反极化能力增加，碳酸盐的热稳定性减小。

c. 过渡金属离子具有非8电子构型（9～17、18、18＋2电子构型），极化力较强，对碳酸根反极化作用也较强，因而它们的碳酸盐稳定性较差。

d. 碳酸或碳酸氢盐中 H^+ 虽带一个单位正电荷，但半径极小，其极化作用大于任何金属离子，故碳酸最容易分解，碳酸氢盐也容易分解。

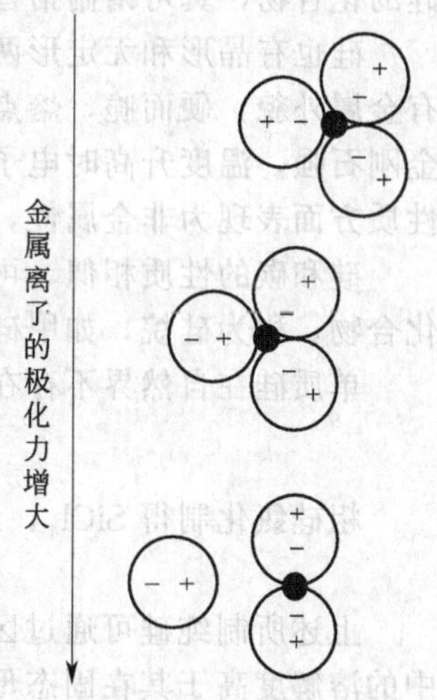

图10-7 金属离子对 CO_3^{2-} 的反极化作用示意图

② 非金属离子不同价态时其含氧酸盐的热稳定性 对不同的含氧酸根离子 RO_n^{x-}，也可以看作 O^{2-} 已被 R^{m+} 所极化而变形。外面的金属离子产生的电场对邻近的 O^{2-} 反极化作用导致含氧酸盐的分解。若 R^{m+} 半径愈小，所带正电荷愈多，则其抵抗金属离子的反极化能力愈强，该含氧酸盐的热稳定性就愈高。如：

热稳定性 $KClO_4 > KClO_3 > KClO$

$Na_2SO_4 > Na_2SO_3$

但氮的含氧酸盐例外。

(5) 碳化物 碳和电负性较小的元素所形成的二元化合物称为碳化物，也有离子型、共价型和金属型三类。

离子型碳化物是由碳和周期表中ⅠA，ⅡA，ⅢA族的金属形成。例如CaC_2，Al_4C_3，它们遇水易水解并生成乙炔或甲烷：

$$CaC_2 + 2H_2O \longrightarrow Ca(OH)_2 + C_2H_2$$
$$Al_4C_3 + 12H_2O \longrightarrow 4Al(OH)_3 + 3CH_4$$

前一反应有重要的工业价值，能得到乙炔这种基本化工原料，在石油价格持续高位的情况下，从煤炭得到石化基础原料已成为很多企业的选择。

共价型碳化物中具有代表性的是碳化硅SiC，俗称金刚砂。它的结构和硬度与金刚石相似，为原子晶体。其熔点高、硬度大，用来制造砂轮、磨石等。B_4C也是原子晶体，可以用来打磨金刚石。

金属型碳化物是由碳和过渡元素中半径较大的ⅣB，ⅤB，ⅥB族金属所形成的间隙化合物，此时碳原子钻入金属晶格的空隙之中。它的熔点高、硬度大、导电性能好。如碳化钨、碳化钛用来制造高速切削工具，热硬性好，使用温度可高达1000℃。

共价型和金属型碳化物多是新型无机材料，在现代工业中有广泛用途。

10.4.2 硅的化合物

硅在地壳中的含量极其丰富，约占地壳总质量的1/4，仅次于氧。如果说碳是有机世界的栋梁之材，硅则是无机世界的骨干。岩石、沙砾、泥土、砖瓦、水泥、玻璃、搪瓷等都是硅的化合物，真可谓俯拾皆是。

硅也有晶形和无定形两种状态。晶态硅的结构类似于金刚石，为原子晶体，呈灰黑色，有金属外貌，硬而脆，熔点（1683K）和沸点（2953K）较高。晶态硅中原子间结合力不如金刚石强，温度升高时电子可被激发，导电能力增加，所以是良好的半导体材料。硅在化学性质方面表现为非金属性，因此有时划入准金属范畴。

硅和碳的性质相似，可以形成氧化值为＋4的共价化合物。硅和氢也能形成一系列硅氢化合物，称为硅烷，如甲硅烷SiH_4、乙硅烷Si_2H_6等。

单质硅在自然界不存在，由石英砂和焦炭在电弧炉中反应生成粗硅：

$$SiO_2 + 2C \xrightarrow{\text{电弧炉}} Si + 2CO\uparrow$$

粗硅氯化制得$SiCl_4$，经蒸馏提纯，用氢气还原得到纯硅：

$$SiCl_4 + 2H_2 \longrightarrow Si + 4HCl$$

上述所制纯硅可通过区域熔炼法制备超纯硅。区域熔炼法的工艺依据是杂质在液态母体中的溶解度高于其在固态母体中的溶解度。区域熔炼法提纯硅的过程如图10-8所示，粗硅以一定速率通过高温电热圈，处在电热圈的部位熔融，熔融的部位离开电热圈后重新固化，而大部分杂质仍留在熔化的硅中。当硅棒全部通过电热圈后，杂质被集中在一头。根据对单晶硅纯度的要求，可重复上述操作。

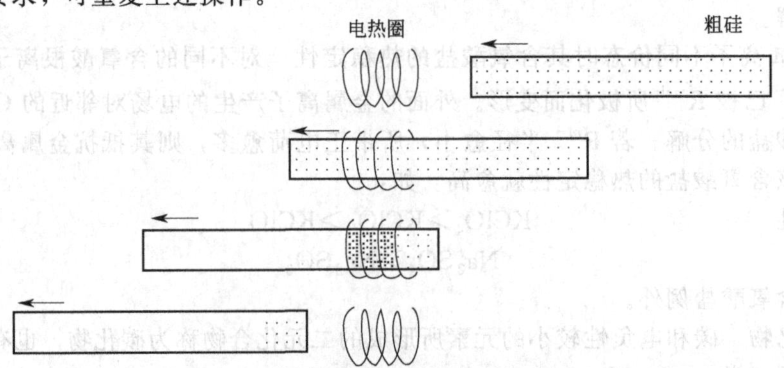

图10-8 区域熔炼法提纯单晶硅示意图

纯硅经区域熔炼等物理方法提纯为 9 个 9(即 99.9999999%) 以上的高纯硅，杂质含量不超过十亿分之一，然后在单晶炉中拉制成单晶硅。单晶硅和掺杂单晶硅是单质半导体中性能最好的，也是应用最广的半导体，特别是大规模、超大规模集成电路技术开发以后，使微电子、大型计算机和自动控制等技术日新月异，并极大地影响着信息、空间、海洋、能源、新材料等高科技领域，尤其是军事高科技领域的发展。1991 年发生的海湾战争，曾经被军事评论家认为是“硅对钢铁的胜利。”现代人类社会已时刻离不开半导体的使用了。

(1) 二氧化硅　在自然界中，SiO_2 遍布于岩石、土壤及许多矿石中。有晶形和非晶形两种。石英是常见的 SiO_2 天然晶体，无色透明的石英就叫水晶，紫水晶、玛瑙、碧石都是含杂质的有色晶体，砂子也是混有杂质的石英细粒。硅藻土是天然无定形 SiO_2，为多孔性物质，工业上常作为吸附剂以及催化剂的载体。

SiO_2 与 CO_2 的化学组成相似，但结构和物理性质迥然不同。CO_2 是分子晶体，SiO_2 是原子晶体（图 10-9）。每个硅原子位于 4 个氧原子的中心，并分别与氧原子以单键相连，氧原子又分别与别的硅原子相连，由此形成立体的硅氧网格晶体。所以 SiO_2 与干冰不同，它的熔点、沸点都很高。

石英在 1600℃时，熔化成黏稠液体，当急剧冷却时，由于黏度大，不易结晶，而形成石英玻璃。它的热膨胀系数小，能耐温度的剧变，故用于制造耐高温的高级玻璃仪器。石英玻璃虽有较高的耐酸性，但能被 HF 所腐蚀而生成 SiF_4。SiO_2 是酸性氧化物，能与热的浓碱液作用生成硅酸盐：

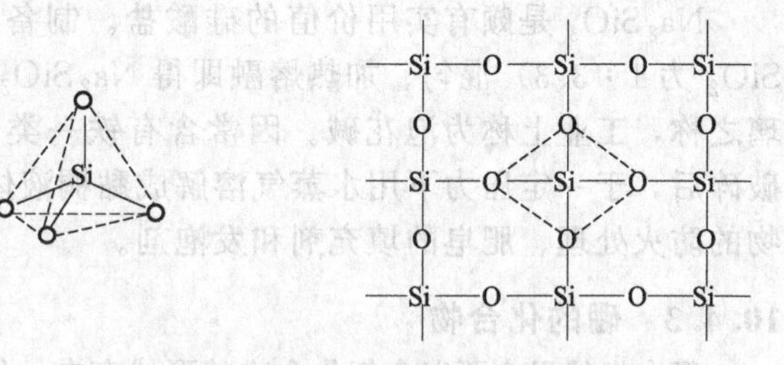

图 10-9　二氧化硅的晶体结构示意图

$$SiO_2 + 2NaOH \xrightarrow{\triangle} Na_2SiO_3 + H_2O$$

$$SiO_2 + Na_2CO_3 \xrightarrow{\triangle} Na_2SiO_3 + CO_2 \uparrow$$

以 SiO_2 为主要原料的玻璃纤维与聚酯类树脂复合成的材料称为玻璃钢，广泛用于飞机、汽车、船舶、建筑和家具等行业，以取代各种合金材料。石英光纤（SiO_2）具有极高的透明度，在现代通信中靠光脉冲传送信息，性能优异，应用广泛。

(2) 硅酸　硅酸是 SiO_2 的水合物（但不能由 SiO_2 与 H_2O 作用制得，因 SiO_2 不溶于水），它有多种组成，如偏硅酸 H_2SiO_3、正硅酸 H_4SiO_4、焦硅酸 $H_6Si_2O_7$ 等，可用 $x SiO_2 \cdot y H_2O$ 表示，习惯上常用简单的偏硅酸 H_2SiO_3 代表硅酸。

硅酸是比 H_2CO_3 还弱的二元酸（$K_1^\ominus = 1.7 \times 10^{-10}$，$K_2^\ominus = 1.6 \times 10^{-12}$），溶解度很小，很容易被其他的酸（甚至碳酸、乙酸）从硅酸盐中析出：

$$SiO_3^{2-} + CO_2 + H_2O \longrightarrow H_2SiO_3 \downarrow + CO_3^{2-}$$

$$SiO_3^{2-} + 2HAc \longrightarrow H_2SiO_3 \downarrow + 2Ac^-$$

开始析出的单分子硅酸可溶于水，所以并不沉淀。随后逐步聚合成多硅酸后才生成硅酸溶胶或凝胶。在浓度较大的 Na_2SiO_3 溶液中加入 H_2SO_4 或 HCl 至 pH=7～8 时形成分子量大的胶体，进一步聚合得到硅酸凝胶，经洗涤、干燥就成硅胶。

用热水洗涤硅胶，在 60～70℃下烘干，再于 200℃下加热活化，可得到多孔硅胶。每克多孔硅胶的内表面积可达 800～900m^2，吸附能力很强，是优良的干燥剂。更可贵的是，它能耐强酸，广泛用于气体干燥或吸收（但不能干燥 HF 气体），脱水和色层分析等，也用作催化剂或催化剂载体。市售品有球形和不规则形两种，含水分 3%～7%，吸湿量可达自重的 40%左右。

硅酸浸以 $CoCl_2$ 溶液，并经烘干后，就制成变色硅胶。这种硅胶的颜色变化可以指示其吸湿度，因无水 Co^{2+} 呈蓝色，水合钴离子 $[Co(H_2O)_6]^{2+}$ 呈粉红色。在使用过程中，当硅胶由蓝色变为粉红色时，说明已吸足了水，不再有吸湿能力。吸水的硅胶经加热脱水后又变为蓝色，重新恢复了吸湿能力。

(3) 硅酸盐 硅酸盐在自然界分布很广，种类繁多、结构复杂，大多是硅铝酸盐，均难溶于水。以下为常见的天然硅酸盐：

正长石 $K_2O \cdot Al_2O_3 \cdot 6SiO_2$ 或 $K_2Al_2Si_6O_{16}$

高岭土 $Al_2O_3 \cdot 2SiO_2 \cdot 2H_2O$ 或 $H_4Al_2Si_2O_9$

白云母 $K_2O \cdot 3Al_2O_3 \cdot 6SiO_2 \cdot 2H_2O$ 或 $K_2H_4Al_6(SiO_4)_6$

石棉 $CaO \cdot 3MgO \cdot 4SiO_2$ 或 $CaMg_3(SiO_3)_4$

泡沸石 $Na_2O \cdot Al_2O_3 \cdot 2SiO_2 \cdot nH_2O$ 或 $Na_2Al_2(SiO_4)_2 \cdot nH_2O$

高岭土是黏土的基本成分，纯高岭土是制造瓷器的原料。正长石、云母和石英是构成花岗岩的主成分。

Na_2SiO_3 是颇有实用价值的硅酸盐。制备时将石英砂与纯碱按一定比例（Na_2CO_3 和 SiO_2 为 1∶3.3）混匀、加热熔融即得 Na_2SiO_3 熔体。它呈玻璃状态，能溶于水，故有水玻璃之称，工业上称为泡花碱。因常含有铁一类的杂质而呈浅绿色。将玻璃状固体 Na_2SiO_3 破碎后，于一定压力下用水蒸气溶解成黏稠液体，即为商品水玻璃。用作黏合剂、木材及织物的防火处理、肥皂的填充剂和发泡剂。

10.4.3 硼的化合物

硼在自然界主要以含氧化合物的形式存在，如硼酸（H_3BO_3）和硼砂（$Na_2B_4O_7 \cdot 10H_2O$）。硼在地壳中的丰度虽小，却有富集的矿床，西藏及青海地区有丰富的硼砂矿，为我国丰产元素。

单质硼有无定形和晶形两种。硼的熔点、沸点很高，晶体硼很硬（莫氏硬度为 9.5）仅次于金刚石。硼与氮的化合物为 BN，结构、性质和用途与石墨相似，被称为白石墨。

硼和铝同族，价层电子构型为 $2s^2 2p^1$。B 原子的半径小，电离能又大，所以主要以共价键和其他原子相连。除氧化物外，还有氢化物、卤化物和氮化物等。B 原子与 Al 一样，价层的 4 个轨道上只有 3 个电子，以 sp^2 杂化后形成的 BF_3，BCl_3 等化合物称为缺电子化合物，它们容易和其他分子或离子的孤对电子形成配合物。例如：

$$BF_3 + :NH_3 \longrightarrow [F_3B:NH_3]$$

$$BF_3 + :F^- \longrightarrow [BF_4]^-$$

(1) 硼的氢化物 B 与 H_2 不能直接化合，但能间接制得一系列硼氢化物，其组成及物理性质与烷烃相似，故称之为硼烷。目前已知有二十多种烷，可分属 B_nH_{n+4} 和 B_nH_{n+6} 两类，前者较稳定，后者稳定性较差。其中最简单的是乙硼烷 B_2H_6，它可用下法制备：

$$3LiAlH_4 + 4BCl_3 \xrightarrow{\text{乙醚}} 3LiCl + 3AlCl_3 + 2B_2H_6 \uparrow$$

$$3NaBH_4 + BCl_3 \xrightarrow{\text{二乙基乙醚}} 3NaCl + 2B_2H_6 \uparrow$$

从 B 原子仅有 3 个价电子来看，最简单的硼烷似乎应为 BH_3，但气体密度表明最简单的硼烷是 B_2H_6。从结构上看，B 是缺电子原子，不能形成 4 个正常的共价键，B_2H_6 中只有 12 个价电子，不形成 14 个价电子的乙烷结构。实验表明，B_2H_6 分子中具有桥式结构（图 10-10）。

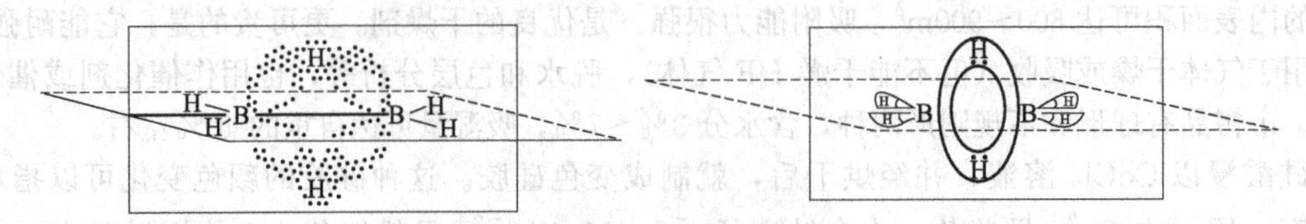

图 10-10 B_2H_6 分子结构

(2) 氧化硼和硼酸　三氧化二硼（B_2O_3）是白色固体，也称硼酸酐或硼酐，常见的有无定形和晶体两种，晶体比较稳定。将硼酸加热到熔点以上即得 B_2O_3。

$$2H_3BO_3 \xrightarrow{\triangle} B_2O_3 + 3H_2O\uparrow$$

氧化硼用于制造抗化学腐蚀的玻璃和某些光学玻璃。熔融的 B_2O_3 能和许多金属氧化物作用，显出各种特征颜色，如 $NiO \cdot B_2O_3$ 显绿色，它们常用于搪瓷、珐琅工业的彩绘装饰中。作为无机材料后起之秀的硼纤维，是具有多种优良性能的新型材料。

硼的含氧酸包括偏硼酸（HBO_2）、（正）硼酸（H_3BO_3）和四硼酸（$H_2B_4O_7$）等多种。（正）硼酸脱水后得到偏硼酸，进一步脱水得到硼酐。反之，将硼酐、偏硼酸溶于水，又重新生成 H_3BO_3：

$$H_3BO_3 \rightleftharpoons HBO_2 + H_2O \rightleftharpoons B_2O_3 + H_2O$$

在工业上，H_3BO_3 是由 H_2SO_4 或 HCl 分解硼砂矿而制得：

$$Na_2B_4O_7 + H_2SO_4 + 5H_2O \longrightarrow 4H_3BO_3 + Na_2SO_4$$

H_3BO_3 是无色、微带珍珠光泽的片状晶体，具有层状晶体结构，如图 10-11 所示。其中 B 原子以 sp^2 杂化方式与 3 个 O 原子结合，这 3 个 O 原子又分别与 3 个 H 原子结合而形成平面正三角形的 $B(OH)_3$ 分子。这些分子彼此通过氢键连成一片，各片层之间又通过分子间力组成晶体。体内各片层之间容易滑动，所以 H_3BO_3 可用作润滑剂。

H_3BO_3 微溶于冷水，易溶于热水。它不是三元酸，而是一元弱酸（$K_1^{\ominus}=5.8\times10^{-10}$）。它在水中所表现出来的酸性并非硼酸本身离解出的 H^+，而是由缺电子的 B 原子接受 H_2O 离解出来的 OH^-，形成配离子 $B(OH)_4^-$，从而使溶液中 H^+ 浓度增大，其酸性其实是 $B(OH)_3$ 水解的结果。

$$B(OH)_3 + H{-}OH \longrightarrow B(OH)_4^- + H^+$$

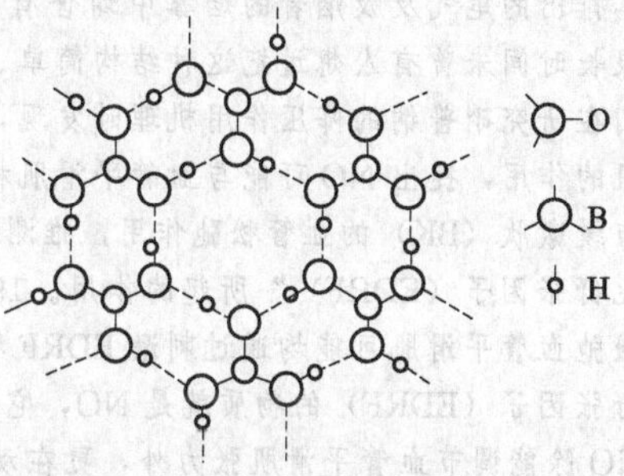

图 10-11　硼酸的晶体结构（片层）

这种离解方式正好表现了硼化合物的缺电子特点。

H_3BO_3 在医药上用作防腐、消毒剂，还大量用在玻璃、陶瓷和搪瓷工业中。

(3) 硼砂　硼砂[$Na_2B_4O_5(OH)_4 \cdot 8H_2O$ 常写作 $Na_2B_4O_7 \cdot 10H_2O$] 又称四硼酸钠，是硼的含氧酸盐中最重要的一种。为白色透明晶体，易风化。硼砂在水中的溶解度随温度升高而明显增大，所以常采用重结晶法精制。

硼砂的水解反应如下：

$$[B_4O_5(OH)_4]^{2-} + 5H_2O \rightleftharpoons 4H_3BO_3 + 2OH^- \rightleftharpoons 2H_3BO_3 + 2B(OH)_4^-$$

从上式看出，加酸平衡右移，可由硼砂制得 H_3BO_3。反之，加碱平衡左移，又可由 H_3BO_3 制得硼酸盐，是个典型的缓冲溶液。

硼砂受热时先失去部分结晶水成为蓬松状物质，体积膨胀；热至 350～400℃时，脱水成为无水盐 $Na_2B_4O_7$；在 878℃时熔融，冷后成为玻璃状体。Fe，Co，Ni，Mn 等金属氧化物能与其作用并显出不同颜色。如 $2NaBO_2 \cdot Co(BO_2)_2$ 为蓝色，$2NaBO_2 \cdot Mn(BO_2)_2$ 为绿色。分析化学上利用这一性质初步检验某些金属离子，叫做硼砂珠试验。

硼砂主要用在玻璃和搪瓷工业。它在玻璃中可增加紫外线的透射率，提高玻璃的透明度和耐热性能。在搪瓷制品中，可使瓷釉不易脱落并使其具有光泽。由于硼砂能溶解金属氧化物，焊金属时用它作为助熔剂。硼砂还是医药上的防腐剂和消毒剂。此外，在实验室中常用硼砂作为标定酸浓度的基准物和配制缓冲溶液等。后者是因为 $Na_2B_4O_5(OH)_4$ 与 H_2O 作用生成等物质的量的 H_3BO_3 和 $B(OH)_4^-$，它们恰好是一个缓冲对，且浓度相等，20℃时该缓冲溶液的pH值为9.23。

【阅读资料】

一氧化氮——一种重要的生物活性分子

人们很早知道，NO是植物从根部吸收硝酸盐或亚硝酸盐后，在硝酸还原酶、亚硝酸还原酶作用下生成的中间产物。它可以进一步经过同化型还原形成氨、氨基酸及有机氮化物被植物所吸收利用，如果进行异化型还原则产生氮气，进入氮的循环。自然界氮的循环是人类生存和生物圈平衡的基石。

但是，NO在哺乳动物细胞中的存在，却一直到20世纪80年代后期才逐渐被人们所认识，相继发现在诸多方面起着重要的生理作用。这一重大发现，使NO成为美国“Science”杂志1992年度的明星分子(Molecule of The Year)；1994年美国的“Life Science”杂志列出了世纪主要成就，其中最新的一项就是NO被发现可能是一种新型的神经递质。1998年10月，Robert Furchgott，Louis Ignarro和Ferid Murad因在NO研究方面的杰出工作，共同获得生理和医学领域的最高奖项——诺贝尔奖，奖励他们发现以一氧化氮为基础的医学进展，他们的研究开始了一个新领域，涉及心血管系统的疾病、炎症、感染、肿瘤、记忆以及阳痿。

NO是一种结构简单的气体，因为它的分子结构中具有不成对电子，所以它也是一种自由基。自从1935年Humphrey Davy在研究笑气（N_2O）时发现NO以来，NO一直被看作是一种有毒气体分子，如汽车排出的尾气及吸烟者的烟雾中均含有NO，它能污染空气，且损害大气层臭氧层，对人畜有毒害作用。很长时间未曾有人想过把这种结构简单、毒性高的小分子化合物与体内的生物功能联系起来。1979年，人们在研究硝普钠的降压作用机理时发现，NO以及释放NO的药物如硝普钠和硝酸甘油均有松弛血管平滑肌的作用，提出NO可能与血管平滑肌松弛有关。1980年，Furchgot经过一系列研究认为乙酰胆碱（Ach）与缓激肽（BK）的血管松弛作用，推测其机理可能是它刺激血管内皮细胞，使后者分泌一种“血管内皮衍化舒张因子（EDRF）”所起的作用。1986年，人们提出EDRF可能是一种不稳定的自由基，Ach与BK松弛血管平滑肌可能均通过刺激EDRF释放发挥作用。稍晚一些，Ignarro等人证实了被称为血管内皮衍化舒张因子（EDRF）的物质就是NO，它是从血管内皮细胞释放出的，能松弛血管的物质。近年来更发现，NO除能调节血管平滑肌张力外，更在动脉粥样硬化、高血压、内毒素休克等疾病的发生、发展中起决定作用。

1988年Gerthwaite等首次认识到NO可能作为神经递质在神经系统中具有重要作用，从此揭开了研究NO在神经系统中作用的序幕。他们首先发现NO存在于脑中。现在已经知道，脑中制造NO的酶——一氧化氮合成酶比肌体其他地方多，NO是一个小分子，容易在分子内外进行扩散。它是“反馈信使”(retrograde messenger)，即当脑中的受体细胞受到强刺激时它们会将NO分子传送回去以表明它们已经接到信息。这使得发送信息的细胞程序化了，它们会“记得”下次传递更强的信息。对于NO在脑中的知识现在已经开辟了研究理解阿尔茨海默症、帕金森以及中风的康庄大道。这些病症导致的脑子损伤可能是由于过量的NO引起的。

眼下的时髦药——伟哥（Viagra）也是借助NO起作用的。伟哥原名sildenafil，先用于治疗心脏血管的疾病，后来发现它对阳痿（MED）有疗效。这是由于竖阳过程涉及NO的释放引起向阴茎输送血液的血管的松弛：MED是由于缺少NO引起的。

从表面上看，NO是氮和氧的简单化合物，但其在生物体内的合成却是一个复杂的过程。目前至少已知生物体内有两种途径产生NO。

体内NO的前体为左旋精氨酸，NO是通过一氧化氮合成酶（NOS）作用于左旋精氨酸而生成的。NOS为一种双加氧酶。还原型尼克酰胺腺嘌呤二核苷酸磷酸（NADPH），黄素单核苷酸（FMN），黄素腺嘌呤二核苷酸（FDA）和四氢蝶呤作为此酶的辅助因子传递电子，最终作用于左氨酸胍基末端的氮原子，使之氧化生成NO。

以上产生NO的途径，称为左旋精氨酸——一氧化氮通路。这一通路不仅是生成NO的途径，也是细胞排泄过量氮的一种方式。

已知一些药物进入体内后，通过代谢可以释放NO，发挥药理作用。以硝酸甘油即甘油三硝酸酯为代表的抗心绞痛和血管扩张剂就是这样一类药物，它们在临床上的应用，虽然已有百余年历史，但它的作用机理，直到最近才知道是在体内代谢后释放出的NO所起的作用。属于这类药物的还有硝酸戊四醇酯、二硝酸或硝酸异山梨醇（消心痛）等。

上述硝酸酯类（$RONO_2$）药物进入体内后，当和半胱氨酸或*N*-乙酰基半胱氨酸分子中的—SH基反应时，能按如下方式放出NO：

$$RONO_2 + R'SH \longrightarrow R'SNO_2 + ROH$$

$$R'SNO_2 \longrightarrow R'SONO \longrightarrow R'S(=O)NO \longrightarrow R'SO + NO$$

亚硝酸酯类（RONO）药物，如作为治疗心绞痛的吸入剂——亚硝酸异戊酯等同样经由如下反应放出NO：

$$RONO + R'SH \longrightarrow R'SNO + ROH$$

$$2R'SNO \longrightarrow R'SSR' + 2NO$$

作为生物活性分子的NO，从一个偶然观察到的实验现象开始，所导出科学上的重大发现，已经成为生理、生化、病理、毒理、免疫、药物等众多学科的一个崭新领域。从这里我们可能意识到，广泛的生命物质其重要性并不与其结构上的复杂性始终有关。在人类开始满怀信心地宣布向基因寻求答案的今天，我们才刚刚认识这样一个在生物体内无处不在的简单分子，这自然给我们带来了NO以外的另一些思考：

——从公认的“毒气”到重要的“生命信使”，这不仅要求我们告别某些昨天的记忆，也要求我们重新审视某些传统概念与原则，重新认识我们以为业已熟知的某些东西；

——NO研究的兴起与迅猛发展得益于众多物理学、化学、生物学与医学界理论与技术的综合运用；

——对于NO广泛而独特的活性，对于一氧化氮合成酶（NOS）独特的酶学特征，我们都应勇于且乐于了解、承认和接受；

——对于人类任何科学探索和进步，我们都应无选择地奋起直追，审慎选择新的、更高的起点积极参与。

思 考 题

1. 比较 O_2 和 O_3 的性质。

2. 如何制备 O_3？大气中臭氧是如何形成的？臭氧对人类有何重要性？

3. $E^{\ominus}_{A}(H_2O_2/H_2O)=1.77V$，是很高的，但常常不能氧化电对的 $E^{\ominus}$ 值在0.68～1.77的还原态物质，请说明之。

4. 制备 H_2SO_4 时不能直接用水吸收 SO_3，这是为什么？

5. SO_2 作为漂白剂有何特点？如何除去大气或烟道中的 SO_2？

6. 硫的哪些化合物是较好的还原剂？哪些是较好的氧化剂？并指出其氧化还原产物。

7. 金属硫化物在颜色、溶解性（溶剂分别为 H_2O、稀盐酸、浓盐酸以及硝酸、王水等）和水解性等方面有很大差异，试对其进行归纳分类。

8. HNO_3 与金属作用时，其还原产物既与 HNO_3 的浓度有关，也与金属的活泼性有关，试总结其一般规律。

9. N_2 与 O_2、F_2 为什么活泼性差异很大？

10. 为什么不用 NH_4NO_3、$(NH_4)_2Cr_2O_7$、NH_4HCO_3 制取 NH_3？

11. 为什么常用 NH_3（而不用 N_2）作为制备含氮化合物的原料？

12. 比较 HNO_3、H_2SO_4、HCl的性质及从其盐中彼此相互置换的可能性。

13. 在自然界中，为什么氮常以游离态存在，而磷以化合态存在？

14. 用平衡移动原理解释为什么在 NaH_2PO_4 和 Na_2HPO_4 溶液中加入 $AgNO_3$ 溶液均析出黄色沉淀 Ag_3PO_4？析出沉淀后溶液的酸碱性有什么变化？

15. 白磷中毒或手沾上白磷，应如何处置？

16. 试回答下列问题：

(1) 白磷为什么会自燃？白磷为什么又叫黄磷？

(2) 红磷为什么会潮解？如何证明红磷被氧化？

(3) 焦磷酸的酸性强于正磷酸。

17. 解释下列事实，并写出有关反应方程式：

(1) 碳酸氢铵储存时需要密封；

(2) 天然的磷酸钙必须转变为过磷酸钙才能作为肥料使用；

(3) 过磷酸钙肥料不能与石灰一起使用。

18. H_3PO_2 和 H_3PO_3 各为几元酸？请说明原因。

19. 比较 CO 和 CO_2 的结构，如何除去 CO 中的 CO_2 气体？

20. 解释下列事实：

(1) CO_2 常温下为气体，而 SiO_2 为高熔点固体；

(2) CCl_4 不水解，而 $SiCl_4$ 易水解。

21. 实验室如何制备乙硼烷？说明乙硼烷的结构和成键作用。

22. 为什么硼酸为一元酸？加入丙三醇后其酸性为何增强？

习　题

1. 写出下列商品的化学名称和化学式：

双氧水　　水玻璃　　保险粉　　海波　　变色硅胶　　白炭黑　　硼砂　　苏打　　硫化碱

2. 完成并配平下列化学方程式：

(1) $PbS+O_3 \longrightarrow$　　　　(2) $H_2O_2+Ba(OH)_2 \longrightarrow$

(3) $Na_2S_2O_3+Cl_2 \longrightarrow$　　　　(4) $Na_2S_2O_3+I_2 \longrightarrow$

(5) $S+NaOH \longrightarrow$　　　　(6) $H_2S+I_2 \longrightarrow$

(7) $Mn^{2+}+S_2O_8^{2-}+H_2O \xrightarrow{Ag^+}$　　　　(8) $Fe^{3+}+H_2S \longrightarrow$

3. 用化学方程式表示下列反应

(1) 过氧化氢溶液加入氯水中；

(2) 过氧化氢在碱性介质中氧化 CrO_2^-；

(3) 向溴水中通入少量 H_2S；

(4) 向 Na_2S_2 溶液中滴加盐酸。

(5) 将 Cr_2S_3 投入水中；

(6) 沸腾的 Na_2SO_3 溶液中加入 S 粉；

(7) 向 PbS 中加入过量 H_2O_2；

(8) 向 HI 溶液中通入 O_3；

(9) 向 $[Ag(S_2O_3)_2]^{3-}$ 的弱酸性溶液中通入 H_2S。

4. 用简便的方法鉴别以下六种气体：

CO_2　　NH_3　　NO　　H_2S　　SO_2　　NO_2

5. 试以 SO_2 为主要原料，制备五种阴离子不同的盐，写出相关的反应式（不必配平）。

6. 实验室需要少量 SO_2，H_2S，N_2，NH_3 和 HBr 等几种气体，如何制备？写出反应方程式。

7. 还原剂 H_2SO_3 和氧化剂浓 H_2SO_4 混合后能否发生氧化还原反应？为什么？

8. 现有五瓶无色溶液分别是 Na_2S，Na_2SO_3，$Na_2S_2O_3$，Na_2SO_4，$Na_2S_2O_8$，试加以确认，并写出有关的反应方程式。

9. 将无色钠盐溶于水得无色溶液 A，用 pH 试纸检验知 A 显酸性。向 A 中滴加 $KMnO_4$ 溶液，则紫红色褪去，说明 A 被氧化为 B，向 B 中加入 $BaCl_2$ 溶液得不溶于强酸的白色沉淀 C。向 A 中加入稀盐酸有无色气体 D 放出，将 D 通入 $KMnO_4$ 溶液则又得到无色的 B。向含有淀粉的 KIO_3 溶液中滴加少许 A 则溶液立即变蓝，说明有 E 生成，A 过量时蓝色消失得无色溶液 F。给出 A，B，C，D，E，F 的分子式或离子式。

10. 向白色固体钾盐 A 中加入酸 B 有紫黑色固体 C 和无色气体 D 生成，C 微溶于水，易溶于 A 的溶液中得棕黄色溶液 E，向 E 中加入 NaOH 溶液得无色溶液 F。将气体 D 通入 $Pb(NO_3)_2$ 溶液得黑色沉淀 G。若将 D 通入 $NaHSO_3$ 溶液则有乳白色沉淀 H 析出。回答 A，B，C，D，E，F，G，H 各为何物质。写出有关反应的方程。

11. 向无色溶液 A 中加入 HI 溶液有无色气体 B 和黄色沉淀 C 生成，C 在 KCN 溶液中部分溶液变成无色溶液 D，向 D 中通入 H_2S 时析出黑色沉淀 E，E 不溶于浓盐酸。若向 A 中加入 KI 溶液有黄色沉淀 F 生成，将F投入KCN溶液则F全部溶解。请给出A，B，C，D，E，F所代表的物质。

12. 完成并配平下列反应方程式

(1) 光气与NH_3反应。

(2) 氨气通过热的氧化铜。

(3) 硝酸与亚硝酸混合。

(4) 将二氧化氮通入氢氧化钠溶液中。

(5) 向稀亚硝酸溶液滴入少量碘酸溶液。

(6) 将氮化镁投入水中。

(7) 向红磷与水的混合物中滴加溴。

(8) 白磷与氢氧化钠溶液共热。

13. 给出三种区别$NaNO_2$和$NaNO_3$的方法。

14. 用两种方法鉴别下列各对物质。

(1) NH_4Cl和NH_4NO_3；　　(2) NH_4NO_3和NH_4NO_2；

(3) H_3PO_3和H_3PO_4；　　(4) KNO_3和KNO_2。

15. 解释下列事实：(1) 工厂用浓氨水检查氯气管道是否漏气；(2)"气肥"(NH_4HCO_3)储存时要密闭；(3) Na与水反应放出H_2，而Na溶于液氨呈蓝色；(4) 长期使用NH_4Cl，$(NH_4)_2SO_4$的土壤会结块。

16. 白色晶体A与氢氧化钠固体共热得无色气体B和白色固体C。将气体B与黑色氧化物D共热得到紫红色金属单质E和化学性质不活泼的无色气体F。将B气体通入氯化汞溶液有白色沉淀G生成。将C加入酸化后的碘化钾溶液中，则溶液变黄，说明有H生成。将C加入酸性高锰酸钾溶液中，则溶液的紫色褪去，C被氧化成化合物I。加热分解白色晶体A生成无色气体F和水。

试给出A，B，C，D，E，F，G，H和I的化学式和有关反应的离子方程式。

17. 简答题

(1) 炭火炉烧得炽热时，泼少量水的瞬间炉火烧得更旺，为什么？

(2) C和O的电负性差较大，但CO分子的偶极矩却很小，请说明原因。

(3) N_2和CO具有相同的分子轨道和相似的分子结构，但CO与过渡金属形成配合物能力比N_2强得多，请解释原因。

(4) 碳和硅为同族元素，为什么碳的氢化物种类比硅的氢化物种类多得多？

(5) 为什么CCl_4遇水不水解，而$SiCl_4$，BCl_3，NCl_3却易水解？

(6) 硅单质虽可有类似于金刚石结构，但其熔点、硬度却比金刚石差得多，请解释原因。

(7) 加热条件下，为什么Si易溶于NaOH溶液和HF溶液，而难溶于HNO_3溶液？

18. 完成并配平下列反应式

(1) $SiO_2+Na_2CO_3 \xrightarrow{\text{熔融}}$　　(2) $Na_2SiO_3+CO_2+H_2O \longrightarrow$

(3) $SiO_2+HF \longrightarrow$　　(4) $SiCl_4+H_2O \longrightarrow$

(5) $B_2H_6+H_2O \longrightarrow$　　(6) $BF_3+HF \longrightarrow$

19. 水溶液中有哪些分子和离子？在常温下能否得到$1mol \cdot L^{-1}$的碳酸溶液？

第11章 主族金属元素(一) 碱金属和碱土金属

在ⅠA族中，锂、钠、钾、铷、铯、钫六种元素的氧化物的水溶液显碱性，称为碱金属。ⅡA族中，因钙、锶、钡的氧化物兼有“碱性”和“土性”（化学上把难溶于水和难熔融的性质称为土性），习惯上将ⅡA族元素统称为碱土金属。碱金属和碱土金属都属于非常活泼的金属，它们只能以化合物形式存在于自然界中，锂最重要的矿石是锂辉石（$LiAlSi_2O_6$）。钠主要以NaCl形式存在于海洋、盐湖及岩石中。钾的主要矿物是钾石盐（$2KCl \cdot MgCl_2 \cdot H_2O$），我国青海钾盐储量占全国96.8%。铍的主要矿物是绿柱石（$3BeO \cdot Al_2O_3 \cdot 6SiO_2$）。镁主要以菱镁矿（$MgCO_3$）、白云石［$MgCa(CO_3)_2$］形式存在。钙、锶、钡以碳酸盐、硫酸盐形式存在，如方解石（$CaCO_3$）、石膏（$CaSO_4 \cdot 2H_2O$）、天青石（$SrSO_4$）和重晶石（$BaSO_4$）。

11.1 碱金属和碱土金属的通性

碱金属和碱土金属元素的基本性质分别列于表11-1、表11-2中。

表11-1 碱金属元素的基本性质

元素	原子序数	价层电子构型	密度 /g·cm^{-3}	熔点 /℃	沸点 /℃	莫氏硬度	金属半径 /pm	M$^+$半径 /pm	I_1 /kJ·mol^{-1}	电负性	$E^\ominus$ (M$^+$/M)/V
Li	3	$2s^1$	0.534	180.05	1347	0.6	152	68	520.3	1.0	−3.04
Na	11	$3s^1$	0.968	97.8	811.0	0.4	186	97	495.8	0.9	−2.71
K	19	$4s^1$	0.856	63.2	764.5	0.5	232	133	413.9	0.8	−2.93
Rb	37	$5s^1$	1.532	39.0	688	0.3	248	147	403.0	0.8	−2.93
Cs	55	$6s^1$	1.90	28.5	705	0.2	265	167	375.7	0.7	−2.92

表11-2 碱土金属元素的基本性质

元素	原子序数	价层电子构型	密度 /g·cm^{-3}	熔点 /℃	沸点 /℃	莫氏硬度	金属半径 /pm	M$^+$半径 /pm	I_1 /kJ·mol^{-1}	电负性	$E^\ominus$ (M$^+$/M)/V
Be	4	$2s^2$	1.848	1287	2970	4	112	35	899.5	1.5	−1.85
Mg	12	$3s^2$	1.738	649	1105	2.0	160	66	737.7	1.2	−2.372
Ca	20	$4s^2$	1.55	839	1484	1.5	197	99	589.6	1.0	−2.868
Sr	38	$5s^2$	2.63	768	1381	1.8	215	112	549.5	1.0	−2.89
Ba	56	$6s^2$	3.62	727	1640	—	217	134	502.9	0.9	−2.91

碱金属和碱土金属原子的最外层分别有1个和2个s电子，内层则为稀有气体原子的结构。根据元素周期律可知，在周期表中，每一个碱金属元素的出现都标志着一个新周期的开始。碱金属的原子半径是同周期元素中最大的，核电荷数则是同周期元素中最小的，所以它们的第一电离能很小，很容易失去s电子而形成单一氧化态的M$^+$，故$E^\ominus$(M$^+$/M)很负，还原性很强。碱土金属与相邻的碱金属相比增加了1个核电荷和1个电子，有效核电荷增加，原子半径减小，因而它们的第一电离能比碱金属要大，但第二电离能比碱金属的第二电离能要小得多，故碱土金属具有稳定的+2氧化态。

碱金属和碱土金属原子的半径较大、价电子数较少，使其密度较小，金属键较弱，故熔、沸点较低，硬度较小。由于碱土金属比碱金属多一个价电子，金属键比碱金属强，熔、沸点，硬度和密度也比碱金属高。

碱金属和碱土金属的许多性质的变化都是很有规律的。例如，同一族内，从上到下原子半径依次增大，电离能和电负性依次减小，金属活泼性依次增加。

碱金属和碱土金属的化合物以离子型为主，但半径较小的 Li^{+}、Be^{2+} 具有较强的极化力，使锂、铍的化合物具有明显的共价性。

11.2　s区元素的单质

11.2.1　物理性质

碱金属和碱土金属的单质都具有金属光泽，良好的导电性和延展性。除了铍和镁以外，其他金属都很软，可以用刀子切割。锂、钠和钾的密度很小，可以浮在水面上不下沉。

碱金属的一个重要特性是能形成液态合金，其中最重要的液态合金为钾钠合金。例如，组成为77.2%钾和22.8%钠的合金熔点仅为260.7K。钾钠合金的重要应用之一是由于它们的比热容很高而被用作核反应堆的冷却剂。

金属铯由于原子半径大，最外层的s电子活泼性极高，当金属表面受到光照时，电子便可获得能量从表面逸出。利用铯的这一特性，它被用来制造光电管中的阴极。金属钠是一种很好的还原剂，但活泼性极强，其氧化还原反应十分剧烈乃至爆炸式进行，故不能将其直接作为还原剂。但将钠与汞制成钠汞齐后，能大大降低钠的反应速率，因此，钠汞齐常被用作有机合成中的还原剂。

11.2.2　化学性质

（1）与非金属反应　碱金属和碱土金属的电负性都较低，都是很活泼的金属元素，能直接或间接地与电负性较高的非金属元素，如卤素、硫、氧、磷、氮和氢等形成相应的化合物：

$$2Na + Cl_2 \longrightarrow 2NaCl$$

$$2Na + S \longrightarrow Na_2S$$

碱金属与氧气直接反应，除可生成氧化物外，还能生成过氧化物和超氧化物，工业上制备 Na_2O_2 的方法，是将除去 CO_2 的干燥空气通入熔融钠中，得到淡黄色的 Na_2O_2 粉末；而碱土金属的活泼性相对较弱，它们与氧气反应一般只生成氧化物和过氧化物。

$$2Na + O_2 \longrightarrow Na_2O_2$$

$$K + O_2 \longrightarrow KO_2$$

（2）与水反应　除了铍和镁因为其氢氧化物不溶于水，在表面能形成保护膜而对水稳定外，这两族的其他元素都容易与水反应：

$$2Na + 2H_2O \longrightarrow 2NaOH + H_2\uparrow$$

$$Ca + 2H_2O \longrightarrow Ca(OH)_2 + H_2\uparrow$$

钠与水反应十分激烈，伴随大量放热并熔化成水珠状，甚至燃烧；钾与水反应剧烈程度更甚，会产生爆炸。因此，金属钠应储存在不含有水的中性煤油或凡士林油中。储存在煤油中的金属钠，表面上常蒙上一层外皮，可以用下述方法除去：将钠块放入3体积煤油和1体积戊醇的混合物中，用绑在玻璃棒上的拭布轻轻擦去其外皮，直到钠表面呈银白色为止。再将它浸入含有5%戊醇的煤油中，最后用含有0.1%～1%戊醇的纯净煤油洗涤。处理后的金属钠，经过一段时间后，表面上会出现黄色薄膜（戊醇钠），此膜用滤纸即能擦净。用此法同样可以净化钾和锂。

钠一旦着火，切不可用水或泡沫灭火器扑救，也不能用干冰（CO_2），否则等于火上浇油，必须用砂土灭火。碱土金属与水的反应远没有碱金属剧烈，这是因为碱土金属的熔点一般都较高，不像钠、钾、铷和铯反应时能熔化成液体而导致反应加剧；另外，碱土金属的氢氧化物溶解度相对较小，它覆盖在金属固体表面能阻隔金属与水的接触，因此它们与水反应速率相对较为缓慢。

金属钠和钾用于有机合成，为使反应平和，把它们溶于汞中形成合金，称为汞齐，所生成的有机醇盐作为碱性催化剂，也是合成橡胶的催化剂、冶炼某些金属的还原剂以及石油的脱氧剂等。金属钠还常用于某些有机溶剂的脱水（钠丝法等）。

11.2.3 单质的制备

由于碱金属和碱土金属的活泼性很强，通常只能用电解法、热还原法或金属置换法来制备相应的金属单质。

(1) 电解熔融氯化钠制金属钠 金属钠和钾的发现是通过电解它们的碱得到的，现在工业上制备也是采用类似方法，如金属钠是将熔融的氯化钠进行电解：

阳极 $$2Cl^- \longrightarrow Cl_2 + 2e^-$$

阴极 $$2Na^+ + 2e^- \longrightarrow 2Na$$

总反应 $$2NaCl \longrightarrow 2Na + Cl_2$$

Na 的沸点（b. p.）与 NaCl 的熔点（m. p.）相近，电解时容易挥发失去 Na，故要加 $CaCl_2$ 等助熔剂，降低电解质的熔点。例如，在氯化钠中加入氯化钙后，熔点由纯氯化钠的 1074K 降低至 873K。这样，在氯化钠熔化时，其温度远没有达到钠的沸点，因而可以防止钠的挥发。液态 Na 的密度小，浮在熔盐上面，易于收集，但由于助熔剂氯化钙的加入，难以获得纯钠，电解产物中总有大约 1%的 Ca。

(2) 热还原法 热还原法是制备碱金属或碱土金属单质的一种较为简便的方法。例如，用碳可以将碳酸钾中的钾还原成金属钾

$$K_2CO_3 + 2C \xrightarrow{1473K} 2K + 3CO$$

镁除了常用熔融的无水氯化镁进行电解制备外，工业上还采用一种氧化镁与碳或碳化钙的热还原法。例如

$$MgO(s) + C(s) \xrightarrow{高温} CO(g) + Mg(g)$$

在常温下，上述反应的 $\Delta_r G_m^\ominus > 0$，但 $\Delta_r S_m^\ominus > 0$，故高温下可能反应。根据吉布斯方程可估算出反应自发进行的温度为 2100K 以上。

(3) 金属置换法 金属置换法主要用来制备 K、Rb、CS 等低熔点金属。例如在高温下，用金属钠与氯化钾反应，可得到金属钾

$$KCl + Na \xrightarrow{高温} NaCl + K\uparrow$$

用 Ca 能置换 Rb

$$2RbCl + Ca \xrightarrow{高温} CaCl_2 + 2Rb\uparrow$$

11.3 碱金属和碱土金属的氧化物

碱金属和碱土金属能形成三种类型的氧化物，即：正常氧化物、过氧化物和超氧化物。碱金属在空气中燃烧时，只有锂生成氧化锂 Li_2O，钠则生成过氧化钠 Na_2O_2，而钾、铷、铯都生成超氧化物 KO_2、RbO_2、CsO_2。在缺氧的条件下也可以制得除锂之外的其他碱金属的氧化物，但这种条件不易控制，生产上是通过碳酸盐、氢氧化物、硝酸盐或硫酸盐的热

分解来制取。也可用碱金属还原其过氧化物、硝酸盐或亚硝酸来制备氧化物：

$$Na_2O_2 + 2Na \longrightarrow 2Na_2O$$

$$2KNO_3 + 10K \longrightarrow 6K_2O + N_2\uparrow$$

除了 Li_2O、经过煅烧的 BeO 和 MgO 难溶于水外，其他碱金属和碱土金属氧化物与水反应剧烈，生成相应的氢氧化物并放出大量的热。碱土金属的氧化物都可以作为吸水剂，其中氧化钙（生石灰）最便宜，故是常用的吸水剂。

碱金属除了正常氧化物外，常见的还有过氧化物、超氧化物和臭氧化物。对于碱金属和碱土金属过氧化物，主要的性质是两点：一是强氧化性，二是强碱性。

过氧化物中常见的是过氧化钠，纯品为白色粉末，工业品呈淡黄色。遇水猛烈放热，分解出氧气；若在冰水中缓慢反应，则产生 H_2O_2：

$$Na_2O_2 + 2H_2O \longrightarrow 2NaOH + H_2O_2$$

$$2H_2O_2 \longrightarrow 2H_2O + O_2\uparrow$$

上述反应可把 Na_2O_2 看作极弱酸的盐（“酸性”甚至小于水），酸根 O_2^{2-}，得到水解离出的 H^+ 变成酸（H_2O_2）。Na_2O_2 与其他酸反应更容易，如：

$$Na_2O_2 + 2HCl \longrightarrow 2NaCl + H_2O_2$$

$$Na_2O_2 + H_2SO_4 \longrightarrow Na_2SO_4 + H_2O_2$$

分解时，H_2O_2 先分解出原子氧，氧化性强，因此，Na_2O_2 常用作氧化剂、漂白剂、消毒剂和氧气发生剂。

过氧化钠能吸收空气中的 CO_2 并放出 O_2，如：

$$2Na_2O_2 + 2CO_2 \longrightarrow 2Na_2CO_3 + O_2\uparrow$$

上述反应有双重功能，Na_2O_2 既作为 CO_2 的吸收剂，又兼做供氧剂，它常用于高空飞行和潜水作业密闭舱中产氧剂。

分析化学中分解矿石需要熔融碱和氧化剂，而过氧化钠集碱性介质和氧化剂于一身。它能将矿石中的铬、锰、钒的化合物氧化成可溶性的含氧酸盐，从而达到分离的效果。例如：

$$Cr_2O_3 + 3Na_2O_2 \longrightarrow 2Na_2CrO_4 + Na_2O$$

$$MnO_2 + Na_2O_2 \longrightarrow Na_2MnO_4$$

过氧化钠能腐蚀皮肤和黏膜。固体 Na_2O_2 虽加热至熔融也不分解，但若遇棉花、碳、金属铝粉及有机物，易引起燃烧或爆炸，故应密封储存在阴凉处。

碱土金属过氧化物常见的是 BaO_2，要比碱金属的过氧化物更稳定。

由氢氧化钡和 H_2O_2 直接进行复分解也可制得：

$$Ba(OH)_2 + H_2O_2 \longrightarrow BaO_2 + 2H_2O$$

超氧化物也是很强的氧化剂，与水剧烈反应并放出 O_2，例如：

$$2KO_2 + 2H_2O \longrightarrow 2KOH + O_2\uparrow + H_2O_2$$

超氧化钾也兼有吸收 CO_2 和供 O_2 的双重作用：

$$4KO_2 + 2CO_2 \longrightarrow 2K_2CO_3 + 3O_2\uparrow$$

将 K、Rb 或 Cs 的氢氧化物与臭氧 O_3 反应，可以得到它们的臭氧化物。例如：

$$3KOH(s) + 2O_3(g) \longrightarrow 2KO_3(s) + KOH \cdot H_2O(s) + 1/2O_2(g)\uparrow$$

用液氨重结晶，可得到橘红色晶体 KO_3。KO_3 不稳定，它将缓慢分解为 KO_2 和 O_2。

臭氧化物和水反应剧烈，但不是形成过氧化物，而是生成氢氧化物与氧气：

$$4MO_3 + 2H_2O \longrightarrow 4MOH + 5O_2\uparrow$$

11.4 氢氧化物

碱金属和碱土金属的氢氧化物都是白色固体，容易吸收空气中的 CO_2，因此要密封保存。它们在空气中易吸水潮解，因此，固体 NaOH 和 $Ca(OH)_2$ 是常用的干燥剂。但它们不能干燥酸性气体，$Ca(OH)_2$ 会与氨或乙醇生成加合物，故不能用 $Ca(OH)_2$ 来干燥氨和乙醇。

除 LiOH 外，碱金属的氢氧化物在水中都有比较大的溶解度，都是强碱。碱土金属氢氧化物的溶解度都较小，从 Be 到 Ba 依次递增，$Be(OH)_2$ 和 $Mg(OH)_2$ 是难溶碱。除了 $Be(OH)_2$ 呈两性外，其余碱都是强碱或中强碱。碱性递增顺序如下：

$$LiOH < NaOH < KOH < RbOH < CsOH$$

同周期碱金属氢氧化物的碱性远强于碱土金属的氢氧化物，这种变化规律可用 R—O—H 规则来解释。

碱金属和碱土金属的氢氧化物具有碱的通性，如与酸反应、与酸性氧化物反应。碱金属的氢氧化物由于碱性强，还能与两性元素反应，非金属元素在强碱中有歧化反应，有关化学方程式如下：

$$Zn + 2NaOH + 2H_2O \longrightarrow Na_2[Zn(OH)_4] + H_2\uparrow$$

$$3S + 6NaOH \longrightarrow 2Na_2S + Na_2SO_3 + 3H_2O$$

$$P_4 + 3KOH + 3H_2O \longrightarrow PH_3\uparrow + 3KH_2PO_2$$

下面讨论几种常用的碱：

(1) 氢氧化钠　氢氧化钠是目前用量最大的碱，又称烧碱、火碱或苛性钠，是极为重要的基础化工原料，大量用于制造纸浆、肥皂、人造丝、精炼石油和冶金等行业。因为 NaOH、KOH 易融化，又具有溶解某些金属氧化物、非金属氧化物的能力，因此工业生产和分析工作中常用于分解矿石。氢氧化钠既是重要的化学试剂，也是生产化学试剂必不可少的原料。

实验室盛放 NaOH 溶液的瓶子应该用橡皮塞。如果用玻璃塞，瓶口的 NaOH 溶液与玻璃中的主要成分二氧化硅（酸性氧化物）生成具有黏性的硅酸钠，或者吸收 CO_2 生成容易结块的碳酸钠，瓶盖就打不开了。

市售 NaOH 固体因吸收 CO_2，含有少量 Na_2CO_3，给精确化学分析和合成带来误差。要制备不含 Na_2CO_3 的 NaOH 溶液，可以将固体 NaOH 溶于等重量的纯水中，用橡皮塞塞紧瓶口，静置数月，由于 Na_2CO_3 在浓 NaOH 溶液中不溶解，使用时只要取其中的清液即可，但在使用过程中同样要避免引入 CO_2，比如稀释应该用沸腾冷却后的水，保存应在 N_2 气氛中。

氢氧化钠有强烈的腐蚀性，不仅对纤维、皮肤有强烈的腐蚀作用，也能腐蚀玻璃和陶瓷。所以，氢氧化钠溶液的蒸发、浓缩以及固化成型常用银制设备。

工业上生产氢氧化钠有早期的苛化法、隔膜电解法和水银电解法，现在大部分用离子膜法。除苛化法外，都以食盐为原料，用电解法制备氢氧化钠，同时得到氯气和氢气，所以通称氯碱工业（见第 9 章图 9-2，图 9-3）。

用离子膜法制烧碱的基本原理如下：在一电解槽的中间安装一阳膜，将电解槽分隔成阳极室和阴极室两部分。阳极电解液为 NaCl，阴极电解液为 H_2O。当接通直流电时，阳离子移向阴极，阴离子移向阳极。但是，在隔有阳离子膜的情况下，阳极室的 Na^+ 可以通过该膜进入阴极室，而阴极室的 OH^- 却不能通过阳膜，留下来与 Na^+ 结合成 NaOH。两个电极的反应与隔膜制碱法相同，也在阳极放出 Cl_2 气，阴极放出 H_2，反应式如下：

$$2NaCl + 2H_2O \xrightarrow{\text{电解}} 2NaOH + \underset{\text{阴极}}{H_2\uparrow} + \underset{\text{阳极}}{Cl_2\uparrow}$$

在电解过程中，阳极室的 NaCl 浓度逐渐下降，因此，应不断补充浓盐水，维持 NaCl 的浓度在一定范围内。阳膜能允许阳离子通过，粗盐中的 Ca^{2+}，Mg^{2+}，Fe^{3+} 等杂质也能进入阴极室，生成氢氧化物沉淀，沉淀会堵塞离子通过的孔道，这不仅影响 NaOH 的质量，也妨碍电解作用的顺利进行，所以事先必须对食盐进行精制。

（2）氢氧化钙　氢氧化钙俗称熟石灰或消石灰，是非常易得的价廉的强碱，但由于溶解度较小，限制了它的应用。通常使用它的乳液（即它的饱和溶液与沉淀的混合物，呈乳液状），在溶液中的 OH^- 被消耗掉后，乳状的氢氧化钙会源源不断地溶解补充，提供反应所需要的碱。工业和环保上可作为中和酸的首选材料。

$$Ca(OH)_2(s) \longrightarrow Ca(OH)_2(aq) \longrightarrow Ca^{2+}(aq) + 2OH^-(aq)$$

11.5　碱金属和碱土金属的盐类

碱金属中以钠盐和钾盐最为普遍，常见阴离子所构成的盐，诸如卤化物、硫酸盐、硝酸盐，碳酸盐等，均涉及钠盐和钾盐。

首先，对钠盐和钾盐在性质上的差别做一对比：

① 溶解度　钠盐、钾盐的溶解度都比较大，相对来说，钠盐更大些。碱金属碳酸盐的溶解度远大于其碳酸氢盐的溶解度；碱土金属正相反，其碳酸盐大都不溶于水，而其碳酸氢盐易溶于水。

② 结晶水　含结晶水的钠盐比钾盐多。

③ 吸潮性　钠盐的吸潮性比相应的钾盐强。由于这个原因，虽然钾盐比较贵，有时也不得不使用它。例如，分析化学中的基准试剂用 $K_2Cr_2O_7$，而不用 $Na_2Cr_2O_7$；配制火药用 KNO_3，而不用 $NaNO_3$。

以下选取比较常见的盐类做简要介绍：

（1）氯化钠　NaCl 为白色结晶，在空气中微有潮解性。可用作分析试剂，制备生物培养基、氯化钠单晶的原料等。

工业氯化钠是制备氢氧化钠、碳酸钠、氯气的基本原料，它不仅储存于陆地，还大量分布于海水、盐湖、地下岩盐之中。

工业 NaCl 的精制通常采用重结晶法，并结合沉淀法。将工业食盐溶于水中，首先用 $BaCl_2$ 沉淀 SO_4^{2-}：

$$Ba^{2+} + SO_4^{2-} \longrightarrow BaSO_4\downarrow$$

再用 NaOH 和 Na_2CO_3 除去 Ca^{2+}、Mg^{2+} 和过量的 Ba^{2+}：

$$Ca^{2+} + CO_3^{2-} \longrightarrow CaCO_3\downarrow$$

$$Mg^{2+} + 2OH^- \longrightarrow Mg(OH)_2\downarrow$$

经过滤后再用盐酸调节 pH 值到 4～5，蒸发浓缩。由于 NaCl 的溶解度曲线较平，故采取热结晶。即边蒸发（去溶剂），边结晶。

（2）碳酸钠　常见工业品不含结晶水，为白色粉末，又称纯碱、碱面或苏打。纯碱也是基本化工原料之一，除用于制备化工产品外，近一半用于玻璃工业，也广泛用于造纸、制皂和水处理等。据统计，世界纯碱总产量每年 3000 万吨左右。

Na_2CO_3 在饱和状态（质量分数约为 20%）能强烈水解，使 pH 值达到 12。反应式如下：

$$CO_3^{2-} + H_2O \rightleftharpoons HCO_3^- + OH^- \qquad K_{h_1}^{\ominus} = 2.1\times10^{-4}$$

Na_2CO_3 溶液的碱性在与外界中和过程中会不断通过进一步水解来补充，保持较恒定的碱性，因此饱和 Na_2CO_3 溶液也有较强的缓冲能力。工业上常用氨碱法或联碱法制取 Na_2CO_3。

氨碱法又称苏尔维法，生产时先向饱和食盐水中通入氨气至饱和，再通入 CO_2，生成的 NH_4HCO_3，立即与 NaCl 发生复分解反应，析出溶解度较小的 $NaHCO_3$：

$$NH_3+CO_2+H_2O \longrightarrow NH_4HCO_3$$
$$NH_4HCO_3+NaCl \longrightarrow NaHCO_3\downarrow+NH_4Cl$$

滤出 $NaHCO_3$，经焙烧分解即得 Na_2CO_3：

$$2NaHCO_3 \xrightarrow{200℃} Na_2CO_3+CO_2\uparrow+H_2O\uparrow$$

母液中含有大量 NH_4Cl，加入石灰水按下式置换出 NH_3，再返回循环使用：

$$2NH_4Cl+Ca(OH)_2 \longrightarrow CaCl_2+2NH_3\uparrow+2H_2O\uparrow$$

此法的优点是原料经济，副产物 NH_4Cl 可以回收利用。但是大量 NaCl 留在母液中，导致利用率不高（仅 73%左右）。此外，还有大量 $CaCl_2$ 废液无法利用。这些都是此法的不足之处。

联合制碱法又称侯氏制碱法，它是由我国著名化工专家侯德榜在苏尔维法的基础上做了重大改进，于 20 世纪 40 年代研究成功的。此法将合成氨和制碱联合在一起，所以称联合制碱。他利用 NH_4Cl 在低温时的溶解度比 NaCl 小的特性，于 5～10℃下往母液中加入 NaCl 粉末，产生同离子效应，使 NH_4Cl 结晶析出，剩余的 NaCl 溶液回收利用。这样做不仅提高了 NaCl 的利用率（达 91%），而且得到的 NH_4Cl 可做氮肥，还可利用合成氨厂的废气 CO_2，同时不生成无用的 $CaCl_2$ 废液，取得综合利用的效果。

(3) 碳酸氢钠 碳酸氢钠（$NaHCO_3$）俗称小苏打、重碳酸钠或焙碱，加热至 65℃会分解失去 CO_2，是食品工业的膨化剂，还用于医药工业。

在溶液中有解离和水解双重平衡：

$$H^++CO_3^{2-}+H_2O \rightleftharpoons HCO_3^-+H_2O \rightleftharpoons H_2CO_3+OH^-$$
$$K_{a_2}^{\ominus}=4.7\times10^{-11} \qquad K_{h_1}^{\ominus}=2.3\times10^{-8}$$

显然，两者对酸碱性的影响相反。尽管 HCO_3^- 的第二步水解作用不大，但它的第二步解离作用更弱，所以 $NaHCO_3$ 溶液仍显碱性。经计算，$NaHCO_3$ 溶液的 pH 值为 8.3。由于 $NaHCO_3$ 的解离和水解分别能抵御外来少量碱酸的影响，$NaHCO_3$ 具有缓冲作用。

在有机合成中，若要洗去有机相里的酸性，常用带 $NaHCO_3$ 固体的 $NaHCO_3$ 饱和溶液，因 $NaHCO_3$ 本身溶解度不大，碱性又不强，它能随着被中和消耗，不断地溶解、解离来补充碱性。若有机液不允许较强碱性或有机相中酸不多也无妨，不会因 $NaHCO_3$ 带来强碱性。

若需要纯度更高的碳酸氢钠，可在纯碱溶液中通入 CO_2（工业上简称碳化）让溶解度较小的 $NaHCO_3$ 析出。碳化反应是一个可逆反应：

$$Na_2CO_3+CO_2+H_2O \rightleftharpoons 2NaHCO_3$$

根据化学平衡移动原理，增大 Na_2CO_3 的浓度和 CO_2 的压力，对 $NaHCO_3$ 的形成有利，但应适可而止。因为 Na_2CO_3 的浓度过高，剩下的母液过少，析出的 $NaHCO_3$ 晶体吸附杂质的机会增多。至于 CO_2 压力的大小，则需考虑设备的承受能力。

已知由 Na_2CO_3 转化为 $NaHCO_3$ 是放热过程，显然温度越低，转化率越高。但是反应速率也随之减慢，生产周期随之加长。综合考虑的结果，温度一般选取 70～80℃为宜。

(4) 硝酸钾 KNO_3 为无色透明结晶或白色颗粒，400℃时分解而释出 O_2，有强氧化性。通常用于分析试剂以及火柴、烟火、玻璃、冶金等工业。

工业硝酸钾含有 Na^+、Ca^{2+}、Mg^{2+}、Fe^{3+}、Cl^-、SO_4^{2-} 等杂质，在重结晶前还有除去杂质的几道工序。

① 泡料。K^+、Na^+不易互相分离，K^+盐中去 Na^+，通常采取泡料的办法。就是用少量纯水浸泡原料，甩干后如果未达到要求可再次浸泡。用这种方法还能同时除去 Cl^-。经过

一次浸泡，通常 Cl^- 含量可由 0.5%降到 0.01%，效果显著。不过，原料损失较大。为了减少损失，应注意两点：

a. 用冷水泡　溶解度曲线（图 11-1）告诉我们，KNO_3 的溶解度曲线很陡，在热水中溶解度很大，而 NaCl 的溶解度曲线随温度变化不大。在冷水中，NaCl 的溶解度大于 KNO_3，显而易见，用冷水泡料是合理的。

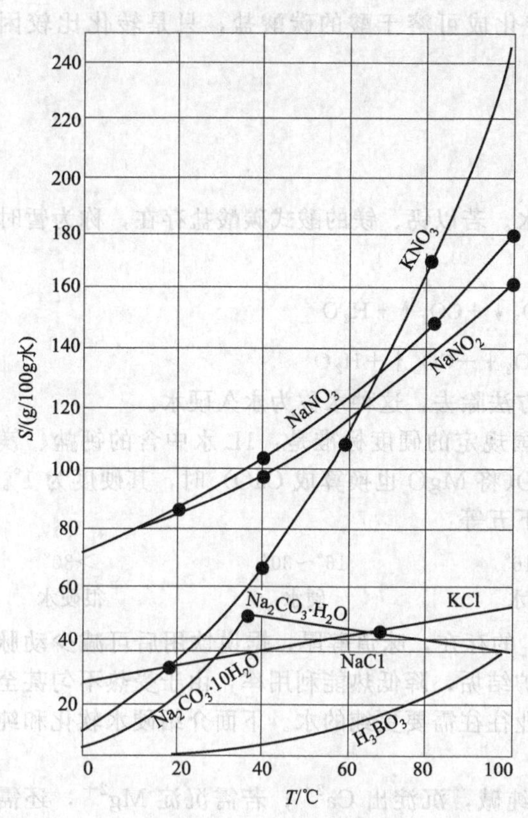

图 11-1　溶解度曲线

b. 少用水，遵循"少量多次"原则，可以提高浸出效率，尽管增加了劳动量，但对环保有好处。

② 除去 SO_4^{2-}，用少量 $Ba(NO_3)_2$ 进行沉淀：

$$Ba^{2+} + SO_4^{2-} \longrightarrow BaSO_4 \downarrow$$

③ 除去 Ca^{2+}、Mg^{2+}、Fe^{3+} 和过量的 Ba^{2+} 用 Na_2CO_3，将溶液的 pH 值调到 11～12，几种杂质将按下面的反应生成沉淀：

$$Ca^{2+} + CO_3^{2-} \longrightarrow CaCO_3 \downarrow$$

$$Ba^{2+} + CO_3^{2-} \longrightarrow BaCO_3 \downarrow$$

$$Mg^{2+} + 2OH^- \longrightarrow Mg(OH)_2 \downarrow$$

$$Fe^{3+} + 3OH^- \longrightarrow Fe(OH)_3 \downarrow$$

经过滤后，蒸发结晶，以上未除尽的杂质再一次留在母液中。

(5) 锶盐　自然界存在的天青石（$SrSO_4$）是制备锶盐的主要原料。硫酸锶不溶于水，也不溶于酸。因此，首先将它转化为可以溶于酸的碳酸锶，就能顺利地合成锶的其他化合物了。

由天青石（$SrSO_4$）转化成碳酸锶，系由一种难溶物转变成另一种难溶物：

$$SrSO_4(s) + Na_2CO_3(aq) \longrightarrow SrCO_3(s) \downarrow + Na_2SO_4(aq)$$

硫酸锶转化为碳酸锶，依据的原理是：

$$SrSO_4(s) \rightleftharpoons Sr^{2+}(aq) + SO_4^{2-}(aq)$$

$$[Sr^{2+}][SO_4^{2-}] = K_{sp}^{\ominus}(SrSO_4) = 7.6 \times 10^{-7} \quad (1)$$

$$SrCO_3(s) \rightleftharpoons Sr^{2+}(aq) + CO_3^{2-}(aq)$$

$$[Sr^{2+}][CO_3^{2-}] = K_{sp}^{\ominus}(SrCO_3) = 7 \times 10^{-10} \quad (2)$$

式(1)和式(2)中的 Sr^{2+} 在同一体系中是同一浓度。因此，式(1)除以式(2)就得到：

$$\frac{[SO_4^{2-}]}{[CO_3^{2-}]} = \frac{K_{sp}^{\ominus}(SrSO_4)}{K_{sp}^{\ominus}(SrCO_3)} = \frac{7.6 \times 10^{-7}}{7 \times 10^{-10}} = 1085$$

$$[CO_3^{2-}] = \frac{1}{1085}[SO_4^{2-}]$$

以上式子表明，只要提高 Na_2CO_3 浓度，达平衡后，Na_2SO_4 浓度也相应提高，即反应促进了硫酸锶向碳酸锶的转化。

实际操作上，是通过"少量多次"浸泡和搅拌反应实现转化。在已捣碎的天青石中加入

Na_2CO_3 溶液，经浸泡和搅拌后，吸出上层清液。另加一份 Na_2CO_3 溶液，浸泡、搅拌，吸出清液，如此反复操作，底部的 $SrSO_4$ 就全部转化成 $SrCO_3$。

通过 $SrCO_3$ 可以再制备所需的 $Sr(NO_3)_2$ 和 $SrCl_2$ 等盐类。

重晶石（$BaSO_4$）也可以通过以上方法转化成可溶于酸的碳酸盐，只是转化比较困难些。

11.6 硬水软化和纯水制备

天然水中溶有较多的钙盐、镁盐时称为硬水。若以钙、镁的酸式碳酸盐存在，称为暂时硬水，煮沸就能分解沉淀出来：

$$Ca(HCO_3)_2 \xrightarrow{\triangle} CaCO_3\downarrow + CO_2\uparrow + H_2O$$

$$Mg(HCO_3)_2 \xrightarrow{\triangle} MgCO_3\downarrow + CO_2\uparrow + H_2O$$

若为钙、镁的硫酸盐或氯化物，不能靠加热的方法除去，这种水称为永久硬水。

天然水中钙、镁的含量常用硬度表示。我国规定的硬度标准是：1L 水中含的钙盐、镁盐折合成 CaO 和 MgO 的总量相当于 10mg CaO(将 MgO 也换算成 CaO）时，其硬度为 1°。水的硬度是水质的一项重要指标，通常分为以下五等：

0°～4°	4°～8°	8°～16°	16°～30°	＞30°
很软水	软水	中硬水	硬水	很硬水

一般硬水可以饮用，并且由于 $Ca(HCO_3)_2$ 的存在，味道醇厚，据说饮用后可减少动脉硬化。但是不宜用于蒸气动力工业，它会使锅炉结垢，降低热能利用率，由于受热不匀甚至引起爆炸。精细化工、纺织、印染、医药等工业往往需要更纯的水。下面介绍硬水软化和纯水制备的几种方法。

(1) 化学法 根据水的硬度，定量地加入纯碱，沉淀出 Ca^{2+}；若需沉淀 Mg^{2+}，还需加入石灰。这样即可得到软水。

$$Ca^{2+} + CO_3^{2-} \longrightarrow CaCO_3\downarrow$$

$$2Mg^{2+} + CO_3^{2-} + 2OH^- \longrightarrow Mg_2(OH)_2CO_3\downarrow$$

(2) 离子交换法 离子交换树脂是一种有机高分子化合物，在分子结构中带有能交换阳离子或阴离子的交换基团。故又有阳离子树脂和阴离子树脂之分。例如，磺酸型强酸性阳离子交换树脂的分子式为 $R—SO_3^- H^+$(R 代表树脂的骨架)，需要净化的水流经这种树脂时，水中的阳离子如 K^+、Na^+、Ca^{2+} 和 Mg^{2+} 等被树脂吸附，交换下来的 H^+ 进入水中：

$$R—SO_3^- H^+ + Na^+ \rightleftharpoons R—SO_3^- Na^+ + H^+$$

又如季铵型强碱性阴离子交换树脂 $(R_4N)^+OH^-$，水中存在的阴离子如 Cl^-，SO_4^{2-} 将与其中的 OH^- 交换：

$$(R_4N)^+OH^- + Cl^- \rightleftharpoons (R_4N)^+Cl^- + OH^-$$

OH^- 进入水中即和 H^+ 结合成 H_2O。

工业上常把两种树脂分装在两个交换柱中串联使用，也可将两种树脂混装在同一柱中。净化后的水通称去离子水，其纯净度很高。离子交换反应是一可逆过程，饱和后的树脂可用酸或碱处理，予以再生。例如：

$$R—SO_3^- H^+ + Na^+ \underset{再生}{\overset{交换}{\rightleftharpoons}} R—SO_3^- Na^+ + H^+$$

离子交换树脂除净化水外，在湿法冶金、环境保护、卫生、农业、科研等方面还有多种用途。如对稀土元素分离，含铬、汞、锌、镉等工业废水的处理以及制备某些化合物等。

(3) 电渗析法　此法的工作原理与前述生产氢氧化钠的离子膜法相似，装置见图 11-2。

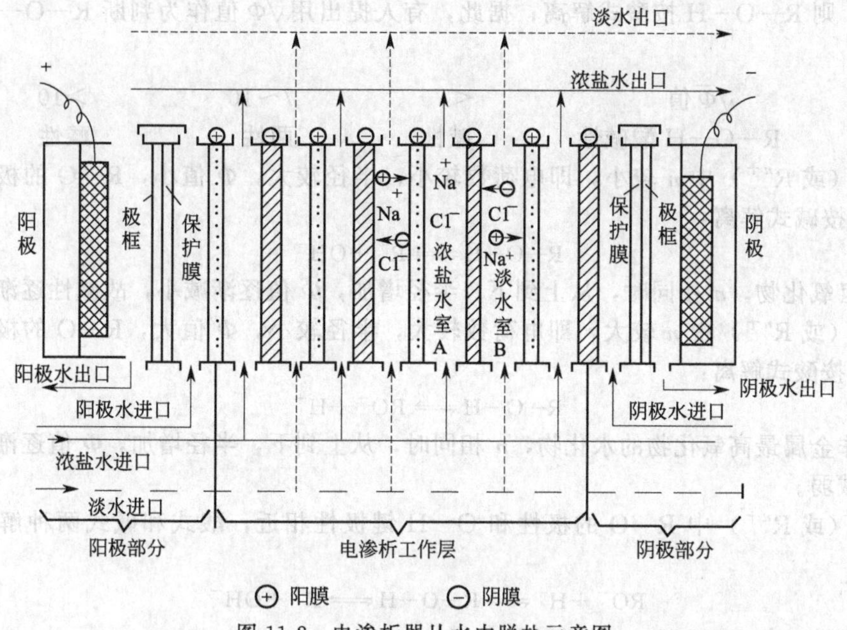

图 11-2　电渗析器从水中脱盐示意图

由图可见，电渗析器由阴膜、阳膜分隔成许多隔室，在电场作用下，阳离子向阴极移动，阴离子向阳极移动。当一个隔室（如 A）的阳极一侧为阳膜，阴极一侧为阴膜。当阴离子（如 Cl^-）移向其阳极时，受到阳膜孔隙中负电的排斥而不能通过。同样，移向阴极的阳离子（如 Na^+）受到阴膜中正电场的排斥也不能通过。相反，邻近隔室（如 B）内的阳极一侧为阴膜，阴极一侧为阳膜，室内的阴、阳离子都能从两极的膜透出，使 B 室脱盐，同时使 A 盐度增加。这样，电渗析器的一半隔室成为脱盐水即淡水，另一半隔室为含盐多的浓水。通过隔板边缘特设孔道汇集起来形成浓、淡水系统，从而达到脱盐的目的。在两侧的电极上分别放出气体。反应式如下：

阳极　$$4OH^- - 4e^- \longrightarrow O_2\uparrow + 2H_2O$$

$$2Cl^- - 2e^- \longrightarrow Cl_2\uparrow$$

阴极　$$2H^+ + 2e^- \longrightarrow H_2\uparrow$$

因此，需要不断地向两边的极室通水，以便起到排气和导电作用，并排走极室里的沉积物。水的净化常按化学法—电渗析法—离子交换法顺序联合使用，不仅能延长离子交换树脂的使用周期，降低纯净水的成本，而且制得的水纯度更高。

11.7　R—O—H 规则

某元素氧化物的水合物可能是氢氧化物，也可能是含氧酸。氧化物的水合物都可用通式 $R(OH)_n$ 表示，其中 R 代表成碱或成酸元素的离子。R—O—H 在水中有两种解离方式：

$$RO^- + H^+ \rightleftharpoons R—O—H \rightleftharpoons R^+ + OH^-$$

酸式解离　　　　碱式解离

R—O—H 究竟进行酸式解离还是进行碱式解离，与阳离子的极化作用有关。卡特雷奇 (G H Cart Ledge) 提出以“离子势”来衡量阳离子极化作用的强弱。

$$离子势(\Phi) = \frac{阳离子电荷(z)}{阳离子半径(r)}$$

在R—O—H中，若R的Φ值大，其极化作用强，氧原子的电子云将偏向R，使O—H键极性增强，则R—O—H按酸式解离；据此，有人提出用$\sqrt{\Phi}$值作为判断R—O—H酸碱性的标度。

$\sqrt{\Phi}$值	<7	7～10	>10
R—O—H酸碱性	碱性	两性	酸性

① R^+（或R^{n+}）中n较小，即电荷数较小，半径较大，Φ值小，R—O的极性小，则R—O—H按碱式解离：

$$R—O—H \rightleftharpoons R^+ + OH^-$$

同一主族氢氧化物，n相同时，从上到下，半径增加，Φ值逐渐减小，故碱性逐渐增加。

② R^+（或R^{n+}）中n较大，即电荷数较大，半径较小，Φ值大，R—O的极性大，则R—O—H按酸式解离：

$$R—O—H \rightleftharpoons RO^- + H^+$$

同一主族非金属最高氧化物的水化物，n相同时，从上到下，半径增加，Φ值逐渐减小，故酸性逐渐减弱。

③ R^+（或R^{n+}）中R—O的极性和O—H键极性相近，酸式和碱式两种解离方式均存在：

$$RO^- + H^+ \rightleftharpoons R—O—H \rightleftharpoons R^+ + OH^-$$

该物质呈两性，如$Zn(OH)_2$、$Al(OH)_3$。

④ 在同一周期中，从左到右，元素最高氧化物的水化物$R(OH)_n$，R的氧化数从+1到+7，半径逐渐减小，Φ值逐渐增加，物质由碱性、两性到酸性直至强酸性，即碱性减弱，酸性增强。

⑤ 同一元素不同氧化态，R^{n+}中n值大的，即价态高的，半径小，Φ值大，酸性强，碱性弱。如：

	HClO	$HClO_2$	$HClO_3$	$HClO_4$
Cl的氧化数	+1	+3	+5	+7
	弱酸	中强酸	强酸	最强酸

碱性　$Fe(OH)_2 > Fe(OH)_3$

离子势判断氧化物水合物的酸碱性只是一个经验规律。计算表明，它对某些物质不适用。

⑥ 含氧酸的强度　R—O—H规则是定性规则，只考虑了与羟基相连的R对酸强度的影响，没有考虑与R相连的氧原子的影响。鲍林（Pauling）根据很多实验事实，总结出两条半定量规则：

a. 含氧酸的逐级电离常数之比为10^{-5}，即$K_1^{\ominus} : K_2^{\ominus} : K_3^{\ominus} : \cdots \approx 1 : 10^{-5} : 10^{-10} : \cdots$，或p$K$的差值为5，例如，$H_2SO_3$的$K_1^{\ominus}=1.54\times10^{-2}$，$K_2^{\ominus}=1.02\times10^{-7}$，$H_3PO_4$的$K_1^{\ominus}=7.5\times10^{-3}$，$K_2^{\ominus}=6.2\times10^{-8}$，$K_3^{\ominus}=3.6\times10^{-13}$。

b. H_nRO_m可写为$RO_{m-n}(OH)_n$，分子中的非羟基氧原子数$N=m-n$。含氧酸的K_i与非羟基氧原子数N有如下关系：

$$K_1^{\ominus} \approx 10^{5N-7} \text{ 即 } pK_1^{\ominus} \approx 7-5N$$

即非羟基氧原子数越多，酸性越强。

对于鲍林的两条规则是容易理解的。第一条规则的解释是随着电离的进行，酸根的负电荷逐渐增大，与质子间的作用力逐渐增强，解离平衡向形成分子的方向进行，因此酸性按$K_1 > K_2 > K_3 \cdots$，依次减小；第二条规则的解释是酸分子中非羟基氧原子数（N）越大，表示分子中 R→O 配键越多，R 的正电性越强，对 OH 基中氧原子的电子吸引作用越大，使得羟基中 O—H 间的共用电子对更偏离 H 原子，解离出 H^+ 的倾向增大，酸性也就增强。如：

N	3		2		1		0	
酸的相对强度	很强		强		中强偏弱		很弱	
酸的 pK_1	$HClO_4$	−7	$HClO_3$	−2.7	H_2CO_3	3.7	HClO	7.45
	$HMnO_4$	−2.25	H_2SO_4	−2.0	HNO_2	3.37	HBrO	8.69
			HNO_3	−1.3	H_3PO_4	2.12	H_4SiO_4	9.66
			H_2SeO_4	−3.0	$HClO_2$	1.94	H_3AsO_3	9.23
					H_2SO_3	1.81	H_3BO_3	9.14

【阅读资料】

膜分离技术

膜分离技术，被认为是本世纪最有发展前景的高新技术之一。它在工业技术改造中起战略作用，对传统产业升级起着关键作用。

在环保领域，膜分离技术的广泛应用成为一种发展趋势。目前，全球正在运转和建设中的采用膜技术的饮用水处理厂规模日达 411 万吨，其中已运转的日处理量超过 1 万吨的饮用水处理，美国有 42 个，欧洲有 33 个，大洋洲有 6 个，规模最大的在法国，日处理能力为 14 万吨，美国正计划建造用膜技术日处理 100 万吨的饮用水处理厂。

膜分离的基本原理是利用天然或人工特殊合成的、具有选择透过性的薄膜，以外界能量或化学位差为推动力，对双组分或多组分体系进行分离、分级、提纯或富集，其中采用的薄膜必须具有有的物质可以通过，有的物质不能通过的特性。膜材料的形态各异，可以是有机的或无机的，可以是固态的、液态的或气态的。推动膜分离过程的外力可以是压力差、电位差、浓度差、温度差或浓度差加化学反应。

尽管膜不过是极薄的一层，却在淡化海水方面显示了巨大神通。1950 年，人们推出第一张具有实用意义的膜，使苦咸水和海水得以淡化。1960 年，新的制膜工艺被发明出来，由此制成的反渗透膜同时具有高脱盐率和高透水率的优点，进一步拓展了苦咸水和海水淡化的应用市场。

近代科学技术的发展更为分离膜的研究和制造奠定了基础。高分子材料学科的发展，为膜的研究提供了许多种具有不同分离特性的高聚物膜材料；电子显微镜等近代分析技术的发展，为膜的形态及其与分离性能和制造工艺之间关系的研究提供了有效工具。此外，现代工业对节能、低品位原材料再利用和能够消除环境污染的新技术的迫切需要，极大地推动了膜分离技术的发展。

膜分离技术的发展趋向，可归纳为下面几个方面。

1. 膜材料

众所周知，生物膜具有惊人的分离效率。例如，海带从海水中富集碘，其浓度比海水中碘大 1000 多倍；石毛（藻类）浓缩铀的浓缩率达 750 倍。因此，仿生是分离膜的发展方向。生物膜是建立在分子有规则排列的基础上，而目前使用的分离膜多是功能高分子膜，是不规则链排列的聚合物。仿生膜要克服这一根本差别，达到生物膜的分离水平，还是一个比较遥远的目标。当前，应继续开发功能高分子膜材料，合成各种分子结构的均质膜，通过化学反应对膜表面进行改性。无机分离膜会愈来愈受到重视，无机膜包括陶瓷膜、微孔玻璃、金属膜和碳分子筛膜，最近的一个突破是 Ceramesh 膜，它是用溶胶-凝胶法（sol-gel）将超微细粉 ZrO_2 烧结在 Ni 基金属网上制得的有一定韧性并可导电的复合膜。

2. 膜分离用于生物技术

生物产品的大规模分离与纯化技术，通常是实现生物学成果转化为工业规模生产的关键。生物物质体系通常组分多而复杂，其目的产物浓度很低，对热、机械剪切力和pH十分敏感，并呈胶粒状悬浮体系，而传统的盐析沉淀、溶剂萃取、色层分离、离心沉降等分离方法存在着成本高、收率低、产品纯度不够和三废排放污染环境等问题。20世纪70年代以来，超滤和微孔过滤膜分离技术逐步地用于各种酶、疫苗、病毒、核酸、蛋白质等生理活性物质的浓缩分离和精制，激素的精制，人工血液的制造，多糖类的浓缩精制，以至干扰素、尿激酶等高产值生物产品的浓缩分离。与传统的方法相比，膜分离简化了分离过程，降低了成本，提高了质量。

近年来迅速发展起来的膜亲和分离过程把膜分离在生物产品中应用的水平又提高到一个新的阶段。

3. 渗透汽化

20世纪50年代末用渗透汽化法来分离乙醇和水混合物取得成功，因而该方法近十几年来也备受重视，被称为是生物能源开发的新技术和第三代膜分离技术。

渗透汽化高分子膜从材料可分为亲水性和疏水性两类。目前聚乙烯醇复合膜是唯一能适用于大规模应用的渗透汽化膜。

渗透汽化膜分离技术主要用于分离分子大小近似的液体混合物，普通蒸馏难以分离的沸点接近的共沸混合物，同分异构体混合物以及旋光异构体混合物等。法国已建成日产乙醇150t的渗透汽化法工厂。

在废水处理方面，膜分离技术的应用也十分广泛。由于在膜分离过程中不加入任何其他制剂，因此膜技术净化废水的过程同时也使有用物质得以回收，产品质量或生产效率得以提高，成本降低，能耗和物耗减少，污染消除或减轻，因而是名副其实的环保生产技术。比如，采用纳滤膜处理染料废水，不仅可以净化水，还可回收染料。

在国际膜会议上，专家、学者多次对膜分离技术在21世纪多数工业技术改造中所扮演的战略角色进行了讨论。工业发展也对它提出新要求，具有更好的耐酸碱、耐热、耐压、耐有机溶剂性能，抗氧化、抗污染性能和易清洗性能的高聚物膜、无机膜和生物膜材料，结合多种膜过程优点的成膜过程，取代反渗透和蒸发工艺的膜蒸馏过程，都是新世纪人类追求的目标。

思 考 题

1. 试解释以下事实：

(1) 电解熔盐制备金属钠，所需原料都必须经过严格干燥；

(2) 金属钾不宜用电解氯化钾的方法制备；

(3) 盛NaOH溶液的玻璃瓶不能用玻璃塞。

2. 金属钠着火时能否用H_2O、CO_2、石棉毯扑灭？为什么？

3. 简要说明碱金属和碱土金属的性质有哪些相同和不同之处？与同族元素相比，锂、铍有哪些特殊性？

4. 为什么人们常用Na_2O_2作为供氧剂？

5. 试说明$NaHSO_4$，$NaHCO_3$，NaHS等酸式盐的水溶液呈酸性还是碱性，为什么？

6. 试以食盐为主原料，制备5种无机物（含单质），写出反应式，并注明主要条件。

7. 工业级NaCl和Na_2CO_3中都含有杂质Ca^{2+}，Mg^{2+}，Fe^{3+}，通常可采用沉淀法除去。试问为什么在NaCl液中除加NaOH外还要加Na_2CO_3；在Na_2CO_3溶液中还要加NaOH？

8. 某地的土壤显碱性主要是由Na_2CO_3引起的，加入石膏为什么有降低碱性的作用？

9. 试用判断$M(OH)_n$酸碱性的经验规则，讨论第三周期由Na至Cl各元素的$M(OH)_n$酸碱性的递变规律。

10. 盛 $Ba(OH)_2$ 溶液的瓶子，在空气中放置一段时间后，其内壁会被蒙上一层白色薄膜，这层薄膜是什么物质？欲除去应采用下列何种物质来洗涤，并说明理由。

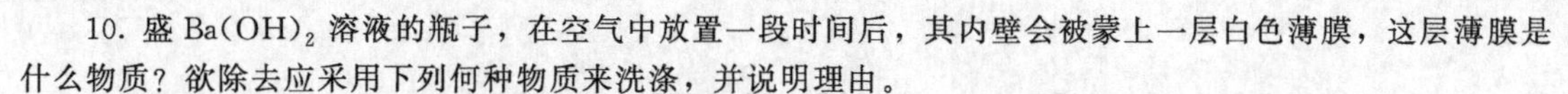

（1）水　（2）盐酸　（3）硫酸　（4）氢氧化钠

11. 为什么商品 NaOH 中常含有 Na_2CO_3？怎样简便地检验和除去？

12. 为什么通常使用钠盐而不使用钾盐？

习　题

1. 完成下列反应式

（1）$Na_2O_2 + H_2O \longrightarrow$　　（2）$KO_2 + H_2O \longrightarrow$

（3）$Na_2O_2 + CO_2 \longrightarrow$　　（4）$Be(OH)_2 + OH^- \longrightarrow$

（5）$Mg(OH)_2 + NH_4^+ \longrightarrow$　　（6）$NH_4HCO_3 + NaCl \longrightarrow$

（7）$NH_4HCO_3 + \xrightarrow{\triangle}$　　（8）$Na_2O_2 + MnO_2 \longrightarrow$

2. 如何区别下列物质：

（1）Na_2CO_3，$NaHCO_3$，NaOH

（2）CaO，$CaCO_3$，$CaSO_4$

3. 试以食盐、空气、碳、水为主要原料，制备下列物质（写出反应式并注明反应条件）。

（1）Na　（2）Na_2O_2　（3）NaOH　（4）Na_2CO_3

4. 写出以重晶石为主要原料制备 $BaCl_2 \cdot 2H_2O$、$BaCO_3$、BaO、$BaO_2 \cdot 8H_2O$ 的过程。

5. $BaCl_2$ 溶液中含有少量 $FeCl_3$ 杂质，如何除去这些杂质？

6. 简要回答下列问题：

（1）金属钾比金属钠活泼，但为什么可以用金属钠与氯化钾反应来制备金属钾？

（2）按电对 Mg^{2+}/Mg 的标准电极电势判断，Mg 应能与 H_2O 反应生成 H_2，但为什么室温下 Mg 与 H_2O 无明显反应？

（3）Mg 在室温下与 H_2O 无明显反应，但却能与 NH_4Cl 溶液反应，这是为什么？

7. 有一份白色固体混合物，其中可能含有 KCl、$MgSO_4$、$BaCl_2$、$CaCO_3$，根据下列实验现象，判断混合物中有哪几种化合物？

（1）混合物溶于水，得透明澄清溶液；

（2）对溶液做焰色反应，通过钴玻璃观察到紫色；

（3）向溶液中加入碱，产生白色胶状沉淀。

8. 现有 500g Na_2O_2，试计算在标准状况下，可吸收 CO_2 多少升？可提供氧气多少升？

9. 现有五瓶无标签的白色固体粉末，它们分别是：$MgCO_3$、$BaCO_3$、无水 Na_2CO_3、无水 $CaCl_2$ 及 Na_2SO_4，试设法加以区别。

10. 下列各组物质能否共存，为什么？

（1）Na_2O_2 和 CO_2；（2）$NaHCO_3$ 和 NaOH；（3）CaH_2 和 H_2O

11. 一种白色的固体混合物中至少含有下列盐中的两种：KCl，$MgSO_4$，$BaCl_2$，Na_2CO_3，$CaCl_2$。将混合物溶于水，得到透明澄清的溶液，且溶液不显碱性。混合物的组成可能有哪几种情况？

12. 化合物 A，B，C 都是某碱金属元素的化合物，等物质的量的 A 和 C 反应可以生成 B，加热 C 也可以生成 B 并放出气体 D，向 A 的浓水溶液中通入 D，可以生成 B 的水溶液，若长时间地通入 D，可以生成一些 C 的结晶，A 的焰色显示为黄色。A，B，C，D 各是什么物质？写出有关的化学反应方程式。

第 12 章 主族金属元素（二）铝 锡 铅 砷 锑 铋

12.1 铝及其重要化合物

Al 广泛存在于地壳中，其丰度仅次于氧和硅，名列第三，是蕴藏最丰富的金属元素。铝主要以铝矾土（$Al_2O_3 \cdot xH_2O$）矿物存在，它是冶炼金属铝的重要原料。

12.1.1 单质铝

12.1.1.1 铝的性质

铝是银白色的轻金属，无毒，富有延展性，具有很高的导电、传热性和抗腐蚀性。在金属中，铝的导电、传热能力仅次于银和铜，延展性仅次于金。铝的性能优良，价格便宜，使它在国民经济中的地位与日俱增，在宇航工业、电力工业、房屋建筑和运输、包装等方面被广泛应用。铝粉俗称"银粉"，用于冶金、油漆和涂料行业。铝的化学性质主要有以下三方面：

(1) 铝的还原性 铝是非常活泼的金属，与氧自发反应的程度很大，一旦接触空气，表面立即生成致密的氧化膜，这层氧化膜可以阻止铝的进一步被氧化，即使遇到冷的浓硝酸或浓硫酸也不再发生反应，因而铝可被制备用来运输浓硝酸或浓硫酸的容器。

$$4Al(s)+3O_2(g) \longrightarrow 2Al_2O_3(s) \qquad \Delta_r H_m^{\ominus}=-3351kJ \cdot mol^{-1}$$

经阳极处理过的铝氧化物膜更厚，有更好的保护作用和抗磨损性。但该氧化物膜可被 NaCl 或 NaOH 所腐蚀，所以铝在海水中易被腐蚀。

铝的还原性还表现在铝能夺取化合物中的氧。在这样的反应中，铝为还原剂。这种方法常被用来还原一些难以还原的氧化物，也可以用来焊接一些损坏的金属制品，在冶金学上称其为铝热法。

$$2Al+Fe_2O_3 \longrightarrow Al_2O_3+2Fe$$

铝在高温时也可与其他非金属如 S、N_2、P 等直接反应，生成相应的化合物。

$$2Al+3S \xrightarrow{高温} Al_2S_3$$

(2) 铝的两性 铝为两性金属，既能溶于稀盐酸或硫酸中，也可以溶于强碱中。

$$2Al+6HCl \longrightarrow 2AlCl_3+3H_2\uparrow$$

$$2Al+2NaOH+6H_2O \longrightarrow 2NaAl(OH)_4+3H_2\uparrow$$

在冷的 HNO_3 和浓 H_2SO_4 中，由于表面形成了致密的氧化膜，因此不发生反应，但与热的浓酸可进行反应。

$$2Al+6H_2SO_4(浓、热) \longrightarrow Al_2(SO_4)_3+3SO_2\uparrow+6H_2O$$

(3) 缺电子性 Al 原子的价层电子结构是 $3s^23p^1$，M 层有 4 条轨道，但只有 3 个电子，故为缺电子原子。当它与其他原子形成共价键时，铝的 4 条价层轨道中只有 3 条用来成键，还剩 1 条轨道，所以 Al(Ⅲ) 的化合物为缺电子化合物。这种化合物有很强的接受电子对的能力。以 $AlCl_3$ 分子聚合成 Al_2Cl_6 为例，在每个 $AlCl_3$ 分子中的 Al 原子存在空轨道，Cl 原子上有孤对电子，具备形成配位键的条件，因此将两个分子结合在一起。这种二聚分子具有桥式结构，

2个Al原子各以其4条sp^3杂化轨道分别和4个Cl原子形成共用1条棱边的双四面体：

$$\begin{array}{ccccc} Cl & & Cl & & Cl \\ & \searrow & \swarrow & \nwarrow & \\ & Al & & Al & \\ & & & & \\ Cl & & Cl & & Cl \end{array}$$

铝化合物的缺电子这一特征，使其也可以发生下列反应：

$$AlF_3 + HF \longrightarrow H[AlF_4]$$

12.1.1.2 铝的冶炼

目前，铝的使用极为普遍，对铝的需求量愈来愈大。工业上规模冶炼是用拜耳法，以铝矾土为原料，一般分两步进行：

① 先从铝矾土中提取Al_2O_3，在加压下铝矾土和NaOH溶液生成可溶性$NaAl(OH)_4$，经沉降、过滤，往滤液中通入CO_2使$Al(OH)_4^-$水解生成$Al(OH)_3$沉淀，再经过滤、洗涤、干燥、灼烧得Al_2O_3。

② 用霍尔-埃鲁法电解Al_2O_3制铝。纯Al_2O_3熔点（2318K）高，难熔化。将Al_2O_3溶解在熔化的冰晶石中进行电解，并添加萤石CaF_2等，电解温度可降到1300K左右，阳极是石墨，阴极是熔融铝，电解反应可简单表示为：

$$2Al_2O_3 \xrightarrow[\text{电解}]{Na_3AlF_6} \underset{\text{(阴极)}}{4Al} + \underset{\text{(阳极)}}{3O_2\uparrow}$$

由于阳极产物O_2会与碳反应消耗电极材料，所以电解过程中需不断补充Al_2O_3和碳极。

12.1.2 氧化铝和氢氧化铝

（1）氧化铝 氧化铝是离子晶体，在不同条件下制得的Al_2O_3，有不同的形态和不同的用途。Al_2O_3至少有8种以上同质异晶的形态。一般常用希腊字母分别表示为α、β、γ等Al_2O_3，其中最为人们所熟悉的是α-Al_2O_3和γ-Al_2O_3。

α-Al_2O_3可以通过$Al(OH)_3$在高温下灼烧制取。自然界存在的结晶态三氧化二铝，又称为刚玉，也是α-Al_2O_3。α-Al_2O_3的晶体属于六方紧密堆积构型，晶格能大，熔点和硬度都很高，不溶于水，也不溶于酸。由于它的硬度高达8.8，故可以做磨料，也可以做轴承。纯刚玉是白色不透明的，当刚玉中含有不同杂质时，显示多种颜色。含有微量氧化铬的Al_2O_3，结晶显红色，称为红宝石；含少量Fe_2O_3及TiO_2的α-Al_2O_3结晶显蓝色，称为蓝宝石。天平、钟表、电流表、电压表、激光器等制造中都应用这类宝石。它也是优良的高温耐火材料（各种高温炉中用的刚玉管）。刚玉在自然界中储量已经远远不能满足人们的需要，现在已经能够人工制造。

β-Al_2O_3允许Na^+通过，有离子传导能力，可作为固体电解质，用于新型电池中，蓄电容量约为铅蓄电池的3～5倍。

γ-Al_2O_3属立方面心紧密堆积构型。Al原子不规则地排列在由氧原子围成的八面体和四面体孔穴中，所以γ-Al_2O_3是一种多孔性物质。因为有很大的表面积，且有优异的吸附性、表面活性和热稳定性，因而，又称活性氧化铝，常用作吸附剂或催化剂的载体。γ-Al_2O_3不溶于水，但溶于稀酸或碱，呈两性。

$$Al_2O_3 + 6H^+ \longrightarrow 2Al^{3+} + 3H_2O$$

$$Al_2O_3 + 2OH^- + 3H_2O \longrightarrow 2[Al(OH)_4]^-$$

（2）氢氧化铝 偏铝酸盐溶液中通入CO_2能得到$Al(OH)_3$白色沉淀

$$2AlO_2^- + CO_2 + 3H_2O \longrightarrow 2Al(OH)_3\downarrow + CO_3^{2-}$$

氢氧化铝是典型的两性氢氧化物，其碱性略强于酸性，但仍然属弱碱。它既能按碱式电

离，又能够按酸式电离

$$[Al(OH)_4]^- + H^+ \rightleftharpoons Al(OH)_3 + H_2O \rightleftharpoons Al^{3+} + 3OH^- + H_2O$$

氢氧化铝同时存在着酸式解离和碱式解离，解离程度均不大，当外界加入少量酸或碱时，会引起其解离平衡的移动，消耗掉外来的少量酸或碱，溶液的pH值变化很小，即氢氧化铝有较大的缓冲能力。另外，固体$Al(OH)_3$只能在中性附近，具体为pH＝4.7～8.9的范围内稳定存在。当pH＜4.7或pH＞8.9时，部分$Al(OH)_3$溶解并分别形成Al^{3+}或$[Al(OH)_4]^-$的溶液。

需要指出，$Al(OH)_3$沉淀在放置过程中，往往发生聚合等作用，结构发生变化后，其溶解度随之变小，需用强酸、强碱才能溶解。某些情况下，甚至在较高浓度的强酸、强碱中也无明显的溶解现象。

$Al(OH)_3$为白色无定形粉末，广泛用于医药、玻璃、陶瓷工业中。

12.1.3 铝盐

(1) 铝的卤化物 铝的卤化物，除AlF_3是离子型化合物外，其余都是共价型化合物。这是因为Al^{3+}的电荷高，半径小，具有强极化力的缘故。除AlF_3外，卤化铝的熔点、沸点较低。卤化铝测定蒸气密度表明，$AlCl_3$，$AlBr_3$，AlI_3都是双聚分子。400℃时，氯化铝以双聚分子Al_2Cl_6存在，800℃时双聚分子才完全分解为单分子。

现铝盐中产量最大的是三氯化铝。无水三氯化铝为白色粉末，或颗粒状结晶，工业级$AlCl_3$因含有杂质而呈淡黄或红棕色。大量用作有机合成的催化剂，如石油裂解、合成橡胶、树脂及洗涤剂等合成。还用于制备铝的有机化合物。无水$AlCl_3$露置空气中，极易吸收水分并水解，放出HCl酸雾。故无水$AlCl_3$必须密封保存。无水$AlCl_3$在水中溶解并水解的同时，放出大量的热，并有强烈喷溅现象。无水三氯化铝只能用干法合成：

$$2Al + 3Cl_2(g) \xrightarrow{\triangle} 2AlCl_3$$

生产无水三氯化铝时，将铝锭放入密闭的氯气反应炉中，氯气由炉上顺管道通入炉内，反应后生成的$AlCl_3$经升华管进入冷凝器，在这里捕集成品。也可由铝与HCl气体反应得到。

$$2Al + 6HCl(g) \xrightarrow{\triangle} 2AlCl_3 + 3H_2(g)$$

用盐酸和铝合成三氯化铝反应比较畅快，但在实际操作时，盐酸只能以一条细流徐徐地加入，使反应缓缓进行。若性急，把加盐酸的阀门加大，在一阵剧烈反应后，反应釜中会出现一锅浑浊的“米汤”，溶液发黏，也无法过滤。可能是在较高温度下局部缺酸的Al^{3+}的水解后的聚合物，此时，无论加多少酸也不能将其溶解，真是弃之可惜，留之无用。

水合三氯化铝（$AlCl_3 \cdot 6H_2O$）为无色结晶，工业级$AlCl_3 \cdot 6H_2O$呈淡黄色，吸湿性强，易潮解同时水解。主要用作精密铸造的硬化剂、净化水的凝聚剂以及木材防腐及医药等方面。

(2) 硫酸铝 无水硫酸铝［$Al_2(SO_4)_3$］为白色粉末，从饱和溶液中析出的白色针状结晶为$Al_2(SO_4)_3 \cdot 18H_2O$。受热时会逐渐失去结晶水，至250℃失去全部结晶水。约600℃时即分解成Al_2O_3。

$Al_2(SO_4)_3$易溶于水，同时水解而呈酸性。反应式如下：

$$[Al(H_2O)_6]^{3+} + H_2O \rightleftharpoons [Al(H_2O)_5OH]^{2+} + H^+$$

或

$$Al^{3+} + H_2O \rightleftharpoons [Al(OH)]^{2+} + H^+$$

$[Al(OH)]^{2+}$进一步水解：

$$[Al(OH)]^{2+} + H_2O \rightleftharpoons [Al(OH)_2]^+ + H^+$$

$$[Al(OH)_2]^+ + H_2O \rightleftharpoons Al(OH)_3 + H^+$$

刚生成的 $Al(OH)_3$ 为胶体，它能以细密分散态沉积在棉纤维上，并可牢固地吸附染料，因此硫酸铝是优良的媒染剂，也常用作水净化的凝聚剂和造纸工业的胶料等。

纯品 $Al_2(SO_4)_3$ 可以用纯铝和 H_2SO_4 相互作用制得：

$$2Al + 3H_2SO_4 \longrightarrow Al_2(SO_4)_3 + 3H_2\uparrow$$

H_2SO_4 与 Al 反应不像盐酸那样顺利，通常要将 H_2SO_4 适当稀释，把铝锭刨成铝花，并适当加热。

铝钾矾 $K_2SO_4 \cdot Al_2(SO_4)_3 \cdot 24H_2O$ 俗称明矾，易溶于水，水解生成 $Al(OH)_3$ 或碱式盐的胶状沉淀。明矾被广泛用作水的净化、造纸业的上浆剂，印染业的媒染剂，以及医药上的防腐、收敛和止血剂。

12.2 锡、铅及其重要化合物

锡在自然界主要以锡石（SnO_2）存在，我国云南省个旧市因蕴藏有丰富的锡矿，被称为锡都而闻名于世。铅主要以方铅矿（PbS）存在。它们在自然界的蕴藏量虽然不算丰富，但矿藏集中，并且容易冶炼。我国明代宋应星的《天工开物》一书中记载的古代炼锡和炼铅的方法就是现代的碳还原法和乙酸浸取铅的基础。故我国古墓出土文物中颇多锡、铅制品。

12.2.1 锡、铅的单质

(1) 物理性质　锡是银白色金属，质软，熔点低。它的延性虽不佳，但富有展性。银光闪闪的锡箔，早些时候是优良的包装材料，现已为铝箔所取代。锡在空气中不易被氧化，能长期保持其光泽。把锡镀在铁上谓之马口铁，耐腐蚀，价钱便宜，又无毒，故食品工业的罐头盒由它制成。锡有三种同素异形体，即灰锡（α 锡）、白锡（β 锡）及脆锡。它们在不同温度下可以互相转变：

$$\text{灰锡}(\alpha\text{-Sn}) \underset{18℃}{\rightleftharpoons} \text{白锡}(\beta\text{-Sn}) \underset{161℃}{\rightleftharpoons} \text{脆锡}$$

常见的为白锡，虽然它在 18℃以下会转变成灰锡，但是这种转变十分缓慢，所以能稳定存在。但是，如果温度过低，达到－48℃时其转变速度急剧增大，顷刻间白锡变成粉末状的灰锡。因此，锡制品处在极端寒冷的地方会遭到毁坏。这种现象称“锡疫”。

铅是很软的重金属，用手指甲就能在铅上刻痕。用小刀新切开的断面很亮，但不久就会由于形成一层碱式碳酸铅而变暗，它能保护内层金属不被氧化。铅能挡住 X 射线，可制作铅玻璃、铅围裙等防护用品。在化学工业和核工业中常用铅作为反应器的衬里。

锡、铅大量用于制造合金，除焊锡，保险丝等低熔点合金由锡、铅制成外，铅字合金为 Pb，Sb，Sn 组成，青铜为 Cu，Sn 合金，蓄电池的极板为 Pb，Sb 合金等。值得注意，铅及铅的化合物都是有毒物质，并且进入人体后不易排出而导致积累性中毒，所以食具，水管等不宜用铅制造。

(2) 化学性质　锡、铅属于中等活泼金属，它们的化学性质为：

① 与氧及其他非金属的反应：在通常条件下，空气中的氧只对铅有作用，在铅表面生成一层氧化铅或碱式碳酸铅，使铅失去金属光泽且不致进一步被氧化。空气中的氧对锡无影响。这两种元素在高温下能与氧反应而生成氧化物。锡、铅能同卤素和硫生成卤化物和硫化物。

② 与水的反应：锡与铅的标准电极电势虽在氢之上，但因相差无几，而且 H_2 在锡、

铅上的过电位又很大，所以，锡既不被空气氧化，又不与水反应，可被用来镀在某些金属(主要是低碳钢制件)表面以防锈蚀。铅的情况比较复杂，它在有空气存在的条件下，能与水缓慢反应而生成 $Pb(OH)_2$。

$$2Pb + O_2 + 2H_2O \longrightarrow 2Pb(OH)_2$$

③ 与酸的反应：锡能与常见的酸起反应，但放出 H_2 的速度比较慢。由于 $PbCl_2$ 和 $PbSO_4$ 都难溶于水，形成沉淀覆盖在铅的表面，使铅与 HCl、稀 H_2SO_4 通常不反应。但浓 H_2SO_4 在加热时能与铅反应。氧化性的硝酸能与锡、铅反应，有关反应方程式如下：

$$Sn + 2HCl(浓) \xrightarrow{加热} SnCl_2 + H_2\uparrow$$

$$Sn + 4H_2SO_4(浓) \xrightarrow{加热} Sn(SO_4)_2 + 2SO_2\uparrow + 4H_2O$$

$$Sn + 4HNO_3(浓) \longrightarrow H_2SnO_3\downarrow + 4NO_2\uparrow + H_2O$$

$$3Pb + 8HNO_3(稀) \longrightarrow 3Pb(NO_3)_2 + 2NO\uparrow + 4H_2O$$

铅在有氧存在的条件下可溶于乙酸，生成易溶的乙酸铅（在水中以配位单元的形式存在)。这也就是用乙酸从含铅矿石中浸取铅的原理。

$$2Pb + O_2 \longrightarrow 2PbO$$

$$PbO + 2CH_3COOH \longrightarrow Pb(CH_3COO)_2 + H_2O$$

④ 与碱的反应：锡、铅能与强碱反应缓慢地放出 H_2，并得到亚锡酸盐和亚铅酸盐。

$$Sn + 2OH^- + 2H_2O \longrightarrow [Sn(OH)_4]^{2-} + H_2\uparrow$$

$$Pb + 2OH^- + 2H_2O \longrightarrow [Pb(OH)_4]^{2-} + H_2\uparrow$$

12.2.2　锡、铅的氧化物及其水化物

锡的氧化物有 SnO(黑绿色) 和 SnO_2(白色)，将 Sn(Ⅱ) 盐的水解产物 $SnO \cdot nH_2O$ 加热脱水可得黑色 SnO，而锡在空气中燃烧可得 SnO_2。铅有多种氧化物，有黄色的 PbO(俗称密陀僧)、红色的 Pb_3O_4(也称红丹或铅丹)、橙色的 Pb_2O_3 和棕黑色的 PbO_2。

(1) 锡、铅氧化物的酸碱性　锡、铅都能形成+2，+4 氧化数的氧化物，这些氧化物均是两性氧化物。其酸碱性的关系为：

碱性　　$SnO < PbO$

酸性　　$SnO_2 > PbO_2$

锡和铅的氢氧化物都是两性氢氧化物，既溶于酸又溶于碱

$$Sn(OH)_2 + 2HCl \longrightarrow SnCl_2 + 2H_2O$$

$$Sn(OH)_2 + 2NaOH \longrightarrow Na_2[Sn(OH)_4] \text{ 或 } Na_2SnO_2$$

$$Sn(OH)_4 + 4HCl \longrightarrow SnCl_4 + 4H_2O$$

$$Sn(OH)_4 + 2NaOH \longrightarrow Na_2[Sn(OH)_6] \text{ 或 } Na_2SnO_3$$

因为 $PbCl_2$、$PbSO_4$ 均不溶于水，欲证明 $Pb(OH)_2$ 的碱性要用硝酸

$$Pb(OH)_2 + 2HNO_3 \longrightarrow Pb(NO_3)_2 + 2H_2O$$

$$Pb(OH)_2 + NaOH \longrightarrow Na[Pb(OH)_3]$$

锡、铅氧化物及其氢氧化物的酸碱性规律可表示为：

$$\begin{array}{ccc} Sn(OH)_4, SnO_2 & \xleftarrow{酸性增强} & SnO, Sn(OH)_2 \\ \uparrow 酸性增强 & & \downarrow 碱性增强 \\ Pb(OH)_4, PbO_2 & \xrightarrow{碱性增强} & PbO, Pb(OH)_2 \end{array}$$

(2) 锡、铅化合物的氧化还原性　由于惰性电子对效应，铅的低氧化态比较稳定，所以 Pb(Ⅳ) 有氧化性；而对锡，Sn(Ⅱ) 有还原性，高氧化态更稳定。

在酸性介质中，Pb(Ⅳ) 的还原电势很高，PbO_2 有很强的氧化性：

$$PbO_2 + 4H^+ + 2e^- \rightleftharpoons Pb^{2+} + 2H_2O \quad E^{\ominus} = 1.46V$$

$$2Mn^{2+} + 5PbO_2 + 4H^+ \xrightarrow{Ag^+} 2MnO_4^- + 5Pb^{2+} + 2H_2O$$

$$PbO_2 + 4HCl \longrightarrow PbCl_2 + Cl_2\uparrow + 2H_2O$$

$$2PbO_2 + 4H_2SO_4 \longrightarrow 2Pb(HSO_4)_2 + O_2\uparrow + 2H_2O$$

而 $SnCl_2$ 和 $Na_2[Sn(OH)_4]$ 都是常见的还原剂，它们的标准电极电势为：

$$Sn^{4+} + 2e^- \rightleftharpoons Sn^{2+} \quad E_A^{\ominus} = 0.154V$$

$$[Sn(OH)_6]^{2-} + 2e^- \rightleftharpoons [Sn(OH)_4]^{2-} + 2OH^- \quad E_B^{\ominus} = -0.93V$$

$SnCl_2$ 能将汞盐还原为亚汞盐

$$SnCl_2 + 2HgCl_2 \longrightarrow Hg_2Cl_2\downarrow(\text{白}) + SnCl_4$$

$SnCl_2$ 过量时，亚汞盐被还原为金属汞

$$SnCl_2 + Hg_2Cl_2 \longrightarrow SnCl_4 + 2Hg\downarrow(\text{黑})$$

这个反应很灵敏，常用来检验 Sn^{2+} 的存在。

由于 $SnCl_2$ 具有还原性，容易被空气中的氧气氧化，为防止溶液受空气中氧气氧化而变质，常加入少许 Sn 粒：

$$Sn^{4+} + Sn \longrightarrow 2Sn^{2+}$$

由标准电极电势可见，$[Sn(OH)_4]^{2-}$ 在碱性介质中的还原能力比酸性介质的 Sn^{2+} 强，能够将 $Bi(OH)_3$ 还原成黑色金属 Bi，这是检验 Bi^{3+} 的特征反应

$$2Bi(OH)_3 + 3Na_2[Sn(OH)_4] = 2Bi\downarrow + 3Na_2[Sn(OH)_6]$$

12.2.3 锡、铅的盐类及其水解

铅盐大部分都难溶于水，并且具有特征颜色，如 $PbCl_2$（白色）、$PbSO_4$（白色）、PbI_2（金黄色）、PbS(黑色)。但 $PbCl_2$ 能够溶解于热水中。

Pb^{2+} 和 CrO_4^{2-} 反应生成黄色沉淀是检验 Pb^{2+} 的特征反应：

$$Pb^{2+} + CrO_4^{2-} \longrightarrow PbCrO_4\downarrow$$

$PbCl_2$ 难溶于冷水，能溶于热水，也能溶于盐酸中：

$$PbCl_2 + 2HCl \longrightarrow H_2[PbCl_4]$$

工业上制备 $SnCl_2$，是将锡花浸在水中，加入少量盐酸后通入 Cl_2，反应按下式进行：

$$Sn + 2HCl \longrightarrow SnCl_2 + H_2\uparrow$$

$$SnCl_2 + Cl_2 \longrightarrow SnCl_4$$

$$SnCl_4 + Sn \longrightarrow 2SnCl_2$$

反应按后两方程式不断循环，所消耗的是 Cl_2 和 Sn，反应中要不断补充锡花。当溶液密度达到 $2g\cdot cm^{-3}$ 时，保温一段时间后（使反应完全），趁热过滤、冷却、结晶出成品。

$SnCl_2$ 易于水解，所以配制 $SnCl_2$ 溶液时，先将 $SnCl_2$ 固体溶于少量浓盐酸中，加水稀释，才能得到澄清溶液。$SnCl_2$ 水解反应式为：

$$SnCl_2 + H_2O \longrightarrow Sn(OH)Cl\downarrow + HCl$$

Na_2SnO_3 也水解，水解反应式为：

$$Na_2SnO_3 + 3H_2O \longrightarrow Sn(OH)_4\downarrow + 2NaOH$$

$SnCl_4$ 由 Sn 和过量 Cl_2 直接合成，是无色液体，不导电，为典型的共价化合物，可溶于有机溶剂，遇水剧烈水解，在潮湿空气中会发烟。

分别向 Sn(Ⅱ) 和 Sn(Ⅳ) 盐溶液中通入 H_2S，得到 SnS(暗棕色) 和 SnS_2(金黄色，金粉涂料的主要成分) 沉淀。高氧化态硫化物 SnS_2 能溶于碱或碱金属硫化物（如 Na_2S）

$$3SnS_2 + 6NaOH \longrightarrow Na_2SnO_3 + 2Na_2SnS_3 + 3H_2O$$

$$SnS_2 + Na_2S \longrightarrow Na_2SnS_3 \text{（硫代锡酸钠）}$$

低氧化态硫化物 SnS 则不溶于 NaOH 或 Na_2S，这一事实说明前者显酸性，后者显

碱性。

用 Pb^{2+} 和 S^{2-} 反应生成 PbS(黑色) 的反应常用于检验 Pb^{2+} 或 S^{2-}，或鉴别 H_2S 气体。

PbS 不能溶于稀的非氧化性酸，但能溶于 HNO_3 或浓 HCl：

$$3PbS + 8HNO_3 \longrightarrow 3Pb(NO_3)_2 + 2NO + 3S\downarrow + 4H_2O$$

$$PbS + 4HCl \longrightarrow H_2[PbCl_4] + H_2S\uparrow$$

12.2.4 含铅废水的处理

铅和可溶性铅盐都有毒。铅的中毒作用虽然缓慢，但会逐渐积累在体内，一旦表现中毒，则较难治疗。它对人体的神经系统、造血系统都有严重危害。典型症状是食欲不振，精神倦怠和头疼。

含铅废水一般采用沉淀法处理，以石灰或纯碱作为沉淀剂，使废水中的铅生成 $Pb(OH)_2$ 或 $PbCO_3$ 沉淀而除去。铅的有机化合物可用强酸性阳离子交换树脂除去，此法使废水中含铅量由 $150mg \cdot L^{-1}$ 降到 $0.02 \sim 0.53mg \cdot L^{-1}$。国家允许废水中铅的最高排放浓度为 $1.0mg \cdot L^{-1}$(以 Pb 计)。

12.3 砷、锑、铋及其化合物

12.3.1 砷、锑、铋的单质

氮族元素的 As，Sb，Bi，其原子的次外层都有 18 个电子，与同族的氮、磷不同，所以在性质上彼此更为相似，有砷分族之称。

As，Sb，Bi 都是亲硫元素，在自然界主要以硫化物矿存在。如雄黄（As_4S_4）、雌黄（As_2S_3）、辉锑矿（Sb_2S_3）、辉铋矿（Bi_2S_3）等。我国锑的蕴藏量居世界第一位，也是世界所需锑的主要供应者。

As，Sb，Bi 与ⅢA 族元素生成的金属间化合物，如砷化镓（GaAs）、锑化镓（GaSb）、砷化铟（InAs）等都是优良的半导体材料，它们具有范围较宽的禁带和迁移率，因此可以满足各种技术和工程对半导体的要求，广泛用于激光和光能转换等方面。As，Sb，Bi 和其他金属形成的合金也有较大应用价值。

As，Sb，Bi 的化学性质不太活泼，但与卤素中的氯能直接作用。在常见无机酸中只有 HNO_3 和它们有显著的化学反应。值得注意的是，所得产物各不相同，砷得砷酸，锑得五氧化二锑，只有铋才得到硝酸铋：

$$3As + 5HNO_3 + 2H_2O \longrightarrow 3H_3AsO_4 + 5NO\uparrow$$

$$6Sb + 10HNO_3 + 3xH_2O \longrightarrow 3Sb_2O_5 \cdot xH_2O + 10NO\uparrow + 5H_2O$$

$$Bi + 6HNO_3 \longrightarrow Bi(NO_3)_3 + 3NO_2\uparrow + 3H_2O$$

12.3.2 氢化物

砷、锑、铋都能形成氢化物 MH_3。这些氢化物均为无色、具有大蒜气味的剧毒气体，不稳定，按 AsH_3、SbH_3、BiH_3 的次序越来越不稳定。AsH_3、SbH_3、BiH_3 都是很强的还原剂，还原性依次增强。砷、锑、铋的氢化物中比较重要的是 AsH_3。

室温下，AsH_3 在空气中能自燃：

$$2AsH_3 + 3O_2 \longrightarrow As_2O_3 + 3H_2O$$

在缺氧条件下，AsH_3 受热分解为单质：

$$2AsH_3 \longrightarrow 2As + 3H_2$$

具体操作就是用锌粉、盐酸和试样混在一起，将生成的气体导入热玻璃管，析出的砷聚集在器皿的冷却部位形成亮黑色的“砷镜”，法医学上据此鉴定砷的存在。该方法称为马氏

(Marsh) 试砷法。

另一种鉴定砷的方法是用 AsH_3 还原硝酸银：

$$2AsH_3 + 12AgNO_3 + 3H_2O \longrightarrow As_2O_3 + 12HNO_3 + 12Ag\downarrow$$

该方法称为古氏 (Gutzeit) 试砷法，其灵敏度超过马氏试砷法。

砷、锑、铋的氢化物可由其金属化合物水解得到，也可用活泼金属还原其氧化物得到，如

$$Na_3As + 3H_2O \longrightarrow AsH_3\uparrow + 3NaOH$$

$$As_2O_3 + 6Zn + 6H_2SO_4 \longrightarrow 2AsH_3\uparrow + 6ZnSO_4 + 3H_2O$$

12.3.3 氧化物及其水合物

砷、锑、铋可形成+3 价氧化物 M_2O_3 和+5 价氧化物 M_2O_5，这些氧化物及其水合物的酸碱性和氧化还原性变化如下：

碱性增强 →（自左向右）
← 还原性增强（自右向左）

As_2O_3	Sb_2O_3	Bi_2O_3
H_3AsO_3	$Sb(OH)_3$	$Bi(OH)_3$
(两性偏酸性)	(两性偏碱性)	(碱性)
As_2O_5	Sb_2O_5	Bi_2O_5
H_3AsO_4	$H[Sb(OH)_6]$	—
(酸性)	(两性偏酸性)	(不稳定)

酸性增强（自上向下，左侧）；氧化性增强（自上向下，右侧）

← 酸性增强（自右向左）
氧化性增强 →（自左向右）

(1) 氧化物　As_2O_3 为白色粉末，俗称砒霜，有剧毒。除用作防腐剂、农药外，也用作玻璃、陶瓷工业的去氧剂和脱色剂。As_2O_3 微溶于水，在热水中溶解度稍大，溶解后生成亚砷酸。As_2O_3 易溶于碱，也能溶于浓盐酸生成 As(Ⅲ) 盐：

$$As_2O_3 + 6NaOH \longrightarrow 2Na_3AsO_3 + 3H_2O$$

$$As_2O_3 + 6HCl \longrightarrow 2AsCl_3 + 3H_2O$$

As_2O_3 和亚砷酸盐的还原性较强，在弱碱性溶液中，I_2 就能将亚砷酸盐氧化为砷酸盐：

$$NaH_2AsO_3 + I_2 + 4NaOH \longrightarrow Na_3AsO_4 + 2NaI + 3H_2O$$

As_2O_3 的氧化性较弱，需用强还原剂才能将其还原，如

$$As_2O_3 + 6Zn + 12HCl \longrightarrow 2AsH_3 + 6ZnCl_2 + 3H_2O$$

反应是前面提到的马氏试砷法的第一步反应。

Sb_2O_3、Bi_2O_3 都难溶于水，Sb_2O_3 具有明显的两性，Bi_2O_3 是弱碱性化合物，不溶于碱。As_2O_3、Sb_2O_3、Bi_2O_3 的还原性依次减弱。氧化数为+5 的砷、锑、铋的氧化物都呈酸性，而且酸性都强于相应的+3 氧化物。As_2O_5、Sb_2O_5、Bi_2O_5 的氧化性依次增强。

$$H_3AsO_4 + 2HI \longrightarrow H_3AsO_3 + I_2 + H_2O$$

$$Sb_2O_5 + 10HCl(浓) \longrightarrow 2SbCl_3 + 2Cl_2\uparrow + 5H_2O$$

(2) 氢氧化物　氧化数为+3 的砷、锑、铋的氢氧化物分别为 H_3AsO_3、$Sb(OH)_3$、$Bi(OH)_3$。H_3AsO_3 是两性偏酸性化合物，微溶于水，易溶于酸和碱；$Sb(OH)_3$ 是两性偏碱化合物，难溶于水，易溶于酸和碱；$Bi(OH)_3$ 是弱碱性化合物，难溶于水，只溶于酸。它们的还原性按 H_3AsO_3—$Sb(OH)_3$—$Bi(OH)_3$ 顺序减弱。

砷、锑、铋氧化数为+5 的氢氧化物分别是 H_3AsO_4、$H[Sb(OH)_6]$、$HBiO_3$。砷酸 H_3AsO_4 是弱酸，易溶于水；锑酸 $H[Sb(OH)_6]$ 是两性偏酸性化合物，不溶于水和酸，易溶

于碱；铋酸 $HBiO_3$ 具有两性偏酸，极不稳定，易分解成 Bi_2O_3 和 O_2。这个系列化合物的酸性均强于对应氧化数为+3的物质的酸性，它们的氧化性依 H_3AsO_4—$H[Sb(OH)_6]$—$HBiO_3$ 顺序增强。

$NaBiO_3$ 的氧化性很强，在酸性溶液中能将 Mn^{2+} 氧化成 MnO_4^-：

$$5NaBiO_3+2Mn^{2+}+14H^+ \longrightarrow 5Bi^{3+}+2MnO_4^-+7H_2O+5Na^+$$

该反应是分析化学中定性检验溶液中有无 Mn^{2+} 的重要反应。在未知液中先加入硝酸或硫酸酸化，再加入固体 $NaBiO_3$，加热后如果溶液变为紫红色，即表明溶液中有 Mn^{2+} 存在。

Bi(Ⅲ) 由于存在较强的惰性电子对效应，还原性很弱，只有少数强氧化剂在强碱性溶液中，才能将 Bi(Ⅲ) 氧化成 Bi(Ⅴ) 的化合物：

$$Bi(OH)_3+Cl_2+3NaOH \longrightarrow NaBiO_3+2NaCl+3H_2O$$

$NaBiO_3$ 在工业上的合成是用 $Bi(NO_3)_3$ 作为原料，在碱性溶液中用 NaClO 进行氧化，反应式如下：

$$Bi(NO_3)_3+NaClO+4NaOH \longrightarrow NaBiO_3\downarrow+3NaNO_3+NaCl+2H_2O$$

合成时，须将 NaClO 溶液慢慢往 $Bi(NO_3)_3$ 溶液中加，不断搅拌并加热，由反应物的颜色变化判断反应终点。最初反应物为橙黄色，逐渐变深，到 90℃时呈紫褐色，温度再高再变浅，最后为黄色。在 95℃下保温 4h，颜色一直淡黄色为正常现象，说明反应达到终点。如果在升温时颜色不变浅，说明氧化反应不完全，须补加 NaClO 和碱。

12.3.4 含砷废水的处理

As 及其化合物都是有毒物品，As(Ⅲ) 较 As(Ⅴ) 的毒性强；有机砷化物比无机砷化物毒性更强。As 的毒性和 Pb 一样也有积累性，并是致癌物质。因此，生产和使用砷的场所，都应当积极采取措施，消除污染，保护环境。国家规定，排放废水中的含砷量不得超过 $0.5mg \cdot L^{-1}$。

含砷废水的处理通常有以下两种方法：

① 石灰法 用石灰处理废水，使 As(Ⅲ) 转变为难溶的亚砷酸钙，过滤除去。反应式为：

$$As_2O_3+3Ca(OH)_2 \longrightarrow Ca_3(AsO_3)_2\downarrow+3H_2O$$

② 硫化法 以 H_2S 为沉淀剂，使废水中的 As(Ⅲ) 生成难溶的 As_2S_3：

$$2AsCl_3+3H_2S \longrightarrow As_2S_3\downarrow+6HCl$$

这些含砷的沉淀物仍有一定的毒性，不可随意丢弃，应集中起来进行后处理。

【阅读资料】

铅对人体健康的影响

铅是一种具有强神经毒性的重金属元素，被认为是人类文明史中最严重的环境污染物之一。铅广泛应用于工业、交通等许多领域，居住环境中的生活性铅污染严重危害着人类健康。ACGIH(1995) 已将铅列为动物致癌物。

人类使用铅始于史前时代。随着科技的不断发展，其优良的特性受到人们的关爱和利用，铅及其化合物被用于蓄电池制造，颜料、压延产品、合金和弹药等。1923年，有机铅化合物——四乙基铅被加入到汽油中用作抗爆剂，使得铅在自然界达到最广泛的应用；车辆尾气无限制的直接排放，导致自然界中铅的大量累积，整个生物圈中铅的浓度以高出自然水平的数量级计不断增加。由于缺乏严格的工业污染控制及职业卫生标准的执行不力，铅的生产和使用过程造成相当大的污染，其废气和烟尘首先进入环境污染大气层，而后沉积于土壤、尘埃、可食农作物、水和食品。此外，铅作业工人对家庭环境造成的二次污染，儿童学习用品和儿童玩具等铅污染，最终可通过呼吸道、消化道、皮肤进入人体，而空气直接参与人体中气体和物质的代谢。

1. 铅对造血系统的影响

铅以两种重要形式影响血液形成：①阻滞骨髓内红细胞的正常成熟，造成红细胞的点彩和贫血；②干扰血红蛋白形成所必需的两个重要物质——δ-氨基乙酰丙酸和粪卟啉Ⅲ，从而抑制血红蛋白的合成。

铅最突出的生化作用为与蛋白质上的巯基（—SH）有高度亲和力，表现在血红素生物合成的过程中作用各种含—SH的酶，如：α-氨基-γ-酮戊酸合成酶（ALAS），α-氨基-γ-酮戊酸脱水酶（ALAD）和血液素合成酶（亚铁螯合酶）。

铅抑制ALAD后，ALAD形成胆色素原（PBG）的过程受阻，使血、尿中ALA含量增加。亚铁即以铁蛋白的形式蓄积在骨髓有核红细胞内，体内的锌离子即与原卟啉相螯合，形成锌原卟啉（ZnPP）存在于血液中，导致ZnPP增高，继而阻碍铁导入原卟啉，影响血红素的反馈。

铅对造血系统的影响表现是小红细胞、血红蛋白过少性贫血及轻度溶血性贫血。这是由铅通过它对血红素合成中几种酶的抑制作用及红细胞膜的损伤所引起的。

铅引起的贫血作用，儿童比成人更敏感，血铅浓度大约是40μg/100mL时，就可能发生血红蛋白的减少，重症患者可出现面色苍白、心悸、气短、乏力等。大量铅对成熟红细胞有直接溶血作用，这也许是由于铅与红细胞特别是细胞膜有高度亲和力，使红细胞膜的完整性受损有关。

2. 铅对神经系统的损害

脑是铅反应最敏感也最易受损的器官，其生化效应主要是引起神经介质及神经传导有关的酶学变化，导致神经和行为异常，使中枢神经与周围神经系统受损。表现为：①引起神经传导介质儿茶酚胺代谢的紊乱；②通过干扰与ALA相似化学结构的神经介质γ-氨基异丁酸作用，影响神经传导，并且发现ALA与γ-氨基异丁酸受体结合；③对胆碱酯酶活性受抑，导致乙酰胆碱含量增高；④抑制脑腺苷酸环化酶，影响某些神经传导。

铅性脑病的特征是迅速发生大脑水肿，相继出现惊厥，麻痹，昏迷，甚至引起心、肺衰竭而死亡。曾患铅性脑病的儿童大约有1/4的人留有智力障碍、精神呆滞及反复的惊厥发作等后遗症。周围神经病多见于慢性铅接触的工人，主要表现为伸肌无力。

3. 铅对肾脏系统的影响

急性或慢性铅中毒均可影响肾的排泄机制。急性铅性肾病是以氨基酸、葡萄糖、磷酸盐的重吸收过少为特征；慢性铅肾病的特征是肾组织缓慢的进行性变性与肾功能改变，甚至可导致肾衰竭；二者均不同程度地出现核包涵体。由于铅干扰肾小球旁器，刺激肾素分泌，激发肾素-血管紧张素-醛固酮升压系统，使小动脉平滑肌收缩，故大量铅进入人体后可出现高血压，且与冠心病有一定相关关系。

4. 对胎儿、婴儿、儿童健康的影响

铅引起妇女停经和不孕。由于铅可使子宫对卵巢类固醇激素的反应性减弱，且可抑制子宫的类固醇激素，使妇女的妊娠率、着床率明显降低。OSHA对于想生孩子的男、女推荐最大容许的血铅水平为30mg/100g。历史上的古罗马帝国，使用的水管是铅管，贵妇擦脸的粉含大量铅白，贵族吃的葡萄酱中加铅丹除酸味和染色，致其铅中毒严重，妇女普遍流产，不孕，幸运出生的长大后非痴即傻。

胎儿正处于各个器官系统发生、发育阶段，对铅极为敏感。铅能进入胎盘屏障，造成母源性铅污染。母血中的绝大部分通过胎盘转移到胎儿体内积蓄，使其精神发育迟缓，损伤意识性发展，如印度妇女用含铅红颜料在眉心点红点，造成胎儿发铅含量极高即是例证。

铅对儿童的伤害是以中枢神经系统损伤为主，最普遍表现形式为认识缺陷的智力障碍和行为缺陷。脑海马区长期增强作用（LTP）被认为是学习、记忆的重要基础。由于铅可选择性地蓄积于脑海马部位，通过干扰钙离子蛋白激酶CPKC系统神经递质的合成、释放而破坏LTP，损害神经细胞的形态，导致神经功能混乱，使学习、记忆能力降低，心理、行为异常。

铅可破坏血脑屏障，另对脑细胞直接损坏。由于儿童胃肠对铅吸收率较高，血脑屏障和多种机能发育尚不完全，故在铅所致的各种亚临床损害中，智能受损尤其明显。据有关数据显示，在血铅浓度为10μg/L或更低时，就可出现学习记忆能力降低，且血铅含量每增加10μg/L，认知能力受损即减少2～3个IQ得分，呈现明显的剂量-效应关系。临床表现为注意力不集中，抑郁或多动，强迫行为，学习能力和成绩均较同龄儿童低。环境中过多的铅接触还导致儿童视觉-运动反应时值延长，视觉分辨能力降低；并导致脑干听觉诱发电位改变，听觉传导速度降低。血铅水平在1.207mol·L^{-1}以下即能对儿童听力产生不利影响及造成视网膜结构和功能的损害，选择性损害视杆细胞的功能和与此有关的暗适应功能。

儿童对铅有特殊的易感性，除与铅接触的机会比成年人多外，其主要可能与小儿代谢和排泄功能未臻完善、血脑屏障成熟较晚以及婴、幼儿胃肠道铅吸收比成人多有关。1991年，美国疾病控制中心指出，铅是危害美国儿童身体健康的头号环境有害因素，并指出智力发育指数与血铅浓度成反比。

5. 铅中毒的治疗和生活中的注意事项

(1) 治疗

依地酸二钠钙、二巯基丁二酸等含巯基的驱铅药特效性差，目前尚无一种能有效驱脑铅的药物。维生素B_1能预防实验动物血、肝、脑中铅蓄积，加速组织中铅排除，所以维生素B和依地酸二钠钙合用。中药昆布和海藻能驱铅，用碘化钾和维生素B抗铅性肾损害效果好。

(2) 预防

加强国家立法，广泛开展宣传教育，积极动员社会力量参与。职业性接触铅的人员应加强自身保护意识，定期检查身体，争取劳动保护的权利；孕妇、哺乳期妇女应尽量离开含铅作业岗位，减少对婴幼儿的影响。

治理汽车尾气污染，推广使用无铅汽油，控制环境铅含量。我国居住区大气卫生标准规定铅日平均最高容许浓度为0.00015mg·m^{-3}。家长不吸或少吸烟（每支烟含铅3～12μg），减少儿童从空气中吸入铅。

19世纪澳大利亚在关于铅中毒的报告中指出，咬手和吮吸手指是儿童铅中毒的主要途径。因此，在日常生活中应注意使儿童摒除啃咬、吮吸手指或非食物性物品的行为习惯，对异食癖儿童要加强健康教育。

供给富含矿物质的食物，如对铅的蓄积和吸收起拮抗作用的钙、锌、铁等，可减少铅的毒性作用。少吃含铅高的膨化食品、罐头和饮料。

目前，铅中毒问题仍然是人类最为严重的污染问题之一，它仍需人们不懈研究、探索，以寻求解决铅污染的新途径和新方法。

思考题

1. 铝是活泼金属，为什么能广泛应用在建筑、汽车、航空及日用品等方面？
2. 铝不溶于水，但能溶于NH_4Cl和Na_2CO_3溶液，试说明原因。
3. 铝的缺电子性体现在何处？举例说明。
4. 试说明铝的两性在由铝土矿制备$Al(OH)_3$过程中的应用。

5. 能否由 $AlCl_3 \cdot 6H_2O$ 加热脱水而制得无水 $AlCl_3$？反之，能否由无水 $AlCl_3$ 制得六水合物？为什么？

6. 写出锡与过量氯气和盐酸作用的反应方程式，并简要说明为什么反应产物不同。

7. 简述工厂生产 $SnCl_2$ 的过程。

8. PbO_2 是由 Cl_2 氧化 PbO 制得的，而 PbO_2 又能将盐酸氧化放出 Cl_2，二者有无矛盾？试用有关电对的电极电势予以说明。

9. 试总结+2和+4氧化值的锡、铅氧化物或氢氧化物的酸碱性和氧化还原性的递变规律？

10. 由 As_2O_3 与 HCl 反应可制得 $AsCl_3$；反之，由 $AsCl_3$ 水解又可制得 As_2O_3。欲得到某一种纯品，应如何操作？

11. 举例说明 As_2O_3—Sb_2O_3—Bi_2O_3 的酸性递减、碱性递增的变化规律。

12. 举例说明 As(Ⅴ)—Sb(Ⅴ)—Bi(Ⅴ)含氧酸氧化性的递增规律。

习　题

1. 完成下列反应式：

(1) $Al_2O_3 + NaOH + H_2O \longrightarrow$　　(2) $Na[Al(OH)_4] + CO_2 \longrightarrow$

(3) $Sn + HNO_3$(浓) $\longrightarrow$　　(4) $PbO_2 + Mn^{2+} + H^+ \longrightarrow$

(5) $As_2S_3 + NaOH \longrightarrow$　　(6) $AlCl_3 + H_2O \longrightarrow$

(7) $NaBiO_3 + Mn^{2+} + H^+ \longrightarrow$　　(8) $PbO_2 + HNO_3 + H_2O_2 \longrightarrow$

(9) $PbO_2 + MnSO_4 + HNO_3 \longrightarrow$　　(10) $Na_2[Sn(OH)_4] + Bi(OH)_3 \longrightarrow$

(11) $Na_2[Sn(OH)_4] + HCl$(足量) $\longrightarrow$　　(12) $HgCl_2 + SnCl_2$(过量) $\longrightarrow$

2. 写出下列反应方程式：

(1) 在 $Na[Al(OH)_4]$溶液中加入过量盐酸；

(2) $AlCl_3$ 溶液中加入氨水；

(3) $Al(OH)_3$ 溶于 KOH 溶液；

(4) 铅丹溶于热盐酸；

(5) As_2O_3 溶于 NaOH 溶液；

(6) 硝酸铋溶液加水稀释时变浑浊。

3. 用化学方法区别下列各对物质：

(1) SnS 与 SnS_2　　(2) $Pb(NO_3)_2$ 与 $Bi(NO_3)_3$　　(3) $Sn(OH)_2$ 与 $Pb(OH)_2$

(4) $SnCl_2$ 与 $SnCl_4$　　(5) $SnCl_2$ 与 $AlCl_3$　　(6) $SbCl_3$ 与 $SnCl_2$

4. 分离下列各组离子

(1) Ba^{2+}　Al^{3+}　Fe^{3+}　　(2) Mg^{2+}　Pb^{2+}　Zn^{2+}　　(3) Al^{3+}　Pb^{2+}　Bi^{3+}

5. 用反应式说明下列现象：

(1) 金属铝既能溶于酸，又能溶于碱；

(2) Al_2S_3 遇水能放出有臭味的气体；

(3) 在 $Na[Al(OH)_4]$溶液中加入 NH_4Cl，有 NH_3 放出；

(4) 泡沫灭火器中装的药剂为 $Al_2(SO_4)_3$ 和 $NaHCO_3$，遇水即产生泡沫。

6. 试写出由金属铅制备以下化合物的反应式。

(1) $Pb(NO_3)_2$　　(2) $PbSO_4$　　(3) $PbCl_2$　　(4) $PbCrO_4$

7. 下列情况是否矛盾，为什么？写出有关的离子反应式。

(1) Cl_2 可氧化 Bi(Ⅲ) 成为 Bi(Ⅴ)，而 Bi(Ⅴ) 又能将 Cl^- 氧化成 Cl_2；

(2) I_2 可氧化 As(Ⅲ) 成为 As(Ⅴ)，而 As(Ⅴ) 又能将 I^- 氧化成 I_2。

8. 写出下列离子检验的反应式，并指出发生的现象。

(1) 用 $SnCl_2$ 检验 Hg^{2+}的存在；

(2) 用 $NaBiO_3$ 检验 Mn^{2+}的存在。

9. 某一固体 (A) 难溶于水和盐酸，但溶于稀硝酸，溶解时得无色溶液 (B) 和无色气体 (C)，(C) 在空气中转变为红棕色气体。在溶液中 (B) 加入盐酸，产生白色沉淀 (D)，这种白色沉淀难溶于氨水中，但与H_2S反应可生成黑色沉淀（E）和滤液（F），沉淀（E）可溶于硝酸中，产生无色气体（C），浅黄色沉淀（G）和溶液（B）。请指出从A到G各为何种物质，并写出有关反应。

10. 设计一个化学实验，证实Pb_3O_4中铅的不同氧化态。

11. 某白色固体A难溶于冷水，但可溶于热水，得无色溶液。在该溶液中加入$AgNO_3$溶液生成白色沉淀B。B溶于$2mol \cdot L^{-1}$的氨水中，得无色溶液C。在C中加入少量KI溶液，生成黄色沉淀D。A的热溶液与H_2S反应生成黑色沉淀E。E可溶于浓硝酸生成无色溶液F、淡黄色沉淀G及无色气体H。在溶液F中加入适量$2mol \cdot L^{-1}$的NaOH溶液，生成白色沉淀I。继续加入NaOH溶液，I溶解得一溶液J。将氯气通入溶液J，有棕黑色沉淀K生成。K可与浓HCl反应生成L和黄绿色气体M。M能使KI淀粉试纸变蓝。确定各字母所代表物种的化学式，并写出相关反应方程式。

第 13 章　过渡金属元素

过渡元素有ⅢB～ⅦB 以及Ⅷ族元素（d 区元素），有些教材把 ⅠB、ⅡB 族（ds 区元素）也归入其中，它们位于元素周期表中部，都是金属元素。d 区元素由于次外层 d 轨道未充满（Pd 除外），因而在性质上有许多相似之处。ds 区元素 d 轨道均充满，与 d 区元素有些差别，但有些 d 电子也能参与反应，故也放在本章讨论。本章先讨论它们的通性，然后重点介绍第一过渡系元素单质及其化合物的性质，再介绍 ds 区元素单质及其化合物的性质。

13.1　过渡元素的通性

同周期过渡元素从左到右性质递变时，增加的电子填充在次外层 d 轨道，性质变化不明显，或者说，同周期过渡金属性质较相似，故通常人们把同一周期元素放在一起作为一个过渡系来讨论。表 13-1 列出 d 区第一过渡系元素的基本性质。

表 13-1　d 区第一过渡系元素的基本性质

元素	原子序数	价层电子构型	主要氧化数	熔点/℃	沸点/℃	共价半径/pm
Sc	21	$3d^14s^2$	+3	1541	2836	144
Ti	22	$3d^24s^2$	+3，+4	1668	3287	132
V	23	$3d^34s^2$	+5	1917	3421	122
Cr	24	$3d^54s^1$	+3，+6	1907	2671	119
Mn	25	$3d^54s^2$	+2，+4，+7	1246	2061	118
Fe	26	$3d^64s^2$	+2，+3	1538	2861	117
Co	27	$3d^74s^2$	+2，+3	1495	2927	116
Ni	28	$3d^84s^2$	+2	1455	2913	115

13.1.1　过渡元素原子结构特征

d 区元素电子结构的特点是具有未充满的 d 轨道（Pd 例外），最外层电子为 1～2 个，最外两个电子层都是未充满的，其特征电子构型为 $(n-1)d^{1\sim9}ns^{1\sim2}$。ds 区的铜族，锌族元素电子构型为 $(n-1)d^{1\sim10}\ ns^{1\sim2}$。最近有人只把铜族元素列入过渡元素（而锌族不列入），因为铜的重要氧化态 Cu(Ⅱ) 为 $3d^9$、Ag(Ⅱ) 为 $4d^9$、Au(Ⅲ) 为 $5d^8$ 构型，而且它们的性质与过渡元素极为相似，故过渡元素包括铜族元素较合适。

d 区元素的原子半径从左到右略有减小（至 ⅠB，ⅡB 族因次外层 d 轨道填满而略有增加），不如同周期主族元素原子半径减小得那样明显。就同族过渡元素而言，其原子半径自上而下增加不大。特别由于“镧系收缩”的影响，导致第二和第三过渡系元素的原子半径十分接近。

13.1.2　氧化态

过渡元素是以其多变价为特征，各金属的最低氧化态是+2，而最高可能氧化态与各族元素所在族的号数相同（除Ⅷ族）。这是由于过渡元素除最外层的 s 电子可作为价电子外，次外层 d 电子也可部分或全部作为价电子参加成键，第一过渡系元素的各种重要氧化态列于表 13-1 中。

从表中数据可看出以下几点。①过渡元素的氧化态随原子序数的增加，氧化态先是逐渐升高，然后又逐渐降低，这与 d 电子数有关，开始时 3d 轨道中价电子数增加，氧化态逐渐升高，但当3d轨道中电子数达到5或超过5时，使3d轨道趋向稳定，氧化态降低。因为具有d^1到d^5电子构型的过渡元素的电子都是未成对的，它们的氧化态都能达到最高价态。在这种价态中，ns电子和所有$(n-1)d$电子都可以参与成键，但是超过$3d^5$构型，就产生了电子对，继续失去电子就不容易，这是由于克服电子成对能需要消耗能量，同时从左至右原子半径逐渐减小，这都使失去电子越来越不容易，所以d^5以后低氧化态趋于稳定（高氧化态呈强氧化性）。Ⅷ族元素的氧化态大多数都不呈现最高价8(Ru、Os除外)，而是低价趋于稳定。②绝大多数过渡元素中，同一元素的价态变化是连续的。例如，Ti的价态为+2、+3、+4，V的价态为+2、+3、+4、+5。由于s和d电子参与成键，而ns、$(n-1)d$轨道能量相差不多，所以逐个失去s电子及d电子，价态变化是连续的。对于p区典型元素来说，价态变化是不连续的。③第一过渡系列后半部的元素出现零氧化态，它们能与不带电荷的分子配位体相结合（特别是CO，还有PF_3等），具有形式上为零的氧化态。

13.1.3 单质的物理性质

d区元素的单质都是高熔点、高沸点、密度大、导电、导热性和延展性良好的金属。在同周期中，它们的熔点从左到右先逐渐升高，然后又缓慢下降。这是因为金属的熔点和沸点与形成金属键的自由电子数有关，而自由电子又与原子中未成对的d电子有关。单位体积内未成对的d电子越多，金属键越强，金属单质的熔、沸点就越高。由于是单位体积内的d电子，其多少还与原子半径、晶体结构有关。

d区元素中密度最大的是第三过渡系列中的锇、铱、铂，都是在$20g\cdot cm^{-3}$以上，其中锇为$22.48g\cdot cm^{-3}$，熔点最高的金属是钨（W,3683K），硬度最大的金属是铬（Cr，莫氏硬度9）。

13.1.4 单质的化学性质

在化学性质方面，第一过渡系d区元素的单质比第二、三过渡系d区元素的单质活泼（这与主族元素的情况恰好相反）。例如，第一过渡系中d区金属都能溶于稀的盐酸或硫酸，而第二、第三过渡系d区元素的单质大多较难发生类似反应。有些仅能溶于王水或氢氟酸中，如锆、铪等，有些甚至不溶于王水，如钌、铑、锇、铱等。这些化学性质的差别，与第二、三过渡系d区元素的原子具有较大的电离能和升华焓有关。

d区元素的单质能与活泼的非金属（如卤素和氧）直接形成化合物。它们氧化物的水化物有些能溶于水，如$H_2Cr_2O_7$、$HMnO_4$、$HReO_4$等；有些是难溶于水的，如$Sc(OH)_3$、$Y(OH)_3$等。但这些氧化物的水化物的酸碱性却有着明显的规律。d区元素一般可与氢形成金属型氢化物，如TiH_2、$VH_{1.8}$、CrH_2、$PaH_{0.8}$等。金属氢化物基本保留着金属的一些物理性质，如金属光泽、导电性等，其密度小于相应的金属。

13.1.5 配位性

相对于s区和p区元素来说，过渡金属的明显特征是常作为配合物的中心体，形成众多的配合物。这是因为过渡元素的原子或离子具有$(n-1)d$，ns和np共9个价电子轨道，其中ns和np轨道是空的，$(n-1)d$轨道为部分空或全空，它们的原子也存在np轨道和部分未填充的$(n-1)d$轨道，这种电子构型都具有接受配位体孤电子对的条件。例如过渡元素一般都容易形成氨配合物、氰配合物、草酸基配合物、羰基配合物等。更独特的是多数过渡元素的中性原子能形成配合物，如羰合物$[Fe(CO)_5]$、$[Ni(CO)_4]$及$K[Mn(CO)_5]$等，此时过渡元素往往表现出异乎寻常的低氧化态（0或−1等）。

13.1.6 离子的颜色

过渡元素的水合离子往往具有颜色。不同离子颜色产生的原因比较复杂，但根据过渡元素水合离子的颜色，可以得出一个大致的规律，即没有未成对 d 电子的水合离子是无色的，不论过渡元素或非过渡元素都是如此。相反，具有未成对 d 电子的水合离子一般呈现明显的颜色。表 13-2 列出第一过渡系部分水合离子的颜色。

表 13-2　第一过渡系元素水合离子的颜色

d 电子数	水合离子	颜色	d 电子数	水合离子	颜色	d 电子数	水合离子	颜色
0	Sc^{3+}	无色	4	Cr^{2+}	蓝	7	Co^{2+}	粉红
	Ti^{4+}			Mn^{3+}	红	8	Ni^{2+}	绿
1	Ti^{3+}	紫色	5	Mn^{2+}	淡红	9	Cu^{2+}	蓝
2	V^{3+}	绿色		Fe^{3+}	淡紫	10	Cu^{+}	无色
3	Cr^{3+}	蓝紫	6	Fe^{2+}	淡绿		Zn^{2+}	

注：1. Fe^{2+}、Mn^{2+} 的稀溶液几乎是无色的。

2. 由于水解，Fe^{3+} 常呈黄色或褐色。

在第 8 章中，晶体场理论用这些电子发生 d-d 跃迁成功地解释了这些水合离子的颜色。

13.1.7　磁性及催化性

过渡元素及其化合物常因其原子或离子具有未成对电子而呈顺磁性，其中铁系元素（铁、钴、镍）在外加磁场作用下磁性很强，在外磁场被移去后，仍能保持很强的磁性，称为铁磁性物质。铁、钴、镍的合金都是良好的磁性材料。

在催化性能上，许多过渡元素的金属及其化合物都有突出表现。例如，铁和钼是合成氨的催化剂，铂和铑是将氨氧化的催化剂，五氧化二钒是二氧化硫氧化成三氧化硫的催化剂等。究其原因，是 d 区元素的多种氧化态有利于形成不稳定的中间化合物（配位催化），从而降低了反应所需活化能；或提供合适的反应表面（接触催化），它的 ns 电子和 $(n-1)$d 电子都可以用来与反应物分子成键，因而增加了反应物在催化剂表面的浓度和削弱了反应物分子中的化学键，从而降低反应的活化能，加速反应的进行。

13.2　钛和钛的重要化合物

13.2.1　单质钛

(1) 物理性质　钛虽然被列为稀有元素，但在地壳中的丰度并不低，为 0.42%，在所有元素中排第 10 位，但冶炼困难。钛是亲氧元素，自然界主要以氧化物或含氧酸盐的形式存在。最重要的是金红石（TiO_2）和钛铁矿（$FeTiO_3$）。我国的钛资源丰富，在四川攀枝花已探明的钛铁矿储量位于世界前列。

单质钛为银白色，密度小，熔点高，机械强度大。这种性质使钛成为一种新兴的结构金属，特别是用于制造航空和宇航设备。钛是一种非常活泼的金属，但其表面易形成致密的钝性氧化物保护膜，在通常情况下对空气和水都是稳定的，与稀酸碱不反应，特别是对湿的氯气和海水有良好的抗腐蚀性，又不易磁化引爆磁性水雷，故是制造军舰壳体的好材料。20 世纪 40 年代以来，钛已成为工业上最重要的金属之一，用来制造超音速飞机、导弹、火箭和化工厂的某些耐腐蚀设备和眼镜架等。

钛合金与人体具有很好的相容性，被称为“亲生物金属”。用钛片和钛螺丝治疗骨折，只要过几个月，新骨和肌肉就会把钛片等结合起来。医疗上用含 90% 的 Ti-Al-V 合金来制造人工关节、骨钉。

钛可与镍制作记忆性材料 NT 合金（镍钛合金，NT）。具体做法是在该合金加工成甲形状后，在高温下处理（300～1000℃）数分钟至半小时，于是 NT 合金对甲形状产生了记忆。

在室温下，对合金形状改变，形成乙形状，以后遇到高温加热，则自动恢复甲形状。形状记忆合金有很多特殊的用途，如：固定接头，见图 13-1，作为紧固件用，还可以作为太空太阳能电池板的托架，在一定温度的太空中自动打开太阳能电池帆板。

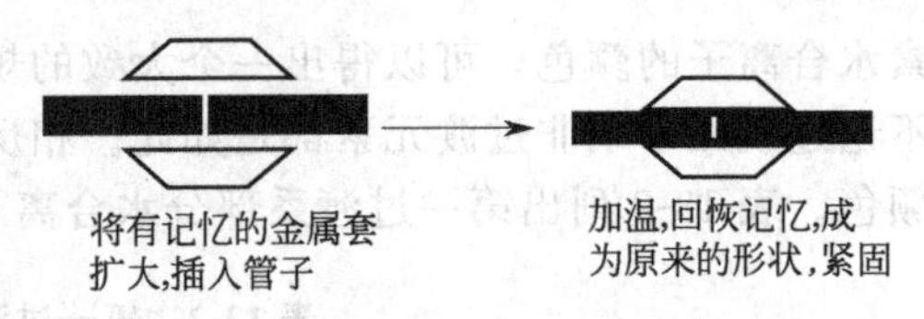

图 13-1 形状记忆合金作为紧固件

(2) 化学性质 钛的电极电势很低 [$E^{\ominus}(Ti^{2+}/Ti) = -1.628V$]，热力学上很活泼，但表面钝化，在常温下极稳定。常温不与 X_2、O_2、H_2O 反应，不与强酸（包括王水），以及强碱反应。钛合金耐酸碱腐蚀。但高温时钛相当活泼：

$$Ti + O_2 \longrightarrow TiO_2 \text{（红热）}$$

$$Ti + 2Cl_2 \longrightarrow TiCl_4 \text{（600K）}$$

$$3Ti + 2N_2 \longrightarrow Ti_3N_4 \text{（800K）}$$

高温时钛还能与碳、硫反应，炼钢时可将钛以钛铁形式加入炉中，可除去一些非金属杂质。

钛遇热的浓盐酸和浓硫酸，生成 Ti^{3+}，也可溶于热的硝酸中生成 $TiO_2 \cdot nH_2O$，但最好的溶剂是氢氟酸或含有 F^- 的无机酸：

$$2Ti + 6HCl \longrightarrow 2TiCl_3\text{（紫色）} + 3H_2 \text{（气体）}$$

$$Ti + 6HF \longrightarrow [TiF_6]^{2-} + 2H^+ + 2H_2 \text{（气体）}$$

Ti 不溶于热碱，但和熔融碱作用：

$$2Ti + 6KOH\text{（熔融）} \longrightarrow 2K_3TiO_3 + 3H_2 \text{（气体）}$$

13.2.2 钛的化合物

(1) 二氧化钛 自然界中最常见的钛化合物是金红石，纯净的二氧化钛又称钛白，白色粉末，不溶于 H_2O、稀酸和稀碱中，化学性质稳定，常用作高级白色颜料，还经常用作油漆、塑料、橡胶的填料。

二氧化钛在一定的条件下可溶于热浓 H_2SO_4 或氢氟酸中。

$$TiO_2 + 2H_2SO_4\text{（浓）} \xrightarrow{\triangle} Ti(SO_4)_2 + 2H_2O$$

$$TiO_2 + 6HF \longrightarrow H_2[TiF_6] + 2H_2O$$

二氧化钛不溶于碱性溶液，但能与熔融的碱或碱性氧化物作用生成偏钛酸盐：

$$TiO_2 + 2KOH \longrightarrow K_2TiO_3 + H_2O$$

$$TiO_2 + MgO \longrightarrow MgTiO_3\text{（熔融）}$$

(2) 四氯化钛 四氯化钛是钛的重要卤化物，以它为原料可制备一系列钛化合物和金属钛。$TiCl_4$ 无色溶液，有刺激性气味，极易水解，在空气中冒白烟

$$TiCl_4 + (n+2)H_2O \longrightarrow TiO_2 \cdot nH_2O + 4HCl\uparrow$$

工业上通过二氧化钛与碳、氯气共热来制备四氯化碳。制备 $TiCl_4$ 时，为了防止 $TiCl_4$ 的水解，反应物 Cl_2 要严格除水，反应前装置要通 CO_2 气体排除 H_2O，反应停止后还要通 CO_2 保护。尾气 Cl_2 的吸收装置上也要有干燥管，防止外界水的侵入。

$$TiO_2 + 2C + 2Cl_2 \xrightarrow{\triangle} TiCl_4 + 2CO$$

$TiCl_4$ 易与醚、酮、胺等形成加合物，这一性质具有重要意义。例如：三乙基铝 $(CH_3CH_2)_2Al$ 与 $TiCl_4$ 的溶液相互作用，生成一种棕色固体，即著名的 Zigler-Natta 催化剂。当烯烃通过该催化剂时，烯烃易发生聚合反应。

13.3 铬和铬的重要化合物

13.3.1 铬单质

铬在自然界中的矿物主要是铬铁矿，组成为 $FeO \cdot Cr_2O_3$，多分布在我国西北地区。单质铬呈银白色，由于单电子数多，金属键强，故硬度及熔沸点均高，铬是硬度最高的过渡金属。由于铬的机械强度好，且有抗腐蚀性能，被用于钢铁合金中。不锈钢中含铬量最高，可达20%左右。

$$Cr^{3+}+3e^- \longrightarrow Cr \quad E^{\ominus}=-0.74V$$

$$Cr^{2+}+2e^- \longrightarrow Cr \quad E^{\ominus}=-0.91V$$

单质铬的电极电势很低，但铬表面易钝化，且可以在空气中迅速发生，生成的氧化膜仍保持金属光泽。在机械工业上，为了保护制件钢铁不被腐蚀，常在其表面镀上一铬层（先镀一层铜作为底镀），上面一层光亮的金属就是俗称"克罗米"的铬。常温下 Cr 不活泼，不溶于硝酸及王水。在空气中将铬块击碎投入汞中，无汞齐生成；在汞中将铬块击碎，有汞齐生成。

Cr 缓慢地溶于稀盐酸和稀硫酸中，先有 Cr(Ⅱ) 生成，Cr(Ⅱ) 在空气中迅速被氧化成 Cr(Ⅲ)：

$$Cr+2HCl \longrightarrow CrCl_2(\text{蓝色})+H_2(\text{气体})$$

$$4CrCl_2+4HCl+O_2 \longrightarrow 4CrCl_3(\text{绿色})+2H_2O$$

高温时铬活泼，和 X_2、O_2、S、C、N_2 直接化合，一般生成 Cr(Ⅲ) 化合物。高温时也和酸反应，熔融时也可以和碱反应。

13.3.2 铬（Ⅲ）的化合物

铬（Ⅲ）的化合物有氧化物，氢氧化物及盐类。

(1) 氧化物和氢氧化物　三氧化二铬（Cr_2O_3）是绿色晶体，难溶于水，熔点很高，是冶炼铬的原料。还常被用作油漆的颜料。未灼烧过的 Cr_2O_3 具有两性，既可溶于浓硫酸生成蓝紫色的硫酸铬［$Cr_2(SO_4)_3$］，又可溶于浓氢氧化钠溶液生成绿色的亚铬酸钠｛$Na[Cr(OH)_4]$或$NaCrO_2$｝：

$$Cr_2O_3+3H_2SO_4 \longrightarrow Cr_2(SO_4)_3(\text{蓝紫色})+3H_2O$$

$$Cr_2O_3+2NaOH \longrightarrow 2NaCrO_2(\text{绿色})+H_2O$$

高温灼烧过的 Cr_2O_3 与 α-Al_2O_3 相似，对酸和碱均为惰性，需与焦硫酸钾共熔后，再转入溶液中。

Cr_2O_3 可由热分解制备：

$$(NH_4)_2Cr_2O_7 \xrightarrow{\triangle} Cr_2O_3+N_2\uparrow+4H_2O$$

氢氧化铬 $Cr(OH)_3$ 具有两性，与 $Al(OH)_3$ 相似：

$$Cr(OH)_3+3H^+ \longrightarrow Cr^{3+}+3H_2O$$

$$Cr(OH)_3+OH^- \longrightarrow Cr(OH)_4^-(\text{绿色})$$

$Cr(OH)_3$ 在水溶液中存在着下列平衡：

$$\underset{\text{紫色}}{Cr^{3+}}+3OH^- \rightleftharpoons \underset{\text{灰蓝色}}{Cr(OH)_3} \rightleftharpoons H^++\underset{\text{绿色}}{CrO_2^-}+H_2O$$

显然，$Cr(OH)_3$ 和 $Al(OH)_3$，$Zn(OH)_2$ 类似，它的溶解度与溶液的酸碱性密切相关。

(2) 铬（Ⅲ）的盐类和配位化合物　铬（Ⅲ）盐的制备常以铬酐为原料，用酒精、蔗糖、甲醛等进行还原。一般将酒精和蔗糖合用。如只用蔗糖，容易炭化而出现黑渣，只用酒精又容易着火。

常见的铬（Ⅲ）盐有氯化铬、硫酸铬和铬钾矾。这些盐类多带结晶水：

$CrCl_3 \cdot 6H_2O$ $Cr_2(SO_4)_3 \cdot 18H_2O$ $K_2SO_4 \cdot Cr_2(SO_4)_3 \cdot 24H_2O$

三氯化铬是深绿色颗粒，易潮解，用于无机合成、媒染剂、催化剂。合成时，在三氧化铬溶液中慢慢加入盐酸，当有氯气味时，说明氧化还原反应已经开始进行，但此反应不易彻底。须再慢慢加入适量蔗糖（水解为葡萄糖），并加些酒精，直到溶液由褐色转为暗绿色即为反应终点。反应式如下：

$$8H_2CrO_4 + C_6H_{12}O_6 + 24HCl \longrightarrow 8CrCl_3 + 6CO_2 + 26H_2O$$

$$6H_2CrO_4 + 4C_2H_5OH + 18HCl \longrightarrow 3CH_3CHO + 6CrCl_3 + 2CO_2 + 21H_2O$$

Cr(Ⅲ) 形成配合物的能力特别强。主要通过 d^2sp^3 或 sp^3d^2 杂化形成六配位八面体结构。铬（Ⅲ）的配合物有一特点，就是某一配合物生成后，当其他配体与之发生交换时，速率很小，往往同一组成的配合物有多种异构体存在，且因含某配位体的数目不同而呈现不同的颜色。常被用来进行配体取代反应的化学动力学研究。例如$[Cr(H_2O)_6]^{3+}$ 内界中的 H_2O 逐步被 Cl^- 或 NH_3 取代，配离子颜色将发生如下变化：

$[Cr(H_2O)_6]Cl_3$	$[CrCl(H_2O)_5]Cl_2 \cdot H_2O$	$[CrCl_2(H_2O)_4]Cl \cdot 2H_2O$
蓝绿色	浅绿色	暗绿色

可见，随着内界中的 H_2O 逐步被 Cl^- 或 NH_3 取代，配离子的颜色逐渐向长波方向移动，这种现象可以用晶体场理论解释（见 8.2.4）。

(3) 铬（Ⅲ）的还原性 Cr(Ⅲ) 在酸性溶液中较稳定，在碱性环境下有一定的还原性。

在酸性溶液中 $Cr_2O_7^{2-} + 14H^+ + 6e^- \rightleftharpoons 2Cr^{3+} + 7H_2O \quad E^\ominus = 1.232V$

在碱性溶液中 $CrO_4^{2-} + 2H_2O + 3e^- \rightleftharpoons CrO_2^- + 4OH^- \quad E^\ominus = -0.13V$

在酸性溶液中，只有很强的氧化剂才能把 Cr(Ⅲ) 氧化成 Cr(Ⅵ)；在碱性溶液中，有一定的还原性，不少氧化剂如双氧水，卤素单质均能将 Cr(Ⅲ) 氧化成 Cr(Ⅵ)。

在酸性溶液中 $2Cr^{3+} + 3S_2O_8^{2-} + 7H_2O \longrightarrow Cr_2O_7^{2-} + 6SO_4^{2-} + 14H^+$

$$10Cr^{3+} + 6MnO_4^- + 11H_2O \longrightarrow 5Cr_2O_7^{2-} + 6Mn^{2+} + 22H^+$$

在碱性溶液中 $2CrO_2^- + 3H_2O_2 + 2OH^- \longrightarrow 2CrO_4^{2-} + 4H_2O$

(4) Cr(Ⅲ)与Al(Ⅲ)的异同点 Cr(Ⅲ) 与 Al(Ⅲ) 由于在离子所带电荷和离子半径上有较多相似性，导致许多性质相似，如氧化物和氢氧化物均为两性，均能溶解于酸和碱；离子有较大的水解性，硫化物、碳酸盐在水中完全水解，此类盐要用干法制备；

$$2Cr^{3+} + 3S^{2-} + 6H_2O \longrightarrow 2Cr(OH)_3 \downarrow + 3H_2S \uparrow$$

盐类易带结晶水，易形成矾，如 $K_2SO_4 \cdot Cr_2(SO_4)_3 \cdot 24H_2O$, $K_2SO_4 \cdot Al_2(SO_4)_3 \cdot 24H_2O$。

由于核外电子结构不同，它们的配位性能不同，Cr(Ⅲ) 有较强的配位能力，而 Al(Ⅲ) 配位能力较弱；借助于它们在配位性和氧化还原性的不同，可将它们区别或分离。向含有 Cr^{3+} 和 Al^{3+} 的混合溶液中逐滴加入 $NH_3 \cdot H_2O$，Cr^{3+} 和 Al^{3+} 开始均分别生成 $Cr(OH)_3$ 和 $Al(OH)_3$ 沉淀，随着 $NH_3 \cdot H_2O$ 的继续加入，$Cr(OH)_3$ 溶解，生成 $[Cr(NH_3)_6]^{3+}$，而 $Al(OH)_3$ 在氨水中不溶解。

Cr^{3+} 因配体不同显不同颜色，而 Al^{3+} 无色

$$[Cr(H_2O)_6]^{3+}(\text{蓝紫}) \xrightarrow{Cl^-} [CrCl(H_2O)_5]^{2+}$$

$[Cr(H_2O)_6]^{3+}$ ↓加 NH_3 ；$[CrCl(H_2O)_5]^{2+}$ ↓加 NH_3

$$[Cr(NH_3)_3(H_2O)_3]^{3+} \xrightarrow{NH_3} [Cr(NH_3)_6]^{3+}$$

$$Cr^{3+} \xrightarrow{NH_3 \cdot H_2O} Cr(OH)_3 \xrightarrow{NH_3 \cdot H_2O + NH_4^+} [Cr(NH_3)_6]^{3+}$$

Cr(Ⅲ) 有一定的还原性，而 Al(Ⅲ) 没有还原性。分别在 Cr^{3+} 和 Al^{3+} 的溶液中加入

过量 NaOH 溶液，使产生的沉淀溶解，然后分别加入 3%的 H_2O_2，原 Cr^{3+} 溶液颜色变为黄色（CrO_4^{2-} 颜色），而原 Al^{3+} 溶液颜色无变化，依然为无色溶液，这就是通过氧化还原性质不同对这两种离子的区别。

13.3.3　铬（Ⅵ）的化合物

铬（Ⅵ）的重要化合物有三氧化铬、铬酸钾和重铬酸钾。

（1）三氧化铬与铬酸　三氧化铬（CrO_3）是暗红色的小片结晶或粉末，有剧毒。电镀铬时与硫酸配成电镀液。CrO_3 溶于水生成橙红色铬酸溶液，称为铬酐。受热分解：

$$4CrO_3 \xrightarrow{\triangle} 2Cr_2O_3 + 3O_2\uparrow$$

CrO_3 是强氧化剂，遇酒精等有机物立即着火燃烧，本身还原为 Cr_2O_3，实验室或生产单位储存 CrO_3 时注意与易燃物放在不同房间，至少是不同的柜子里，以免掉落的 CrO_3 和有机物反应着火。

铬酸 H_2CrO_4 是一种较强的酸，只存在于水溶液中，二级解离常数较小。

$$H_2CrO_4 \rightleftharpoons H^+ + HCrO_4^- \quad K_{a_1}^{\ominus} = 4.1$$

$$HCrO_4^- \rightleftharpoons H^+ + CrO_4^{2-} \quad K_{a_2}^{\ominus} = 3.2\times10^{-7}$$

将 $K_2Cr_2O_7$ 溶于水形成饱和溶液，加入浓硫酸，就是分析实验室里不可或缺的铬酸洗液，它能很好地氧化清洗玻璃仪器表面的各种污垢。H_2CrO_4 的盐类较稳定，用途也较广。

（2）CrO_4^{2-} 与 $Cr_2O_7^{2-}$ 的相互转化　向黄色的 CrO_4^{2-} 的碱性溶液中逐滴加入硫酸使其逐渐呈酸性，溶液变为橙红色的 $Cr_2O_7^{2-}$。反之，若向橙红色的 $Cr_2O_7^{2-}$ 的酸性溶液逐滴加入氢氧化钠溶液，又变为黄色的 CrO_4^{2-} 溶液。原因是溶液中存在着下列平衡：

$$\underset{\text{黄色}}{2CrO_4^{2-}} + 2H^+ \rightleftharpoons \underset{\text{橙红色}}{Cr_2O_7^{2-}} + H_2O \quad K^{\ominus} = 1.0\times10^{14}$$

从平衡角度来讲，在 $Cr_2O_7^{2-}$ 或 CrO_4^{2-} 溶液中，$Cr_2O_7^{2-}$ 和 CrO_4^{2-} 两种离子均存在，只不过是在酸度不同时两者离子浓度的比例不同。从上述平衡常数可知，当 pH＝11 时，Cr(Ⅵ)几乎 100%以 CrO_4^{2-} 的形式存在；而当 pH＝1.2 时，又几乎 100%以 $Cr_2O_7^{2-}$ 形式存在。在 $Cr_2O_7^{2-}$ 或 CrO_4^{2-} 溶液中，加入 Ba^{2+}、Pb^{2+}、Ag^+ 等离子时，均生成相应的铬酸盐沉淀而不是重铬酸盐沉淀，因为这些阳离子的重铬酸盐易溶于水，而铬酸盐的溶度积非常小。若铬酸盐的溶度积相对大一些，如 $SrCrO_4$（$K_{sp}^{\ominus} = 2.2\times10^{-5}$），则需要调低溶液酸度，方能保证沉淀所需的浓度，使 Sr^{2+} 沉淀完全。

$$2Ba^{2+} + \underline{Cr_2O_7^{2-} + H_2O}\text{（可看作 }\underline{2CrO_4^{2-} + 2H^+}\text{）}\longrightarrow 2BaCrO_4\downarrow + 2H^+$$

在上述形成沉淀中，$Cr_2O_7^{2-}$ 和 CrO_4^{2-} 两种离子也完成了转换。但在 Ba^{2+}、Pb^{2+}、Ag^+ 等离子的铬酸盐沉淀中加入强酸且使溶液酸度较大时，$Cr_2O_7{}^{2-}$ 和 $CrO_4{}^{2-}$ 两种离子又进行转换，使这些铬酸盐溶解。

（3）铬酸盐和重铬酸盐　最常见的铬（Ⅵ）盐是铬酸钾（K_2CrO_4）和重铬酸钾（$K_2Cr_2O_7$），以 K_2CrO_4 和 Na_2CrO_4 最重要。重铬酸钾最重要的性质是在酸性溶液中的氧化性。在酸性溶液中，$Cr_2O_7^{2-}$ 能将 H_2S、KI、Na_2SO_3、$FeSO_4$ 等还原剂氧化，而自己还原成 Cr^{3+}：

$$Cr_2O_7^{2-} + 3H_2S + 8H^+ \longrightarrow 2Cr^{3+} + 3S\downarrow + 7H_2O$$

$$Cr_2O_7^{2-} + 6Fe^{2+} + 14H^+ \longrightarrow 2Cr^{3+} + 6Fe^{3+} + 7H_2O$$

$Cr_2O_7^{2-}$ 能定量地将 Fe^{2+} 氧化成 Fe^{3+}，该反应是测定铁含量的基本反应。Na_2CrO_4 虽然可以定量氧化 Fe^{2+}，且价格更便宜，但 Na_2CrO_4 易潮解，质量不易定量，故在分析化学上常用易提纯、不潮解的 $K_2Cr_2O_7$z 作为基准物。

交警对醉驾者测血液中的酒精浓度，是利用肺部呼出气的酒精含量来推算的。而呼出气中酒精与 $K_2Cr_2O_7$ 溶液反应后，因消耗了 $K_2Cr_2O_7$，溶液颜色变浅，从溶液颜色变化来推算出是否醉驾或醉驾程度，反应方程式为：

$$2Cr_2O_7^{2-}+3C_2H_5OH+16H^+ \longrightarrow 4Cr^{3+}+3CH_3COOH+11H_2O$$

在 $Cr_2O_7^{2-}$ 溶液中，加入 30%双氧水和乙醚时，有蓝色的过氧化铬生成：

$$Cr_2O_7^{2-}+4H_2O_2+2H^+ \xrightarrow{\text{乙醚}} 2CrO_5+5H_2O$$

这是检验 Cr^{3+} 的一个灵敏反应，反应温度宜低。过氧化铬不稳定，放置或微热时会分解为三价铬盐和氧气。

$$4CrO_5+12H^+ \longrightarrow 4Cr^{3+}+6H_2O+7O_2$$

图 13-2 为铬的相同氧化态和不同氧化态物种之间的转化：

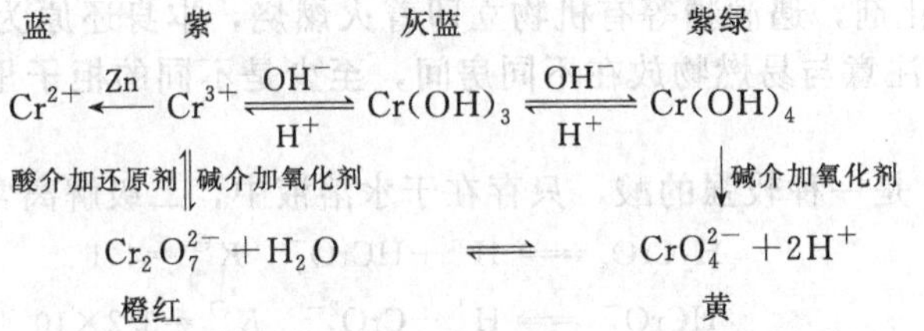

$$\underset{\text{蓝}}{Cr^{2+}} \xleftarrow{Zn} \underset{\text{紫}}{Cr^{3+}} \underset{H^+}{\overset{OH^-}{\rightleftharpoons}} \underset{\text{灰蓝}}{Cr(OH)_3} \underset{H^+}{\overset{OH^-}{\rightleftharpoons}} \underset{\text{紫绿}}{Cr(OH)_4^-}$$

Cr^{3+} ⇅（酸介加还原剂 / 碱介加氧化剂）；$Cr(OH)_4^-$ ↓（碱介加氧化剂）

$$\underset{\text{橙红}}{Cr_2O_7^{2-}+H_2O} \rightleftharpoons \underset{\text{黄}}{CrO_4^{2-}+2H^+}$$

图 13-2 铬的相同和不同氧化态之间的转化

(4) $Na_2Cr_2O_7$ 和 $K_2Cr_2O_7$ 的工业制备 工业上制备铬酸盐是以铬铁矿为原料，与 Na_2CO_3 混合，1000～1300℃下共熔得到铬酸钠：

$$4Fe(CrO_2)_2+8Na_2CO_3+7O_2 \xrightarrow{\triangle} 8Na_2CrO_4+2Fe_2O_3+8CO_2$$

然后用水沥取溶块，Na_2CrO_4 进入溶液。用酸将溶液调至中性，Fe^{3+}、Al^{3+} 等杂质离子水解成氢氧化物沉淀而被除去。再将溶液浓缩、酸化，使铬酸钠转为重铬酸钠。冷却，即有 $Na_2Cr_2O_7 \cdot 2H_2O$ 结晶析出，为工业品。在这项操作中，两次应用了 CrO_4^{2-} 和 $Cr_2O_7^{2-}$ 之间的平衡关系。将静置数日后的 $Na_2Cr_2O_7$ 工业品溶液在120℃下蒸发至 $\rho=1.8g \cdot mL^{-1}$，冷却，结晶，多次重结晶后可得纯品。

$K_2Cr_2O_7$ 的工业制法与钠盐相似，只是在分解铬铁矿时，将 Na_2CO_3 改为 K_2CO_3 即可，工业生产多使用 $KHCO_3$，以节约 KOH。

$K_2Cr_2O_7$ 也可由 $Na_2Cr_2O_7$ 与 KCl 进行复分解制得：

$$Na_2Cr_2O_7+2KCl \longrightarrow K_2Cr_2O_7+2NaCl$$

利用两种生成物的溶解度与温度关系不同，通过冷却热的饱和溶液使 $K_2Cr_2O_7$ 结晶出来得到产品。

13.3.4 含铬废水的处理

在铬的化合物中，以 Cr(Ⅵ) 的毒性最大。铬酸盐能降低生化需氧量，从而发生内窒息。它对胃、肠等有刺激作用，对鼻黏膜的损伤最大，长期吸入含 Cr(Ⅵ) 化合物的粉尘或烟雾，会引起鼻膜炎甚至鼻中隔穿孔，并有致癌作用。重铬酸钾常被用来代替鞣酸鞣制皮革，不法商人把鞣制过的皮革的边角料做水解蛋白，然后加入到其他奶粉中充较高蛋白奶粉出售，这种含铬奶粉对儿童造成了很大的危害。Cr(Ⅲ) 的毒性次之，Cr(Ⅱ) 及金属铬的毒性较小。电镀和制革工业以及生产铬化合物的工厂是含铬废水的主要来源。处理含 Cr(Ⅵ) 废水早已成为各国普遍重视的问题。很多工业品出厂都要标明含 Cr(Ⅵ) 量（产品环保 SGS 的重要指标）。我国规定工业废水含 Cr(Ⅵ) 的排放标准为 $0.1mg \cdot L^{-1}$。处理含铬废水的方法有还原法和电化学渗透法。

(1) 还原法 用 $FeSO_4$、Na_2SO_3、$Na_2S_2O_3$、$N_2H_4 \cdot 2H_2O$(水合肼) 或含 SO_2 烟道废气等作为还原剂，将 Cr(Ⅵ) 还原为 Cr(Ⅲ)，再用石灰乳沉淀为 $Cr(OH)_3$ 除去。

电解还原法是用金属铁作为阳极，Cr(Ⅵ) 在阴极上被还原为 Cr(Ⅲ)，阳极溶解下来的

Fe^{2+}（$Fe-2e^- \longrightarrow Fe^{2+}$）还可将 Cr(Ⅵ) 还原为 Cr(Ⅲ)。

(2) 离子交换法 Cr(Ⅵ) 在废水中常以阴离子 $Cr_2O_7^{2-}$ 或 CrO_4^{2-} 形式存在，让废水流经离子交换树脂进行离子交换。交换后的树脂用 NaOH 处理，再生后重复使用。交换和再生的反应式如下：

$$2R_4N^+OH^- + CrO_4^{2-} \rightleftharpoons (R_4N)_2CrO_4 + 2OH^-$$

用 NaOH 溶液洗脱下来的高浓度 CrO_4^{2-} 溶液，可回收利用。

据报道，利用石油亚砜萃取含铬废水，效果较好，萃取出的铬也可以回收利用。近年来，含铬废水的处理技术已由“除废排放”向“闭路循环”系统发展。例如，用隔膜电解法净化镀铬废液，除去废水中的其他杂质，而铬的浓度仍然不变，这种含铬废水可以循环使用。

13.4 锰及其化合物

13.4.1 金属锰

位于周期表ⅦB 族的锰是地壳中含量仅次于铁和钛的第三个丰富的过渡元素。它主要以氧化物的形式存在，最重要的矿石是软锰矿 $MnO_2 \cdot xH_2O$。前些年人们发现深海海底存在团块形式的含锰矿物“锰结核”，除含锰约 25%外，还含有铁、铜、镍、钴等金属元素。这种瘤状物估计有 3 万多亿吨，且每年以 1000t 的速率在增长（海洋浮游生物有富集锰的能力，尸体沉入海底，天久日常而形成“结核”）。

金属锰外形似铁，表面容易生锈而变黑暗，质硬而脆。纯锰用途有限，主要用于冶炼工业生产含锰合金。高锰钢坚硬、强韧，是轧制铁轨、架设桥梁和耐磨轴承的优质材料。锰钢制造的自行车，质量轻，强度高，颇受欢迎。锰钢还有一个优异特点——不会被磁化，可用在船舰要防磁的部位。

单质锰属于活泼金属，在空气中锰表面生成的氧化物膜，可以保护金属内部不受侵蚀。粉末状的锰能被彻底氧化，有时甚至能起火，并生成 Mn_3O_4（是 $MnO \cdot Mn_2O_3$ 混合氧化物，类似于 Fe_3O_4）；锰能分解冷水：

$$Mn + 2H_2O \longrightarrow Mn(OH)_2 + H_2\uparrow$$

水中若存在少量 NH_4Cl 时，此反应加速。

锰和卤素、S、C、N、Si 等非金属能直接化合生成 MnX_2、MnS、Mn_3N_2 等。

锰溶于一般的无机酸，生成盐，与冷的浓硫酸作用缓慢。在有氧化剂存在下，金属锰可以与熔融碱作用生成 K_2MnO_4：

$$2Mn + 4KOH + 3O_2 \longrightarrow 2K_2MnO_4 + 2H_2O$$

锰原子的价层电子构型为 $3d^54s^2$，最高氧化值为＋7，还有＋2、＋4、＋6 等氧化值，其中以＋2、＋4、＋7 三种氧化值的化合物最为重要。酸性溶液中以 Mn(Ⅱ) 最稳定，中性及碱性溶液中以 Mn(Ⅳ) 较稳定，Mn(Ⅶ) 具有氧化性，Mn(Ⅵ) 和 Mn(Ⅲ) 易歧化。在羰基化合物及其衍生物中有零甚至负氧化值，但它们不稳定，有很强的还原性。酸性和碱性溶液中的元素电势图如下：

$\varphi_A^\ominus/V$：$MnO_4^- \xrightarrow{0.56V} MnO_4^{2-} \xrightarrow{2.26V} MnO_2 \xrightarrow{1.23V} Mn^{2+}$（$MnO_4^-$—$MnO_2$：1.693V；$MnO_4^{2-}$—$Mn^{2+}$：1.745V）

$\varphi_B^\ominus/V$：$MnO_4^- \xrightarrow{0.56V} MnO_4^{2-} \xrightarrow{0.60V} MnO_2$

13.4.2 Mn(Ⅱ)的化合物

(1) 氢氧化物 Mn^{2+}溶液遇 NaOH 或 $NH_3 \cdot H_2O$，都能生成碱性、近白色的 $Mn(OH)_2$ 沉淀。从 Mn 的元素电极电势图可知，Mn(Ⅱ)在碱性介质中电极电势较低，易被氧气氧化，甚至溶于水的少量氧也能将其氧化成棕褐色的水合二氧化锰［习惯上写成 $MnO(OH)_2$，也称亚锰酸］：

$$Mn^{2+} + 2OH^- \longrightarrow Mn(OH)_2(\text{白色})$$

$$2Mn(OH)_2 + O_2 \longrightarrow 2MnO(OH)_2(\text{棕褐色})$$

这个反应在水质分析中用于测定水中的溶解氧。反应原理是在经吸氧后的 $MnO(OH)_2$ 中加入适量 H_2SO_4 使其酸化后，与过量的 KI 溶液作用，I^- 被氧化而析出 I_2，再用标准 $Na_2S_2O_3$ 溶液滴定，经换算就可得知水中的氧含量。

(2) Mn(Ⅱ)盐 Mn(Ⅱ)的价电子层构型为 $3d^5$，处于半充满状态，Mn(Ⅱ)在酸性水溶液中还是比较稳定的。

Mn(Ⅱ)的强酸盐易溶于水，如 $MnSO_4$、$MnCl_2$、$Mn(NO_3)_2$ 等；而多数弱酸盐难溶于水，如：

	$MnCO_3$	MnS	MnC_2O_4
	白色	绿色	白色
$K^{\ominus}_{sp}$	2.3×10^{-11}	2.5×10^{-13}	1.7×10^{-7}

但它们可以溶于强酸中，这是过渡元素的一般规律。锰盐属弱碱盐，在溶液中有水解性质。制备锰盐时，在使溶液蒸发、浓缩过程中，必须保持溶液有足够的酸度，以防止 Mn^{2+} 水解成不稳定的 $Mn(OH)_2$。

酸性溶液中，Mn^{2+} 还原性较弱，欲使 Mn^{2+} 氧化，必须选用强氧化剂，如 $NaBiO_3$、PbO_2、$(NH_4)_2S_2O_8$ 等，例如：

$$2Mn^{2+} + 5NaBiO_3 + 14H^+ \longrightarrow 2MnO_4^- + 5Bi^{3+} + 7H_2O + 5Na^+$$

反应产物 MnO_4^- 即使在很稀的溶液中，也能显示出它的特征粉红色。因此，上述反应可用来鉴定溶液中 Mn^{2+} 的存在。

Mn(Ⅱ)盐的制备较方便，可溶性锰盐用金属锰和相应的酸反应即可。如制乙酸锰用锰与乙酸，硝酸锰用金属锰与硝酸。

$$2HAc + Mn \longrightarrow MnAc_2 + H_2\uparrow$$

$$3Mn + 8HNO_3 \longrightarrow 3Mn(NO_3)_2 + 2NO\uparrow + 4H_2O$$

难溶性锰盐多用复分解反应制得，如碳酸锰、草酸锰的制备，反应式如下：

$$Mn(NO_3)_2 + NaHCO_3 \longrightarrow MnCO_3\downarrow + NaNO_3 + HNO_3$$

$$Mn(NO_3)_2 + (NH_4)_2C_2O_4 \longrightarrow MnC_2O_4\downarrow + 2NH_4NO_3$$

在蒸发可溶性锰盐溶液以得到固体锰盐时，常会出现黑渣，这是 Mn^{2+} 在加热时被水解、氧化及脱水而产生的 MnO_2，即使溶液一直保持酸性也有这样的黑渣。要消除这种黑渣，可加入少量的酸和适量双氧水，MnO_2 被重新还原为 Mn^{2+}，从而消除黑渣。

$$MnO_2 + 2HNO_3 + H_2O_2 \longrightarrow Mn(NO_3)_2 + O_2\uparrow + 2H_2O$$

Mn(Ⅱ)盐生产所需锰有两大来源：一种是由铝热还原的大块锰，含 Fe、Al、Si 杂质较多，含 SO_4^{2-} 较少；另一种是由电解法制得的小薄片，锰纯度较高，但 SO_4^{2-} 较多。制备不同产品，可根据需要选择。

很多含有结晶水的 Mn(Ⅱ)盐，如 $MnSO_4 \cdot 7H_2O$，$Mn(ClO_4)_2 \cdot 6H_2O$，$Mn(NO_3)_2 \cdot 6H_2O$ 等都含有 $[Mn(H_2O)_6]^{2+}$ 配离子，它是外轨型的。当 Mn^{2+} 与强场配体结合时，能形成内轨型配离子，如 $[Mn(CN)_6]^{4-}$。

13.4.3　Mn（Ⅳ）的化合物

Mn(Ⅳ) 化合物中最常见的是二氧化锰，MnO_2 很稳定，不溶于 H_2O、稀酸和稀碱，在酸碱中均不歧化。但 MnO_2 是两性氧化物，可以和浓酸浓碱反应。

$$4MnO_2+6H_2SO_4(浓)\longrightarrow 2Mn_2(SO_4)_3(紫红)+6H_2O+O_2$$

$$2Mn_2(SO_4)_3+2H_2O\longrightarrow 4MnSO_4+O_2+2H_2SO_4$$

$$MnO_2+2NaOH(浓)\longrightarrow Na_2MnO_3(亚锰酸钠)+H_2O$$

Mn(Ⅳ) 作为中间氧化态，既可作为氧化剂，也可作为还原剂，MnO_2 在强酸中有氧化性，与还原剂作用时被还原为 Mn^{2+}：

$$MnO_2+4HCl(浓)\longrightarrow MnCl_2+2H_2O+Cl_2$$

该反应常用在实验室制备少量氯气。但 MnO_2 和稀 HCl 不发生反应，因为 $E^\ominus(MnO_2/Mn^{2+})=1.23V$，小于 $E^\ominus(Cl_2/Cl^-)=1.36V$。HCl 的浓度至少要达到 $6mol\cdot L^{-1}$ 才能反应。MnO_2 还能氧化 H_2O_2 和 Fe^{2+} 等：

$$MnO_2+H_2O_2+H_2SO_4\longrightarrow MnSO_4+O_2\uparrow+2H_2O$$

MnO_2 在碱性条件下，可被氧化至 Mn(Ⅵ)

$$3MnO_2+6KOH+KClO_3\longrightarrow 3K_2MnO_4(绿色)+KCl+3H_2O$$

MnO_2 的制备有干法和湿法两种。干法由灼烧 $Mn(NO_3)_2$ 制得：

$$Mn(NO_3)_2\xrightarrow{\triangle}MnO_2+2NO_2\uparrow$$

湿法利用了 Mn(Ⅶ) 和 Mn(Ⅳ) 的逆歧化反应。

$$2KMnO_4+3Mn(NO_3)_2+2H_2O\longrightarrow 5MnO_2\downarrow+2KNO_3+4HNO_3$$

合成时将 $KMnO_4$ 的冷饱和溶液加到 $Mn(NO_3)_2$ 的稀溶液中，不断搅拌，直至上清液有微红色不褪，说明 $KMnO_4$ 稍过量，加少量 $Mn(NO_3)_2$ 至正好无色，再取上清液滴加 KOH 溶液至无白色沉淀，即达反应终点。过滤，洗去 MnO_2 中的 K^+，得到成品。

MnO_2 用途很广，大量用于制造干电池以及玻璃、陶瓷、火柴、油漆等工业，也是制备其他锰化合物的主要原料。

13.4.4　Mn（Ⅶ）的化合物

Mn(Ⅶ) 的化合物中，最重要的是高锰酸钾 $KMnO_4$(俗称灰锰氧)，为暗紫色晶体，有光泽。由于 $E^\ominus(MnO_4^-/MnO_2)=1.695V$，大于 $E^\ominus(O_2/H_2O)=1.229V$，故溶液中 MnO_4^- 有可能把 H_2O 氧化为 O_2，反应式如下：

$$4MnO_4^-+4H^+\longrightarrow 4MnO_2+2H_2O+3O_2\uparrow$$

该反应进行得很慢，但光对此反应有催化作用，故 $KMnO_4$ 固体及其溶液均需保存在棕色瓶中。上述反应缓慢进行中，溶液中的 $KMnO_4$ 浓度会逐渐变小，若用 $KMnO_4$ 溶液作为标准试剂来标定其他物质浓度时，必须滤掉 MnO_2 并重新标定该溶液。

$KMnO_4$ 是常用的强氧化剂。它的热稳定性较差，加热至 200℃ 以上就能分解并放出 O_2：

$$2KMnO_4\xrightarrow[200℃]{\triangle}K_2MnO_4+MnO_2+O_2$$

$KMnO_4$ 与有机物或易燃物混合，易发生燃烧或爆炸。它无论在酸性、中性、碱性溶液中都有氧化能力，即使是稀溶液也有强氧化性。随着介质的酸碱性不同，其还原产物有以下三种：

在酸性溶液中，MnO_4^- 被还原为 Mn^{2+}。例如：

$$2MnO_4^-+5SO_3^{2-}+6H^+\longrightarrow 2Mn^{2+}+5SO_4^{2-}+3H_2O$$

$$MnO_4^-+5Fe^{2+}+8H^+\longrightarrow Mn^{2+}+5Fe^{3+}+4H_2O$$

如果 MnO_4^- 过量，将进一步与它自身的还原产物 Mn^{2+} 发生反歧化反应而出现 MnO_2 沉淀，紫红色即消失：

$$2MnO_4^- + 3Mn^{2+} + 2H_2O \longrightarrow 5MnO_2 \downarrow + 4H^+$$

在中性或碱性溶液中，MnO_4^- 被还原为 MnO_2。例如：

$$2MnO_4^- + 3SO_3^{2-} + H_2O \longrightarrow 2MnO_2 \downarrow + 3SO_4^{2-} + 2OH^-$$

在强碱性或碱性溶液中，MnO_4^- 被还原为 MnO_4^{2-}。例如：

$$2MnO_4^- + SO_3^{2-} + 2OH^- \longrightarrow 2MnO_4^{2-} + SO_4^{2-} + H_2O$$

若 MnO_4^- 的量不足，还原剂过剩，则产物中的 MnO_4^{2-} 会继续氧化 SO_3^{2-}，其还原产物仍是 MnO_2：

$$MnO_4^{2-} + SO_3^{2-} + H_2O \longrightarrow MnO_2 \downarrow + SO_4^{2-} + 2OH^-$$

工业上制取 $KMnO_4$ 常以 MnO_2 为原料，分两步氧化。首先在强碱性介质中将它氧化为绿色的锰酸钾，氧化剂是空气中的 O_2（实验室中用 $KClO_3$ 或 $NaClO$ 作为氧化剂），MnO_2 与 KOH 混合，经加热、搅拌、水浸得 K_2MnO_4 溶液，而后对其进行电解氧化，则绿色的 MnO_4^{2-} 转化为紫红色的 MnO_4^-，经蒸发、冷却、结晶得紫黑色晶体。反应式如下：

$$2MnO_2 + 4KOH + O_2 \xrightarrow{\triangle} 2K_2MnO_4 + 2H_2O$$

$$2K_2MnO_4 + 2H_2O \xrightarrow{\text{电解}} 2KMnO_4(\text{阳极}) + 2KOH(\text{阴极}) + H_2 \uparrow$$

$KMnO_4$ 用途广泛，是常用的化学试剂。在医药上用作消毒剂。0.1%的稀溶液常用于水果和餐具的消毒，5%溶液可治烫伤，还可作为纤维和油脂的脱色漂白剂。

13.5 铁系元素的重要化合物

铁（Fe）、钴（Co）、镍（Ni）位于周期表Ⅷ族，Ⅷ族共有九种元素，这些元素的性质在横列方面更为近似，尤其是第一系列的 Fe、Co、Ni 与其余六种元素的差别较大。通常把 Fe、Co、Ni 称为铁系元素，其余六种元素称为铂系元素。本节只讨论铁系元素。

13.5.1 铁系元素的单质

铁系元素中以铁的分布最广，其在地壳中的丰度居第四位。铁的主要矿物有赤铁矿（Fe_2O_3）、褐铁矿（$2Fe_2O_3 \cdot 3H_2O$）、磁铁矿（Fe_3O_4）、菱铁矿（$FeCO_3$）。赤铁矿和磁铁矿是炼铁的主要原料，黄铁矿 FeS_2 含硫量高，用于制造硫酸，其废渣（Fe_2O_3）正好是炼铁的材料。高品位铁矿主要分布在澳大利亚、巴西、印度，力拓、必和必拓、淡水河谷三大铁矿企业几乎垄断了富铁矿。钴和镍的常见矿物有辉钴矿（CoAsS），砷钴矿（$CoAs_2$）和硅镁镍矿［$(Ni, Mg)_6Si_4O_{10}(OH)_8$］，镍黄铁矿［$(Ni, Fe)_9S_8$］等。

纯的 Fe、Co、Ni 均为银白色的金属，由于成单电子数依 Fe、Co、Ni 次序减少，故熔点逐渐下降。Fe 1535℃，Co 1495℃，Ni 1453℃。Fe、Ni 延展性好，Co 则硬而脆，铁系元素有强磁性，形成的合金都是优良的磁性材料。

钢铁两字常被放在一起讲，实际上，含碳量在 0.1%～1.7%的铁碳合金称为钢。铁是当今用量最大的金属材料，大量用来作为结构材料。由于钢铁的耐腐蚀性差，全世界每年约有 1/4 的钢铁制品由于锈蚀而报废。在钢中加入 Cr、Ni、Mn、Ti 等制成的合金钢，大大改善了钢铁的耐腐蚀性能。钴主要用于制造特种钢和磁性材料。钴的化合物广泛用作颜料和催化剂。镍主要用作其他金属的保护层或用来生产耐腐蚀的合金钢、硬币、镍-钛记忆合金及耐热元件。镍也是有机工业的催化剂和良好的储氢材料。

铁、钴、镍属于中等活泼金属，活泼性按 Fe、Co、Ni 顺序递减。块状铁、钴、镍的纯单质在空气和水中是稳定的，含杂质的铁在潮湿的空气中慢慢形成结构疏松的棕色铁锈（$Fe_2O_3 \cdot 3H_2O$）。常温下，铁、钴、镍与氧、硫、氯、溴等非金属不发生显著反应，但在加热条件下，将与上述非金属发生较剧烈反应。例如，在 423K 以上 Fe 与 O_2 反应生成 Fe_2O_3 和

Fe_3O_4；在 773K 以上 Co 与 O_2 反应生成 Co_2O_3；在 1173K 以上 Ni 与 O_2 反应生成 NiO。

Fe 溶于 HCl、稀 H_2SO_4 和 HNO_3，但冷而浓的 H_2SO_4、HNO_3 会使其钝化。Co、Ni 在 HCl 和稀 H_2SO_4 中溶解比 Fe 缓慢。与铁一样，钴和镍遇冷 HNO_3 也会钝化。浓碱能缓慢侵蚀铁，而钴、镍在浓碱中比较稳定，镍质容器可盛熔融碱。

铁、钴、镍都能和一氧化碳形成羰基化合物，如 $Fe(CO)_5$、$Co_2(CO)_8$ 和 $Ni(CO)_4$。这些羰合物热稳定性差，利用它们的热分解可以制得高纯度金属。

铁系元素原子的价电子构型为 $3d^{6\sim8}4s^2$，可以失去电子呈现＋2，＋3 氧化值。其中，Fe^{3+} 比 Fe^{2+} 稳定，Co^{2+} 比 Co^{3+} 稳定，而 Ni 通常只有＋2 氧化值。这与它们原子半径大小和电子构型有关。

13.5.2 铁系元素的氧化物和氢氧化物

(1) 氧化物 铁系元素氧化物及相关性质见表 13-3。

表 13-3 铁、钴、镍的氧化物性质

氧化物	颜色	氧化还原性	酸碱性	氧化物	颜色	氧化还原性	酸碱性
FeO	黑色	还原性	碱性	Co_2O_3	黑色	强氧化性	两性偏碱
Fe_2O_3	砖红色		两性偏碱	NiO	暗绿色		碱性
CoO	灰绿色		碱性	Ni_2O_3	黑色	强氧化性	碱性

低氧化态氧化物具有碱性，溶于强酸而不溶于碱。高氧化态氧化物碱性较弱，Fe_2O_3 略带两性，与强碱共熔，可生成铁酸盐。

$$Fe_2O_3 + 6HCl \longrightarrow 2FeCl_3 + 3H_2O$$

$$Fe_2O_3 + Na_2CO_3 \xrightarrow{\text{熔融}} 2NaFeO_2 + CO_2 \uparrow$$

纯净的铁、钴、镍氧化物常用热分解其碳酸盐、硝酸盐或草酸盐来制备。M(Ⅱ) 氧化物可由 M(Ⅱ) 的碳酸盐或草酸盐在隔绝空气、温度不太高的条件下制得：

$$FeC_2O_4 \xrightarrow{373K} FeO + CO_2 \uparrow + CO \uparrow$$

M_2O_3 可在空气中加热相应的碳酸盐、草酸盐或硝酸盐即可：

$$4NiCO_3 + O_2 \xrightarrow{\triangle} 2Ni_2O_3 + 4CO_2 \uparrow$$

$$4Co(NO_3)_2 \xrightarrow{\triangle} 2Co_2O_3 + O_2 \uparrow + 8NO_2 \uparrow$$

Co_2O_3 及 Ni_2O_3 也是难溶于水的两性偏碱氧化物，它们有强氧化性，Co(Ⅲ)、Ni(Ⅲ) 与酸作用时，得不到 Co(Ⅲ) 和 Ni(Ⅲ) 的盐，而是 Co(Ⅱ) 和 Ni(Ⅱ) 的盐。例如：

$$Co_2O_3 + 6HCl \longrightarrow 2CoCl_2 + Cl_2 \uparrow + 3H_2O$$

$$2Ni_2O_3 + 4H_2SO_4 \longrightarrow 4NiSO_4 + O_2 \uparrow + 4H_2O$$

Fe_2O_3 俗称铁红，可作为红色颜料、抛光粉和磁性材料。Fe_3O_4 的纳米材料，因其优异的磁性能和宽频率范围的强吸收性，而成为磁记录材料和战略轰炸机、导弹的隐形材料。FeO、NiO、CoO 的纳米材料具有良好的热、电性能，可制成多种温度传感器。

(2) 氢氧化物 铁系元素氢氧化物及相关性质见表 13-4。

表 13-4 铁、钴、镍的氢氧化物性质

氢氧化物	颜色	氧化还原性	酸碱性	氢氧化物	颜色	氧化还原性	酸碱性
$Fe(OH)_2$	白色	还原性	碱性	$Co(OH)_3$	棕色	氧化性	碱性
$Fe(OH)_3$	红棕色		两性偏碱	$Ni(OH)_2$	绿色	弱还原性	碱性
$Co(OH)_2$	粉红色	还原性	碱性	$Ni(OH)_3$	黑色	强氧化性	碱性

从下列元素电势图可以说明上表有关性质：

$$E_A^{\ominus}/V \qquad FeO_4^{2-} \xrightarrow{1.9} Fe^{3+} \xrightarrow{0.771} Fe^{2+} \xrightarrow{-0.44} Fe$$

$$E^{\ominus}_{B}/V \quad \begin{array}{l} Co^{3+} \xrightarrow{1.84} Co^{2+} \xrightarrow{-0.277} Co \\ NiO_2 \xrightarrow{1.68} Ni^{2+} \xrightarrow{-0.246} Ni \\ FeO_4^{2-} \xrightarrow{0.9} Fe(OH)_3 \xrightarrow{-0.56} Fe(OH)_2 \xrightarrow{-0.877} Fe \\ Co(OH)_3 \xrightarrow{0.17} Co(OH)_2 \xrightarrow{-0.73} Co \\ NiO_2 \xrightarrow{0.7} NiO(OH) \xrightarrow{0.52} Ni(OH)_2 \xrightarrow{-0.72} Ni \end{array}$$

向 Fe^{2+}、Co^{2+}、Ni^{2+} 的溶液中加入碱都能生成相应的沉淀。但是，由于 $Fe(OH)_2$ 的还原性很强，反应之初甚至看不到 $Fe(OH)_2$ 的白色，而先是灰绿色并逐渐被空气中的 O_2 完全氧化为棕红色的 $Fe(OH)_3$，只有在反应前先赶净相关溶液中的 O_2，才有可能得到白色的 $Fe(OH)_2$ 沉淀。粉红色的 $Co(OH)_2$ 也会被空气中 O_2 氧化为棕黑色的 $Co(OH)_3$，但因 $Co(OH)_2$ 还原性较弱，反应较慢。$Ni(OH)_2$ 不能被空气中 O_2 氧化，只有在强碱性条件，并加入较强氧化剂下才能将其氧化成黑色的 NiO(OH)。相关方程式如下：

$$4Fe(OH)_2 + O_2 + 2H_2O \longrightarrow 4Fe(OH)_3$$

$$2Ni(OH)_2 + ClO^- \longrightarrow 2NiO(OH) + Cl^- + H_2O$$

新沉淀出来的 $Fe(OH)_3$ 有较明显的两性，它能溶于强碱溶液：

$$Fe(OH)_3 + 3OH^- \longrightarrow [Fe(OH)_6]^{3-}$$

沉淀放置稍久后则难溶于碱，只能与酸反应生成 Fe^{3+} 盐。$Co(OH)_3$ 和 $Ni(OH)_3$ 也是两性偏碱，但由于它们在酸性介质中有很强的氧化性，它们与非还原性酸（如 H_2SO_4,HNO_3）作用时氧化 H_2O 放出 O_2，而与浓 HCl 作用时，则将其氧化并放出 Cl_2：

$$2Co(OH)_3 + 2H_2SO_4 \longrightarrow 2CoSO_4 + 1/2O_2\uparrow + 5H_2O$$

$$2Co(OH)_3 + 6HCl \longrightarrow 2CoCl_2 + Cl_2\uparrow + 6H_2O$$

$Ni(OH)_3$ 的氧化能力比 $Co(OH)_3$ 的更强。

13.5.3 铁、钴、镍的盐类

(1) M(Ⅱ) 盐 氧化态为+2 的铁、钴、镍盐，在性质上有许多相似之处。它们的强酸盐都易溶于水，并有微弱的水解，因而溶液显酸性。强酸盐从水溶液中析出结晶时，往往带有一定数目的结晶水，如 $MCl_2\cdot 6H_2O$，$M(NO_3)_2\cdot 6H_2O$，$MSO_4\cdot 7H_2O$。与弱酸根，如 F^-、CO_3^{2-}、$C_2O_4^{2-}$、PO_4^{3-}、S^{2-} 等生成难溶盐。

铁系元素的硫酸盐可由它们的氧化物或氢氧化物溶于硫酸得到。$FeSO_4\cdot 7H_2O$(七水硫酸亚铁)，俗称绿矾或黑矾，是其中最重要的盐类。不稳定，容易被氧化成黄褐色的碱式硫酸铁 $Fe(OH)SO_4$：

$$4FeSO_4 + O_2 + 2H_2O \longrightarrow 4Fe(OH)SO_4$$

因此，亚铁盐中常含有杂质 Fe^{3+}。为了防止 Fe^{2+} 的氧化，常常在 $FeSO_4$ 溶液中加入少量铁屑或铁钉。Fe^{2+} 具有较强的还原性，在酸性溶液中可以将较强的氧化剂，如 MnO_4^-、$Cr_2O_7^{2-}$、H_2O_2 还原。这些反应可以用于定量分析中。

在用金属铁与硫酸制备硫酸亚铁时有两点要注意：

① 始终保持金属 Fe 过量，一旦出现 Fe^{3+}，过量的 Fe 立即将它还原为 Fe^{2+}：

$$2Fe^{3+} + Fe \longrightarrow 3Fe^{2+}$$

铁是较活泼的金属，若溶液中存在 Cu^{2+}、Pb^{2+} 等离子，也能把它们置换出来以保持溶液纯净。

② 为防止 Fe^{2+} 的水解及水解产物 $Fe(OH)_2$ 的氧化，制备过程中要始终保持溶液的酸性（随时补加酸）。$FeSO_4\cdot 7H_2O$ 从溶液中析出的温度范围为−1.8～56.6℃，即使在冬天制备，冷却温度也不得低于−1.8℃，否则冰和盐将同时析出，给后面的干燥操作带来麻烦，并将引起水解、氧化、使产品变质。干燥后的固体虽比在溶液中稳定，但久置空气中也会被缓缓氧化，生成黄色的碱式铁盐。

$FeSO_4\cdot 7H_2O$ 在空气中逐渐失去结晶水，风化得到无水 $FeSO_4$。无水 $FeSO_4$ 为白色粉状物，加强热则分解为 Fe_2O_3 和硫的氧化物：

$$2FeSO_4 \cdot 7H_2O \xrightarrow{\triangle} Fe_2O_3 + SO_2\uparrow + SO_3\uparrow + 7H_2O$$

$FeSO_4$ 用途广泛，它与鞣酸作用生成鞣酸亚铁，在空气中被氧化成黑色鞣酸铁，常用来制作蓝黑墨水。此外，$FeSO_4$ 还常用作媒染剂、鞣革剂和木材防腐剂等。

Co(Ⅱ) 盐主要有 $CoSO_4 \cdot 7H_2O$ 和 $CoCl_2 \cdot 6H_2O$。其中 $CoCl_2 \cdot 6H_2O$ 是常用的钴盐，它在受热过程中伴随着颜色的变化：

$$\underset{\text{粉红}}{CoCl_2 \cdot 6H_2O} \underset{325K}{\rightleftharpoons} \underset{\text{紫红}}{CoCl_2 \cdot 2H_2O} \underset{363K}{\rightleftharpoons} \underset{\text{蓝紫}}{CoCl_2 \cdot H_2O} \underset{393K}{\rightleftharpoons} \underset{\text{蓝}}{CoCl_2}$$

根据颜色变化，可判断其含结晶水的情况。利用这一特性将氯化钴用作硅胶干燥剂的指示剂，用来指示硅胶的吸水情况。$[Co(H_2O)_6]^{2+}$ 显粉红色，用这种稀溶液在白纸上写的字几乎看不出字迹。将此白纸烘热脱水即显出蓝色字迹，吸收潮气后字迹再次隐去，所以 $CoCl_2$ 溶液被称为隐显墨水。

在用 HCl 中和 $Co(OH)_2$ 制 $CoCl_2$ 时，常会出现呛人的氯气味，这种新生态的氯有很大的刺激性，非一般防毒面具所能保护。对人危害性大，并多消耗 HCl。这是因为 $Co(OH)_2$ 在存放过程中，部分被氧化为 $Co(OH)_3$，$Co(OH)_3$ 氧化 HCl 生成 Cl_2。故每合成一批，马上用 HCl 中和，切勿长期放置。

Ni(Ⅱ) 盐以硫酸镍 $NiSO_4 \cdot 7H_2O$ 最为常见，为绿色晶体。常利用金属镍与硫酸或硝酸反应制备硫酸镍：

$$2Ni + 2HNO_3 + 2H_2SO_4 \longrightarrow 2NiSO_4 + NO_2\uparrow + NO\uparrow + 3H_2O$$

硫酸镍大量用于电镀工业。

铁、钴、镍的硫酸盐都能和碱金属或铵的硫酸盐形式形成复盐，如硫酸亚铁铵 $(NH_4)_2SO_4 \cdot FeSO_4 \cdot 7H_2O$（俗称摩尔氏盐，Mohr），它比相应的亚铁盐 $FeSO_4 \cdot 7H_2O$ 更稳定，不易被氧化；在化学分析中作为还原剂用以配制 Fe(Ⅱ) 标准溶液，用于标定 $KMnO_4$ 等标准溶液。

(2) M(Ⅲ) 盐　在铁系元素中，由于 Co^{3+} 和 Ni^{3+} 的强氧化性，只有氧化值为 +3 的铁能够形成稳定的可溶性盐，常见的可溶性盐有：橘黄色的 $FeCl_3 \cdot 6H_2O$，浅紫色的 $Fe(NO_3)_3 \cdot 6H_2O$，浅黄色的 $Fe_2(SO_4)_3 \cdot 12H_2O$ 和浅紫色的 $NH_4Fe(SO_4)_2 \cdot 12H_2O$ 等。

Fe(Ⅲ) 盐的主要性质之一是容易水解，其水解产物较复杂，一般近似地认为是氢氧化铁：

$$Fe^{3+} + 3H_2O \rightleftharpoons Fe(OH)_3 + 3H^+$$

通常认为 Fe^{3+} 是黄色的，实际上在酸度较高的介质中 $[c(H^+) = 1.0mol \cdot L^{-1}]$，铁离子以 $[Fe(H_2O)_6]^{3+}$ 形式存在，是无色的，当 pH＝1.8 就开始水解，随着 pH 值增大，水解加深，水解物会形成二聚甚至多聚体，溶液的颜色由黄色加深至红棕色。当 pH＝4～5 时，即形成水合三氧化二铁沉淀。

氯化铁或硫酸铁用作净水剂，就是利用上述性质。它们的胶状水解物易吸附悬浮水中的泥砂一起聚沉，浑浊的水即变清澈。

Fe(Ⅲ) 盐的另一性质是氧化性。尽管它的氧化性属于中等，但在酸性溶液中仍能氧化一些较强的还原剂。例如：

$$2FeCl_3 + 2KI \longrightarrow 2FeCl_2 + I_2 + 2KCl$$

$$2FeCl_3 + H_2S \longrightarrow 2FeCl_2 + S + 2HCl$$

工业上常用浓的 $FeCl_3$ 溶液在铁制品上刻蚀字样，或在铜板上腐蚀出印刷电路，就是利用 Fe^{3+} 的氧化性：

$$2FeCl_3 + Fe \longrightarrow 3FeCl_2$$

$$2FeCl_3 + Cu \longrightarrow 2FeCl_2 + CuCl_2$$

无水 $FeCl_3$ 可由铁屑与氯气在高温下直接化合得到：

$$2Fe + 3Cl_2 \xrightarrow{\triangle} 2FeCl_3$$

无水 $FeCl_3$ 的熔点（555K）、沸点（588K）都比较低，能够用升华法提纯；无水 $FeCl_3$ 能够溶于丙酮等多种有机溶剂中。这些说明无水 $FeCl_3$ 具有明显的共价性。在 673K 时，气态的 $FeCl_3$ 以双聚分子 Fe_2Cl_6 的形式存在，其结构与 $AlCl_3$ 很相似。

13.5.4　铁系元素的配位化合物

铁、钴、镍的电子层结构决定了它们都是很好的配合物形成体，它们的中性原子、+2 氧化值或+3 氧化值的阳离子都可以作为中心离子形成配合物。其中较重要的配合物有氨配合物、氰配合物、硫氰配合物及羰基配合物等。

(1) 氨配合物　Fe^{2+}、Fe^{3+} 的氢氧化物溶度积常数很小，在氨溶液中，极少量的 OH^- 就能与 Fe^{2+}、Fe^{3+} 生成氢氧化物沉淀，在溶液中无氨配合物，氨配合物只有在气态才能存在。

Co^{2+} 的溶液于 NH_4^+ 存在下加入过量氨水，生成土黄色的 $[Co(NH_3)_6]^{2+}$，NH_4^+ 的作用是抑制氨水的解离，使 OH^- 的浓度小到不能与 Co^{2+} 生成沉淀。$[Co(NH_3)_6]^{2+}$ 在空气中能被氧化成稳定的淡红色的 $[Co(NH_3)_6]^{3+}$：

$$4[Co(NH_3)_6]^{2+} + O_2 + 2H_2O \longrightarrow 4[Co(NH_3)_6]^{3+} + 4OH^-$$

与 Co^{3+} 相比，该配离子的氧化能力明显弱。下列电极电势可以说明：

$$Co^{3+} + e^- \rightleftharpoons Co^{2+} \quad E^{\ominus} = 1.84V$$

$$[Co(NH_3)_6]^{3+} + e^- \rightleftharpoons [Co(NH_3)_6]^{2+} \quad E^{\ominus} = 0.1082V$$

Ni^{2+} 在过量氨水中生成蓝紫色的 $[Ni(NH_3)_6]^{2+}$，稳定性比 $[Co(NH_3)_6]^{2+}$ 高，即不易被氧化成配离子 Ni(Ⅲ)。

(2) 氰合物　铁、钴、镍和 CN^- 都能形成稳定的配合物，它们都属于内轨型配合物。

Fe^{2+} 与 KCN 溶液作用，首先析出白色氰化亚铁沉淀，随即溶解而形成六氰合铁（Ⅱ）酸钾 $K_4[Fe(CN)_6]$，简称亚铁氰化钾，俗称黄血盐，为柠檬黄色晶体：

$$Fe^{2+} \xrightarrow{KCN} Fe(CN)_2 \downarrow \xrightarrow{过量 KCN} K_4[Fe(CN)_6]$$

在黄血盐溶液中通入氯气或加入 $KMnO_4$ 溶液，可将 $[Fe(CN)_6]^{4-}$ 氧化成 $[Fe(CN)_6]^{3-}$：

$$2K_4[Fe(CN)_6] + Cl_2 \longrightarrow 2K_3[Fe(CN)_6] + 2KCl$$

$$3K_4[Fe(CN)_6] + KMnO_4 + 2H_2O \longrightarrow 3K_3[Fe(CN)_6] + MnO_2 \downarrow + 4KOH$$

六氰合铁（Ⅲ）酸钾 $K_3[Fe(CN)_6]$，简称铁氰化钾，俗称赤血盐，为深红色晶体。

在含有 Fe^{2+} 的溶液中加入铁氰化钾，或在 Fe^{3+} 的溶液中加入亚铁氰化钾，都有蓝色沉淀生成：

$$K^+ + Fe^{2+} + [Fe(CN)_6]^{3-} \longrightarrow KFe[Fe(CN)_6] \downarrow (腾氏蓝)$$

$$K^+ + Fe^{3+} + [Fe(CN)_6]^{4-} \longrightarrow KFe[Fe(CN)_6] \downarrow (普鲁士蓝)$$

以上两个反应可以用来鉴定 Fe^{2+} 和 Fe^{3+} 的存在。结构研究表明，这两种蓝色沉淀的组成和结构完全相同，都是 $K[Fe^{Ⅱ}(CN)_6Fe^{Ⅲ}]$。此物广泛用于油墨和油漆制造业。$[Fe(CN)_6]^{4-}$ 也能与其他金属离子形成特殊颜色的难溶化合物。如 Cu^{2+}（红棕）、Co^{2+}（绿）、Cd^{2+}（白）、Mn^{2+}（白）、Ni^{2+}（绿）、Pb^{2+}（白）、Zn^{2+}（白）等。在实验室中，常用黄血盐来检验 Cu^{2+} 的存在。

赤血盐的溶解度比黄血盐大，它在碱性溶液中具有氧化作用：

$$4K_3[Fe(CN)_6] + 4KOH \longrightarrow 4K_4[Fe(CN)_6] + O_2 \uparrow + 2H_2O$$

在中性溶液中，有微弱的水解作用：

$$K_3[Fe(CN)_6] + 3H_2O \rightleftharpoons Fe(OH)_3 \downarrow + 3KCN + 3HCN$$

因此，使用赤血盐的溶液时，需要临时配制。

Co^{2+}与 KCN 溶液作用，首先析出红色水合氰化物沉淀，与过量 KCN 溶液作用，形成紫红色的 $K_4[Co(CN)_6]$ 晶体：

$$Co^{2+} \xrightarrow{KCN} Co(CN)_2 \downarrow \xrightarrow{过量 KCN} K_4[Co(CN)_6]$$

$[Co(CN)_6]^{4-}$ 比 $[Co(NH_3)_6]^{2+}$ 更不稳定，是一个相当强的还原剂

$$[Co(CN)_6]^{3-} + e^- \rightleftharpoons [Co(CN)_6]^{4-} \quad E^{\ominus} = -0.83 \text{ V}$$

而 $[Co(CN)_6]^{3-}$ 则比 $[Co(CN)_6]^{4-}$ 要稳定得多。Co(Ⅱ) 受强配位场的影响，容易氧化，稍稍加热 $[Co(CN)_6]^{4-}$ 的溶液，它就会被水中的 H^+ 氧化，放出氢气：

$$2[Co(CN)_6]^{4-} + 2H_2O \rightleftharpoons 2[Co(CN)_6]^{3-} + 2OH^- + H_2 \uparrow$$

Ni^{2+}与 KCN 溶液作用，首先析出灰蓝色水合氰化物沉淀，此沉淀溶于过量的 CN^- 溶液中，形成橙黄色的 $[Ni(CN)_4]^{2-}$，它是抗磁性物质，以 dsp^2 杂化成键，具有平面正方形结构。

(3) 硫氰配合物 向 Fe^{3+} 溶液中加入硫氰化钾 KSCN 或硫氰化铵 NH_4SCN，溶液立即呈现血红色：

$$Fe^{3+} + nSCN^- \longrightarrow [Fe(NCS)_n]^{3-n}$$

反应式中 $n=1 \sim 6$，随 SCN^- 的浓度而异。这是鉴定 Fe^{3+} 的灵敏反应之一。这一反应也常用于 Fe^{3+} 的比色分析。

该反应必须在酸性条件下进行，如酸性弱，Fe^{3+} 易水解，形成 $Fe(OH)_3$ 沉淀，异硫氰合铁的配合物将难以形成。

向 Co^{2+} 溶液中加入硫氰化钾 KSCN 或硫氰化铵 NH_4SCN，可以形成蓝色的 $[Co(NCS)_4]^{2-}$ 配离子，它在水溶液中不稳定，易解离成粉红色的水合钴(Ⅱ)离子。$[Co(NCS)_4]^{2-}$ 在丙酮或戊醇中比较稳定，故常用这类溶剂抑制解离或进行萃取，并进行比色分析。Ni^{2+} 与硫氰根的配合物更不稳定。

(4) 羰基化合物 铁系元素的另一化学特征是它们的单质能与 CO 配合，形成羰基化合物，如 $[Fe(CO)_5]$、$[CO_2(CO)_8]$、$[Ni(CO)_4]$等。其中铁、钴、镍的氧化值为零，这些羰基化合物一般熔、沸点低，容易挥发，且热稳定性差，容易分解析出单质。

利用上述性质可以提纯金属。例如，蒙德 (Mond) 法提纯镍的过程是将 CO 于 60℃通入不纯的镍粉，得到无色的四羰基镍（沸点 43℃）蒸气，再将含有 $Ni(CO)_4$ 的 CO 气流通过许多搅动着的、热至 200℃的小镍球，即在小镍球表面分解纯 Ni 并使小镍球逐渐长大，释出的 CO 可以循环利用。由此得到的镍，纯度可达 99.9%以上。需要指出的是，羰基化合物都有毒，且中毒后很难治疗，因而制备和使用它们时，均应严防其蒸气外泄。

13.6 铜副族元素

铜副族元素位于元素周期表的ⅠB族，与锌副族（ⅡB族）构成 ds 区元素。ds 区元素的价电子构型为 $(n-1)d^{10}ns^{1\sim2}$。虽然最外层电子数与同周期的ⅠA和ⅡA族元素相同，但由于 ds 区元素次外层是 18 电子构型，屏蔽效应比 8 电子结构小，原子对最外层电子的引力大，使得 ds 区元素活泼性远小于同周期 s 区元素。另外，ds 区同族元素自上而下活泼性减弱，变化规律与主族元素正好相反。

13.6.1 铜副族元素的单质

铜副族元素包括ⅠB族的铜、银、金三种元素。铜、银、金具有美丽的外观颜色，铜为紫色，银为白色，金为黄色，是人类最早发现并使用的三种金属，有“货币金属”之称。由

于铜、银、金性质不活泼，在自然界中有以单质存在的矿藏，相对活泼的铜主要以硫化物、碱式碳酸盐形式存在，银主要以硫化物和氯化物形式存在，而最不活泼的金多以细砂粒夹在石英砂矿中。基本性质列于表 13-5。

表 13-5 铜副族元素的基本性质

元素	原子序数	价层电子结构	主要氧化数	熔点/℃	沸点/℃	共价半径/pm	密度/g·cm^{-3}
Cu	29	$3d^{10}4s^1$	+1,+2	1083	2570	118	8.95
Ag	47	$4d^{10}5s^1$	+1	962	2155	134	10.49
Au	79	$5d^{10}6s^1$	+1,+3	1064	2808	134	19.32

(1) 物理性质 铜族元素具有熔沸点高，密度大，导热性、导电性、延展性好等特点。其中银的导电、传热能力是所有金属中最好的，铜居第二位。金的延展性很好，最薄的金箔可薄至 0.116～0.127μm，1g 金可以拉制成长达 4km 的金丝。另外铜族元素还有抗腐蚀性强，可以形成配合物，易形成合金等特性。

铜大量用来制造电缆电线，是电力、电子工业和航天工业最重要的金属之一，也用于制造化工设备和机械零件。银主要用于电镀、制镜和电池的生产中。另外银也大量用于制作银器、首饰和感光材料，以及医疗上用于补牙的银汞齐等。金主要作为黄金储备、铸币及制造首饰，并在镶牙、电子工业（耐腐蚀触点）、航天工业等方面有重要用途。

(2) 化学性质 铜族元素化学活泼性很差，并按铜、银、金的顺序减弱。

铜、银、金在干燥纯净的空气中都比较稳定，在水中也不反应。但铜在加热后会形成氧化铜或氧化亚铜，在含有 CO_2 的潮湿空气中，铜表面会慢慢生成一层绿色的铜锈：

$$2Cu+O_2+H_2O+CO_2 \longrightarrow Cu(OH)_2 \cdot CuCO_3$$

银抗腐蚀性强，生产化学试剂的许多设备和器皿都是银制的，在溶化强碱 KOH 时，银锅就是最理想的容器。金的化学性质更加惰性。

铜和银在加热的情况下可与硫反应，特别是银在与含有 H_2S 的空气接触后，表面会形成一层黑色的 Ag_2S 薄膜，使银失去原有的光泽：

$$4Ag+2H_2S+O_2 \longrightarrow 2Ag_2S+2H_2O$$

铜族元素都可以和卤素反应，铜在常温下就可和卤素反应，银反应很慢，金则需要在加热的条件下才能与干燥的卤素发生反应。

铜、银、金都不能与稀盐酸或稀硫酸作用放出氢气，但铜和银可以溶于硝酸或热的浓硫酸，而金只能溶于王水：

$$Cu+4HNO_3(浓) \longrightarrow Cu(NO_3)_2+2NO_2\uparrow+2H_2O$$

$$3Cu+8HNO_3(稀) \longrightarrow 3Cu(NO_3)_2+2NO\uparrow+4H_2O$$

$$Cu+2H_2SO_4(浓) \xrightarrow{\triangle} CuSO_4+2SO_2\uparrow+2H_2O$$

$$2Ag+2H_2SO_4(浓) \xrightarrow{\triangle} Ag_2SO_4+SO_2\uparrow+2H_2O$$

$$Au+4HCl+HNO_3 \longrightarrow H[AuCl_4]+NO\uparrow+2H_2O$$

银遇到王水因为表面生成薄膜而阻止反应进一步进行。

铜还是人体和植物生长必需的微量元素之一，是血浆铜蓝蛋白和超氧化物歧化酶的重要成分，它参与 30 多种酶的组成和活化，能促进糖、淀粉、蛋白质和核酸的代谢转化，从而影响机体能量代谢和生长。如果缺铜就会影响人体对铁的吸收，发生贫血。

13.6.2 铜的重要化合物

铜可以形成+1、+2 两种氧化值的化合物。

13.6.2.1 氧化值为+1 的化合物

(1) 氧化物 由于制备方法和条件不同，Cu_2O 粒径大小不同。用 CuO 加强热分解

（即干法）制得的Cu_2O颗粒大。用还原剂还原Cu^{2+}溶液（即湿法）得到的Cu_2O颗粒小，活性大。Cu_2O大多情况下显红棕色。用糖还原Cu(Ⅱ)盐的碱溶液可以得到红色的Cu_2O：

$$2[Cu(OH)_4]^{2-}+CH_2OH(CHOH)_4CHO \longrightarrow Cu_2O\downarrow+4OH^-+CH_2OH(CHOH)_4COOH+2H_2O$$

具体操作是将$CuSO_4$和葡萄糖的混合液加热到32～35℃，在搅拌下加入NaOH溶液。分析化学中利用这个反应测定醛，医学上用这个反应检查糖尿病。

Cu_2O为共价化合物，不溶于水，是弱碱性的有毒物质。Cu_2O热稳定性好，在1235℃高温条件下也只熔融不分解，主要用于玻璃、陶瓷工业作为染料，还可用于船底漆。

Cu_2O溶于稀H_2SO_4时，立即发生歧化反应：

$$Cu_2O+H_2SO_4 \longrightarrow CuSO_4+Cu+H_2O$$

Cu_2O与HCl反应，生成难溶的白色氯化亚铜沉淀而不发生歧化：

$$Cu_2O+2HCl = 2CuCl\downarrow+H_2O$$

(2) 卤化物　卤化亚铜，除氟外其他三种CuX(X=Cl、Br、I)（据测定，分子式应为Cu_2X_2）都是白色难溶于水的化合物，其溶解度按Cl、Br、I顺序降低。CuCl不溶于硫酸、稀硝酸，可溶于浓盐酸及碱金属氯化物溶液中，根据Cl^-浓度的不同，可形成$[CuCl_2]^-$、$[CuCl_3]^{2-}$、$[CuCl_4]^{3-}$等配离子，用水稀释之后又重新得到CuCl白色沉淀：

$$[CuCl_2]^- \rightleftharpoons CuCl\downarrow+Cl^-$$

CuCl的合成通常用SO_2还原$CuSO_4$，具体工艺分以下三步：

① 配位合成　$CuSO_4+4NaCl \longrightarrow Na_2[CuCl_4]+Na_2SO_4$

② 还原　$2Na_2[CuCl_4]+SO_2+2H_2O \longrightarrow CuCl\downarrow+NaH[CuCl_3]+2NaCl+2HCl+NaHSO_4$

③ 冲稀分解　$NaH[CuCl_3] \xrightarrow{大量水} CuCl\downarrow+NaCl+HCl$

反应中，食盐必须过量；SO_2通气量要足，溶液保持70～80℃，还原反应终点判断要准确，溶液颜色变化为草绿—暗褐—褐—浅褐，最后近似透明的茶色即为反应终点；冲稀时水量要大，CuCl溶解度很小，不会有大的损失。

CuCl的盐酸溶液能吸收CO，形成氯化羰基亚铜CuCl(CO)·H_2O。

CuCl在工业上可用作催化剂、还原剂、脱硫剂、脱色剂、凝聚剂、杀虫剂和防腐剂。

(3) 硫化物　硫化亚铜是黑色难溶于水的化合物，只溶于浓、热硝酸和氰化钠溶液：

$$3Cu_2S+16HNO_3 \longrightarrow 6Cu(NO_3)_2+3S+4NO+8H_2O$$

$$Cu_2S+4CN^- \longrightarrow 2[Cu(CN)_2]^-+S^{2-}$$

13.6.2.2　氧化值为+2的化合物

(1) 氧化物和氢氧化物　CuO为黑色碱性氧化物，不溶于水可溶于酸。热稳定性高，当温度超过1000℃时才分解成红色的Cu_2O和O_2：

$$4CuO \xrightarrow{1000℃} 2Cu_2O+O_2$$

CuO具有一定的氧化性，在高温下可被H_2、C、CO、NH_3等还原成单质铜：

$$3CuO+2NH_3 \xrightarrow{高温} 3Cu+3H_2O+N_2\uparrow$$

$Cu(OH)_2$的热稳定性比碱金属氢氧化物差很多，受热易分解，当温度达到353K时$Cu(OH)_2$脱水变成黑色的CuO：

$$Cu(OH)_2 \xrightarrow{\triangle} CuO+H_2O$$

$Cu(OH)_2$略显两性，既可溶于酸，也可溶于过量的浓碱溶液：

$$Cu(OH)_2+H_2SO_4 \longrightarrow CuSO_4+2H_2O$$

$$Cu(OH)_2+2NaOH = Na_2[Cu(OH)_4]$$

向$CuSO_4$溶液中加入氨水，首先生成浅蓝色$Cu(OH)_2$沉淀，当氨水过量时则生成深蓝色铜氨配离子：

$$Cu(OH)_2+4NH_3\cdot H_2O \longrightarrow [Cu(NH_3)_4]^{2+}+2OH^-+4H_2O$$

(2) 卤化铜 卤化铜包括白色的CuF_2、黄棕色的$CuCl_2$、棕黑色的$CuBr_2$和含结晶水的$CuCl_2\cdot H_2O$(蓝色)，它们都易溶于水，其中较重要的是氯化铜。

无水$CuCl_2$是共价化合物，其结构为由$CuCl_2$平面组成的长链：

```
Cl  Cl  Cl  Cl
 \ / \ / \ / \
  Cu  Cu  Cu
 / \ / \ / \ /
Cl  Cl  Cl  Cl
```

$CuCl_2$易溶于水，也易溶于一些有机溶剂（乙醇、丙酮）中。在很浓的$CuCl_2$水溶液中，可形成黄色的$[CuCl_4]^{2-}$配合物：

$$Cu^{2+}+4Cl^- \longrightarrow [CuCl_4]^{2-}$$

而$CuCl_2$的稀溶液为浅蓝色，这是因为形成了$[Cu(H_2O)_4]^{2+}$水合离子：

$$[CuCl_4]^{2-}+4H_2O \longrightarrow [Cu(H_2O)_4]^{2+}+4Cl^-$$

$CuCl_2$浓溶液由于同时含有$[Cu(H_2O)_4]^{2+}$和$[CuCl_4]^{2-}$而呈黄绿色或绿色。

$CuCl_2$受强热后将发生下面反应：

$$2CuCl_2 \xrightarrow{\triangle} 2CuCl+Cl_2\uparrow$$

$CuCl_2$作为弱氧化剂可与I^-反应生成难溶的CuI沉淀和单质碘：

$$2CuCl_2+4I^- \longrightarrow 2CuI\downarrow+I_2+4Cl^-$$

该反应在分析化学上用来测定铜含量，称碘量法。

(3) 含氧酸盐 硫酸铜是最重要的铜盐。从水溶液中结晶出的蓝色$CuSO_4\cdot 5H_2O$，俗称胆矾，是最常见的存在形式。升高温度时，$CuSO_4\cdot 5H_2O$逐步脱水，当温度高于280℃时即形成白色的无水$CuSO_4$粉末，在更高温度下，$CuSO_4$将分解为CuO和SO_3。

硫酸铜易溶于水，不溶于有机溶剂，因其吸水性强，可以做有机合成中的干燥剂。硫酸铜被广泛用于电解、电镀、颜料生产及其他铜化合物的制备过程。由于硫酸铜有杀菌能力，硫酸铜还被广泛用于蓄水池、游泳池的消毒和农药中。

13.6.2.3 铜的配合物

(1) Cu(Ⅰ)的配合物 Cu(Ⅰ)的价电子构型为$3d^{10}$，具有空的外层s、p轨道，能以sp、sp^2或sp^3等杂化轨道和X^-(F^-除外)、NH_3、$S_2O_3^{2-}$、CN^-等易变形的配体形成配位数为2、3、4的配合物，这些配合物大多数是无色的。这是由于Cu(Ⅰ)的价电子构型为d^{10}，配合物不会由于d-d跃迁而产生颜色。

Cu(Ⅰ)的卤配合物的稳定性符合软硬酸碱原理，依Cl、Br、I的顺序增大。实质上是随离子的变形性增大，化学键的共价性增加，稳定性增加。多数Cu(Ⅰ)配合物的溶液具有吸收烯烃、炔烃和CO的能力。例如：

$$[Cu(NH_3)_2]Ac+CO+2NH_3 \rightleftharpoons [Cu(NH_3)_4CO]Ac$$

(2) Cu(Ⅱ)的配合物 Cu(Ⅱ)的价电子构型为$3d^9$，带两个正电荷，与配体的静电作用强，很容易形成配合物。其配位数最常见的为4，少量为6。配位数为4的配合物一般采取dsp^2杂化（一个3d电子跃迁到4p轨道，空出一3d轨道），为平面正方形结构。

向$CuSO_4$溶液中加入过量氨水，生成深蓝色$[Cu(NH_3)_4]^{2+}$溶液

$$Cu_2(OH)_2SO_4+8NH_3 \rightleftharpoons 2[Cu(NH_3)_4]^{2+}+SO_4^{2-}+2OH^-$$

$[Cu(NH_3)_4]^{2+}$的溶液具有溶解纤维素的性能，在所得的纤维素溶液中加水或酸时，纤维素又可以沉淀析出。工业上利用这种性质来制造人造丝。

由于Cu^{2+}能与氨形成稳定配离子，在氨的环境里，Cu能被空气中的氧气氧化：

$$Cu+4NH_3+1/2O_2+H_2O \longrightarrow [Cu(NH_3)_4]^{2+}+2OH^-$$

故盛氨的容器、有关阀门、压力表不能用铜制的，否则会被腐蚀，要用不锈钢制件来代替。

$Cu(OH)_2$ 溶于过量的浓碱溶液中即可以生成蓝紫色的四羟基合铜 $[Cu(OH)_4]^{2-}$：

$$Cu(OH)_2 + 2OH^-(\text{浓}) \rightleftharpoons [Cu(OH)_4]^{2-}$$

13.6.2.4　Cu（Ⅰ）和 Cu（Ⅱ）的相互转化

铜的电极电势图：

$E^{\ominus}_A/V$

$$Cu^{2+} \xrightarrow{0.153} Cu^+ \xrightarrow{0.52} Cu$$

$$Cu^{2+} \xrightarrow{0.438} [CuCl_2]^- \xrightarrow{0.241} Cu$$

$$Cu^{2+} \xrightarrow{0.509} CuCl \xrightarrow{0.171} Cu$$

从电极电势图中不难看出，Cu(Ⅰ) 和 Cu(Ⅱ) 这两种氧化态在固相和配合物中都是稳定的，但 Cu^+ 在酸性水溶液中很不稳定，会发生歧化反应。铜的价层电子构型为 $3d^{10}4s^1$，铜的特征氧化数应为+1，可为什么是+2 呢？Cu^+ 在高温及固态时的确比 Cu^{2+} 稳定，但在水溶液中，由于 Cu^{2+} 的水合热（$-2121kJ \cdot mol^{-1}$）比 Cu^+ 的（$-582kJ \cdot mol^{-1}$）负得多，Cu^{2+} 更为稳定。

如果 Cu^+ 发生歧化反应：

$$2Cu^+ \longrightarrow Cu^{2+} + Cu$$

根据 Cu^{2+} 在酸性介质中的元素电势图可知，上述反应的标准电池电动势为：

$$E^{\ominus} = E^{\ominus}(Cu^+/Cu) - E^{\ominus}(Cu^{2+}/Cu^+) = 0.52 - 0.153 = 0.37\ (V)$$

$$\lg K^{\ominus} = \frac{zE^{\ominus}}{0.0592} = \frac{0.37}{0.0592} = 6.25$$

$$K^{\ominus} = 1.8 \times 10^6$$

反应的平衡常数较大，歧化反应进行得很彻底。

要使上述反应逆向进行，必须设法降低 Cu^+ 在水溶液中的浓度，使正极的电极电势降低，负极的电极电势升高，则 Cu(Ⅰ) 必须以难溶盐或配离子形式存在，如

$$Cu^{2+} + Cu + 2Cl^- \longrightarrow 2CuCl\downarrow$$

$$2Cu^{2+} + 4CN^- \longrightarrow 2CuCN\downarrow + (CN)_2$$

13.6.3　银的重要化合物

绝大多数银盐都是难溶化合物，只有 $AgNO_3$、$AgClO_4$ 和 AgF 是易溶盐。

$AgNO_3$ 是最重要的可溶性银盐。$AgNO_3$ 的熔点是 208.5℃，440℃时分解。如果有微量的有机物存在或在光照下 $AgNO_3$ 也会分解，$AgNO_3$ 应保存在棕色瓶内。$AgNO_3$ 遇到蛋白质即生成黑色蛋白银，对有机组织有破坏作用，使用时应注意不要让它接触到皮肤。$AgNO_3$ 遇碱生成白色的 AgOH 沉淀，AgOH 极不稳定，立即脱水变成棕黑色 Ag_2O：

$$AgNO_3 + OH^- \longrightarrow AgOH + NO_3^-$$

$$2AgOH \longrightarrow Ag_2O + H_2O$$

$AgNO_3$ 可以和 NH_3、CN^-、$S_2O_3^{2-}$ 等多种配体形成配位数为 2 的配合物。

$AgNO_3$ 是许多工业部门直接利用的化工产品，如感光材料、制镜、保温瓶、电镀工业、电子工业等，所以硝酸银的生产量也是比较大的。硝酸银的生产由银和硝酸直接反应：

$$Ag + 2HNO_3 \longrightarrow AgNO_3 + NO_2\uparrow + H_2O$$

为了考虑反应速率和硝酸的消耗量，用发烟硝酸和水以 3∶2 混合；冷却析出硝酸银晶体时，冷至室温即可，若温度低于-7.3℃，冰也会一起析出。

$AgNO_3$ 是中等强度氧化剂，能被一些强还原剂还原成单质银：

$$2AgNO_3 + H_3PO_3 + H_2O \longrightarrow H_3PO_4 + 2Ag + 2HNO_3$$

电子和光伏工业需要的活性银粉就是通过 $AgNO_3$ 的被还原来制备的。根据所需银粉颗粒的大小，所用还原剂还有肼、甲醛、维生素 C 等。

13.7 锌副族元素

锌副族元素包括锌、镉、汞三种元素。这三种元素均是亲硫元素，在自然界中多以硫化物形式存在。锌的主要矿石有：闪锌矿（ZnS）、菱锌矿（$ZnCO_3$）、红锌矿（ZnO），且常与方铅矿共生而成铅锌矿。汞矿主要有辰砂（又名朱砂，HgS）。锌矿常与铅、银、镉等共存，成为多金属矿。大部分镉是在炼锌时以副产品形式得到的。它们的基本性质列于表13-6。

表13-6　锌副族元素的基本性质

元素	原子序数	价层电子结构	主要氧化数	熔点/℃	沸点/℃	共价半径/pm	密度/g·cm^{-3}
Zn	30	$3d^{10}4s^2$	+2	419.58	907	121	7.14
Cd	48	$4d^{10}5s^2$	+2	320.9	765	138	8.642
Hg	80	$5d^{10}6s^2$	+1,+2	−38.87	356.58	139	13.59

13.7.1 锌副族元素的单质

（1）物理性质　将表13-6与表13-7对照，可以看出，锌族元素的熔、沸点比相应的铜族元素低很多，并按Zn、Cd、Hg顺序下降。这主要是由于锌族元素的金属键比铜族元素的金属键弱。其原因可能是锌族元素原子的最外层s电子成对后稳定性增大。而且这种稳定性随着锌族元素的原子序数增大而增大。Hg的6s电子最稳定，有部分6s惰性电子对效应，作为自由电子参与金属键的概率低，故金属键最弱，在室温下为液体。

由于锌族元素离子是18电子构型的离子，极化力和变形性都很大，形成的化合物共价成分多，特别是氧化物、硫化物和卤化物，附加极化的效果使物质的溶解度、颜色、熔沸点都随金属离子核外电子层的增加呈规律性变化。

锌主要用于防腐镀层，常用的铅丝实际上是镀锌铁丝，白铁皮是镀锌钢板。镉主要用于电池生产。汞是常温下唯一的液态金属，在273～473K时体积膨胀系数与温度之间具有良好的线性关系，又不润湿玻璃，所以常被用在温度计和气压计中。汞的蒸气在电弧中能导电，并辐射出高强度的可见光和紫外线，可作为各种灯源使用。

锌是生命体中必需的微量元素之一，主要储存在人的血液、皮肤和骨骼中。而镉和汞则是毒性非常大的两种元素，镉主要在人的肝脏和肾脏内积累。常温下汞的蒸气压很低，但当其暴露在空气中时，仍会有少量蒸发，被人体所吸收。因此，使用汞时必须非常小心，万一洒落，必须尽量收集起来并保存在水中。汞在常温下与硫黄粉研磨即可得到HgS，实验室中常用此反应来处理洒落且不易清理的汞，通过使硫黄粉与汞充分接触，使其生成难溶难挥发且容易收集的HgS。

汞的另一个特性是能够溶解其他金属而形成汞齐。汞齐在化学性质上与其他合金相似，同时又有其自身的特点，即溶解于汞中的金属含量不高时，所生成的汞齐常呈液态或糊状。如钠溶解于汞形成钠汞齐，钠汞齐与水接触时，其中的汞仍保持惰性，而钠则与水反应放出氢气。不过与金属钠相比，反应进行得比较平稳。利用钠汞齐反应比金属钠平稳的性质，在一些合成反应中常用钠汞齐作为还原剂。一些以单质形式存在于矿石中的贵金属，也可利用汞的这一特性进行提取——汞齐法，如曾用汞齐法提取砂粒中的金。铁元素及铜不溶于汞，可制成容器盛装汞。

（2）化学性质　锌和镉的物理性质和化学性质都比较相近，而汞和它们相差较大，在性质上与铜、银、金相似。室温下锌、镉、汞在干燥的空气中都很稳定，在有CO_2存在的潮湿空气中锌表面很快变暗，形成一层碱式碳酸盐保护膜：

$$4Zn+2O_2+3H_2O+CO_2 \longrightarrow ZnCO_3 \cdot 3Zn(OH)_2$$

锌在加热的条件下可以和绝大多数非金属如卤素、氧、硫、磷等反应。在1273K时锌在空气中燃烧生成 ZnO；而汞在约 620K 时与氧明显反应，但在约 670K 以上 HgO 又分解为单质汞。

锌和镉的标准电极电势都是负值，纯锌在稀酸中反应极慢，但如果锌中含有少量金属杂质，则因形成微电池，使置换氢气的速度明显加快。镉与稀酸反应很慢，而汞则不反应。但它们都能和氧化性酸（硝酸、浓 H_2SO_4）反应：

$$Hg + 2H_2SO_4(浓) \longrightarrow HgSO_4 + SO_2\uparrow + 2H_2O$$

$$3Hg + 8HNO_3 \longrightarrow 3Hg(NO_3)_2 + 2NO\uparrow + 4H_2O$$

过量的汞与冷的稀硝酸反应时，生成硝酸亚汞：

$$6Hg + 8HNO_3 \longrightarrow 3Hg_2(NO_3)_2 + 2NO\uparrow + 4H_2O$$

锌和铝相似，是两性金属，不但能溶于酸，还能溶于强碱溶液：

$$Zn + 2NaOH + 2H_2O \longrightarrow Na_2[Zn(OH)_4] + H_2\uparrow$$

13.7.2 锌、镉的重要化合物

锌和镉在常见化合物中氧化数为+2。多数常见的盐类都含结晶水，形成配合物的倾向性也很大。

(1) 氧化物和氢氧化物 ZnO 是白色粉末，俗名锌白，是制备其他含锌化合物的基本原料。它和硫酸钡共沉所形成的混合晶体 $ZnO \cdot BaSO_4$ 称为“立德粉”，是一种优良的白色染料。与传统的“铅白”相比，它的优点是无毒，遇到空气中的 H_2S 也不变黑，因为 ZnS 也呈白色。ZnO 是典型的两性氧化物，有收敛性和一定的杀菌能力，在医药上常调制成软膏。

CdO 是一种棕色的粉末，易溶于酸而难溶于碱，主要作为制备含镉化合物的原料和镉的电镀液，也可作为黄色染料。

在锌盐和镉盐溶液中加入适量强碱，可得到相应的氢氧化物，其中 $Zn(OH)_2$ 为两性氢氧化物，$Cd(OH)_2$ 为两性偏碱化合物，只有在热、浓的强碱中才能缓慢溶解：

$$Zn(OH)_2 + 2OH^- \longrightarrow [Zn(OH)_4]^{2-}$$

$$Cd(OH)_2 + 2OH^- \longrightarrow [Cd(OH)_4]^{2-}$$

锌和镉的氢氧化物还可溶解于过量氨水：

$$Zn(OH)_2 + 4NH_3 \longrightarrow [Zn(NH_3)_4]^{2+} + 2OH^-$$

$$Cd(OH)_2 + 4NH_3 \longrightarrow [Cd(NH_3)_4]^{2+} + 2OH^-$$

$Zn(OH)_2$ 和 $Cd(OH)_2$ 加热时都可以脱水变成 ZnO 和 CdO。

(2) 硫化物 ZnS 为白色难溶盐，不溶于乙酸，但可溶于 $0.3mol \cdot L^{-1}$ 盐酸。往锌盐溶液中通入 H_2S 气体时，因为在 ZnS 沉淀生成的过程中 H^+ 浓度不断增加，阻碍了 ZnS 进一步沉淀，有可能导致 ZnS 沉淀不完全。

CdS 又称为镉黄，可用作黄色染料，不溶于稀酸，但溶于浓酸。控制溶液的酸度可使锌和镉分离。

(3) 氯化物 无水氯化锌为白色易潮解的固体，溶解度很大，吸水性很强，有机化学中常用作去水剂和催化剂。其溶液因 Zn^{2+} 的水解而显酸性。加热 $ZnCl_2 \cdot H_2O$ 固体时，只能得到氯化锌的碱式盐，而得不到无水氯化锌：

$$ZnCl_2 \cdot H_2O \longrightarrow Zn(OH)Cl + HCl$$

在 $ZnCl_2$ 的浓溶液中，由于生成的二氯 · 羟合锌（Ⅱ）酸而使溶液具有显著的酸性：

$$ZnCl_2 + H_2O \longrightarrow H[ZnCl_2(OH)]$$

后者能溶解金属氧化物：

$$FeO + 2H[ZnCl_2(OH)] \longrightarrow Fe[ZnCl_2(OH)]_2 + H_2O$$

焊接金属时用 $ZnCl_2$ 清除金属表面的氧化物就是利用这一性质。“熟镪水”就是浓氯化

锌溶液。焊接时它不损害金属表面，当水分蒸发后，可使熔化的盐与金属表面充分接触，不再氧化。

13.7.3 汞的重要化合物

汞的常见氧化态有+1和+2两种。

(1) 氧化数为+1的化合物 在 Hg_2Cl_2 和 $Hg_2(NO_3)_2$ 等化合物中 Hg 的氧化数是+1，这类化合物称为亚汞化合物。在亚汞化合物中汞总是以 Hg_2^{2+} 形式出现。Cl—Hg—Hg—Cl 分子是直线型分子，其中两个 Hg 原子各以 sp 杂化轨道形成共价键，分子中没有单电子，这已被实验所证实。亚汞盐多数为无色，微溶于水。只有极少数盐如 $Hg_2(NO_3)_2$ 是易溶盐，且易发生水解：

$$Hg_2(NO_3)_2 + H_2O \longrightarrow Hg_2(OH)NO_3 + HNO_3$$

Hg_2Cl_2 为白色难溶于水的固体，因略有甜味，俗称甘汞，无毒，常用作甘汞电极。

Hg_2Cl_2 见光易分解，应在棕色瓶中保存：

$$Hg_2Cl_2 \longrightarrow Hg + HgCl_2$$

Hg_2Cl_2 与氨水反应可生成氨基氯化汞和单质汞，而使沉淀颜色显灰黑色：

$$Hg_2Cl_2 + 2NH_3 \longrightarrow Hg(NH_2)Cl\downarrow + Hg\downarrow + NH_4Cl$$

此反应可用来鉴定亚汞离子。

(2) 氧化数为+2的化合物

① 氧化物和氢氧化物 HgO 由于晶粒大小不同而有黄色和红色之分（黄色的颗粒小一些）。无论黄色还是红色 HgO，均属链状结构。HgO 的热稳定性远远低于 ZnO 和 CdO，在 573K 时即可分解：

$$2HgO \xrightarrow{\triangle} 2Hg + O_2\uparrow$$

黄色 HgO 由湿法制备，将 $HgCl_2$ 加到 NaOH 溶液中：

$$HgCl_2 + 2NaOH \longrightarrow HgO\downarrow + H_2O + 2NaCl$$

$Hg(OH)_2$ 极不稳定，在汞盐与强碱反应时，得到的是黄色 HgO，而不是 $Hg(OH)_2$ 固体。

红色 HgO 有干法和湿法两种方法制备，干法采用加热分解：

$$2Hg(NO_3)_2 \xrightarrow{330\sim330℃} 2HgO + 4NO\uparrow + 3O_2\uparrow$$

温度太高则再分解为汞和氧气。

湿法是将 $HgCl_2$ 或 $Hg(NO_3)_2$ 溶在过量的 NaCl 溶液中，先形成氯汞配合物溶液：

$$HgCl_2 + 2NaCl \longrightarrow Na_2[HgCl_4]$$

将此溶液和另取的 NaOH 溶液加在饱和、近沸的 NaCl 溶液中，即得到大颗粒的鲜红色沉淀。

$$[HgCl_4]^{2-} \rightleftharpoons Hg^{2+} + 4Cl^-$$

$$Hg^{2+} + 2OH^- \longrightarrow HgO\downarrow + H_2O$$

② 硫化物 HgS 也有红色和黑色之分。黑色的 HgS 受热到 659K 时可以转变成比较稳定的红色 HgS。

HgS 是溶解度最小的硫化物，即使在浓硝酸中也不溶解，但能溶解在王水、Na_2S 以及 KI 溶液中：

$$3HgS + 8H^+ + 2NO_3^- + 12Cl^- \longrightarrow 3[HgCl_4]^{2-} + 3S\downarrow + 2NO\uparrow + 4H_2O$$

$$HgS + Na_2S \longrightarrow Na_2[HgS_2]$$

$$HgS + 2H^+ + 4I^- \longrightarrow [HgI_4]^{2-} + H_2S$$

③ 氯化物 $HgCl_2$ 为白色针状晶体，是直线型共价化合物，熔点低，易升华，俗称升汞。$HgCl_2$ 易溶于有机溶剂，微溶于水，有剧毒。其稀溶液有杀菌作用，医疗中用作外科消毒剂，又可用于农药，也可作为有机反应催化剂。

氯化汞由氯气和汞直接合成。在盛有汞的曲颈甑中，于加热沸腾的汞中通入氯气，反应中，氯气要过量，以防出现氯化亚汞。反应装置要全封闭，不能有任何物质泄出。

$HgCl_2$ 在水中的解离度很小，是弱电解质，在水中几乎以 $HgCl_2$ 分子形式存在，这是无机盐少有的性质。

$$HgCl_2 \rightleftharpoons HgCl^+ + Cl^- \quad K_1^{\ominus}=3.2\times10^{-7}$$
$$HgCl^+ \rightleftharpoons Hg^{2+} + Cl^- \quad K_2^{\ominus}=1.8\times10^{-7}$$

$HgCl_2$ 在水中稍有水解：

$$HgCl_2 + 2H_2O \longrightarrow Hg(OH)Cl + Cl^- + H_3O^+$$

在氨中发生氨解，生成白色的氨基氯化汞沉淀：

$$HgCl_2 + 2NH_3 \longrightarrow Hg(NH_2)Cl\downarrow + NH_4Cl$$

在酸性溶液中 $HgCl_2$ 是一个中强氧化剂，同一些还原剂（如 $SnCl_2$）反应可被还原成 Hg_2Cl_2：

$$2HgCl_2 + SnCl_2 + 2HCl \longrightarrow Hg_2Cl_2 + H_2[SnCl_6]$$

如果 $SnCl_2$ 过量，则 Hg_2Cl_2 将被进一步还原成金属汞，沉淀将变黑：

$$Hg_2Cl_2 + SnCl_2 + 2HCl \longrightarrow 2Hg\downarrow + H_2[SnCl_6]$$

分析化学中常用这一方法鉴定 Hg^{2+} 或 Sn^{2+}。

13.7.4 锌副族元素的配合物

(1) 锌、镉的配合物 由于 Zn^{2+} 和 Cd^{2+} 的极化力和变形性都很大，能够与卤素离子 (F^-除外)、NH_3、SCN^-、CN^- 等形成四配位或六配位的配离子，其中 CN^- 的配合物最为稳定。

$$Zn^{2+} + 4NH_3 \longrightarrow [Zn(NH_3)_4]^{2+} \quad K_{稳}^{\ominus}=5.0\times10^{8}$$
$$Cd^{2+} + 4NH_3 \longrightarrow [Cd(NH_3)_4]^{2+} \quad K_{稳}^{\ominus}=1.4\times10^{6}$$
$$Zn^{2+} + 4CN^- \longrightarrow [Zn(CN)_4]^{2-} \quad K_{稳}^{\ominus}=1.0\times10^{16}$$
$$Cd^{2+} + 4CN^- \longrightarrow [Cd(CN)_4]^{2-} \quad K_{稳}^{\ominus}=1.3\times10^{18}$$

形成的配合物中，中心离子多以 sp^3 或 sp^3d^2 杂化轨道与配体结合，形成四面体或八面体的配合物。

(2) 汞的配合物 Hg_2^{2+} 形成配离子的倾向较小，它与配体作用时 Hg_2^{2+} 发生歧化反应而转化成 Hg^{2+} 的配合物。

Hg^{2+} 较易形成配位数为 4 的四面体配合物，当配体一定时，Hg^{2+} 的配合物比 Zn^{2+}、Cd^{2+} 稳定得多，Hg^{2+} 易同 C、N、P、S 等原子配位；与卤素离子配位时，配合按照 Cl、Br、I 的顺序稳定性增强。向 Hg^{2+} 的溶液中加入 NH_4SCN 溶液，可得到无色的四硫氰合汞（Ⅱ）酸铵 $\{(NH_4)_2[Hg(SCN)_4]\}$，它可用来鉴定 Co^{2+}，生成蓝色的 $Co[Hg(SCN)_4]$ 沉淀。

$$Hg^{2+} + 4Cl^- \rightleftharpoons [HgCl_4]^{2-} \quad K_{稳}^{\ominus}=1.2\times10^{15}$$
$$Hg^{2+} + 4Br^- \rightleftharpoons [HgBr_4]^{2-} \quad K_{稳}^{\ominus}=9.2\times10^{20}$$
$$Hg^{2+} + 4I^- \rightleftharpoons [HgI_4]^{2-} \quad K_{稳}^{\ominus}=6.8\times10^{29}$$
$$Hg^{2+} + 4SCN^- \rightleftharpoons [Hg(SCN)_4]^{2-} \quad K_{稳}^{\ominus}=1.7\times10^{21}$$
$$Co^{2+} + [Hg(SCN)_4]^{2-} \rightleftharpoons Co[Hg(SCN)_4]\downarrow$$

13.7.5 含镉和含汞废水的处理

(1) 含镉废水的处理 由于镉的毒性，国家标准规定含镉废水的排放标准不大于 $0.1mg\cdot L^{-1}$。常用的废水处理方法有沉淀法、氧化法、电解法和离子交换法。

沉淀法是往废水中加入石灰、电石渣，使 Cd^{2+} 转为 $Cd(OH)_2$ 沉淀除去。氧化法常用漂白粉作为氧化剂，加入含有 $[Cd(CN)_4]^{2-}$ 的废水中，使 CN^- 被氧化破坏，Cd^{2+} 被沉淀而除去。其主要反应如下。

漂白粉在溶液中水解：

$$Ca(ClO)_2 + 2H_2O \longrightarrow Ca(OH)_2 + 2HClO$$

HClO 将 CN^- 氧化为 N_2 和 CO_3^{2-}：

$$CN^- + ClO^- \longrightarrow OCN^- + Cl^-$$

$$2OCN^- + 3ClO^- + 2OH^- \longrightarrow 2CO_3^{2-} + N_2 + 3Cl^- + H_2O$$

Cd^{2+} 转化为沉淀：

$$Cd^{2+} + 2OH^- \longrightarrow Cd(OH)_2 \downarrow$$

(2) 含汞废水的处理 含汞废水的处理早为世界各国所关注，它是重金属污染中危害最大的工业废水之一。催化合成氯乙烯、含汞农药、各种汞化合物的制备以及由汞齐电解法制烧碱等都是含汞废水的来源，对环境和人体健康威胁极大，我国国家标准规定，汞的排放标准不大于 $0.05mg \cdot L^{-1}$。

含汞废水的处理方法很多，如化学沉淀法、还原法、活性炭吸附法、离子交换法以及微生物法等。这些方法可根据生产规模，含汞浓度以及汞化合物的类型进行选用。下面简述几种常用的方法。

① 化学沉淀法 用 Na_2S 或 H_2S 为沉淀剂，让汞生成难溶的硫化汞，这是经典的方法。由于 HgS 的溶解度极小（$K_{sp}^{\ominus} = 1.6 \times 10^{-52}$），除汞效果很好。但硫化物易造成二次污染，此乃美中不足。

另有凝聚沉淀法，在废水中加入明矾 $K_2SO_4 \cdot Al_2(SO_4)_3 \cdot 24H_2O$ 或 $FeCl_3$，$Fe_2(SO_4)_3$ 等铁盐，利用其水解产物如 $Al(OH)_3$ 或 $Fe(OH)_3$ 胶体，将废水中的汞吸附并一起沉淀除去。

② 还原法 用铁屑、铜屑、锌、锡等金属将废水中的 Hg^{2+} 还原成 Hg，再进行回收。这些金属离子进入水中不会造成二次污染。此外，还有的用肼、水合肼、醛类等作为还原剂还原废水中的 Hg^{2+}。

③ 离子交换法 让废水流经离子交换树脂，汞被交换下来。此法操作简便，去汞效果好，得到普遍采用。但安装设备时需要一定投资。

对于含汞量较高的废水，例如化工厂制备汞化合物后的废水，含汞量有时高达 $500mg \cdot L^{-1}$ 以上，适于采用先沉淀后离子交换的二级处理法。首先用废碱液（Na_2CO_3 或 NaOH）将废水中的大量汞沉淀出来，然后废水再进入离子交换柱，既可使汞含量达到排放标准，又可延长交换柱使用的时间。

13.8 稀土元素和镧系元素简介

周期表中ⅢB族即钪副族，包括钪(Sc)、钇(Y)、镥(Lu)、铹(Lr)。在镥之前还有 14 种元素（从镧到镱，$Z=57\sim70$，某些书认为是到 71 的镥），它们称为镧系元素，以 Ln 作为通用符号。在铹之前也有 14 种元素（从锕到锘，$Z=89\sim102$，也有认为是到 103 的铹），它们称为锕系元素。镧系元素和锕系元素都属于 f 区元素，因为它们价电子充填在外数第三层，价层电子构型为 $(n-2)f^{1\sim14}(n-1)d^{0\sim10}ns^2$。

镧系的 14 种元素和ⅢB族的钇、镥（有时也包括钪）一起合称为稀土元素，通常用化学符号 RE 代表。稀土元素是沿用下来的名称，现已查明它在地壳中的储量并不稀少。我国是世界上稀土资源最丰富的国家，内蒙古的白云鄂博矿是世界上罕见的大矿，此外江西、湖南、广东、四川和山东等省也都有稀土矿，我国供应给世界的稀土占总需求的 80%以上，但后续保有量并不乐观。

13.8.1　镧系元素的通性

(1) 价层电子结构　镧系元素原子的电子构型的特征是随着核电荷增加，电子依次充填在外数第三层即4f轨道上，次外层和最外层的电子数基本保持不变，见表13-7。

表13-7　镧系元素的一些基本性质

原子序数	元素符号	价层电子结构	常见氧化态	原子半径/pm	M^{3+}半径/pm	熔点/℃	沸点/℃
57	La	$5d^16s^2$	+3	169	103	921	3457
58	Ce	$4f^15d^16s^2$	+3,+4	165	102	799	3426
59	Pr	$4f^36s^2$	+3,+4	164	99	931	3512
60	Nd	$4f^46s^2$	+3	164	98	1021	3068
61	Pm	$4f^56s^2$	+3	163	97	1168	3000
62	Sm	$4f^66s^2$	+2,+3	162	96	1077	1791
63	Eu	$4f^76s^2$	+2,+3	185	95	822	1597
64	Gd	$4f^75d^16s^2$	+3	162	94	1313	3266
65	Tb	$4f^96s^2$	+3,+4	161	92	1356	3123
66	Dy	$4f^{10}6s^2$	+2,+3	160	91	1412	2562
67	Ho	$4f^{11}6s^2$	+3	158	90	1474	2695
68	Er	$4f^{12}6s^2$	+3	158	89	1529	2863
69	Tm	$4f^{13}6s^2$	+2,+3	158	88	1545	1947
70	Yb	$4f^{14}6s^2$	+2,+3	170	87	819	1194
71	Lu	$4f^{14}5d^16s^2$	+3	156	86	1663	3395

镧系元素由于新增加的电子深居内层，故屏蔽作用比较大，有效核电荷随原子序数的增加仅略有增加，致使原子半径减小较慢。镧系元素随原子序数增大原子半径减小缓慢的现象称为镧系收缩。由于半径减小缓慢，使这些元素性质极为相似，它们共生于自然界，且难以分离提纯。

(2) 氧化值　镧系元素的特征氧化值是+3（见表13-8），部分元素有+2和+4氧化值的化合物，但不很稳定。氧化值为+4的化合物具有相当强的氧化性。例如$Ce(SO_4)_2$，它在酸性溶液中的标准电极电势为

$$Ce(SO_4)_2+e^- \rightleftharpoons Ce^{3+}+2SO_4^{2-} \quad E_A^{\ominus}=1.44V$$

在定量分析中用于氧化还原滴定。这种滴定法有反应迅速、无中间产物等优点。例如，用它滴定Fe(Ⅱ)的反应式为

$$2Ce(SO_4)_2+2FeSO_4 \longrightarrow Ce_2(SO_4)_3+Fe_2(SO_4)_3$$

相反，+2氧化值的化合物具有明显的还原性。

(3) 离子的颜色　镧系元素氧化值为+3的水合离子多数都有颜色，未成对电子数相同的离子显示出相近的颜色。

(4) 金属活泼性　镧系元素都是活泼金属，它们的活泼性界于钙镁之间，仅次于碱金属和部分碱土金属。切开的金属表面大多是银白色，不久变暗，通常需保存在煤油中。常温下，它们和水缓慢作用放出H_2，与酸起反应，与卤素剧烈作用而生成相应的卤化物。镧系金属在冶金工业上用作脱硫和脱氧剂。

(5) 元素的化合物　镧系元素都可形成Ln_2O_3型的氧化物，呈碱性，难溶于水，易溶于酸。它们都是离子型化合物，熔点较高，是很好的耐火材料。

13.8.2　稀土元素的应用

目前稀土元素的应用蓬勃发展，已扩展到科学技术的各个方面，尤其是一些现代新

型功能性材料的研制和应用，稀土元素已成为不可缺少的原料。

在农业领域，稀土作为植物生长调节剂，对农作物具有增产、改善品质的功效；在冶金工业领域，稀土能与氧、硫等非金属元素结合，净化钢液，细化钢粒，改善钢的性能；在石油化工领域，稀土分子筛裂化催化剂用于石油裂化，具有活性高、选择性好、汽油的生产率高的特点；在玻璃工业领域，稀土广泛用于玻璃着色、脱色和制备特种性能的玻璃；在陶瓷工业领域，将稀土加入陶瓷和瓷釉之中能使陶瓷制品颜色更柔和、纯正，色调新颖，光洁度好；在电光源工业领域，用稀土作为发光材料生产的荧光灯，不仅寿命长，而且比白炽灯节电75%～80%。

稀土元素在高新技术产业中的应用也越来越广泛。钇、铕是红色荧光粉的主要原料，广泛应用于彩色电视机、计算机及各种显示器。钕、钐、镨、镝等是制造现代超级永磁材料的主要原料，其磁性高出普通永磁材料4～10倍，广泛应用于电视机、电声、医疗设备、磁悬浮列车及军事工业等高新技术领域。$LaNi_5$是优良的吸氢材料，称为氢海绵。许多稀土氧化物是高温超导材料的重要原料。

总之，在今天的世界上，稀土的应用几乎无所不在，稀土的作用几乎无所不能。

【阅读资料】

铜、锌的生物化学

铜、锌在生物体内的含量仅次于铁，在过渡金属中分别居于第三和第二位，存在于动植物及微生物体中；它们在人和动物体内肝、脑、肾脏含量较高。铜在生物体内以铜蛋白和铜酶的形式发挥生物作用，铜蛋白和铜酶主要涉及生物体内的电子传递、氧化还原、氧的运送和储存等作用。许多铜蛋白因具有美丽的蓝色而被称为蓝铜蛋白（blue copper protein）。铜是人体必要的金属离子，每天由食物可以获得2.5～5.0mg铜，约30%在小肠吸收，到血浆后有90%铜牢固结合在血浆蓝铜蛋白上，其余大部分与血清蛋白结合，另一部分与多种氨基酸形成配合物。

根据铜蛋白和铜酶的吸收光谱性质的不同，将其分为Ⅰ、Ⅱ和Ⅲ型铜蛋白。三种不同类型的铜蛋白或铜酶的化学性质与生物学功能不同；但是在一个铜蛋白中可以有两种或几种不同类型同时存在。目前铜的生物化学对医学、生物学、化学等都具有十分重要的意义，也是当今生物无机化学领域中研究最活跃的领域之一。

锌存在于生物体内的多种酶中，已知80多种酶的活性与锌有关。这些酶主要有羧肽酶、碳酸酐酶、碱性磷酸酶、氨肽酶、DNA聚合酶、RNA聚合酶等，大多为水解酶，锌在生物体的水解过程中起重要作用。其中Cu-Zn超氧化物歧化酶（super oxide dismutase，SOD）在生命体内起着十分重要的作用。

超氧化物歧化酶广泛存在于各类生物体内，是一种重要的自由基清除剂，能专一性地清除超氧化物阴离子自由基O_2^-而保护细胞。生物体内的超氧离子（O_2^-）具有极大活性，过量的O_2^-会引起细胞膜、DNA、多糖、蛋白质、脂质等的破坏，导致各种炎症、溃疡、癫痫、糖尿病、心血管病等。但O_2^-在超氧化物歧化酶的作用下转化为H_2O_2，然后由过氧化氢酶分解为H_2O和O_2。从而消除O_2^-对细胞的毒害。

$$2O_2^- + 2H^+ \longrightarrow H_2O_2 + O_2$$

这个反应由电对O_2/O_2^-和O_2^-/H_2O_2组成，其氧化还原电位分别为−0.45V和+0.98V，所以无论任何金属，若其电对电位在$-0.45V < E < +0.98V$之间都有SOD活性。游离的水合铜也有SOD活性。

思 考 题

1. 何谓过渡元素？它涵盖了哪些元素？如何分类，各类元素的性质特征是怎样的？

2. 过渡金属与主族金属相比，有哪些不同的特性？

3. 简要回答下列问题：

(1) 如何区别 K_2CrO_4 和 $K_2Cr_2O_7$；

(2) 根据使用情况如何选用 $Na_2Cr_2O_7$ 和 $K_2Cr_2O_7$；

(3) 什么是镧系收缩？为什么存在镧系收缩？锕系是否也存在类似镧系收缩的锕系收缩？

4. 酸碱度如何影响 CrO_4^{2-} 和 $Cr_2O_7^{2-}$ 之间的转化，这种转化有何实际意义？

5. 如何由铬铁矿制得 KCr_2O_7？

6. 根据 Mn 的元素电势图，对 Mn 与其化合物的氧化还原性做出综合评价，并对其自然存在与相关反应做出解释。

7. 蒸发 $CoCl_2$ 溶液时，在蒸发容器壁边有蓝色物质出现，当用水冲洗时，又变成粉红色，试解释原因。

8. 在含有 $Co(OH)_2$ 沉淀的溶液中，不断通入氯气，会生成 CoO(OH)；反之，CoO(OH) 与浓 HCl 作用又放出氯气，如何解释？

9. 是非题

(1) 氧化性 $Fe(OH)_3 > Co(OH)_3$　(　　)

(2) 还原性 $FeCl_2 > NiCl_2$　(　　)

(3) 配合物稳定性 $[Co(NH_3)_6]^{2+} > [Ni(NH_3)_6]^{3+}$　(　　)

(4) 在所有的金属单质中，熔点最高的是过渡元素，熔点最低的也是过渡元素。　(　　)

(5) 溶液中新沉淀出来的 $Fe(OH)_3$，既能溶解于稀 HCl，也能溶解于浓 NaOH 溶液。　(　　)

10. 下列哪些氢氧化物呈明显两性？

$Mn(OH)_2$　$Al(OH)_3$　$Ni(OH)_2$　$Fe(OH)_3$　$Cr(OH)_3$　$Fe(OH)_2$　$Zn(OH)_2$　$Cu(OH)_2$　$Co(OH)_2$

11. 下列离子中，指出哪些能在氨水溶液中形成氨合物？

Pb^{2+}　Cr^{3+}　Mn^{2+}　Fe^{2+}　Fe^{3+}　Co^{2+}　Ni^{2+}　Mg^{2+}　Sn^{2+}　Ag^{+}　Hg^{2+}　Cd^{2+}

12. 比较铜分族和碱金属性质的差异，简述其原因。

13. 试解释 Cu(Ⅰ)、Cu(Ⅱ) 两类化合物在固态和溶液中有不同的稳定性，并举出实例。

14. 氯化铜结晶为绿色，其在浓 HCl 溶液中为黄色，在稀的水溶液中又为蓝色，这是为什么？

15. 试比较 Zn，Cd，Hg 氧化物、氢氧化物酸碱性的递变规律。何者具有两性？其单质也有两性吗？

16. 解释下列现象或问题，并写出相应的反应式。

(1) 加热 $[Cr(OH)_4]^-$ 溶液和 $Cr_2(SO_4)_3$ 溶液均能析出 $Cr_2O_3 \cdot H_2O$ 沉淀；

(2) Na_2CO_3 与 $Fe_2(SO_4)_3$ 两溶液作用得不到 $Fe_2(CO_3)_3$；

(3) 在水溶液中用 Fe^{3+} 盐和 KI 不能制取 FeI_3；

(4) 在含有 Fe^{3+} 的溶液中加入氨水，得不到 Fe(Ⅲ) 的氨合物；

(5) 在 Fe^{3+} 的溶液中加入 KSCN 时出现血红色，若再加入少许铁粉或 NH_4F 固体则血红色消失；

(6) Fe^{3+} 盐是稳定的，而 Ni^{3+} 盐在水溶液中尚未制得；

(7) Co^{3+} 盐不如 Co^{2+} 盐稳定，而它们的配离子的稳定性则往往相反；

(8) 加热 $CuCl_2 \cdot 2H_2O$ 时得不到无水的 $CuCl_2$；

(9) 银器在含有 H_2S 的空气中会慢慢变黑；

(10) 利用酸性条件下 $K_2Cr_2O_7$ 的强氧化性，使乙醇氧化，反应颜色由橙红变为绿色，据此来检测司机是否酒后驾车；

(11) 铜在含 CO_2 的潮湿空气中，表面会逐渐生成绿色的铜锈；

(12) 有空气存在时，铜能溶于氨水；

(13) 从废的定影液中回收银常用 Na_2S 作为沉淀剂，而不能用 NaCl 作为沉淀剂；

(14) Zn 能溶于氨水和 NaOH 溶液中；

(15) 焊接金属时，常用浓 $ZnCl_2$ 溶液处理金属表面。

习　题

1. 完成并配平下列反应式：

(1) $TiO_2 + H_2SO_4$（浓）$\xrightarrow{\triangle}$

(2) $TiCl_4 + H_2O \longrightarrow$

(3) $[Cr(OH)_4]^- + Br_2 + OH^- \longrightarrow$

(4) $Cr_2O_7^{2-} + SO_3^{2-} + H^+ \longrightarrow$

(5) $Cr_2O_3 + K_2S_2O_7 \xrightarrow{\triangle}$

(6) $Cr^{3+} + S^{2-} + H_2O \longrightarrow$

(7) $CrO_4^{2-} + H_2O_2 + H_2SO_4 \longrightarrow$

(8) $KMnO_4 + H_2O_2 + H_2SO_4 \longrightarrow$

(9) $MnO_4^- + Cr^{3+} + H_2O \longrightarrow$

(10) $MnSO_4 + O_2 + NaOH \longrightarrow$

2. 完成并配平下列反应式：

(1) $FeCl_3 + Fe \longrightarrow$

(2) $FeCl_3 + SnCl_2 \longrightarrow$

(3) $Fe^{3+} + H_2S \longrightarrow$

(4) $FeSO_4 + Br_2 + H_2SO_4 \longrightarrow$

(5) $Fe^{3+} + [Fe(CN)_6]^{4-} \longrightarrow$

(6) $Co_2O_3 + HCl \longrightarrow$

(7) $Co(OH)_2 + H_2O_2 \longrightarrow$

(8) $[Co(NH_3)_6]^{2+} + O_2 + H_2O \longrightarrow$

(9) $Ni(OH)_2 + Br_2 + H_2O \longrightarrow$

(10) $Ni^{2+} + NH_3$(浓) $\longrightarrow$

3. 分离并鉴定下列离子

(1) Al^{3+}　Cr^{3+}　Co^{2+}　　(2) Fe^{3+}　Cr^{3+}　Ni^{2+}　　(3) Ba^{2+}　Al^{3+}　Fe^{3+}

4. 合成与制备

(1) 叙述从金矿石出发提取单质金的过程。

(2) 用化学反应方程式表示以闪锌矿（ZnS）为原料生产粗锌和高纯度锌的过程。

(3) 叙述以钛铁矿（$FeTiO_3$）为原料生产金属钛的过程，并写出有关化学反应方程式。

(4) 叙述以铬铁矿｛$Fe(CrO_2)_2$｝为原料生产 $K_2Cr_2O_7$ 的过程，并写出有关化学反应方程式。

5. 以软锰矿为主要原料，制备氯化锰、硫酸锰、锰酸钾和高锰酸钾（以反应式表示）。

6. $KMnO_4$ 用作氧化剂有哪些特征？其氧化性何以强烈依赖于介质的酸度？

7. 用 $NaBiO_3$ 检验溶液中的 Mn^{2+} 时：

(1) 为什么用 H_2SO_4 而不用 HCl 酸化溶液；

(2) 为什么含 Mn^{2+} 的样品不宜多取，而 $NaBiO_3$ 必须加够。

8. 以金属铁为主要原料，制取氯化亚铁和氯化高铁；制备氯化亚铁时如何防止高铁生成？制备氯化高铁时如何防止亚铁生成？

9. 简要回答下列问题：

(1) 配制 $FeSO_4$ 溶液时，为什么要加 H_2SO_4 和铁钉？

(2) 由 Fe 和 HNO_3 制备 $Fe(NO_3)_3$ 时，应采取哪种加料方式？

(3) 用金属 Fe 分别与 HCl、稀 H_2SO 和 HNO_3 作用，是得到亚铁盐还是高铁盐？

10. 完成下列反应方程式：

(1) $Cu_2O + HCl \longrightarrow$

(2) $Cu_2O + H_2SO_4$(稀) $\longrightarrow$

(3) $CuSO_4 + KI \longrightarrow$

(4) $AgBr + Na_2S_2O_3 \longrightarrow$

(5) $ZnSO_4 + NH_3$(过量) $\longrightarrow$

(6) $Hg(NO_3)_2 + KI$(过量) $\longrightarrow$

(7) $Hg(NO_3)_2 + NaOH \longrightarrow$

(8) $Hg_2Cl_2 + NH_3 \longrightarrow$

(9) $Hg_2Cl_2 + SnCl_2$(过量) $\longrightarrow$

(10) $HgS + Na_2S \longrightarrow$

11. HNO_3 与汞反应，为什么既能得到 $Hg(NO_3)_2$，又能得到 $Hg_2(NO_3)_2$？

12. 选用适当的配位剂，分别溶解下列物质，并写出反应式：

Cu_2O　　$CuCl$　　$Zn(OH)_2$　　Ag_2O　　$Cu(OH)_2$　　HgI_2　　$AgBr$　　$Cd(OH)_2$

13. 设计分离下列各组物质的实验方法：

(1) Cu^{2+} 和 Zn^{2+}

(2) Zn^{2+} 和 Al^{3+}

(3) Ag^+、Pb^{2+} 和 Hg^{2+}

(4) Zn^{2+}、Cd^{2+} 和 Hg^{2+}

14. 用适当的方法区别下列各物质

(1) 锌盐和铝盐

(2) 升汞和甘汞

(3) 锌盐和镉盐　　　　(4) 氯化银与氯化汞

15. 用适当的试剂溶解下列金属（以反应式表示）

Cu　Ag　Au　Zn　Cd　Hg

16. 选用适当的酸溶解下列硫化物（以反应式表示）

Ag_2S　CuS　ZnS　CdS　HgS

17. 将浅蓝绿色晶体A溶于水后加入氢氧化钠溶液和 H_2O_2 并微热，得到棕色沉淀B和溶液C。B和C分离后将溶液C加热有碱性气体D放出。B溶于盐酸得黄色溶液E。向E中加入KSCN溶液有红色的F生成。向F中滴加 $SnCl_2$ 溶液则红色褪去，F转化为G。向G中滴加赤血盐溶液有蓝色沉淀H生成。向A的水溶液中滴加 $BaCl_2$ 溶液有不溶于硝酸的白色沉淀生成。给出A～H所代表主要化合物或离子。

18. 蓝色化合物A溶于水得粉红色溶液B。向B中加入过量氢氧化钠溶液得粉红色沉淀C。用次氯酸钠溶液处理C则转化为黑色沉淀D，洗涤、过滤后将D与浓盐酸作用得蓝色溶液E。将E用水稀释后又得到粉红色溶液B。写出A，B，C，D，E所代表的物质。

19. 一紫色晶体溶于水得到绿色溶液A，A与过量氨水反应生成灰绿色沉淀B。B可溶于NaOH溶液，得到亮绿色溶液C，在C中加入 H_2O_2 并微热，得到黄色溶液D。在D中加入氯化钡溶液生成黄色沉淀E，E可溶于盐酸得到橙红色溶液F。试确定各字母所代表的物质，写出有关的反应方程式。

20. 一棕黑色固体A不溶于水，但可溶于浓盐酸，生成近乎无色溶液B和黄绿色气体C。少量B中加入硝酸和少量 $NaBiO_3(s)$，生成紫红色溶液D。在D中加入一淡绿色溶液E，紫红色褪去，在得到的溶液F中加入KNCS溶液又生成血红色溶液G。再加入足量的NaF则溶液颜色又褪去。在E中加入 $BaCl_2$ 溶液则生成不溶于硝酸的白色沉淀H。试确定各字母所代表的物质，并写出有关反应的离子方程式。

21. 某一化合物A溶于水得一浅蓝色溶液，在A溶液中加入NaOH溶液可得浅蓝色沉淀B。B能溶于HCl液，也能溶于氨水；A溶液中通入 H_2S，有黑色沉淀C生成；C难溶于HCl溶液而易溶于热浓 HNO_3 中。在A液中加入 $Ba(NO_3)_2$ 溶液，无沉淀生成，而加入 $AgNO_3$ 溶液时有白色沉淀D生成；D也能溶于氨水。试判断A，B，C，D各为何物？写出有关的反应式。

22. 有一无色溶液：(1) 加入氨水时有白色沉淀生成；(2) 若加入稀碱有黄色沉淀生成；(3) 若滴加KI溶液，析出橘红色沉淀，当KI过量时，橘红色沉淀消失；(4) 若往此无色溶液中加入两滴汞并振荡，汞逐渐消失，仍变为无色溶液，此时加入氨水得灰黑色沉淀。问此无色溶液中含有哪种化合物？写出有关反应式。

23. 往 $AgNO_3$ 溶液（$0.1mol \cdot L^{-1}$）中加入NaCl溶液（$0.1mol \cdot L^{-1}$）得白色沉淀，再加入 $2mol \cdot L^{-1}$ 氨水，沉淀溶解；往该溶液中加入KBr溶液（$0.1mol \cdot L^{-1}$），生成浅黄色沉淀，此沉淀溶于 $2mol \cdot L^{-1}$ 的 $Na_2S_2O_3$ 溶液；再滴加KI溶液（$0.1mol \cdot L^{-1}$），又生成黄色沉淀，此沉淀能被 $0.1mol \cdot L^{-1}$ KCN溶液溶解；再加入 Na_2S 溶液（$0.1mol \cdot L^{-1}$）又得黑色沉淀。试用反应式表示上述反应过程。

24. 在含有大量 NH_4F 的 $1mol \cdot L^{-1}$ $CuSO_4$ 和 $1mol \cdot L^{-1}$ $Fe_2(SO_4)_3$ 的混合溶液中，加入 $1mol \cdot L^{-1}$ KI溶液。有何现象发生？为什么？写出有关反应式。

附　录

附录 1　一些基本物理量

物理量	符　号	数　值
真空中的光速	c	$2.99792458\times10^{-8}\,m\cdot s^{-1}$
电子电荷	e	$1.60217733\times10^{-19}\,C$
质子质量	m_p	$1.6726231\times10^{-27}\,kg$
电子质量	m_e	$9.1093897\times10^{-31}\,kg$
摩尔气体常数	R	$8.314501\,J\cdot mol^{-1}\cdot K^{-1}$
阿佛加德罗(Avogdro)常数	N_A	$6.0221367\times10^{23}\,mol^{-1}$
里德堡(Rybderg)常数	R_∞	$1.0973731534\times10^{7}\,m^{-1}$
普朗克(Planck)常数	h	$6.6260755\times10^{-34}\,J\cdot s$
法拉第(Faraday)常数	F	$9.6485309\times10^{4}\,C\cdot mol^{-1}$
玻尔兹曼(Boltzmann)常数	k	$1.380658\times10^{-23}\,J\cdot K^{-1}$
电子伏	Ev	$1.60217733\times10^{-19}\,J$
原子质量单位	u	$1.6605402\times10^{-27}\,kg$

附录 2　一些物质的标准摩尔生成焓、标准摩尔生成自由能和标准摩尔熵的数据（298.15K，100kPa）

化学式	$\Delta_f H_m^{\ominus}/kJ\cdot mol^{-1}$	$\Delta_f G_m^{\ominus}/kJ\cdot mol^{-1}$	$S_m^{\ominus}/J\cdot mol^{-1}\cdot K^{-1}$
Ag(s)	0.0	0.0	42.6
AgCl(s)	−127.0	−109.8	96.3
AgI(s)	−61.8	−66.2	115.5
Al(s)	0.0	0.0	28.3
$AlCl_3$(s)	−704.2	−628.8	110.7
Al_2O_3(s,刚玉)	−1675.7	−1582.3	50.9
Br_2(l)	0.0	0.0	152.2
Br_2(g)	30.9	3.1	245.5
C(s,金刚石)	1.9	2.9	2.4
C(s,石墨)	0.0	0.0	5.74
CO(g)	−110.5	−137.2	197.7
CO_2(g)	−393.5	−394.7	213.8
$CaCO_3$(s,方解石)①	−1207.72	−1129.6	92.95
CaO(s)	−634.9	−603.3	38.1
$Ca(OH)_2$(s)	−985.2	−897.5	83.4
Cl_2(g)	0.0	0.0	223.1
Co(s)	0.0	0.0	30.0
$CoCl_2$①	−312.75	−270.05	109.23

续表

化学式	$\Delta_f H_m^\ominus$/kJ·mol^{-1}	$\Delta_f G_m^\ominus$/kJ·mol^{-1}	$S_m^\ominus$/J·mol^{-1}·K^{-1}
Cr(s)	0.0	0.0	23.8
Cr_2O_3(s)	−1139.7	−1058.1	81.2
Cu(s)	0.0	0.0	33.2
CuO(s)	−157.3	−129.7	42.6
Cu_2O(s)	−168.6	−146.0	93.1
F_2(g)	0.0	0.0	202.8
Fe(s)	0.0	0.0	27.3
FeO(s)	−272.0	−244.0	59.4
Fe_2O_3(s,赤铁矿)	−824.2	−742.2	87.4
Fe_3O_4(s,磁铁矿)	−1118.4	−1015.4	146.4
H_2(g)	0.0	0.0	130.7
HCl(g)	−92.3	−95.3	186.9
HF(g)	−273.3	−275.4	173.8
H_2O(g)	−241.8	−228.6	188.8
H_2O(l)	−285.9	−237.1	69.96
H_2S(g)	−20.6	−33.4	205.8
Hg(l)	0.0	0.0	75.9
HgO(s,红)	−90.8	−58.5	70.3
I_2(g)	62.4	19.3	260.7
I_2(s)	0.0	0.0	116.1
K(s)	0.0	0.0	64.7
KCl(s)	−436.5	−408.5	82.6
Mg(s)	0.0	0.0	32.7
$MgCl_2$(s)①	−642.0	−592.2	89.7
MgO(s)	−601.6	−569.3	27.0
Mn(s)	0.0	0.0	32.0
MnO(s)	−385.2	−362.9	59.7
N_2(g)	0.0	0.0	191.6
NH_3(g)	−45.9	−16.4	192.8
NH_4Cl(s)①	−314.6	−203.1	94.6
NO(g)	91.3	87.6	210.7
NO_2(g)	33.2	51.3	240.1
Na(s)	0.0	0.0	51.3
NaCl(s)	−411.4	−384.3	72.2
Na_2O(s)	−414.2	−375.5	75.1
Ni(s)	0.0	0.0	29.9
NiO(s)	−239.9	−211.9	29.9
O_2(g)	0.0	0.0	205.2
O_3(g)	142.7	163.2	238.9
Zn(s)	0.0	0.0	41.6
ZnO(s)	−350.5	−320.5	43.7
P_4(s)	0.0	0.0	64.8
Pb(s)	0.0	0.0	64.8
$PbCl_2$(s)①	−359.6	−314.4	136.1
PbO(s,黄)①	−218.2	−188.8	68.8
S(s)	0.0	0.0	32.1
SO_2(g)	−296.8	−300.1	248.2
SO_3(g)	−395.7	−371.1	256.8
Si(s)	0.0	0.0	18.1
SiO_2(s,石英)	−910.7	−856.3	41.5
Ti(s)	0.0	0.0	30.7
TiO_2(s,金红石)	−944.0	−856.3	50.6
CH_4(g)	−74.4	−50.3	186.3
C_2H_2(g)	228.2	210.7	186.3
C_2H_4(g)	52.5	68.4	219.6
C_2H_6(g)	−83.8	−31.9	229.6

续表

化学式	$\Delta_f H_m^\ominus$/kJ·mol^{-1}	$\Delta_f G_m^\ominus$/kJ·mol^{-1}	$S_m^\ominus$/J·mol^{-1}·K^{-1}
$C_6H_6(g)$	82.6	120.7	269.2
$C_6H_6(l)$	49.0	124.1	173.3
$C_2H_5OH(l)$	−277.7	−174.8	160.7
$C_{12}H_{22}O_{11}(s)$①	−2227.0	−1545.7	360.5

① 摘自J. A迪安，兰氏化学手册，13th ed.，科学出版社，1991：92-102，（标准压力，T=298.15K，由1cal=4.1868J换算而得）。

附录3 常见弱酸或弱碱的解离常数（298.15K）

弱电解质	解离常数 $K_i^\ominus$	$pK_i^\ominus$	弱电解质	解离常数 $K_i^\ominus$	$pK_i^\ominus$
乙酸	1.8×10^{-5}	4.74	碳酸	4.2×10^{-7} 4.7×10^{-11}	6.38 10.33
硼酸	5.8×10^{-10}	9.24			
氢氰酸	5.8×10^{-10}	9.24	氢硫酸	1.1×10^{-7} 1.3×10^{-13}	6.97 12.90
氢氟酸	6.9×10^{-4}	3.16			
甲酸	1.8×10^{-4}	3.74	硅酸	2.1×10^{-10} 1×10^{-12}	9.70 12.00
亚硫酸	1.7×10^{-2} 6.0×10^{-8}	1.77 7.22	磷酸	6.7×10^{-3} 6.2×10^{-8} 4.5×10^{-13}	2.17 7.21 12.35
草酸	5.4×10^{-2} 6.0×10^{-5}	1.27 4.27			
亚硝酸	7.24×10^{-4}	3.14	氨水	1.8×10^{-5}	4.74
次氯酸	2.9×10^{-8}	7.534	甲胺	4.2×10^{-4}	3.38
次溴酸	2.8×10^{-9}	8.55	联氨	9.8×10^{-7}	6.01

附录4 常见难溶电解质的溶度积（298.15K）

难溶电解质	溶度积 $K_{sp}^\ominus$	难溶电解质	溶度积 $K_{sp}^\ominus$	难溶电解质	溶度积 $K_{sp}^\ominus$
AgBr	5.3×10^{-13}	$CaSO_4$	7.1×10^{-5}	$Mg(OH)_2$	5.1×10^{-12}
AgCl	1.8×10^{-10}	CdS	1.4×10^{-29}	$Mn(OH)_2$	2.1×10^{-13}
AgI	8.3×10^{-17}	$Cr(OH)_3$	6.3×10^{-31}	MnS	4.7×10^{-14}
Ag_2CO_3	8.3×10^{-12}	CuCl	1.7×10^{-7}	$Ni(OH)_2$(新)	5.0×10^{-16}
Ag_2CrO_4	1.1×10^{-12}	$CuCO_3$	1.4×10^{-10}	$PbCl_2$	1.7×10^{-5}
Ag_2SO_4	1.2×10^{-5}	$Cu(OH)_2$	2.2×10^{-20}	$PbCO_3$	1.5×10^{-13}
$Al(OH)_3$	1.3×10^{-33}	CuS	1.3×10^{-36}	$PbCrO_4$	2.8×10^{-13}
$BaCO_3$	2.6×10^{-9}	$Fe(OH)_3$	2.8×10^{-39}	PbS	9.0×10^{-29}
$BaCrO_4$	1.2×10^{-10}	$Fe(OH)_2$	4.86×10^{-17}	$PbSO_4$	1.8×10^{-8}
$BaSO_4$	1.1×10^{-10}	FeS	1.6×10^{-19}	PbI_2	8.4×10^{-9}
$CaCO_3$	4.9×10^{-9}	Hg_2Cl_2	1.4×10^{-18}	$ZnCO_3$	1.2×10^{-10}
$Ca_2C_2O_4\cdot H_2O$	2.3×10^{-9}	HgI_2	2.8×10^{-29}	$Zn(OH)_2$	6.8×10^{-17}
CaF_2	1.5×10^{-10}	HgS(黑)	6.4×10^{-53}	ZnS	2.9×10^{-35}
$Ca(OH)_2$	4.6×10^{-6}	HgS(红)	2.0×10^{-53}		
$Ca_3(PO_4)_2$	2.1×10^{-33}	$MgCO_3$	6.8×10^{-6}		

附录 5 常见配离子的稳定常数（298.15K）

配离子	$K_f^\ominus$	配离子	$K_f^\ominus$	配离子	$K_f^\ominus$
$[Ag(NH_3)_2]^+$	1.6×10^{7}	$[Cu(CN)_4]^{2-}$	2.03×10^{30}	$[HgCl_4]^{2-}$	1.31×10^{15}
$[Ag(CN)_2]^-$	2.48×10^{20}	$[Cu(CN)_2]^-$	9.98×10^{23}	$[HgI_4]^{2-}$	5.66×10^{29}
$[AgCl_2]^-$	1.84×10^{5}	$[Co(en)_2]^{2+}$	1×10^{20}	$[PtCl_4]^{2-}$	9.86×10^{15}
$[Ag(S_2O_3)_2]^{3-}$	2.9×10^{13}	$[Co(NH_3)_6]^{2+}$	1.3×10^{5}	$[Zn(OH)_4]^{2-}$	2.83×10^{14}
$[Ca(EDTA)]^{2-}$	1×10^{11}	$[Co(NH_3)_6]^{3+}$	1.6×10^{35}	$[Zn(NH_3)_4]^{2+}$	3.6×10^{8}
$[Cd(CN)_4]^{2-}$	1.95×10^{18}	$[Fe(NCS)]^{2+}$	9.1×10^{2}	$[Zn(CN)_4]^{2-}$	5.71×10^{16}
$[Cu(NH_3)_2]^+$	7.24×10^{10}	$[Fe(CN)_6]^{3-}$	4.1×10^{52}		
$[Cu(NH_3)_4]^{2+}$	2.30×10^{12}	$[Fe(CN)_6]^{4-}$	4.2×10^{45}		

附录 6 常见氧化还原电对的标准电极电势（298.15K）

A. 在酸性溶液中

电对(氧化态/还原态)	电极反应(氧化态$+ne^-\rightleftharpoons$还原态)	电极电势/V
Li^+/Li	$Li^+ + e^- \rightleftharpoons Li$	−3.0401
K^+/K	$K^+ + e^- \rightleftharpoons K$	−2.931
Ba^{2+}/Ba	$Ba^{2+} + 2e^- \rightleftharpoons Ba$	−2.92
Ca^{2+}/Ca	$Ca^{2+} + 2e^- \rightleftharpoons Ca$	−2.868
Na^+/Na	$Na^+ + e^- \rightleftharpoons Na$	−2.71
Mg^{2+}/Mg	$Mg^{2+} + 2e^- \rightleftharpoons Mg$	−2.372
Al^{3+}/Al	$Al^{3+} + 3e^- \rightleftharpoons Al$	−1.662
Mn^{2+}/Mn	$Mn^{2+} + 2e^- \rightleftharpoons Mn$	−1.185
Zn^{2+}/Zn	$Zn^{2+} + 2e^- \rightleftharpoons Zn$	−0.7618
Cr^{3+}/Cr	$Cr^{3+} + 3e^- \rightleftharpoons Cr$	−0.74
Fe^{2+}/Fe	$Fe^{2+} + 2e^- \rightleftharpoons Fe$	−0.447
Cd^{2+}/Cd	$Cd^{2+} + 2e^- \rightleftharpoons Cd$	−0.4030
$PbSO_4/Pb$	$PbSO_4 + 2e^- \rightleftharpoons Pb + SO_4^{2-}$	−0.356
Co^{2+}/Co	$Co^{2+} + 2e^- \rightleftharpoons Co$	−0.28
Ni^{2+}/Ni	$Ni^{2+} + 2e^- \rightleftharpoons Ni$	−0.257
Sn^{2+}/Sn	$Sn^{2+} + 2e^- \rightleftharpoons Sn$	−0.1375
Pb^{2+}/Pb	$Pb^{2+} + 2e^- \rightleftharpoons Pb$	−0.1262
H^+/H_2	$2H^+ + 2e^- \rightleftharpoons H_2$	0.0000
$S_4O_6^{3-}/S_2O_3^{2-}$	$S_4O_6^{3-} + 2e^- \rightleftharpoons 2S_2O_3^{2-}$	+0.08
S/H_2S	$S + 2H^+ + 2e^- \rightleftharpoons H_2S$	+0.142
Sn^{4+}/Sn^{2+}	$Sn^{4+} + 2e^- \rightleftharpoons Sn^{2+}$	+0.151
SO_4^{2-}/H_2SO_3	$SO_4^{2-} + 4H^+ + 2e^- \rightleftharpoons H_2SO_3 + H_2O$	+0.172
Cu^{2+}/Cu^+	$Cu^{2+} + e^- \rightleftharpoons Cu^+$	+0.159
$AgCl/Ag$	$AgCl + e^- \rightleftharpoons Ag + Cl^-$	+0.2223
Hg_2Cl_2/Hg	$Hg_2Cl_2 + 2e^- \rightleftharpoons 2Hg + 2Cl^-$	+0.2681
Cu^{2+}/Cu	$Cu^{2+} + 2e^- \rightleftharpoons Cu$	+0.3419
Cu^+/Cu	$Cu^+ + e^- \rightleftharpoons Cu$	+0.521
I_2/I^-	$I_2 + 2e^- \rightleftharpoons 2I^-$	+0.5355

续表

电对(氧化态/还原态)	电极反应(氧化态$+ne^- \rightleftharpoons$还原态)	电极电势/V
$H_3AsO_4/HAsO_2$	$H_3AsO_4+2H^++2e^- \rightleftharpoons HAsO_2+2H_2O$	+0.560
$HgCl_2/Hg_2Cl_2$	$2HgCl_2+2e^- \rightleftharpoons Hg_2Cl_2+2Cl^-$	+0.63
O_2/H_2O_2	$O_2+2H^++2e^- \rightleftharpoons H_2O_2$	+0.695
Fe^{3+}/Fe^{2+}	$Fe^{3+}+e^- \rightleftharpoons Fe^{2+}$	+0.771
Hg_2^{2+}/Hg	$Hg_2^{2+}+2e^- \rightleftharpoons 2Hg$	+0.7960
Ag^+/Ag	$Ag^++e^- \rightleftharpoons Ag$	+0.7991
Hg^{2+}/Hg	$Hg^{2+}+2e^- \rightleftharpoons Hg$	+0.8535
Hg^{2+}/Hg_2^{2+}	$2Hg^{2+}+2e^- \rightleftharpoons Hg_2^{2+}$	+0.911
NO_3^-/HNO_2	$NO_3^-+3H^++2e^- \rightleftharpoons HNO_2+H_2O$	+0.94
NO_3^-/NO	$NO_3^-+4H^++3e^- \rightleftharpoons NO+2H_2O$	+0.957
HIO/I^-	$HIO+H^++2e^- \rightleftharpoons I^-+H_2O$	+0.985
HNO_2/NO	$HNO_2+H^++e^- \rightleftharpoons NO+H_2O$	+0.996
Br_2/Br^-	$Br_2+2e^- \rightleftharpoons 2Br^-$	+1.066
IO_3^-/HIO	$IO_3^-+5H^++4e^- \rightleftharpoons HIO+2H_2O$	+1.14
IO_3^-/I_2	$2IO_3^-+12H^++10e^- \rightleftharpoons I_2+6H_2O$	+1.195
ClO_4^-/ClO_3^-	$ClO_4^-+2H^++2e^- \rightleftharpoons ClO_3^-+H_2O$	+1.201
O_2/H_2O	$O_2+4H^++4e^- \rightleftharpoons 2H_2O$	+1.229
MnO_2/Mn^{2+}	$MnO_2+4H^++2e^- \rightleftharpoons Mn^{2+}+2H_2O$	+1.23
HNO_2/N_2O	$2HNO_2+4H^++4e^- \rightleftharpoons N_2O+3H_2O$	+1.297
Cl_2/Cl^-	$Cl_2+2e^- \rightleftharpoons 2Cl^-$	+1.3583
$Cr_2O_7^{2-}/Cr^{3+}$	$Cr_2O_7^{2-}+14H^++6e^- \rightleftharpoons 2Cr^{3+}+7H_2O$	+1.36
ClO_4^-/Cl^-	$ClO_4^-+8H^++8e^- \rightleftharpoons Cl^-+4H_2O$	+1.389
ClO_4^-/Cl_2	$2ClO_4^-+16H^++14e^- \rightleftharpoons Cl_2+8H_2O$	+1.392
ClO_3^-/Cl^-	$ClO_3^-+6H^++6e^- \rightleftharpoons Cl^-+3H_2O$	+1.45
PbO_2/Pb^{2+}	$PbO_2+4H^++2e^- \rightleftharpoons Pb^{2+}+2H_2O$	+1.46
ClO_3^-/Cl_2	$2ClO_3^-+12H^++10e^- \rightleftharpoons Cl_2+6H_2O$	+1.468
BrO_3^-/Br^-	$BrO_3^-+6H^++6e^- \rightleftharpoons Br^-+3H_2O$	+1.478
$BrO_3^-/Br_2(l)$	$2BrO_3^-+12H^++10e^- \rightleftharpoons Br_2(l)+6H_2O$	+1.5
MnO_4^-/Mn^{2+}	$MnO_4+8H^++6e^- \rightleftharpoons Mn^{2+}+4H_2O$	+1.51
$HClO/Cl_2$	$2HClO+2H^++2e^- \rightleftharpoons Cl_2+2H_2O$	+1.630
MnO_4^-/MnO_2	$MnO_4^-+4H^++6e^- \rightleftharpoons MnO_2+2H_2O$	+1.70
H_2O_2/H_2O	$H_2O_2+2H^++2e^- \rightleftharpoons 2H_2O$	+1.763
$S_2O_8^{2-}/SO_4^{2-}$	$S_2O_8^{2-}+2e^- \rightleftharpoons 2SO_4^{2-}$	+1.96
FeO_4^{2-}/Fe^{3+}	$FeO_4^{2-}+8H^++3e^- \rightleftharpoons Fe^{3+}+4H_2O$	+2.20
BaO_2/Ba^{2+}	$BaO_2+4H^++2e^- \rightleftharpoons Ba^{2+}+2H_2O$	+2.365
$XeF_2/Xe(g)$	$XeF_2+2H^++2e^- \rightleftharpoons Xe(g)+2HF$	+2.64
$F_2(g)/F^-$	$F_2(g)+2e^- \rightleftharpoons 2F^-$	+2.87
$F_2(g)/HF(aq)$	$F_2(g)+2H^++2e^- \rightleftharpoons 2HF(aq)$	+3.053
$XeF/Xe(g)$	$XeF+e^- \rightleftharpoons Xe(g)+F^-$	+3.4

B. 在碱溶液中

电对(氧化态/还原态)	电极反应(氧化态$+ne^- \rightleftharpoons$还原态)	电极电势/V
$Ca(OH)_2/Ca$	$Ca(OH)_2+2e^- \rightleftharpoons Ca+2OH^-$	(−3.02)
$Mg(OH)_2/Mg$	$Mg(OH)_2+2e^- \rightleftharpoons Mg+2OH^-$	−2.687
$[Al(OH)_4]^-/Al$	$[Al(OH)_4]^-+3e^- \rightleftharpoons Al+4OH^-$	−2.310
SiO_3^{2-}/Si	$SiO_3^{2-}+3H_2O+4e^- \rightleftharpoons Si+6OH^-$	(−1.697)
$Cr(OH)_3/Cr$	$Cr(OH)_3+3e^- \rightleftharpoons Cr+3OH^-$	(−1.48)
$[Zn(OH)_4]^{2-}/Zn$	$[Zn(OH)_4]^{2-}+2e^- \rightleftharpoons Zn+4OH^-$	−1.285
$HSnO_2^-/Sn$	$HSnO_2^-+H_2O+2e^- \rightleftharpoons Sn+3OH^-$	−0.91

续表

电对(氧化态/还原态)	电极反应(氧化态+ne^-⇌还原态)	电极电势/V
H_2O/H_2	$2H_2O+2e^- \rightleftharpoons H_2+2OH^-$	−0.828
$[Fe(OH)_4]^-/[Fe(OH)_4]^{2-}$	$[Fe(OH)_4]^-+e^- \rightleftharpoons [Fe(OH)_4]^{2-}$	−0.73
$Ni(OH)_2/Ni$	$Ni(OH)_2+2e^- \rightleftharpoons Ni+2OH^-$	−0.72
AsO_2^-/As	$AsO_2^-+2H_2O+3e^- \rightleftharpoons As+4OH^-$	−0.68
AsO_4^{3-}/AsO_2^-	$AsO_4^{3-}+2H_2O+2e^- \rightleftharpoons AsO_2^-+4OH^-$	−0.67
SO_3^{2-}/S	$SO_3^{2-}+3H_2O+4e^- \rightleftharpoons S+6OH^-$	−0.59
$SO_3^{2-}/S_2O_3^{2-}$	$2SO_3^{2-}+3H_2O+4e^- \rightleftharpoons S_2O_3^{2-}+6OH^-$	−0.576
NO_2^-/NO	$NO_2^-+H_2O+e^- \rightleftharpoons NO+2OH^-$	(−0.46)
S/S^{2-}	$S+2e^- \rightleftharpoons S^{2-}$	−0.407
$CrO_4^{2-}/[Cr(OH)_4]^-$	$CrO_4^{2-}+4H_2O+3e^- \rightleftharpoons [Cr(OH)_4]^-+4OH^-$	−0.13
O_2/HO_2^-	$O_2+H_2O+2e^- \rightleftharpoons HO_2^-+OH^-$	−0.076
$Co(OH)_3/Co(OH)_2$	$Co(OH)_3+e^- \rightleftharpoons Co(OH)_2+OH^-$	+0.17
O_2/OH^-	$O_2+2H_2O+4e^- \rightleftharpoons 4OH^-$	+0.401
MnO_4^-/MnO_4^{2-}	$MnO_4^-+e^- \rightleftharpoons MnO_4^{2-}$	+0.56
MnO_4^-/MnO_2	$MnO_4^-+2H_2O+3e^- \rightleftharpoons MnO_2+4OH^-$	+0.60
MnO_4^{2-}/MnO_2	$MnO_4^{2-}+2H_2O+2e^- \rightleftharpoons MnO_2+4OH^-$	+0.62
HO_2^-/OH^-	$HO_2^-+H_2O+2e^- \rightleftharpoons 3OH^-$	+0.867
ClO^-/Cl^-	$ClO^-+H_2O+2e^- \rightleftharpoons Cl^-+2OH^-$	+0.890
O_3/OH^-	$O_3+H_2O+2e^- \rightleftharpoons O_2+2OH^-$	+1.246

说明：附录表中数据取自 J. A. Dean “Lange's Handbook of Chemistry” 15th. ed. 1999。括号中数据取自 David R. Lide “CRC Handbook of Chemistry and Physics” 78th. ed. (1997～1998)。

附录 7 某些物质的商品名或俗名

商品名或俗名	学　名	化学式(或主要成分)
钢精	铝	Al
铝粉(涂料中银粉)	铝	Al
刚玉	三氧化二铝	Al_2O_3
矾土	三氧化二铝	Al_2O_3
砒霜，白砒	三氧化二砷	As_2O_3
重土	氧化钡	BaO
重晶石	硫酸钡	$BaSO_4$
电石	碳化钙	CaC_2
方解石，大理石	碳酸钙	$CaCO_3$
萤石，氟石	氟化钙	CaF_2
干冰	二氧化碳(固体)	CO_2
熟石灰，消石灰	氢氧化钙	$Ca(OH)_2$
漂白粉		$Ca(ClO)_2+CaCl_2 \cdot Ca(OH)_2 \cdot H_2O$
石膏	硫酸钙	$CaSO_4 \cdot 2H_2O$
胆矾，蓝矾	硫酸铜	$CuSO_4 \cdot 5H_2O$
绿矾，青矾	硫酸亚铁	$FeSO_4 \cdot 7H_2O$
双氧水	过氧化氢	H_2O_2
水银	汞	Hg
升汞	氯化汞	$HgCl_2$
甘汞	氯化亚汞	Hg_2Cl_2
三仙丹	氧化汞	HgO
朱砂，辰砂	硫化汞	HgS
钾碱	碳酸钾	K_2CO_3
红矾钾	重铬酸钾	$K_2Cr_2O_7$

续表

商品名或俗名	学　名	化学式(或主要成分)
赤血盐	(高)铁氰化钾	$K_3[Fe(CN)_6]$
黄血盐	亚铁氰化钾	$K_4[Fe(CN)_6]$
灰锰养	高锰酸钾	$KMnO_4$
火硝,土硝	硝酸钾	KNO_3
苛性钾	氢氧化钾	KOH
明矾,钾明矾	硫酸铝钾	$K_2SO_4 \cdot Al_2(SO_4)_3 \cdot 24H_2O$
苦土	氧化镁	MgO
泻盐	硫酸镁	$MgSO_4$
硼砂	四硼酸钠	$Na_2B_4O_7 \cdot 10H_2O$
苏打,纯碱	碳酸钠	Na_2CO_3
小苏打	碳酸氢钠	$NaHCO_3$
红矾钠	重铬酸钠	$Na_2Cr_2O_7$
烧碱,火碱,苛性碱	氢氧化钠	$NaOH$
水玻璃,泡花碱	硅酸钠	$xNa_2O \cdot ySiO_2$
硫化碱	硫化钠	$Na_2S \cdot 9H_2O$
海波,大苏打	硫代硫酸钠	$Na_2S_2O_3 \cdot 5H_2O$
保险粉	连二亚硫酸钠	$Na_2S_2O_4 \cdot 2H_2O$
芒硝,皮硝,元明粉	硫酸钠	$Na_2SO_4 \cdot 10H_2O$
铬钠矾	硫酸铬钠	$Na_2SO_4 \cdot Cr_2(SO_4)_3 \cdot 24H_2O$
硫铵	硫酸铵	$(NH_4)_2SO_4$
铁铵矾	硫酸铁铵	$(NH_4)_2SO_4 \cdot Fe_2(SO_4)_3 \cdot 24H_2O$
铬铵矾	硫酸铬铵	$(NH_4)_2SO_4 \cdot Cr_2(SO_4)_3 \cdot 24H_2O$
铝铵矾	硫酸铝铵	$(NH_4)_2SO_4 \cdot Al_2(SO_4)_3 \cdot 24H_2O$
铅丹,红丹	四氧化三铅	Pb_3O_4
铬黄,铅铬黄	铬酸铅	$PbCrO_4$
铅白,白铅粉	碱式碳酸铅	$2PbCO_3 \cdot Pb(OH)_2$
锑白	三氧化二锑	Sb_2O_3
天青石	硫酸锶	$SrSO_4$
石英	二氧化硅	SiO_2
金刚砂	碳化硅	SiC
钛白粉	二氧化钛	TiO_2
锌白,锌氧粉	氧化锌	ZnO
皓矾	硫酸锌	$ZnSO_4 \cdot 7H_2O$

附录8　主要的化学矿物

矿类	矿物名称	主要成分	颜色	工业品位	主要用途
砷矿	雄黄	As_4S_4	橘红	As_4S_4 含量大于 70%	生产砷酸盐
	雌黄	As_2S_3	柠檬黄	As_2S_3 含量大于 95%	生产砷酸盐
	亚砷黄铁矿	FeAsS	无色		

续表

矿类	矿物名称	主要成分	颜色	工业品位	主要用途
铝矿	铝土矿	$Al_2O_3 \cdot 2H_2O$	白、灰褐、黄、淡红	Al_2O_3 90%～95%	生产铝化合物
	一水硬铝石	α-$Al_2O_3 \cdot H_2O$		Al_2O_3 85%	生产铝化合物
	一水软铝石	γ-$Al_2O_3 \cdot 2H_2O$	无色或白色带黄	Al_2O_3 85%	生产铝化合物
	三水铝矿	$Al_2O_3 \cdot 3H_2O$	白色、浅灰、浅绿或浅黄	Al_2O_3 65.4%	生产铝化合物
	高岭土	$Al_2O_3 \cdot 2SiO_2 \cdot 3H_2O$	白灰、淡黄	Al_2O_3 含量大于 15%	生产明矾、分子筛、硫酸铝等
钡矿	重晶石	$BaSO_4$	浅灰、浅红、浅黄	$BaSO_4$ 含量大于 90%	生产钡盐、锌钡白、作为石油钻井调浆剂
	毒重石	$BaCO_3$	无色、淡灰、浅黄	$BaCO_3$ 75%～80%	生产钡盐
石灰岩矿	石灰石	$CaCO_3$	灰白、灰黑、浅黄、淡红	$CaSO_4$ 含量大于 90%	生产碳酸盐、钙盐、石灰、建材
	文石	$CaCO_3$			
镁矿	菱镁矿	$MgCO_3$	白、黄、灰褐	MgO 含量大于 44%	生产镁盐、耐火材料
	白云石	$CaCO_3 \cdot MgCO_3$	白、黄、灰、白		生产镁盐
	水镁石	$Mg(OH)_2$			生产氧化镁
	硫酸镁	$MgSO_4 \cdot 7H_2O$			用于制革、造纸、印染
氟矿	萤石	CaF_2	白、绿、黄、棕、粉红、蓝紫		制取氟化氢
	冰晶石	Na_3AlF_6			炼铝助熔剂、玻璃、搪瓷
磷矿	氟磷灰石	$Ca_5(PO_4)_3F$	灰白、褐、绿	P_2O_5 含量大于 30%	生产磷肥、磷酸盐
	磷块岩	$Ca_5(PO_4)_3F$	淡绿、淡红、蓝紫		生产磷肥、磷酸盐、直接作为磷肥用
锰矿	菱锰矿	$MnCO_3$	粉红、褐、黑	$MnCO_3$ 含量大于 60%	生产锰盐和活性二氧化锰
	软锰矿	MnO_2	黑色	MnO_2 含量大于 85%	生产锰盐和高锰酸钾
铬矿	铬铁矿	$Fe(CrO_2)_2$	黑色	Cr_2O_3 含量大于 44%	生产铬酸盐酐、铬酸盐、重铬酸盐
钾矿	钾岩石	KCl	白、灰、粉红、褐		生产钾盐
	钾石盐	KCl+NaCl			生产钾盐
	光卤石	$KCl \cdot MgCl_2 \cdot 6H_2O$	红、橙、黄		生产钾盐
	钾长石	$K_2O \cdot Al_2O_3 \cdot 6H_2O$	浅玫瑰		生产钾肥
硼矿	方硼石(α,β)	$MgCl_2 \cdot 5MgO \cdot 7B_2O_3$	无色、白、黄、绿		生产硼砂、硼酸
	纤维硼镁石	$MgHBO_3$	白至黄	B_2O_3 含量大于 10%	生产硼砂、硼酸
	硬硼钙石	$2CaO \cdot 3B_2O_3 \cdot 5H_2O$	无色、乳白、灰	B_2O_3 含量大于 45%	生产硼砂、硼酸
	天然硼砂	$2Na_2O \cdot 2B_2O_3 \cdot 10H_2O$	白、浅灰	B_2O_3 含量大于 45%	生产硼砂、硼酸
	天然硼酸	H_3BO_3	无色至白色		生产硼砂、硼酸
钛矿	金红石	TiO_2	黄、赤褐、黑	TiO_2 含量大于 45%	生产钛白、宝石、金属钛
	钛铁矿	$FeTiO_3$	黑色	TiO_2 含量大于 35%	生产钛白、钛酸钡钛铁矿

续表

矿类	矿物名称	主要成分	颜色	工业品位	主要用途
硫酸盐矿及硫、黄铁矿	芒硝	$Na_2SO_4 \cdot 10H_2O$	无色、灰	$Na_2SO_4>95\%$（干基）	生产硫化碱、泡花碱
	石膏	$CaSO_4 \cdot 2H_2O$	无色、黑、红、褐、白色	$CaSO_4>95\%$	染料、洗衣粉作为建材、制硫酸
	天青石	$SrSO_4$	白灰、天青	$SrSO_4>65\%$	锶盐
	硫黄	S		$S>90\%$	生产 H_2SO_4，CS_2，农药等
	黄铁矿	FeS_2	金黄	S含量大于35%	生产 H_2SO_4，钢铁等
	硫铁矿	$Fe_5S_6 \sim Fe_{16}S_{17}$			生产 H_2SO_4 等
硅石及硅酸盐矿	纤维蛇纹石	$H_4Mg_2Si_2O_3SiO_2$			生产钙镁磷肥
	硅石	SiO_2	白色	$SiO_2>96\%$	耐火材料、泡花碱、生产黄磷辅料
	滑石	$H_4Mg_3Si_4O_{12}$	白、淡黄	SiO_2 63.5% MgO 31.7%	用作橡胶、塑料的填料
天然碱	晶碱石	$NaHCO_3 \cdot Na_2CO_3 \cdot 2H_2O$	无色、白色、黄	Na_2O 含量大于41%	制碱
	天然碱石	$Na_2CO_3 \cdot 10H_2O$	白、浅黄		制碱、水玻璃
钼矿	辉钼矿	MoS_2	铅灰色	MoS_2 含量大于75%	生产硫酸钼及钼酸盐
钨矿	黑钨矿	$(Fe,Mn)WO_4$	黑灰、黄棕	WO_3 含量大于75%	生产钨酸钠
	白钨矿	$CaWO_4$	白、灰白		生产钨酸钠
铌钽矿	铌铁矿	$(Fe,Mn)(Nb,Ta)_2O_5$	铁黑色	Ta_2O_3 1%～40% Nb_2O_5 40%～75%	
	铁铌矿	$(Fe,Mn)(Nb,Ta)_2O_5$		Ta_2O_3 42%～84% Nb_2O_5 3%～40%	
	黄钽矿	$CaO \cdot Ta_2O_5$ 及 F，Na，Mg 等	铁灰色	Ta_2O_3 55%～74% Nb_2O_5 5%～10%	
其他	锆英石	$ZnSiO_4$	浅黄、黄褐、紫		制取铬盐、耐火材料
	闪锌矿	ZnS	黄、褐黑		制取锌及锌盐
	独居石	$(Ge,Th,U)PO_4$	黄、黄绿	ThO_2 4%～20%	制取硝酸钍、氧化钍
	辰砂	HgS	大红		制汞、汞齐、汞盐
	镍黄铁矿	(Ni,Fe)S	黄铜色		炼镍、炼钢
	针硫镍矿	NiS	浅黄铜色		炼镍
	绿柱石	$Be_2Al_3(SiO_2) \cdot 1/2H_2O$	黄、微绿		炼铍、铍合金
	岩盐	NaCl	无色		
	天然硝石	$NaNO_3$	无色或白色		制取硝酸、炸药

附录 9　有害物质的排放标准

（一）工业废气

有害物质	排放标准		有害物质	排放标准	
	排气管高度 h/m	排放量 m_h/kg·h^{-1}		排气管高度 h/m	排放量 m_h/kg·h^{-1}
二氧化碳	30	34	氟化物（按氟计）	30	1.8
	45	66		50	4.1
	60	110	氯化氢	20	1.4
	80	190		30	2.5
	100	280		50	5.9
硫化氢	20	1.3	一氧化碳	30	160
	40	3.8		60	620
	60	7.6		100	1700
	80	13	硫酸(雾)	30～45	260
	100	19		60～80	600
	120	27	铅	100	34
氮氧化物	20	12		120	47
	40	37	汞	20	0.01
	60	86		30	0.02
	80	160			
	100	230			

（二）工业废水

有害物质	最高允许排放浓度 ρ_B/mg·L^{-1}
汞及其无机化合物	0.05(按 Hg 计)
镉及其无机化合物	0.1(按 Cd 计)
六价铬化合物	0.5[按 Cr(Ⅵ)计]
砷及其无机化合物	0.5(按 As 计)
铅及其无机化合物	1.0(按 Pb 计)
硫化物	1
氰化物	0.5(按游离氰根计)
铜及其化合物	1(按 Cu 计)
锌及其化合物	5(按 Zn 计)
氟的无机化合物	10(按 F 计)
pH 值	6～9

注：本附录摘自：中华人民共和国计委、建委、卫生部颁发，《工业“三废”排放标准》，GBJ14—73（1973）。

参 考 文 献

[1] 杨宏孝，凌芝，颜秀茹. 无机化学. 第四版. 北京：高等教育出版社，2010.
[2] 竺际舜主编. 无机化学. 北京：科学出版社，2008.
[3] 权新军主编. 无机化学. 北京：科学出版社，2009.
[4] 高职高专编写组. 无机化学. 北京：高等教育出版社，2008.
[5] 曲保中，朱炳林，周伟红. 新大学化学. 第二版. 北京：科学出版社，2007.
[6] 宋天佑. 简明无机化学. 北京：高等教育出版社，2007.
[7] 丁廷桢主编. 大学化学教程. 北京：高等教育出版社，2003.
[8] 吉林大学等. 无机化学. 北京：高等教育出版社，2004.
[9] 邹京，郑河，王瑞心等. 无机化学. 北京：北京师范大学出版社，1990.
[10] 郑能武，刘清亮，刘双怀. 无机化学原理. 合肥：中国科技大学出版社，1988.
[11] 曹素枕，周端凡，肖慧莉. 化学试剂与精细化学品合成基础. 北京：高等教育出版社，1991.
[12] 杨子超编. 基础无机化学理论. 西安：陕西人民出版社，1985.

元素周期表

IUPAC 2013

Key (sample cell):

95	原子序数
Am	元素符号(红色的为放射性元素)
镅▲	元素名称(注▲的为人造元素)
$5f^77s^2$	价层电子构型
243.06138(2)✦	以 $^{12}C=12$ 为基准的原子量(注✦的是半衰期最长同位素的原子量)
+2 +3 +4 +5 +6	氧化态(单质的氧化态为0，未列入；常见的为红色)

s区元素　p区元素　d区元素　ds区元素　f区元素　稀有气体

周期＼族	1 IA	2 IIA	3 IIIB	4 IVB	5 VB	6 VIB	7 VIIB	8 VIIIB(VIII)	9 VIIIB(VIII)	10 VIIIB(VIII)	11 IB	12 IIB	13 IIIA	14 IVA	15 VA	16 VIA	17 VIIA	18 VIIIA(0)	电子层
1	1 H 氢 $1s^1$ 1.008 −1 +1																	2 He 氦 $1s^2$ 4.002602(2)	K
2	3 Li 锂 $2s^1$ 6.94 +1	4 Be 铍 $2s^2$ 9.0121831(5) +2											5 B 硼 $2s^22p^1$ 10.81 +3	6 C 碳 $2s^22p^2$ 12.011 −4 +2 +4	7 N 氮 $2s^22p^3$ 14.007 −3 −2 −1 +1 +2 +3 +4 +5	8 O 氧 $2s^22p^4$ 15.999 −2 −1	9 F 氟 $2s^22p^5$ 18.998403163(6) −1	10 Ne 氖 $2s^22p^6$ 20.1797(6)	L K
3	11 Na 钠 $3s^1$ 22.98976928(2) −1 +1	12 Mg 镁 $3s^2$ 24.305 +2											13 Al 铝 $3s^23p^1$ 26.9815385(7) +3	14 Si 硅 $3s^23p^2$ 28.085 −4 +2 +4	15 P 磷 $3s^23p^3$ 30.973761998(5) −3 −2 +1 +3 +5	16 S 硫 $3s^23p^4$ 32.06 −2 +2 +4 +6	17 Cl 氯 $3s^23p^5$ 35.45 −1 +1 +3 +5 +7	18 Ar 氩 $3s^23p^6$ 39.948(1)	M L K
4	19 K 钾 $4s^1$ 39.0983(1) −1 +1	20 Ca 钙 $4s^2$ 40.078(4) +2	21 Sc 钪 $3d^14s^2$ 44.955908(5) +3	22 Ti 钛 $3d^24s^2$ 47.867(1) −1 0 +2 +3 +4	23 V 钒 $3d^34s^2$ 50.9415(1) 0 ±1 +2 +3 +4 +5	24 Cr 铬 $3d^54s^1$ 51.9961(6) −3 0 ±1 +2 +3 +4 +5 +6	25 Mn 锰 $3d^54s^2$ 54.938044(3) −2 0 ±1 +2 +3 +4 +5 +6 +7	26 Fe 铁 $3d^64s^2$ 55.845(2) −2 0 ±1 +2 +3 +4 +5 +6	27 Co 钴 $3d^74s^2$ 58.933194(4) 0 ±1 +2 +3 +4 +5	28 Ni 镍 $3d^84s^2$ 58.6934(4) 0 ±1 +2 +3 +4	29 Cu 铜 $3d^{10}4s^1$ 63.546(3) +1 +2 +3 +4	30 Zn 锌 $3d^{10}4s^2$ 65.38(2) +1 +2	31 Ga 镓 $4s^24p^1$ 69.723(1) +1 +3	32 Ge 锗 $4s^24p^2$ 72.630(8) +2 +4	33 As 砷 $4s^24p^3$ 74.921595(6) −3 +3 +5	34 Se 硒 $4s^24p^4$ 78.971(8) −2 +2 +4 +6	35 Br 溴 $4s^24p^5$ 79.904 −1 +1 +3 +5 +7	36 Kr 氪 $4s^24p^6$ 83.798(2) +2 +4	N M L K
5	37 Rb 铷 $5s^1$ 85.4678(3) −1 +1	38 Sr 锶 $5s^2$ 87.62(1) +2	39 Y 钇 $4d^15s^2$ 88.90584(2) +3	40 Zr 锆 $4d^25s^2$ 91.224(2) +1 +2 +3 +4	41 Nb 铌 $4d^45s^1$ 92.90637(2) 0 ±1 +2 +3 +4 +5	42 Mo 钼 $4d^55s^1$ 95.95(1) 0 ±1 ±2 +3 +4 +5 +6	43 Tc 锝▲ $4d^55s^2$ 97.90721(3)✦ 0 ±1 +2 +3 +4 +5 +6 +7	44 Ru 钌 $4d^75s^1$ 101.07(2) 0 +1 +2 +3 +4 +5 +6 +7 +8	45 Rh 铑 $4d^85s^1$ 102.90550(2) 0 ±1 +2 +3 +4 +5 +6	46 Pd 钯 $4d^{10}$ 106.42(1) 0 +1 +2 +3 +4	47 Ag 银 $4d^{10}5s^1$ 107.8682(2) +1 +2 +3	48 Cd 镉 $4d^{10}5s^2$ 112.414(4) +1 +2	49 In 铟 $5s^25p^1$ 114.818(1) +1 +3	50 Sn 锡 $5s^25p^2$ 118.710(7) +2 +4	51 Sb 锑 $5s^25p^3$ 121.760(1) −3 +3 +5	52 Te 碲 $5s^25p^4$ 127.60(3) −2 +2 +4 +6	53 I 碘 $5s^25p^5$ 126.90447(3) −1 +1 +3 +5 +7	54 Xe 氙 $5s^25p^6$ 131.293(6) +2 +4 +6 +8	O N M L K
6	55 Cs 铯 $6s^1$ 132.90545196(6) −1 +1	56 Ba 钡 $6s^2$ 137.327(7) +2	57~71 La~Lu 镧系	72 Hf 铪 $5d^26s^2$ 178.49(2) +1 +2 +3 +4	73 Ta 钽 $5d^36s^2$ 180.94788(2) 0 ±1 +2 +3 +4 +5	74 W 钨 $5d^46s^2$ 183.84(1) 0 ±1 ±2 +3 +4 +5 +6	75 Re 铼 $5d^56s^2$ 186.207(1) 0 ±1 +2 +3 +4 +5 +6 +7	76 Os 锇 $5d^66s^2$ 190.23(3) 0 +1 +2 +3 +4 +5 +6 +7 +8	77 Ir 铱 $5d^76s^2$ 192.217(3) 0 ±1 +2 +3 +4 +5 +6	78 Pt 铂 $5d^96s^1$ 195.084(9) 0 +2 +3 +4 +5 +6	79 Au 金 $5d^{10}6s^1$ 196.966569(5) +1 +2 +3 +5	80 Hg 汞 $5d^{10}6s^2$ 200.592(3) +1 +2 +3	81 Tl 铊 $6s^26p^1$ 204.38 +1 +3	82 Pb 铅 $6s^26p^2$ 207.2(1) +2 +4	83 Bi 铋 $6s^26p^3$ 208.98040(1) −3 +3 +5	84 Po 钋 $6s^26p^4$ 208.98243(2)✦ −2 +2 +4 +6	85 At 砹 $6s^26p^5$ 209.98715(5)✦ ±1 +5 +7	86 Rn 氡 $6s^26p^6$ 222.01758(2)✦ +2	P O N M L K
7	87 Fr 钫▲ $7s^1$ 223.01974(2)✦ +1	88 Ra 镭 $7s^2$ 226.02541(2)✦ +2	89~103 Ac~Lr 锕系	104 Rf 𬬻▲ $6d^27s^2$ 267.122(4)✦	105 Db 𬭊▲ $6d^37s^2$ 270.131(4)✦	106 Sg 𬭳▲ $6d^47s^2$ 269.129(3)✦	107 Bh 𬭛▲ $6d^57s^2$ 270.133(2)✦	108 Hs 𬭶▲ $6d^67s^2$ 270.134(2)✦	109 Mt 鿏▲ $6d^77s^2$ 278.156(5)✦	110 Ds 𫟼▲ 281.165(4)✦	111 Rg 𬬭▲ 281.166(6)✦	112 Cn 鿔▲ 285.177(4)✦	113 Nh 鿭▲ 286.182(5)✦	114 Fl 𫓧▲ 289.190(4)✦	115 Mc 镆▲ 289.194(6)✦	116 Lv 𫟷▲ 293.204(4)✦	117 Ts 鿬▲ 293.208(6)✦	118 Og 鿫▲ 294.214(5)✦	Q P O N M L K

★	57	58	59	60	61	62	63	64	65	66	67	68	69	70	71
镧系	La★ 镧 $5d^16s^2$ 138.90547(7) +3	Ce 铈 $4f^15d^16s^2$ 140.116(1) +2 +3 +4	Pr 镨 $4f^36s^2$ 140.90766(2) +3 +4	Nd 钕 $4f^46s^2$ 144.242(3) +2 +3 +4	Pm 钷▲ $4f^56s^2$ 144.91276(2)✦ +3	Sm 钐 $4f^66s^2$ 150.36(2) +2 +3	Eu 铕 $4f^76s^2$ 151.964(1) +2 +3	Gd 钆 $4f^75d^16s^2$ 157.25(3) +3	Tb 铽 $4f^96s^2$ 158.92535(2) +3 +4	Dy 镝 $4f^{10}6s^2$ 162.500(1) +3 +4	Ho 钬 $4f^{11}6s^2$ 164.93033(2) +3	Er 铒 $4f^{12}6s^2$ 167.259(3) +3	Tm 铥 $4f^{13}6s^2$ 168.93422(2) +2 +3	Yb 镱 $4f^{14}6s^2$ 173.045(10) +2 +3	Lu 镥 $4f^{14}5d^16s^2$ 174.9668(1) +3
★	89	90	91	92	93	94	95	96	97	98	99	100	101	102	103
锕系	Ac★ 锕 $6d^17s^2$ 227.02775(2)✦ +3	Th 钍 $6d^27s^2$ 232.0377(4) +3 +4	Pa 镤 $5f^26d^17s^2$ 231.03588(2) +3 +4 +5	U 铀 $5f^36d^17s^2$ 238.02891(3) +2 +3 +4 +5 +6	Np 镎 $5f^46d^17s^2$ 237.04817(2)✦ +3 +4 +5 +6 +7	Pu 钚 $5f^67s^2$ 244.06421(4)✦ +3 +4 +5 +6 +7	Am 镅▲ $5f^77s^2$ 243.06138(2)✦ +2 +3 +4 +5 +6	Cm 锔▲ $5f^76d^17s^2$ 247.07035(3)✦ +3 +4	Bk 锫▲ $5f^97s^2$ 247.07031(4)✦ +3 +4	Cf 锎▲ $5f^{10}7s^2$ 251.07959(3)✦ +2 +3 +4	Es 锿▲ $5f^{11}7s^2$ 252.0830(3)✦ +2 +3	Fm 镄▲ $5f^{12}7s^2$ 257.09511(5)✦ +2 +3	Md 钔▲ $5f^{13}7s^2$ 258.09843(3)✦ +2 +3	No 锘▲ $5f^{14}7s^2$ 259.1010(7)✦ +2 +3	Lr 铹▲ $5f^{14}6d^17s^2$ 262.110(2)✦ +3